U0227096

中国木瓜族植物资源与栽培利用研究

主编　赵天榜　宋良红　杨志恒
　　　田国行　范永明　景泽龙

黄河水利出版社
·郑州·

内 容 提 要

本书是一部全面系统地介绍中国木瓜族植物种质资源与栽培利用技术的科学著作。全书共分 12 章,内容分别为:木瓜族植物研究简史,木瓜族植物自然分布与栽培范围,木瓜族植物生物学特性、生长特点与规律,木瓜族植物分类系统建立的理论基础与技术,木瓜族植物新分类系统与等级,木瓜族植物良种选育理论与技术,木瓜族植物种质资源与栽培品种资源,木瓜族植物苗木培育技术,木瓜族植物栽培理论与技术,木瓜族植物病虫害与自然灾害防除,木瓜族植物开发与利用,木瓜族植物栽培现状与建议。本书内容丰富、论点明确、资料翔实、文图并茂,是作者多年来从事木瓜族植物科学研究结果与经验的总结。

本书可供植物分类学、园林植物学、树木学、园林育种学、花卉学、经济林栽培学、中药学、园林设计等专业科技人员、大专院校师生及其爱好者参考,也是从事木瓜族植物科技研究人员的一部工具书。

图书在版编目(CIP)数据

中国木瓜族植物资源与栽培利用研究/赵天榜等主编. —郑州:黄河水利出版社,2019.10
ISBN 978-7-5509-2328-7

Ⅰ.①中… Ⅱ.①赵… Ⅲ.①木瓜-植物资源-研究 ②木瓜-果树园艺-研究 Ⅳ.①S661.6

中国版本图书馆 CIP 数据核字(2019)第 070209 号

出版社:黄河水利出版社　　　　　　　　网址:www.yrcp.com
　　地址:河南省郑州市顺河路黄委会综合楼 14 层　　邮编:450003
发行单位:黄河水利出版社
　　发行部电话:0371－66026940、66020550、66028024、66022620(传真)
　　E-mail:hhslcbs@ 126.com
承印单位:河南瑞之光印刷股份有限公司
开本:787 mm×1 092 mm 1/16
印张:25　　　　　　　　　　　　　　插页:16
字数:624 千字　　　　　　　　　　　印数:1—1 000
版次:2019 年 10 月第 1 版　　　　　　印次:2019 年 10 月第 1 次印刷

定价:150.00 元

《中国木瓜族植物资源与栽培利用研究》
编委会

主　编　　　赵天榜　宋良红　杨志恒　田国行
　　　　　　范永明　景泽龙
副主编　　　赵东武　陈志秀　李小康　赵东方
　　　　　　陈俊通　郭欢欢　路夷坦
编著者　　　陈志秀　赵天榜　孔玉华　河南农业大学
　　　　　　宋良红　杨志恒　李小康　郭欢欢　郑州植物园
　　　　　　景泽龙　路夷坦　黄河水利出版社
　　　　　　赵东方　郑州市林业工作总站
　　　　　　赵东武　河南农大风景园林规划设计院
　　　　　　范永明　北京林业大学园林学院博士研究生
　　　　　　陈俊通　中国科学院昆明植物研究所博士研究生
选绘图者　　陈志秀　赵天榜　范永明
英文翻译者　范永明　杨金橘
日文翻译者　赵天榜　孔玉华
拉丁语撰写者　赵天榜　范永明
摄影者　　　范永明　赵天榜　陈志秀
　　　　　　赵东方　赵东武　赵东欣
彩片排序者　范永明　赵天榜　景泽龙
索引编者　　陈志秀　赵天榜　景泽龙
参考文献编者　陈志秀　赵天榜　范永明

前　言

　　木瓜族 Rosaceae Triba Pseudochaenomelieae T. B. Zhao,Z. X. Chen et Y. M. Fan,tri-ba nov. 是作者创建的 1 新族。该族植物是一类生长缓慢、适应性很强、分布与栽培范围很广、种源不多、栽培品种资源非常丰富、花色鲜艳而多姿、用途广泛的重要的中药材植物,是绿化、美化"四旁"的优良树种,又是荒山造林、特用经济林、水土保持林等多用途的重要树种。

　　木瓜族植物包括 4 属(1 新杂交种属——假光皮木瓜属、1 新改隶组合杂交种属——西藏木瓜属)、2 亚属(贴梗海棠亚属及 1 新改隶组合杂交种亚属——华丽贴梗海棠亚属)、10 种(3 新种、3 杂交种)、17 亚种(12 新亚种、1 新改隶组合亚种)、94 变种(27 新变种、5 新改隶组合变种)和 18 栽培品种群(17 新栽培品种群)、228 栽培品种(119 新栽培品种、29 新改隶组合品种)。其中,4 属是:木瓜属 Pseudochaenomeles Carr.、贴梗海棠属 Chaenomeles Lindl.、假光皮木瓜属 × Jiaguangpimugua T. B. Zhao,Z. X. Chen et Y. M. Fan,gen. nov. 和西藏木瓜属 × Cydo-chaenomeles T. B. Zhao,Z. X. Chen et Y. M. Fan,gen. nov.。

　　木瓜属植物 1 种——木瓜 Pseudochaenomeles sinensis(Thouin)Carr.,原产中国,湖北神农架山区有野生分布,国内栽培非常广泛。该种有 4 亚种(3 新亚种)、23 变种(2 新变种)、8 栽培品种群(7 新栽培品种群)、80 栽培品种(21 新改隶组合栽培品种、19 新栽培品种)。

　　贴梗海棠属 Chaenomeles Lindl. 分:贴梗海棠亚属 Chaenomeles Lindl. subgen. Chaenomeles 和华丽贴梗海棠亚属 Chaenomeles Lindl. subgen. Speciosa(Lindl.)T. B. Zhao,Z. X. Chen et Y. M. Fan,subgen. nov.。该属植物有 10 种(包括 3 新种、6 杂交种):Ⅰ. 贴梗海棠 Chaenomeles speciosa(Sweet)Nakai 有 4 亚种:1. 贴梗海棠 Chaenomeles speciosa(Sweet)Nakai subsp. speciosa;2. 多瓣贴梗海棠 Chaenomeles speciosa(Sweet)Nakai subsp. multpetala Z. B. Zhao,Z. X. Chen et D. F. Zhao,supsp. nov.;3. 多瓣红花贴梗海棠 Chaenomeles speciosa(Sweet)Nakai subsp. multpetalirubra Z. B. Zhao,Z. X. Chen et D. F. Zhao;4. 橙黄色花贴梗海棠 Chaenomeles speciosa(Sweet)Nakai subsp. citrinella Z. B. Zhao,Z. X. Chen et D. F. Zhao;15 变种(6 新变种、1 新改隶组合变种)、2 栽培品种群(1 新栽培品种群)、62 栽培品种,其中有 25 新栽培品种、37 栽培品种。Ⅱ. 木瓜贴梗海棠(毛叶木瓜)Chaenomeles cathayensis(Hemsl.)Schneid. 有 4 亚种(3 新亚种)、13 变种(12 新变种、1 新改隶组合变种)、2 栽培品种群、1 新栽培品种群、43 栽培品种、26 新栽培品种、16 品种)。Ⅲ. 日本贴梗海棠(日本木瓜)Chaenimoles japonicas(Thunb.)Lindl. ex Spach 有 7 变种(2 新变种)、3 栽培品种群(2 新栽培品种群)、27 栽培品种,其中,6 新栽培品种。Ⅳ. 华丽贴梗海棠 Chaenomeles × superba(Frahm)Rehd. 有 4 栽培品种群(3 新栽培品种群)、27 栽培品种(1 新栽培品种、2 品种、23 新改隶组合栽培品种)。Ⅴ. 大理

杂种贴梗海棠 Chaenomeles × daliensis(Z. X. Shao et B. Liu)T. B. Zhao,Z. X. Chen et Y. M. Fan, sp. hybr. nov. 有 2 亚种:大理杂种贴梗海棠 Chaenomeles × daliensis(Z. X. Shao et B. Liu)T. B. Zhao,Z. X. Chen et Y. M. Fan,subsp. chaenomeles × daliensis 和洱源杂种贴梗海棠 Chaenomeles × daliensis(Z. X. Shao et B. Liu)T. B. Zhao,Z. X. Chen et Y. M. Fan,subsp. + eryuanensis(Z. X. Shao et B. Liu)T. B. Zhao,Z. X. Chen et Y. M. Fan,subsp. nov.。Ⅵ. 雄蕊瓣化贴梗海棠 Chaenomeles stamini-petalina T. B. Zhao,Z. X. Chen et D. F. Zhao,sp. nov. 有 3 亚种(2 新亚种)。Ⅶ. 无子贴梗海棠 Chaenimoles sine-semina T. B. Zhao,Z. X. Chen et Y. M. Fan, sp. nov.。Ⅷ. 碗筒杂种贴梗海棠 Chaenomeles + crateriforma T. B. Zhao,Z. X. Chen et Y. M. Fan,sp. + hybrida 有 2 变种(1 新变种)。

假光皮木瓜属 × Jiaguangpimugua T. B. Zhao,Z. X. Chen et Y. M. Fan,gen. nov. 1 种:假光皮木瓜 Jiaguangpimugua × shandongensis(J. X. Wang et al.)T. B. Zhao,Z. X. Chen et Y. M. Fan,sp. nov. 及 4 个栽培品种,无形态特征记载。

西藏木瓜属 × Cydo-chaenomeles T. B. Zhao,Z. X. Chen et Y. M. Fan,gen. hybri. nov.,仅有 1 种——西藏木瓜 Cydo-chaenomeles × thibeticat(Yü)T. B. Zhao,Z. X. Chen et Y. M. Fan,sp. comb. nov.。

根据上述材料,中国是木瓜、贴梗海棠、木瓜贴梗海棠、假光皮木瓜、大理华丽贴梗海棠、雄蕊瓣化贴梗海棠、无子贴梗海棠及西藏木瓜的起源中心、分布中心、种质资源和多样性中心。其中,木瓜、贴梗海棠、木瓜贴梗海棠在世界上栽培面积最大、株数最多、果实产量最高。

木瓜在中国已有 3 000 多年的栽培与利用历史。据中国古籍记载,木瓜始见于战国时期的《山海经·南山经》中,有"木焉,其状如棠,而圆叶赤果,实大如木瓜,食之多力。郭璞注云:"楙从林、矛,谐声也"。"木实如小瓜,酸而可食。则木瓜之名,取此义也"。或云:"木瓜味酸,得木之正气,故名"。《诗经·卫风》中有"投我以木瓜,报之以琼琚,匪报也,永以为好也"等诗句。

日本贴梗海棠、华丽贴梗海棠系从日本、英国等国家引种栽培,现在我国华北地区栽培较广、品种较多。

木瓜属、贴梗海棠属和西藏木瓜属等植物为落叶乔木、小乔木,或灌丛状树种,稀有半常绿小乔木。它们生长速度很慢,对气候条件适应性很强,能在多种立地条件下的不同种类土壤上生长,因而广泛栽培于中国湖北、湖南、河南、河北、北京、天津、山东、安徽、广东、广西、福建、江西、浙江、四川、陕西、山西、重庆、贵州、西藏、上海、重庆等省(区、市)。日本、英国、美国等欧美国家或地区也广泛栽培贴梗海棠、日本贴梗海棠、华丽贴梗海棠等及其栽培品种。

作者于 2013~2018 年对中国木瓜属、贴梗海棠属等植物资源(包括栽培品种资源)进行调查研究、引种试验,发现一些新变种,选育一批新栽培品种,如 红花木瓜 Pseudo-chaenomeles sinensis(Thouin)Carr. var. rubriflora T. B. Zhao,Z. X. Chen et X. K. Li,var. nov.;多瓣白花木瓜贴梗海棠 Chaenomeles cathayensis(Hemsl.)Schneider var. multipetal-ialba T. B. Zhao,Z. X. Chen et Y. M. Fan,var. nov.;'亮黄斑皮'木瓜 Pseudochaenomeles sinensis(Thouin)Carr.'Lianghuangbanpi',cv. nov. 等。同时，发现我国植物志中的一些错误记载，如木瓜"花单生叶腋"记载。

木瓜属、贴梗海棠属、假光皮木瓜属和西藏木瓜属等植物寿命长，枝姿优美，花型多样，花色繁多，花期长，春季观花，夏季观果，秋季果香满园，是园林绿化、美化、香化的优良树种，也是盆景制作和盆栽的佳品。其果实放入盘、碟，或其他器具内，置于客厅、卧室、书房桌案之上，会散发出飘逸自然的清香，长达数月之久，胜似盆花、切花之美。

木瓜和贴梗海棠属等植物果实，是我国传统中药材之一。尤其是木瓜、木瓜贴梗海棠、贴梗海棠果实营养丰富，应用价值高。据报道，木瓜果实含有 17 种氨基酸、维生素、糖类、硒等。尤其是 1.0 g 鲜贴梗海棠果肉超氧化物歧化酶(SOD)含量高达 3 227 国际单位，是目前人们发现含超氧化物歧化酶最高的果品；100 g 果肉含苹果酸、酒石酸、枸橼酸及丙种维生素等。果实入药，具有驱风、顺气、舒筋、镇痛、消肿、祛痰、止痢之效。近年来，医学研究者发现，药用木瓜具有降压、降糖、软化血管、护肝、降酶，提高人体免疫力，延年益寿等功效。

木瓜、木瓜贴梗海棠、贴梗海棠、日本贴梗海棠和华丽贴梗海棠等植物品种资源丰富，繁育容易，适应性很强，栽培技术简便，而且集药用、食用、保健、观赏于一身，具有显著的经济效益、生态效益和社会效益。因此说，该类植物具有广阔的发展前途和巨大的开发利用前景。

此外，作者在进行木瓜族植物资源调查、引种驯化、良种选育、新品种推广、栽培技术等试验研究中，曾得到河南农业大学、郑州植物园、长垣县贴梗海棠属植物引种栽培基地等单位的大力支持，参与木瓜族植物资源调查、标本采集、良种选育、引种驯化、造林技术与标本采集人员还有王建郑高级技师、王华工程师、杨建正等同志，在此一并致以谢意！

本书在编著过程中，作者虽付出了艰辛的劳动，但因经验不足等，难免有不妥、错误之处，敬请读者批评指正。

赵天榜

2019 年 4 月

凡 例

1. 本书是作者从 2013 年 3 月 1 日至 2018 年 10 月，进行木瓜族植物资源调查收集、引种试验、新品种选育、苗木培育、栽培技术与开发利用的一部科学著作。

2. 本书中作者创建蔷薇科 Rosaceae 中 1 新族及其分类新系统，即木瓜族 Rosaceae Triba Pseudochaenomelieae T. B. Zhao，Z. X. Chen et Y. M. Fan，trib. nov.。该新分类系统包括木瓜属 Pseudochaenomeles Carr.、贴梗海棠属 Chaenomeles Lindl.、假光皮木瓜属 × Jiaguangpimugua T. B. Zhao，Z. X. Chen et Y. M. Fan，gen. nov. 和西藏木瓜属 × Cydochaenomeles T. B. Zhao，Z. X. Chen et Y. M. Fan。贴梗海棠属分：贴梗海棠亚属 Chaenomeles Lindl. subgen. Chaenomeles 和华丽贴梗海棠亚属 Chaenomeles Lindl. subgen. Speciosa（Lindl.）T. B. Zhao，Z. X. Chen et Y. M. Fan，subgen. nov.。

3. 木瓜族中属、亚属、种、亚种、变种、品种学名名称，一律采用正体排版，而各属、种、亚种、变种的异学名名称采用斜体排版。

4. 本书收录的木瓜族植物包括 4 属（1 新杂交种属——假光皮木瓜属、1 新改隶组合杂交种属——西藏木瓜属）、2 亚属（贴梗海棠亚属及 1 新改隶组合杂交种亚属——华丽贴梗海棠亚属）、10 种（3 新种、3 杂交种）、17 亚种（12 新亚种、1 新改隶组合亚种）、94 变种（27 新变种、5 新改隶组合变种）和 18 栽培品种群（17 新栽培品种群）、228 栽培品种（119 新栽培品种、29 新改隶组合品种）。中国不产的，或目前无引种栽培的亚属、种、亚种、变种及栽培品种（包括不知杂交亲本起源的 43 个栽培品种），列入最后总附录中，供参考。

5. 本书收录的木瓜族植物中作者发表的新属、新亚属、新种、新亚种、新变种，一律采用拉丁文进行形态特征描述，并记其模式标本产地、采集时间、采集人姓名和标本号，以及存放地点。栽培品种一律加单引号' '，如'亮黄斑皮'木瓜 Pseudochaenomeles sinensis（Thouin）Carr.'Lianghuangbanpi'，cv. nov. 、'瓣萼化'木瓜贴梗海棠 Chaenomeles cathayensis（Hemsl.）Schneider'Ban Èhua'，cv. nov.。凡无形态特征记载的种、栽培品种，一律纳入注，或附录中。

6. 本书收录的木瓜族植物属、亚属、种、亚种、变种、品种的形态特征记载，一律不采用错误，或不确切的形态术语，如花蕾、芽、果实均采用"球状"、"卵球状"、"椭圆体状"，而不采用"球形"、"卵球形"、"椭圆形"等。

7. 本书收录的木瓜族植物的良种选育、栽培技术，以及"辛夷"化学成分与用途等，分别专章论述。

8. 本书收录的木瓜族植物的索引中，属、亚属、种、亚种、变种及栽培品种名称、俗名，按笔画顺序排列；其学名、异学名，按字母顺序排列，不包括其他科、属物种。

9. 本书收录的木瓜族植物彩色图版 32 幅（彩片 382 张），其排列基本上按正文中属、种的顺序排列。木瓜按树形、树干皮、枝、芽、花及果实的顺序排列。所引用的附录彩片均注明其摄影者,或引用出处。

10. 国外书刊中,发表的有关贴梗海棠属中有关种、变种及栽培品种——总附录 1~4,其中仅记其识别要点,供参考。

目 录

前 言

凡 例

第一章 木瓜族植物研究简史 …………………………………………………（ 1 ）

  第一节 中国学者研究木瓜植物的简史 ……………………………………（ 1 ）

  第二节 日本学者及外国学者研究木瓜族植物的历史 ……………………（ 11 ）

第二章 木瓜族植物自然分布与栽培范围 ………………………………（ 16 ）

  第一节 木瓜自然分布与栽培范围 …………………………………………（ 16 ）

  第二节 贴梗海棠自然分布与栽培范围 ……………………………………（ 16 ）

  第三节 木瓜贴梗海棠自然分布与栽培范围 ………………………………（ 17 ）

  第四节 日本贴梗海棠自然分布与栽培范围 ………………………………（ 17 ）

  第五节 华丽贴梗海棠自然分布与栽培范围 ………………………………（ 17 ）

  第六节 杂种贴梗海棠 ………………………………………………………（ 18 ）

  第七节 假光皮木瓜属 ………………………………………………………（ 19 ）

  第八节 西藏木瓜属自然分布与栽培范围 …………………………………（ 19 ）

第三章 木瓜族植物生物学特性、生长特点与规律 …………………（ 21 ）

  第一节 对气候的适应性 ……………………………………………………（ 21 ）

  第二节 对土壤的适应性 ……………………………………………………（ 21 ）

  第三节 对光的适应性 ………………………………………………………（ 22 ）

  第四节 生长发育规律 ………………………………………………………（ 22 ）

  第五节 矿物元素与营养成分测定 …………………………………………（ 29 ）

  第六节 木瓜树体生长规律 …………………………………………………（ 30 ）

第四章 木瓜族植物分类系统建立的理论基础与技术 ……………（ 35 ）

  第一节 木瓜族植物分类简史 ………………………………………………（ 35 ）

  第二节 木族植物新分类系统建立的理论依据 ……………………………（ 36 ）

  第三节 木瓜族植物新分类系统 ……………………………………………（ 40 ）

第五章 木瓜族植物新分类系统与等级 ………………………………（ 47 ）

  第一节 木瓜族植物种下分类等级 …………………………………………（ 47 ）

  第二节 木瓜族植物杂交分类等级 …………………………………………（ 51 ）

  第三节 木瓜族植物新分类群与发表 ………………………………………（ 52 ）

第六章 木瓜族植物良种选育理论与技术 ……………………………（ 54 ）

  第一节 木瓜族植物良种、栽培群与栽培品种 ……………………………（ 55 ）

  第二节 木瓜族植物良种选育理论与技术 …………………………………（ 57 ）

第三节　木瓜族植物杂交育种 ……………………………… （59）

第四节　无性杂交育种 ……………………………………… （60）

第五节　其他育种技术 ……………………………………… （61）

第六节　引种驯化技术 ……………………………………… （61）

第七节　木瓜族植物新分类群与发表 ……………………… （62）

第八节　新栽培品种登记与保护 …………………………… （63）

第七章　木瓜族植物种质资源与栽培品种资源 ……………… （64）

第一节　木瓜属 ……………………………………………… （64）

第二节　贴梗海棠属 ………………………………………… （110）

第三节　无子贴梗海棠 ……………………………………… （146）

第四节　雄蕊瓣化贴梗海棠 ………………………………… （148）

第五节　木瓜贴梗海棠 ……………………………………… （152）

第六节　日本贴梗海棠 ……………………………………… （182）

第七节　华丽贴梗海棠 ……………………………………… （195）

第八节　杂种贴梗海棠 ……………………………………… （209）

第九节　假光皮木瓜属 ……………………………………… （212）

附录1　尚待研究的栽培品种 …………………… （213）

附录2　国内尚无引栽的资源 …………………… （213）

第十节　西藏木瓜属 ………………………………………… （213）

第八章　木瓜族植物苗木培育技术 …………………………… （215）

第一节　种子采集与处理 …………………………………… （215）

第二节　良种苗木繁育技术 ………………………………… （218）

第九章　木瓜族植物栽培理论与技术 ………………………… （233）

第一节　适地适树 …………………………………………… （233）

第二节　造林地整地 ………………………………………… （234）

第三节　良种壮苗 …………………………………………… （235）

第四节　合理密植 …………………………………………… （236）

第五节　认真栽植 …………………………………………… （238）

第六节　抚育管理 …………………………………………… （239）

第十章　木瓜族植物病虫害与自然灾害防除 ………………… （240）

第一节　主要病害 …………………………………………… （240）

第二节　主要虫害 …………………………………………… （243）

第三节　寄生性植物防治 …………………………………… （250）

第四节　生物防虫 …………………………………………… （251）

第五节　鼠类、牲畜和人之害 ……………………………… （252）

第六节　木瓜族植物自然灾害 ……………………………… （252）

第十一章　木瓜族植物开发与利用 …………………………… （255）

第一节　木瓜族植物学术价值 ……………………………… （255）

第二节 木瓜族植物药用 ……………………………………… （255）

第三节 优良的园林、庭院和"四旁"的观赏树种 ……………… （257）

第四节 优良的水土保持林和水源涵养林树种 ………………… （257）

第五节 植物园、公园中的特殊类群 …………………………… （257）

第六节 木瓜贴梗海棠属植物盆景 ……………………………… （258）

第七节 加强木瓜族等植物文化建设 …………………………… （261）

第十二章 木瓜族植物栽培现状与建议 ……………………………… （262）

第一节 栽培现状 ………………………………………………… （262）

第二节 建 议 …………………………………………………… （262）

参考文献 ……………………………………………………………… （263）

Ⅰ.英文 ………………………………………………………… （263）

Ⅱ.日文 ………………………………………………………… （270）

Ⅲ.中文 ………………………………………………………… （271）

索 引 ………………………………………………………………… （279）

Ⅰ.木瓜族植物名称、俗名索引 ……………………………… （279）

Ⅱ.木瓜族植物学名、异学名索引 …………………………… （287）

附 录 ………………………………………………………………… （307）

附录1 日本木瓜属观赏品种资源调查（张毅,刘伟,李桂祥,等.中国园艺

文摘,9:7~9.2015） …………………………………… （307）

附录2 世界园林植物花卉百科全书（［英］克里斯托弗·布里克尔主编.

杨秋生,李振宇主译.郑州:河南科技出版社,2004:130,155,156,255）

……………………………………………………………… （318）

附录3 日本のボケ（日本ボケ协会.平成21年,赵天榜、孔玉华编译） …… （319）

附录4 CULTIVARS IN THE GENUS CHAENOMELES（C. Weber, Vol. 23.

April 5. Number 3:28~75. 1963,范永明,杨金橘编译） ………… （328）

第一章　木瓜族植物研究简史

木瓜族 Rosaceae Triba Pseudochaenomelieae T. B. Zhao，Z. X. Chen et Y. M. Fan，包括木瓜属 Pseudochaenomeles Carr.、贴梗海棠属 Chaenomeles Lindl.、假光皮木瓜属 × Jiaguangpimugua T. B. Zhao，Z. X. Chen et Y. M. Fan 和西藏木瓜属× Cydo-chaenomeles T. B. Zhao，Z. X. Chen et Y. M. Fan，gen. nov.。

第一节　中国学者研究木瓜植物的简史

木瓜 Pseudochaenomeles sinensis(Thouin)Carr. 原产中国。中国学者研究木瓜的历史很早，至今已有 3 000 多年历史。现将中国古籍中有关"木瓜"的记载，摘要介绍如下。

一、中国古代学者研究木瓜历史

1. 山海经

中国战国时期木瓜记载，始见于《山海经·南山经》，其中记载"有木焉，其状如棠，而圆叶赤果，实大如木瓜，食之多力"。郭璞注云："楙从林、矛，谐声也"。"木实如小瓜，酸而可食。则木瓜之名，取此义也"。或云："木瓜味酸，得木之正气，故名"。

2. 诗经

《诗经·卫风》中有"投我以木瓜，报之以琼琚，匪报也，永以为好也"等诗句。

3. 神农本草经

秦汉时期的《神农本草经》中载："木瓜，生夷陵（湖北宜昌附近）"。

4. 三国典略

《三国典略》中载："齐孝昭北伐库莫奚，至天池，以木瓜灰毒鱼，鱼皆死而浮出。库莫奚相曰：池有灵鱼，犯之不祥。乃出长山北道。齐分央追击，获牛羊七万，遂振旅而返"。

5. 名医别录

南朝陶弘景《名医别录》中有"木瓜实"，有"榠楂大而黄，可进酒"的记载。

6. 尔雅

《尔雅》中载："楙，木瓜。注：实如小瓜，酢可食。别录：木瓜实味酸，温，无毒。主湿痹脚气，霍乱大吐下，转筋不止。其枝叶亦可煮用。陶隐居云山阴兰亭尤多。彼人以为良果，最疗转筋。如转筋时，即呼其名，及书上作木瓜字，皆愈，亦不可解。俗人挂木瓜杖，云利筋胫。又有榠楂大而黄，可进酒，祛痰。又楂子小而涩。礼云：楂梨曰钻之。郑公不识楂，乃云是梨之不臧者。盖古亦以楂为果，今则不入例尔"。

7. 图经本草

宋代，苏颂的《图经本草》中"木瓜"载："旧不着所出州土。陶隐居云：山阴兰亭尤多，今处处有之，而宣城为佳。……宜州人种莳尤谨，遍满山谷；始实成，本州岛以充上贡焉"。"其木状若奈,花生于春末,而深红色。其实大者如瓜,小者如拳。《尔雅》谓之楙。郭璞云:实如小瓜,酢可食。不可多,亦不益人。宣州人种莳尤谨,遍满山谷,始实成,则镞纸花薄其上,夜露日曝,渐而变红,花文如生,本州以充土贡焉。又有一种榠樝,木叶花实,酷类木瓜。陶云大而黄,可进酒祛痰者,是也。欲辨之,看蒂间别有重蒂如乳者,为木瓜,无此者为榠樝也。木瓜大枝可作杖策之,云利筋脉。根叶煮汤,淋足胫可已蹷。又,截其木,干之作桶,以濯足,尤益。道家以榠樝生压汁,合和甘松玄参末,作湿香,云甚爽神。""木瓜,山阴兰亭尤多,彼人以为良果"。"颂曰""木瓜处处有之,而宣城者为佳,木状如奈,春末开花,深红色。其实大者如瓜,小者如拳,上黄似着粉,宣人种莳尤谨,遍满山谷。……本州岛以充土贡,故有宣城花木瓜之称"。

雷敩炮炙论载:"凡使勿误用和圆子、蔓子、土伏子,其色样外形,真似木瓜,只气味效并向里子各不同。若木瓜皮薄,微赤黄,香而甘酸不涩,调荣卫,助谷气。向里子头尖一面方,食之益人。若和圆子、色微黄,蒂麤,子小圆,味涩,微碱。伤人气。蔓子、颗小,亦似木瓜,味绝涩,不堪用。土伏子、似木瓜,味绝涩,子如大样油麻,又苦涩,不堪用,若饵之,令人目涩多赤,筋痛。凡使木瓜,勿令犯铁器,川铜刀削去硬皮并子,薄切,于日中晒,次用黄牛乳汁拌蒸,从巳至末,其木瓜如膏煎,却于日中薄摊晒干用。食疗云主呕哕风气。又吐后转筋,煮汁饮之甚良。脚膝筋急痛,煮木瓜令烂,研作浆粥样,用裹痛处。冷即易,一宿三、五度,热裹便差。煮木瓜时,入一半酒同煮之。毛诗投我以木瓜,报之以琼琚。注云:木瓜,楙木也,可食之木"。

8. 食物本草

《食物本草》中载:"其叶光而厚,其实如小瓜而有鼻,津润味不木者为木瓜;圆小于木瓜,味木而酸涩者为木桃;似木瓜而无鼻,又大于木桃,而味涩者为木李"。"鼻乃花脱处,非脐蒂也"。

9. 本草拾遗

《本草拾遗》中载:"木瓜本功外,下冷气,强筋骨,消食止水,痢后渴不止,作饮服之。又脚气冲心,取一颗去子,煎服之,嫩者更加。又止呕逆,心膈痰唾。又云:按榠樝一名蛮樝,本功外,食之去恶心。其气辛香,致衣箱中杀蠹虫,食之止心下酸水,水痢。樝子本功外,食之去恶心酸咽,止酒痰黄水。小于榅桲而相似,北土无之。中都有。郑注礼曰:樝,梨之不臧者,为无功也"。

10. 齐民要术

《齐民要术》中载:"尔雅曰楙,木瓜。郭璞注曰:实如小瓜,酢可食。广志曰:木瓜子可藏,枝可为数号,一尺百二十节。卫诗曰:投我以木瓜。毛公曰:楙也。诗义疏曰:楙叶似奈叶,实如小瓜,黄似着粉者,欲啖,截截着热灰中,令萎蔫,净洗,以苦酒、豉汁淹之,可案酒食,蜜封藏百日乃食之,其美。木瓜种子及栽皆得,压枝亦生,栽种与李同。食经藏木瓜法:先切去皮,煮令熟,着水中车轮切,百瓜用三升盐、蜜一斗渍之,昼曝,夜内汁中,取令干,以余汁蜜藏之,亦同浓枕汁也"。"木瓜,种子及栽皆得,压条也有,栽种与李同"。

11. 群芳谱

王象晋《群芳谱》中载:种法,"秋社前后,分其条移栽,次年便结子,胜春栽者"。制用,"木瓜性脆,可蜜渍为果,去子蒸烂,捣泥入蜜,与姜作煎,冬日饮尤佳"。木瓜浆,"木瓜十两去皮细切,以汤淋浸,加姜一两、甘草二两、紫苏四两、盐一两,每用些少泡汤沉井中,俟极冷,饮之"。

12. 本草纲目 下册(1768~1771年)

明代李时珍的《本草纲目》(1596年,明万历二十四年)中有"木瓜　别录　中品"。

[释名]楙音茂。[时珍曰]按尔雅云:楙,木瓜。郭璞注云:木实如小瓜,酢而可食。则木瓜之名,取此义也。或云:木瓜味酸,得木之正气故名。亦通。楙从林、矛,谐声也。

[集解][弘景曰]木瓜,山阴兰亭尤多,彼人以为良果。又有榠樝,大而黄。有楂子,小而涩。礼云:楂、梨钻之。古亦以楂为果,今则不也。[保昇曰]其树枝状如柰,花作房生子,形似栝楼,火干甚香。楂子似梨而酢,江外常为果食。[颂曰]木瓜处处有之,而宣城者为佳。木状如柰。春末开花,深红色。其实大者如瓜,小者如拳,上黄似着粉。宣州人种莳尤谨,遍满山谷。始实成则镞纸花粘于上,夜露日烘,渐变红,花文如生。本州以充土贡,故有宣城花木瓜之称。榠樝酷类木瓜,但看蒂间别有重蒂如乳者为木瓜,无者为榠樝也。[雷斅曰]真木瓜皮薄,色赤黄,香而甘酸不涩,其向里子头尖,一面方,食之益人。有和圆子,色微黄,蒂粗,其子小圆,味涩微咸,能伤人气。又蔓子,颗小,味作涩,不堪用。有土伏子,味绝苦涩不堪,饵之令人目涩,多赤筋痛也。[宗奭曰]西洛大木瓜,其味和美,至熟止青白色,入药绝有功,胜宣州者,味淡。[时珍曰]木瓜可种可接,可以压枝。其叶光而厚,其实如小瓜而有鼻,津润味不木者为木瓜。圆小于木瓜,味木而酢涩者为木桃。似木瓜而无鼻,大于木桃,味涩者为木李,亦曰木梨,即榠樝及和圆子也。鼻乃花脱处,非脐蒂也。木瓜性脆,可蜜渍为果。去子蒸烂,捣泥入蜜,与姜作煎,冬月饮尤佳。木桃、木李性坚,可蜜煎及作糕食之。木瓜烧灰散池中,可以毒鱼,说出淮南万毕术。又广志云:木瓜枝,一尺有百二十节,可为杖。

实[修治][雷斅曰]凡使木瓜,勿犯铁器,以铜刀削去硬皮并子,切片晒干,以黄牛乳汁拌蒸,从巳至末,待如膏煎,乃晒用也。[时珍曰]今人但切片晒干入药尔。按大明会典:宣州岁贡乌烂虫蛀木瓜入御药局。亦取其陈久无木气,如栗子去木气之义尔。[气味]酸,温,无毒。[思邈曰]酸、咸、温、涩。[主治]湿痹邪气,霍乱大吐下,转筋不止。别录　治脚气冲心,取嫩者一颗,去子煎服佳。强筋骨,下冷气,止呕逆,心膈痰唾,消食,止水利后渴不止,作饮服之。藏器止吐泻奔豚,及水肿冷气热痢,心服痛。大明调营卫,助骨气。雷斅去湿和胃,滋脾益肺,治腹胀善噫,心下烦痞。好古[发明][杲曰]木瓜入手、足太阴血分,气脱能收,气滞能和。[弘景曰]木瓜最疗转筋。如转筋时,但呼其名木瓜及书上作木字皆愈,此理亦不可解。俗人挂木瓜杖,云利筋胫也。[宗奭曰]木瓜得木之正,酸能入肝,故益筋与血。病腰肾脚膝无力,皆不可缺也。人以铅霜或粉涂之,则失酢味,且无渣,盖受金之制也。[时珍曰]木瓜所主霍乱吐利转筋脚气,皆脾胃病也,非肝病也。肝虽主筋,而转筋则由湿热、寒湿之邪袭伤脾胃所致,故转筋起于足腓。腓及宗筋皆属阳明。木瓜治转筋,非益筋也,利脾而代肝也。土病则金衰而木盛,故用酸温以收脾肺之耗散,而借其走筋以平肝邪,乃土中泻木以助金也。木平则土得令而金受荫矣。素问云:酸走筋,筋病无多食酸。孟诜云:多食木瓜,损齿及骨。皆伐肝之明验,而木瓜入手、足太阴为脾肺药,非肝药,益可征矣。又针经云多食酸令人癃。酸入于胃,其气涩以收,上之两焦,不能出入,流入胃中,下去膀胱,胞薄以软,得酸则缩卷,约而不通,故水道不利而癃涩也。罗天益宝鉴云：太保刘仲海日食蜜煎木瓜三五枚，同伴数人皆病淋疾，以问天益。天益云：此食酸所致也，但夺食则已。阴之所生，本在五味；阴之所营，伤在五味。五味太过，皆能伤人，不独酸也。又陆田埤雅云：俗言梨百损一益，楙百益一损。故诗云：投我以木瓜，取其有益也。[附方] 旧二，新十。项强筋急不可转肋，肝、肾二脏受风也。用宣州木瓜二个取盖去瓤，没药二两，乳香二钱半，二味入木瓜内缚定，饭上蒸三四次，烂研成膏。每用三钱，入生地黄汁半盏，无灰酒二盏，暖化温服。许叔微云：有人患此，自午后发，黄昏时定。予谓此必先从足起。足少阴之筋自足至项。筋者肝之合。今日中至黄昏，阳中之阴，肺也。自离至兑，阴旺阳弱之时。故灵宝毕法云：离至乾，肾气绝而肝气弱。肝肾二脏受邪，故发于此时。予授此及都梁丸服之而愈。本事方。脚气肿急用木瓜切片，囊盛踏之。广德顾安中，患脚气筋急腿肿。因附舟以足阁一袋上，渐觉不痛。乃问舟子：袋中何物？曰：宣州木瓜也。及归，制木瓜袋用之，顿愈。名医录。脚筋挛痛用木瓜数枚，以酒水各半，煮烂捣膏，乘热贴于痛处，以帛裹之，冷即换，日三五度。食疗本草。脐下绞痛木瓜三片，桑叶七片，大赛三枚，水三升，煮半升，顿服即愈。食疗。小儿洞痢木瓜捣汁服之。千金方。霍乱转筋木瓜一两，酒一升，煎服。不饮酒者，煎汤服。仍煎汤浸青布裹其足。圣惠。霍乱腹痛木瓜五钱，桑叶三片，枣肉一枚，水煎服。圣惠。四蒸木瓜圆治肝、肾、脾三经气虚，为气寒暑湿相搏，流注经络。凡遇六气更变，七情不和，必至发动，或肿满。或顽痹，憎寒壮热，呕吐自汗，霍乱吐利。用宣州大木瓜四个，切盖剜空听用。一个入黄芪、续断末各半两于内，一个入苍术、桔皮末各半两于内，一个入乌药、黄松节末各半两于内（黄松节即茯神中心木也），一个入威灵仙、苦葶苈末各半两于内。以原盖簪定，用酒浸透，入甑内蒸熟晒，三浸、三蒸、二晒，捣末，以榆皮末、水和糊，丸如梧子火。每服五十丸，温酒，盐汤任下。御药院方。肾脏虚冷气攻，胀满疼痛。用大木瓜三十枚，去皮、核，剜空，以甘菊花末、青盐末各一斤填满，置笼内蒸熟，捣成膏，入新艾茸二斤搜和，丸如梧子大。每次饮下三十丸，日二。圣济总录。发槁不泽木瓜浸油梳头。圣惠方。反花痔疮木瓜为末，以鳝鱼身上涎调，贴之，以纸护住。医林集要。辟除壁虱以木瓜切片，铺于席下。臞仙神隐。

　　木瓜核 [主治] 霍乱烦躁气急，每嚼七粒，温水咽之。时珍 出圣惠。

　　枝 叶 皮 根 [气味] 并酸，涩，温，无毒。[主治] 煮汁饮，并止霍乱吐下转筋，疗脚气。别录 枝作杖，利筋脉。根、叶煮汤淋足胫，可以已蹶。木材作桶濯足，甚益人。苏颂曰：枝、叶煮汁饮，治热痢。时珍 出千金。

　　花 [主治] 醀粉泽。方见李花。

　　此外，李时珍在《本草纲目》中将木瓜、榠楂、楂子三者加以区分，如："榠楂酷似木瓜，但看蒂间别有重蒂如乳者为木瓜，无者为榠楂"。敫曰"真木瓜皮薄，色赤黄，香而甘酸不涩，其向里子头尖，一面方，食之益人"。李时珍曰"木瓜……其叶光而厚，其实如小瓜而有鼻。津润味不木者为木瓜。圆小于木瓜，味木而酢涩岁木桃。似木瓜而无鼻，大于木桃，味涩为木李，亦曰木梨，即榠楂和圆子也"。其中有"集解颂曰：榠楂木、叶、花、实酷类木瓜，但比木瓜大而黄色"。这说明："榠楂乃木瓜之大而黄色无重蒂者也。楂子乃木瓜之短小而味酢涩者也。榅桲 Cydonia oblonga Mill. 则楂类之生于北土者也。三物与木瓜皆是一类各种，故其形状功用不甚相远"。曲泽洲、孙云蔚（1990）认为，"楂子可能是木瓜的矮生种,至于榠樝可能是大果木瓜的品种或变种"。

在栽培技术上也有记载,如:木瓜可种可接,可以压枝。其叶光而厚,其实如小瓜而有鼻,津润味不木者,为木瓜。圆小如木瓜,味木而酢涩者,为木桃。似木瓜而无鼻,大于木桃,味涩者,为木李,亦曰木梨,即榠樝及和圆子也。鼻乃花脱处,非脐蒂也。木瓜性脆,可蜜渍为果。去子蒸烂,捣泥入蜜,与姜作煎,冬月饮尤佳。木桃、木李性坚,可蜜煎,及作糕食之。木瓜烧灰散池中,可以毒鱼,说出淮南万毕术。又广志云:木瓜枝,一尺有百二十节,可为杖。又曰:木瓜所主霍乱吐利,转筋脚气,皆脾胃病,非肝病也。肝虽主筋,而转筋则由湿热寒湿之邪,袭伤脾胃所致,故转筋必起于足腓,腓及宗筋皆属阳明,木瓜治转筋,非益筋也,理脾而伐肝也。土病则金衰而木盛,故用酸温以收脾肺之耗散,而藉其走筋,以平肝邪,乃土中泻木,以助金也。木平则土得令,则金受荫矣。素问云:酸走筋,筋病无多食酸。孟诜云:多食木瓜损齿及骨,皆伐肝之明验。而木瓜入手、足太阴,为脾肺药,非肝药,益可征矣。又针经云多食酸令人癃,酸入于胃,其气涩,以收,两焦之气,不能出入,流入胃中,下去膀胱,胞薄以软,得酸则缩卷,约而不通,故水道不利而癃涩也。罗天益宝鉴云:太保刘仲海日食蜜煎木瓜三五枚。同伴数人皆病淋疾,以问天益,天益云:此食酸致也。但夺食则已。阴之所生,本在五味,阴之所营,伤在五味,五味太过,皆能伤人,不独酸也。又陆田埤雅云:俗言梨百损一益,楙百益一损。故诗云:投我以木瓜,取其有益也。

13. 证类本草

唐慎微撰(560～561年)在《证类本草》中载:木瓜实味酸,温,无毒。主湿痹邪气,霍乱大吐下,转筋不止。其枝亦可煮用。

陶隐居云:山阴兰亭尤多。彼人以为良果,最疗转筋。如转筋时,但呼其名及书上作木瓜字,皆愈,亦不可鲜。俗人挂木瓜杖,云利筋胫。又有榠樝,大而黄,可进酒祛痰。又,樝子小而涩,断痢。《礼》云:樝梨曰钻之。郑公不识樝,乃云是梨之不臧者。盖古亦以樝为果,今则不入例尔。臣禹锡等谨按蜀本注:其树枝如柰,花作房生,子形似栝楼,火干甚香。

尔雅:楙,木瓜。注云:实如小瓜,酢可食,然多食亦不益人。又《尔雅》注:榠似梨而酢涩。陈藏器云:木瓜本功外,下冷气,强筋骨,消食,止水痢后渴不止,作饮服之。又,脚气冲心,取一颗去子,煎服之,嫩者更加。又止呕逆,心膈痰唾。又云按榠樝,一名蛮樝,本功外,食之去恶心。其气辛香,致衣箱中杀虫鱼,食之止心下酸水,水痢。樝子本功外,食之去恶心、酸咽,止酒痰黄水。小于榅桲而相似。北土无之,中都有。郑注《礼》云:樝梨之不不臧者。为无功也。孟诜云:木瓜,谨按:枝叶煮之饮,亦治霍乱。不可多食,损齿及骨。又,脐下绞痛。木瓜一两片、桑叶七片、大枣三枚,碎之,以水二升,煮取半升,顿服之,差。又云植子,平。损齿及筋,不可食。亦主霍乱转筋,煮汁食之,与木瓜功稍等,余无有益人处。江外常为果食。日华子云:木瓜止吐泻、贲豚及脚气、水肿,冷热痢,心腹痛,疗渴,呕逆,痰唾等。根治脚气。又云楔棣,平,无毒。消痰,解酒毒及治咽酸。煨食止痢。浸油梳头,治发赤并白。

14. 本草衍义

《本草衍义》中有:衍义曰木瓜,得木之正,故入筋。以铅霜涂之,则失醋味,受金之制,故如是。今人多取西京大木瓜为佳,其味和美,至熟止,青白色,入药,绝有功。胜、宣州者味淡。此物入肝,故益筋与血病、腰肾脚膝无力,此物不可阙也。其中,插入蜀州木瓜图。

15. 楂子

楂子音渣。会疗[校正]原附木瓜下,今分出。

[释名]木桃埤雅和圆子。[时珍曰]木瓜酸香而性脆。木桃酢涩而多渣,故谓之楂,雷介炮炙和圆子即此也。

[集解][藏器曰]楂子生中都,如榠楂而小,江外常为果食,北土无之。[颂曰]处处有之,孟州特多。[弘景曰]礼云:楂梨钻之。谓钻去核也。郑玄不识,以为梨之不臧者。郭璞以为似梨而酢涩。古以为果,今不入例矣。[时珍曰]楂子乃木瓜之酢涩者,小于木瓜,色微黄,蒂、核皆粗,核中之子小圆也。按王祯农书云:楂似小梨,西川、唐、邓间多种之。味劣于梨与木瓜,而入蜜煮汤,则香美过之。庄子云:楂、梨、橘、柚皆可于口。淮南子云:树楂、梨、橘,食之则美,嗅之则香。皆指此也。

[气味]酸,涩,平,无毒。

[主治]断痢。弘景去恶心咽酸,止酒痰黄水。藏器煮汁饮,治霍乱转筋,功与木瓜相近。

16. 榠楂

榠楂音冥渣。宋图经[校正]原附木瓜下,今分出。

[释名]蛮楂通志瘙楂拾遗木李诗经木梨埤雅。[时珍曰]木李生于吴越,故郑樵通志谓之蛮楂。云俗呼为梨,则榠楂盖蛮楂之讹也。

【集解】[颂曰]榠楂木、叶、花、实酷类木瓜,但比木瓜大而黄色。辨之惟看蒂间制有重蒂如乳者为木瓜,无此者为榠楂也。可以进酒祛痰。道家生压取汁,和甘松、玄参末作湿香,云共爽神也。[诜曰]榠楂气辛香,致衣箱中杀蠹虫。[时珍曰]榠楂乃木瓜之大而黄色无重蒂者也。楂子乃木瓜之短小而味酢涩也。榠楂则楂类之生于北土者也。三物与木瓜皆是一类各种,故其形状功用不甚相远,但木瓜得木之正气可贵耳。

[气味]酸,平,无毒。

[主治]解酒祛痰。弘景食之去恶心,止心中酸水。藏器煨食止痢。浸油梳头,治发白、发赤。大明煮汁服,治霍乱转筋。

17. 植物名实图考长编、花镜

植物名实图考长编、花镜等著作中,均有木瓜的记载。

总结以上所述,可以明显看出,中国古代学者在3 000年前就开始进行木瓜植物的鉴别、繁育、栽培与开发利用的研究。

二、中国现代学者研究木瓜族植物的简史

中国现代学者研究木瓜族植物的历史起步较晚,尤其是新品种的选育工作。据作者了解:

1916年,E. H. Wilson,在《Plantae Wilsonianae》Volume II 一书中记载,Chaenomeles Lindl. 有3种、2变种:木瓜贴梗海棠 *Chaenomeles lagenaria* Koidzumi 及变种 var. *cathayensis* Rehd. 和 var. *wilsonii* Rehd.、*Chaenomeles japonica* Lindl.、*Chaenomeles sinensis* E. Koehne.

1934 年，Hang-Chow（周汉藩）在《The Familiar Trees of Hopei》（河北习见树木图说）一书中记载：原木瓜属 *Chaenomeles* Lindl. 1 种，即贴梗海棠 *Chaenomeles lagenaria* Koidzumi。

1937 年，陈嵘在《中国树木分类学》一书中记载：原木瓜属 3 种、3 变种，即木瓜 *Chaenomeles sinensis* E. Koehne、木瓜贴梗海棠 *Chaenomeles lagenaria* Koidzumi 及其变种木桃（木瓜贴梗海棠）*Chaenomeles lagenaria* Koidzumi var. *cathayensis* Rehd.、木瓜海棠（木瓜贴梗海棠）*Chaenomeles lagenaria* Koidzumi var. *wilsonii* Rehd.、倭海棠（日本贴梗海棠）*Chaenomeles japonica* Lindl. 及其 2 变种：斑叶倭海棠（斑叶日本贴梗海棠）*Chaenomeles japonica* Lindl. var. *tricolor* Rehd. 和匍匐倭海棠（匍匐日本贴梗海棠）*Chaenomeles japonica* Lindl. var. *alpina* Maxim.。该种及 2 变种，何时引入中国，尚无记载。

其后，侯宽昭等. 广州植物志：297. 1956；裴鉴等编著. 江苏南部种子植物手册：352. 图 563. 1959；北京师范大学主编. 北京植物志（上册）：399. 图 345. 1962；中国科学院植物研究所主编. 中国高等植物图鉴（第二册）：243. 图 2215. 1972；中国科学院中国植物志编辑委员会. 中国植物志（第三十六卷）：350～351. 1974；丁宝章等主编. 河南植物志（第二册）：188. 图 937. 1988；戴天澍等主编. 鸡公山木本植物图鉴：128. 图 255. 1991；中国科学院昆明植物研究所编著. 云南植物志·第十二卷 种子植物：412～413. 1986；中国科学院西北植物研究所编著. 秦岭植物志·第一卷 种子植物（第二册）：542. 图 438. 1974；郑万钧主编. 中国树木志（第二卷）：1027. 1985 等著作中均记载，原木瓜属 *Chaenomeles* Lindl. 中的种与变种。

特别提出的是，中国学者俞德俊发表了西藏木瓜 *Chaenomeles thibetica* Yü，1974 年，将西藏木瓜放入贴梗海棠属 *Chaenomeles* Lindl.。西藏木瓜系榲桲 *Cydonia oblonga* Mill. 与木瓜贴梗海棠 *Chaenimoles cathayensis*（Hemsl.）Schneioder 的天然杂种。

中国科学院湖北植物研究所编著. 湖北植物志（第二卷）中，将木瓜 *Cydonia sinensi* Thouin 载入榲桲属 *Cydonia* Mill.。

中国学者进行木瓜族植物新品种选育与其分类研究历史工作起步很晚。其概况如下：

（1）1993 年，邵则夏、陆斌、刘爱群，等在《云南林业科技》上（3：32～36，43）发表《云南木瓜资源、栽培与加工利用专题　云南的木瓜种质资源》一文。其中，介绍皱皮木瓜（贴梗海棠）、毛叶木瓜、西藏木瓜及木瓜 5 种；小桃红木瓜（海棠木瓜，重瓣花木瓜）、剑川 1 号、甜木瓜、洱源 3 号、大理 1 号 5 变异类型和杂种。

（2）1995 年，邵则夏、陆斌在《果树科学》上（12：155～156）发表《云南的木瓜》一文，其中，介绍皱皮木瓜、毛叶木瓜、西藏木瓜、野木瓜、木瓜、小桃红木瓜、剑川 1 号、甜木瓜、洱源 3 号等种、杂种与变异类型。

（3）1996 年，徐兴东、崔爱军、孙佩菊等在《北方果树》上（1：18～19）发表《木瓜优良品种简介》一文，其中，介绍'罗扶'、'长俊'、'红霞'、'玉佛'、'奥星'、'金香'6 栽培品种。

（4）1997 年，朱楷、汲升好、徐兴东等在《落叶果树》上（增刊：63～64）发表《沂州木瓜优良品种及栽培技术要点》一文,其中,介绍'罗扶'、'长俊'、'红霞'、'玉佛'、'奥星'、'金香'6栽培品种。

(5) 1998年,徐兴东在《山西果树》上(1:22~24)发表《沂州木瓜高产高效栽培技术》一文,其中,介绍'罗扶'、'长俊'、'红霞'、'玉佛'、'奥星'、'金香'6栽培品种。

(6) 1998年,陈修会、张兴龙、朱新学等在《中国果蔬》上(3:29)发表《沂州木瓜的优良品种》一文,其中,介绍'罗扶'、'长俊'、'红霞'、'玉佛'、'金香'、'一品香'6栽培品种。

(7) 1998年,王嘉祥、王侠礼、管兆国等在《北京林业大学学报》上[20(2):123~125]发表《木瓜品种调查与分类初探》一文,其中,介绍贴梗海棠、四季贴梗海棠、复色贴梗海棠、'大富贵'('世界一')、'绿宝石'、'艳阳红'、'红宝石'、光皮木瓜、假光皮木瓜、野生皱皮木瓜、'罗扶'、'长俊'、'红霞'、'一品香'等。

(8) 2003年,王嘉祥在《落叶果树》上(1:21~22)发表《沂州木瓜》一文,其中,介绍'罗扶'、'长俊'、'红霞'、'一品香'4栽培品种。

(9) 2003年,赵红霞、张复君在《落叶果树》上(2:50~51)发表《观赏木瓜》一文,其中,介绍'大富贵'、'长寿乐'、'长寿冠'、'银长寿'、'报春'、'复色海棠'6栽培品种。

(10) 2003年,郭帅在《观赏木瓜种质资源的调查、收集、分类及评价》(D)中,首次提出观赏木瓜分为木瓜组、圆蕾海棠组和圆锥蕾海棠组。同时,根据22个栽培品种外部形态特征和12个栽培品种花粉指标的聚类结果,将皱皮木瓜(贴梗海棠)和红贴梗海棠聚为一组,白贴梗海棠、复色贴梗海棠、'银长寿'、'大富贵'聚为一组,'长寿乐'、'长寿冠'聚为一组,'报春'、木瓜海棠(木瓜贴梗海棠)聚为一组。记录13个栽培品种及1个新栽培品种——'橙红变型'(贴梗海棠)。木瓜栽培品种有'粗皮剩花'、'细皮剩花'、'豆青'、'小狮子头'、'玉兰'。

(11) 2003年,陆斌,邵则夏,宁德鲁在《中国南方果树》上[32(5):62~63]发表《云南木瓜种质资源与果实营养成分》一文。

(12) 2003年,郑林、陈红等在《木瓜属(Chaenomeles)栽培品种与近缘种的数量分类》一文中,记录22个栽培品种,并发表7个新栽培品种,将'橙红变型'归入华丽贴梗海棠Chaenomeles × superba(Frahm)Rehd.。

(13) 2004年,王嘉祥在《中国种业》上(10:54)发表《观赏木瓜优良品种简介》一文,其中,介绍'大富贵'、'红宝石'、'绿宝石'、'复色海棠'、'四季海棠'、'长寿乐'6栽培品种。

(14) 2004年,王嘉祥在《园艺学报》上[31(4):520~522]发表《山东皱皮木瓜品种分类探讨》一文,记载皱皮木瓜(贴梗海棠)等栽培品种23个,如'红贴梗海棠'、'白贴梗海棠'、'报春'、'红双喜'、'粉牡丹'、'大富贵'、'红宝石'、'绿宝石'、'复色海棠'、'四季海棠'、'长寿乐'、'艳阳红'、'碧雪'、'奥星'、'一品香'、'锦绣'、'罗扶'、'长俊'、'绿玉'、'国华'、'金香'、'红霞'、'玉佛'。

(15) 2004年,张继山、刘希涛在《农村百事通》上(9:31)发表《光皮木瓜珍稀品种——牡丹木瓜》一文。

(16) 2005年,王嘉祥在《山东观赏木瓜种质资源调查及分类》中记载木瓜亚族植物栽培品种 13 个,如'红宝石'、'绿宝石'、'大富贵'、'红双喜'、'报春'、'复色海棠'、'粉牡丹'、'白贴梗海棠'、'红贴梗海棠'、'四季海棠'、'长寿乐'、'碧雪'及'艳阳红'。

(17) 2005 年,张茜、王光、何祯祥在《植物遗传资源学报》上[6(3):339~340)]发表《木瓜种质资源的植物学归类及管理原则》一文。

(18) 2006 年,薛杰在《中国花卉园艺》上(20:42~43)发表《菏泽木瓜的栽培》一文,其中,介绍'玉兰'、'细皮剩花'、'粗皮剩花'、'豆青'、'狮子头'及'手瓜'6 个栽培品种。

(19) 2007 年,臧德奎、王关祥、郑林等在《林业科学》上[43(6):72~76)]发表《我国木瓜属观赏品种的调查与分类》一文,其中,介绍 20 个栽培品种,如贴梗海棠栽培品种有'多彩'、'秀美'、'红艳'、'凤凰木'、'红星',木瓜贴梗海棠(木瓜海棠)栽培品种有'醉杨妃'、'金陵粉'、'蜀红'、'罗扶'、'红霞',日本贴梗海棠栽培品种有'单白'、'日落'、'矮红',华丽贴梗海棠栽培品种有'猩红与黄金'、'四季红'、'碧雪'、'绿宝石'、'长寿乐'、'红宝石'、'大富贵'。

(20) 2007 年,郝继伟、周言忠在《中国种业》上(11:72~76)发表《沂州木瓜优质品种资源调查研究》一文,其中,介绍 14 个栽培品种,如'罗扶'、'长俊'、'红霞'、'一品香'、'玉佛'、'奥星'、'金香'等。

(21) 2008 年,易吉林在《南方农业》(园林花木版)上[2(10):32~33]发表《新优观花植物——日本海棠》一文,其中,介绍 8 个栽培品种,如'长寿冠'、'银长寿'、'世界一'、'大富贵'、'东洋锦'、'白雪公主'、'红宝石'、'复色海棠',而垂丝海棠、西府海棠不属于贴梗海棠属。

(22) 2008 年,郑林在《中国木瓜属观赏品种调查和分类研究》(D)中,记载 32 个栽培品种:贴梗海棠品种 9 个:'红艳'、'秀美'、'多彩'、'风扬'、'夕照'、'凤凰木'、'红星'、'沂红'、'沂锦'。木瓜贴梗海棠(木瓜海棠)栽培品种 7 个:'长俊'、'红霞'、'金陵粉'、'罗扶'、'蜀红'、'一品香'、'醉杨妃'。日本贴梗海棠栽培品种 5 个:'单粉'、'单白'、'矮红'、'日落'、'四季红'(四季贴梗海棠)。华丽贴梗海棠栽培品种 11 个:'早春'、'碧雪'、'长寿乐'、'猩红与黄金'、'大富贵'、'复长寿'、'红宝石'、'绿宝石'、'沂橙'、'红舞'、'紫衣'。木瓜栽培品种有 5:'粗皮剩花'、'细皮剩花'、'豆青'、'小狮子头'、'玉兰'。其中,7 个新品种为'风扬'、'夕照'、'沂红'、'沂橙'、'红舞'、'紫衣'、'单粉'。

(23) 2009 年,王明明在《木瓜属栽培品种的分类研究》(D)中记载 31 个栽培品种:'长寿冠'、'东洋锦'、'世界一'、'银长寿'、'长寿乐'、'单橙'、'姬娇'、'罗扶'、'长俊'、'红霞'、'绿玉'、'沂锦'、'一品香'、'沂州 2 号'、'红花'、'蜀红'、'白雪'、'红娇'、'红艳'、'红星'、'粉牡丹'、'云锦'、'单白'、'碧雪'、'猩红与金黄'、'红粉女士'、'矮红'、'光果'木瓜'Guangguo'、毛叶木瓜(木瓜贴梗海棠)1 号、毛叶木瓜(木瓜贴梗海棠)2 号、毛叶木瓜(木瓜贴梗海棠)3 号。提出有不确定的栽培品种:'沂州 2 号'、'矮橙'、'毛雷'、毛叶木瓜(木瓜贴梗海棠)1 号、毛叶木瓜(木瓜贴梗海棠)2 号、毛叶木瓜(木瓜贴梗海棠)3 号。其中,西藏木瓜为种,不属于栽培品种。

(24) 2009 年,张桂荣在《木瓜》一书中记载木瓜 10 个栽培品种:'粗皮剩花'、'细皮剩花'、'玉兰'、'豆青'、'小狮子头'、'大狮子头'、'细皮子'、'小手'、'大手'、'种'

木瓜。

（25）2009年，郑林、陈红、郭先锋等在《南京林业大学学报》（自然科学版）上［33（2）：47～50）］发表《木瓜属（*Chaenomeles* Lindl.）栽培品种与近缘种的数量分类》一文，其中，记载18个栽培品种：'碧雪'、'长俊'、'红霞'、'复长寿'、'猩红与金黄'、'大富贵'、'单白'、'豆青'、'日落'、'红艳'、'一品香'、'醉杨妃'、'多彩'、'矮红'、'红星'、'凤凰木'、'皇族'、'四季红'。

（26）2011年，杨松杰在《湖北农业科技》上［50（20）：4116～4120］发表《木瓜属植物种质资源研究进展》一文，记载有陕西白河木瓜、云南甜木瓜、湖北资木瓜、浙江淳木瓜及四川川木瓜，以及'红娇'新栽培品种、'沂州2号'、'矮橙'、'毛雷'、毛叶木瓜（木瓜贴梗海棠）1号、毛叶木瓜（木瓜贴梗海棠）2号、毛叶木瓜（木瓜贴梗海棠）3号。

（27）2011年，杜淑辉在《木瓜属新品种DUS测试指南及已知品种数据库的研究》（D）中介绍了60个栽培品种，是报道我国木瓜属 *Chaenomeles* Lindl. 植物栽培品种最多的一次报道。其中，贴梗海棠栽培品种21个：'红艳'、'大红袍'、'秀美'、'多彩'、'风扬'、'夕照'、'凤凰木'、'红星'、'沂红'、'沂锦'、'梅锦'、'妖姬'、'皇族'、'紫玉'、'朱红'、'红娇'、'粉娇'、'红玉'、'云锦'、'红运'、'锈锦'。日本贴梗海棠栽培品种6个：'单白'、'单粉'、'矮红'、'日落'、'红花'、'四季红'。木瓜贴梗海棠栽培品种12个：'长俊'、'红霞'、'金陵粉'、'白雪'、'罗扶'、'蜀红'、'一品香'、'醉杨妃'、'红火'、'秋实'、'绿玉'、'沂果'。华丽贴梗海棠栽培品种18个：'早春'、'莫愁红'、'碧雪'、'长寿乐'、'复长寿'、'猩红与金黄'、'大富贵'、'红宝石'、'绿宝石'、'沂橙'、'红舞'、'紫衣'、'橙红变型'、'珊瑚'、'倾城'、'沂州红'、'尼考林'、'五彩'。其中，'白雪'、'红火'、'秋实'、'沂果'、'梅锦'、'妖姬'、'皇族'、'紫玉'、'红娇'、'粉娇'、'红玉'、'云锦'、'锦绣'、'莫愁红'、'橙红变型'、'珊瑚'、'倾城'、'沂州红'、'五彩'、'红花'、'红运'、'大红袍'23个为新栽培品种，1新引种的记录栽培品种——'尼考林'。

（28）2015年，张毅、刘伟、李桂祥等在《日本木瓜属观赏品种资源调查》一文中，介绍日本贴梗海棠栽培品种9个、贴梗海棠栽培品种69个、贴梗海棠与日本贴梗海棠杂交栽培品种29个，以及曲枝型栽培品种5个（不知归属）。

该文作者介绍118个栽培品种，划分为：

Ⅰ．东洋锦品种群（皱皮木瓜种＝贴梗海棠），包括'东洋锦' *Chaenomeles speciosa*（Sweet）Nakai 'Toyonisiki' 等34个栽培品种。

Ⅱ．日月星品种群（皱皮木瓜种＝贴梗海棠），包括'日月星' *Chaenomeles speciosa*（Sweet）Nakai 'Zitugetusei' 等15个栽培品种。

Ⅲ．长寿乐品种群（皱皮木瓜种＝贴梗海棠），包括'长寿乐' *Chaenomeles speciosa*（Sweet）Nakai 'Tyojuraku' 等22个栽培品种。

Ⅳ．昭和锦、雪御殿品种群（皱皮木瓜＝贴梗海棠与日本贴梗海棠的杂交种），包括'昭和锦' *Chaenomeles* × *specios-japonica* T. B. Zhao, Z. X. Chen et Y. M. Fan 'Syowa-nisiki'、'雪御殿' *Chaenomeles* × *specios-japonica* T. B. Zhao, Z. X. Chen et Y. M. Fan 'Yukigoten' 等20个栽培品种。

Ⅴ．寒木瓜品种群（皱皮木瓜＝贴梗海棠与日本贴梗海棠杂交种），包括寒木瓜、'白牡丹'Chaenomeles × specios-japonica T. B. Zhao,Z. X. Chen et Y. M. Fan 'Baimutan'等
12 个栽培品种。

Ⅵ. 日本木瓜品种群（日本木瓜种 = 日本贴梗海棠），包括'长寿梅'Chaenomeles ja-
ponica(Thunb.)Lindl. ex Spach 'Tyojubai'等 10 个栽培品种。

Ⅶ. 曲枝（云龙型）品种群，包括'奥凯萨红'Chaenomeles × sp. 'Kotenboke'等 5 个
栽培品种。

（29）2003 年,Qun Chen,Wei Wei. Effects and mechanisms of glucosides of Chaenomeles
speciosa on collagen-inducedarthritis in rats. International Immunopharmacology,3：593. 608.
2003。

（30）2007 年,Chen Jaw-chyun,Chang Yuan-shiun,Wu shih-lu et al.. Inhibition of
Escherichia coliheat-labile enterotoxin-induced diarrhea by Chaenomeles speciosa. Journal of
Ethnopharmacology,113：233~239. 2007。

（31）2018 年,路夷坦、范永明、赵东武等. 在《中国木瓜属植物资源的研究》一文中,
介绍木瓜 10 个新变种、7 新改隶组合变种和 4 个新栽培品种。

总之,中国学者进行木瓜族植物栽培品种选育与分类研究起步较晚。有些问题处理
不规范,如有些栽培品种名称白雪、红火、"大富贵"等,无' '号,应为'白雪'、'红火'、
'大富贵'等;新记录栽培品种与新栽培品种分不清等。

第二节 日本学者及外国学者研究木瓜族植物的历史

（1）1784 年,瑞典学者 C. P. Thunberg 发表 Pyrus japonica Thunb. 和 Cydonia japoni-
ca Thunb. ,Fl. Jap. 207. 1784。两者实为 1 种,即日本贴梗海棠 Chaenomeles japonica
(Thunb.)Lindl. ex Spach(1834)。

（2）1803 年,Sims 发表日本贴梗海棠 Pyrus japonica Sims in Bot. Mag. XVIII. t. 692.
1803。

（3）1803 年,Sweet 发表日本贴梗海棠 Cydonia japonica Sweet,Hort. Subrb. Lond.
113. 1818. Holotype,pl. 692. in Curtis's Bot. Mag. 18：1803。

（4）1803 年,Lond 发表日本贴梗海棠 Cydonia speciosa(Sweet)Koidzumi 1803。

（5）1803 年,Andrews 发表日本贴梗海棠 Cydonia japonica Andrews,Bot. Repos. VII.
t. 462. 1803。

（6）1803 年,Andrews 发表一新种 Malus japonica Andrews,Bot. Repos. VII. t. 462.
1806,Cydonia japonica Mallardi Carriére。

（7）1807 年,Persoon 发表一新种 Cydonia japonica Persoon,Syn. II. 40. 1807。

（8）1807 年,Persoon 发表日本贴梗海棠 Chaenomeles japonica(Thunb.)Pers. Syn.
Pl. II：40(Cydonia japonica Persoon)及 3 变种：

1.1 Cydonia japonica(Thunb.)Persoon var. alpina Maxim.

1.2 Cydonia japonica(Thunb.)Persoon var. pygmaea Maxim.

1.3 Cydonia japonica(Thunb.)Persoon var. pygmaea Maxim. (Masters)Lavallé 1807。

（9）1812 年，Thouin 发表一新种（木瓜）*Cydonia sinensis* Thouin in Ann. Mus. Hist. Nat. Paris 19：145. t. 8. 9. 1812。

（10）1815 年，Loiseleur 发表木瓜贴梗海棠（木瓜海棠、毛叶木瓜）*Cydonia sinensis* Loisel. in Nouv. Duhamel，VI. 255. t. 76. 1815（= *Cydonia lagenaria* Loiseleir. in Duhamel，Traité Arb. Ed. augm. (Nouv. Duhamel) VI. 255. t. 76. 1815)。

（11）1815 年，Loiseleur 发表木瓜贴梗海棠（木瓜海棠、毛叶木瓜）*Cydonia sinensis* Loisel. in Duhamel，Traité Arb. Arb. Arburst. (Nouv. Duhamel) VI. 255. pl. 76. 1815。

（12）1816 年，Poiret 发表木瓜 *Cydonia sinensis* Poiret，Encycl. Méth. Suppl. IV. 452. 1816。

（13）1817 年，Poiret 发表木瓜贴梗海棠（木瓜海棠、毛叶木瓜）*Cydonia lagenaria* Loisel. Herb. Amat. II. t. 73(non). 1817。

（14）1822 年，Lindley 发表日本贴梗海棠（倭海棠、日本木瓜）*Chaenomeles japonica* Lindl. (Usually Lindley in Trans Linn. Soc. XIII. 97. 1822) apud Spach，Hist. Vég. ii. 159 (proparte)，Hist. Nat. Vég. 1834，quoad synon. "*Pyrus japonica* Thoub."。

（15）1822 年，E. A. Carriere 以木瓜 Pseudochaenomeles sinensis(Thouin) Carr. 为模式建立木瓜属 Pseudochaenomeles Carr.。

（16）1825 年，De Candoile 发表贴梗海棠属 *Chaenomeles* DC. 和榲桲属 Cydonia Mill.。

（17）1825 年，De Candoile 发表木瓜贴梗海棠（木瓜海棠、毛叶木瓜）*Cydonia lagenaria* DC.，Prodr. II. 638(pro parte)1825。

（18）1825 年，Guimpel 发表日本贴梗海棠（倭海棠、日本木瓜）*Chaenomeles japonica* Guimpel，Otto Hayne，Abb. Fremd. Holzgew. 88. t. 70. 1825。

（19）1834 年，Lindley 发表日本贴梗海棠（倭海棠、日本木瓜）*Chaenomeles japonica* Lindl. (Usually Lindl. in Trans Linn. Soc. XIII. 97. 1822) apud Spach，Hist. Vég. II. 159 (pro parte)，Hist. Nat. Vég. 1834，quoad synon. "*Pyrus japonica* Thunb."。

（20）1834 年，Spach 发表日本贴梗海棠（倭海棠、日本木瓜）*Chaenomeles japonica* Spach Hist. Vég. II. 159(pro parte)1834，exclude. Synon. quoad synon. Lindl.，Thunberg Persoon。

（21）1834 年，Linedler ex Spach 发表日本贴梗海棠（倭海棠、日本木瓜）*Chaenomeles japonica* Linedl. ex Spach，Hist. Nat. Vég. Phan. II. 159. 1834. p. p. quoad. Basonym.。

（22）1834 年，Linedley ex Spach 发表贴梗海棠 Chaenomeles saponica(Thunb.) Linedl. ex Spach，Hist. Nat. Vég. Phan. II. 159. 1834. p. p. quoad. Basonym.。

（23）1834 年，Decaisne 发表日本贴梗海棠（倭海棠、日本木瓜）*Chaenomeles japonica* Decaisne in Nouv. Arch Müs Paris，X. 129(Mén. Fam. Pom.) (pro parte)1834。

（24）1835 年，Poir. 发表木瓜 *Chaenimoles sinensis* Poir. Encycl. Mén. Div. Acad. Sci. St. Pétersbourg，II. 27. 1835。

（25）1835 年，Bunge 发表木瓜 *Pyrus chinensis* Bunge in Mén. Sav. Étr. Acad. Sci. St. Pétersbourg，II. 27(Enum. Pl. Bor. 101). 1835。

（26）1835 年，Bunge 发表日本贴梗海棠（倭海棠、日本木瓜）*Chaenomeles japonica*

Bunge in Mén. Sav. Étr. Acad. Sci. St. Pétersbourg，II. 101（Enum. Pl. Bor. 27）. 1835。

（27）1837 年，俄罗斯学者 K. J. Maximowicz 发表匍匐日本贴梗海棠 Chaenomeles japonica（Thunb. ）Lindl. ex Spach var. alpina Maxim. in Bull. Acad. Sci. St. Pétersb. 19：168（in Mél. Biol. 9：163）（1873）"β. "

（28）1845 年，Siebolder & Zuccarini 发表木瓜贴梗海棠（木瓜海棠、毛叶木瓜）*Cydonia lagenaria* Siebol. & Zucc. in Abh. Akad. Munch. IV. Pt. II（Fam. Nat. Fl. Jap. I. 23）1845。

（29）1949 年，美国学者 A. Rehder 发表斑叶日本贴梗海棠 Chaenomeles japonica（Thunb. ）Lindl. ex Spach var. tricolor（Parsons & Sons）Rehd. ，grad. nov. ，Bibliography of Cultivated Trees and Shrubs：A. Rehder. 277. 1949。

（30）1873 年，俄罗斯学者 K. J. Maximowicz 发表日本贴梗海棠三变种 Chaenomeles japonica Bunge *a genuina* Maxim. ，*b*. alpina Maxim. ，*r*. pygmaea Maxim. in Bull. Acad. Sci. St. Pétersb. XIX：168. 1873；in Mél. Biol. IX. 163. 1873。

（31）1874 年，Poiret 发表木瓜贴梗海棠（木瓜海棠、毛叶木瓜）*Cydonia lagenaria* Wenzig in Linnaea，XXXVIII. 10. 1874。

（32）1874 年，Masters 发表木瓜贴梗海棠（木瓜海棠、毛叶木瓜）*Pyrus maulei* Masters in Gard. Chron. n. ser. I. 756. fig. 159. 1874；II. 740. fig. 144。

（33）1875 年，Thunberg 发表（倭海棠、日本木瓜）*Pyrus japonica* Thunb. *B*. *alpina* Franchet & Savatier，Enum，Pl. Jap. I. 139. 1875。

（34）1878 年，Lavallé 发表 *Chaenomeles japonica* Bunge var. *Maulei* Lavallé，Arb. Segrez，110. 1878 in Journ. Linn. Soc. Bot. XXIII. 256. （pro parte）1878。

（35）1882 年，E. A. Carriere 发表木瓜属 Pseudochaenomeles Carr. 及木瓜新改隶组合种 Pseudochaenomeles sinensis（Thouin）Carr. ，Revue Hort. 1882：238. t. 52~55. 1882。

（36）1883 年，Franchet 发表日本贴梗海棠（倭海棠、日本木瓜）一变种 *Chaenomeles japonica* Bunge *a genuina* Franchet in Nouv. Arch Müs Paris，ser. 2，V. 271（Pl. David. 1. 119）1883。

（37）1883 年，Wenzig 发表贴梗海棠属 Chaenomeles Lindl. 、榅桲属 Cydonia Mill. 及假榅桲属 *Pseudocydonia* Schneider in Cydonia Wenzig 1883。

（38）1887 年，Hemsley 发表木瓜贴梗海棠（木瓜海棠、毛叶木瓜）*Pyrus cathayensis* Hemsl. in Journ. Linn. Soc. Bot. XXIII. 256. 1887. pro parte quoad. Specim. et Kiangsi.

（39）1887 年，Schneider 发表木瓜贴梗海棠（木瓜海棠、毛叶木瓜）*Pyrus cathayensis*（Hemsl. ）Schneid. ，III. Handb. Laubh. I；730. f. 405. p-p[1]. 406. e-f. 1906，non *Pyrus cathayensis* Hemsl. in Journ. Linn. S. 23：257. 1887。

（40）1887 年，Lavallé 发表日本贴梗海棠（倭海棠、日本木瓜）一变种 *Chaenomeles japonica* Bunge *a Maulei* Lavallé，Arb. Segrez，110. 1887。

（41）1890 年，Koehne 发表日本贴梗海棠（倭海棠、日本木瓜）*Chaenomeles alpina* Koehne，Gatt. Pomac. 28. t. 2，fg. 23 a-c. 1890。

（42）1890 年，Koehne 发表木瓜 Chaenomeles sinensis（Thunb. ）Koehne，Gastt. Popmac.

（spahalmate "chinensis"）29. 1890。

（43）1890 年，Koehne 发表木瓜 *Chaenomeles sinensis* Koehne，Gastt. Popmac.（spahalmate "chinensis"）29. 1890。

（44）1898 年，Poiret 发表木瓜贴梗海棠（木瓜海棠、毛叶木瓜）*Cydonia lagenaria* Palibin in Act. Hort. Petrop. differentiation among and within population of Chaenomeles Lindl. （Rosaceae）estimated with RAPDs and isozymes. Theor Appl Genet,101;554~563. 1898。

（45）1963 年，C. Weber 在《Cultivars in The Genus Chaenomeles》（17~75）中，记载木瓜族植物有：木瓜贴梗海棠（毛叶木瓜）Chaenomeles cathayensis（Hemsl.）Schneioder ［*Chaenomeles lagenaria*（Loisel.）Koidzumi］及其 1 变种 var. wilsonii［*Chaenomeles lagenaria* （Loisel.）Koidzumi var. *wilsonii*（Hemsl.）Schneioder［*Chaenomeles lagenaria*（Loisel.）Koidzumi］和 1 栽培品种 'Mallardi'：日本贴梗海棠（日本木瓜）Chaenomeles japonica（Thunb.） Lindl. ex Spach 及其 2 变种——匍匐日本贴梗海棠 Chaenomeles japonica（Thunb.）Lindl. ex Spach var. alpina Maxim.、矮日本贴梗海棠 Chaenomeles japonica（Thunb.）Lindl. ex Spach var. pygmaea Maxim. 和 15 个栽培品种，如 Chaenomeles japonica（Thunb.）Lindl. ex Spach 'Alba' 等；贴梗海棠 Chaenomeles speciosa（Sweet）Nakai 及其 184 个栽培品种，如 Chaenomeles speciosa（Sweet）Nakai 'Albrm' 等；加利福尼亚杂种贴梗海棠 Chaenomeles × calofornia C. Weber 及其 19 个栽培品种，如 Chaenomeles × california C. Weber 'Arthur Colby' 等；华丽贴梗海棠 Chaenomeles × superba（Frahm）Rehder 及其 95 个栽培品种，如 Chaenomeles × superba（Frahm）Rehder. 'Abricot' 等；斯拉尔克娜杂种贴梗海棠 Chaenomeles × clarkian C. Weber 及其 2 个栽培品种，如 Chaenomeles × clarkian C. Weber 'Cynthia' 等；维里毛维尼阿娜杂种贴梗海棠亚种（法国贴梗海棠）Chaenomeles × vilmoviniana C. Weber 及其 3 个栽培品种，如 Chaenomeles × vilmoviniana C. Weber 'Afterglow' 等，以及不知杂交亲本起源的 43 个栽培品种，如 Chaenomeles × sp. 'Akebono' 等。总计 361 个栽培品种。

（46）1964 年，C. Weber 在《The Genus Chaenomeles（Rosaceae）》中，从形态特征的叶、花等方面论述木瓜族植物与蔷薇科中有关属的相关规律。

（47）2000 年，Bartish I. V，Rumpunen K，Nybom H. Combined analyses of RAPDs,cpDNA and morphology demonstrate spontaneous hybridization in the plant genus Chaenimeles. （Heredity）,85 :383~392. 2000。

（48）2002 年，Kaufimane E，Rumpunen K. Sporogensis and gametophyte development in Chaenimeles japonica（Japanesequince）. Scientia Horticulturae,94;241~249. 2002。

（49）最新園芸大辞典辞典编集委员会. 昭和五十八年. 最新園芸大辞典 第 3 卷 C. ：85 页中记载 *Chaenomeles maulei* Schneider；*Chaenomeles tnaulei* Lavalli；Cydonia maulei T. Moore；*Pyrus mmlei* Masters。日本贴梗海棠 2 变种：Chaenomeles japonica（Thunb.）Lindl. ex Spach var. alba Nakai 花白色及 Chaenomeles japonica（Thunb.）Lindl. ex Spach var. tortuosa Nakai 花红色。

（50）倉重 祐二在《ボケの園芸史》（2009）一文中记载，贴梗海棠、木瓜贴梗海棠（毛叶木瓜）于平安时代（794~1192）引入日本，如《延喜式》（927）、《本草和名》（918）、

《和名类聚抄》(934)等均有记载。室町时代(1336~1573),贴梗海棠、木瓜贴梗海棠(毛叶木瓜)、日本贴梗海棠和木瓜,作为观赏树种栽培。江户时代(1603~1867),开始商业生产栽培,始终未形成规模生产。大正时代(1912~1926),园艺栽培品种大量培育出现。如1913年,新潟县"越后小合园艺同好会"发行的《放春花铭鉴》中记载27个栽培品种。1914年,《放春花铭鉴》中记载36个栽培品种。

(51) 1914年,琦玉县"琦玉安行同好会"发行的《宝家华名鉴》中记载48个栽培品种。

20世纪40年代,由于繁殖困难,其栽培品种多数散落,在栽培地区10个栽培品种很难找到。

20世纪60年代开始,展开新栽培品种的选育工作,随着花色丰富、形态多样新栽培品种的发表,如1982~2015年,新栽培品种的登录数量达84个。

2007年,新潟市秋叶区的"日本木瓜公园"面积9 100 m²,保存200余个栽培品种;神奈川县横滨市的"专念寺植物园",保存80余个栽培品种。新栽培品种扦插、嫁接等育苗技术的成熟,贴梗海棠属新栽培品种又获得到新的发展。

(52) 日本のボケ协会在《日本のボケ》(平成九年)一书中记载,贴梗海棠属在日本的栽培品种166个,图版57幅,彩片176张。

第二章　木瓜族植物自然分布与栽培范围

木瓜属 Pseudochaenomeles Carr. 等植物在中国自然分布与栽培范围很广。据作者 2017 年统计，中国自然分布与栽培有 11 种，即：① 木瓜 Pseudochaenomeles sinensis（Thouin）Carr.；② 木瓜贴梗海棠（毛叶木瓜）Chaenimoles cathayensis（Hemsl.）Schneioder；③ 贴梗海棠（皱皮木瓜）Chaenimoles speciosa（Sweet）Nakai；④ 西藏木瓜 Docy-chaenomeles × thibeticat（Yü）T. B. Zhao, Z. X. Chen et Y. M. Fan；⑤ 雄蕊瓣化贴梗海棠 Chaenomeles stamini-petalina T. B. Zhao, Z. X. Chen et D. F. Zhao, sp. nov.；⑥ 无子贴梗海棠 Chaenimoles sinesemina T. B. Zhao, Z. X. Chen et Y. M. Fan, sp. nov.；⑦ 大理杂种贴梗海棠 Chaenomeles × daliensis（Z. X. Shao et B. Liu）T. B. Zhao, Z. X. Chen et Y. M. Fan, sp. hybr. nov.；⑧ 假光皮木瓜 Jiaguangpimugua × shandongensis（J. X. Wang et al.）T. B. Zhao, Z. X. Chen et Y. M. Fan, sp. nov.；⑨ 寒木瓜贴梗海棠 Chaenomeles × specioa-japonica T. B. Zhao, Z. X. Chen et Y. M. Fan, sp. trans. hybr. nov.；⑩ 碗筒杂种贴梗海棠 Chaenomeles + crateriforma（Z. X. Shao et B. Liu）T. B. Zhao, Z. X. Chen et Y. M. Fan, sp. + hybrida。引种栽培的有 2 种——① 日本贴梗海棠 Chaenomeles japonica（Thunb.）Lindl. ex Spach；② 华丽贴梗海棠 Chaenomeles × superba（Frahm）Rehd.。11 种中，9 种原产中国。由此可见，中国是木瓜族植物自然分布中心、起源中心，也是种质资源中心。

第一节　木瓜自然分布与栽培范围

木瓜原产中国，栽培已有 3 000 多年的悠久历史，因而自然分布与栽培地域范围很广。据《中国植物志》（第三十六卷）等著作记载，木瓜栽培范围极广，北迄天津、河北、北京、山西、陕西，直至四川、重庆、河南、山东、安徽、浙江、湖北、广东、广西、云南、贵州等省（区、市）均有栽培。1987~1990 年间，赵天榜、李振卿与陆子斌进行中国蜡梅资源调查过程中，在湖北西北山区——神农架山区发现有天然野生木瓜的分布与生长。

2011 年，赵天榜与陈志秀在进行"郑州市玉兰属植物资源调查研究"时，发现原郑州市花木公司树木园内有 10 株木瓜古树，树龄 150~200 年，树高 15.0~20.0 cm，胸径 50.0~80.0 cm；还有 1 株古树桩，约 350 年，高约 4.5 m，胸径 87.0 cm，生长发育良好，2012 年，这株古桩木瓜移植于河南黄河迎宾馆内，生长发育良好，早已开花结果。

第二节　贴梗海棠自然分布与栽培范围

贴梗海棠 Chaenimoles speciosa（Sweet）Nakai，原产中国。该种栽培地域范围很广。目前，我国长城以南各省（区、市）均有栽培。缅甸也有分布。河南各市栽培贴梗海棠很普遍,且变异新资源也非常丰富。如,1955 年河南农业大学栽培贴梗海棠中有大叶贴梗海棠 Chaenomeles speciosa(Sweet)Nakai var. megalophylla T. B. Zhao,Z. X. Chen et Y. M. Fan,var. nov. 等。河南长垣县引种栽培贴梗海棠、木瓜贴梗海棠、日本贴梗海棠中,新的变异植株很多,且变异特征最明显,如多瓣贴梗海棠 Chaenomeles speciosa(Sweet)Nakai var. multipetala T. B. Zhao et Z. X. Chen,var. nov. 叶椭圆形,浓绿色,基部楔形,先端短尖,边缘具重钝锯齿。单花具花瓣 15 枚,匙圆形,淡白色,具淡粉色线纹及纵条块;雄蕊有瓣化,花丝淡黄白色。

第三节　木瓜贴梗海棠自然分布与栽培范围

木瓜贴梗海棠(毛叶木瓜)Chaenimoles cathayensis(Hemsl.)Schneider 原产中国湖北。种模式标本,采集于宜昌。该种栽培地域范围很广。据《中国植物志》(第三十六卷)等著作记载,陕西、甘肃、江西、湖南、四川、云南、贵州、广西、天津、河北、北京、山西、重庆、山东、安徽、浙江、河南、湖北、广东等省(区、市)均有栽培。河南引种栽培木瓜贴梗海棠始于 1987 年,引栽于郑州市碧沙岗公园。目前,河南各市均有栽培。其中,以河南长垣县引种栽培贴梗海棠、木瓜贴梗海棠、日本贴梗海棠面积达 10 万 m²,是河南引种栽培木瓜族植物种栽培品种最多、新变异类群最明显的场圃,也是河南农业大学林学院师生开展科学研究、教学实习的基地之一。

第四节　日本贴梗海棠自然分布与栽培范围

日本贴梗海棠(日本木瓜、倭海棠)Chaenimoles japonica(Thunb.)Lindl. ex Spach 在日本分布与栽培范围很广,如自北海道南部至本州岛、四国、九州岛均有分布,新潟市、东京市、埼玉县、兵库县等也有栽培。

日本贴梗海棠何时引种栽培于中国,尚无史料记载。陈嵘于 1973 年在《中国树木分类学》中倭海棠(日本贴梗海棠)记载有斑叶倭海棠 Chaenimoles japonicas(Thunb.)Lindl. ex Spach var. tricolor Rehder. 和匍匐倭海棠 Chaenimoles japonicas(Thunb.)Lindl. ex Spach var. alpina Maxim. 2 变种。《中国植物志》第 36 卷(1974)中记载,日本木瓜(日本贴梗海棠)有白花、斑叶和平卧(匍匐)变种。

1993~2011 年间,邵则夏、郑林、杨松杰、杜淑辉等先后调查研究了日本贴梗海棠及其6 个栽培品种:'单白'、'单粉'、'矮红'、'日落''红花'、'四季红'。它们在中国山东、河南、江苏等省均有栽培。2015~2018 年,赵天榜、陈志秀和范永明在河南郑州市、长垣县发现该种一些新变异和新记录栽培品种,如'橙红'日本贴梗海棠 Chaenomeles japonica (Thunb.)Lindl. ex Spach'Chenhong',cv. nov. 及'七变化'日本贴梗海棠等。

第五节　华丽贴梗海棠自然分布与栽培范围

华丽贴梗海棠 Chaenomeles × superba Lindl. ex Spach 为日本贴梗海棠 Chaenimoles japonica(Thunb.) Lindl. ex Spach 与木瓜贴梗海棠 Chaenimoles cathayensis (Hemsl.) Schneioder 的杂交种。何时引入中国栽培,尚待查证。华丽贴梗海棠在中国栽培范围主要在华北地区。

1993~2011 年间,邵则夏、郑林、杨松杰、杜淑辉等先后调查研究了华丽贴梗海棠及其22 个栽培品种,如'早春'、'碧雪'、'长寿乐'、'猩红与金黄'、'大富贵'、'复长寿'、'红宝石'、'绿宝石'、'沂橙'、'红舞'、'紫衣'、'莫愁湖'、'橙红变型'、'珊瑚'、'倾城'、'沂州红'、'尼考林'、'五彩'、'绿宝石'、'沂橙'、'红舞'、'紫衣',在中国山东、河南、江苏等省均有栽培。

第六节　杂种贴梗海棠

1. 大理杂种贴梗海棠

Chaenomeles × daliensis(Z. X. Shao et B. Liu)T. B. Zhao,Z. X. Chen et Y. M. Fan, sp. hybr. nov.

邵则夏、陆斌. 云南的木瓜[J]. 果树科学,1995,12:155~156。

形态特征:

本新杂交种 10 年生树高 5.0 m,冠幅 5.0 × 6.0 m。小枝紫褐色,具枝刺。幼叶黄绿色,无毛,边缘红褐色。叶长椭圆形,或椭圆-披针形,长 3.0~9.0 cm、宽 2.5~4.5 cm,先端急尖,基部楔形,边缘具锐重锯齿。花单生,或 3~5 朵簇生在短枝上。单花具花瓣 5枚,花瓣近圆形,淡粉红色至白色;雌蕊长于花瓣 1/2,花柱 5 枚,基部合生。果圆柱状、椭圆体状;萼洼四周具 5~7 条浅沟,达果长 1/4~1/3。

产地:云南大理。发现者:邵则夏、陆斌。

亚种

1.1　大理杂种贴梗海棠

Chaenomeles × daliensis(Z. X. Shao et B. Liu)T. B. Zhao,Z. X. Chen et Y. M. Fan, subsp. daliensis

1.2　洱源杂种贴梗海棠　新组合亚种

Chaenomeles × daliensis(Z. X. Shao et B. Liu)T. B. Zhao,Z. X. Chen et Y. M. Fan subsp. + eryuanensis(Z. X. Shao et B. Liu)T. B. Zhao,Z. X. Chen et Y. M. Fan,subsp. comb. nov.

邵则夏、陆斌. 云南的木瓜[J]. 果树科学,1995,12:155~156。

形态特征:

本新无性杂交亚种树势强,半开张,主干 3~5 个。幼枝棕褐色,稀被茸毛,具枝刺。叶披针形至宽披针形,长 3.0~11.0 cm、宽 2.0~3.5 cm,光滑,密被白色绒毛至锈色绒毛,先端渐尖,基部楔形,边缘具锐锯齿、重锯齿,齿整齐。花先叶开放。花 2~5 朵簇生 2 年生枝上。花径 2.0~4.0 cm。单花具花瓣 5 枚,圆形、卵圆形,粉红色;雄蕊多数。果实球状、椭圆体状,先萼洼端突起。单果重 600.0~700.0 g,最大果重 900.0 g。

产地:云南洱源。2003 年。发现者:邵则夏、陆斌。

2. 碗筒杂种贴梗海棠

Chaenomeles+ crateriforma(Z. X. Shao et B. Liu)T. B. Zhao,Z. X. Chen et Y. M. Fan,sp. + hybrida nov.

形态特征：

本新无性杂种单花具花瓣 10~15 枚,鲜红色;萼筒碗状,淡灰绿色,表面具钝棱与沟;花梗长 2.0~3.5 cm,无毛。

产地:河南郑州。2015 年 4 月 20 日。范永明、陈志秀和赵天榜,No. 201504215(花枝)。

产地:中国。河南郑州市有栽培。

第七节　假光皮木瓜属　新杂交属

× Jiaguangpimugua T. B. Zhao,Z. X. Chen et Y. M. Fan,gen. × nov.

Gen. nov. foliis anguste lanceolatis longis, similiter Salix suchowensis Cheng, subcoriaceis.

本新杂交属叶狭长披针形,似簸箕柳 Salix suchowensis Cheng 叶,半革质。

地点:山东。本新属系木瓜属 Pseudochaenomeles Carr. 与贴梗海棠属 Chaenomeles Lindl. 之间杂种属。

1. 假光皮木瓜(新拟)　杂交种

Jiaguangpimugua × shandongensis(J. X. Wang et al.)T. B. Zhao,Z. X. Chen et Y. M. Fan,sp. hybr. nov.

本新杂交种为落叶小乔木,高 3.0~5.0 m。叶狭长披针形,似簸箕柳 Salix suchowensis Cheng 叶,半革质,边缘具尖锐锯齿。花单生,或簇生。单花具花瓣 5 枚,多粉色,具爪。果实长 8.0~12.0 cm,径 7.0~9.0 cm,果皮粗糙,厚而硬,果肉薄,质较粗。

地点:山东。发现者:王嘉祥、王侠礼、管兆国等。

第八节　西藏木瓜属自然分布与栽培范围

西藏木瓜属仅有西藏木瓜 Docy-chaenomeles × thibetica(Yü)T. B. Zhao,Z. X. Chen et Y. M. Fan,原产中国西藏,是中国植物分类学家俞德俊教授于 1963 年在西藏拉萨罗布林卡发现的一新种。目前,该种栽培地域范围很广狭,仅西藏、四川有分布。

综上所述,木瓜族植物在中国的自然分布与栽培有:① 木瓜 Pseudochaenomeles sinensis(Thouin)Carr. ;② 木瓜贴梗海棠(毛叶木瓜)Chaenimoles cathayensis(Hemsl.)Schneioder;③ 贴梗海棠（皱皮木瓜）Chaenimoles speciosa (Sweet) Nakai;④ 西藏木瓜 Docy-chaenomeles × thibeticat (Yü) T. B. Zhao, Z. X. Chen et Y. M. Fan, sp. trans. hybr. nov. ;⑤ 雄蕊瓣化贴梗海棠 Chaenomeles stamini-petalina T. B. Zhao,Z. X. Chen et D. F. Zhao,sp. nov. ;⑥ 无子贴梗海棠 Chaenimoles sine-semina T. B. Zhao,Z. X. Chen et Y. M. Fan,sp. nov. ;⑦ 大理杂种贴梗海棠 Chaenomeles × daliensis(Z. X. Shao et B. Liu)T.

B. Zhao, Z. X. Chen et Y. M. Fan, sp. hybr. nov. ; ⑧ 假光皮木瓜 Jiaguangpimugua × shandongensis(J. X. Wang et al.)T. B. Zhao, Z. X. Chen et Y. M. Fan, sp. nov. ; ⑨ 寒木瓜杂种贴梗海棠 Chaenomeles × specios−japonica T. B. Zhao, Z. X. Chen et Y. M. Fan, sp. hybr. nov. ; ⑩ 碗筒杂种贴梗海棠 Chaenomeles + crateriforma T. B. Zhao, Z. X. Chen et Y. M. Fan, sp. + hybrida。引种栽培的有 2 种——① 日本贴梗海棠 Chaenomeles japonica(Thunb.)Lindl. ex Spach ; ② 华丽贴梗海棠 Chaenomeles × superba(Frahm)Rehd. 。

第三章 木瓜族植物生物学特性、生长特点与规律

第一节 对气候的适应性

木瓜族植物在我国自然分布与栽培范围很广,北迄辽宁南部,经北京、河北、山西、陕西、山东、河南、安徽、湖北、四川直至广东、广西、福建、云南、贵州等省(区、市)均有分布与栽培。日本贴梗海棠在日本广泛栽培,且栽培品种达 166 个(《日本ボケの》一书);北美洲和欧洲各国广泛栽培有华丽贴梗海棠 Chaenomeles × superba Lindl. ex Spach 等 4 杂种及其 117 个栽培品种;在北美洲各国广泛栽培有加利福尼亚杂种贴梗海棠 Chaenomeles × california C. Weber 杂种及其栽培品种。

木瓜族植物不同物种及其栽培品种的广泛分布表明,它们对气候的适应能力很强。如木瓜能在温带地区生长发育良好,也耐寒冷(-31 ℃),又能在高温、高湿条件下,特别在年平均气温 19 ℃以上、年平均降水量 1 200.0 mm 以上的广东、福建等地生长良好,形成壮丽美观的树形。再如,西藏木瓜在西藏海拔 2 500~3 500 m 高山疏林中开花、结果。木瓜贴梗海棠引种栽培于河南、山东平原地区,也能正常开花、结果。

木瓜族植物不同物种对气候的适应能力很强。其中,以木瓜、贴梗海棠栽培范围最广。华丽贴梗海棠、日本贴梗海棠及木瓜贴梗海棠在山东、河南、河北、天津、北京及江苏栽培较多。西藏木瓜分布于西藏和四川局部地区。

第二节 对土壤的适应性

木瓜族植物对土壤的适应性也是很强的。但是,土壤种类不同直接影响着根系的生长发育,是影响其生长的主导因子之一。其根系发育状况直接受土壤因子,以及不同立地条件的制约。根据调查,不同土壤种类对木瓜生长发育有明显的影响,如表3-1 所示。

从表3-1 材料中看出,木瓜对土壤适应性很强,但以在土层深厚、肥沃、湿润、疏松、通风的沙壤土上生长最快,根系发育也好。在平原地区的重盐碱地、长期积水洼地,特别干旱、瘠薄的粗沙地,或薄层粗骨质土的地方,不宜栽培木瓜属等植物。

表 3-1　不同立地条件对木瓜生长的影响

立地条件	树龄（a）	树高（m）	胸径（cm）	冠幅（m）	年平均生长量		
					树高（m）	胸径（cm）	冠幅（m）
沙土	13	4.6	6.08	2.22	0.43	0.47	0.17
壤土	14	7.1	8.40	4.60	0.50	0.81	0.33
黏壤土	15	6.6	7.70	4.40	0.44	0.51	0.30
沙壤土	16	8.0	9.00	5.10	0.50	0.56	0.32
重黏土	16	5.9	6.10	2.50	0.38	0.38	0.15

注:赵天榜于 2015 年在郑州市调查材料。

第三节　对光的适应性

木瓜族植物为喜光树种,也耐一定程度遮阴。在人工栽培的乔木混交群落中,木瓜在林冠之下生长很慢。如 2017 年 12 月在紫荆山公园调查,木瓜在樟树 Cinnamomum camphora(Linn.) Presl 和构树 Broussonetia papyrifera(Linn.) L'Her. ex Vent. (郁闭度约 8.5) 树冠下,58 年生平均树高 7.0 m,胸径 16.1 cm,冠幅 6.0 m。由此可见,木瓜还有一定耐阴的特性。

木瓜在密植条件下,树冠内小枝常因光照不足而生长发育不良,是造成树冠内膛光秃的主要原因之一。所以作为经济树种栽培时,必须进行整形修剪,增加光照,是提高果实产量和质量的主要措施之一。2016 年 11 月 10 日,作者在郑州植物园调查,木瓜园东、西和南三面的 30 年生的木瓜平均树高 8.35 m,平均胸径 12.5 cm,单株结果量平均 45.8 个,平均单果重 158.78 g;而内部的木瓜平均树高 7.75 m,平均胸径 8.92 cm,单株结果量平均 18.5 个,平均单果重 118.52 g。2016 年 11 月 15 日,作者对河南农业大学栽培的木瓜进行调查,61 年生木瓜平均树高 7.68 m,平均粗度 27.98 cm,平均冠幅 6.54 m,单株结果量平均 45.8 个,平均单果重 258.78 g;而在乔木乌桕 Sapium sebiferum(Linn.) Roxb. 树冠下的同龄木瓜树,胸径 12.7 cm,冠幅 5.3 m,单株结果量 26.9 个,平均单果重 190.73 g。

总之,木瓜为喜光树种,又能耐阴,且适应性强,易管理,是个优良的园林绿化、美化树种及特用经济树种。特别指出的是,贴梗海棠属植物喜光特性与木瓜的喜光特性是完全一致的。

第四节　生长发育规律

木瓜族植物的生长发育规律是指树木个体生长发育的规律。但是,它可以通过个体的生长发育规律而表现出来。研究其生长发育规律,是正确安排各项林木栽培和抚育管理措施的科学根据,是获得其优质、丰产的基础,是美化环境、增加观赏效果的主要依据之一。

木瓜族植物的生长发育规律主要表现在以下两方面:① 大周期生长规律,是指从种子发芽出苗,或无性繁殖的幼苗起,长大、成熟、衰老到死亡的整个生命过程。② 年周期生长(季节生长)规律,是指从芽萌动开始,经过开花、展叶、生长、结实、落叶到休眠为止的 1 年内的生长过程。现分别举例介绍如下。

一、木瓜

1.物候期

物候期是木瓜株体在自然界中受气候和其他环境因素的影响,而在年生长发育周期中所表现出来的物候现象,如芽膨大开始期、开花期、展叶期等。观察研究物候期的目的在于了解和掌握它的物候规律,为引种驯化、种实采集、良种选育和营林措施及果实采摘提供科学根据。

木瓜因其地理分布、栽培地域、栽培品种、生物学等主要特性等不同,而物候期与物候规律表现也不一致,即使同一栽培品种,由于分布地区和栽培环境不同,其物候现象有明显区别,而物候规律也有差异。木瓜物候期变化如表 3-2 所示。

从表 3-2 中可以看出,木瓜物候期及其物候规律主要表现为以下 8 个时期:

1.1　芽膨大期

木瓜芽膨大期,以芽鳞先端开裂至开展时,称木瓜芽膨大期。木瓜芽膨大规律是:随着纬度的增加,而芽膨大期依次推延。

1.2　芽开放期

木瓜混合芽开放期与叶芽膨大期同时进行,但前者明显。最内 1 枚芽鳞顶端露出小叶片时,称芽开放期。木瓜混合芽开放期与木瓜芽膨大期具有相似的规律,即呈现出南早北迟、东早西迟的物候规律。

1.3　展叶期

当观察的植株上的叶芽,或混合芽,从芽鳞中露出第一批有 1 片,或 2 片的平展叶片时,称展叶期。当观察植株上有半数枝条上的叶完全平展时,称展叶盛期。这种物候规律与木瓜的芽膨大期、芽开放期和展叶期的物候规律相一致。其展叶期物候规律是从南到北、从东到西依次推迟。

1.4　开花期

在选定的观察植株上,有 1 朵,或同时几朵花的花瓣完全开放,称花开始期。有一半以上花的花被片都展开时,称开花盛期。开花盛期后,树上留有极少数的花,称开花末期。

此外,木瓜族植物中还有一些特殊的类群,如华丽贴梗海棠等有些栽培品种在 1 年内具有多次开花的特性。

1.5　果实成熟期

果实成熟期的表现为:木瓜果实由绿色,或深绿色变为黄绿色,或黄色时,称为果实成熟期。木瓜果实成熟期。一般 10 月至 11 月中、下旬。河南郑州地区木瓜果实成熟期为 11 月中、下旬。

表 3-2 木瓜物候期变化

地点	芽萌期(月-日)		展叶期(月-日)		开花期(月-日)				果熟期(月-日)	叶变色期(月-日)		落叶期(月-日)	
	膨大始期	膨大盛期	始期	盛期	始期	盛期	末期	2次花		始期	全变期	始期	末期
北京 I	03-21	03-26	04-19	04-24	04-24	04-08	04-08	—	10-02	10-02	10-20	10-05	11-14
安徽蚌埠	03-20	03-28	04-04	04-08	—	—	—	—	—	—	—	—	—
浙江杭州	03-07	—	03-27	04-02	03-19	03-28	—	—	08-30	09-15	—	—	—
湖南长沙	—	—	—	03-31	—	—	03-28	—	09-12	08-26	09-17	01-08	11-08
河南郑州	03-15	—	02-16	02-27	03-01	03-25	04-07	—	—	10-05	10-19	10-12	12-09
山东崂山	03-15	—	—	05-30	04-08	04-14	04-26	—	—	09-24	—	10-10	11-22
陕西西安	03-31	—	04-05	04-19	03-12	03-18	03-23	—	—	10-16	11-08	10-24	12-15
四川成都	03-12	03-22	—	—	03-16	03-22	04-01	—	—	09-24	11-06	10-04	12-03
湖南长沙	—	—	03-21	03-20	02-21	03-04	03-22	—	—	09-24	11-06	10-08	—
云南昆明	01-27	—	02-26	03-05	01-19	01-27	02-12	—	09-10	09-24	11-06	10-08	12-02

注:表中材料选自2013年《中国气象资料汇编》。据赵天榜等2017年观察,木瓜芽膨大始期2月5日,展叶期始期3月15日,开花期始期4月15日,果熟期11月中旬;落叶期末期12月中旬。

1.6 秋季叶变色期

当观察的木瓜植株上的叶片于秋末开始变为黄绿色时,称秋季叶片开始变色期。其所有叶片完全变成黄色时,称秋季叶片全部变色期。所谓叶片变色开始,是指正常叶片的季节性变化,不包括由于其他原因而引起叶片的颜色变化在内。木瓜叶片秋季变色期的物候规律是:南方早,北方迟;西早,东迟。如 2016 年,河南郑州木瓜叶片变色期为 9 月 24 日左右。

1.7 落叶期

当观察的植株上叶片于秋末开始落叶时,称开始落叶期;树上的叶片大量脱落时,称落叶盛期;树上的叶片尚有个别叶片没落时,称落叶末期。

1983 年作者在河南郑州市观察表明,木瓜叶芽与混合芽膨大期为 2 月 5 日,展叶期为 4 月 3 日,开花期为 3 月 18 日,开始落叶期为 11 月 12 日。

1.8 休眠期

当观察的木瓜植株上叶片全部脱落至翌春树液流动开始前,称休眠期。

2. 芽种类及其解剖

木瓜为落叶乔木。当年生枝上有休眠芽、叶芽(侧叶芽和顶叶芽)及混合芽 3 种。

2.1 顶叶芽形态特征及其解剖

木瓜顶叶芽着生在当年生枝的顶端。芽体球状,长、径 4~5 mm,具芽鳞 5 枚,稀 7 枚,外层芽鳞外面中间土色,边部黑褐色,边缘具黑色短柄腺体,无缘毛。其解剖结果表明,顶叶芽内具雏叶、雏圆形托叶及雏茎。

2.2 侧叶芽形态特征及其解剖

木瓜侧叶芽着生于当年生枝叶腋内。芽体球状,长、径 2 mm,通常具芽鳞 3~5 枚,最外层芽鳞灰褐色至黑褐色,外面无毛,边缘具黑色无柄腺体,无缘毛。

2.3 混合芽形态特征及其解剖

木瓜混合芽顶生,或腋生。其内有雏芽、雏枝、雏叶、雏托叶和雏花。但因混合芽内因雏叶有、无,又分:① 有雏芽、雏枝、雏叶、雏托叶和雏花混合芽,② 有雏芽、雏枝、无雏叶、雏托叶和雏花混合芽,③ 有雏芽、雏枝、雏叶、无雏叶、雏托叶、雏托叶木瓜混合。

3. 叶形多样性

木瓜叶片形,有椭圆形、倒卵圆形,稀圆形。有些短枝上无叶,仅具托叶,或无叶仅有托叶,或叶、托叶均有;叶柄被柔毛、枝状毛、腺体或具柄腺体。

此外,托叶变异大,有毛与无毛,边缘具腺齿和缘毛。

4. 芽种类与分枝习性、成枝生长规律

4.1 休眠芽

木瓜休眠芽通常着生于 1 年生以上枝上,或主、侧枝上。休眠芽通常不萌发抽枝,稀萌发抽枝。这种萌发抽枝习性,在年周期中有 1 次生长峰值,其生长量一般为 30.0~80.0 cm,稀达 100.0 cm 以上,稀有 2 次枝生长,稀有枝刺呈现。

4.2 侧叶芽

木瓜 1 年生枝上侧叶芽着生于顶芽(顶叶芽和顶生混合芽)的下部,一般只抽生 1 次新枝;长、壮枝上的侧叶芽萌发抽枝,其年生长量(1.0~)5.0~10.0 cm,通常无分枝,形成休眠芽。这种分枝习性,在年周期中有 1 次生长峰值,其生长量一般为 5.0~10.0 cm。长、壮枝上中部的侧叶芽通常萌发新的长、壮枝,其生长量 50.0~130.0 cm,通常无分枝,稀有分枝。其分枝自下部向中部形成新的缩短枝、短枝、中枝和长枝。

4.3 顶叶芽

木瓜 1 年生枝因壮弱情况不同,而萌发抽枝数及其生长也有明显差异,具体表现如下:① 短枝上顶叶芽萌发后,多形成短的 1 次新枝,其枝顶形成新的顶叶芽,或新的混合芽。这种分枝习性,属无歧生长规律,其年生长量多在 3.0~5.0 cm。② 中等枝上的顶叶芽萌发后,形成的 1 次新的中等枝,其年生长量多在 6.0~25.0 cm,枝上形成新的侧叶芽,稀有混合芽。这种分枝习性,属无歧生长规律。③ 长、壮枝上的顶叶芽萌发后,形成的 1 次新枝,其年生长量多在 26.0~50.0 cm,稀有 80.0 cm 以上新枝上侧叶芽萌发形成 2 次新枝(夏枝)和新的叶芽、混合芽。偶有 2 次新枝(夏枝)上的侧叶芽萌发形成 3 次新枝(秋枝)和新的叶芽、混合芽。这种分枝习性,属 2 阶 1 歧生长规律。

4.4 混合芽

木瓜混合芽有:① 有叶、有托叶混合芽,② 有叶、无托叶混合芽,③ 有叶、无托叶叶、有托叶混合芽 3 种。它们通常着生于当年生枝顶,或叶腋,稀着生于多年生干、枝上。其分枝习性,称为无歧生长规律。在立地条件好、幼树上的 1 次新枝有时生长量达 50.0~80.0 cm,稀达 1.8 m 以上。7~8 月在新枝中、上部出现 2 次新枝(秋枝),或形成新的叶芽、混合芽。这种分枝习性,称 2 阶无歧生长规律。

4.5 花芽

特别提出的是,作者于 2017 年在进行木瓜栽培品种资源调查时,发现有纯花花芽。

5. 开花习性

木瓜开花芽为混合芽。混合芽有 4 种:① 芽内有雏枝、雏叶、雏托叶、雏叶芽与雏蕾;② 芽内有雏枝、雏叶、雏托叶、无雏叶芽与雏蕾;③ 芽内有雏枝、雏叶或无雏叶、有雏托叶、雏叶芽与雏蕾;④ 芽内具极短雏枝、无雏叶、无雏芽,仅有雏托叶与雏蕾 4 种着生于当年生新枝上,稀着生多年生干、枝上。

木瓜单花着生于当年生在新枝顶端,稀有花着主枝上,或 1 年生长枝中部。花后叶开放。花两性,有不孕两性花及可孕两性花 2 种。可孕两性花萼筒长而粗,中间略细,雄雌蕊均发育,花柱与雄蕊等高,或高于雄蕊;不孕两性花萼筒较短而细,中间细,基部细锥状,雌蕊发育不良,花柱低于雄蕊。花期 4 月中、下旬至 5 月上旬。单花具花瓣 5 枚,匙 - 椭圆形,稀 1~5 枚雄蕊瓣化,粉红色、白色、红色等;萼片反折,边缘具缘毛、刺芒状尖锯齿及腺点与腺齿。

6. 果实生长发育规律与形状

木瓜开花后至 5 月下旬授粉的花呈现幼果,至 6 月中旬在 8 月下旬为果实迅速膨大期,其长、粗及果重增长 80.0%~90.0% 以上;11 月中、下旬为果实成熟期。木瓜果实着生在长 2.0 cm 左右的短枝上。木瓜果实形状、大小及重量变异极大,如图版 7。

二、木瓜贴梗海棠

1. 芽种类与解剖

木瓜贴梗海棠(毛叶木瓜)对气候的适应性、对土壤的适应性、对光的适应性与木瓜基本相同。其主要区别为:木瓜贴梗海棠为落叶小乔木,或灌丛,稀有半常绿者。芽有休眠芽、叶芽(侧叶芽和顶叶芽)、花芽与混合芽4种。

1.1　顶叶芽形态特征及其解剖

木瓜贴梗海棠顶叶芽着生在当年生枝的顶端。芽体卵球状,长2.0~3 mm,具芽鳞3~5枚,最外层1枚外面灰褐色至黑褐色,疏被短柔毛,边缘被缘毛。其解剖结果表明,顶叶芽内第2、第3层芽鳞外面疏被白色长柔毛,最内层1枚包被着雏芽。

1.2　侧叶芽形态特征及其解剖

木瓜贴梗海棠侧叶芽着生于当年生枝叶腋内。芽体椭圆体状,长2~3 mm,通常具芽鳞3~5枚,最外层1枚灰褐色至黑褐色,外面疏被短柔毛。其解剖结果表明,侧叶芽最内包被着雏芽。

1.3　混合芽形态特征及其解剖

木瓜贴梗海棠混合芽通常腋生,或顶生。其内有雏芽、雏枝、雏叶、雏托叶和雏蕾。

1.4　花芽形态特征及其解剖

木瓜贴梗海棠花芽球状,2~5朵簇生叶腋,或枝顶,多簇生于枝刺基部处,稀单生。其内有雏叶和雏蕾。

1.5　休眠芽

休眠芽很小,呈扁三角体状,紧贴枝上。

2. 枝年生育规律

木瓜贴梗海棠的年生长发育进程(年生长过程、年生长发育阶段),以及不同生育期间的生物学特性和对环境条件的要求,是制定其林木速生、优质、丰产栽培措施的重要科学依据。其年生长发育进程,随着植株的年龄、枝条类型、立地条件和抚育管理措施等不同而有明显差异,如生长在深厚、肥沃、湿润土壤上的幼树上壮枝梢部的叶芽,萌芽后多形成新的长壮枝及2次分枝;中部、下部枝上的侧叶芽,多形成长枝、中枝和短枝,其长度和粗度逐次向下减弱;枝条上基部的侧叶芽,一般不萌发抽枝,则形成休眠芽。长枝上的侧叶芽萌发后,多形成长枝、中枝和短枝,基部侧叶芽多形成休眠芽;短枝上的叶芽萌发后多形成新的短枝,有时形成混合芽、花蕾和叶芽。生长弱的植株,顶芽、侧叶芽萌发后多形成短枝和花簇枝;少数芽会形成长枝、中枝、短枝,但也能形成花枝。这种特性是形成木瓜贴梗海棠小枝稀疏的主要原因之一。芽的性质,即萌发抽枝能力,在一定条件下可以转化。如短枝上叶少、光合作用弱,生长缓慢,加强水肥管理、防治病虫,或重截枝条,可以改变芽萌发抽枝性质,促使基部休眠芽萌发中枝、长壮枝。

据观察,木瓜贴梗海棠年生长发育进程,依据物候期和枝条生长具有明显阶段性特点,可划分为:① 树液开始流动和芽膨大期、② 开花期、③ 展叶期、④ 春季营养生长期、⑤ 春季封顶期、⑥ 玉蕾分化发育期、⑦ 营养生长期(速生期)、⑧ 越冬准备期(包括芽的发育期、果实发育成熟期)、⑨ 落叶期、⑩ 休眠期。木瓜贴梗海棠年生长发育进程(年生育规律）如表3-3所示。

表3-3　木瓜贴梗海棠年生长发育进程

调查地点	树液流动及芽膨大期（月-日）	开花期（月-日）	展叶期（月-日）	春季营养生长期（月-日）	春季封顶期（月-日）	花蕾分化期（月-日）	速生期（月-日）	越冬准备期（月-日）	落叶期（月-日）	休眠期（月-日）
郑州	02-20 ～ 02-25	03-10 ～ 03-31	04-01 ～ 04-10	04-15 ～ 04-20	05-01 ～ 05-10	05-10 ～ 08-02	06-25 ～ 08-15	08-02 ～ 10-20	10-20 ～ 11-01	11-01 ～ 12-20

注：赵天榜等于2015～2017年调查材料。

木瓜贴梗海棠在其年生长发育的不同时期中，具有明显的生长特点和形态特征。春季芽迅速膨大生长、开花及叶芽展叶后，嫩枝生长快，进入中枝、短枝的速生期，即春季营养生长期。其时间15～20天，枝条长度一般为5.0～15.0 cm。幼壮植株上的长枝生长期较长，生长量也大，一般长50.0～80.0 cm，最长徒长枝可达2.50 m。老、弱植株上的枝条，一般生长期较短，其长度多达5.0～15.0 cm。

春季营养生长期间，幼壮树上的短枝、中枝、长枝、徒长枝区别极为明显。这时中枝、短枝停止生长，形成顶芽。同时，长枝、中枝和短枝在不同生育期间的叶形变化也很明显。5月中旬开始，芽进入发育分化时期，直到落叶。翌春正常开花、结实。有时，气温适宜，混合芽，或花蕾不经过低温期阶段，可于当年8～9月上旬，稀达12月上旬有少数开花，但不形成果实。

木瓜贴梗海棠落叶从10月中旬开始，直到11月上、中旬，中枝、短枝上叶，首先变黄脱落，大量落叶期在11月上旬；长枝、壮枝叶多在10月下旬至11月上旬，有时霜降后脱落。河南农业大学栽培的木瓜贴梗海棠有些短枝上的叶四季常青，雪下绿叶与枝相伴，非常美观。

木瓜贴梗海棠生长，主要是通过枝条的长度表现出来的。因此，了解其枝条年生长变化的过程，是了解和掌握该种生长年变化规律的关键。木瓜贴梗海棠在年生长过程中，长枝、短枝、叶丛枝，以及枝刺只有一次生长，即春季营养生长期后，迅速形成顶芽、侧芽，或开花，直止停止生长。长枝也只有一次生长，即在春季枝条封顶期间，不形成顶芽，仍继续生长，但生长速度稍慢于徒长枝生长速度，6月中、下旬，开始出现生长缓慢现象，逐步形成顶芽，停止生长。徒长枝从6月中旬生长开始加速，直到8月上旬开始生长缓慢，9月上、中旬，停止高生长，一般高度为1.0 m左右，有时达2.0 m以上。其上叶芽、混合芽和花蕾于6月中、下旬从外形上可以明显地区别出来。在立地条件差、抚育管理不及时的条件下，长枝生长也很缓慢，多形成"小老树"。所以，在长枝速生阶段，加强土、水、肥管理措施，及时防治病虫，是培养速生、丰产林的关键时期和主要技术措施。

此外，需要说明的是，贴梗海棠、日本贴梗海棠、华丽贴梗海棠生长发育与木瓜贴梗海棠生长发育具有相似特征与规律。

第五节　矿物元素与营养成分测定

一、矿物元素测定

2003年,陆斌等在《云南木瓜种质资源与果实营养成分》一文中,介绍了皱皮木瓜(贴梗海棠)、毛叶木瓜(木瓜贴梗海棠)、西藏木瓜及'小桃红'贴梗海棠鲜果的矿质元素含量($\mu g/g$),钾分别为:0.15、0.23、0.29、0.17;钙分别为:433、367、383、367;镁分别为:86.7、114、150、128;铜分别为:0.20、0.84、< 0.38、0.58;锌分别为:1.67、2.11、2.87、1.40;铁分别为:8.91、27.08、9.21、6.87;锰分别为:0.15、0.30、0.62、0.51;磷分别为:131、139、268、265。

二、营养成分测定

1. 氨基酸成分测定

2003年,陆斌等测定皱皮木瓜(贴梗海棠)、毛叶木瓜(木瓜贴梗海棠)、西藏木瓜及小桃红贴梗海棠鲜果的氨基酸含量(mg/100 g),鲜果汁含天门冬氨酸分别为:22.104、43.089、61.086、59.663;苏氨酸分别为:10.381、10.056、17.107、18.582;丝氨酸分别为:13.621、19.914、20.326、26.047;谷氨酸分别为:28.838、44.972、57.261、73.308;甘氨酸分别为:20.953、15.317、26.002、25.607;丙氨酸分别为:23.937、23.331、28.518、28.084;缬氨酸分别为:5.240、12.465、17.235、20.007;蛋氨酸分别为:17.136、8.288、8.442、8.314;异亮氨酸分别为:25.704、25.053、28.071、35.183;亮氨酸分别为:34.633、21.096、25.387、41.901;酪氨酸分别为:9.163、8.930、9.097、8.958;苯丙氨酸分别为:12.184、11.876、12.097、17.869;组氨酸分别为:17.955、17.500、17.826、35.110;赖氨酸分别为:17.163、16.725、22.717、33.558;精氨酸分别为:21.817、15.948、20.663、21.331;色氨酸分别为:23.571、14.000、37.613、28.172。总计,皱皮木瓜(贴梗海棠)304.337、毛叶木瓜(木瓜贴梗海棠)1号308.560、毛叶木瓜(木瓜贴梗海棠)2号410.388、毛叶木瓜(木瓜贴梗海棠)3号418.693。

2. 干物质及糖类含量等测定

2003年,陆斌等测定皱皮木瓜(贴梗海棠)、毛叶木瓜(木瓜贴梗海棠)、西藏木瓜及小桃红贴梗海棠鲜果中糖类含量等(g/100 g),鲜果汁分别含水分:88.519、87.698、81.089、87.007;干物质:11.481、12.302、18.911、12.903;粗纤维:1.682、1.781、2.592、2.383;果胶:0.972、0.832、2.071、1.292;单宁:0.480、0.832、1.542、0.941;有机酸:4.910、4.848、3.588、3.140;苹果酸:3.636、3.917、2.289、2.263;柠檬酸:0.846、0.931、0.799、0.377;多糖:4.229、3.695、4.397、3.112;蔗糖:0.066、—、0.077、—;葡萄糖:0.594、1.015、1.416、0.127;果糖:0.294、1.478、1.994、0.277;总游离糖:5.753、6.188、7.884、3.470。

3. 维生素及黄酮类物质等含量测定

2003年,陆斌等测定皱皮木瓜(贴梗海棠)、毛叶木瓜(木瓜贴梗海棠)、西藏木瓜及

'小桃红'贴梗海棠鲜果中维生素及黄酮类物质等含量(g/100 g),鲜果汁中维生素 C 分别为:91.41、50.84、134.99、203.09;烟酸分别为:0.30、0.32、0.26、0.28;维生素 B1 分别为:0.01、0.02、0.02、0.02;维生素 B2 分别为:0.04、0.05、0.04、0.04;维生素 B6 分别为:0.03、0.04、0.03、0.03;维生素 B12 分别为:微量、微量、微量、微量;维生素 A 分别为:0.09、0.13、0.17、0.12;维生素 E 分别为:0.45、0.46、0.46、0.24;芦丁分别为:0.98、5.87、1.55、13.70;杨梅酮分别为:2.12、1.81、1.64、0.90;栎精分别为:0.87、0.72、1.58、—;总黄酮分别为:3.94、8.42、4.77、14.50。

第六节　木瓜树体生长规律

木瓜树体生长规律是指木瓜大周期生长规律和单株生命周期规律。

一、大周期生长规律

大周期生长规律是指木瓜造林成活后至衰老时期为止的生长进程。

1. 造林成活期

造林成活期是指造林后的一段时期(1~5 年),这个阶段,栽植的苗木根系恢复能力较弱,初栽的植株常常要克服干旱等不利条件,才能保证造林的成活率,所以又称幼林成活阶段。实践证明,木瓜栽植的当年,常有一个恢复期。该期长短与立地条件、管理措施等有关。只要采取相应措施,就可以缩短,或消除这一恢复期,并使幼树迅速生长。因此,在该期应该严格执行林木栽培技术措施:① 适地适树。木瓜幼树对水、土、肥要求比较严格。因此,造林时应选择土层深厚、土壤肥沃湿润、排灌方便的沙壤土最好。② 及时栽植。木瓜栽植以初冬,或早春栽植为宜。③ 良种壮苗。木瓜应选速生、优质、抗病、适应性强等特点的优良品种,应大力发展和推广。④ 大穴栽植。为消除栽后缓苗期,栽植时必须采用大穴,认真栽植。植穴规格 1.0 m × 1.0 m × 1.0 m。栽时,根系要舒展,施入表土,或基肥,利于根系恢复和生长。幼龄植株要带土栽植。⑤ 加强管理。为加强木瓜幼树迅速生长,应在年生长过程中,及时中耕、松土、施肥、灌溉、间作及防治病虫、日灼等。同时,要适时抹芽、定干、培养丰产树形。

2. 幼龄期

根据木瓜树干解析材料,幼龄阶段(5~15 年)在土、水、肥较好条件下,粗度生长迅速,年生长量 0.4~0.6 cm,树高年平均生长量 0.4~0.6 m,冠幅扩大很快,枝、叶量显著增加。

为培育速生、优质、丰产木瓜树形,在此期间应采取以下主要措施:① 造型定干。首先,摘除顶枝控制树高生长。其次,应分批、分期适量疏除对生枝、轮生枝,采用撑、拉、锯等方法,开展枝角,造成通风透光、层次分明的冠形。② 合理修剪。根据木瓜不同品种的特性,因树修剪,随枝做形,培养成一个均匀的大、中、小型枝组。③ 加强管理。根据木瓜生长发育状况,及时进行中耕、除草、施肥和灌溉,加速其生长发育。同时,及时防治病虫。④ 高接换种。为加速现有幼树生长发育,提高单株果实产量与品质,对低产的植株,可采用高接换种技术,嫁接优良品种。

3. 壮龄期

一般从 15 年左右,木瓜单株果实产量逐年增多,直至很长时期趋于稳定状态,到开始下降时为止,这一时期,称壮龄期。该期具有以下特点:

(1) 短枝比率增大。据调查,木瓜幼龄时期与壮龄期单株枝条类型有明显的不同,如木瓜幼龄期植株上的枝条,在 5.0 cm 以下者占 67.9 %;30 年生时植株上的枝条,在 5.0 cm 以下者则占 49.8 %,20.1~40.0 cm 长的枝条比率明显上升到 16.4%;壮龄植株上长枝比率增多,是树体生长发育健壮、产量显著增加的重要标志。同时还表明,增加当年生枝条数量,是提高第二年果实产量的关键措施之一。根据调查材料,枝条数量与果实产量呈正相关规律,即枝条数量越多,果实产量越多;反之,枝条数量越少,果实产量越低。

(2) 胸径生长明显降低。根据树干解析材料,15~80 年木瓜胸径生长度连年生长量为 0.3~0.6 cm。

4. 减退时期与衰老时期

目前,作者在郑州市见到栽培木瓜树龄达 300 年以上大树桩并没有呈现出衰老现象。

二、木瓜树木解析

了解和掌握木瓜树高及胸径生长规律,是制定其速生、丰产、优质药用经济林的经营管理措施的可靠的科学依据。为此,作者在对郑州市栽培的木瓜的调查中,发现单干主干式木瓜很少,多为低干多主侧枝式单株,最多可达 18 个主侧枝式单株。为此,在选择标准木进行树干解析时,仅选取有单干木及主干 5 叉木进行树木解析。其解析结果如下。

1. 木瓜单干解析木

木瓜百龄大树解析木解析结果如表 3-4 和图 3-1 所示。

从表 3-4 和图 3-1 可看出,木瓜树高、胸径和单株材积的生长是有规律的。它们的生长是缓慢的,即树高年平均生长量为 0.10~0.19 m;胸径年平均生长量为 0.12~0.29 cm;材积年平均生长量为 0.000 01~0.000 61 m^3。同时调查表明,孤立木与林立木树高、胸径和单株材积的生长也没有显著差异。

表 3-4　木瓜百龄大树解析木解析结果

树龄 (a)	树高生长 (m)	平均生长 (m)	连年生长 (m)	胸径生长 (cm)	平均生长 (cm)	连年生长 (cm)	材积生长 (m^3)	平均生长 (m^3)	连年生长 (m^3)
10	1.90	0.19		1.60	0.20		0.001 12	0.000 11	
20	3.60	0.18	0.17	4.50	0.20	0.30	0.004 00	0.000 22	0.000 33
30	7.60	0.25	0.40	7.70	0.30	0.30	0.017 05	0.000 37	0.001 27
40	9.90	0.25	0.23	11.70	0.31	0.40	0.052 56	0.001 32	0.003 57
50	11.40	0.23	0.15	14.50	0.30	0.30	0.095 20	0.001 90	0.004 24
60	12.20	0.20	0.08	16.70	0.30	0.20	0.147 79	0.002 46	0.005 26
70	12.90	0.18	0.07	18.80	0.30	0.30	0.199 21	0.002 84	0.005 14
80	13.70	0.17	0.08	20.80	0.30	0.20	0.265 99	0.003 32	0.006 69

续表　3-4

树龄 （a）	树高生长 （m）	平均生长 （m）	连年生长 （m）	胸径生长 （cm）	平均生长 （cm）	连年生长 （cm）	材积生长 （m³）	平均生长 （m³）	连年生长 （m³）
90	14.70	0.16	0.10	22.30	0.30	0.20	0.313 58	0.003 49	0.004 76
100	15.70	0.15	0.10	23.60	0.20	0.10	0.364 16	0.003 64	0.005 06
110	16.40	0.15	0.07	25.10	0.20	0.20	0.422 94	0.003 84	0.005 88
120	17.00	0.14	0.06	26.90	0.20	0.20	0.499 19	0.004 16	0.007 63
125	17.70	0.14	0.14	27.50	0.20	0.10	0.506 27	0.004 05	0.001 42
125	17.70	0.14		30.60			0.636 66		

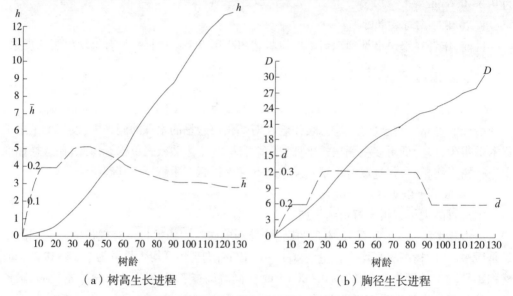

（a）树高生长进程　　　　　　（b）胸径生长进程

图 3-1　木瓜百龄大树树高、胸径的生长进程图

为进一步了解木瓜幼龄单株（12 年生）生长过程，特在郑州木瓜园内选取单株进行树干解析。解析结果，如表 3-5 和图 3-2 所示。

表 3-5　木瓜幼龄单株（12 年生）生长过程

树龄 （a）	树高生长 （m）	平均生长 （m）	连年生长 （m）	胸径生长 （cm）	平均生长 （cm）	连年生长 （cm）	材积生长 （m³）	平均生长 （m³）	连年生长 （m³）
1	0.50	0.50							
2	1.30	0.65	0.40						
3	1.57	0.52	0.19	2.40	0.80		0.000 9	0.000 5	
4	2.00	0.43	0.22	2.60	0.63	0.10	0.001 1	0.000 6	0.000 1
5	2.50	0.50	0.25	2.80	0.56	0.10	0.001 2	0.000 6	0.000 1

续表 3-5

树龄 (a)	树高生长 (m)	平均生长 (m)	连年生长 (m)	胸径生长 (cm)	平均生长 (cm)	连年生长 (cm)	材积生长 (m³)	平均生长 (m³)	连年生长 (m³)
6	3.13	0.52	0.31	3.00	0.50	0.10	0.001 4	0.000 7	0.000 1
7	3.66	0.52	0.27	3.40	0.49	0.20	0.001 8	0.000 9	0.000 2
8	4.21	0.53	0.28	3.80	0.48	0.20	0.002 3	0.001 2	0.000 3
9	4.75	0.53	0.22	4.20	0.51	0.30	0.002 6	0.001 3	0.000 2
10	5.10	0.50	0.13	4.80	0.48	0.30	0.003 6	0.001 8	0.000 5
11	5.40	0.41	0.15	5.20	0.47	0.20	0.004 1	0.002 1	0.000 5
12	5.63	0.42	0.12	6.00	0.50	0.15	0.005 7	0.002 9	0.000 8

从表 3-5 和图 3-2 可看出,木瓜幼龄单株(12 年生)生长也是有规律的。1~3 年其生长是缓慢的,即树高年生长量为 0.2~0.5 m,胸径年平均生长量为 1.0~0.50 cm。移植当年树高及胸径生长很少;5~10 年生树高年生长 0.8~1.50 cm,胸径年生长量为 1.0~0.50 cm。

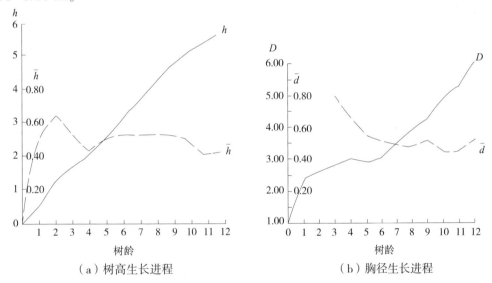

（a）树高生长进程 （b）胸径生长进程

图 3-2 木瓜幼龄树高、胸径的生长进程图

2. 木瓜多主枝解析木

根据作者调查,木瓜树体结构特殊,即木瓜单株生长过程中,通常主干高 30.0~130.0 cm,无中央主干,第一次形成的主枝多、直立斜展,构成各种形态的树形。木瓜 5 主枝解析木主干高 90.0 cm,粗 29.0 cm。解析木解析结果如表 3-6 和图 3-3 所示。

表 3-6　木瓜 5 主枝解析木解析结果

树龄 （a）	树高生长(m)			标准主枝生长（cm）			材积生长（m³）		
	总生长	连年生长	平均生长	总生长	连年生长	平均生长	总生长	连年生长	平均生长
10	2.80		0.28	2.05		0.201	0.001 45		0.000 15
20	4.94	0.21	0.25	3.15	0.110	0.157	0.019 27	0.000 08	0.006 40
30	6.19	0.13	0.21	4.25	0.110	0.142	0.001 45	0.017 82	0.004 50
40	7.30	0.11	0.18	5.40	0.115	0.135	0.026 60	0.001 75	0.001 46
50	7.43	0.01	0.15	6.41	0.101	0.128	0.036 15	0.000 96	0.007 23
60	7.50	0.01	0.13	6.60	0.019	0.110	0.042 75	0.000 66	0.007 14

注：材积生长系平均标准主枝材积×5。

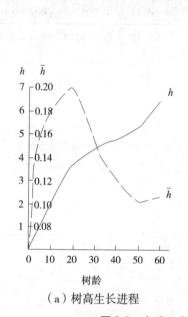

（a）树高生长进程

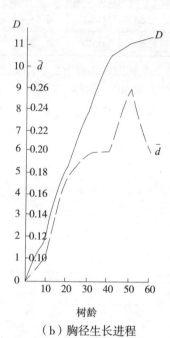

（b）胸径生长进程

图 3-3　木瓜 5 主枝解析树高、胸径生长进程图

从表 3-6 和图 3-3 可看出,木瓜 5 主枝解析木,树高、胸径和单株材积的生长是缓慢的、有规律的,即树高年平均生长量为 0.13~0.28 m,胸径年平均生长量为 0.110~0.201 cm,材积年平均生长量为 0.000 15~0.007 23 m³。

特别需要说明的是,木瓜变种与栽培品种不同,而在同一立地条件、栽培与管理相同条件下,其生长差异非常悬殊。如 2015 年 5 月 20 日在郑州植物园木瓜园区栽培的同龄木瓜中,'大球果'木瓜 Pseudochaenomeles sinensis（Thouin）Carr.'Da Qiuguo'树高 5.53 m,径粗（高 40.0 cm 处）25.9 cm,冠幅 5.3 m;小叶毛木瓜 Pseudochaenomeles sinensis（Thouin）Carr. var. parvifolia（T. B. Zhao,Z. X. Chen et Y. M. Fan）T. B. Zhao,Z. X. Chen et Y. M. Fan 树高 4.30 m,径粗（高 40.0 cm 处）7.6 cm,冠幅 2.31 m;红花木瓜 Pseudochaenomeles sinensis（Thouin）Carr. var. rubriflora T. B. Zhao,Z. X. Chen et X. K. Li 树高 4.91 m,径粗（高 40.0 cm 处）12.7 cm,冠幅 3.35 m 等。

第四章　木瓜族植物分类系统建立的理论基础与技术

木瓜族 Pseudochaemomelieae T. B. Zhao, Z. X. Chen et Y. M. Fan, tribus nov.

第一节　木瓜族植物分类简史

1753 年,Linn. 发表榅桲 *Pyrus cydonia* Linn. Sp. Pl. 480.

1768 年,Mill. 发表榅桲属 Cydonia Mill. in Gard. Dict. ed. 8.

属模式种:Cydonia oblonga Mill. = *Pyrus cydonia* Linn.

1768 年, Dene 发表栘㭎属 Docynia Dene in Nouv. Arch. Mils. Hist. Nat. Paris 10:131.

属模式种:栘㭎 Docynia indica(Wall.)Dene。

1822 年,Lindley 发表原木瓜属 *Chaenomeles* Lindl. in Trans. Linn. Soc. Lond. 13:97. "*Chaenomeles*"

1822 年,E. A. Carr. 以木瓜 Pseudochaenomeles sinensis(Thouin)Carr. 为模式种创建一新属——木瓜属 Pseudochaenomeles Carr. Revue Hort. 238. t. 52-55.

1825 年,DC. 发表榅桲属木瓜组 *Cydonia* Mill. sect. *Chaenomeles* DC. ,Prodr. 2:638.

1847 年,Roemer 发表榅桲属(包含原木瓜属) Cydonia Mill. in Gard. in Chaenomeles Roemer.

1883 年,Wenzig 发表贴梗海棠属 Chaenomeles Lindl. 、榅桲属 Cydonia Mill. 及假榅桲属 *Psendocydoniain* Schneider in Fedde,Repert. Sp. Nov. 3:180. 1983.

1888 年,Focke 发表贴梗海棠属和榅桲属(包括假榅桲属) Chaenomeles Lindl. et Cydonia Mill. (*Pseudocydonia* Schneider).

1888 年,Focke 发表榅桲属 Cydonia Mill. ,Focke in Engler & Prantl,Nat. Pflanzenfam. 39(3):22. 1888. p. p. .

1888 年,DC. 发表榅桲属木瓜组 *Cydonia* Mill. sect. *Chaenomeles* DC. ,Focke in Nat. Pflanzenfam. III. 3:22.

1906 年,Schneider,*Chaenomeles* Schneider in Repert. Sp. Nov. Règ Vég. 3:180. 1906.

1906 年,Schneider,*Pseudocydonia* Schneider in Fedde,Repert. Sp. Nov. 3:180.

1906 年,Schneider 发表原木瓜属(贴梗海棠属) *Chaenomeles* Schneider,III. Handb. Laubh. 1728. 808. "*Chaenomeles*" 创建木瓜属 2 组,即:木瓜属 *Chaenomeles* Lindl.

属模式 Typus:日本贴梗海棠 *Chaenomeles japonica* (Thunb.)Spach = *Pyrus japonica* Thunb.

木瓜属分 2 组：

Ⅰ. 贴梗海棠组 Chaenomeles Lindl. Sect. Ⅱ. *Euchaenomeles* Schneider, Ⅲ. Hand. Laubh. 1：729. 808. "*Euchaenomeles*"

组模式 Typus：日本贴梗海棠 *Chaenomeles japonica*（Thunb.）Lindl. = *Pyrus japonica* Thunb.

Ⅱ. 木瓜组 Sect. *Pseudocydonia* Schneider，Ⅲ. Hand. Laubh. 1：728.（1906. May）

组模式种：*Pseudocydonia sinensis*（Thouin）Schneider in Repert. Sp. Nov. Règ Vég. 3：180. 1906. nov.

1964 年，Hutch.，*Pseudocydonia* Hutch. in Gen. Fl. Pl. 1：214.

第二节　木瓜族植物新分类系统建立的理论依据

一、形变理论

形态理论（形变理论）是指植物（生物）的形态变异及其变异规律。研究植物分类系统建立、物种起源与演化途径探讨，以及发现新分类群的重要理论之一。因为任何植物（树种）在长期的系统发育过程中，受自然环境条件的影响、自然杂交，或人为的干预，一定会产生各种各样的形态变异。根据其变异显著性的不同，是决定植物不同类群划分的理论基础。

木瓜属等植物分类群建立的理论，主要是形变理论（形变依据），即形态特征变异的多样性。其主要表现在以下方面。

1. 树形变异

树形变异是木瓜族植物中的乔木树种的树形变异，即指木瓜 Pseudochaenomeles sinensis（Thouin）Carr. 树冠、主干、主枝习性等分类特征性状的总称。其主要表现在：树冠形状、主干明显与否；主侧枝多少、粗细、长短及分枝角度等方面，如图版 1。贴梗海棠属 Chaenomeles Lindl. 为落叶丛生灌木，无主干，因而也无树形变异。

2. 树干变异

树干变异是指木瓜主干而言。木瓜树干变异主要表现在树干具棱、沟及木瘤与否；树皮颜色及脱落痕形状等，见图版 2。

3. 枝条变异

枝条变异是指其粗与细、长与短、颜色、有毛与无毛等。

4. 芽种类与着生

木瓜族植物芽种类与着生区别显著，如木瓜芽有顶叶芽、腋叶芽及顶生、腋生混合芽，着生于前 1 年枝上，稀着生于多年生枝、干上。木瓜贴梗海棠与贴梗海棠芽有顶叶芽、腋叶芽及顶生、腋生混合芽，着生于前 1 年枝及多年生枝、干上，或枝刺上、枝刺基部两侧。

5. 叶形变异

木瓜族植物的叶片形状变异很大。如木瓜叶片形状可分 5 类：第 1 类，叶以椭圆形为主，最宽处在叶片中部，或中部以下，长度明显大于宽度；第 2 类，叶以倒卵圆形为主，最宽处在叶片中部以下，长度明显大于宽度；第4类，叶圆形；第5类，叶畸形。其叶柄毛被，腺点具柄，或无柄。木瓜贴梗海棠叶以狭卵圆形、披针形为主，最宽处在叶片中部，或近顶部。贴梗海棠叶以倒卵圆形、倒椭圆形，近顶部较宽，见图版11。

此外，托叶变异与叶颜色（深绿色、绿色、淡绿色）、有毛与无毛，边缘有无缘毛及小腺点。木瓜叶片形状变异，非常明显。

6. 花的变异

木瓜族植物花的变异主要表现在花期、花着生位置、单生或簇生。单花具花瓣数目、形状、大小、颜色、可孕花与不孕花、萼筒形状等不同，如木瓜花单生于当年生新枝顶端，见图版4、5。木瓜贴梗海棠，见图版21及22，贴梗海棠等花单生，或簇生于前1生枝或2至多年生枝上叶腋，或枝刺上及其基部两侧，见图版12~29。

7. 果实形状与大小

木瓜族植物果实形状与大小多变，如木瓜果实有小球状、大球状、长椭圆体状等。单果重20.0~2 500.0 g。果实形状、大小、重量是划分与识别栽培品种的重要依据之一，见图版7~9。木瓜贴梗海棠及贴梗海棠果实也是多变的。

总之，木瓜族植物果实变异很大，其产生变异的原因有：① 外界条件的改变；② 杂交引起的变异；③ 突变，即生物的染色体变异；④ 蒙导技术等引起的植物变异。都可作为栽培品种、变种，或种的依据。

二、系统分类理论

系统分类理论（系统原理）是指探索和研究植物（生物）种的形成及其形成规律（系统发育），使建立的分类系统能充分反映出生物进化的历史过程。这一过程，包括从无到有、从少到多、从低级到高级三个环节，并从中得出共同起源、分支发展和阶段发展组成的系统分类学的理论基础。

1. 共同起源

共同起源就是研究生物种的系统发育，探索其亲缘关系。研究生物种的共同起源，就是探索、研究其共同祖先，了解和掌握某类生物种的共同祖先，才能反映出某类生物种的自然谱系。这种自然谱系，称单源系统。共同起源作为系统分类理论，就是单源系统理论（原理）。探讨木瓜属等植物共同起源，根据它们的共同特征，而构成一个新的分类系统。

2. 分支发展

分支发展是指从少到多的发育过程。一个新物种的产生，最初总是少数，甚至是单株。这个从少到多的过程，就是分支发展的过程，是物种形成的最基本过程。这条原理，早已被人们所利用。目前，有些学者不承认新物种（亚种、变种、栽培品种）初期是少数植株的观点是错误的。阶段发展是指：1个新的物种（亚种、变种、栽培品种）开始时总是单株、少数，接着数量增多（分支分化），继而出现一个庞大群体。该群体随着历史的发展，生活条件的改变，以及人工选育，一些新的变异植株出现，一些适应性强的类群（种、亚种、变种、栽培品种）得到发展，另一些类群被淘汰，这是历史发展的必然趋势和结果。

3. 阶段发展

分支发展是横的发展，阶段发展是纵的上升。一个新物种，或类群的出现，开始总是少数,随着数量的增加(分支发展),继而又出现更新的物种,或类群(阶段发展)。更新的物种,或类群的出现、发展、淘汰,又有新的物种,或类群的出现与发展、淘汰,这就是生物历史发展的规律和必然结果。

4. 特征分析

物种、系统和特征三者相互联系、相互引申,组成生物分类学原理的一个整体。陈世骧教授指出:"分类特征是对立的特征,只有对立的意义,没有独立的意义。"在生物界中,物种,或物类都是通过对立对比而互相区别的,通过对立对比而互为存在的条件。所以,生物分类学的工作实质在于从物种,或物类中通过对比,从中发现特征、分析特征。然后,根据其特征,分门别类,提出其新分类系统。特征分析的依据如下。

4.1 共性与特征

共性是归纳事物的依据,特征是区分事物的依据(条件)。共性与特征是对立统一,是一切生物分类的依据。所以,生物分类是分与合的统一,是通过共性与特征的对立对比进行的。生物分类都有一个层次问题。层次关系,或分类级别(分类单元、分类群、分类等级),都是通过共性与特征的对立统一而实现的。在植物分类学中的分类层次(分类单元、分类群、分类等级)中,上级特征是下级的共性,下级的共性是上级的特征。如,赵天榜、范永明等(2017)根据木瓜的特异形态特征:① 乔木;② 树干具棱、沟与否,树皮颜色,片状剥落;③ 叶大型,叶柄具柄黑色腺体,或无柄黑色腺体,密被弯曲长柔毛;④ 芽有顶生、腋生叶、休眠芽与混合芽;混合芽有皱枝、皱叶、皱托叶、皱叶芽与有皱枝、无皱叶、皱托叶、皱叶混合芽,以及有枝、无叶、无托叶混合芽;⑤ 稀有极短枝,无叶、无芽,仅有托叶与花芽4种;⑥ 花单生当年新枝枝顶;⑦ 果实大型,多种类型,果肉木质而坚硬。为此,作者提出恢复木瓜属 Pseudochaenomeles Carr. 及木瓜学名 Pseudochaenomeles sinensis (Thouin) Carr.。

总之,上述分类单位的确立都是在研究某生物类群共性与特征之后而提出的。

4.2 祖先特征与新的特征

祖先特征是祖系传给的特征,新的特征是本系获得的特征。建立分类群,指科、属、种、亚种、变种、栽培品种,必须采用新的特征,不取祖先特征。因为新的特征是新分类群产生的依据和标志,也是单源系统的自然标志。这是选用分类特征,建立新分类群、分类单元的基本原理。分类特征是生物物类(分类群)历史地位的标志,是随着新分类群,如新种、新变种等的出现而出现的,同样是长期历史形成的产物。但是,祖先特征与新的特性相结合,则是发现新分类群与选育新栽培品种的重要依据。如红花木瓜 Pseudochaenomeles sinensis (Thouin) Carr. var. rubriflora T. B. Zhao, Z. X. Chen et Y. M. Fan, var. nov. 及'亮黄斑皮'木瓜 Pseudochaenomeles sinensis (Thouin) Carr. 'Lianghuangbanpi', cv. nov.。因其花色、树皮颜色与木瓜不同,而命名为新变种和新栽培品种。

三、模式理论

模式理论(模式概念)是指形态相似的个体所组成的物种,同种个体符合于同一"模式"。这一概念(理论)是建立在物种不变的理论基础上的。因而,同一物种,不同学者采用不同的命名等级,甚至相差极大。所以,"模式理论"普遍受到世界上所有进化论者的批判。但是,作为一种方法和手段,却在植物分类的实践中,普遍加以应用,并且在《国际植物命名法规》中有明确规定。

模式理论是以特征分析为主的。特征分析是物种、系统和特征三者相互联系、相互制约组成生物分类学原理的一个整体。陈世骧(1978)指出:"分类特征是对立的特征,只有对立的意义,没有单独的意义"。如,在植物分类检索表中,物种,或物类(分类等级)都是通过对立对比而互相区分的,通过对立对比时互为存在的条件。所以,生物分类工作者的实质,在于从对立对比中发现特征(特性)、分析特征(特性)的异同,据以分门别类。

植物学经典分类方法(模式方法)在《国际植物命名法规》中明确规定:属以下分类群,必须以命名模式为根据。描述和命名新分类群(指新种、新亚种、新变种)所依据的标本,实指一份标本。这份标本,通常称为主模式(holotypus)。这种方法,在植物分类工作中通称"模式方法"。模式标本必须是永久保存的。

模式方法在植物分类学上是一种行而有效的方法,植物分类学者采用模式方法,并纳入《国际植物命名法规》。其原因在于:个体不能代表群体,但又能代表群体;否则,鉴别,或发现新种、新变种就无所依据。为此,在鉴定,或区别物种时,必须以群体特征为基础,在群体中找出稳定、不变的形态特征,或特性,作为物种的形态特征,或特性,与同属其他物种(包括亚种、变种)相区别,确定其不同类群的级别。然后,根据不同物种形态特征,或特性的相似和区别,加以归类,作为木瓜属等属下分类群确定的依据。

四、种源理论

"种源理论"是指一物种必须具备一定分布区域。其形态特征与同属物在形态特征上有一定的区别。如李芳东等著《中国泡桐属种质资源图谱》中,收集白花泡桐种源37个、毛泡桐种源25个、华东泡桐种源10个、川泡桐种源8个,合计80个。同时,选育出一批优良单株。这种"种源理论",在当前条件下,新的物种,特别是经济、观赏植物的新种、新亚种、新变种和新栽培品种会得到很快的发展和推广,不可能长期生长在原产地。作者在进行木瓜族植物分类研究中,不采用"种源理论"。

五、杂交理论

植物杂交育种可采用多种方法进行,如正交、反交、两亲本及多父本杂交等。然后,通过培养从中选出形态特征变异显著、优良的单株,经过繁育培养而性状稳定后,可命名为新种,其种加词前加上×。如大理杂种贴梗海棠(贴梗海棠 × 木瓜贴梗海棠)、维里毛里尼阿娜杂种贴梗海棠(木瓜贴梗海棠 × 贴梗海棠)、加利福尼亚杂种贴梗海棠(木瓜贴梗海棠 × 华丽贴梗海棠)、斯拉尔克娜杂种贴梗海棠(木瓜贴梗海棠 × 日本贴梗海棠)。植物杂交育种可采用多种方法进行,如正交、反交、两亲本及多父本杂交等。然后,通过培养从中选出形态特征变异显著、优良的单株,经过繁育培养而性状稳定后,可命名为新种,其种加词前加上×。

此外,无性杂种,也称"嵌合体",是通过嫁接(枝、根、芽)和蒙导方法,而产生的新的变异植株。这种方法,称"无性杂交"。产生新的变异植株,称"无性杂种",如洱源杂种贴梗海棠 Chaenomeles × daliensis(Z. X. Shao et B. Liu)T. B. Zhao, Z. X. Chen et Y. M.

Fan subsp. + eryuanensis(Z. X. Shao et B. Liu)T. B. Zhao,Z. X. Chen et Y. M. Fan, subsp. nov.,就是通过芽接而产生的无性杂种。

《国际植物命名法规》中明确规定,"两个或两个以上属的种之间杂种"为属间杂种, 而建新杂种属。其属间杂种为新杂种。在新杂种属前分别加上 × 和 +(× 表示有性杂 种属,+表示无性杂种属)。

六、引种驯化理论

植物的引种驯化工作,我国具有悠久的栽培历史,至今已有 3 000 多年。华丽贴梗海 棠 Chaenomeles × superba(Frahm)Rehd. 就是我国山东学者从外国引种栽培成功的实例 之一。

驯化理论是通过引种栽培条件,改变引种株体的各种生理、生化物质的变化,包括基 因变化,而产生新的物种。米丘林采用引种驯化理论、分段北移和蒙导技术,选育出一批 耐寒、优质果树新种、新栽培品种,如米丘林梨、枸橼形莱茵特苹果 PEHETБEP - AMOTHый 等。范永明、陈志秀和赵天榜等在郑州市树木引种驯化的试验研究中,发现 一批新种、新变种,选育一批新栽培品种。如:① 雄蕊瓣化贴梗海棠 Chaenomeles stamini- petalina T. B. Zhao,Z. X. Chen et D. F. Zhao,sp. nov.;② 常绿贴梗海棠 Chaenomeles speciosa(Sweet)Nakai var. sempervirens T. B. Zhao,Z. X. Chen et Y. M. Fan,var. nov.; ③ 大叶贴梗海棠 Chaenomeles speciosa(Sweet)Nakai var. megalophylla T. B. Zhao,Z. X. Chen et Y. M. Fan,var. nov.;④ 棱果木瓜贴梗海棠 Chaenomeles cathayensis(Hemsl.) Schneider var. anguli-carpa T. B. Zhao,Z. X. Chen et Y. M. Fan,var. nov.;⑤ '五彩'华 丽贴梗海棠 Chaenomeles × superba Lindl. ex Spach'Wucai' 等。

七、基因理论

基因理论是目前研究生物种基因结构组成的最先进的科学理论。因此,引进各生物 学界的高度重视和广泛应用,如植物学类、动物学类、医学界等。应用该技术进行植物属 间物种的鉴别与分类系统的建立,不仅技术很难普及应用,而且需要经费很多,一般单位 很难实现。据说,某单位进行烟草基因排序研究,所用经费达 800 多万元;某单位进行牡 丹基因排序研究,所用经费高达 2 400 多万元。因此,作者在进行木瓜族植物研究中,不 进行基因结构组成的测定。

第三节　木瓜族植物新分类系统

一、木瓜族　新族

木瓜族 Pseudochaenomelieae T. B. Zhao,Z. X. Chen et Y. M. Fan,tribus nov. Descr. Add.:

Arboribus deciduis,rare fruticibus、semperviretibus. ramulis absque spinis ramulis vel spi- nis ramulis. foliis alternis vel fasciculatis,serratis vel crenatis,rare integis. floribus singularis in ramulis novellis apicibus vel 1～multi-flore caespitosis in 2～3-ramulis aetatibus vel anthesis, synanthis rare floribus multireclusis. floribus bisexualis; calycibus campanulatis, subcylindricis, crateriformibus. 5-, 10～40-petalis multiformibus; floribus: 1-coloribua, dichrois, versicoloribus; 40～60-staminibus, petalis multiformatis. fructibus multiformatis, megaloformis et parviformis conspicuo differentibus.

形态特征:落叶乔木、灌木,稀常绿灌木。枝条无枝刺,或具有刺。单叶互生,或簇生,边缘有锯齿,或圆齿,稀全缘,具缘毛。花单生新枝顶端,或多枚簇生2～3年生以上枝上。花后叶开放,或先叶开放、同时开放,稀多次开花。花两性;萼筒钟状、近柱状、碗状。单花具花瓣5枚、10～40枚以上,形状多样;有单色花、2色花及多色花;雄蕊40～60枚,有瓣化雄蕊为多形状花瓣。果实多形状,大小差异非常悬殊。

木瓜族植物有:木瓜属 Pseudochaenomeles Carr. ,贴梗海棠属 Chaenomoles Lindl. ,假光皮木瓜属 × Jiaguangpimugua T. B. Zhao, Z. X. Chen et Y. M. Fan,西藏木瓜属 × Cydo-chaenomeles T. B. Zhao, Z. X. Chen et Y. M. Fan。

二、木瓜属

作者在研究木瓜属 Pseudochaenomeles Carr. 等植物形态特征时,发现木瓜形态特征记载均有错误和不确切之处。如木瓜"花单生叶腋"。又如木瓜属采用 *Pseudocydonia* Schneider 作属名,而没有按《国际植物命名法规》中,关于"优先权"的规定木瓜属应采用 Pseudochaenomeles Carr. 作为属名。同时,发现一些尚未记载的新形态特征。现分别介绍如下:

木瓜属形态特征:

Pseudochaenomeles Carr. ,Revue Hort. 1882:238. t. 52～55. 1882.

Pseudocydonia Schneider in Repert. Sp. Nov. Règ. Vég. 3:180. 1906.

Chaenomoles Lindl. sect. *pseudocydonia* Schneider III. Handb. Laubh. 1: 728. 1906. May.

注:中文参考文献从略。

Suupplememtary adaescription:

Deciduous trees, 5.0 to 20.0 m tall. Trunks with numerous blunt edges and grooves. As well as most protruding wood nodule, or smooth; Bark grayish brown, dark green, yellow brown, brown, exfoliated. Its drop marks leaf shape of cloud. A branch with long, short, shortened branches and fruit table branches, with or without spines. Young branches densely tomentose, pilose, or glabrous. Bud divided into terminal leaf bud, axillary leaf bud, dormant bud and mixed bud. Mixed buds with twigs, leaves, stipules, dormant buds, and mixed buds with branches, leafless, leaves, stipules, dormant buds, rare with very dhort branches no stipules, and dormant buds. Leaves are large, ovoid, oval, near circular, etc. , rare rhombohedral oval, deformed lobules with yellowish white narrow edges and pointed serrated edges with glandular vertex or double pointed serrate at the end of the teeth. The young leaves yellowish green, densely pubescence on the back. The back of the petiole is curved with pilose and glandular point, hairy stipe glandular point and branched hairy stipe glandular point. After flowering, the leaves open. Flowers solitary in the top shoots, no axillary flowers. Two species of hermaphrodite flower; infertile androgynous flower and fertile hermaphrodite flower. Single flower with 5 petals, spoon-shaped oval, rare 1 to 3 stamens, pink, white, red, etc. Sepals reflexed, margin ciliate, spiny pointed serrate and glandular and glandular teeth. The fruits with many typesare mostly large and small ones are very rare. such as long ellipsoid, spherical, and rod like, etc. Wood pulp.

形态特征补充描述：

落叶乔木，高 5.0~20.0 m；树干具钝纵棱与深沟，以及多数突起的木瘤，或光滑；树皮灰褐色、深绿色、黄褐色、褐色，呈片状剥落，落痕云片状。小枝有长枝、短枝、缩短枝及果台枝之分，具枝刺，或无枝刺。幼枝密被绒毛，或柔毛，后无毛。芽有顶生叶芽、腋生叶芽、休眠芽。混合芽有枝、有叶、有托叶、休眠芽。混合芽有枝、无叶、有叶、托叶、休眠芽及有枝、有叶、无叶、托叶、休眠芽，稀有极短枝、无叶、无托叶及休眠芽。叶大型，卵圆形、椭圆形、近圆形等，稀菱-卵圆形及畸形小叶，边缘具淡黄白色窄边及尖锯齿，齿端具腺点，或重尖锯齿；幼叶淡黄绿色，背面密茸绒毛；叶柄被弯曲长柔毛及腺点、具毛柄腺点及分枝毛柄腺点。花后叶开放。花单生于当年新枝顶端，无腋生花。花两性，有不孕两性花及可孕两性花 2 种。单花具花瓣 5 枚，匙状椭圆形，稀 1~3 枚雄蕊瓣化，粉红色、白色、红色等；萼片反折，边缘具缘毛、刺芒状尖锯齿及腺点与腺齿。果实大型，稀小型，具多种类型：长椭圆体状、球状及棒状等。果肉木质。

本属模式：木瓜 Pseudochaenomeles sinensis (Thouin) Carr. = *Chaenomeles sinensis* (Thouin) E. Koehne。

本属植物 1 种。木瓜。

产地：木瓜特产中国。湖北神农架山区有天然分布。山东、陕西、湖北、江西、安徽、河南、江苏、浙江、广东、广西等省（区、市）均有栽培。

用途：主要栽培供观赏。果实大型，可入药，还可加工罐头等。

附录1　榅桲属 Cydonia Mill. , Gard. Dict. ed. 8. 1768.

落叶丛生灌木，或小乔木。小枝无枝刺。冬芽小，鳞片少数，或腋生，外面被短柔毛。单叶，互生，边缘全缘；有叶柄和托叶。花单生小枝顶端；萼片 5 枚，有腺齿。单花具花瓣 5 枚，倒卵圆形，白色，或粉红色；雄蕊 20 枚，离生，基部被毛；子房 5 室，每室具多胚珠。梨果，宿存，萼片反折。

产地：榅桲属产我国。湖北、湖南、河南、陕西、江西等省均有栽培。

三、贴梗海棠属

Chaenomoles Lindl. in Trans Linn. Soc. 13:97. 1822. "Choenomeles".

Cydonia Mill. sect. *Chaenomoles* DC. Prodr. 2:638. 1825.

Chaenomeles Schneider in Fedde, Repert. Sp. Nov. 3 180. 1906.

Chaenomeles Lindl. sect. *Euchoenomeles* Schneider, III. Hand. Laubh. 1:729. 808. 1906. "*Euchaenomeles*".

注：中文参考文献从略。

1. 形态特征与补充描述

1.1　形态特征

落叶灌木,或小乔木。枝条有刺。叶有短柄。单叶互生,有锯齿,或圆齿,齿端及二齿间有腺体,幼枝上有托叶。花腋生,多数、单生,或束生,先叶开放。花两性,整齐,有时一部分花仅有雄蕊;萼管状钟形,萼片5枚,在芽中覆瓦状排列,全缘,外面无毛,里面被毛,早落。单花具花瓣5枚,大,分离,具爪,着生在花托喉部;雄蕊40~60枚,排成2列;花盘小,有腺体;心皮5枚,合生成5室子房,胚珠多数,中轴胎座,花柱5枚,基部或中部以下合生。果为梨果,有短梗,果肉有石细胞;种子卵球状,多数,无胚乳。

1.2　Suupplememtary adaescription

Deciduous bush, or small trees. The bark is brown and smooth. Branchlets spiny which is terminal, or axillary, it usually has no leaves, no buds, rare leaves, sprouts with buds. 2-year-old branches without wood nodule, or with wood nodule rarely. Leaf buds terminal, or axillary, small, apex acute, bud scales glabrous outside, or pubescent shortly. Flower buds solitary, or 2 to 5(30) clustered in axils of the upper leaves of annual branches, or at the tip of the branches of the leafy plexus, rarely growing on the base of a branch, or on a spur. Leaves alternate, or clustered, ovoid, oval, needle-shaped, apex obtuse, or blunt, base cuneate, margin obtuse, or obtuse, full- margin. Young leaves pubescent on the back, or glabrous. Petiole pubescent, or glabrous, Stipules suborbicular, reniform, large, thick papery, margin broadly pointed serrate, base with short and broad stipe, not caducous. After flowering, the leaves open, or before flowering, the leaves open. Hermaphroditism(with infertile and fertile bisexual flowers). Flowers solitary, or 2 to 5(to 6), were clustered into 2 to 5 year branch, or terminal phyllome branch end, both sides of the base or thorn. Summer, autumn and winter flowers(October), solitary, or inflorescence. Single flower with 5 petals, rare 15 to 55, obovate, spoon round, brick red, orange, pink, white light green and multicolored, apex obtuse, concave. Stamens 40, rare 60 or dilute 60, filaments unequal in length, 2 rounds arranged, sparse scattered, style 5, dilute 11, base connate dilated, pubescent, or glabrous, nearly as long as stamens, or longer than stamens; Multiple ovule per ovary, Calyx tube campanulate, cup-shaped, bowl shaped and bell shaped-Terete, outside glabrous. Sepals suborbicular, shorter than calyx tube, both surfaces glabrous, not reflexed margin ciliate. The shape of fruit divided into large and small. Large fruit spindle-shaped, fusiform-shaped, or terete, 3. 5 to 6. 0 cm in diameter. Small fruit spheroidal, globose, 2. 0 to 3. 0 cm in diameter. The calyx falls off, or the persistent calyx is fleshy and tuberculate. Fruit with many seeds, rare without seeds.

补充描述:

落叶丛生灌木,或小乔木;树皮褐色,光滑。小枝具枝刺;枝刺顶生,或腋生,其上通常无叶、无芽,稀有叶、有芽的芽;2年生枝无瘤状突起,稀具瘤状突。叶芽顶生,或腋生,小,先端急尖,芽鳞外面无毛,或被短柔毛。花蕾单生,或2~5(~30)枚簇生于2~5(~8)年生枝上叶腋处,或生于叶丛枝顶端,稀枝刺基部两侧,或枝刺上。叶互生,或簇生,卵圆形、椭圆形、披针形,先端钝圆,或钝尖,基部楔形,边部下延边缘钝锯齿,或重钝据齿,全缘:幼叶背面被短柔毛,或无毛;叶柄被短柔毛,或无毛;托叶近圆形、肾形、大、厚纸质,边缘具宽尖锯齿,基部具短而宽柄,不早落。花先叶开放,或花后叶开放。花两性(有不孕两性花与可孕两性花)。花单生,或 2~5(~6)枚簇生于 2~5 年生枝上,或顶生叶丛枝端、枝刺基部两侧,或枝刺上。有夏花、秋花与冬花(10 月),单生,或呈花序状花。单花具花瓣 5 枚,稀15~55 枚、倒卵圆形、匙状圆形等多形状、砖红色、橙色、粉红色、白色淡绿色及多色,先端钝圆,凹;雄蕊 40~60 枚,稀 60 枚以上,花丝不等长,2 轮排列,稀散生;花柱 5 枚,稀 11枚,基部合生处膨大,被短柔毛,或无毛,与雄蕊近等长,或长于雄蕊;每子房室多胚珠;萼筒钟状、杯状、碗状与钟状-圆柱状,外面无毛;萼片近圆形,比萼筒短,两面无毛,不反折,边缘具缘毛。果实分大型、小型。大型果卵球状、纺锤状,或圆柱状,径 3.5~6.0 cm;小型果卵球状、球状,径 2.0~3.0 cm;萼脱落,或宿萼肉质化呈瘤状突起。果实具多数种子,稀无种子。

本属模式种:日本贴梗海棠 Chaenimoles japonicas(Thunb.) Lindl. ex Spach = *Pyrus japonica* Thunb.。

本属有 7 种:日本贴梗海棠、贴梗海棠、木瓜贴梗海棠、华丽贴梗海棠及 6 杂交种。

产地:中国产贴梗海棠、木瓜贴梗海棠。日本产日本贴梗海棠。美国、英国等产华丽贴梗海棠及 6 杂交种。中国现有日本贴梗海棠、贴梗海棠、木瓜贴梗海棠、华丽贴梗海棠、寒木瓜杂种贴梗海棠及大理杂种贴梗海棠等。

用途:主要栽培供观赏。果实中、小型,可入药,还可加工罐头。

2. 贴梗海棠属分类系统

2.1　贴梗海棠亚属　原亚属

Chaenomeles Lindl. subgen. Chaenomeles, *Chaenomeles* Lindl. sect. I. *Euchaenomeles* Schneider, III. Hand. Laubh. 1:729. 1808. "*Euchaenomeles*".

2.2　华丽贴梗海棠亚属　新亚属

Chaenomeles Lindl. subgen. Superba T. B. Zhao, Z. X. Chen et Y. M. Fan, subgen. nov.

Subgen. nov. fruticosis deciduis, ca. 1.5 m altis ,comalibus ca. 2.0 m. spiis in ramulis. nulli-foliis, nulli-alabastris in ramulis hornotinis. 1-alabastris vel alabastris cespitosis et ramosis foliis et gemmis foliis. follis alternis vel cespitosis, ovatis ad longi-oblongis, supra atro-viridiis glabris apice acutis vel obtusis, basi cuneatis margine serratis vel obtusi-serratis. flore solitariis vel 3~5- cespitosis in 2~4-aetatibus axillis foliis, spiis in ramulis vel basi bifariam spiis in ramulis. floribus ante foliis aperti vel floribus deinde foliis aperti. 5-petalis vel 15~25-petalis in 1-floribus, spathulati-rotundatis, 1.5~2.0 cm longis, 1.0~1.7 cm latis, albis vel cociineis et al. , apice obtusis margine plerumque integris, basi longe unguibus; staminibus numerosis, 2-verticillis, rare 3-verticillis, vel displicatis; anthetis aureis, filamentis longis et brevibus non aequabilibus, inferne staminibus displicatis involutis uncatis, non simultaneis dispersis; 5~11-stylis longis et brevibus non aequabilibus, apice capitatis vel a- capitatis; calycibus campanulatis、cyathiformibus vel craterifirmibus et al. extus glabris; calycibus 5, obtusis, marginatibus purpure-rubeis, marginibus ciliatis; pedicellis 1~2 mm longis. Fructibus sphaericis, luteis.

Gen. nov. typus：Chaenomeles × superba(Frahm) Rehder. 。

本新亚属为落叶灌木,丛生,高 1.5 m 左右,冠幅 2.0 m。枝具枝刺。当年生枝枝刺上无叶、无花蕾。2 年生以上枝刺上有单生,或簇生花蕾及叶丛枝和叶芽。叶互生,或簇生,卵圆形至长圆形,表面暗绿色,具光泽,先端尖,或钝圆,基部楔形,边缘尖锯齿,或钝锯齿。花单生,或 3~5 朵簇生于 2 年生以上枝的叶腋、枝刺上,或枝刺基部两侧。花先叶开放,或花叶同时开放。单花具花瓣 5 枚,或 15~25 枚,匙状圆形,长 1.5~2.0 cm,宽 1.0~1.7 cm,白色,或深红色等,先端钝圆,边缘通常全缘,基部具长爪;雄蕊多数,2 轮排列,稀 3 轮排列,或散生,花药金黄色,花丝长短不等,最下面散生的雄蕊呈钩状内弯,其散粉期不一致;花柱 5~11 枚,长短不等,有的先端呈头状,有的无头状;萼筒有钟状、杯状,或碗状等,外面无毛;萼片 5 枚,钝圆,边部紫红色,边缘具缘毛;花梗长 1~2 mm。果实球状,黄色。

本新亚属模式:华丽贴梗海棠 Chaenomeles × superba(Frahm) Rehder. 。

本新亚属有 2 杂种:①华丽贴梗海棠 Chaenomeles × superba(Frahm) Rehder. ;②大理杂种贴梗海棠 Chaenomeles × daliensis(Z. X. Shao et B. Liu) T. B. Zhao, Z. X. Chen et Y. M. Fan。

产地:我国山东、河南等省、市引种栽培 1 种—— 华丽贴梗海棠。云南有 1 种——大理杂种贴梗海棠。

用途:主要用于栽培观赏。

附录

木瓜族植物分属、亚属检索表

1. 落叶乔木,或小乔木。叶边缘具锯齿、腺锯齿。
    2. 落叶乔木;树皮灰褐色、深绿色、黄褐色、褐色,光滑,呈片状剥落,落痕云斑状;或具钝纵棱与深沟,以及木瘤。小枝无枝刺。叶大型;叶柄被弯曲长柔毛及腺点、具毛柄腺点及分枝毛柄腺点。花单生于当年新枝顶端。萼片反折,边缘具缘毛、刺芒状尖锯齿及腺点与腺齿。果实大型,稀小型 ………………
        ………………………………………… 木瓜属 Pseudochaenomeles Carr.
    2. 落叶灌木,或小乔木,稀半常绿。小枝具枝刺。叶小型;叶柄无弯曲长柔毛及腺点、具毛柄腺点及分枝毛柄腺点。花单生,或簇生前一年生以上枝上,或枝刺上。果实大型、中型及小型 ……………… 贴梗海棠属 Chaenomeles Lindl.
        3. 单花具花瓣 5 枚,稀 15~55 枚。
            4. 落叶丛生灌木,或小乔木,稀半常绿。叶互生,或簇生;幼叶背面被短柔毛,或无毛。叶柄被短柔毛,或无毛。有夏花、秋花与冬花。花单生、簇生,或呈花序状花。单花具花瓣 5 枚,稀 15~55 枚。果实分大型、中型及小型 ……………… 贴梗海棠亚属 Chaenomeles Lindl. subgen. Chaenomeles T. B. Zhao, Z. X. Chen et Y. M. Fan
            4. 落叶灌木,丛生。单花具花瓣 5 枚,或 15~25 枚,或更多;雄蕊多数,花丝长短不等,最下面散生的雄蕊呈钩状内弯,其散粉期不一致;花柱

5~11 枚,长短不等。果实球状 …… 华丽贴梗海棠亚属 Chaenomeles
    Lindl. subgen. Superba T. B. Zhao,Z. X. Chen et Y. M. Fan

  3. 单花具花瓣 5 枚,多粉色。落叶小乔木,高 3.0~5.0 m。枝、干具枝刺。
    叶狭长披针形,似细柳叶。花单生,或簇生 ……………… 假光皮木瓜属
    × Jiaguangpimugua T. B. Zhao,Z. X. Chen et Y. M. Fan,gen. nov.

1. 落叶灌木,或小乔木。叶革质,边缘全缘,稀先端有少数细齿,背面密被褐色茸毛;
    叶柄幼时被褐色茸毛;托叶大形,背面被褐色茸毛。单花基部合生,密被灰白色柔
    毛 …… 西藏木瓜属 × Cydo-chaenomeles T. B. Zhao,Z. X. Chen et Y. M. Fan

第五章　木瓜族植物新分类系统与等级

第一节　木瓜族植物种下分类等级

一、种的定义

目前,"种"species(sp.)的定义多种多样,没有一个统一认识的标准与依据。如黄增泉著的《高等植物分类学原理》一书中收录了自1738年以来,有关科学家有关"种"的定义有19种之说。现简述如下:

1. Carl Linnaeus 之说

Carl Linnaeus(1783)认为,"生物原被创造而成各自独立迥异之种类",不因杂交,或其他方式而改变种类,即生物种是由上帝创造的。其晚年(1774),开始承认不同种类可以杂交,而称述:上帝造物由简而繁,由少而多,植物界亦然,首先创造众多植物类,以代一自然排列,由此排列而再行繁衍而成今日之'属'级植物群;再由属繁衍而产生各'种'级植物,但不包括不孕性之杂交种类。

2. Koeleuter 之说

Koeleuter(1761~1766)及Gaertner(1849)经过杂交试验,得出结论:种与种间之杂交后代几属不孕性,但同种内之变种与变种间之杂交,则可产生不孕性之后代。

3. Jordan 之说

Jordan(1846)认为,"种具多种可识别之地域性族群,此族群之组成分子可自交并繁衍其后代,且仍保存可资识别之特征,并分占不同之生态地位"。

4. Darwin 之说

Darwin(1859)在《物种起源》一书中认为,生物种具有相当程度之变异,致产生自然淘汰之意义及影响适者生存之结果。

5. 黄增泉 之说

黄增泉(1974)在《高等植物分类学原理》一书中认为,种"外形上可供识别,且可自行繁殖而绵延不绝;同时,与相近族群在遗传上、地理上及环境适应上,则具或多或少之隔离族群"。

6. Du Rietz 之说

Du Rietz(1930)提出:"种为最小之天然族群,在生物型(biotype)上发生特殊之不连续现象,使其永远分隔"。生物型——具有相同基因型之所有个体。

7. Thoorpe 之说

Thoorpe(1940)认为,一群个体因生理上之不同,遂不与其他族群相交配(广义的),有时亦因构造上之不同而不行交配。

8. Gilmour 之说

Gilmour(1940)认为,种为一群个体,具有相同性质,其相似情形则届相当程度。此种程度,应由分类学家判定之。

9. Timofeeff-Ressovsky 之说

Timofeeff-Ressovsky(1940)认为,种为一群个体,其形态上、生理上皆属相同——包括若干分类最低之分类群——与同处一地区,或紧邻之个体群,在生物观点上,几乎完全隔离。

10. Cain 之说

Cain(1944)认为,种为书籍上之一个名称,乃一推论名词。一极富声誉之分类学者所称之种即为种。

11. Babcock 之说

Babcock(1946)归纳种之观念如下:

(1)具有共同之构造特征,可将有机个体归并而成族群,具有相同之遗传基础,亦即代表其族群特殊染色体之组合。

(2)其与不同族群间,由不同特征以资鉴别,其中相异特殊之一,即染色体数。

(3)在族群中,变异性与安定性并存。安定性来自染色体,变异来自染色体突变。

(4)同一族群中,发生同配子,或自由交配而产生高度可孕性。

(5)由最早种之演变所形成之群落,最属明显者,当推遗传步骤与变异,致群落中之个体具有相同之后代。

(6)不同种之间,未能自由交配及产生极高不孕外(亦有少数例外),乃合理现象,因其基因与染色体皆不同。

(7)不同生长地区或互相重叠之地区,则产生亚种(地理种)。

12. Stebbins Jr. 之说

Stebbins Jr.(1950)认为,在形态特征及生理特征上,由遗传不连续而产生之间隙,可供种之区分,故种得以延续,乃因不同种间殊少基因交换。

13. Neiilson 之说

Neiilson(1950)认为,种为分类上之名称,居属,或亚属之下及亚种,或变种之上;种为一群动物,或植物共同具有一,或一以上相同之特性可自相近之一群动物,或植物识别出,而又可互相交配、繁殖,并遗传其特性,致成一种特有动物,或植物。

14. 川崎次男之说

川崎次男(1971)认为,种应符合以下条件:

(1)种属个体及个体群之集合体。

(2)由于个体群发生变异,致为个体变异及突变2种。

(3)种之个体群呈形态上之类似性。

(4)种之个体群呈决定性之地理分布。

(5)有关染色体等之遗传组成系呈一致性。

(6)后代呈孕性。

后又提出种的形成条件:

（1）两个群体具显著之不同形态。

（2）形态上之差异呈不连续性，而隔离极明显。

（3）染色体之遗传组成不一。

（4）无法产生杂种，即令产生，亦属不孕性。

（5）生长之处不同，即生育环境各异。

15. 陈世骧之说

1979 年，陈世骧在"关于物种定义"一文中给物种的定义："物种是生物的进化单元""物种是生物的繁殖单化和进化单元，进化通过物种的传衍演变而进行""物种是繁殖单化和进化单元，是生物系统线上的基本间断"。最后指出："物种是进化单元，因为进化通过物种的传衍演变而进行的"。因此，现今生存的物种，都是曾经生存的物种的后代——"物种来自物种"。

16. 周长发等之说

周长发等（2011）在《物种的存在与定义》一书中，介绍出物种定义 69 个。其中，对 43 个物种定义进行了介绍和评价。现仅介绍 1 种，即：

（1）形态学物种，也称模式物种。其定义包括 4 个方面：物种是由具有同一本质的相似个体组成，具有分明的不连续性同所有其他物种分开，物种不变，任何 1 个物种的可能的变异都有严格的限制。

（2）分类学物种。其定义为"物种是生物群体，或群体组合，它的存在和命名是由合格的分类学家依据明确的特征来限定的"（Regan，1926）。

（3）人为物种。其定义为"分类学家可根据标本的共同特征来定义物种"（Blackwelder，1967）。

17. 俞德浚教授等之说

1977 年，俞德浚教授等认为，"种"的本质是从它的各方面的现象表现出来的，从它的外部形态、地理分布、生殖繁育、内部构造、细胞遗传、化学结构等方面表现出来的，这些领域的任何一个方面所表现的特征，都反映了种的一定本质。在蔷薇科 Rosaceae 的一些类群中（苹果亚科 Subfam. Maloideae）各属，形态的强烈分化并没有带来生殖上的隔离，当对这些类群进行分类时，就不应以生殖上的隔离作为分类的主要准据。俞德浚教授等通过对中国龙芽草属 Agrimonia Linn. 植物分类的研究，"归纳出（一）营养器官及花果形态；（二）显微特征，叶肉细胞内草酸钙结晶的形状；（三）染色体数目等可作为分类的准据，其中又以前一项为主要准据，后两项为辅助准据"。"茎叶等的毛被情况可作为划分种下等级的准据"。并得出结论："以形态-地理准据为主，解剖、细胞遗传准据为辅来划分本属的种，是较为合适的"。

俞德浚教授等研究龙芽草属植物物种的划分时，以"营养器官及花果形态"为准据，参照解剖、细胞遗传等为辅来划分，具有普遍的规律，对于其他属植物物种的划分是切实可行的，并具有指导意义。

总之，以上 17 种之说，可以清楚表明：世界上所有植物、动物学家对"种"的认识也不一致，也没有一个统一标准。特别值得重视的是：目前对"种"的认识还存在着极大的分歧，即"大属"与"小属"和"大种派"与"小种派"之争。如刘玉壶（1998）将木兰亚科

Magnolioideae 分为 15 属,而 H. P. Nooteboom(1998)将该亚科合并为 2 属,即木兰属 Magnolia Linn. 和厚壁木属 Pachylarnax Dandy。又如伊藤芳夫(1988)将仙人掌科分为 266 属,徐民生与谢维荪(1981)将该科分为 94 属,安德尔逊等(2001)则分为 127 属。

特别指出的是,从 1783~1977 年的近两百年间,关于"种"的定义多种多样,没有统一的标准和意见。归纳起来,主要有 5 种:

(1)"种"是由相似的个体组成的,它们经过杂交可以产生能育的后代。

(2)"种"有一定的分布区域,"种"与"种"之间具有明显的区别,通过杂交可以产生后代。

(3)"种"是由居群组成的,不是某一个个体所能代表的。

(4)"种"是由若干能够进行杂交,或具有潜在杂交能力的自然居群。这些居群在生殖上是与另外的类群相隔离的。

(5)个体,或少数植株,不能作为建立新分类群(新种、新亚种、新变种)的依据。

作者认为,个体,或少数植株,不能作为建立新分类群(新种、新亚种、新变种)的依据的观点是错误的,因为任何物种的起源最初都是由单体发展到少数,最后发展成群体的。

18. 宋朝枢研究员之说

中国林业科学院宋朝枢研究员(1986)有句名言:"有经验的分类学家说它是个种,它就是个种"。

19. 作者之观点

作者(赵天榜等)认为,"种"是生物分类学上客观存在的、基本的分类单位,它既有稳定的、相同的形态特征、特性,又有相同的遗传特性,是由不断地进化和发展中的生物群体组成的,它们经过杂交可以产生能育的后代;在营养器官及花、果形态特征上明显与同属近似物种具有 3 点明显的形态特征、特性相区别,可以作为一个独立种。如作者等命名的新种——华豫玉兰 Yulania huayu T. B. Zhao,Z. X. Chen et J. T. Chen,sp. nov. 与玉灯玉兰 Yulania pyriformis(T. D. Yang et T. C. Cui)D. L. Fu 相似,但区别显著:单花具花被片 9~17 枚,外轮花被片 3 枚,宽条形,肉质;花被片中间有 2~3 枚雄蕊,或雄蕊中间有 2~3 枚花被片;雌蕊群具长约 5 mm 雌蕊群柄,无毛;离生单雌蕊子房微被短柔毛;花梗密被柔毛;缩台枝密被短柔毛。它又与多被玉兰 Yulania denudata(Desr.)D. L. Fu var. multitepala T. B. Zhao et Z. X. Chen 相似,但区别为:单花具花被片 9~17 枚,外轮花被片 3 枚,宽条形,肉质;花被片中间有雄蕊,雄蕊中间有花被片;雌蕊群具长约 5 mm 雌蕊群柄,无毛;离生单雌蕊子房微被短柔毛。

二、种及其下等级命名

1. 种名形成——双名法

该法是瑞典植物学家林奈(Carl Linnaeus)创立的。其内容是:每个生物种都用两个拉丁词,或拉丁化的希腊词(包括其他外来词)来命名,即每个生物种都由属名、种加词和命名者组成,如木瓜贴梗海棠(毛叶木瓜)Chaenimoles cathayensis(Hemsl.)Schneider、贴梗海棠 Chaenimoles speciosa(Sweet)Nakai。Chaenimoles 为属名,语法上是单数第一格名词;cathayana 中国,为种加词,在语法上种加词与属名词一致。总的来说,有 3 种情况可以作种加词:① 名词的单数第一格(同位定语);② 形容名词的单数第一格(一致定语);③ 名词的复数第二格(非一致定语);④ 命名者。

种加词可以采用任何来源的词,如名词、形容词,以及产地、生活环境、生长季节、特征性状、土名、外来语、用途、人名,以及复合词构成的种加词,甚至可以任意造词。但是,① 种加词不能重复属名;② 形成种加词的符号,必须转化成文字,如(♀)(-venris)及▲(-aquatica);③ 数词不能作种加词;④ 种加词由 2 个以上的词组成,必须连成 1 个词,如种加词是由 pilus 毛(名词第一格去掉词尾加上连接符号,即 pilo-)与-carpa(名词第一格-果)组成复合名词——pilocarpa 毛果。

注:近代拉丁文由于受希腊文的影响,其复合词有时用-o-代替连接用的元音字词-1-,而成 pilocarpa,而不是 pilicarpa。

此外,如果采用无性繁殖而获得的种,则在属名前加上+,表示该属为无性杂种属;在种加词前加上+,表示该种为无性杂种。

2. 亚种名形成

亚种 subpecies(subsp.)的定义:亚种属种内类群,是指同种内由于地域、生态,或季节上的隔离而形成的形态特征、性状上有明显区别的生物群体。为此,作为一个独立亚种,必须具有 3 条显著的形态特征与原亚种相区别。

亚种种名的形成:不采用双名法,而采用三名法,即:属名 种加词 命名者(缩写) subsp. 亚种加词 命名者(缩写)。亚种种加词来源与种加词来源完全相同,在语法上完全一致。如多色多瓣木瓜贴梗海棠 Chaenomoles cathayensis(Hemsl.)Schneider subsp. multipetala T. B. Zhao,Z. X. Chen et D. W. Zhao,subsp. nov. 。

3. 变种名形成

变种 varietas(var.)的定义:变种是指同种的具有相同分布的同一物种,而形态特征性状上有明显区别的生物群体。如红花木瓜变种 Pseudochaenomeles sinensis(Thouin)Carr. var. rubriflora T. B. Zhao,Z. X. Chen et X. K. Li。因该变种单花花瓣红色,而明显区别于木瓜原变种 Pseudochaenomeles sinensis(Thouin)Carr. var. sinensis。

此外,需要说明的是本书不采用变型这一等级。

第二节　木瓜族植物杂交分类等级

木瓜族植物杂交分类等级,是指在贴梗海棠属植物中的杂交分类等级。杂交属前加杂种符号 ×。

一、杂交属

杂交属见西藏木瓜属 × Cydo-chaenomeles T. B. Zhao,Z. X. Chen et Y. M. Fan,gen. hybri. nov. ,假光皮木瓜属 × Jiaguangpimugua T. B. Zhao,Z. X. Chen et Y. M. Fan,gen. hybri. nov. 。

二、杂交亚属

杂交亚属见华丽贴梗海棠亚属 Chaenomeles Lindl. subgen. × Superba T. B. Zhao, Z. X. Chen et Y. M. Fan, subgen. hybr. nov.。

三、杂交种

杂交种 species hybrida(sp. hybr.)是指属内(组内)种与种之间的杂交种。杂交种在种加词前加 × 符号。

其杂交等级的加词与命名,同上述种的加词与命名完全相同。其中,不同的是在杂交而产生的新分类等级,杂交种的种加词前加杂种符号 × 。如华丽贴梗海棠 Chaenomeles × superba(Frahm) Rehder.。

无性杂交种 species + hybrida(sp. + hybr.)是指属内种与种之间的无性杂交种。无性杂交种(亚种)在种加词前加+ 符号。如洱源杂种贴梗海棠系贴梗海棠与毛叶木瓜贴梗海棠杂交种 Chaenomeles × daliensis(Z. X. Shao et B. Liu) T. B. Zhao, Z. X. Chen et Y. M. Fan subsp. +eryuanensis(Z. X. Shao et B. Liu) T. B. Zhao, Z. X. Chen et Y. M. Fan。

四、杂交栽培品种

杂交栽培品种通常采用' '号表示,如栽培品种'世界一' Chaenomeles × superba(Frahm) Rehd. ' Shijieyi' 表示。其起源系'长寿乐' ×'昭和锦' 杂交的栽培品种。

第三节　木瓜族植物新分类群与发表

新分类群(新分类等级)是指木瓜属等植物中,以前没有发表过的新分类等级,如新属、新组、新种、新亚种、新变种,以及新杂交组、新杂交种、新杂交亚种、新杂交变种和新杂交品种。

一、新分类群发表的依据

新分类等级包括属、组、种、亚种、变种发表的依据,必须根据《国际植物命名法规》和《国际栽培植物命名法规》等中有关规定条款。

二、新分类群的发表

新分类群的发表,必须符合4 条规定:① 新分类群的名称、学名及命名者;② 新分类群的特征集要及形态特征,必须用拉丁语描述,否则,为不合格发表(现在可以用英文发表);③ 新分类群的不同等级,如新属必须有模式种,新种必须有模式标本及存放地点;④ 新种必须有线条图,或照片;⑤ 新分类群必须在公开的书刊上发表,而在报纸、宣传品上的不算合格发表。

新分类群的发表实例介绍如下。

1. 白花木瓜　新变种

Pseudochaenomeles sinensis(Thouin)Carr. var. alba T. B. Zhao Z. X. Chen et D. W. Zhao, var. nov. , 路夷坦、范永明、赵东武, 等. 中国木瓜属植物资源的研究. 安徽农业科学, 49. 2019。

A var. nov. 5-petalis in quoque flore, albis unguibus albis.

Henan:Zhengzhou City. 18-04-2016. T. B. Zhao et Z. X. Chen, No. 201604185(ramulus, folium et flos, holotypus hic disignatus, HNAC).

本新变种与木瓜原变种 Pseudochaenomeles sinensis(Thouin)Carr. var. sinensis 区别：单花具花瓣 5 枚, 白色, 爪白色。

河南：郑州市、郑州植物园、长垣县。2016 年 4 月 18 日。赵天榜、陈志秀和赵东武, No. 201604185。模式标本, 存河南农业大学。

特别指出：根据《国际植物命名法规》中规定, 现在发表新分类群可用拉丁文或英文撰写其形态特征。其模式也可用彩色照片。

第六章　木瓜族植物良种选育理论与技术

日本江户时代(1695)伊藤伊兵力著《花坛地锦抄》一书中记载:木瓜(指日本贴梗海棠)花色有 2 种。

1708 年,贝原益轩在《大和本草》一书中记载:日本原产有草木、花小、果实红色的寒木瓜,花红、果美的淀木瓜,白花、绿叶同出的白木瓜,花红色、春夏秋开花的长春木瓜,花白色、中心赤色的八重木瓜(指日本贴梗海棠),以及一些园艺品种的引入。

1898 年,木瓜属等植物杂交育种工作,始于德国植物学家 G. Frahm 发表 *Cydonia maulei* Miller var. *superba* Frahm in Gartenwelt,2:214. 1898。

1920 年,由美国植物学家 Rehd. 发表华丽贴梗海棠 Chaenomeles × superba(Frahm) Rehder. ［Chaenomeles japonica(Thunb.)Lindl. ex Spach × *Chaenomeles lagenaria*(Loisel.) Koidzumi］in Jour. Arnold Arb. 2:58. 1920。

1921 年,由美国 Vilmoria Nurseries 苗圃选出花白色,具粉色晕的维里毛里尼杂种贴梗海棠 Chaenomeles × vimorenii C. Weber 新杂种。

1963 年,C. Weber 在《Cultivars in The Genus Chaenomeles》17~75 页中,记载木瓜属等植物有:木瓜贴梗海棠及其 1 变种 Chaenomeles cathayensis(Hemsl.)Schneider var. wilsonii(Rehder.)T. B. Zhao,Z. X. Chen et Y. M. Fan 和 1 栽培品种 'Mallardi';日本贴梗海棠及其 1 变种——匍匐日本贴梗海棠 Chaenomeles japonica(Thunb.)Lindl. ex Spach var. alpina Maxim. 及 26 个栽培品种;贴梗海棠 Chaenomeles speciosa(Sweet)Nakai 244 个栽培品种;加利福尼亚杂种贴梗海棠 Chaenomeles × california C. Weber 及其 17 个栽培品种;华丽贴梗海棠 Chaenomeles × superba(Frahm)Rehder. 及其 97 个栽培品种;斯拉尔克娜杂种贴梗海棠 Chaenomeles × clarkiana C. Weber 及其 2 个栽培品种;维里毛里尼阿娜杂种贴梗海棠 Chaenomeles × vilmoriniana C. Weber 及其 3 个栽培品种,如 'Afterglow' 等,总计 361 个栽培品种。

平成 21 年 2 月 6 日,日本木瓜协会出版的《日本のボケ》一书中记载了日本贴梗海棠 166 个栽培品种。166 栽培品种中,有 32 杂交栽培品种、42 枝变栽培品种及 14 实生选育栽培品种。彩片 168 幅。

中国学者在进行木瓜属等植物新品种选育方面起步很晚。其概况见《中国现代学者研究木瓜属等植物的简史》。

河南开展木瓜属等植物良种选育工作起步更晚。选育良种工作,由赵天榜、陈志秀等于 2013 年开展木瓜属等植物资源调查和新品种选育研究。

第一节　木瓜族植物良种、栽培群与栽培品种

一、良种

木瓜属等植物中的良种是指从实生群体,或杂交群体中,选出的优良植株培育的栽培群体,称栽培品种(品种)及杂交群。良种必须具备的条件是:① 优良的特性,指适应性强、生长快、材质好、寿命长、抗病虫与自然灾害能力强;② 成蕾年龄早,果实高产、稳产及优质;③ 树姿壮观、枝态多变、花大而多、多色艳丽;④ 用途多,开发利用前景广阔。

栽培植物可以根据《国际栽培植物命名法规》(第八版)中规定,可分栽培品种(cultivar)、栽培群(Group)和杂交群(grex,只能用于兰科)3 种。

二、栽培群　品种群

栽培群(品种群 Group)这一等级,在《国际栽培植物命名法规》(第八版)中有明确的规定条款,如"根据限定的基于性状的相似性,可包含若干栽培品种、若干单株植物或它们的组合的正式阶元是栽培群 Group"。

栽培群的名称按《国际栽培植物命名法规》(第八版)第 22 条规定,即"栽培群的名称是一个组合,由栽培群所归属的《植物法规》下的属的正确或其含义明确的普通名称,或更低分类群的名称,加上一个栽培群加词构成。如红花木瓜栽培群新品种群 Pseudochaenomeles sinensis(Thouin)Carr. Rubriflos Group,Group nov.。栽培群加词必须由一个词,或几个词或短语加上"Group"等同词构成,其中,"每个词的首位字母必须大写"。

作者根据对木瓜属等植物品种资源调查和新品种选育的结果,在木瓜属木瓜种设置栽培群级别。

三、栽培品种　品种

1. 栽培品种(品种 cultivar)

栽培品种定义有如下几种:

(1)《国际植物命名法规》(1980)中规定:"栽培品种(cultivar)这一国际性述语是指具有明显区别特征(形态学、生理学、细胞学、化学和其他),并且在繁殖(有性,或无性)后这些特征仍能保持下来的一个栽培植物群体"。

(2)《国际栽培植物命名法规》(第八版)中规定:"栽培品种是这样一个植物的集合体:(a)它是为特定的某一性状或若干性状的组合而选择出来的,(b)在这些性状上是特异、一致、稳定的,并且(c)当通过适当的方法繁殖时仍保持这些性状"。"栽培品种各有不同的产生方式和生殖方式,例如第 2.5~2.19 条中所述"。

(3)《国际植物新品种保护公约》(UPOV,1991)中指出:"'品种'系指已知植物最低分类单元中单一的植物群,不论授予品种权的条件是否充分满足,该植物群可以是:以某

一特定基因型或基因型组合表达的特性来确定；至少表现出上述的一种特性，以区别于任何其他植物群，并且作为一个分类单元，其适用性经过繁殖不发生变化"。同时，规定了品种名称的规定、申请保护的措施等。

总之，栽培品种指具有明显区别特征、特性（形态学、生理学、细胞学、化学和其他），并且在繁殖（有性，或无性）后这些特征仍能保持下来的一个栽培植物群体，均可以形成品种。此外，芽变也是选育新品种的有效方法之一。

2. 新栽培品种　新品种

新栽培品种是指以前从未发表过的栽培品种，它必须符合以下规定：

（1）《国际栽培植物命名法规》（第八版）中规定：栽培品种条件。

（2）《国际植物新品种保护公约》（UPOV，1991）中指出："'品种'系指已知植物最低分类单元中单一的植物群，不论授予品种权的条件是否充分满足，该植物群可以是：以某一特定基因型或基因型组合表达的特性来确定；至少表现出上述的一种特性，以区别于任何其他植物群，并且作为一个分类单元，其适用性经过繁殖不发生变化"。同时，规定了授予品种权的新品种，必须符合4条规定：① 新颖性（novelty）、② 特异性（distinctness）、③ 一致性（uniformity）、④ 稳定性（stability），以及品种名称的规定、申请保护的措施等。

（3）《中华人民共和国植物新品种保护条例》（1997）中指出："新品种，是指经过人工培育的或者对发现的野生植物加以开发，具备新颖性、特异性、一致性和稳定性并有适当命名的植物品种"。

3. 新栽培品种名称形成

新栽培品种名称形成，必须遵照有关规定，如：

（1）《中华人民共和国植物新品种保护条例》（1997）中规定："下列名称不得用于品种命名：（一）仅以数字组成的；（二）违反社会公德的；（三）对植物新品种的特征、特性，或者育种者身份等容易引起误解的。"而在《中华人民共和国植物新品种保护条例实施细则》（林业部分）中，又强调指出："除《条例》第十八条规定的以外，有下列情况之一的，不得用于植物新品种的命名：（一）违反国家法律、行政法规规定，或者带有民族歧视性的；（二）以国家名称命名的；（三）以县级以上行政区划的地名，或者公众知晓的外国地名命名的；（四）同政府间国际组织，或者其他国际知名组织的标识名称相同，或者近似的；（五）属于相同，或者相近植物属，或者种的已知名称的。"

（2）《国际植物新品种保护公约》中规定："品种应以通用的名称命名""名称应具有区别品种的能力""名称不能仅用数字表示，已成为品种命名惯例的情况除外，名称不应导致误解，或在品种特征、特性、价值或类别或育种者身份方面造成混乱。尤其是名称必须异于各缔约方领土内相同种或近似种已有品种的任何名称"。

（3）《国际植物新品种保护公约》UPOV 副秘书长 Brry Greengrass 在"植物新品种保护体系中的品种命名"中，提出：品种名称，必须是品种的"通用名称"。国际组织的名称，或简称，不适宜于作为品种的"通用名称"；名称与优先权冲突情况下，不适宜于作为品种的"通用名称"；违反政府政策和公共公德的名称，不适宜于作为品种的"通用名称"；名称里不能包含任何国家通用的姓；命名必须使品种能够辨认，因此以下不能作为品种名称：

不能仅由数字组成,对品种命名已成为惯例者例外;含有日常言语中排他性,或支配性词语的命名是不合适的,因为这种名称将妨碍他人在销售中使用;品种的命名不能有误导的倾向,会出现对品种的性状,或价值产生误解的危险,如品种命名造成该品种有特别的性状的印象、其他品种也具备同一性状、品种名称不能用比较级及最高级的词;品种名称不应在说话与写字时(过于)难以辨认,或书写与发音过于长的名称等。

综上所述,品种的命名条款必须遵守执行。

4. 新栽培品种命名

新栽培品种(新品种、新杂交品种)命名时,必须按照《国际植物命名法规》《国际栽培植物命名法规》《中华人民共和国植物新品种保护条例》《国际植物新品种保护公约》中的有关规定。还需要注意的是:① 品种的分类特征性状,必须具有稳定的可遗传性状;② 形态特征变异明显,易于识别,便于研究和在生产上推广;③ 在一定的形态变异范围内,能够充分反映出优良的经济性状,或观赏价值;④ 尽量采用群众原有习惯的称呼,以便在生产上推广应用等;⑤ 作者在进行木瓜栽培品种命名时,在枝叶花相近条件下,以果实形态特征为主,且加编号以示区别, 如'两型果'木瓜 Pseudochaenomeles sinensis (Thouin) Carr. 'Liangxing Guo'、'两型果-1'木瓜'Liangxing Guo-1'、'两型果-2'木瓜 'Liangxing Guo-2'、'两型果-3'木瓜'Liangxing Guo-3'等。

5. 新栽培品种符号

新栽培品种(新品种、新杂交品种)一律采用'　'符号,如'世界一'华丽贴梗海棠等。无性杂交的品种与新无性杂交品种在种加词前,一律采用 + 符号。

第二节　木瓜族植物良种选育理论与技术

一、良种选育

木瓜属等植物良种是按照一定的选育目标和经济、观赏价值的高低,通过选优汰劣,选留具有较大经济,或观赏价值的分类特征性状,经过定向培育,成为符合人们生产和生活需要的新品种、新变种乃至新物种。经济、观赏性状是木瓜属等植物新品种必备的重要分类特征性状。

二、选择良种标准

良种选育的目的不同,而良种标准与要求也有明显区别。

1. 经济树种良种标准

经济林树种优良品种,应特别重视成花年龄早晚、单株年产量高、品质好,以及特用成分含率高,如木瓜 10 年生单株年产果实量可达 3.5~5.0 kg;10 年生的丛状木瓜贴梗海棠年产果实重达 5.0 kg。特别值得提出的是,木瓜贴梗海棠果实油中含硒、黄酮、齐墩果酸、熊果酸、丙种维生素等,入药有解酒、祛痰、顺气、止痢、驱风、舒筋、活络、镇痛、消肿等效果,很有开发利用前景。

2. 观赏树种良种标准

木瓜属等植物作为观赏优良新栽培品种，还具有开花年龄早、花大、瓣多、多姿、色艳、芳香、花期长等特点。木瓜贴梗海棠、贴梗海棠与华丽贴梗海棠有些品种具有这些特性。它们不仅可以用于庭院美化、绿化等，还可进行反季培育，很有发展前景。

三、选择育种技术

1. 选择育种

木瓜属等植物选择育种技术通常采用的方法有表型选择、抗性选择、芽变选择等。目前，我国在进行木瓜属等植物良种选育工作中，通常采用选择育种方法。选择是进行新栽培品种培育最基本、最主要的手段，是与其他的改良方法紧密结合在一起的一个重要环节，没有选择，就不可能培育出符合人类需要的优良新栽培品种。如木瓜年果实单株果实高产、优质，还是"四旁"园林化、美化及香化的优良新栽培品种。

2. 选择技术

选择是从木瓜属等植物群体中挑选符合人们需要的优良群体，或个体，通过培育、鉴定，创造出性状稳定的优良种（包括杂交种）、栽培品种，或杂交品种，在生产上加以推广。选择有 2 种方法，即自然选择和人工选择。

2.1　自然选择

该选择是根据木瓜属等植物物种个体生活能力的大小、繁殖能力的强弱决定的。在自然群体中，哪个个体的适应性强、繁殖能力强就能保存下来，否则，就被自然淘汰，即"适者生存，不适者被淘汰"。所以，自然选择是一种环境选择生物的适应现象，也是一种自然法则。通过自然选择可以选出新类型、新栽培品种、新变种乃至新物种。

2.2　人工选择

该选择是按照人们一定的要求，即选择目标和经济、观赏价值的高低，通过选优汰劣，选留具有较大经济价值、观赏价值的分类特征性状的个体，或群体，经过定向培育，使之继续向符合人们生产和生活需要的方向发展，并成为新栽培品种、新变种乃至新物种。

2.3　类型选择

类型选择实质上是混合选择。它是在混杂的群体中，按几个，或单个形态特征性状同时进行的选择。如，帚状木瓜 Pseudochaenomeles sinensis（Thouin）Carr. var. fastigiata T. B. Zhao, Z. X. Chen et Y. M. Fan，金叶木瓜 Pseudochaenomeles sinensis（Thouin）Carr. var. aurea T. B. Zhao, Z. X. Chen et Y. M. Fan，就是在木瓜群体中根据其主要分类特征性状选出的。该法的优点是：技术简便、效果明显、易于推广。

选择具有创造性。如《日本のボケ》一书中，记载贴梗海棠属 166 个品种，其中人工选育的栽培品种 115 个。

2011 年，杜淑辉在《木瓜属新品种 DUS 测试指南及已知品种数据库的研究》（D）中记载贴梗海棠栽培品种 21 个、日本贴梗海棠有栽培品种 6 个、华丽贴梗海棠有栽培品种 16 个。该研究介绍了木瓜属等植物 79 个栽培品种中，有 23 个新栽培品种、1 新记录栽培品种。

2008 年，郑林在《中国木瓜属观赏品种的调查与分类研究》（D）中，记载木瓜属等植物 37 个栽培品种中,有 7 个新栽培品种。

3. 选择方法与步骤

第一,查文献,掌握原植物种、亚种、变种模式的形态特征描述(注:拉丁语形态描述)。

第二,全面地研究该物种的形态变异及其变异规律,提出划分该种、亚种、变种与品种的主要依据和标准。

第三,按照该种、亚种、变种与栽培品种主要依据和标准物,提出其新分类群的分类等级、名称,并进行形态特征描述,按《国际植物命名法规》《国际栽培植物命名法规》等有关规定进行发表。

4. 选择育种实例

长期以来,作者采用类型选择、优树选择、芽变选择等技术,选出一批木瓜属植物新变种和新栽培品种。如赵天榜、陈志秀和范永明等从木瓜栽培中选出'亮黄斑皮'木瓜 Pseudochaenomeles sinensis(Thouin) Carr. 'Lianghuangbanpi', cv. nov. 等 57 个新栽培品种,从木瓜贴梗海棠选出 26 个新栽培品种。

第三节　木瓜族植物杂交育种

一、有性杂交

长期实践和报道表明,有性杂交是引起生物产生遗传变异的主要原因之一。因此,有性杂交是培育新杂交种、新杂交变种和新杂交品种的重要手段之一。进行杂交育种时,首先选定杂交组合,以获得具双亲的优良的分类特征性状的新杂交类群。其杂交组合如下。

1. 属间杂交组合

属间杂交组合指不同属间物种间的杂交组合。如西藏木瓜属是木瓜贴梗海棠(毛叶贴梗海棠) Chaenomeles cathayensis (Hemsl.) Schneider 与云南移依 Docynia delavayi (Franch.)Schneider 通过有性杂交而获得的新属。又如假光皮木瓜属　新属 × Jiaguangpimugua T. B. Zhao, Z. X. Chen et Y. M. Fan, gen. nov. , 系木瓜属 Pseudochaenomeles Carr. 与贴梗海棠属 Chaenomeles Lindl. 之间杂种属。

2. 组内、组间杂交组合

组内、组间杂交组合指同属不同组内物种间的杂交组合。这种组内、组间杂交组合,国内尚未见到报道。

3. 种内杂交组合

种内杂交组合指同属种内的变种间、栽培品种间,或变种与栽培品种间进行的杂交。如华丽贴梗海棠 Chaenomeles × superba (Frahm) Rehder. 系日本贴梗海棠 Chaenomeles japonoca(Thunb.) Lindl. ex Spach 与木瓜贴梗海棠 Chaenomeles cathayensis (Hemsl.) Schneider 的杂交种。

'世界一'华丽贴梗海棠 Chaenomeles × superba (Frahm) Rehder. 'Shijieyi' 是'长寿乐'ב昭和锦'的杂交品种。

二、杂交亲本选择

杂交组合确定之后,必须考虑亲本选择条件,即根据杂交目的,选择具有优良的分类特征性状的亲本。如树姿壮观、花色鲜艳、花期长、适应性强、果实产量高、品质优良等优良特征、特性的植株做杂交亲本。

三、杂交方式

通常采用单交技术,即由 2 个不同的物种、变种,或栽培品种进行杂交而形成的杂种。通过繁育,从中选出优良单株。

四、杂交技术

确定杂交亲本之后,必须了解双亲开花时期、开花习性,然后才能有效地进行杂交工作。杂交时,应在花开前去雄后,用薄而透明、坚韧的塑料薄膜制成隔离袋,进行套袋,以避免自由授粉。授粉时,应在母本单雌蕊柱头分泌黏液时进行,并用毛笔蘸父本花粉涂抹在母本花的柱头上,套上袋子。然后挂上标签,注明杂交组合和授粉日期。

五、杂交后管理

杂交后,待雌蕊花柱干枯后,去掉套袋,加强管理,防治病虫危害,确保果实和种子的发育,特别是果实成熟后,及时采集、处理,保证种子品质。

六、杂种苗培育与选择

获得的杂种种子通常不多,为管理方便,可在室内进行盆播。盆播土壤要肥沃、疏松,并进行消毒,以防治立枯病(病原是丝核菌 Rhizoctonia solani Kühm 和多种镰刀菌 Fusarium ssp.)危害。当杂种幼苗茎木质化后,进行移植。移植圃地,要选择土壤肥沃、疏松,灌排方便,无病虫危害的沙质壤土地做苗圃。移植后的幼苗,加强管理,对于特异苗木必须注意保护,对于极弱的苗木应及时拔除。特异苗木木质化后,及时嫁接在大龄植株上,2~3 年即可观察证实,其是否具有优良的分类特征性状。凡具有特异类特征性状的杂种苗,加速繁育,进行大范围的区域试验。试验后,确属优良的新分类群,再进行推广。

第四节　无性杂交育种

无性杂交是对有性杂交而言的。当把不同种、变种,或不同栽培品种嫁接后,加强管理,少数嫁接的接穗萌芽后,采用蒙导技术,而呈现出新的分类特征性状,或新的性状。这种具有新的分类特征、性状的出现,繁育后,其特征、性状稳定不变,称为无性杂交。无性杂交是获得植物新栽培品种的途径之一。无性杂交获得植物新分类群,称无性杂种。目前,国内仅有 1 无性杂交亚种,如洱源杂种贴梗海棠(洱源 3 号)系贴梗海棠与木瓜贴梗海棠嫁接的无性杂交种——碗菌杂种贴梗海棠 Chaenomeles + eryuanensis(Z. X. Shao et B. Liu)T. B. Zhao,Z. X. Chen et Y. M. Fan。

第五节　其他育种技术

其他育种技术,如利用体细胞杂交技术、辐射育种(钴 Co^{60})及化学药剂处理——秋水仙碱诱变技术。目前,国内尚未开展木瓜族植物研究。化学诱变剂有秋水仙碱、乙基硫、普鲁黄、N-乙基-亚硝酸磺基脲(NEU)等化学物质。如封光伟选育的'西峡木瓜',是用花粉辐射培育出来的新品种。2005 年 12 月通过河南省科技厅的成果鉴定。

第六节　引种驯化技术

一、引种驯化

引种驯化是指当地没有的物种、亚种、变种、栽培品种,从国外、外省(区、市)引进。在当地气候、土壤和管理条件下,能健壮地生长发育,成为当地主栽种、亚种、变种及栽培品种。如河南郑州市碧沙岗公园 1983 年引种栽培的'蜀红'木瓜贴梗海棠、'世界一'华丽贴梗海棠、'醉杨妃'华丽贴梗海棠等,生长发育良好,早已开花结实。河南长垣县引种栽培的华丽贴梗海棠、木瓜贴梗海棠早已开花结实,并有新的优良变异植株出现,详见于后。

二、引种驯化经验

作者赵天榜、陈志秀、范永明等在河南进行木瓜属植物资源调查时,获得其引种驯化的经验,总结如下:

第一,明确植物引种驯化的目的,是确保其植物引种驯化成功的首要条件。

第二,选派有实践经验的科技人员为骨干,进行引种驯化试验。这些人员必须具备掌握该植物种质资源识别、引种驯化、苗木培育等知识,确保引种驯化工作顺利进行。

第三,采取"拿来主义"指导思想,即在引种地区内,凡属于该属植物种、亚种、变种、栽培品种有:形态型、物候型、生长型、地理型……,以及具有微小的形态变异,一律引种栽培,观察其形态特征、性状变异特征稳定性,选出新的变异,进行区域试验。

第四,加强引种资源抚育管理,培育壮苗、幼树,及时定植。

第五,认真观察、记录,将引栽的植株编号,并按号进行物候期、生长特性、开花结实、抗性记载。

第六,对引种的植物进行鉴定,选出新的栽培品种。

根据上述方法,可以获得良好的结果,如金叶木瓜　新变种 Pseudochaenomeles sinensis(Thouin)Carr. var. aurea T. B. Zhao,Z. X. Chen et Y. M. Fan,var. nov.,无毛木瓜贴梗海棠　新变种 Chaenomoles cathayensis(Hemsl.)Schneider var. glabra Y. M. Fan,J. T. Chen et T. B. Zhao,var. nov.,'扁球果'木瓜贴梗海棠 Chaenomeles cathayensis(Hemsl.)Schneider'Bian Qiuguo',cv. nov.,就是通过引种驯化后发现,经过栽培、试验选出的新的栽培品种。

第七节　木瓜族植物新分类群与发表

新分类群(新分类等级)是指木瓜属等植物中,以前没有发表过的新分类等级,如新组、新种、新亚种、新变种,以及新杂交组、新杂交种、新杂交亚种、新杂交变种和新品种。

一、新分类群发表的依据

新分类等级包括组、种、亚种、变种发表的依据,必须根据《国际植物命名法规》和《国际栽培植物命名法规》等有关条款规定。

二、新分类群的发表

1. 新组或新改隶组合亚组的发表

新组,或新亚组的发表,必须符合4条规定:① 组,或新亚组名称、学名及命名者;② 新组,或新亚组的特征集要,必须用拉丁语描述,否则,为不合格发表;③ 新组,或新亚组模式(种);④ 新组,或新亚组必须在公开的书刊上发表。

2. 新种或新亚种的发表

新种,或新亚种的发表,必须符合5条规定:① 新种名称、学名及命名者;② 新种的特征集要(与相近种的区别要点)、种形态描述,必须用拉丁语或英文描述,否则,为不合格发表;③ 发表新种时,必须有新种的线条形态图,图中各项内容有比例尺;④ 模式标本(holotypus,或 typus),采集时间(年、月、日)、地点、采集人、编号,以及存藏地点;⑤ 新种、新亚种、新变种必须在公开的书刊上发表,且有拉丁语或英文描述及模式标本,而报纸上发表的、油印的、石墨印的植物名录,以及广告上发表的新分类群,都不算合格发表。

3. 新变种发表

新变种发表与新种,或新亚种的发表相同,其区别为:可有图,或无图均可,但必须有模式标本。

总之,以上新类群的发表实例,详见第七章木瓜族植物种质资源与栽培品种资源。

4. 新栽培品种发表

新栽培品种的发表必须按照《国际栽培植物命名法规》及《中华人民共和国植物新品种保护条例》(1997)中的有关规定。如《国际栽培植物命名法规》(第八版)第22条规定:本法规规定,只有把印刷品,或类似的复印品(通过销售、交换,或馈赠的方式)分发给一般公众,或者至少是分发到一般植物学家、农学家、林学家和园艺学家们能前去的植物、林业、农学,或园艺等院(所)的图书馆,发表(publication)才有效。适用于具备新颖性、特异性、一致性和稳定性并有适当命名的植物品种。而以下发表是无效的:① 公共集会(public meeting)上交流的新名称;② 将名称写在采集品,或者向公众开放的公园的标签上;③ 散发由手稿(manuscripts)、打字稿(typescripts),或其他尚未发表的材料(unpublished material)制成的缩微品(microform);④ 通过电子传媒(electronic media)发表;⑤ 在一般公众无法看到的机密贸易名录(confidential trade lists)上发表的。

新品种发表,不需要拉丁文描述,需在专业书刊上公开发表。其发表实例,详见第七章木瓜族植物种质资源与栽培品种资源。

第八节　新栽培品种登记与保护

我国各单位机构及个人所选育的新品种符合《中华人民共和国植物新品种保护条例》规定。该条例详细阐述了"品种权的内容和归属""授予品种权的条件""品种权的申请和受理""品种权的审查批准"等内容。凡是需要品种权保护的新品种,可向国家林业局新品种登记办公室、农业部植物新品种测试中心,以及省部级有关组织机构进行品种登记。

此外,在书籍、杂志上发表的新栽培品种,只有符合《国际栽培植物命名法规》中的有关规定,才是合法的。

作为栽培品种商标的登记是一个法律手续问题。为了保护植物新栽培品种权利不受侵犯,鼓励培育和使用植物新栽培品种,促进农业、林业的发展。

我国植物新栽培品种的申请权、品种权的审查批准,或者转让申请权、品种权等事宜,详见《中华人民共和国植物新品种保护条例》和《中华人民共和国植物新品种保护条例实施细则》(林业部分)。

第七章　木瓜族植物种质资源与栽培品种资源

第一节　木瓜属

一、木瓜属学名变更历史

Pseudochaenomeles Carr. , Revue Hort. 1882:238. t. 52~55. 1882.

木瓜 Pseudochaenomeles sinensis（Thouin）Carr. 原产中国。中国学者研究木瓜至今已有 3 000 多年历史。如木瓜记载始见于战国时期的《山海经·南山经》，其中记载"有木焉，其状如棠，而圆叶赤果，实大如木瓜，食之多力"。郭璞注云："木实如小瓜，酢而可食，则木瓜之名，取此义也"。"或云：木瓜味酸，得木之正气故名。亦通。楙从林、矛，谐声也"。

《诗经·卫风》中有"投我以木瓜，报之以琼琚，匪报也，永以为好也"等。

1812 年，Thouin 发表榅桲属 Cydonia Mill. 一新种，即木瓜 Cydonia sinensis Thouin in Ann. Müs. Hist. Nat. Paris 19:145. t. 8. 9.

1816 年，Poiret 发表的梨属 Pyrus Linn. 一新种，即木瓜 Pyrus sinensis Poiret, Encycl. Méth. Suppl. IV. 452.

1822 年，Lindl. 发表木瓜属 Chaenomoles Lindl. in Trans. Linn. Soc. 13:97. "Chaenomeles".

1822 年，E. A. Carriere 以木瓜 Pseudochaenomeles sinensis（Thouin）Carr. 为模式种，创建一新属——木瓜属 Pseudochaenomeles Carr. , Revue Hort. 1882:238. t. 52~55.

1825 年，DC. , Cydonia Mill. sect. Chaenomeles DC. Prodr. 2:638. 1825.

1835 年，Poir. 发表的梨属 Pyrus Linn. 一新种，即木瓜 Pyrus sinensis Poiret. Encycl. Mém. Div. Acad. Sci. St. Pétersbourg, II. 27. 1835.

1888 年，Cydonia Mill. sect. Chaenomeles DC. , Focke in Engler & Prantl, Nat. Pflanzenfam. 3(3):22. 1888.

1906 年，Schneider, Chaenomeles Schneider in Fedde, Repert. Sp. Nov. 3：180. Nov. 1906.

1906 年，Schneider in Fedde, Repert. Sp. Nov. 3：180. 1906, Schneider 发表原木瓜 Pseudocydonia sinensis Schneider.

1906 年，Schneider 发表木瓜属 Chaenomeles Lindl. 2 组，即：

属模式种 Typus：日本贴梗海棠 Chaenomeles japonica（Thunb.）Lindl. ex Spach = Pyrus japonica Thoub.

木瓜属分 2 组：

Ⅰ. 贴梗海棠组 Chaenomeles Lindl. Sect. Ⅰ. Euchaenomeles Schneider, Ⅲ. Hand.

Laubh. 1:729. 808. 1906. "*Euchaenomeles*".

组模式种 Typus:日本贴梗海棠 Chaenomeles japonica(Thunb.)Lindl. ex Spach = *Pyrus japonica* Thunb.

Ⅱ. 木瓜组 Chaenomeles (Thunb.)Lindl. ex Spach Sect. Ⅱ. *Pseudocydonia* Schneider, Ⅲ. Hand. Laubh. 1:728.(1906. May)

组模式种:*Pseudocydonia sinensis*(Thouin)Schneider in Repert. Sp. Nov. Règ Vég. 3: 180. 1906. nov.

1964 年,Hutch. ,*Pseudocydonia* Hutch. Gen. Fl. Pl. 1:214. 1964.

1974 年,中国科学院湖北植物研究所编著. 湖北植物志(第二卷)中,首次在中国采用贴梗海棠属 Chaenomeles Lindl. in Trans Linn. Soc. 13:97. 1821,并将木瓜放入榅桲属 *Cydonia* Mill. 中,即木瓜为 *Cydonia sinensis* Thouin.

1974 年,中国科学院中国植物志编辑委员会. 中国植物志(第三十六卷):348. 1974.

1984 年,华北树木志编写组编. 华北树木志:273. 1984.

二、木瓜学名变更历史与形态特征

(一) 木瓜学名变更历史

1882 年,E. A. Carriere,Pseudochaenomeles sinensis(Thouin)Carr. ,Revue Hort. 1882: 238. t. 52~55.

1811 年,B. C. Dumontier,*Malus sinensis* Dumont. in De Courset. Bot. Cult. 5:428. 1811,exclud. syn. Willd. et Mioller.

1812 年,Thouin,*Cydonia sinensis* Thouin in Ann. Mus. Hist. Nat. Paris,ⅩⅨ:145. t. 8,9. 1812.

1816 年,J. L. M. Poiret,*Pyrus sinensis* Poiret,Encycl. Méth. Bot. Suppl. 4: 452. 1816.

1825 年,*Pyrus sinensis* Sprengel in Linn. Syst. Vég. ,ed. 16,2:510. 1825.

1835 年,*Pyrus chinensis* Bunge in Mém. Sav. Étr. Acad. Sci. St. Pétersbourg,Ⅱ. 27 (Enum. Pl. Chin. Bor. 101). 1835.

1883 年,*Malus communis* ζ. *Chinensis* Wenzig in Jahrb. Bot. Gart. Mus. Berlin. 2:291. 1883.

1890 年,E. Koehne,*Chaenomeles sinensis*(Thouin)E. Koehne,Gatt. Pomac. (sphalmate "chinensis")29. 1890.

1890 年,E. Koehne,*Chaenomeles sinensis* E. Koehne,Gatt. Pomac. 29. 1890.

1906 年,C. K. Schneider,*Pseudocydonia sinensis*(Thouin)Schneider in Fedde Repert. Sp. Nov. Règ. Vég. 3:1906.

1906 年,C. K. Schneider,*Chaenomeles sinensis* Schneider,Ⅲ. Handb. Laubh. 1:730. f. 405a-g,406a. 1906.

1908 年,*Cydonia vulgaris* sensu Pavolini in Nuov. Giorn. Bot. Ital. n. sér. 15:415. 1908. non Persoon 1908.

1925 年,E. Koehne,*Chaenomeles sinensis* E. Koehne, L. H. Bailey in Manual of Cultivated Plants. 377. 1925.

1925 年,*Cydonia sinensis* Thunb. in L. H. Bailey, Manual of Cultivated Plants. Psrt. I. Explantions. 377. 1925.

1937 年,陈嵘著. 中国树木分类学:425. 图 324. 1937.

1956 年,侯宽昭编著. 广州植物志:297. 1956.

1959 年,中国科学院植物研究所编辑. 江苏南部种子植物手册:1959.

1974 年,中国科学院湖北植物研究所编著. 湖北植物志(第二卷)中,首次在中国采用贴梗海棠属 Chaenomeles Lindl. 、榲桲属(包括木瓜)Cydonia Mill. 169~170. 图 943. 1979,木瓜为 *Cydonia sinensis*(Du Mont. de Courset)Thouin. 169~170. 图 943.

1974 年,中国科学院中国植物志编辑委员会. 中国植物志(第三十六卷):350~351. 1974.

1977 年,江苏省植物研究所编. 江苏植物志(上册):293~294. 图 1197. 1977.

1977 年,云南植物研究所编著. 云南植物志(第一卷):412~413. 1977.

1983 年,中国科学院植物研究所主编. 中国高等植物图鉴(第二册):243. 图 2215. 1983.

1984 年,安徽植物志协作组编. 安徽植物志:33~34. 图 933. 1984.

1985 年,吴征镒主编. 西藏植物志(第二册):594~595. 1985.

1986 年,中国科学院西北植物研究所编著. 秦岭植物志·第一卷 种子植物(第二册):524. 图 438. 1986.

1990 年,丁宝章,王遂义主编. 河南植物志(第二册). 188~189. 图 973. 1990.

1991 年,戴天澍等主编. 鸡公山木本植物图鉴:128. 图 255. 1991.

1992 年,北京师范大学主编. 北京植物志(上卷):377~378. 图 464. 1992 修订版.

1994 年,朱长山,杨好伟主编. 河南种子植物检索表:171. 1994.

1997 年,孙元龙,任宪威主编. 河北树木志植物志:252. 图 279. 1997.

2004 年,李法曾主编. 山东植物精要:291. 图 1030. 2004.

2005 年,彭镇华主编. 中国长江三峡植物大全(上卷):528. 图 613. 2005.

2018 年,赵天榜等主编. 郑州植物园种子植物名录:123~126. 2018.

牧野富太郎. 牧野 新日本植物圖鑑(改正版):260. 图. 昭和五十四年.

牧野富太郎著. 增铺版 牧野 日本植物圖鑑:465. 第 1394 图. 昭和廿十四年.

(二)木瓜形态特征的错误记载及发现一些新的形态特征

近年来,作者在调查研究木瓜种质资源与品种资源形态特征时,发现我国一些植物志中,如《中国植物志》(第三十六卷)、《中国高等植物图鉴》(第二册)、《云南植物志》第十二卷(种子植物)、《河南植物志》(第二册)等所有植物志著作中,关于"花单生叶腋""花腋生"的记载是错误的。同时,发现木瓜一些尚未记载的新的形态特征,如木瓜有"混合芽有腋生、顶生"及"花单生于当年生新枝顶端",以及叶柄具毛柄的黑色腺体。芽有"顶芽(叶芽、混合芽)和腋芽。混合芽有顶生混合芽与腋生混合芽,稀着生于多年生枝干上。混合芽有叶混合芽、无叶混合芽及两者兼有混合芽,稀无叶、无芽,具托叶混合芽 4 种。混合芽顶生,或腋生,稀着生于多年生枝干上"。

(三)形态特征补充描述

作者在调查研究木瓜形态特征时,发现一些尚未记载的形态特征。现补充描述如下:

Descr. Add. :

Arbor deciduas,5. 0～20. 0 m alta. Cortices cinerei－brunnei, atrovirentes, flavi－brunnei, brunnei,nitidi,cortxcibus caducis recutitis vel angulosis obtusis, sulcatis ettumoribus lignosis. Comae ovioideae, muscariformes et pendulae;ramosissimi lateribus confusis a－truncis mediis primariis et ramis primariis;Ramuli——longe ramuli,brevietr ramuli et ramuli brevissimi,a－echinati ramuli;ramulis juvenlibus dense villosis post glanbris. Gemmae:gemmae apicales(Gemmae folisteres,gemmae floriferae et gemmae mixtae)et gemmae axillares. Gemmae mixtae——gemmae apicales,gemmae axillares et gemmae mixtae foliatae,gemmae mixtae a－foliatae,gemmae mixtae a －foliatae et foliatae. gemma mixta apicibus et axillaribus rare ramis multiperennantibus. Folia magna ovata,late ovata,elliptica et rotundata et al. ,rare rhomboidei－ ovata et folia deformibus, 5. 0～8. 0 cm longa,3. 5～5. 5 cm lata,supra viridia,atrovirentibus et flavo－virentibus,nitidis glabris ad nervos pilosis,supra flavo－virentibus nitidis,minime pilosis ad nervos dense tomentosis, angusti margine flavidia in margine,margne obtuse－crenata vel obtuse－bicrenata,spiculatus apicem et glandulis nigeribus in serratis apicibus;folia in juvenilibus subtus tomentosis dense flavidi －albis post glabris supra glabris ad nervos rare pubescentibus;petiola tomentosis longis tortis, glandulis nigeribus et glandulis nigeribus villosis a－pedicudis,rare villosis a－pedicudis ramiformibus;2～4(～6)－stipulis membranaceis,linearietibus,ellipticis,rotundatis et al. ,margine serratis et ciliatis. folia antica flores posticeres. Flos singularis in ramulis novellis apicibus. ramulis novellis ——ramulis foliis novellis,ramulis a－foliis novellis et ramulis novellis foliis a－foliis. Flores hermaphoroditeres——flores sexuafloris et flores bisexuafloris. Petalis 5,rare 8 in quoque flore,rare petaloideis,spathulati－ellipticis,pallide subroseis,albis,rubris,albis et subroseis,apice obtuse, vel retusis;2－formis tubis calycibus:① campanulatis(sexuafloris) ,stylis saepe non crescentibus;② cylindricis(bisexuafloris) ,ovati－cylindriocis,stylis et androeciis aequalibus vel tylis longe androeciis. 2－formis floribus calycibus 5 in quoque flore,trilanceolatis,breviter tubis calycibus,longe calycibus, apiceacuminatisretrocurvatis, margine glandulis et ciliatis intus dense tomentosis pallide brunneis, extus glabris;staminibus multis, filamentosis non aequilongis;stylis 5 rare 3 in quoque flore,locis accretis puberulis,basi glabris;stigmatibus capitatis lobatis non conspicuis;pedicellis brevibus,desne tomentosis. bis floribus in mediis 4－mensibus. 5～10－petalis in quoque flore raro 3～10－praesertim petalis,subroseis,unguibus albis,gynoeciis nullis. Fructus magneres magnopere factis:ellipsoideis,ovaideis,clavatis et al. ,flavidis,atro－flavis et al. ,rare viridibus;calycibus fructibusdecidis;fructi－pedicellis brevissimis dense villosis tortis. Fructibus carnosis lignosis saepe flavidis,rare viridibus.

Henan:Zhengzhou City. T. B. Zhao,Z. X. Chen et al. ,No. 2012～2017(typus et Icon, HANC).

补充描述:

落叶乔木,高 5.0~20.0 m;树皮灰褐色、深绿色、黄褐色、褐色,光滑,呈片状剥落;或具钝纵棱与深沟,以及多数突起的木瘤。树冠卵球状与帚状、垂枝型之分;侧枝紊乱,无明显中央主干与主枝。小枝有长枝、短枝与缩短枝之分,无枝刺;幼枝密被长茸毛,后无毛。芽有顶芽(叶芽、混合芽)和腋芽。混合芽有顶生混合芽、与腋生混合芽,以及有雏叶、雏托叶、雏茎混合芽,无叶、有雏托叶、雏茎混合芽及有雏叶、雏托叶、无雏托叶、雏茎混合芽。混合芽顶生,或腋生,稀着生于多年生枝干上。叶大型,卵圆形、宽卵圆形、椭圆形、近圆形等,稀菱-卵圆形及畸形小叶,长 5.0~8.0 cm,宽 3.5~5.5 cm,表面绿色、深绿色及淡黄绿色,具光泽,无毛,稀沿主脉微被柔毛,背面淡黄绿色,具光泽,微被柔毛,沿主脉密被茸毛,边缘具淡黄绿色狭边及芒状尖齿,齿端具毛柄的黑色腺点,稀具分枝毛柄的黑色腺点,幼叶背面密被黄白色茸毛,后无毛,表面无毛,稀沿主脉疏被短柔毛;叶柄被弯曲长茸毛、黑色腺点及具毛柄的黑色腺点,稀具分枝毛柄的黑色腺点;托叶有 2~4(~6)枚,线形、椭圆形、近圆形等,膜质,边缘具腺齿与缘毛。花后叶开放。花单生于当年新枝顶端。新枝分有叶新枝、无叶新枝及有叶、无叶新枝。花两性,分不孕两性花及可孕两性花 2 种。单花具花瓣 5 枚,稀 8 枚,有雄蕊瓣化者,匙-椭圆形,淡粉红色、白色、红色,以及白色与粉红色,先端钝圆,或凹缺;萼筒有 2 种类型:① 钟状(不孕两性花),其内花柱通常不发育;② 卵-圆柱状(可孕两性花),其内花柱通常与雄蕊等高,或显著高于雄蕊。2 种花的花萼片 5 枚,三角披针形,短于萼筒,稀长于萼筒,先端渐尖,反折,边缘具腺齿及缘毛,内面密被浅褐茸毛,外面无毛;雄蕊多数,花丝长短不等;花柱 5 枚,稀 3 枚,中部合生处被短柔毛,基部无毛;柱头头状,有不明显分裂;花梗短,密被长绒毛。2 次花 4 月中旬。单花具花瓣 5~10 枚,具畸形花瓣 3~10 枚,淡粉红色,爪白色,无雌雌蕊群。果实大型,具多种类型:长椭圆体状、球状及棒状等,淡黄色、深黄色等,稀绿色;果萼脱落;果梗极短,密被弯曲长茸毛。果肉木质,通常淡黄色,稀绿色。

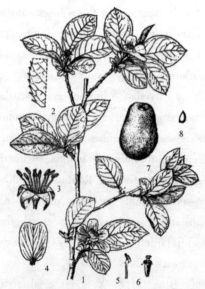

图 7-1　木瓜 Pseudochaenomeles sinensis(Thouin) Carr.

1. 叶与花枝,2. 叶缘放大,3. 花,4. 花瓣,5. 雄蕊,6. 雌蕊,7. 果实,8. 种子(选自《中国树木志》)。

产地:木瓜特产中国。湖北等省山区有野生。山东、陕西、湖北、江西、安徽、河南、江苏、浙江、广东、广西等省(区、市)均有栽培。郑州市引种栽培有数百年的木瓜古树。

用途:主要栽培供观赏。果实大型,可入药,还可加工罐头。

附:木瓜新的形态特征

近年来,作者在调查研究木瓜种质资源与品种资源形态特征时,发现木瓜一些尚未记载的新的形态特征:

Descr. Add. :

Dendriticis of Pseudochaenomeles sinensis(Thouin)Carr. :pyramidalidibus, muscariformibus, globosis et ceteris. truncis mediis nullis. ramis lateribus planis,ascendentibus et pendulis curvatis.

Truncis angulis longitudinalibus obtusis et sulcatis et manytumoribus vel levigatis;corticibus cinerei−brunneis, atrovirentibus, lutei−brunneis, aurantiis, frustris, cicatricibus multicoloribus.

Stimulosis. ramulis:ramulis longis, breviter ramulis, ramulis brevissimis et ramulis fructibus. ramulis:ramulis foliis, ramulis foliis et ramulis foliis nullis. ramulis glabris et dense tomentosis.

Gemmis:gemmis apicifixis(gemmis foliis et gemmis mixtis)et gemmis axillaribus. gemmis mixtis:gemmis mixtis axillaribus et gemmis mixtis apicifixis rare in truncis. gemmis mixtis:gemmis mixtis foliis, gemmis mixtis foliis nulliis, gemmis mixtis foliis, gemmis mixtis foliis nulliis et gemmis mixtis foliis, rare foliis nullis, gemmis nullis et gemmis mixtis 4−speciebus. follis viridibus, pallide luteis;petiolis tomemtosis longis curvativis, glandibus nigris a−petiolais, glandibus nigris petiolais;glandibus nigris petiolais:glandibus nigris petiolais multicellularis et glandibus nigris petiolais ramunculis. floribus solitariis apice ramulis novitatibus. floribus bisexualibus:floribus bisexualibus nullis et floribus bisexualibus crescentibus. 5−petalis in flore, rare 10−petalis vel 3~10−petalis deformibus, coloribus:pallide subroseis, albis, rubris et albi−subroseis rare bis floribus in medio Aprilis——5~10−petalis in flore, vulgo 3~10−petalis deformibus, subroseis, unguibus albis, non gynandriis. calycibus 2−formis:① sterite bifcorous,② developet biflorous. lobis calycibus apice acuminatis, refcered,margine serratis glandibus et ciliatis, extus glabris intus dense tomentosis pallide bru7nneis;staminibus non aequidistantibus;stylis 3, rare 5 in flore, pubescentibus combinatis in medio, basibus glabris, stigmaticis stimatoideis, lobatis non manifestis;pedicellis brevibus dense tomentosis longis. fructis magni−formis rare parvi−formis, mudtiformibus:longe ellipsoideis, globosis et clavatis.

形态特征:

木瓜树形有塔状、帚状、球状等,无中央主干;侧枝有平展、斜展与弓形下垂。树干具钝纵棱与深沟,以及多数木瘤,或光滑;树皮灰褐色、深绿色、黄褐色、橙黄色,呈片状剥落,落痕不同颜色。具枝刺。小枝有长枝、短枝、缩短枝及果台枝之分。小枝又有无叶、有叶小枝。小枝无毛,或密被茸毛。芽有顶芽(叶芽、混合芽)和腋芽。混合芽有腋生、顶生,稀着生于多年生枝干上。混合芽有叶混合芽、无叶混合芽及两者兼有混合芽,稀无叶、无芽,少托叶(托叶1~3对)混合芽4种。叶绿色,或淡黄色;叶柄被弯曲长绒毛,有无柄黑色腺体、有柄黑色腺体。有柄腺体又分多细胞柄黑色腺体及枝状柄黑色腺体。花单生于当年生新枝顶端,花两性,有2种:不孕两性花及可孕两性花。单花具花瓣5枚,稀10枚,或具畸形花瓣3~10枚,花色有淡粉红色、白色、红色,以及白色与粉红色;稀4月中旬有2次花,其单花具花瓣5~10枚,通常具畸形花瓣3~10枚,淡粉红色,爪白色,无雌雄蕊群。萼筒有2种类型:① 钟状(不孕两性花);② 卵-圆柱状(可孕两性花)。萼片先端渐尖,反折,边缘具腺齿及缘毛,内面密被浅褐茸毛,外面无毛;雄蕊多数,花丝长短不等;花柱5枚,稀3枚,中部合生处被短柔毛,基部无毛;柱头头状,有不明显分裂;花梗短,密被长茸毛。果实大型,稀小型,具多种类型:长椭圆体状、球状及棒状等。

三、木瓜种质资源与栽培品种资源

(一)亚种、变种资源

Ⅰ. **木瓜** 原亚种

Pseudochaenomeles sinensis(Thouin)Carr. subsp. sinensis.

1. 木瓜 原变种

Pseudochaenomeles sinensis(Thouin)Carr. var. sinensis.

2. 帚状木瓜 变种 图版1:3、4、8,图版8:4

Pseudochaenomeles sinensis(Thouin)Carr. var. fastigiata T. B. Zhao,Z. X. Chen et Y. M. Fan;*Pseudocydonia sinensis*(Thouin)Schneider var. *fastigiata* T. B. Zhao,Z. X. Chen et Y. M. Fan,赵天榜等主编. 郑州植物园种子植物名录,124. 2018;路夷坦、范永明、赵东武,等. 中国木瓜属植物资源的研究. 安徽农业科学,51. 2019。

本变种帚状树冠,侧枝直立斜展,花瓣淡粉红色。

Supplementary Description:

Deciduous trees. The lateral branches are erect obliquely,showing a canopy-like crown, trunk without blunt edges and grooves,bark exfoliated. Branchlets grows erect,purple-brown, pubescent slightly. Leaves simple,alternate,ovoid,broadly ovoid,long elliptic,rarely suborbicular,4.0 to 6.0 cm long,3.0 to 6.0 cm wide,surface dark green,glabrous,glossy,grayish green back,glabrous,sparsely villous along main veins and its sides,apex shortly pointed,blunt rounded,base cuneate,broadly cuneate,rarely rounded,both sides upturned,margin with unequal pointed teeth,teeth pale yellow,apex with pale yellow glands;Petiole pale yellow and surface with 2 rows of high and low stipitate glands,glandular stalks glabrous,glandular pale brown, densely pubescece on surface,abaxially glabrous. Single flower has 5 petals,spatulate ellipse, 1.7 to 2.0 cm long,1.0 to 1.5 cm wide. Pale pink on both sides,The length of the claws is 2 to 3 mm,white;calyx tube narrowly cylindrical,outside glabrous; sepals 5 pieces,reflexed,surface covered with white hairs densely,abaxially glabrous,marginate hairs;Stamens numerous, filaments pale are white which are vary in length. It has 5 pieces of styles,longer than stamens for fertile flowers. The styles of infertile flowers are only 2 to 5 mm tall. The shape of fruit is long ellipsoid and inverted spindle, 10. 0 to 11. 5 cm long, 7. 0 to 8. 0 cm in diameter, orange-yellow, glossy, smooth surface with few fruit spots and inconspicuous. Apex blunt rounded and the calyx depression very small and shallow. Without blunt edges and grooves around. The calyx falling off and the column bases are present. The length is about 2 mm. The base is thin or blunt rounded. Pedicels medium deep, blunt edges and shallowly grooves around; Fruit stems are stout, purple-brown and glabrous; fruit stems are inconspicuous. Single fruit weight 165. 0 to 220. 0 g.

Henan: Zhengzhou City. 2017-04-25. T. B. Zhao, Z. X. Chen et Y. M. Fan, No. 201704255(branches, leaves and flowers) Type specimen, deposited in Henan Agricultural University. 2017-08-25. T. B. Zhao, Z. X. Chen et Y. M. Fan, No. 201708256(branches, leaves and fruits).

形态特征补充描述:

落叶乔木;侧枝直立斜展,呈帚状树冠;树干无钝棱与沟;树皮片状剥落。小枝直立生长,紫褐色,微被短柔毛。单叶,互生,卵圆形、宽卵圆形、长椭圆形,稀近圆形,长 4.0~6.0 cm,宽 3.0~6.0 cm,表面深绿色,无毛,具光泽,背淡灰绿色,无毛,沿主脉及其两侧疏被长柔毛,先端短尖,稀钝圆,基部楔形、宽楔形,稀圆形,两侧上翘,边缘具长短不等尖齿,齿淡黄色,先端具浅黄色腺体;叶柄淡黄色,表面具 2 行高低不等的具柄腺体,腺柄无毛,腺体淡褐色,表面密疏柔毛,背面无毛。单花具花瓣 5 枚,匙状椭圆形,长 1.7~2.0 cm,宽 1.0~1.5 cm,两面淡粉红色,爪长 2~3 mm、白色;萼筒狭圆柱状,外面无毛;萼片 5 枚,反折,表面密被白色茸毛,背面无毛,边缘无缘毛;雄蕊多数,花丝长短悬殊,浅白色;花柱 5 枚,长于雄蕊为可孕花;不孕花,花柱仅高 2~5 mm。果实长椭圆体状、倒纺锤体状,长 10.0~11.5 cm,径 7.0~8.0 cm,橙黄色,具光泽,表面平滑,果点极少、不明显,先端钝圆,萼洼极小而浅,四周无钝棱与沟,萼脱落、柱基宿存,长约 2 mm,基部渐细,或纯圆,梗洼中深,四周具钝棱与浅沟;果梗枝粗壮,紫褐色,无毛;果梗不明显。单果重 165.0~220.0 g。

河南:郑州市、郑州植物园有栽培。2017 年 4 月 25 日。赵天榜、陈志秀和范永明,No. 201704255(枝、叶与花)。模式标本,存河南农业大学。2017 年 8 月 25 日。赵天榜、陈志秀和范永明,No. 201708256(枝、叶与果实)。

3. 塔状木瓜　变种

Pseudochaenomeles sinensis(Thouin)Carr. var. pyramidalis(T. B. Zhao, Z. X. Chen et Y. M. Fan)T. B. Zhao, Z. X. Chen et Y. M. Fan, var. trans. nov. , *Pseudocydonia sinensis* (Thouin)Schneider var. *pyramidalis* T. B. Zhao, Z. X. Chen et Y. M. Fan, 赵天榜等主编. 郑州植物园种子植物名录,125. 2018;路夷坦、范永明、赵东武,等. 中国木瓜属植物资源的研究. 安徽农业科学,50~51. 2019。

本变种树冠塔状。小枝平展。花瓣外面粉色,内面白色。

Supplementary Description:

Deciduous trees, Crown ovoid. Bark grayish brown, exfoliated. Branchlets spreading or obliquely long, purple-brown, smooth, glabrous or sparsely villous. Leaves simple, alternate, ovoid, rarely obovate, 4. 0 to 9. 0 cm long, 3. 0 to 6. 0 cm wide, surface dark green, glabrous, glossy or yellowish green, glabrous, along veins green, base sparsely villous along main vein, apex acuminate, mucronate, base cuneate, margin with unequal pointed teeth, teeth pale yellow, apex glandular. Petiole pale yellow and surface with 2 rows of petiolate glands of varying heigh, glands dark brown. Single flower has 5 petals, spoon-shaped elliptical, 1.7 to 2.0 cm long, 1.0 to 1.5 cm wide, pink outside, white inside, claws white; calyx tube narrowly cylindrical, outside glabrous; sepals 5 pieces, reflexed, surface densely covered with white tomentose, abaxially glabrous, margin without hairs, stamens numerous, filaments vary in length. It has 5 pieces of styles, longer than stamens are fertile flowers. The styles of infertile flowers was only 2 to 5 mm tall. The fruit is large, long ellipsoidal, long cylindrical, 9.0 to 15.0 cm long and 8.0 to 15.0 cm in diameter, green or light yellowish green, glossy, smooth surface, inconspicuous fruit spots, apex concave. The calyx falling off and column base falling off or rarely present. The calyx depression is deep with obvious or inconspicuous blunt edges and grooves around; the base is blunt rounded, concave and askew periphery; pedicle shallowly or deeply, obvious or inconspicuous blunt edges and grooves around. Fruit stems are stout, brown and glabrous. Single fruit weight is 600.0 to 800.0 g.

Henan: Zhengzhou City. 2017-04-25. T. B. Zhao, Z. X. Chen et Y. M. Fan, No. 201704255(branches, leaves and flowers). Type specimen, deposited in Henan Agricultural University. 2017-09-10. T. B. Zhao, etc., No. 201509105(branches, leaves and fruits).

形态特征补充描述:

落叶乔木;树冠卵球状;树皮灰褐色,片状剥落。小枝平展,或斜长,紫褐色,光滑,无毛,或疏被长柔毛。单叶,互生,卵圆形,稀倒卵圆形,长 4.0~9.0 cm,宽 3.0~6.0 cm,表面深绿色,无毛,具光泽,或淡黄绿色,无毛,沿脉绿色,沿主脉基部疏被长柔毛,先端渐尖、短尖,基部楔形,边缘具长短不等尖齿,齿淡黄色,先端具腺体;叶柄淡黄色,表面具 2 行高低不等的具柄腺体,腺体黑褐色。单花具花瓣 5 枚,匙状椭圆形,长 1.7~2.0 cm,宽 1.0~1.5 cm,外面粉色,内面白色,爪白色;萼筒狭圆柱状,外面无毛;萼片 5 枚,反折,表面密被白色茸毛,背面无毛,边缘无缘毛;雄蕊多数,花丝长短悬殊,浅白色;花柱 5 枚,长于雄蕊为可孕花;不孕花,花柱仅高 2~5 mm。果实大型,长椭圆体状、长圆柱状,长 9.0~15.0 cm,径 8.0~15.0 cm,绿色、淡黄绿色,具光泽,表面平滑,果点不明显,先端凹;萼片脱落,柱基脱落,稀宿存,萼洼深,四周具明显、不明显钝纵棱与沟纹;基部钝圆、凹入,四周偏斜;梗洼浅,或深,四周具明显、不明显钝纵棱与沟纹;果梗枝粗壮,褐色,无毛。单果重 600.0~800.0 g。

产地:河南。郑州市、郑州植物园有栽培。2017 年 4 月 25 日。赵天榜、陈志秀和范永明, No. 201704255(枝、叶与花)。模式标本,存河南农业大学。2015 年 9 月 10 日。赵天榜等, No. 201509105(枝、叶与果实)。

4. 垂枝木瓜　变种　图版 1:9~11

Pseudochaenomeles sinensis(Thouin)Carr. var. pendula T. B. Zhao, Z. X. Chen et Y. M. Fan,路夷坦、范永明、赵东武,等. 中国木瓜属植物资源的研究. 安徽农业科学,49. 2019。

本变种与木瓜原变种 Pseudochaenomeles sinensis(Thouin)Carr. var. sinensis 区别:树冠宽大;侧枝长,开展,拱垂。长枝下垂。叶柄先端具 1~2 枚具枝状无毛腺体。

Supplementary Description:

Crowns broad;lateral branches long,spreading,arcuate drooping. Long branches flagging. Branchlets brown, glossy, glabrous or sparsely pubescence above it; young branches yellow-green, curved villous densely. Leaves simple,alternate,broadly ovoid,rarely rounded (leaflet), 4. 5 to 9. 2 cm long,3. 0 to 7. 0 cm wide,surface dark green,glabrous,glossy,abaxially pale green,glabrous,more dense villous along main veins,apex shortly pointed,blunt rounded,margin with pale yellow edges narrowly and slender dentate finely,usually stipitate glands,without ciliate,or slightly marginate hairs;petiole pale yellow,apex has 1 to 2 pieces branched glabrous glands. Fruit short columnar,surface smooth,7. 0 to 9. 0 cm long,6. 5 to 8. 0 cm in diameter, green,glossy,slightly tuberculous rarely,apex blunt rounded,calyx concave shallow,surrounded by blunt edges and grooves slightly,calyx falling off,rarely persistent,falling marks dark brown, base column persistent,densely pubescent,base slightly slender or blunt,stems concave shallowly,surrounded by a slightly blunt edges and grooves;fruit branches very short,glabrous. The weight of single fruit is 85. 0 to 170. 0 to 263. 0 g.

Henan:Changyuan County. 2016-04-05. T. B. Zhao et Z. X. Chen,No. 201604053 (Ramulus,folium et flos,holotypus hic disignatus,HNAC).

形态特征补充描述:

树冠宽大;侧枝长,开展,弓形下垂。长枝下垂。小枝棕褐色,具光泽,无毛,或上部疏被柔毛;幼枝淡黄绿色,密被弯曲长柔毛。单叶,互生,宽卵圆形,稀圆形(小叶),长 4.5~9.2 cm,宽 3.0~7.0 cm,表面深绿色,无毛,具光泽,背面淡绿色,无毛,沿主脉被较密长柔毛,先端短尖、钝圆,边缘具很狭淡黄色边,具斜展细尖齿,通常具柄腺体,无缘毛,或微被缘毛;叶柄淡黄色,先端具 1~2 枚具枝状无毛腺体。果实短柱状,表面光滑,长 7.0~9.0 cm,径 6.5~8.0 cm,绿色,具光泽,稀具稍明显瘤突,先端钝圆,萼凹浅,四周具稍明显钝棱与沟纹,萼脱落,稀宿存,脱落痕黑褐色,基柱宿存,密被短柔毛;基部稍细,或钝圆,梗凹浅,四周具稍明显钝棱与沟;果枝极短,无毛。单果重 85.0~170.0~263.0 g。

河南:长垣县有栽培。2016 年 4 月 5 日。赵天榜和陈志秀。No. 201604053(枝、叶与花)。模式标本,存河南农业大学。河南郑州市有栽培。2017 年 7 月 29 日,赵天榜、陈志秀和赵东欣,No. 201707291(枝、叶与果实)。

5. 双色花木瓜 变种

Pseudochaenomeles sinensis(Thouin)Carr. var. bicoloriflora T. B. Zhao,Z. X. Chen et D. W. Zhao,路夷坦、范永明、赵东武,等. 中国木瓜属植物资源的研究. 安徽农业科学,49. 2019。

本变种与木瓜原变种 Pseudochaenomeles sinensis(Thouin)Carr. var. sinensis 区别:花有 2 种颜色,即白色和粉色。单花具花瓣 5 枚,稀有雄蕊瓣化。萼筒有 2 种类型:① 钟状(不孕两性花),其内花柱 5 枚,通常不发育;② 圆柱状(可孕两性花),上部较粗,中部稍凹,基部稍粗,其内花柱通常与雄蕊等高,或显著高于雄蕊;雌蕊具花柱 5 枚,合生处被白色长柔毛。

河南:郑州市绿博园、长垣县。2015 年 4 月 15 日,赵东武、赵天榜和陈志秀。No. 201504157。模式标本,存河南农业大学。

6. 棱沟干木瓜　变种　图版 2:5

Pseudochaenomeles sinensis(Thouin)Carr. var. anguli-sulcata T. B. Zhao,Z. X. Chen et D. W. Zhao;路夷坦、范永明、赵东武,等. 中国木瓜属植物资源的研究. 安徽农业科学,49. 2019。

本变种与木瓜原变种 Pseudochaenomeles sinensis(Thouin)Carr. var. sinensis 区别:树干具显著钝纵棱与较深沟。单花具花瓣 5~8 枚,稀有 2~3 枚畸形花瓣,粉红色,爪白色,其上具粉红色线纹。2 次花 4 月中旬。单花具花瓣 5~10 枚,具畸形花瓣 3~10 枚,淡粉红色,爪白色,无雌雌蕊群。

河南:郑州市、郑州植物园。2015 年 4 月 15 日。赵东武、赵天榜和陈志秀,No. 201504159(枝、叶和花)。模式标本,存河南农业大学。2018 年 4 月 17 日。赵天榜和陈志秀,No. 20180417(枝、叶和花)。

Supplementary Description:

Deciduous trees,crowns wide;lateral branches spreading;trunks with numerous blunt edges and grooves;bark exfoliated. Branchlets purple-brown,smooth,glabrous or sparsely villous. Leaves simple,alternate,5. 0 to 12. 0 cm long,4. 5 to 9. 0 cm wide,ovoid,obovoid,dilute suborbicular,surface dark green,glabrous,glossy,grayish green on abaxial surface,sparsely villous,pubescent along main veins sparsely curved,apex mucronate,subrounded,base cuneate,broadly cuneate,rarely rounded,margin with unequal pointed yellowish teeth,apex with black glands and sparse hairs. Petiole pale yellow and surface with 2 rows of petiolate glands varying in height. glands dark brown,sparsely curved villous. Petiole densely curved villous and 2-row petiolate glands with dark brown glands. Stipules are narrowly elliptic,elliptic and ovate,yellowish green,glabrous on both sides,margin petiolate glandular,hairless. Flowers solitary at apical end of current year's new branches. Single flower has 5 to 8 petals(rare 2 to 3 deformed petals),spoon-shaped oval,2. 0 to 3. 0 cm long,1. 5 to 2. 0 cm wide,pink,white claw with 2 to 3 mm long;clayx tube narrow cylindrical,10 to 12 mm long,4 to 5 mm in diameter,glabrous. Sepals 5 pieces,reflexed,surface white tomentose densely,abaxially glabrous,margin glabrous or sparsely hairy,small glands. Stamens numerous,2 rounds are born on the upside of the inner surface of the calyx tube and filaments vary in length,pale pink. styles longer than stamens. The style of infertile flowers is only 2 to 5 mm tall. Leafless branches have fertile flowers or sterile flowers,the same as yellow leaf papaya. The shape of fruit is ellipsoidal,10. 0 to 12. 0 cm long,8. 0 to 9. 0 cm in diameter,pale greenish green,glossy,surface uneven,fruit spots are not obvious,the tip is concave slightly,surrounded by 4 to 5 blunt edges and grooves,calyx falling off. The base of the columns are persistent or not deciduous,base dimples,surrounded by oblique,with blunt edges and grooves;stems deep;fruiting pedicel stout,brown and glabrous. Single fruit weight is 230. 0 to 250. 0 g.

Henan:Zhengzhou City. 2015-04-15. D. W. Zhao et T. B. Zhao,No. 201504157(branches,leaves and flowers). Type specimen,deposited in Henan Agricultural University. Heze, Shandong. 2015-04-28. T. B. Zhao et Z. X. Chen No. 280420175(branches,leaves and flowers)Type specimen,deposited in Henan Agricultural University. 2017-07-23. T. B. Zhao,Y. M. Fan et Z. X. Chen,No. 280420171 (branches,leaves and fruits).

形态特征补充描述:

落叶乔木;树冠宽大;侧枝开展;树干具多数钝棱与沟;树皮片状剥落。小枝紫褐色, 光滑,无毛,或疏被长柔毛。单叶,互生,长 5.0~12.0 cm,宽 4.5~9.0 cm,卵圆形、倒卵圆形、稀近圆形,表面深绿色,无毛,具光泽,背淡灰绿色,疏被长柔毛,沿主脉疏被弯曲长柔毛,先端短尖,稀近圆形,基部楔形、宽楔形,稀圆形,边缘具长短不等尖齿,齿淡黄色,先端具黑色腺体及疏缘毛;叶柄淡黄色,表面具 2 行高低不等的具柄腺体,腺体黑褐色,疏被弯曲长柔毛。叶柄密被弯曲长柔毛及 2 行高低不等的具柄腺体,腺体黑褐色;托叶有狭椭圆形、椭圆形、卵圆形等,淡黄绿色,两面无毛,边缘具具柄腺体,无缘毛。花单生当年生新枝顶端。单花具花瓣 5~8 枚(稀有 2~3 枚畸形花瓣),匙-椭圆形,长 2.0~3.0 cm,宽 1.5~2.0 cm,粉红色,爪长 2~3 mm、白色,其上具放射性线;萼筒狭圆柱状,长 10~12 mm,宽4~5 mm,无毛;萼片 5 枚,反折,上面密被白色绒,背面无毛,边缘无缘毛,或疏缘毛,具小腺齿;雄蕊多数,两轮着生在萼筒上部,花丝长短悬殊,浅水粉色;花柱长于雄蕊;不发育花,花柱长于雄蕊,仅高 2~5 mm。无叶枝上花有可育花,或不育花与黄叶木瓜相同。果实椭圆体状,长 10.0~12.0 cm,径 8.0~9.0 cm,淡青绿色,具光泽,表面不平,果点不明显,先端微凹,四周具 4~5 钝棱与沟,萼脱落,柱基宿存,或不脱落,基部浅凹,四周偏斜,具突起钝棱与沟;梗洼深;果梗枝粗壮,褐色,无毛。单果重 400~500 g。

产地:河南。郑州市有栽培。2015 年 4 月 15 日。赵东武和赵天榜,No. 201504157(枝、叶与花)。模式标本,存河南农业大学。山东菏泽市也有栽培。2015 年 4 月 28 日。赵天榜和陈志秀,No. 280420175(枝、叶与花)。标本存河南农业大学。2017 年 7 月 23日。赵天榜,范永明和陈志秀,No. 280420171(枝、叶与果实)。

7. 金叶木瓜 变种 图版 1:7,图版 4:2~5,图版 5:3~4、6~7,图版 9:1

Pseudochaenomeles sinensis(Thouin)Carr. var. aurea T. B. Zhao,Z. X. Chen et Y. M. Fan,路夷坦、范永明、赵东武,等. 中国木瓜属植物资源的研究. 安徽农业科学,49. 2019。

本变种与木瓜原变种 Pseudochaenomeles sinensis(Thouin)Carr. var. sinensis 区别:树皮片状剥落,落痕呈橙黄色。叶淡黄绿色、淡黄色、金黄色,叶脉为绿色,无毛,背面密被茸毛,后无毛,沿主脉疏被弯曲长柔毛。

Supplementary Description:

Deciduous trees;broad crown;lateral branches spreading;trunk are majority of blunt edges and grooves;bark exfoliated,falling marks orange-yellow. Branchlets purple-brown and reddish brown,smooth,glabrous. 1-year-old twigs brown, glossy, glabrous and sparsely pubescent. Leaves alternate, ovoid, broadly ovoid, obovoid, rarely suborbicular, elliptic, small leaves oval, 4.5 to 12.0 cm long,3.0 to 7.5 cm in diameter,surface pale yellow or yellow and veins green, glabrous, glossy, abaxially yellowish green, densely tomentose, posterior glabrous, pubescent along main veins curved sparsely, apex mucronulate, small leaves blunt round, base cuneate, broadly cuneate, sparsely orbicular, unequal oblique teeth on the edges, teeth pale yellow, apex with black glands, stipitate glandular points; petiole 1. 0 to 1. 2 cm long, pale yellow and surface with 2 rows of high and low stipitate glands. The glands are dark brown and sparsely curved villous. Single flower with 5 petals (rare 2 to 3 deformed petals). Fruit oblong, cylindrical (6. 7 to) 8. 5 to 14. 0 cm long, (4. 0 to) 6. 0 to 7. 0 cm in diameter, light green, glossy, surface smooth, fruit spots are not obvious, apex blunt rounded, calyx concave shallow, surrounded by blunt edges and grooves, calyx falling off, column bases present, surrounded by many obvious protruding blunt edges and grooves, stems shallow, fruiting pedicel stout, brown, glabrous and sparsely short pubescence. Single fruit weight is 168. 0 to 258. 0 to 350 g.

Henan: Zhengzhou City and Heze, Shandong. 2017-07-23. T. B. Zhao, Y. M. Fan et Z. X. Chen, No. 201707234. Type specimen, deposited in Henan Agricultural University. 2017-07-23. T. B. Zhao, Y. M. Fan et D. Y. Wen No. 2017070823 (branches, leaves and fruits).

形态特征补充描述：

落叶乔木；树冠宽大；侧枝开展；树干具多数钝棱与沟；树皮片状剥落，落痕呈橙黄色。小枝紫褐色、小枝红褐色，光滑，无毛。1 年生小枝棕色、褐色，具光泽，无毛，稀被疏柔毛。叶互生，卵圆形、宽卵圆形、倒卵圆形，稀近圆形、椭圆形，小型叶卵圆形，长 4. 5~12. 0 cm，径 3. 0~7. 5 cm，表面淡黄色，或黄色而叶脉绿色，无毛，具光泽，背面淡黄绿色，密被茸毛，后无毛，沿主脉疏被弯曲长柔毛，先端短尖，小型叶钝圆，基部楔形、宽楔形，稀圆形，边缘具长短不等斜尖齿，齿淡黄色，先端具黑色腺体，具柄腺点；叶柄长 1. 0~1. 2 cm，淡黄色，表面具 2 行高低不等的具柄腺体，腺体黑褐色，疏被弯曲长柔毛。单花具花瓣 5 枚（稀有 2~3 枚畸形花瓣）。果实长圆体状、圆柱状，长（6. 7~）8. 5~14. 0 cm，径（4. 0~）6. 0~7. 0 cm，淡青绿色，具光泽，表面平滑，果点不明显，先端钝圆，萼洼微凹，四周具不明显钝棱与沟，萼脱落，柱基宿存，基部浅凹，四周具多条明显突起钝棱与沟；梗洼浅；果梗枝粗壮，褐色，无毛，稀疏被短柔毛。单果重 168. 0~258. 0~350 g。

产地：河南。郑州市有栽培。山东菏泽市也有栽培。2017 年 7 月 23 日。赵天榜、范永明和陈志秀，No. 201707234。模式标本，存河南农业大学。河南郑州市有栽培。2017 年 7 月 23 日。赵天榜、范永明和温道远，No. 2017070823（枝、叶与果实）。

8. 瘤干木瓜 变种 图版 2:3、11

Pseudochaenomeles sinensis(Thouin) Carr. var. ganglionea T. B. Zhao Z. X. Chen et D. W. Zhao, 路夷坦、范永明、赵东武，等. 中国木瓜属植物资源的研究. 安徽农业科学，49~50. 2019。

本变种与木瓜原变种 Pseudochaenomeles sinensis(Thouin) Carr. var. sinensis 区别：树冠宽大；侧枝开展；树干上具很多突起木瘤。1 年生小枝褐色，疏被弯曲长柔毛；幼枝密被弯曲长柔毛。

Supplementary Description：

Crowns wide; lateral branches spreading out; trunk has many tuberculous knobs. 1-year-old branchlets brown, glossy, sparsely curved villous; 2-year-old branchlets dark brown, glossy, glabrous; young branches densely curved villous. Leaves alternate, broadly ovoid, rarely suborbicular, 5.0 to 11.0 cm long, 3.5 to 7.0 cm in diameter, surface green, glabrous, glossy, abaxially pale green, slightly pilose, densely curved villous along veins, apex shortly pointed, rarely rounded, base cuneate, margin stipitate glandular point, marginate hairs are rare; petiole 1.0 to 1.5 cm long, pale yellow and surface with 2 rows of stipitate glands vary in height. The glands are dark brown and sparsely curved villous. Single flower with 5 petals, spoon-shaped oval, both sides are pink, claws white with radioactive pink line. ① Fruit ellipsoidal, 7.5 to 11.0 cm long, 5.0 to 7.0 cm in diameter, pale greenish green, glossy, smooth surface, fruit spots are not obvious, apex blunt rounded, calyx concave shallow, surrounded by blunt edges and grooves, calyx falling off, column bases present, short, densely pubescent, base hemispherical, stem shallow, surrounded by obvious protruding blunt edges and grooves, fruiting pedicel stout, brown, densely villous. Fruit weight is 95.0 to 156.0 g; ② Teratoid fruit, 6.5 cm long and 5.5 cm in diameter, pale light green, glossy, smooth surface, fruit spots are not obvious, apex obtuse, calyx concave shallow, surrounded by obvious edges and grooves, calyx falling off, column bases present, short, densely pubescent, stems shallow, rarely oblique, without obvious protruding obtuse edges and sulcations, with 2 pure ribs; fruiting pedicel stout, brown and sparsely pubescent. Single fruit weight is 85.0 to 188.0 g.

Henan: Zhengzhou City and Zhengzhou Botanical Garden. 2015-04-15. D. W. Zhao, T. B. Zhao et Z. X. Chen, No. 201504155. Type specimen, deposited in Henan Agricultural University.

形态特征补充描述：

树冠宽大；侧枝开展；树干上具很多突起木瘤。1 年生小枝褐色，具光泽，疏被弯曲长柔毛；2 年生小枝黑褐色，具光泽，无毛；幼枝密被弯曲长柔毛。叶互生，宽卵圆形，稀近圆形，长 5.0~11.0 cm，径 3.5~7.0 cm，表面绿色，无毛，具光泽，背面淡绿色，微被柔毛，沿脉被较密弯曲长柔毛，先端短尖，稀钝圆，基部楔形，边缘具柄腺点，缘毛很少；叶柄长 1.0~1.5 cm，淡黄色，表面具 2 行高低不等的具柄腺体及无柄腺点，腺体黑褐色，疏被弯曲长柔毛。单花具花瓣 5 枚，匙状椭圆形，两面粉红色，爪白色，其上具放射性粉红色线纹。① 果实椭圆体状，长 7.5~11.0 cm，径 5.0~7.0 cm，淡青绿色，具光泽，表面平滑，果点不明显，先端钝圆，萼洼微凹，四周无明显钝棱与沟，萼脱落，柱基宿存、短，被较密短柔毛；基部半球状，梗洼浅，四周具较明显突起钝棱与沟；果梗枝粗壮，褐色，被较密长柔毛。果重 95.0~156.0 g。② 畸型果，长 6.5 cm，径 5.5 cm，淡青绿色，具光泽，表面平滑，具明显浅凹沟，果点不明显，先端钝圆，萼洼微凹，四周具明显钝棱与沟，萼脱落，柱基宿存，被较密短柔毛；梗洼浅，稀偏斜，四周无明显突起钝棱与沟，稀具 2 枚钝棱；果梗枝粗壮，褐色，疏被柔毛。单果重 85.0~188.0 g。

河南：郑州市、郑州植物园。2015 年 4 月 15 日。赵东武、赵天榜和陈志秀，No. 201504155。模式标本，存河南农业大学。

9. 小果木瓜 变种

Pseudochaenomeles sinensis(Thouin)Carr. var. multicarpa T. B. Zhao,Z. X. Chen et D. W. Zhao,var. trans. nov.,*Pseudocydonia sinensis*(Thouin)Schneider var. *multicarpa* T. B. Zhao,Z. X. Chen et D. W. Zhao,赵天榜等主编. 郑州植物园种子植物名录:125. 2018;路夷坦、范永明、赵东武,等. 中国木瓜属植物资源的研究. 安徽农业科学,51. 2019。

本新改隶组合变种叶小,长 1.5~8.6 cm,稀长 10.5 cm,宽 0.9~4.9 cm,稀宽 6.6 cm,背面沿主脉疏被弯曲长柔毛。果实小,多类型。

Supplementary Description:

Deciduous trees;bark exfoliated. Branchlets grayish brown, reddish brown, smooth, glabrous. Leaves alternate,oval,obovoid,rarely suborbicular,oval,small,1.5 to 8.6 cm long,rarely 10.5 cm long,0.9 to 4.9 cm wide,rarely 6.6 cm wide,surface dark green,green,yellow-green, glabrous, glossy, abaxially pale yellow, pale green, densely pubescence along veins, sparsely curved villous along main veins,or glabrous,apex acuminate,short pointed,small leaves blunt rounded or concave,base cuneate,broadly cuneate,rarely rounded,margin with unequal pointed teeth,teeth yellowish,apex with black glands,stipitose glands,petiole pale yellow and surface with 2 rows of high and low stipitate glands. The glands are dark brown and sparsely curved villous. Small fruit, spherical, short cylindrical, ellipsoidal, (4.9 to)8.0 to 10.0 cm long,(3.6 to)6.0 to 6.5 cm in diameter,light green,yellowish green,glossy,smooth surface or 1 to 2 longitudinal edges,inconspicuous fruit spots,apex blunt rounded,calyx concave shallow, calyx deciduous or persistent;stems shallow;fruit stems brown,glabrous,sparsely pubescent. Single fruit weight is(30.0 to) 78.0 to 103.0 g.

Henan:Zhengzhou Botanical Garden. 2015-07-19. T. B. Zhao,Z. X. Chen et Y. M. Fan,No. 201707191. Type specimen,deposited in Henan Agricultural University.

形态特征补充描述:

落叶乔木;树皮片状剥落。小枝灰褐色、红褐色,光滑,无毛。叶互生,卵圆形、倒卵圆形,稀近圆形、椭圆形,小型,长 1.5~8.6 cm,稀长 10.5 cm,宽 0.9~4.9 cm,稀宽 6.6 cm,表面深绿色、绿色、黄绿色,无毛,具光泽,背面淡黄色、淡绿色,沿脉密被绒毛,沿主脉疏被弯曲长柔毛,或无毛,先端渐尖、短尖,小型叶钝圆或凹缺,基部楔形、宽楔形,稀圆形,边缘具长短不等尖齿,齿淡黄色,先端具黑色腺体,具柄腺点;叶柄淡黄色,表面具 2 行高低不等的具柄腺体,腺体黑褐色,疏被弯曲长柔毛。果实小,球状、短圆柱状、椭圆体状,长(4.9~)8.0~10.0 cm,径(3.6~)6.0~6.5 cm,淡绿色、淡黄绿色,具光泽,表面平滑,或有 1~2 条纵棱,果点不明显,先端钝圆,萼凹小,萼脱落或宿存;梗洼浅;果梗枝褐色,无毛,稀疏被短柔毛。单果重(30.0~)78.0~103.0 g。

河南:郑州植物园。2017 年 7 月 19 日。赵天榜、陈志秀和范永明,No. 201707191 号标本,存河南农业大学。

10. 球果木瓜 变种 图版 6:3,图版 9:6

Pseudochaenomeles sinensis(Thouin)Carr. var. globisa T. B. Zhao,Z. X. Chen et Y. M. Fan,路夷坦、范永明、赵东武,等. 中国木瓜属植物资源的研究. 安徽农业科学,

50. 2019。

本变种与木瓜原变种 Pseudochaenomeles sinensis(Thouin)Carr. var. sinensis 相似,但区别:果实大、球状、近球状,长 17.0~19.0 cm,径 12.0~18.0 cm。单果重 890.0~1330.0 g。

Supplementary Description:

Deciduous trees. Crowns broad;lateral branches spreading;bark grayish brown, exfoliated. Branchlets purple-brown, smooth, glabrous or sparsely villous. Leaves simple, alternate, 3.5 to 11.0 cm long, 5.0 to 7.0 cm wide, ovoid, obovoid, surface dark green, glabrous, glossy or yellow-green, glabrous, sparsely curved villous along base of main veins, apex acuminate, shortly pointed, base cuneate, rarely rounded, margin with unequal pointed teeth which is yellowish, apex with black glands and sparse hairs;petiole pale yellow and surface with 2 rows of high and low stipitate glands. The glands are dark brown and sparsely curved villous. The fruit is globose, 17.0 to 19.0 cm long and 15.0 to 18.0 cm in diameter, yellow-green, glossy, smooth surface, inconspicuous fruit spots, apex concave or blunt rounded;calyx concave extremely deep, surrounded by edgess and grooves, calyx falling off, column bases present; base blunt rounded, concave, surrounded oblique and convex;stems shallow;fruiting pedicel stout, brown, glabrous. Single fruit weight is 890.0 to 1 330 g.

Henan:Zhengzhou City, Zhengzhou Botanical Garden and Changyuan County. 2018-08-28. T. B. Zhao, Z. X. Chen et Y. M. Fan, No. 201508281. Type specimen, deposited in Henan Agricultural University.

形态特征补充描述:

落叶乔木。树冠宽大;侧枝、小枝开展;树皮灰褐色,片状剥落。小枝紫褐色,光滑,无毛,或疏被长柔毛。单叶,互生,长 3.5~11.0 cm,宽 5.0~7.0 cm,卵圆形、倒卵圆形,表面深绿色,无毛,具光泽,或淡黄绿色,无毛,沿主脉基部疏被弯曲长柔毛,先端渐尖、短尖,基部楔形,稀圆形,边缘具长短不等的尖齿,齿淡黄色,先端具黑色腺体及疏缘毛;叶柄淡黄色,表面具 2 行高低不等的具柄腺体,腺体黑褐色,疏被弯曲长柔毛。果实球状,长 17.0~19.0 cm,径 15.0~18.0 cm,黄绿色,具光泽,表面平滑,果点不明显,先端凹,或钝圆;萼洼极深,四周钝棱与沟,萼片脱落,柱基宿存;基部钝圆、凹入,四周偏斜,具突起;梗洼浅;果梗粗壮,褐色,无毛。单果重 890.0~1 330 g。

河南:郑州市、郑州植物园、长垣县。2015 年 8 月 28 日。赵天榜、陈志秀和范永明,No. 201508281。模式标本,存河南农业大学。

11. 柱果木瓜 变种 图版9:9

Pseudochaenomeles sinensis(Thouin)Carr. var. tericarpa T. B. Zhao, Z. X. Chen et Y. M. Fan,路夷坦、范永明、赵东武,等. 中国木瓜属植物资源的研究. 安徽农业科学, 50. 2019。

本变种与木瓜原变种 Pseudochaenomeles sinensis(Thouin)Carr. var. sinensis 相似,但主要区别:果实长圆柱状,长 10.0~10.5 cm,径 6.5~7.0 cm。单果重 250.0 g。

Supplementary Description:

Deciduous trees. Branchlets red-brown, glossy, glabrous. Single leaves, alternate, 3.4 to

11. 7 cm long, 3. 0 to 7. 7 cm wide, ovoid, obovoid, rounded, with deformed leaflets, green on surface, glabrous, glossy, abaxially pale green, sparsely pilose along the main vein, apex acuminate, shortly pointed, concave, margin with unequal pointed teeth, teeth light yellow, rarely partial margin entire, apex with black glands and sparse hairs; petiole pale yellow and surface with 2 rows of stipitate glands vary in height, rarely sessile glands. The glands are dark brown and sparsely curved villous. Fruit terete, medium size, 10. 0 to 10. 5 cm long, 6. 5 to 7. 0 cm in diameter, light green, glossy, smooth surface or with obvious smooth tubercle, apex rounded; calyx depression is shallow, without blunt edges and grooves around; Calyx falling off, calyx concave shallow, unconspicuous or obvious dark brown, column bases present; stems shallow, without blunt edges and grooves around. Single fruit weight is 253. 0 g.

Henan: Zhengzhou City, Zhengzhou Botanical Garden and Changyuan County. 2015-08-28. T. B. Zhao, Z. X. Chen et Y. M. Fan, No. 201508285. Type specimen, deposited in Henan Agricultural University.

形态特征补充描述：

落叶乔木。小枝红褐色，具光泽，无毛。单叶，互生，长 3.4~11.7 cm，宽 3.0~7.7 cm，卵圆形、倒卵圆形、圆形，有畸形小叶，表面绿色，无毛，具光泽，背面淡绿色，沿主脉疏被柔毛，先端渐尖、短尖、凹缺、边缘具长短不等尖齿，齿淡黄色，稀部分边缘全缘，先端具黑色腺体及疏缘毛；叶柄淡黄色，表面具 2 行高低不等的具柄腺体，稀无柄腺体，腺体黑褐色，稀被弯曲长柔毛。果实圆柱状，中型较大，长 10.0~10.5 cm，径 6.5~7.0 cm，淡绿色，具光泽，表面平滑，或具明显而平滑的瘤突，先端钝圆；萼凹平浅，四周无钝棱与沟；萼脱落，萼洼浅，不明显，或明显呈深褐色，柱基宿存；梗洼浅，四周无钝棱与沟。单果重 253.0 g。

河南：郑州市、郑州植物园、长垣县。2015 年 8 月 28 日。赵天榜、陈志秀和范永明，No. 201508285。模式标本，存河南农业大学。

12. 两色叶木瓜　变种

Pseudochaenomeles sinensis(Thouin) Carr. var. bicolorfolia T. B. Zhao Z. X. Chen et F. D. Zhao，路夷坦、范永明、赵东武，等. 中国木瓜属植物资源的研究. 安徽农业科学，50. 2019。

本变种与木瓜原变种 Pseudochaenomeles sinensis(Thouin) Carr. var. sinensis 相似，但主要区别：小枝棕褐色，密被弯曲长柔毛。叶淡黄绿色、绿色。果实长圆柱状，长 7.0~11.0 cm，径 6.0~8.0 cm。

Supplementary Description：

Branchlets brown, lacklustre, densely curved villous. Leaves broadly elliptic and oval, 2. 5 to 7. 5 cm long and 2. 5 to 5. 0 cm wide. Light yellow-green and green on surface. The both sides of main vein are green, glabrous. Abaxial surface yellowish, glabrous, along both sides of main vein are green, sparsely curved villous, rarely glabrous, margin with stipitate glandular teeth, no marginate hairs; petioles have stipitate glands, sparsely villous. Fruit cylindrical, 7. 0 to 11. 0 cm in length, 6. 0 to 8. 0 cm in diameter, pale yellow, glossy, without edges and grooves; calyx falling off, calyx concave shallow or deeper, without obvious or unconspicuous blunt edges and grooves around, column bases present or falling off, stems deeper, without obvious or unconspicuous blunt edges and grooves around. Single fruit weight is 150.0 to 330.0 g.

Henan:Zhengzhou City. 2017-10-07. T. B. Zhao, Z. X. Chen et D. F. Zhao, No. 201710074. Type specimen, deposited in Henan Agricultural University.

形态特征补充描述：

小枝棕褐色，无光泽，密被弯曲长柔毛。叶宽椭圆形、卵圆形，长 2.5~7.5 cm，宽 2.5~5.0 cm，表面淡黄绿色、绿色，主脉两侧绿色，无毛，背面淡黄色，无毛，沿主脉两侧绿色、疏被弯曲长柔毛，稀无毛，边缘具柄腺齿，无缘毛；叶柄具柄腺体，疏被长柔毛。果实圆柱状，长 7.0~11.0 cm，径 6.0~8.0 cm，淡黄色，具光泽，无棱与沟纹；萼脱落，萼洼浅平，或较深，四周具不明显，或明显纵棱与沟纹，柱基宿存，或脱落；梗洼较深，四周具不明显，或明显纵棱与沟纹。单果重 150.0~330.0 g。

产地：河南。郑州市有栽培。2017 年 10 月 7 日。赵天榜、陈志秀和赵东方，No. 201710074。模式标本，存河南农业大学。

13. 细锯齿木瓜　变种

Pseudochaenomeles sinensis(Thouin)Carr. var. serrulata T. B. Zhao,Z. X. Chen et Y. M. Fan,路夷坦、范永明、赵东武，等. 中国木瓜属植物资源的研究. 安徽农业科学，51. 2019。

本变种与木瓜原变种 Pseudochaenomeles sinensis(Thouin)Carr. var. sinensis 相似，但区别：叶 2 种类型：① 椭圆形，先端钝圆；② 狭椭圆形，先端渐尖。背面密被短柔毛，边缘细锯齿，无缘毛、无小腺体。单花具花瓣 5 枚，白色，边缘波状起伏。

产地：河南。长垣县有栽培。2017 年 4 月 24 日。赵天榜、陈志秀和范永明，No. 201704245。模式标本，存河南农业大学。

Ⅱ. **枝刺木瓜**　新亚种　图版 2:12

Pseudochaenomeles sinensis(Thouin)Carr. subsp. ramuli-spina T. B. Zhao Z. X. Chen et Y. M. Fan,subsp. nov.

Subsp. nov. ramuli-spinis in truncis,ramis grossis, ramulis et ramulis juvenilibus. 2~3-nodis in ramuli-spinis,ramuli-spinis in nodis. gemmis foliolis et gemmis mixtis.

Henan:Zhengzhou City. 2017-04-25. T. B. Zhao, Z. X. Chen et D. F. Zhao, No. 201704251(branches,leaves and flowers. HANC)

本新亚种树干、粗枝、小枝及幼枝均有枝刺。枝刺具 2~3 节，节上有小枝刺。枝刺上有叶芽、混合芽。

河南：郑州市有栽培。2017 年 4 月 25 日。赵天榜、陈志秀和赵东方，No. 201704251。模式标本，存河南农业大学。

变种：

1. 枝刺木瓜　原变种

Pseudochaenomeles sinensis(Thouin)Carr. var. ramuli-spina

2. 小叶毛木瓜　变种

Pseudochaenomeles sinensis(Thouin)Carr. var. parvifolia(T. B. Zhao,Z. X. Chen et

Y. M. Fan)T. B. Zhao,Z. X. Chen et Y. M. Fan,var. trans. nov.;*Pseudocydonia sinensis* (Thouin)Schneider var. *parvifolia* T. B. Zhao,Z. X. Chen et Y. M. Fan,赵天榜等主编. 郑州植物园种子植物名录,123~124. 2018;路夷坦、范永明、赵东武,等. 中国木瓜属植物资源的研究. 安徽农业科学,50. 2019。

本变种具枝刺及分枝枝刺。小枝、幼枝淡黄绿色,密被弯曲长柔毛。叶小,长 4.4~5.5 cm,宽 2.8~3.2 cm,背面沿脉密被弯曲长柔毛,稀无毛。果实 2 种类型:① 长卵球状,长 8.5 cm,径 6.0 cm;② 长椭圆体状,长 8.5~11.0 cm,径 5.5~6.0 cm。

Supplementary Description:

Deciduous trees. Bark exfoliated. Branchlets dark brown,densely curved villous,young branches yellowish green,densely curved villous. Leaves simple,alternate,4.4 to 5.5 cm long, 2.8 to 3.2 cm wide,ovoid,obovate,dark green on the surface,glabrous,glossy,pale green on the back,densely pubescence,mucronate apex,margin has unequal pointed teeth with pale yellow,apex is black glandular and sparse hairy;Petiole pale yellow with 2 rows of high on the surface and low multiple stipitate glands,rarely sessile glands,glands dark brown,densely curved villous. There are 2 types of fruits:① Long ovoid,small,8.5 cm long,6.0 cm in diameter,apex obtuse round,foliate flat shallowly,without blunt edges or grooves,calyx falling off,brown under-shot,The length of the column base is 4 mm,densely gray-white pubescence,thin near base, base obtuse round,Pedicle shallowly flat,with blunt edges and furrows. The fruit weight is 166.0 g;② Long ellipsoidal,small,8.5 to 11.0 cm long,5.5 to 6.0 cm in diameter,dark green,glossy,surface smooth,dilute with prominent tubercle,apex obtuse round,calyx concave small and shallow,surrounded with slightly blunt edges and grooves,rare obscure edges and grooves,calyx falling off,drop marks of it are dark brown,column base length 2 mm,densely gray-white pubescence,base thin,Pedicle shallowly flat,with blunt edges and grooves. Fruiting pedicels stout,brown,glabrous or slightly pubescent. The fruit weight is 129.0 to 215.0 g.

Henan:Zhengzhou City. 2017-04-15. T. B. Zhao et Z. X. Chen,No. 201504151. 2017-07-19. T. B. Zhao,Y. M. Fan et J. T. Chen, No. 2017071914. Type specimen,deposited in Henan Agricultural University.

形态特征补充描述:

落叶乔木;树皮片状剥落。小枝黑褐色,密被弯曲长柔毛;幼枝淡黄绿色,密被弯曲长柔毛。单叶,互生,长 4.4~5.5 cm,宽 2.8~3.2 cm,卵圆形、倒卵圆形,表面深绿色,无毛,具光泽,背面淡绿色,密被柔毛,先端短尖,边缘具长短不等尖齿,齿淡黄色,先端具黑色腺体及疏缘毛;叶柄淡黄色,表面具 2 行高低不等的具柄多枚腺体,稀无柄腺体,腺体黑褐色,密被弯曲长柔毛。果实 2 种类型:① 长卵球状,小型,长 8.5 cm,径 6.0 cm,先端钝圆;萼凹浅平,无钝棱与沟纹,萼脱落,落痕褐色,柱基长 4 mm,密被灰白色短柔毛,近基部较细,基部钝圆;梗洼浅平,四周微具钝棱与沟。果重 166.0 g。② 长椭圆体状,小型,长 8.5~11.0 cm,径 5.5~6.0 cm,深绿色,具光泽,表面平滑,稀具明显的瘤突,先端钝圆;萼凹小而浅平,四周具稍明显的钝棱与沟纹,稀具明显的钝棱与沟纹,萼脱落,落痕褐色,柱基长 2 mm,密被灰白色短柔毛,基部较细;梗洼浅平,四周微具钝棱与沟;果梗枝粗壮,褐色,无毛,或微被短柔毛。单果重 129.0~215.0 g。

产地:河南。郑州市有栽培。2015 年 4 月 15 日。赵天榜和陈志秀,No. 201504151。2017 年 7 月 19 日。赵天榜、范永明和陈俊通,No. 2017071914。模式标本,存河南农业大学。

3. 大叶毛木瓜　变种

Pseudochaenomeles sinensis(Thouin) Carr. var. magnifolia T. B. Zhao,Z. X. Chen et Y. M. Fan,var. trans. nov. ;*Pseudocydonia sinensis*(Thouin)Schneider var. magnifolia T. B. Zhao,Z. X. Chen et Y. M. Fan,赵天榜等主编. 郑州植物园种子植物名录:124. 2018;路夷坦、范永明、赵东武,等. 中国木瓜属植物资源的研究. 安徽农业科学,50~51. 2019。

本变种具枝刺及分枝枝刺,具小圆叶。小枝褐色,具光泽,密被弯曲长柔毛。叶椭圆形,稀圆形,长 2.5~8.0 cm,宽 3.0~6.0 cm,表面浓绿色,无毛,具光泽,背面淡绿色,无毛,沿主脉密被弯曲长柔毛;叶柄被弯曲柔毛及黑色腺体及长柄黑色腺体。果实椭圆体状,长 11.0~12.0 cm,径 9.0 cm,淡黄绿色,具光泽,不平滑,具瘤突及小凹,无纵钝棱与浅沟;萼洼浅,萼片脱落,四周具微浅沟纹及纵宽钝棱;梗洼浅,四周微具浅沟纹及纵宽钝棱。单果重 400.0~450.0 g。

河南:郑州市、郑州植物园。2017 年 8 月 22 日。赵天榜、陈志秀和赵东方,No. 201708224。模式标本,存河南农业大学。

4. 野木瓜　变种

Pseudochaenomeles sinensis (Thouin) Carr. var. yemugua (Shao Zexia et al.) T. B. Zhao,Z. X. Chen et F. D. Zhao,var. trans. nov. ;*Chaenomeles × sp.* 野木瓜,1993 年,邵则夏、陆斌、刘爱群,等. 云南木瓜资源、栽培与加工利用专题 云南的木瓜种质资源. 云南林业科技,3:32~36,42;2003 年,陆斌、邵则夏、宁德鲁. 云南木瓜种质资源与果实营养成分. 中国南方果树,32(5):62~63. 路夷坦、范永明、赵东武,等. 中国木瓜属植物资源的研究. 安徽农业科学,51. 2019。

本新改隶组合变种与木瓜原变种 Pseudochaenomeles sinensis (Thouin) Carr. var. sinensis 相似,但主要区别:丛生落叶灌木,株高 2.0~4.0 m。枝多直立。小枝疏被绒毛,具枝刺。

Supplementary Description:

Clustered deciduous shrubs,2.0 to 4.0 m tall. Branches erect. Branchlets reddish brown,sparsely tomentose,with scolus. Leaves lanceolate to oblong,4.3 to 10.1 cm long,1.2 to 2.7 cm wide,surface dark green,glabrous,apex acuminate,base cuneate,margin with sharp serration,repetitive serrated teeth,neat;petiole short. Fruit ellipsoid,ovoid,7.0 cm long,5.5 cm in diameter,pale green. Thick and juicy of fruit,smooth surface,tiny pits,few fruit spots,inconspicuous,slightly above middle,apex blunt rounded;calyx concave large and deep,calyx falling off. The average of single fruit weight is 67.0 g and the maximum weight is 78.0 g.

Yunnan:Weixi,Lijiang,Lushui Sino = Myanmar border area.

形态特征补充描述:

本变种丛生落叶灌木,株高 2.0~4.0 m。枝多直立。小枝红褐色,疏被茸毛,具枝刺。

叶披针形至长椭圆形,长 4.3～10.1 cm,宽 1.2～2.7 cm,表面浓绿色,无毛,先端渐尖,基部楔形,边缘具锐锯齿、重锯齿,齿整齐;叶柄短;托叶脱落。果实椭圆体状、卵球状,长 7.0 cm,径 5.5 cm,淡黄绿色,平滑,被很小凹点,果点极少、不明显,中部以上稍细,先端钝圆,萼洼大而深,萼片脱落;果肉厚,淡绿白色,汁多。单果均重 67.0 g,最重 78.0 g。

产地:云南维西、丽江、泸水中缅边境区。2003 年。发现者:陆斌、邵则夏、宁德鲁。

Ⅲ. 红花木瓜　新亚种

Pseudochaenomeles sinensis(Thouin)Carr. subsp. rubriflora T. B. Zhao Z. X. Chen et Y. M. Fan,subsp. nov.

Subsp. nov. 5–, vel 5～10–petalis in quoque flore, rare 5～10– petalis deformibus, spathulati–rotundatis extus arto–rubidis,intus subroseis,unguibus albis.

Henan:Zhengzhou City. 2018-04-20. T. B. Zhao, Z. X. Chen et D. F. Zhao, No. 201804201(branches,leaves and flowers. HANC)

本新亚种单花具花瓣 5 枚,或 5～10 枚,有 3～5 枚畸形花瓣,匙-椭圆形,外面深粉红色,内面粉红色,爪白色。

河南:郑州市有栽培。2018 年 4 月 20 日。赵天榜、陈志秀和赵东方,No. 201804201(枝,叶和花)。模式标本,存河南农业大学。

变种:

1. 红花木瓜　原变种

Pseudochaenomeles sinensis(Thouin)Carr. var. rubriflora.

2. 红花木瓜　变种　图版 3:13～14

Pseudochaenomeles sinensis(Thouin)Carr. var. rubra T. B. Zhao,Z. X. Chen et X. K. Li;*Pseudocydonia sinensis*(Thouin)Schneider var. *rubra* T. B. Zhao,Z. X. Chen et X. K. Li,赵天榜等主编. 郑州植物园种子植物名录:124. 2018;路夷坦、范永明、赵东武,等. 中国木瓜属植物资源的研究. 安徽农业科学,50. 2019。

本变种单花具花瓣 5～6 枚,稀有 1～2 枚畸形花瓣,匙-椭圆形,外面深粉红色,内面粉红色,爪白色;萼筒狭圆柱状,无毛;萼片 5 枚,表面密被白色茸毛,背面无毛,边缘无缘毛,或疏被缘毛,无小腺齿。

Supplementary Description:

Deciduous trees. Bark grayish brown,exfoliated. Branchlets brown,purple–brown,glossy, glabrous or with sparse pubescence up the branchlet, young branches yellowish green, curved villous densely. Leaves simple, alternate, ovoid, broad–ovate, rarely obovate, suborbicular deformed leaflets,3.0 to 5.0 to 10.0 cm long,2.0 to 3.5 to 7.0 cm wide,Surface dark green, glabrous and glossy,pale green on the back,glabrous,along main veins sparsely villous,apex acuminate, short pointed, obtuse rounded and concave sparsely, base cuneate, margin with very narrow yellowish bands, with long and short unequal sharp sawtooth, yellow sawtooth pale, apex glandular, glabrous margin, partial margin entire, absent yellowish narrow margin, not ciliate; Petiole pale yellow and surface with 2 rows of petiolate glands varying in height, glands dark brown, and sparsely curved villous. Stipules narrowly elliptic, elliptic or ovate, etc. , yellowish green, glabrous on both sides, margin with stipitate glands, glabrous. Mixed bud terminal on short branches, axillary on long branches. Flowers solitary at apical end of current year's new branches. Single flower with 5 to 6 petals(1,2 deformed petals rarely), spoon-shaped oval, 1.7 to 2.0 cm long, 1.0 to 1.5 cm wide, dark pink on both sides, pink inside, claws white, 2 to 3 mm long; clayx tube narrowly cylindrical, 10 to 12 mm long, 4 to 5 mm in diameter, glabrous. Sepals 5 pieces, reflexed, white tomentose densely on surface, abaxially glabrous, margin glabrous or sparsely hairs, absent glandular teeth. Stamens numerous, 2 rounds were born on the upper side which inner surface of the calyx tube and filaments vary in length, pale white. It has 5 pieces of styles, longer than stamens for fertile flowers. The styles of infertile flowers was only 2 to 5 mm tall. The shape of fruit is ovoid, long ellipsoid and ellipsoid, 9.0 to 11.0 cm long, 5.5 to 7.0 cm in diameter, pale yellow, glossy, uneven surface, sparsely tuberculous, with small fruit spots, flat at the tip or slightly concave and blunt round. Calyx persistent, or deciduous. Its drop marks are dark brown. The base of the columns persistent, densely pubescent, base slightly thin or blunt rounded, pedicel shallow, surrounded with inconspicuous blunt edges and grooves, or oblique around, stems shallow, fruiting pedicel very short, stout, brown and glabrous. Single fruit weight is 230.0 to 250.0 g.

Henan: Zhengzhou Botanical Garden, Henan Agricultural University. 2013-04-21. T. B. Zhao et Z. X. Chen, No. 201304216(branches, leaves and flowers). Type specimen, deposited in Henan Agricultural University. 2015-09-10. X. K. Li, H. Wang et T. B. Zhao, No. 201304216 (branches, leaves and fruits). 2017-07-29. T. B. Zhao, Z. X. Chen et D. X. Zhao, No. 201707296(branches, leaves and fruits).

形态特征补充描述：

落叶乔木。树皮灰褐色，片状剥落。小枝棕褐色、紫褐色，具光泽，无毛，或上部疏被柔毛；幼枝淡黄绿色，密被弯曲长柔毛。单叶，互生，卵圆形、宽卵椭圆形，稀倒卵圆形，畸形小叶近圆形，长 3.0~5.0~10.0 cm，宽 2.0~3.5~7.0 cm，表面深绿色，无毛，具光泽，背面淡绿色，无毛，沿主脉疏被长柔毛，先端渐尖、短尖、钝圆，稀微凹，基部楔形，边缘具很狭淡黄色边，具长、短不等尖齿，齿淡黄色，先端具腺体，无缘毛，局部边缘全缘，无淡黄色狭边，无缘毛；叶柄淡黄色，表面具 2 行高低不等的具柄腺体，腺体黑褐色，同时疏被弯曲长柔毛；托叶有狭椭圆形、椭圆形、卵圆形等，淡黄绿色，两面无毛，边缘具柄腺体，无缘毛。短枝上混合芽顶生、长枝上腋生。花单生当年生新枝顶端，大型。单花具花瓣 5~6 枚(稀有 1~2 枚畸形花瓣)，匙状椭圆形，长 1.7~2.0 cm，宽 1.0~1.5 cm，两面深粉红色，内面粉红色，爪长 2~3 mm、白色；萼筒狭圆柱状，长 10~12 mm，径 4~5 mm，无毛；萼片 5 枚，反折，表面密被白色绒毛，背面无毛，边缘无缘毛，或疏被缘毛，无小腺齿；雄蕊多数，两轮着生在萼筒内面上部，花丝长、短悬殊，浅白色；花柱 5 枚，长于雄蕊为可孕花；不孕花，花柱仅高 2~5 mm。果实卵球状、长椭圆体状、椭圆体状，长 9.0~11.0 cm，径 5.5~7.0 cm，淡黄色，具光泽，表面不平，稀具瘤突，果点小，先端平，或微凹、钝圆；萼宿存，或脱落，脱落痕黑褐色，柱基宿存，密被短柔毛；基部稍细，或钝圆，梗凹浅，四周具不明显钝棱与沟，或四周偏斜；梗洼浅；果梗极短，粗壮，褐色，无毛。单果重 230.0~250.0 g。

河南:郑州植物园、河南农业大学等有栽培。2013 年 4 月 21 日。赵天榜和陈志秀,No. 201304216(枝、叶与花)。模式标本,存河南农业大学。2015 年 9 月 10 日。李小康、王华、赵天榜,No. 201304216(枝、叶与果实)。2017 年 7 月 29 日。赵天榜、陈志秀和赵东欣,No. 201707296(枝、叶与果实)。

Ⅳ. **白花木瓜**　新亚种　图版 4:11~13

Pseudochaenomeles sinensis(Thouin)Carr. subsp. albiflora T. B. Zhao Z. X. Chen et Y. M. Fan,subsp. nov.

Subsp. nov. 5,10~15- petalis in quoque flore,spathulati-rotundatis vel multo formis,albis,unguibus albis.

Henan:Zhengzhou City. 2018-04-20. T. B. Zhao,Z. X. Chen et Y. M. Fan,No. 201804201(branches,leaves and flowers. HANC)

本新亚种单花具花瓣 5 枚、10~15 枚,匙-圆形,或多形状,白色,爪白色。

河南:郑州市有栽培。2018 年 4 月 20 日。赵天榜、陈志秀和范永明,No. 201804201。模式标本,存河南农业大学(HANC)。

变种:

1. 白花木瓜　原变种

Pseudochaenomeles sinensis(Thouin)Carr. var. albiflora.

2. 白花木瓜　变种　图版 4:11~12

Pseudochaenomeles sinensis(Thouin)Carr. var. alba T. B. Zhao Z. X. Chen et D. W. Zhao,路夷坦、范永明、赵东武,等. 中国木瓜属植物资源的研究. 安徽农业科学,49. 2019。

本变种单花具花瓣 5 枚,白色,爪白色。

河南:郑州市、长垣县。2016 年 4 月 18 日。赵天榜、陈志秀和赵东武,No. 201604185(枝、叶和花)。模式标本,存河南农业大学。

3. 白花多瓣木瓜　新变种　图版 4:13

Pseudochaenomeles sinensis(Thouin)Carr. var. albi-multipetala T. B. Zhao Z. X. Chen et Y. M. Fan,var. nov.

A var. nov. 10~15-petalis in quogue flore,albis.

Henan:Zhengzhou City. 2018-04-20. T. B. Zhao,Z. X. Chen et Y. M. Fan,No. 201804201(branches,leaves and flowers. HANC).

本新变种单花具花瓣 10~15 枚,白色。

产地:河南。郑州市有栽培。2018 年 4 月 20 日。选育者:赵天榜、陈志秀和范永明,No. 201804201(枝、叶和花,HANC)。

4. 白花异瓣木瓜　新变种

Pseudochaenomeles sinensis(Thouin)Carr. var. albi-heterogenei-petala T. B. Zhao Z. X. Chen et Y. M. Fan,var. nov.

A var. nov. 10~15-petalis in quogue flore,albis,multi-formatis.

Henan:Zhengzhou City. 2018-04-20. T. B. Zhao,Z. X. Chen et Y. M. Fan,No.

201804201（branches，leaves and flowers．HANC）。

本新变种单花具花瓣 10~15 枚，白色，花瓣多形状。

产地：河南。郑州市有栽培。2018 年 4 月 20 日。选育者：赵天榜、陈志秀和范永明，No. 201804201（HANC）。

（二）栽培品种资源

Ⅰ．木瓜栽培群　原栽培群

Pseudochaenomeles sinensis（Thouin）Carr． Sinensis　Group．

1．木瓜

Pseudochaenomeles sinensis（Thouin）Carr．'Sinensis'．

Ⅱ．三型果木瓜栽培群　新栽培群

Pseudochaenomeles sinensis（Thouin）Carr． Sanxing Guo，Group nov．

2．'三型果'木瓜　新改隶组合栽培品种　图版 7：1、8、9、12

Pseudochaenomeles sinensis（Thouin）Carr． 'Sanxing Guo'，*Pseudoydonia sinensis*（Thouin）Schneid．'Sanxing Guo'，赵天榜等主编．郑州植物园种子植物名录：125. 2018。

本栽培品种小枝褐色，密被弯曲长柔毛。单叶，互生，倒卵圆形，稀圆形，长 5.5~7.4 cm，宽 3.5~4.9 cm，表面深绿色，无毛，背面淡绿色，沿主脉密被弯曲长柔毛，先端短尖，边缘具长短不等尖齿，齿淡黄色，先端具黑色腺体及疏缘毛；叶柄淡黄色，表面具 2 行高低不等的具柄腺体，稀具枝状腺体，腺体黑褐色，被弯曲长柔毛。果实有：① 圆柱状、② 椭圆体状、③ 长茄果状 3 种类型，中型，长 12.5~13.0 cm，径 6.5~8.0 cm，淡绿色，具光泽，表面平滑，具明显瘤突，先端钝圆；萼凹四周具明显钝棱与沟，或无钝棱与沟，萼脱落具明显深褐色痕，柱基宿存；近基部渐细，其长 1.0~2.5 cm，梗洼浅，四周无钝棱与沟，或具钝棱与沟。单果重 271.0~392.0 g。

产地：河南。郑州植物园。2017 年 7 月 19 日。选育者：赵天榜、范永明、路夷坦。

3．'三型果-1'木瓜　新栽培品种

Pseudochaenomeles sinensis（Thouin）Carr． 'Sanxing Guo-1'，cv. nov．

本新栽培品种小枝紫褐色，微被柔毛。芽有叶芽与混合芽。单叶，互生，倒卵圆形，稀圆形，长 4.0~8.5 cm，宽 2.7~6.0 cm，表面深绿色，无毛，背面淡绿色，沿主脉被柔毛，先端短尖，边缘具长短不等尖齿，齿淡黄色，先端具黑色腺体，无缘毛；叶柄淡黄色，表面具 2 行高低不等的具柄腺体、无柄腺体，无毛，稀微被弯柔毛。果实有 3 种类型：① 弹花锤状，长 7.5 cm，径 4.5 cm，先端平；萼凹四周无钝纵棱与沟，萼脱落，柱基宿存，密被短柔毛，基部细呈柄状，梗凹四周无钝纵棱与沟，单果重 70.0 g。② 椭圆体状，长 10.0 cm，径 6.0 cm，淡绿色，具光泽，表面微具纵细沟纹，稀具微瘤突，并 2 条深沟，先端钝圆；萼凹四周具 2 条明显深沟；萼宿存，具 2 枚长约 1.5 cm 的萼片及 3 枚小萼片；近基部渐细，梗洼浅，四周 2 条突钝棱，单果重 155.0 g。③ 椭圆体状，长 11.0 cm，径 8.0 cm，淡绿色，具光泽，表面被较密且明显瘤突，先端钝圆；萼凹深，四周具明显 5 个钝纵棱与沟，萼脱落具，柱基宿存，密被短柔毛；梗洼浅，四周稍具明显钝纵棱与沟。单果重 425.0 g。

产地：河南。郑州植物园。2017 年 8 月 5 日。选育者：范永明，陈俊通和赵天榜。

4. '三型果-2'木瓜　新栽培品种　图版7:1

Pseudochaenomeles sinensis（Thouin）Carr. 'Sanxing Guo',cv. nov.

本新栽培品种为落叶乔木;树干具多数钝棱与沟;树皮片状剥落;树冠宽大;侧枝开展。小枝紫褐色,微被短柔毛。单叶,互生,卵圆形、宽卵圆形、长椭圆形,稀近圆形,长6.5~9.5 cm,宽4.5~6.0 cm,表面绿色,无毛,具光泽,背淡灰绿色,疏被柔毛,沿主脉及其两侧疏被长柔毛,先端短尖,基部楔形、宽楔形、圆形,边缘具长短不等尖齿,齿淡黄色,先端具浅黄色腺体;叶柄淡黄色,密被柔毛,具无柄、黑色腺体,仅叶柄先端具1~2枚具柄无毛腺体。果实3种类型:① 倒纺锤体状,长10.0 cm,径7.0 cm,橙黄色,稍具光泽,表面平滑,被很小凹点,果点极少、不明显,中部以上粗,先端钝圆;萼洼小而浅,四周具5钝棱与5个浅沟纹,萼、柱基宿存。单果重230.0 g。② 近球状,长10.0 cm,径7.0 cm,橙黄色,稍具光泽,表面平滑,被很小凹点,果点极少、不明显,中部以上粗,先端钝圆,萼洼小而浅,四周具极显明的钝棱与浅沟纹,萼、柱基宿存;基部钝圆;梗洼中深,四周具极不显明钝棱与浅沟。单果重165.0 g。③ 近球状,长8.0 cm,径7.0 cm,橙黄色,稍具光泽,表面平滑,被很小凹点,果点极少、不明显,中、上部呈球状,先端钝圆;萼洼平,四周微具钝棱与沟纹,萼、柱基脱落,基部突缩呈偏瘤状突起钝圆;梗洼中深,四周具显明的瘤突1枚。单果重约165.0g。

产地:河南。长垣县有栽培。2016年8月19日。选育者:赵天榜、陈志秀和范永明。

Ⅲ. 两型果木瓜栽培群　新栽培群

Pseudochaenomeles sinensis（Thouin）Carr. Liangxing Guo,Group nov.

5. '两型果'木瓜　栽培品种　图版7:3

Pseudochaenomeles sinensis（Thouin）Carr. 'Liangxing Guo',路夷坦、范永明、赵东武,等. 中国木瓜属植物资源的研究. 安徽农业科学,51. 2019。

本新栽培品种单叶,互生,卵圆形,长4.1~7.3 cm,宽3.6~5.5 cm,表面绿色,边缘淡黄绿色,无毛,具光泽,背面淡绿色,无毛,先端钝圆、渐尖,或凹缺,基部楔形,稀圆形,边缘具长短不等尖齿,齿淡黄色,先端具黑色腺体及疏缘毛;叶柄淡黄色,表面具2行高低不等的具柄腺体,腺体黑褐色,疏被弯曲长柔毛。果实有:① 椭圆体状,② 茄状,小、中型,长9.5~10.5 cm,径5.5~7.5 cm,深绿色,或淡绿色,具光泽,表面平滑,先端钝圆;萼凹小、浅平,四周无明显钝棱与沟;萼脱落,萼凹具小痕,柱基宿存;近基部较细;梗洼浅平,四周微具钝棱与沟;果梗长约5 mm,深褐色,被较多短柔毛。单果重163.0~270.0 g。

产地:河南。郑州植物园。2017年7月19日。选育者:赵天榜、范永明、路夷坦。

6. '两型果-1'木瓜　新栽培品种　图版7:17

Pseudochaenomeles sinensis（Thouin）Carr. 'Liangxing Guo-1',cv. nov.

本新栽培品种单叶,互生,卵圆形、倒卵圆形、圆形,长2.4~7.7 cm,宽1.8~4.6 cm,表面深绿色、绿色、淡黄色,无毛,具光泽,背面淡绿色,沿主脉疏被柔毛,先端渐尖、短尖、凹缺,边缘具长短不等尖齿,齿淡黄色,先端具黑色腺体及疏缘毛;叶柄淡黄色,表面具2行高低不等的具柄腺体,腺体黑褐色,稀被弯曲长柔毛。果实2种类型:① 卵球状,小型,长6.5~8.0 cm,径4.5~6.0 cm,深绿色,具光泽,表面平滑,先端钝圆;萼凹浅平,四周无钝棱与沟纹;萼脱落,落痕褐色,柱基长3 mm,密被灰白色短柔毛;近基部较细,基部钝圆;

梗洼浅平,四周无具钝棱与沟。单果重 66.0~130.0 g。② 椭圆体状,小型,长 7.5~9.0
cm,径 5.0~6.5 cm,深绿色,具光泽,表面平滑,无瘤突,先端钝圆,稀偏斜;萼脱落,萼凹小
而浅平,四周无钝棱与沟纹,柱基长 2 mm,密被灰白色短柔毛;基部较细;梗洼浅平,四周
微具钝棱与沟;果梗无短柔毛。单果重 56.0~183.0 g。

产地:河南。郑州植物园。2017 年 7 月 19 日。选育者:赵天榜、范永明、路夷坦。

7. '两型果-2'木瓜 新栽培品种 图版 7:10

Pseudochaenomeles sinensis(Thouin)Carr. 'Liangxing Guo-2',cv. nov.

本新栽培品种为落叶乔木;树干具多数钝棱与沟;树皮片状剥落;树冠宽大;侧枝开
展。1 年生小枝灰褐色,具光泽,疏被极短毛。单叶,互生,卵圆形、宽卵圆形、长椭圆形,
稀近圆形,长 6.0~10.0 cm,宽 3.5~6.0 cm,表面淡黄绿色、绿色,无毛,具光泽,背面淡绿
色,疏被长柔毛,沿主脉及其两侧被较密长柔毛,先端渐尖,稀钝尖,基部楔形、宽楔形,稀
圆形,边缘具尖齿,齿淡黄色,先端具浅黑色腺体;叶柄淡黄色,密被弯曲长柔毛,疏生高低
不等的具柄腺体,柄腺体黑褐色,具柔毛,或无毛。果实 2 种类型:① 长椭圆体状,小型,
长 7.0 cm,径 6.0 cm,橙黄色,具光泽,表面具很浅而宽沟纹,先端钝圆;萼洼深,四周具 5
个钝棱与 5 个浅沟纹,萼、柱基宿存;基部钝圆,梗洼不明显,四周无钝棱与浅沟纹。单果
重 136.0 g。② 近球状,长、径 8.5~9.0 cm,橙黄色,具光泽,表面果点不明显,具很浅而宽
沟纹,先端钝圆;萼洼中等,四周具显明的钝棱与浅沟纹,萼、柱基宿存,基部钝圆;梗洼浅
至深,四周淡绿黄色,具稍显明钝棱与浅沟。单果重 260.0 g。

产地:河南。长垣县有栽培。2016 年 8 月 19 日。选育者:赵天榜、陈志秀和范永明。

8. '两型果-3'木瓜 新栽培品种 图版 8:5

Pseudochaenomeles sinensis(Thouin)Carr. 'Liangxing Guo-3',cv. nov.

本新栽培品种为落叶乔木,树干具多数钝棱与沟,树皮片状剥落,树冠宽大,侧枝开
展。1 年生小枝灰褐色,密被短柔毛;2 年生小枝紫褐色,具光泽,无毛。单叶,互生,卵圆
形、长椭圆形,稀近圆形,长 6.0~7.0 cm,宽 3.0~4.0 cm,表面淡黄绿色,无毛,具光泽,背
黄绿色,无毛,沿主脉及其两侧疏被柔毛,先端短尖、长渐尖,稀钝圆,基部楔形、宽楔形,稀
圆形,边缘具尖齿,齿淡黄色,先端具浅黑色腺体;叶柄淡黄色,密被弯曲长柔毛,疏生高低
不等的具柄腺体,柄腺具柔毛,或无毛,腺体黑褐色。果实 2 种类型:① 长椭圆体状,长
8.0~10.0 cm,径 6.5~7.0 cm,橙黄色,具光泽,表面具很少坑、稍大凹坑,坑中为黑点,先
端钝圆;萼洼深,四周具 5 个钝棱与 5 个浅沟纹,萼、柱基宿存。单果重 200.0~230.0 g。
② 近球状,长、径 7.0 cm,橙黄色,具光泽,表面具明显、较多凹坑,凹坑中黑点,先端钝圆;
萼洼中等,四周具极显明的钝棱与浅沟纹,萼、柱基脱落,脱落痕黑色,基部钝圆;梗洼深,
四周淡绿黄色,具梢显明钝棱与浅沟。单果重 150.0~165.0 g。

产地:河南。长垣县有栽培。2016 年 8 月 19 日。选育者:赵天榜、陈志秀和范永明。

9. '两型果-4'木瓜 新栽培品种 图版 8:7

Pseudochaenomeles sinensis(Thouin)Carr. 'Liangxing Guo-4',cv. nov.

本新栽培品种果实 2 种类型:① 椭圆体状,中型,长 10.0 cm,径 6.5 cm,淡绿色,具光
泽,表面平滑,中部以上渐细,先端钝圆;萼浅凹偏斜,坡缓,四周无钝棱与沟,萼脱落痕褐
色,柱基宿存;梗洼浅,四周无钝棱与沟。单果重 253.0 g。② 弹花锤状,小型,长 7.5 cm,

径5.0 cm,淡绿色,具光泽,表面平滑,中部以上渐细,先端偏斜;萼浅平斜,不对称,四周无钝棱与沟,萼脱落痕褐色,柱基不明显;基部突细,其长1.5 cm;梗洼平,小,四周无钝棱与沟。单果重约99.3 g。

河南:郑州市、郑州植物园。2017年7月19日。选育者:赵天榜、范永明、路夷坦。

10. '两型果-5'木瓜　新栽培品种　图版9:5

Pseudochaenomeles sinensis(Thouin)Carr. 'Liangxing Guo-5',cv. nov.

本新栽培品种果实有2种类型:① 椭圆体状,小型,长8.0 cm,径5.5 cm,深绿色,具光泽,表面平滑,先端钝圆;萼凹小,浅平,四周无明显钝棱与沟;萼脱落,萼凹具小痕,黑色,无柱基宿存;近基部较细;梗洼浅平,四周微具钝棱与沟。单果重115.0 g。② 狭椭圆体状,小型,长9.0 cm,径4.7 cm,淡绿色,具光泽,表面平滑,先端偏斜;萼凹小,浅平,四周无明显钝棱与沟,萼脱落,萼凹具小痕,黑色,无柱基宿存;近基部较细;梗洼圆形,浅平,四周无钝棱与沟。单果重约91.0 g。

产地:河南。郑州植物园。2017年7月19日。选育者:赵天榜、范永明、路夷坦。

11. '两型果-6'木瓜　新栽培品种　图版9:8

Pseudochaenomeles sinensis(Thouin)Carr. 'Liangxing Guo-6',cv. nov.

本新栽培品种为落叶乔木。小枝紫褐色,密被短柔毛。单叶,互生,宽卵圆形、长椭圆形,稀近圆形,长5.0~8.0 cm,宽3.0~5.5 cm,表面深绿色,无毛,具光泽,背淡灰绿色,微被短柔毛,沿主脉及其两侧疏被柔毛,先端短尖,稀钝圆,基部楔形,边缘具长短不等尖齿,齿淡黄色,齿旁疏长缘毛,稀部分边缘全缘,幼叶微被短毛,沿主脉密被黄色柔毛;叶柄淡黄色,表面具2行高低不等的具柄腺体,柄腺具柔毛,腺体黑褐色,疏被弯曲长柔毛。果实2种类型:① 椭圆体状,中型,长10.0 cm,径6.5 cm,淡绿色,具光泽,表面平滑,中部以上渐细,先端钝圆;萼浅凹偏斜,坡缓,四周无钝棱与沟;萼脱落痕褐色,柱基宿存;梗洼浅,四周无钝棱与沟。单果重253.0 g。② 弹花锤状,小型,长7.5 cm,径5.0 cm,淡绿色,具光泽,表面平滑,中部以上渐细,先端偏斜;萼浅平斜,不对称,四周无钝棱与沟,萼脱落痕褐色,柱基不明显;基部突细,其长1.5 cm;梗洼平,小,四周无钝棱与沟。单果重约99.3 g。

产地:河南。郑州市植物园有栽培。2017年7月4日。选育者:赵天榜、范永明和路夷坦。

12. '两型果-7'木瓜　新栽培品种　图版9:13

Pseudochaenomeles sinensis(Thouin)Carr. 'Liangxing Guo-7',cv. nov.

本新栽培品种小枝灰褐色、红褐色,无毛。果实有:① 短圆柱状,② 圆球状,小型。单果重35.0~50.0 g。

河南:郑州市、郑州植物园。2017年7月4日。选育者:赵天榜、范永明、路夷坦。

13. '两型果-8'木瓜　新栽培品种　图版9:14

Pseudochaenomeles sinensis(Thouin)Carr. 'Liangxing Guo-8',cv. nov.

本新栽培品种单叶,互生,长5.0~9.5 cm,宽3.5~5.0 cm,狭椭圆形,稀卵圆形,表面深绿色、淡绿色,无毛,具光泽,背面淡绿色,沿主脉疏被柔毛,先端短尖,边缘具斜展细尖齿,先端通常具黑色腺体(黑色占尖齿长度约1/2)、无缘毛;叶柄淡黄色,表面具2行高低不等的具柄腺体、无柄腺体以及枝状腺体,腺体黑褐色,稀密被弯曲长柔毛。① 果实椭圆体状、② 短圆柱状,表面光滑,长 7.0~9.0 cm,径 5.5~6.5 cm,淡绿色,具光泽,稀有瘤突,先端钝圆,稀微凹,四周无明显钝棱与沟,稀具明显钝棱与沟;萼脱落,脱落痕黑褐色,基柱宿存,密被短柔毛;基部钝圆,或突细,呈短柄状;梗凹浅平,四周无明显钝棱与沟;果梗极短,长约 5 mm,被短柔毛。单果重 105.0~133.0 g。

产地:河南。郑州市有栽培。2017 年 7 月 29 日。选育者:赵天榜、陈志秀和赵东欣。

14. '两型果-9'木瓜　新栽培品种

Pseudochaenomeles sinensis(Thouin)Carr. 'Liangxing Guo-9',cv. nov.

本新栽培品种单叶,互生,长 3.5~8.2 cm,宽 2.5~5.0 cm,卵圆形,稀有畸形小叶,表面深绿色、淡绿色,无毛,具光泽,沿主脉疏被柔毛,基部主脉密被柔毛,背面淡绿色,沿主脉疏被柔毛,先端短尖,边缘具细尖齿,先端具无明显腺体、无缘毛,基部边缘被较密缘毛;叶柄淡黄色,表面具 2 行高低不等的具柄腺体、无柄腺体,腺体黑褐色,稀密被弯曲长柔毛。① 果实短椭圆体状、② 球状,表面光滑,长 6.5~7.0 cm,径 5.5~6.0 cm,淡绿色,具光泽,先端平,稀微凹,四周无明显钝棱与沟;萼脱落,脱落痕黑褐色,基柱宿存,密被短柔毛;基部突细,呈短柄状;梗凹较浅,四周无明显钝棱与沟;果枝极短,长约 5 mm,被短柔毛。单果重 115.0~156.0 g。

产地:河南。郑州市有栽培。2017 年 7 月 29 日。选育者:赵天榜、陈志秀和赵东欣。

15. '大狮子头'木瓜　大狮子头(木瓜)　新改隶组合栽培品种

Pseudochaenomeles sinensis(Thouin)Carr. 'Da Shizitou',cv. trans. nov. ;大狮子头 Chaenomeles sinensis(Thouin)E. Koehe 'Da Shizitou',张桂荣著. 木瓜:17. 2009;狮子头,薛杰. 菏泽木瓜的栽培. 中国花卉园艺,2006,20:42~43。

本栽培品种为落叶小乔木,高达 4.0 m,树势中庸,树姿直立;树冠半开张,球状;树皮斑状剥落,脱落斑块小。枝、干红褐色,光滑,钝棱不明显,脱落。小枝黄褐色。2 年生枝红褐色,无枝刺,具疣状突起,嫩枝黄绿色,密被白色柔毛。叶椭圆-卵圆形至椭圆形,先端急尖,绿色,基部宽楔形,边缘具规则尖锯齿;幼时背面密被黄白色绒毛。托叶膜质,卵圆-披针形。花单生于当年生新枝顶端;花梗粗短,无毛。单花具花瓣 5 枚,匙-长圆形,淡粉红色,先端凹缺,具短爪;萼片 5 枚,三角形,向下翻卷,内面密被浅褐色绒毛;萼筒长圆柱状;雄蕊花丝黄色。有孕花和不孕花 2 种。果实椭圆体状,或倒纺锤体状,先端粗于果基,两头平正;梗洼深,萼洼中深,萼片脱落,或宿存;果皮薄、浓黄色,具蜡质光泽,果粉少;果肉硬,黄白色,质硬,汁较多,香味浓,品质上。单果重 250.0 g 左右,最大单果重 500.0 g。

产地:山东菏泽。山东泰安有栽培。产地:山东菏泽、泰安市有栽培。选育者:张桂荣。河南有引种栽培。

16. '小狮子头'木瓜　小狮子头(木瓜)　新改隶组合栽培品种

Pseudochaenomeles sinensis(Thouin)Carr. 'Xiao Shizitou',cv. trans. nov. ;Chaenomeles chinensis(Thouin)E. Koehne 'Xiao Shizitou',2008 年,郑林. 中国木瓜属观赏品种调查和分类研究(D);小狮子头　张桂荣著. 木瓜:17;2009;2011 年,杜淑辉. 木瓜属新品种 DUS 测试指南及已知品种数据库的研究(D);2015 年,罗思源. 綦江木瓜资源圃木瓜品种的形态学鉴定和指纹图谱分析(D)。

本栽培品种为落叶小乔木,高达4.0 m,树势中庸,树姿直立;树冠半开张,呈球状;脱落树皮斑块小。枝、干红褐色,光滑,棱不明显;新梢较硬,红褐色。枝、干皮黄褐色。2年生枝红褐色,无枝刺,具疣状突起;嫩枝黄绿色,密被白色柔毛。叶椭圆-卵圆形至椭圆形,绿色,先端急尖,基部宽楔形,边缘具规则尖锯齿;幼时背面密被黄白色茸毛。托叶膜质,卵圆-披针形。花单生于当年生新枝顶端。单花具花瓣5枚,匙-长圆形,淡粉红色,先端凹缺,具短爪;萼片5枚,三角形,向下翻卷,内面密被浅褐色茸毛;萼筒长圆柱状;雄蕊花丝黄色。有孕花和不孕花2种。果实椭圆体状,或倒纺锤体状,果顶大于果基,两头平正;果皮薄、浓黄色,具蜡质光泽,果粉少;果肉硬,黄白色,质硬,汁较多,香味浓,品质上;梗洼深,萼洼中深,萼片脱落,或宿存;单果重250.0 g左右,最大单果重500.0 g,较耐储藏。

17. '细皮子'木瓜　细皮子(木瓜)　新改隶组合栽培品种

Pseudochaenomeles sinensis(Thouin)Carr. 'Xipizi',cv. trans. nov.;Chaenomeles sinensis(Thouin)E. Koehne 'Xipizi',1993年,邵则夏、陆斌、刘爱群,等. 云南木瓜资源、栽培与加工利用专题 云南的木瓜种质资源. 云南林业科技,3:32~36,42;2006年,曹保芹、张明春、杜桂喜,等. 4个曹州光皮木瓜地方品种简介. 中国果树,3:57;2008年,郑林. 中国木瓜属观赏品种调查和分类研究(D)。

细皮子　张桂荣著. 木瓜:14. 2009;2015年,罗思源. 綦二江木瓜圃木瓜品种的形态学鉴定和指纹图谱分析(D)。

本栽培品种为落叶小乔木,高达5.0 m,树冠圆球状;树皮斑状剥落。果实椭圆体状,或倒纺锤体状,浓黄色,有蜡质,具光泽,先端大于果基,两端平;梗洼狭深,边部缓入,边缘具皱纹;萼洼中深;萼片宿存,或脱落。平均单果重500 g左右。果肉黄白色,品质上等。

产地:山东菏泽市等有栽培。选育者:张桂荣。河南有引种有栽培。

18. '小手'木瓜　小手木瓜(木瓜)　新改隶组合栽培品种

Pseudochaenomeles sinensis (Thouin) Carr. 'Xiaoshou', cv. trans. nov.;Chaenomeles sinensis(Touin)E. Koehne 'Xiaoshou',小手木瓜　张桂荣著. 木瓜:16. 2009;小手瓜,薛杰. 菏泽木瓜的栽培. 中国花卉园艺,2006,20:42~43。

本栽培品种为落叶小乔木,树势强壮;侧枝直立性强,不甚开张。果实球状,或短椭圆体状,小型,橙黄色,有蜡质,具光泽;梗洼深而宽;萼洼浅;萼片脱落。平均单果重50~100 g,最大单果重150 g。果肉黄白色等。该品种为稀有品种。

产地:山东菏泽市等有栽培。选育者:张桂荣。河南有引种栽培。

19. '大手'木瓜　大手木瓜(木瓜)　新改隶组合栽培品种

Pseudochaenomeles sinensis (Thouin) Carr. 'Dashou', cv. trans. nov.;Chaenomeles shinensis (Thouin)E. Koehne 'Dashou',大手木瓜　张桂荣著. 木瓜:16~17. 2009。

本栽培品种为落叶小乔木,树势强壮;侧枝直立性强,不甚开张。2年生枝红褐色,无枝刺,具疣状突起;嫩枝黄绿色,密被白色柔毛。叶小,绿色,椭圆-卵圆形至椭圆形,先端急尖,绿色,基部宽楔形,边缘具规则尖锯齿,幼时背面密被黄白色绒毛。托叶膜质,卵圆-披针形。芽有叶芽、混合芽及不定芽。花单生当年新枝顶端;花梗粗短,无毛。单花具花瓣5枚,匙-长圆形,淡粉红色,先端凹缺,具短爪;萼片5枚,三角形,向下翻卷,内面密被浅褐色茸毛;萼筒长圆柱状;雄蕊花丝黄色。有孕花和不孕花2种。果实圆球状,或短椭圆体状,较大,橙黄色,有蜡质,具光泽;梗洼深而宽;萼洼浅;萼片脱落。平均单果重100 g左右,最大单果重150 g。

产地:山东菏泽市等有栽培。选育者:张桂荣。

Ⅳ. **椭圆体状果木瓜品种群** 新栽培群

Pseudochaenomeles sinensis(Thouin)Carr. Tuoyuanti Guo,Group nov.

20.'椭圆体状果'木瓜　栽培品种　图版6:1~2、4、6~8,图版7:6,图版8:10,图版9:3~4

Pseudochaenomeles sinensis(Thouin)Carr. 'Tuoyuanti Guo',cv. nov.;路夷坦、范永明、赵东武,等. 中国木瓜属植物资源的研究. 安徽农业科学,51. 2019。

本新栽培品种单叶,互生,卵圆形、倒卵圆形、圆形,长3.6~8.1 cm,宽3.1~6.4 cm,表面深绿色,无毛,具光泽,背面淡绿色,沿主脉疏被弯曲长柔毛,先端短尖、钝圆、凹缺,边缘具长短不等尖齿,齿淡黄色,先端具黑色腺体及疏缘毛;叶柄淡黄色,表面具2行高低不等的具柄腺体,腺体黑褐色,疏被弯曲长柔毛。果实椭圆体状,小、中型,长7.7~8.5 cm,径6.0~7.0 cm,深绿色,具光泽,表面平滑,具不明显瘤突,先端钝圆;萼凹小、浅,四周具稍明显钝棱与沟;萼脱落,小痕,柱基宿存;近基部较粗,呈半球状;梗洼浅,四周微具钝棱与沟;果梗3 mm,深褐色,无毛。单果重170.0~203.0 g。

产地:河南。郑州植物园。2017年7月19日。选育者:赵天榜、范永明、路夷坦。

21.'椭圆体状果-1'木瓜　新栽培品种

Pseudochaenomeles sinensis(Thouin)Carr. 'Tuoyuanti Guo-1',cv. nov.

本新栽培品种单叶,互生,卵圆形、倒卵圆形、圆形,长2.5~9.4 cm,宽2.3~6.1 cm表面深绿色,无毛,具光泽,背面淡绿色,沿主脉疏被弯曲长柔毛,先端渐尖、短尖,或钝圆,基部楔形,边缘具长短不等尖齿,齿淡黄色,先端具黑色腺体及疏缘毛;叶柄淡黄色,表面具2行高低不等的具柄腺体,腺体黑褐色,疏被弯曲长柔毛。果实椭圆体状,中型,长10.0 cm,径7.0 cm,深绿色,具光泽,表面平滑,具稍明显的平滑瘤突,先端钝圆;萼凹小、浅,四周具稍明显4钝棱与沟纹;萼脱落,萼凹小,萼痕黑色,柱基短、宿存;近基部较粗,基部呈半球状;梗洼浅,四周微具钝棱与沟。平均单果重258.0 g。

产地:河南。郑州植物园。2017年7月19日。选育者:赵天榜、范永明、路夷坦。

22.'椭圆体状果-2'木瓜　新栽培品种

Pseudochaenomeles sinensis(Thouin)Carr. 'Tuoyuanti Guo-2',cv. nov.

本新栽培品种单叶,互生,卵圆形、倒卵圆形,长6.1~11.9 cm,宽3.3~8.1 cm,表面深绿色、黄绿色,无毛,具光泽,背面淡绿色,沿主脉密被弯曲长柔毛,先端渐尖、短尖,边缘具长短不等尖齿,齿淡黄色,先端具黑色腺体及疏缘毛;叶柄淡黄色,表面具2行高低不等的具柄腺体,腺体黑褐色,疏被弯曲长柔毛。果实长椭圆体状,中型,长12.4 cm,径7.0 cm,深绿色,具光泽,表面平滑,具稍明显的而平滑瘤突,先端钝圆、畸形;萼凹一侧浅平,无棱与沟纹,一侧突起,且具明显钝棱与沟纹;萼宿存;近基部较细,呈短柱状,其长约2.0 cm;梗洼浅,四周微具钝棱与沟。平均单果重314.0 g。

23.'椭圆体状果-3'木瓜　　新栽培品种

Pseudochaenomeles sinensis（Thouin）Carr.'Tuoyuanti Guo-3',cv. nov.

本新栽培品种单叶,互生,宽卵圆形,长5.5~8.7 cm,宽4.2~6.4 cm,表面深绿色、淡绿色,无毛,具光泽,背面淡绿色,沿主脉疏被柔毛,先端短尖、钝圆,边缘具细尖齿,齿淡黄色,先端具无明显腺体、无缘毛;叶柄淡黄色,表面具2行高低不等的具柄腺体、无柄腺体,腺体黑褐色,稀被弯曲长柔毛。果实椭圆体状,表面光滑,长9.0~10.0 cm,径6.0~6.5 cm,黄绿色,具光泽,稀具少数瘤突及浅凹槽,槽内具1枚卵圆形小叶,先端微凹,四周无明显钝棱与沟;萼脱落,脱落痕黑褐色,基柱宿存,密被短柔毛;基部渐细,梗凹较深,四周具不明显钝棱与沟;果梗被短柔毛。单果重191.0~216.0 g。

产地:河南。郑州市有栽培。2017年7月29日。选育者:赵天榜,陈志秀和赵东欣。

24.'椭圆体状果-4'木瓜　　新栽培品种

Pseudochaenomeles sinensis（Thouin）Carr.'Tuoyuanti Guo-4',cv. nov.

本新栽培品种小枝棕褐色,具光泽,无毛。单叶,互生,卵圆形、倒卵圆形,长3.5~8.0 cm,宽2.8~6.5 cm,表面深绿色,无毛,具光泽,背面淡绿色,无毛,沿主脉无毛,先端短尖、钝圆,稀微凹,边缘具很狭淡黄色边,斜展细尖齿,先端通常具黑色腺体（黑色占尖齿长度约1/2）、无缘毛;叶柄淡黄色,表面具2行高低不等的具柄腺体、无柄腺体,腺体黑褐色,无毛。果实长椭圆体状,表面光滑,长9.0~11.0 cm,径5.0~6.0 cm,绿色,具光泽,先端钝圆,稀微凹,四周无明显钝棱与沟,稀具明显钝棱与沟;萼脱落,脱落痕黑褐色,基柱宿存,密被短柔毛;基部渐细,稀呈短柄状,梗凹浅,不对称,四周具不明显钝棱与沟;果枝极短,长约5 mm,被短柔毛。单果重126.0~200.0 g。

产地:河南。郑州市有栽培。2017年7月29日。选育者:赵天榜、陈志秀和赵东欣。

25.'椭圆体状果-5'木瓜　　新栽培品种

Pseudochaenomeles sinensis（Thouin）Carr.'Tuoyuanti Guo-5',cv. nov.

本新栽培品种小枝棕褐色,具光泽,无毛;幼枝淡黄绿色,密被弯曲长柔毛。单叶,互生,狭椭圆形,稀卵圆形（小叶）,长3.0~11.5 cm,宽1.5~5.0 cm,表面深绿色,无毛,具光泽,背面淡绿色,无毛,沿主脉无毛（幼叶背面密被柔毛）,先端渐尖,稀短尖、钝圆,边缘具很狭淡黄色边,具斜展细尖齿,先端通常具黑色腺体、无缘毛;叶柄淡黄色,表面具2行高低不等的具柄小腺体、无柄腺体,腺体黑褐色,微被柔毛。果实椭圆体状,表面光滑,长6.5~8.0 cm,径5.0~6.0 cm,深绿色,具光泽,先端钝圆;萼凹浅,四周具稍明显钝棱与沟;萼脱落,脱落痕黑褐色,基柱宿存,密被短柔毛;基部渐细,梗凹浅,四周具不明显钝棱与沟;果枝极短,无毛。单果重90.0~134.0 g。

产地:河南。郑州市有栽培。2017年7月29日。选育者:赵天榜、陈志秀和赵东欣。

26.'农大-2号'木瓜　　新栽培品种

Pseudochaenomeles sinensis（Thouin）Carr.'Nong Da-2',cv. nov.

本新栽培品种为落叶乔木,树冠宽大;侧枝开展;树干具多数钝棱与沟;树皮片状剥落。小枝紫褐色、浅褐色,具光泽,无毛,或疏被长柔毛;幼枝密被弯曲长柔毛。单叶,互生,卵圆形,稀近圆形,长4.0~10.0 cm,宽3.0~7.7 cm,表面深绿色,无毛,具光泽,背淡灰绿色,无毛,沿主脉疏被弯曲长柔毛,先端短尖,稀近圆形,基部楔形、宽楔形,稀圆形,边缘具长短不等尖齿,齿淡黄色,先端具黑色腺体及疏缘毛;叶柄淡黄色,表面具 2 行高低不等的具柄腺体,腺体黑褐色,疏被弯曲长柔毛;托叶有狭椭圆形、椭圆形、卵圆形等,淡黄绿色,两面无毛,边缘具具柄腺体,无缘毛。花单生当年生新枝顶端。单花具花瓣 5 枚(稀有 1~2 枚畸形花瓣),匙状圆形,长 1.8~2.2 cm,宽 1.0~1.2 cm,外面白色,内面粉红色,爪长 2~3 mm、白色;萼筒狭圆柱状,长 10~12 mm,宽 4~5 mm,无毛;萼片 5 枚,反折,上面密被白色茸毛,背面无毛,边缘无缘毛,或疏缘毛,具小腺齿;雄蕊多数,两轮着生在萼筒上部,花丝长短悬殊,浅水粉色;花柱长于雄蕊;不发育花,花柱长于雄蕊,仅高 2~5 mm。无叶枝上花有可育花,或不育花与金叶木瓜相同。果实椭圆体状,长 13.0 cm,径 8.0 cm,淡青绿色,具光泽,表面不平,果点不明显,先端微凹,四周具不明显钝棱与沟,萼脱落,柱基宿存,基部浅凹,四周具多条不明显突起钝棱与沟;梗洼深;果梗枝粗壮,褐色,无毛。单果重 470.0~500.0 g。

产地:河南。郑州市有栽培。选育者:赵天榜、陈志秀。

27.'长枝'木瓜 新栽培品种

Pseudochaenomeles sinensis(Thouin)Carr.'Changzhi',cv. nov.

本新栽培品种为落叶乔木;树冠宽大;侧枝开展;树干具多数钝棱与沟;树皮片状剥落。小枝细长,紫褐色,光滑,密被长柔毛。单叶,互生,卵圆形,稀近圆形,长 4.5~11.0 cm,宽 3.5~7.0 cm,表面深绿色,无毛,具光泽,背淡灰绿色,疏被弯曲长柔毛,沿主脉疏被弯曲长柔毛,先端短尖,稀近圆形,基部楔形、宽楔形,稀圆形,边缘具长短不等尖齿,齿淡黄色,先端具黑色腺体及疏缘毛;叶柄淡黄色,表面具 2 行高低不等的具柄腺体,腺体黑褐色,疏被弯曲长柔毛。单花具花瓣 5~7 枚(稀有 1 枚畸形花瓣),匙状圆形,长 2.1~2.6 cm,宽 1.0~1.4 cm,外面淡粉色,内面粉红色,爪长 2~3 mm、白色;萼筒狭圆柱状,长 10~12 mm,宽 4~5 mm,无毛;萼片 5 枚,反折,上面密被白色绒毛,背面无毛,边缘无缘毛,具小腺齿;雄蕊多数,两轮着生在萼筒上部,花丝长短悬殊,浅水粉色;花柱长于雄蕊;不发育花,花柱短于雄蕊,仅高 2~5 mm。无叶枝上花有可育花与不育花 2 种,或不育花与金叶木瓜相同。果实长椭圆体状,长 10.0~11.0 cm,径 6.0~6.5 cm,淡青绿色,具光泽,表面平滑,果点不明显,先端微凹,四周具不明显钝棱与沟;萼脱落,柱基宿存,基部浅凹,四周具多条不明显突起钝棱与沟,或具多条明显突起钝棱与沟;梗洼中等;果梗枝粗壮,褐色,无毛。单果重 230.0~260.0 g。

产地:河南。河南农业大学东区有栽培。2015 年 9 月 11 日。选育者:赵天榜、陈志秀和赵东方。

28.'卵球果'木瓜 新栽培品种

Pseudochaenomeles sinensis(Thouin)Carr.'Luanqiugou',cv. nov.

本新栽培品种为落叶乔木;树冠宽大;侧枝开展;树干具多数钝棱与沟;树皮片状剥落。1 年生小枝褐色,疏被长柔毛,具光泽。叶倒卵圆形,稀圆形,长 3.0~7.5 cm,宽 2.5~5.0 cm,表面浓绿色,无毛,具光泽,背面淡绿色,无毛,沿主脉被较密长柔毛,先端钝尖,基部宽楔形,边缘具尖锐锯齿,齿端具长柄黑色腺体,无缘毛;叶柄被长柔毛,被较密黑色腺体、具长柄黑色腺体。果实卵球状,长 11.0~12.0 cm,径 9.0 cm,淡黄绿色,具光泽,不平滑,具瘤突及小凹,无纵钝棱与浅沟;萼洼浅,萼片脱落,四周具微浅沟纹及纵宽钝棱。

单果重 300.0~528.0 g。

　　产地:河南。河南农业大学东区有栽培。选育者:赵天榜、陈志秀和赵东方。

　　29.'大椭圆体状果'木瓜　新栽培品种

Pseudochaenomeles sinensis(Thouin)Carr. 'Da Tuoyuanti Guo',cv. nov.

　　本新栽培品种小枝紫褐色,密被弯曲长柔毛;幼枝绿色,密被灰白色弯曲长柔毛。单叶,互生,倒卵圆形,长 6.2~10.5 cm,宽 3.9~7.2 cm,表面深绿色,无毛,具光泽,背面淡绿色,疏被弯曲长柔毛,沿主脉密被金黄色弯曲长柔毛,先端钝圆,稀具短尖,基部楔形,边缘具长短不等尖齿,齿淡黄色,先端具黑色腺体及疏缘毛;叶柄淡黄色,表面具 2 行高低不等的具柄腺体,腺体黑褐色,疏被弯曲长柔毛。果实椭圆体状,大型,长 11.0 cm,径 9.0 cm,深绿色、淡黄绿色,具光泽,表面平滑,具稍明显的纵钝棱、浅沟纹与明显而平滑的瘤突,先端钝圆;萼凹浅平,四周平,且具明显钝棱与沟纹;萼脱落,萼凹小而平,萼痕黑色;近基部较粗,基部呈半球状;梗洼浅,四周微具钝棱与沟。平均单果重 761.0 g。

　　产地:河南。郑州植物园。2017 年 7 月 19 日。选育者:赵天榜、范永明和赵东方。

　　30.'倒椭圆体果'木瓜　新栽培品种　图版 6:13~14,图版 7:4,图版 9:12

Pseudochaenomeles sinensis(Thouin)Carr. 'Dao Tuoyuanti Guo',cv. nov.

　　本新栽培品种单叶,互生,卵圆形、圆形,有小型畸叶,长 6.0~11.0 cm,宽 5.5~8.3 cm,表面绿色,无毛,背面淡绿色,无毛,先端短尖、凹缺,边缘具长短不等尖齿,齿淡黄色,先端具黑色腺体及疏缘毛;叶柄淡黄色,表面具 2 行高低不等的具柄腺体、无柄腺体,腺体黑褐色,被较密弯曲长柔毛,或疏被弯曲长柔毛。果实倒椭圆体状,中型,长 9.0 cm,径 6.5 cm,淡绿色,具光泽,表面不平滑,具不明显微突,稀具明显突起,中部以上渐粗,先端钝圆而偏斜,下部渐细;萼脱落,萼凹偏斜,四周无钝棱与沟;梗洼浅,四周无钝棱与沟;果枝长 5 mm,深褐色,无毛,无叶。平均单果重 192.0 g。

　　河南:郑州市、郑州植物园。2017 年 7 月 19 日。选育者:赵天榜、范永明和赵东方。

　　31.'豆青'木瓜　豆青　新改隶组合栽培品种

Pseudochaenomeles sinensis(Thouin)Carr. 'Douqing',cv. trans. nov., *Pseudocydonia sinensis*(Thouin)Schneider 'Douqing',赵天榜等. 郑州植物园种子植物名录:125. 2018. 黄河水利出版社;*Chaenomeles sinensis*(Thouin)E. Koehne 'Douqing',1993 年,邵则夏、陆斌、刘爱群,等. 云南木瓜资源、栽培与加工利用专题 云南的木瓜种质资源. 云南林业科技,3:32~36,42;2006 年,曹保芹, 张明春, 杜桂喜, 等. 4 个曹州光皮木瓜地方品种简介. 中国果树,3:57~58;2009 年,郑林等. 木瓜属(*Chaenomeles*)栽培品种与近缘种的数量分类. 南京林业大学学报(自然科学版),33(2):47~50;豆青,薛杰. 菏泽木瓜的栽培. 中国花卉园艺,2006,20:42~43;*Chaenomeles sinensis*(Thouin)E. Koehne 'Douqing';2008 年,郑林. 中国木瓜属观赏品种调查和分类研究(D);2008 年,郑林、陈红、张雷,等. 木瓜属植物的花粉形态及品种分类. 林业科学,44(5):53~57;张桂荣著. 木瓜:14. 2009;2011 年,杜淑辉. 木瓜属新品种 DUS 测试指南及已知品种数据库的研究(D)。

　　豆青,2015 年,罗思源. 綦江木瓜资源圃木瓜品种的形态学鉴定和指纹图谱分析(D)。

　　本栽培品种为落叶小乔木,高达 6.0 m,树势强旺,树姿直立;树干具纵钝棱与深沟,有瘤状突起,绿褐色,呈斑状剥落。枝条粗壮,较硬,韧性不大。2 年生枝红褐色,无枝刺,具疣状突起;嫩枝黄绿色,密被白色柔毛。叶椭圆-卵圆形至椭圆形,厚、硬,先端急尖,表面绿色,基部宽楔形,边缘具规则尖锯齿,幼时密被黄白色绒毛。托叶膜质,卵圆-披针形。花单生当年新枝顶端;花梗粗短,无毛。单花具花瓣 5 枚,匙-长圆形,淡粉红色,先端凹缺,具短爪;萼片 5 枚,三角形,向下翻卷,内面密被浅褐色茸毛;萼筒长圆柱状;雄蕊花丝黄色。有孕花和不孕花 2 种。果实椭圆体状,或长椭圆体状,两端平,豆青色,皮粗厚有突起,不光滑,果粉薄。采收后可逐渐变成黄色,或绿黄色。果肉黄白色,质硬,少汁,有芳香,品质中。单果重 700.0~1 500.0 g,最大单果重 3 500.0 g;耐储运,晒干率高。成熟期 10 月上旬。

产地:山东菏泽、泰安市有栽培。选育者:张桂荣。河南有引种栽培。

32. '玉兰'木瓜 玉兰 新改隶组合栽培品种

Pseudochaenomeles sinensis (Thouin) Carr. ' Yulan', cv. trans. nov., *Pseudocydonia sinensis*(Thouin) Schneider 'Yulan',赵天榜等. 郑州植物园种子植物名录:125~126. 2018;*Chaenomeles sinensis*(Touin) E. Koehne 'Yulan',1993 年,邵则夏、陆斌、刘爱群,等. 云南木瓜资源、栽培与加工利用专题 云南的木瓜种质资源. 云南林业科技,3:32~36,42;玉兰,薛杰. 菏泽木瓜的栽培. 中国花卉园艺,2006,20:42~43;张桂荣著. 木瓜:15~16. 2009;2008 年,郑林、陈红、张雷,等. 木瓜属植物的花粉形态及品种分类. 林业科学,44 (5):53~57;2008 年,郑林. 中国木瓜属观赏品种调查和分类研究(D);2011 年,杜淑辉. 木瓜属新品种 DUS 测试指南及已知品种数据库的研究(D)。

玉兰,2015 年,罗思源. 綦江木瓜资源圃木瓜品种的形态学鉴定和指纹图谱分析 (D);2018 年,赵天榜等. 郑州植物园种子植物名录:125。

本栽培品种为落叶小乔木,高达 7.0 m;树皮斑状剥落,浓茶褐色。2 年生枝红褐色,无枝刺,具疣状突起;嫩枝黄绿色,密被白色柔毛;新梢较粗壮,坚硬,绿色,或褐色。顶芽饱满,侧芽扁圆球状,先端微尖。叶椭圆-卵圆形至宽卵圆形,绿色,先端急尖,基部宽楔形,边缘具规则尖锯齿;幼时密被黄白色茸毛。托叶膜质,卵圆-披针形。花单生当年新枝顶端;花梗粗短,无毛。单花具花瓣 5 枚,匙-长圆形,淡粉红色,先端凹缺,具短爪;萼片 5 枚,三角形,向下翻卷,内面密被浅褐色茸毛;萼筒长圆柱状;雄蕊花丝黄色。有孕花和不孕花 2 种。果实长椭圆体状,果皮黄色,富有光泽,果粉较厚,少棱,光滑;果梗梗洼深;萼脱落,或宿存;萼洼中深;果肉黄白色,汁中多。果实芳香味中等,果个大,单果重 500.0~1 000.0 g,最大单果重达 2 000 g。

产地:山东菏泽、泰安市有栽培。选育者:邵则夏、陆斌。河南有引种栽培。

33. '粗皮剩花'木瓜 粗皮剩花 新改隶组合栽培品种

Pseudochaenomeles sinensis (Thouin) Carr. ' Cupi Shenghua', cv. trans. nov.; *Chaenomeles sinensis*(Touin) E. Koehne 'Cupi Shenghua',粗皮剩花,2006 年,薛杰. 菏泽木瓜的栽培. 中国花卉园艺,20:42~43;2006 年,曹保芹、张明春、杜桂喜,等. 4 个曹州光皮木瓜地方品种简介. 中国果树,3:58;2008 年,郑林. 中国木瓜属观赏品种调查和分类研究(D);2009 年,张桂荣著. 木瓜:15。

粗皮剩花,2015 年,罗思源. 綦江木瓜圃木瓜品种的形态学鉴定和指纹图谱分析

（D）。

　　本栽培品种为落叶小乔木，高达 5.0 m，树势强旺；树皮斑状剥落。树形直立；枝、干皮黄褐色。2 年生枝红褐色，无枝刺，具疣状突起；嫩枝黄绿色，密被白色柔毛。叶椭圆-卵圆形至椭圆形，先端急尖，绿色，基部宽楔形，边缘具规则尖锯齿，幼时背面密被黄白色茸毛。托叶膜质，卵状披针形。芽有叶芽、混合芽及休眠芽。花单生当年新枝顶端；花梗粗短，无毛。单花具花瓣 5 枚，匙-长圆形，淡粉红色，先端凹缺，具短爪；萼片 5 枚，三角形，向下翻卷，内面密被浅褐色茸毛；萼筒长圆柱状；雄蕊花丝黄色。有孕花和不孕花 2种。果实椭圆体状，深黄色，蜡质厚，具光泽，先端尖，具棱，稀有小凸起；萼洼浅，萼片宿存。平均单果重 500 g 左右，最大单果重 2 000.0 g。果肉细，香气浓郁。耐储藏。

　　产地：山东菏泽、泰安市有栽培。选育者：张桂荣。河南有引种栽培。

　　34.'细皮剩花'木瓜　细皮剩花（木瓜）　新改隶组合栽培品种

Pseudochaenomeles sinensis（Thouin）Carr.'Xipi Shenghua', cv. trans. nov.; *Chaenomeles sinensis*（Touin）E. Koehne 'Xipi Shenghua'，细皮剩花，2006 年，薛杰. 菏泽木瓜的栽培. 中国花卉园艺，20：42～43；2006 年，曹保芹、张明春、杜桂喜，等. 4 个曹州光皮木瓜地方品种简介. 中国果树，3：58；2009 年，张桂荣著. 木瓜：14；2008 年，郑林. 中国木瓜属观赏品种调查和分类研究（D）；2011 年，杜淑辉. 木瓜属新品种 DUS 测试指南及已知品种数据库的研究（D）。

　　细皮剩花，2015 年，罗思源. 綦江木瓜资源圃木瓜品种的形态学鉴定和指纹图谱分析（D）。

　　本栽培品种为落叶小乔木，高达 5.0 m，树势强旺；树皮斑状剥落。2 年生枝红褐色，无枝刺，具疣状突起；嫩枝黄绿色，密被白色柔毛。叶椭圆-卵圆形至椭圆形，先端急尖，绿色，基部宽楔形，边缘具规则尖锯齿，幼时背面密被黄白色茸毛。托叶膜质，卵圆-披针形。芽有叶芽、混合芽及休眠芽。花单生当年新枝顶端；花梗粗短，无毛。单花具花瓣 5枚，匙-长圆形，淡粉红色，先端凹缺，具短爪；萼片 5 枚，三角形，向下翻卷，内面密被浅褐色茸毛；萼筒长圆柱状；雄蕊花丝黄色。有孕花和不孕花 2 种。果实椭圆体状，深黄色，蜡质厚，具光泽，先端平；梗洼深，边部缓入；萼片宿存。平均单果重 500 g 左右，最大单果重2 000 g。果肉黄白色，品质上等。

　　产地：山东菏泽。山东泰安有栽培。选育者：张桂荣。河南有引种栽培

　　注：1993 年，首先由邵则夏、陆斌、刘爱群，等在《云南林业科技》上（3：32～36，43）发表《云南木瓜资源、栽培与加工利用专题　云南的木瓜种质资源》一文中，将'粗皮剩花'与'细皮剩花'合并为剩花。

　　35.'小椭圆体状果'木瓜　新栽培品种

Pseudochaenomeles sinensis（Thouin）Carr.'Xiao Tuoyuanti Guo'，cv. nov.

　　本新栽培品种单叶，互生，卵圆形、倒卵圆形、圆形，长 3.7～7.4 cm，宽 3.3～5.3 cm，表面深绿色，无毛，具光泽，背面淡绿色，无毛，先端短尖、钝圆，边缘具长短不等尖齿，齿淡黄色，先端具黑色腺体及疏缘毛；叶柄淡黄色，表面具 2 行高低不等的具柄腺体，腺体黑褐色，疏被弯曲长柔毛。果实 2 种类型：① 长椭圆体状，长 8.5 cm，径 5.5 cm，深绿色，具光泽，表面平滑，具稍明显而平滑的瘤突，先端钝圆；萼凹浅平，无棱与沟纹；萼脱落，落痕绿

色,柱基长 2 mm,密被灰白色短柔毛;近基部较细;梗洼浅平,四周微具钝棱与沟。单果重 106.0 g。② 椭圆体状,长 7.5~9.0 cm,径 6.0~6.5 cm,深绿色,具光泽,表面平滑,具稍明显而平滑的瘤突,稀具显著纵钝棱,先端钝圆;萼凹小,四周具稍明显的钝棱与沟纹;萼脱落,落痕绿色,柱基长 2 mm,密被灰白色短柔毛;近基部较细;梗洼浅平,四周微具钝棱与沟。果枝无叶,黑褐色,无毛;果梗疏被短柔毛。单果重 169.0~188.0 g。

产地:河南。郑州植物园。2017 年 7 月 19 日。选育者:赵天榜、范永明和陈俊通。

36.'小椭圆体状果-1'木瓜 新栽培品种

Pseudochaenomeles sinensis(Thouin)Carr.'Xiao Tuoyuanti Guo-1',cv. nov.

本新栽培品种单叶,互生,卵圆形、倒卵圆形,长 5.2~9.2 cm,宽 4.2~5.7 cm,表面绿色,无毛,具光泽,边缘淡黄绿色,背面淡黄色,沿主脉疏被弯曲长柔毛,先端短尖、钝圆,边缘具长短不等尖齿,齿淡黄色,先端具黑色腺体及疏缘毛;叶柄淡黄色,表面具 2 行高低不等的具柄腺体、无柄腺体,腺体黑褐色,疏被弯曲长柔毛。果实椭圆体状,中型,长 8.0~10.0 cm,径 6.0~6.5 cm,淡绿色,具光泽,表面平滑,先端钝圆;萼凹小、浅平,四周无明显钝棱与沟,稍具明显钝棱与沟;萼脱落,萼凹具小痕,柱基宿存;近基部较细,或具异形斑块;梗洼浅平,四周微具钝棱与沟,或无钝棱与沟。单果重 129.0~226.0 g。2 次果长 6.0 cm,径 3.7 cm,单果重约 43.0 g。

产地:河南。郑州植物园。2017 年 7 月 19 日。选育者:赵天榜、范永明和陈俊通。

37.'小果'木瓜 新改隶组合栽培品种

Pseudochaenomeles sinensis(Thouin)Carr.'Xiaoguo',cv. trans. nov.,*Pseudocydonia sinensis*(Thouin)Schneider'Xiaoguo',赵天榜等主编. 郑州植物园种子植物名录:126. 2018。

本新组合栽培品种果实 2 种类型:① 椭圆体状,小型,单果重 115.0 g;② 狭椭圆体状,小型,单果重 91.0 g。

河南:郑州植物园。2017 年 7 月 19 日。选育者:赵天榜、范永明和路夷坦。

Ⅴ.**柱果木瓜栽培群** 新栽培群

Pseudochaenomeles sinensis(Thouin)Carr. Zhuguo Group,Group nov.

38.'柱果'木瓜 栽培品种

Pseudochaenomeles sinensis(Thouin)Carr.'Zhuguo',路夷坦、范永明、赵东武,等. 中国木瓜属植物资源的研究. 安徽农业科学,51. 2019。

本新栽培品种为落叶乔木。小枝红褐色。单叶,互生,卵圆形、倒卵圆形、圆形,长 2.5~9.5 cm,宽 1.9~5.6 cm,表面深绿色,无毛,具光泽,背面淡绿色,沿主脉密被弯曲长柔毛,先端渐尖、短尖,或凹缺,基部楔形,边缘具长短不等尖齿,齿淡黄色,先端具黑色腺体及疏缘毛;叶柄淡黄色,表面具 2 行高低不等的具柄腺体,腺体黑褐色,疏被弯曲长柔毛。果实圆柱状,长 6.9 cm,径 5.9 cm,绿色,具光泽,表面稀有凸点,果点不明显,先端凹;萼脱落,梗洼浅;果梗褐色,密被弯曲柔毛。平均单果重 155.0 g。

产地:河南。郑州市有栽培。2017 年 7 月 30 日。选育者:赵天榜、范永明和路夷坦。

39.'小柱果'木瓜 新改隶组合栽培品种

Pseudochaenomeles sinensis(Thouin)Carr.'Xiao Zhuguo'cv. trans. nov.,*Pseudo-*

cydonia sinensis(Thouin)Schneid. 'Xiao Zhuguo',赵天榜等主编. 郑州植物园种子植物名录:125. 2018。

本新改隶组合栽培品种为落叶乔木。小枝灰褐色、红褐色,无毛。单叶,互生,卵圆形、倒卵圆形、圆形,长 1.5~9.0 cm,宽 0.9~4.9 cm,表面深绿色,无毛,具光泽,背面淡绿色,无毛,先端渐尖、短尖、凹缺,基部楔形,边缘具长短不等圆钝齿,齿淡黄色,先端具黑色腺体及疏缘毛;叶柄淡黄色,表面具 2 行高低不等的具柄腺体,腺体黑褐色,疏被弯曲长柔毛。果实短圆柱状、球状,小型,长 4.0~5.1 cm,径 3.5~4.7 cm,淡黄绿色,具光泽,表面平滑,果点不明显,先端凹;萼宿存,或脱落,梗洼浅;果梗枝细,褐色,无毛。单果重 30.0~72.0 g。

产地:河南。郑州植物园有栽培。2017 年 7 月 4 日。选育者:赵天榜、范永明和路夷坦。

40.'小柱果-1'木瓜　新栽培品种

Pseudochaenomeles sinensis(Thouin)Carr. 'Xiao Zhuguo-1',cv. nov.

本新栽培品种果实圆柱状,表面光滑,长 5.9~7.4 cm,径 4.4~4.9 cm,黄绿色,具光泽,先端凸出;萼脱落;梗洼浅。单果重 68.0~83.0 g。

产地:河南。郑州市有栽培。2017 年 7 月 30 日。选育者:赵天榜、范永明和陈志秀。

41.'棱小柱果'木瓜　新栽培品种　图版 9:2

Pseudochaenomeles sinensis(Thouin)Carr. 'Leng Xiao Zhuguo',cv. nov.

本新栽培品种为落叶乔木。小枝红褐色,无毛。单叶,互生,卵圆形、倒卵圆形、圆形,长 1.9~8.6,宽 2.0~4.5 cm,表面深绿色,无毛,具光泽,背面淡绿色,沿脉密被弯曲长柔毛,先端渐尖、短尖、凹缺、钝圆,基部楔形,边缘具长短不等圆柱形钝齿,齿淡黄色,先端具黑色腺体及疏缘毛;叶柄淡黄色,表面具 2 行高低不等的具柄腺体,腺体黑褐色,密被弯曲长柔毛。果实短圆柱状,小型,长 4.9~5.2 cm,径 4.1~4.6 cm,淡黄绿色,具光泽,表面有 1~2 条纵棱,果点不明显,先端凹;萼宿存,梗洼浅;果梗枝细,褐色,密被弯曲长柔毛。单果重 52.0~70.0 g。

产地:河南。郑州市有栽培。2017 年 7 月 30 日。选育者:赵天榜、范永明和陈俊通。

42.'中柱果'木瓜　新栽培品种

Pseudochaenomeles sinensis(Thouin)Carr. 'Zhong Zhuguo',cv. nov.

本新栽培品种小枝红褐色,无毛。单叶,互生,卵圆形、圆形,长 3.1~10.9 cm,宽 2.7~7.7 cm,表面黄绿色,无毛,背面淡绿色,无毛,先端渐尖、短尖、凹缺,边缘具长短不等尖齿,齿淡黄色,先端具黑色腺体,稀疏被缘毛;叶柄淡黄色,表面具 2 行高低不等的具柄腺体,腺体黑褐色,稀疏被弯曲长柔毛。果实圆柱状,长 7.5~11.0 cm,径 5.0~7.5 cm,淡绿色,具光泽,表面平滑,稀具明显瘤突,先端钝圆;萼凹平浅,四周无钝棱与沟;萼脱落不明显,或明显呈深褐色,柱基宿存;基部钝圆,稀突细,其长约 1.0 cm;梗洼浅,四周无钝棱与沟。结果短枝深褐色,密被短柔毛;果梗 5 mm,深褐色,无毛。单果重 100.0~143.0~324.0 g。

产地:河南。郑州植物园。2017 年 7 月 30 日。选育者:赵天榜、范永明和陈俊通。

43. '瘤突柱果'木瓜　新栽培品种

Pseudochaenomeles sinensis(Thouin)Carr.'Liutu Zhuguo',cv. nov.

本新栽培品种为落叶乔木。小枝灰褐色、红褐色,无毛。单叶,互生,卵圆形、倒卵圆形、圆形,长 2.6~8.6,宽 1.7~6.7 cm,表面深绿色,无毛,具光泽,背面淡绿色,沿脉密被弯曲长柔毛,先端渐尖、短尖、凹缺,基部楔形,边缘具长短不等圆柱状钝齿,齿淡黄色,先端具黑色腺体及疏缘毛;叶柄淡黄色,表面具 2 行高低不等的具柄腺体,腺体黑褐色,疏被弯曲长柔毛。果实短圆柱状,长 6.2~6.6 cm,径 5.3~5.5 cm,淡黄绿色,具光泽,表面有凸出瘤点,果点不明显,先端凹;萼宿存,或脱落,梗洼深;果梗枝细,红褐色,有毛。单果重 118.0~138.0 g。

产地:河南。郑州植物园。2017 年 7 月 30 日。选育者:赵天榜、范永明和赵东武。

44. '小叶瘤突柱果'木瓜　新栽培品种

Pseudochaenomeles sinensis(Thouin)Carr.'Xiaoye Liutu Zhuguo',cv. nov.

本新栽培品种为落叶乔木。小枝红褐色,无毛。单叶,互生,卵圆形、倒卵圆形、圆形,长 1.2~9.6,宽 0.7~6.5 cm,表面黄绿色,无毛,具光泽,背面淡绿色,近基部密被弯曲长柔毛,先端渐尖、短尖、钝圆,基部楔形,边缘具长短不等圆柱形钝齿,齿淡黄色,先端具黑色腺体及疏缘毛;叶柄淡黄色,表面具 2 行高低不等的具柄腺体,腺体黑褐色,密被弯曲长柔毛。果实圆柱状、球状,长 6.1~7.5 cm,径 5.7~6.3 cm,淡黄绿色,具光泽,表面有凸出瘤点,果点不明显,先端凹;萼宿存,或脱落,梗洼深;果梗枝细,红褐色,有毛。单果重 131.0~195.0 g。

产地:河南。郑州植物园。2017 年 7 月 30 日。选育者:赵天榜、范永明和赵东武。

45. '毛叶瘤突柱果'木瓜　新栽培品种

Pseudochaenomeles sinensis(Thouin)Carr.'Maoye Liutu Zhuguo',cv. nov.

本新栽培品种叶椭圆形,长 1.2~9.6 cm,宽 0.7~6.5 cm,表面无毛,具光泽,背面近基部密被弯曲长柔毛。果实圆柱状、球状,表面有凸出瘤点。单果重 131.0~195.0 g。

河南:郑州市。2017 年 7 月 30 日。选育者:赵天榜、范永明和赵东武。

46. '圆柱果'木瓜　新栽培品种

Pseudochaenomeles sinensis(Thouin)Carr.'Yuanzhuguo',cv. nov.

本新栽培品种小枝红褐色,具光泽,无毛。单叶,互生,卵圆形、倒卵圆形、圆形,有畸形小叶,长 3.4~11.7 cm,宽 3.0~7.7 cm,表面绿色,无毛,具光泽,背面淡绿色,沿主脉疏被柔毛,先端渐尖、短尖、凹缺,边缘具长短不等尖齿,齿淡黄色,稀部分边缘全缘,先端具黑色腺体及疏缘毛;叶柄淡黄色,表面具 2 行高低不等的具柄腺体,稀无柄腺体,腺体黑褐色,稀被弯曲长柔毛。果实圆柱状,中型较大,长 10.0~10.5 cm,径 6.5~7.0 cm,淡绿色,具光泽,表面平滑,或具明显而平滑瘤突,先端钝圆;萼凹平浅,四周无钝棱与沟,萼脱落不明显,或明显呈深褐色,柱基宿存;梗洼浅,四周无钝棱与沟。果重 253.0 g。

产地:河南。郑州植物园。2017 年 7 月 19 日。选育者:赵天榜、范永明和赵东武。

47. '圆柱果-1'木瓜　新栽培品种

Pseudochaenomeles sinensis(Thouin)Carr.'Yuanzhuguo-1',cv. nov.

本新栽培品种小枝红褐色,无毛。单叶,互生,卵圆形、圆形,长 3.1~10.9 cm,宽

2.7~7.7 cm,表面黄绿色,无毛,背面淡绿色,无毛,先端渐尖、短尖、凹缺,边缘具长短不等尖齿,齿淡黄色,先端具黑色腺体,稀疏被缘毛;叶柄淡黄色,表面具2行高低不等的具柄腺体,腺体黑褐色,稀疏被弯曲长柔毛。果实圆柱状,中、小型,长8.7~11.0 cm,径5.0~7.5 cm,淡绿色,具光泽,表面平滑,稀具明显瘤突,先端钝圆;萼凹平浅,四周无钝棱与沟;萼脱落不明显,或明显呈深褐色,柱基宿存;基部钝圆,稀突细,其长约1.0 cm;梗洼浅,四周无钝棱与沟。结果短枝深褐色,密被短柔毛;果梗长5 mm,深褐色,无毛。单果重143.0~324.0 g。

产地:河南。郑州植物园。2017年7月19日。选育者:赵天榜、范永明和赵东方。

48. '圆柱果-2'木瓜　新栽培品种

Pseudochaenomeles sinensis(Thouin)Carr. 'Yuanzhuguo-2',cv. nov.

本新栽培品种为落叶乔木。小枝红褐色。单叶,互生,卵圆形、倒卵圆形、圆形,长2.5~9.5 cm,宽1.9~5.6 cm,表面深绿色,无毛,具光泽,背面淡绿色,沿主脉密被弯曲长柔毛,先端渐尖、短尖或凹缺,基部楔形,边缘具长短不等尖齿,齿淡黄色,先端具黑色腺体及疏缘毛;叶柄淡黄色,表面具2行高低不等的具柄腺体,腺体黑褐色,疏被弯曲长柔毛。果实圆柱状,长6.9 cm,径5.9 cm,绿色,具光泽,表面稀有凸点,果点不明显,先端凹;萼脱落;梗洼浅;果梗褐色,密被弯曲柔毛。单果重约155.0 g。

产地:河南。郑州植物园。2017年7月30日。选育者:赵天榜、陈志秀和范永明。

49. '棱柱果'木瓜　新栽培品种

Pseudochaenomeles sinensis(Thouin)Carr. 'Lengzhuguo',cv. nov.

本新栽培品种为落叶乔木;侧枝直立斜展。叶椭圆形,长5.0~9.5 cm,宽3.5~6.0 cm,表面浓绿色,无毛,具光泽,背面淡绿色,无毛,沿主脉微疏被短柔毛,先端钝圆,基部楔形,边缘具尖锐锯齿;叶柄通常被短柔毛、黑色腺体。花后叶开放。花单生于当年生新枝顶端。单花具花瓣5枚,水粉色,花瓣匙圆形;萼筒圆柱状,外面无毛,内面密被弯曲柔毛。果实圆柱状状,长11.5~12.5 cm,径6.9.0~12.5 cm,淡黄绿色,具光泽,表面平滑,或有不明显圆形突起纵棱,中部以上具5条显著钝棱与宽沟,先端凹;萼宿存;萼洼四周具显著钝棱与宽沟;基渐缩;梗洼浅,四周无明显钝棱与沟。单果重689.0~764.0 g。

产地:河南。郑州市有栽培。2018年9月10日。选育者:赵天榜、陈志秀和赵东方。

50. '红云'木瓜　新改隶组合栽培品种

Pseudochaenomeles sinensis(Thouin)Carr. 'Hongyun',cv. trans. nov.,*Chaenomeles sinensis* Thouin 'Hongyun',贾波. 山东木瓜主栽品种的植物学性状及果实种研究(D). 2003。

本新改隶组合栽培品种叶长卵圆形。托叶卵圆-披针形。花红色;萼脱落。果实圆柱状,光滑,黄绿色带红晕,长7.4 cm,径8.7 cm,单果平均重264.0 g。

产地:山东。选育者:贾波。

51. '可食'木瓜　新改隶组合栽培品种

Pseudochaenomeles sinensis(Thouin)Carr. 'Keshi',cv. trans. nov.,*Chaenomeles sinensis* Thouin 'Keshi',贾波. 山东木瓜主栽品种的植物学性状及果实种研究(D). 2003。

本新改隶组合栽培品种叶长卵圆形。托叶卵圆-披针形。花淡红色;萼脱落。果近圆柱状,光滑,黄色,长 7.2 cm,径 10.3 cm,单果平均重 233.0 g。

产地:山东。选育者:贾波。

Ⅵ. 红花木瓜栽培群　新栽培群

Pseudochaenomeles sinensis(Thouin)Carr. Honghua Group,Group nov.

52. '椭圆体红-1'红花木瓜　新栽培品种

Pseudochaenomeles sinensis(Thouin)Carr. 'Tuoyuanti-hong-1',cv. nov.

本新栽培品种单叶,互生,宽卵圆形,长 5.5~8.7 cm,宽 4.2~6.4 cm,表面深绿色、淡绿色,无毛,具光泽,背面淡绿色,沿主脉疏被柔毛,先端短尖、钝圆,边缘具细尖齿,齿淡黄色,先端具无明显腺体、无缘毛;叶柄淡黄色,表面具 2 行高低不等的具柄腺体、无柄腺体,腺体黑褐色,稀被弯曲长柔毛。果实椭圆体状,表面光滑,长 9.0~10.0 cm,径 6.0~6.5 cm,黄绿色,具光泽,稀具少数瘤突及浅凹槽,槽内具 1 枚卵圆形小叶,先端微凹,四周无明显钝棱与沟;萼脱落,脱落痕黑褐色,基柱宿存,密被短柔毛;基部渐细,梗凹较深,四周具不明显钝棱与沟;果梗被短柔毛。单果重 191.0~216.0 g。

产地:河南。郑州市有栽培。2017 年 7 月 29 日。选育者:赵天榜、陈志秀和赵东欣。

53. '椭圆体红-2'红花木瓜　新栽培品种

Pseudochaenomeles sinensis(Thouin)Carr. 'Tuoyuanti-hong -2',cv. nov.

本新栽培品种小枝棕褐色,具光泽,无毛;幼枝淡黄绿色,密被弯曲长柔毛。单叶,互生,狭椭圆形,稀卵圆形(小叶),长 3.0~11.5 cm,宽 1.5~5.0 cm,表面深绿色,无毛,具光泽,背面淡绿色,无毛,沿主脉无毛(幼叶背面密被柔毛),先端渐尖,稀短尖、钝圆,边缘具很狭淡黄色边,具斜展细尖齿,先端通常具黑色腺体、无缘毛;叶柄淡黄色,表面具 2 行高低不等的具柄小腺体、无柄腺体,腺体黑褐色,微被柔毛。果实椭圆体状,表面光滑,长 6.5~8.0 cm,径 5.0~6.0 cm,深绿色,具光泽,先端钝圆,萼凹浅,四周具稍明显钝棱与沟;萼脱落,脱落痕黑褐色,基柱宿存,密被短柔毛;基部渐细,梗凹浅,四周具不明显钝棱与沟;果枝极短,无毛。单果重 90.0~134.0 g。

产地:河南。郑州市有栽培。2017 年 7 月 29 日。选育者:赵天榜、陈志秀和赵东欣。

54. '短椭圆体-红'红花木瓜　新栽培品种

Pseudochaenomeles sinensis(Thouin)Carr. 'Duan Tuoyuanti-hong',cv. nov.

本新栽培品种单叶,互生,卵圆形,稀有畸形小叶,长 3.5~8.2 cm,宽 2.5~5.0 cm,表面深绿色、淡绿色,无毛,具光泽,沿主脉疏被柔毛,基部主脉密被柔毛,背面淡绿色,沿主脉疏被柔毛,先端短尖,边缘具细尖齿,先端具不明显腺体、无缘毛,基部边缘被较密缘毛;叶柄淡黄色,表面具 2 行高低不等的具柄腺体、无柄腺体,腺体黑褐色,稀密被弯曲长柔毛。果实短椭圆体状,稀球状,表面光滑,长 6.5~7.0 cm,径 5.5~6.0 cm,淡绿色,具光泽,先端平,稀微凹,四周无明显钝棱与沟;萼脱落,脱落痕黑褐色,基柱宿存,密被短柔毛;基部突细,呈短柄状,梗凹较浅,四周无明显钝棱与沟;果枝极短,长约 5 mm,被短柔毛。单果重 115.0~156.0 g。

产地:河南。郑州市有栽培。2017 年 7 月 29 日。选育者:赵天榜、陈志秀和赵东欣。

55. '两型果-红'红花木瓜　新栽培品种

Pseudochaenomeles sinensis(Thouin)Carr. 'Liangxing Guo-hong',cv. nov.

　　本新栽培品种单叶,互生,狭椭圆形,稀卵圆形,长5.0~9.5 cm,宽3.5~5.0 cm,表面深绿色、淡绿色,无毛,具光泽,背面淡绿色,沿主脉疏被柔毛,先端短尖,边缘具斜展细尖齿,先端通常具黑色腺体(黑色占尖齿长度约1/2)、无缘毛;叶柄淡黄色,表面具2行高低不等的具柄腺体、无柄腺体以及枝状腺体,腺体黑褐色,稀密被弯曲长柔毛。果实椭圆体状,稀短柱状,表面光滑,长7.0~9.0 cm,径5.5~5.5 cm,淡绿色,具光泽,稀有瘤突,先端钝圆,稀微凹,四周无明显钝棱与沟,稀具明显钝棱与沟;萼脱落,脱落痕黑褐色,基柱宿存,密被短柔毛;基部钝圆,或突细,呈短柄状,梗凹浅平,四周无明显钝棱与沟;果枝极短,长约5 mm,被短柔毛。单果重105.0~133.0 g。

　　产地:河南。郑州市有栽培。2017年7月29日。选育者:赵天榜、陈志秀和赵东欣。

56. '长椭圆体'红花木瓜　　新改隶组合栽培品种

Pseudochaenomeles sinensis(Thouin)Carr. 'Honghua Chang Tuoyuanti Gou', cv. trans. nov., *Pseudocydonia sinensis*(Thouin)Schneider 'Honghua Chang Tuoyuanti Gou', 赵天榜等主编. 郑州植物园种子植物名录:126. 2018。

　　本新改隶组合栽培品种小枝棕褐色,具光泽,无毛。单叶,互生,卵圆形、倒卵圆形,长3.5~8.0 cm,宽2.8~6.5 cm,表面深绿色,无毛,具光泽,背面淡绿色,无毛,沿主脉无毛,先端短尖、钝圆,稀微凹,边缘具很狭淡黄色边,斜展细尖齿,先端通常具黑色腺体(黑色占尖齿长度约1/2)、无缘毛;叶柄淡黄色,表面具2行高低不等的具柄腺体、无柄腺体,腺体黑褐色,无毛。果实长椭圆体状,表面光滑,长9.0~11.0 cm,径5.0~6.0 cm,绿色,具光泽,先端钝圆,稀微凹,四周无明显钝棱与沟,稀具明显钝棱与沟;萼脱落,脱落痕黑褐色,基柱宿存,密被短柔毛;基部渐细,稀呈短柄状;梗凹浅,不对称,四周具不明显钝棱与沟;果枝极短,长约5 mm,被短柔毛。单果重126.0~200.0 g。

　　产地:河南。郑州市、郑州植物园有栽培。2017年7月29日。选育者:赵天榜、陈志秀和赵东欣。

57. '金叶'红花木瓜　　新栽培品种

Pseudochaenomeles sinensis(Thouin)Carr. 'Jinye', cv. nov.

　　本新栽培品种单叶,互生,卵圆形、倒卵圆形,长4.0~7.5 cm,宽2.5~6.0 cm,表面金黄色,无毛,具光泽,背面淡黄色,无毛,沿主脉无毛,先端短尖、钝圆,边缘具尖齿;叶柄淡黄色。单花具花瓣5枚,匙状椭圆形,长1.7~2.0 cm,宽1.0~1.5 cm,外面深粉红色,内面粉红色,爪白色;萼筒狭圆柱状,长10~12 mm,径4~5 mm,无毛。果实长椭圆体状,表面光滑,长8.0~10.0 cm,径4.5~5.0 cm,绿色,具光泽,先端钝圆,稀微凹,四周无明显钝棱与沟,稀具明显钝棱与沟;萼脱落,脱落痕黑褐色,基柱宿存,密被短柔毛;基部渐细;梗凹浅,不对称,四周具不明显钝棱与沟。

　　产地:河南。郑州市有栽培。2017年7月29日。选育者:赵天榜、陈志秀和赵东武。

58. '金叶 异瓣'红花木瓜　　新栽培品种

Pseudochaenomeles sinensis(Thouin)Carr. 'Jinye　Yiban', cv. nov.

　　本新栽培品种叶表面金黄色,无毛,具光泽,背面淡黄色,无毛,沿主脉无毛,先端短尖、钝圆,边缘具尖齿;叶柄淡黄色。单花具花瓣10~15枚,淡黄白色,微有粉红色晕,爪白色,花瓣多形状。

产地:河南。郑州市有栽培。2017 年 7 月 29 日。选育者:赵天榜、陈志秀和赵东武。

59.'球果'红花木瓜　新栽培品种

Pseudochaenomeles sinensis(Thouin)Carr.'Qiuguo',cv. nov.

本新栽培品种树冠卵球状。叶表面深绿色,无毛,具光泽,背面淡绿色,无毛,沿主脉无毛,先端短尖、钝圆,边缘具尖齿;叶柄淡黄色。单花具花瓣 5 枚,红色。果实球状,长 8.0~9.0 cm,径 7.0~8.0 cm,绿色,具光泽,表面凸凹不平,先端凹;萼洼深,四周具钝棱与沟;萼片宿存;基部钝圆、凹入,四周无棱沟。单果重 498.0~630.0 g。

产地:河南。郑州市有栽培。2018 年 9 月 10 日。选育者:赵天榜、陈志秀和赵东武。

Ⅶ.　球果木瓜栽培群　新栽培群

Pseudochaenomeles sinensis(Thouin)Carr. Qiuguo Group,Group nov.

60.'大球果'木瓜　新改隶组合栽培品种　图版 9:6

Pseudochaenomeles sinensis(Thouin)Carr.'Da Qiuguo'cv. trans. nov.,*Pseudocydonia sinensis*(Thouin)Schneider'Da Qiuguo',赵天榜等主编. 郑州植物园种子植物名录:126. 2018。

本新改隶组合栽培品种为落叶乔木。树冠宽大;侧枝、小枝开展;树皮灰褐色,片状剥落。小枝紫褐色,光滑,无毛,或疏被长柔毛。单叶,互生,卵圆形、倒卵圆形,长 3.5~11.0 cm,宽 5.0~7.0 cm,表面深绿色,无毛,具光泽,或淡黄绿色,无毛,沿主脉基部疏被弯曲长柔毛,先端渐尖、短尖,基部楔形,稀圆形,边缘具长短不等尖齿,齿淡黄色,先端具黑色腺体及疏缘毛;叶柄淡黄色,表面具 2 行高低不等的具柄腺体,腺体黑褐色,疏被弯曲长柔毛。① 果实球状,长 17.0~19.0 cm,径 15.0~18.0 cm,黄绿色,具光泽,表面平滑,果点不明显,先端凹,或钝圆;萼洼极深,四周钝棱与沟;萼片脱落,柱基宿存;基部钝圆、凹入,四周偏斜,具突起;梗洼浅;果梗枝粗壮,褐色,无毛。单果重 890.0~1 330.0 g。② 特异果实近球状,具 5 条钝圆棱与明显沟,长 10.0 cm,径 9.0 cm,淡黄绿色,具光泽,表面平滑,果点小、明显,先端凹;萼脱落,柱基宿存,四周具不等大、高低不同的钝棱、沟,基部突起,具不等大、高低不同的钝棱、沟;梗洼浅。单果重约 450 g。

产地:河南。郑州植物园、长垣县有栽培。2015 年 10 月 22 日。选育者:赵天榜、陈志秀和赵东武。

61.'长垣大球果'木瓜　新栽培品种

Pseudochaenomeles sinensis(Thouin)Carr.'Zhangyuan Da Qiuguo',cv. nov.

本新栽培品种为落叶乔木;树冠宽大;侧枝开展;树干具无纵钝棱与沟;树皮灰褐色,片状剥落痕灰淡褐色。小枝紫褐色,微被短柔毛;幼枝密被长柔毛。单叶,互生,卵圆形、宽卵圆形、近圆形,长 4.0~6.0 cm,宽 3.0~6.0 cm,表面深绿色,无毛,具光泽,背淡灰绿色,无毛,具光泽,沿主脉及其两侧疏被长柔毛,先端短尖,具尖头,基部圆形,边缘具长短不等尖齿,齿淡黄色,先端具浅黄色腺体,齿背具短毛,齿上被短毛、柔毛;叶柄淡黄色,表面具高低不等的具柄腺体,柄腺无毛,腺体淡褐色,表面密疏柔毛,背面无毛。花两性,单生当年生新枝顶端。单花具花瓣 5 枚,水粉色,匙状椭圆形,2.0~2.2 cm,宽约 1.5 cm,两面水粉色,内面基部稍重,爪长约 2 mm,白色;雌雄蕊与其他品种相同。果实长椭圆体状,大型,长 16.0~19.0 cm,径 12.0~13.0 cm,橙黄色,具光泽,表面平滑,果点极少、明显,其周围凹下，先端钝圆；萼洼极深，四周具明显、稍明显钝棱与沟，萼、柱基脱落，或萼、柱基宿存；基部渐细，或钝圆，梗洼深达 2.5 cm，壁陡，四周具显著钝棱与浅沟，棱与沟棱上具多数小棱与小沟纹；果梗枝粗壮。平均单果重 1 330.0 g。

产地：河南。长垣县有栽培。2017 年 4 月 22 日。选育者：范永明、赵天榜和陈志秀。

62.‘圆球果’木瓜　新栽培品种

Pseudochaenomeles sinensis(Thouin)Carr.‘Yuan Qiuguo’,cv. nov.

本新栽培品种为落叶乔木。小枝红褐色，密被弯曲长柔毛。单叶，互生，卵圆形、倒卵圆形，长 3.1~12.3 cm，宽 2.0~7.4 cm，表面深绿色，无毛，具光泽，背面淡绿色，密被弯曲长柔毛，先端渐尖、短尖或钝圆、凹缺，基部楔形，边缘具长短不等圆柱状钝齿，齿淡黄色，先端具黑色腺体及疏缘毛；叶柄淡黄色，表面具 2 行高低不等的具柄腺体，腺体黑褐色，疏被弯曲长柔毛。果实圆球状，长 5.6~6.9 cm，径 5.7~6.0 cm，淡黄绿色，具光泽，表面平滑，果点明显，先端凹；萼宿存或脱落，梗洼浅；果梗枝粗壮，褐色，无毛。单果重 124.0~157.0 g。

产地：河南。郑州市有栽培。2017 年 7 月 30 日。选育者：赵天榜、范永明和陈志秀。

63.‘圆球果-1’木瓜　新栽培品种

Pseudochaenomeles sinensis(Thouin)Carr.‘Yuan Qiuguo -1’,cv. nov.

本新栽培品种为落叶乔木。小枝红褐色，单叶，互生，卵圆形、倒卵圆形、圆形，长 2.0~10.5 cm，宽 1.4~6.6 cm，叶面黄绿色，无毛，背面淡绿色，无毛，先端渐尖、短尖，边缘具长短不等尖齿，齿黄色，先端具黑色腺体；叶柄淡黄色，表面具 2 行高低不等的具柄腺体，腺体黑褐色，稀被弯曲长柔毛；果实圆球状，长 5.0~5.5 cm，径 4.9~5.4 cm，淡黄绿色，具光泽，表面平滑，或梗端凸起，果点不明显，梗端有瘤状；萼宿存，梗洼浅；果梗短，褐色，有毛。单果重 78.0~103.0 g。

产地：河南。郑州市有栽培。2017 年 7 月 30 日。选育者：赵天榜、范永明和陈志秀。

64.‘棱球果’木瓜　新改隶组合栽培品种

Pseudochaenomeles sinensis(Thouin)Carr.‘Leng Qiuguo’,cv. trans. nov.，*Pseudocydonia sinensis*(Thouin)E. Schneider‘Leng Qiuguo’,赵天榜等主编. 郑州植物园种子植物名录：126. 2018。

本新改隶组合栽培品种果实近球状，具 5 条钝圆纵棱与明显沟，长 8.0~10.0 cm，径 8.0~9.0 cm，淡黄绿色，具光泽，表面平滑，果点小、明显，先端凹；萼脱落，柱基宿存，四周具不等大、高低不同的钝棱与沟，基部突起，具不等大、高低不同的钝棱、沟；梗洼浅。单果重平均 450 g。

产地：河南。郑州植物园、长垣县有栽培。2015 年 10 月 22 日。选育者：赵天榜、陈志秀和赵东武。

65.‘小球果’木瓜　新栽培品种

Pseudochaenomeles sinensis(Thouin)Carr.‘Xiao Qiuguo’,cv. nov.

本新栽培品种为落叶乔木；树冠宽大；侧枝开展；树干具多数钝棱与沟；树皮片状剥落。小枝紫褐色，被短柔毛。单叶，互生，近圆形，稀卵圆形、长椭圆形，长 4.5~7.0 cm，宽 4.0~6.0 cm，表面深绿色，无毛，具光泽，背淡灰绿色，无毛，沿主脉及其两侧疏被弯曲长柔毛,或长柔毛,先端短尖,稀钝圆,基部楔形、宽楔形,稀圆形,边缘具长短不等尖齿,齿淡黄色,齿旁疏长缘毛,先端具浅黑色腺体;叶柄淡黄色,表面具 2 行高低不等的具柄腺体,柄腺具柔毛,腺体黑褐色,疏被弯曲长柔毛。果实球状,长、径 5.0~6.0 cm,橙黄色,具光泽,表面平滑,果点极少、不明显,先端钝圆,或微凸;萼洼微凹,四周无钝棱与沟,萼、柱基宿存,基部浅凹,四周无钝棱与沟;梗洼较浅;果梗粗壮,长约 5 mm,褐色,密被短柔毛。单果重 85.0~88.0 g。

产地:河南。郑州市有栽培。2016 年 9 月 15 日。选育者:赵天榜、陈志秀和赵东武。

66.'种'木瓜　种木瓜　新改隶组合栽培品种

Pseudochaenomeles sinensis(Thouin)Carr.'Zhong',cv. trans. nov.;*Chaenomeles sinensis*(Touin)E. Koehne'Xiaoguo',种木瓜,张桂荣著. 木瓜:17~18.2009。

本栽培品种为落叶小乔木。果实球状,长、径 5.0~6.0 cm,橙黄色,具光泽,表面平滑,果点极少、不明显,先端钝圆,或微凸;萼洼微凹,四周无钝棱与沟,萼、柱基宿存,基部浅凹,四周无钝棱与沟;梗洼较浅;果梗粗壮,长约 5 mm,褐色,密被短柔毛。单果重 85.0~100.0 g。

产地:山东、河南。郑州市、长垣县有栽培。选育者:张桂荣。

67.'纵棱小球果'木瓜　新改隶组合栽培品种

Pseudochaenomeles sinensis(Thouin)Carr.'Zongleng Xiao Qiuguo'cv. trans. nov.,*Pseudocydonia sinensis*(Thouin)Schneider'Zongleng Xiao Qiuguo',赵天榜等主编. 郑州植物园种子植物名录:125.2018。

本新改隶组合栽培品种为落叶乔木。小枝褐色,密被弯曲长柔毛,或无毛。单叶,互生,卵圆形、倒卵圆形、圆形,长 1.9~8.6,宽 2.0~4.5 cm,表面深绿色,无毛,具光泽,背面淡绿色,沿脉密被弯曲长柔毛,先端渐尖、短尖、凹缺、钝圆,基部楔形,边缘具长短不等圆柱形钝齿,齿淡黄色,先端具黑色腺体及疏缘毛;叶柄淡黄色,表面具 2 行高低不等的具柄腺体,腺体黑褐色,密被弯曲长柔毛。果实球状,,长 5.0~6.0 cm, 径 4.1~4.6 cm,橙黄色,具光泽,表面有 1~2 条纵棱,果点不明显,先端凹;萼宿存;梗洼浅;果梗枝粗壮,褐色,密被弯曲长柔毛,长约 5 mm。单果重 52.0~70.0 g。

河南:郑州市、郑州植物园。2017 年 7 月 30 日。选育者:赵天榜、范永明和路夷坦。

68.'卵球果'木瓜　新栽培品种　图版 8:1

Pseudochaenomeles sinensis(Thouin)Carr.'Luanquigou',cv. nov.

本新栽培品种为落叶乔木;侧枝斜展。1 年生小枝褐色,无毛,具光泽。单叶,椭圆形,长 6.0~10.5 cm,宽 3.0~6.0 cm,表面浓绿色,无毛,具光泽,背面淡灰绿色,无毛,沿主脉微疏被短柔毛,先端钝圆,基部楔形,边缘具尖锐锯齿,齿整齐;叶柄通常无毛,稀被短柔毛,被较密黑色腺体、具长柄黑色腺体,稀具分枝黑色腺体。果实卵球状,长 7.0~7.5 cm,淡绿色,具光泽,平滑,具 1~3 条浅沟;萼片宿存;萼洼浅,四周具浅沟纹及纵宽钝棱;梗洼浅,四周具浅沟纹及纵宽钝棱。单果重 154.0~179.0 g 。

产地:河南。河南农业大学东区有栽培。选育者:赵天榜、陈志秀和赵东方。

69.'大金苹果'木瓜　新改隶组合栽培品种

Pseudochaenomeles sinensis(Thouin)Carr.'Dajinpingguo',cv. trans. nov.,*Chaenome-*

les sinensis(Thouin)Schneider 'Dajinpingguo',贾波.山东木瓜主栽品种的植物学性状及果实种研究(D).2003。

本新改隶组合栽培品种叶长卵圆形;托叶卵圆-披针形。花淡红色;萼脱落。果实球状,光滑,浓黄色,长6.6 cm,径6.10 cm,单果平均重500.0 g。

产地:山东。选育者:贾波。

70.'金苹果'木瓜　新改隶组合栽培品种

Pseudochaenomeles sinensis(Thouin)Carr. 'Jinpingguo', cv. trans. nov. , *Chaenomeles sinensis*(Thouin)Schneider 'Jinpingguo',贾波.山东木瓜主栽品种的植物学性状及果实种研究(D).2003。

本新改隶组合栽培品种叶长卵圆形。托叶卵圆-披针形。花淡红色;萼脱落。果实球状,光滑,浓黄色,长10.7 cm,径10.8 cm,单果平均重657.0 g。

产地:山东。选育者:贾波。

Ⅷ.**其他栽培群**　新栽培群

Pseudochaenomeles sinensis(Thouin)Carr. Differentia Group,Group nov.

71.'亮黄斑皮'木瓜　栽培品种　图版2:1、2

Pseudochaenomeles sinensis(Thouin)Carr. 'Lianghuangbanpi',路夷坦、范永明、赵东武,等. 中国木瓜属植物资源的研究. 安徽农业科学,51. 2019。

本新栽培品种为落叶乔木;树冠宽大;侧枝开展;树干无纵钝棱与纵沟;树皮深绿色,具光泽,块片状剥落,落痕黄色,具亮光泽。小枝灰褐色、紫褐色,疏微皮孔,微被短柔毛。单叶,互生,卵圆形、椭圆形、近圆形,表面黄绿色,无毛,具光泽,背淡灰绿色,疏被短柔毛,沿主脉密被弯曲柔毛,边缘具淡黄色长狭齿,齿端具腺体,齿间具缘毛;叶柄密被长柔毛及具柄腺点。单花具花瓣5枚,稀有1枚畸形者,匙-椭圆形,两面浅粉色,内面基部粉色。花两型:可孕花与不孕花。

产地:河南。长垣县有栽培。2017年4月22日。选育者:赵天榜、范永明和陈志秀。

72.'亮黄青斑皮'木瓜　新栽培品种　图版2:4

Pseudochaenomeles sinensis(Thouin)Carr. 'Lianghuang Qingbanpi',cv. nov.

本新栽培品种为落叶乔木;树冠宽大;侧枝开展;树干无纵钝棱与纵沟;树皮绿褐色,具光泽,块片状剥落,落痕金黄色,具亮光泽。单花具花瓣5枚,匙-椭圆形,两面浅粉色,内面基部粉色。花两型:可孕花与不孕花。

产地:河南。长垣县有栽培。2017年4月22日。选育者:赵天榜、范永明和陈志秀。

73.'长茄果'木瓜　新栽培品种

Pseudochaenomeles sinensis(Thouin)Carr. 'Chang Qieguo',cv. nov.

本新栽培品种为落叶乔木。树冠宽大;侧枝、小枝开展;树皮灰褐色,片状剥落。小枝紫褐色,光滑,无毛,或疏被长柔毛。单叶,互生,卵圆形、倒卵圆形,长4.5~9.0 cm,宽3.0~6.0 cm,表面淡黄绿色,无毛,具光泽,背淡灰绿色,疏被长柔毛,沿主脉基部疏被弯曲长柔毛,先端渐尖、短尖,近圆形,基部楔形,稀圆形,边缘具长短不等尖齿,齿淡黄色,先端具黑色腺体及疏缘毛;叶柄淡黄色,表面具2行高低不等的具柄腺体,腺体黑褐色,疏被弯曲长柔毛。果实长茄果状,长12.0~13.5 cm,径7.0~10.0 cm,淡黄绿色,具光泽,表面平滑,果点明显,凹入,先端凹入;萼脱落,柱基宿存,中部以下渐细,基部钝圆、凹入,四周偏斜,具突起;梗洼浅;果梗枝粗壮,褐色,无毛。单果重 350.0~500.0 g。

河南:郑州市、郑州植物园。选育者:李小康、王华、赵天榜。

74. '凹瓣'木瓜　新栽培品种

Pseudochaenomeles sinensis(Thouin)Carr. 'Waban', cv. nov.

本新栽培品种单花具花瓣 5 枚,匙状椭圆形,外面淡粉色,内面粉红色,基部深粉色,爪长 2~3 mm,白色,先端凹缺;萼片 5 枚,边缘无缘毛,具小腺齿;雄蕊多数,多轮着生在萼筒内部,花丝长短悬殊,浅白色;花柱长于雄蕊;不发育花,花柱短于雄蕊。无叶枝上不育花萼筒短;雄蕊多数,多轮着生在萼筒内部,花丝长短悬殊,浅白色;无花柱。

河南:郑州市、郑州植物园。选育者:赵天榜、陈志秀和赵东方。

75. '弹花锤果'木瓜　新改隶组合栽培品种　图版 7:13

Pseudochaenomeles sinensis(Thouin)Carr. 'Danhuachui Guo' cv. trans. nov., *Pseudocydonia sinensis*(Thouin)Schneider 'Danhuachui Guo',赵天榜等主编. 郑州植物园种子植物名录:125. 2018。

本栽培品种果实弹花锤状,大型,长 16.0~19.0 cm,径 6.0~18.0 cm,橙黄色,具光泽,表面平滑,中部以上渐粗,先端钝圆,中部以下呈细柱状,似弹花锤,故称弹花锤果木瓜,中部以下呈细柱状,似弹花锤,故称'弹花锤果'木瓜。萼脱落;萼洼四周具钝棱与沟;梗洼浅。单果重 650.0~700.0 g。

产地:河南。郑州市、郑州植物园、绿博园有栽培。2017 年 9 月 15 日。选育者:赵天榜、陈志秀和赵东武。

76. '梨果状'木瓜　新栽培品种

Pseudochaenomeles sinensis(Thouin)Carr. 'Liguozhuang', cv. nov.

本新栽培品种为落叶乔木。小枝红褐色。单叶,互生,卵圆形、倒卵圆形、圆形,长 2.2~9.5 cm,宽 1.5~6.0 cm,表面深绿色,无毛,具光泽,背面淡绿色,沿主脉疏被弯曲长柔毛,先端渐尖、短尖,或钝圆,基部楔形,边缘具长短不等尖齿,齿淡黄色,先端具黑色腺体及疏缘毛;叶柄淡黄色,表面具 2 行高低不等的具柄腺体,腺体黑褐色,疏被弯曲长柔毛。果实长梨果状,长 7.6~12.5 cm,径 4.2~12.5 cm,淡黄绿色,具光泽,表面平滑,稀有纵棱,果点不明显,先端凹;萼脱落;萼洼浅,四周无明显钝棱与沟,柱基宿存;梗洼浅,四周无明显钝棱与沟;果梗短,褐色,有毛。单果重 78.0~119.0~264.0 g。

产地:河南。郑州市有栽培。2017 年 7 月 30 日。选育者:赵天榜、范永明和赵东方。

77. '苹果果'木瓜　新栽培品种

Pseudochaenomeles sinensis(Thouin)Carr. 'Pingguo Guo', cv. nov.

本新栽培品种果实苹果状,长 6.0~7.5 cm,宽 6.5~8.0 cm,表面光滑,橙黄色;萼脱落;萼洼四周无纵棱与沟纹,或具纵棱与沟纹;梗洼四周无纵棱与沟纹;果台枝无毛。单果重 151.0~159.0 g。

河南:郑州市。2017 年 11 月 5 日。选育者:赵天榜、陈志秀和赵东欣。

78. '永平白'木瓜　新改隶组合栽培品种

Pseudochaenomeles sinensis(Thouin)Carr. 'Yongping Bai', cv. trans. nov., *Chaenome-*

les sinensis(Thouin)Schneider 'Yongping Bai',2003 年,陈起伟,永平白木瓜育苗及丰产栽培技术. 柑桔与亚热带果树信息,19(1):35~36;2011 年,杜淑辉. 木瓜属新品种 DUS 测试指南及已知品种数据库的研究(D)。

本新改隶组合栽培品种果实黄白色,皮薄,光滑。

产地:云南永平县。2003 年。选育者:陈起伟。

79.'陈香'木瓜　新改隶组合栽培品种

Pseudochaenomeles sinensis(Thouin)Carr. 'Chenxiang',cv. trans. nov., *Chaenomeles sinensis*(Thouin)Schneider 'Chenxiang',贾波. 山东木瓜主栽品种的植物学性状及果实种研究(D). 2003。

本新改隶组合栽培品种叶长卵圆形。托叶卵圆-披针形。单花具花瓣 5 枚,粉红色;萼脱落。果椭圆体状,光滑,黄色,长 8.5 cm,径 14.4 cm,单果平均重 522.0 g。

产地:山东。2003 年。选育者:贾波。

80.'毛柱'木瓜　新栽培品种

Pseudochaenomeles sinensis(Thouin)Carr. 'Maozhu',cv. nov.

本新栽培品种为落叶乔木;侧枝斜展。1 年生小枝褐色,无毛,具光泽。单叶,椭圆形,长 6.0~10.5 cm,宽 3.0~6.0 cm,表面浓绿色,无毛,具光泽,背面淡灰绿色,无毛,沿主脉微疏被短柔毛,先端钝圆,基部楔形,边缘具尖锐锯齿,齿整齐;叶柄通常被短柔毛,被较密黑色腺体。花后叶开放。花单生于当年生新枝顶端。单花具花瓣 5 枚,粉红色至水粉色,花瓣匙圆形,长 1.8~2.0 cm,宽 1.0~1.3 cm,先端圆钝,两边上翘;雄蕊多数;萼筒圆柱状,外面无毛,内面密被弯曲柔毛;花柱 5 枚,基部合生处与花柱下部密被弯曲柔毛,柱头明显分裂;柱头与萼筒内面淡紫色。果实不详。

产地:河南。郑州市有栽培。2012 年 4 月 10 日。选育者:赵天榜、陈志秀和赵东方。

第二节　贴梗海棠属

一、贴梗海棠属学名变更历史与形态特征

(一) 贴梗海棠属学名变更历史

Chaenomeles Lindl. in Trans Linn. Soc. 13:97. 1822"*Choenomeles*".

1825 年,*Cydonia* Mill. sect. *Chaenomoles* DC. Prodr. 2:638. 1825.

1882 年,Pseucochaenomeles Carr. Revue Hort. 1882:238. t. 52~55. 1882.

1906 年,*Chaenomeles* Schneider in Fedde,Repert. Sp. Nov. 3:180. 1906.

1906 年,*Chaenomeles* Lindl. sect. *Euchoenomeles* Schneilder,III. Hand. Laubh. 1:729. 808. 1906. "*Euchaenomeles*".

1974 年,中国科学院中国植物志编辑委员会. 中国植物志(第三十六卷):350~351. 1974.

1974 年,中国科学院湖北植物研究所编著. 湖北植物志(第二卷):170. 1974.

1977 年,江苏省植物研究所编. 江苏植物志(上册):293. 1977.

1977 年,云南植物研究所编著. 云南植物志(第一卷):412. 1977.

1983 年,中国科学院植物研究所主编. 中国高等植物图鉴(第二册):243. 1983.

1984 年,安徽植物志协作组编. 安徽植物志:33~34. 1984.

1985 年,吴征镒主编. 西藏植物志(第二册):594~595. 1985.

1986 年,中国科学院西北植物研究所编著. 秦岭植物志·第一卷 种子植物(第二册):524. 1986.

1986 年,中国科学院西北植物研究所编著. 秦岭植物志·第一卷 种子植物(第二册):523. 1986.

1990 年,丁宝章,王遂义主编. 河南植物志(第二册):186~189. 1990.

1991 年,戴天澍等主编. 鸡公山木本植物图鉴:128. 1991.

1992 年,北京师范大学主编. 北京植物志(上册):399. 图345. 1992. 修订版.

1997 年,孙元龙,任宪威主编. 河北植物志:251. 1997.

2005 年,彭镇华主编. 中国长江三峡植物大全(上卷):528. 2005.

(二) 形态特征

落叶灌木,稀常绿,高达 3.0 m。小枝圆柱状,无毛,紫褐色,或黑褐色,疏生浅褐色皮孔,具枝刺。冬芽三角-卵球状,先端急尖,近无毛,或鳞片紫褐色,边缘具短缘毛。叶卵圆形至椭圆形,稀长椭圆形,长 3.0~9.0 cm,宽 1.5~5.0 cm,先端急尖,稀圆钝,基部楔形至宽楔形,边缘具尖锐锯齿,齿尖开展,无毛;萌枝叶下面沿脉有短柔毛;叶柄长约 1.0 cm;托叶大形,草质,肾形,或半圆形,稀卵形,长 5~10 mm,宽 12~20 mm,边缘有尖锐重锯齿,无缘毛。花先叶开放。花单生,或 3~5 朵簇生于 2 年生以上枝上,或枝刺上。单花具花瓣 5 枚,稀多枚,径 3~5 cm,花色有猩红色、大红色、粉红色,或与白色(带红晕)相嵌合,花瓣倒卵圆形,或近圆形,基部延伸成短爪,长 10~20 mm,宽 8~15 mm;雄蕊 45~50 枚,长约花瓣之半;花柱 5 枚,基部合生,无毛,或稍被毛,柱头头状,有不明显分裂,约与雄蕊等长;萼筒钟状,外面无毛;萼片直立,半圆形,稀卵圆形,长 3~4 mm,宽 4~5 mm,长约萼筒之半,先端钝圆,边缘全缘,或有波状齿,及黄褐色缘毛;花梗短粗,长约 3 mm 或近无柄。果实球状,或卵球状,径 3.5~6.0 cm,黄色,或带黄绿色,有稀疏不明显果点;萼片脱落;果梗短,或近于无梗。花期 3~5 月;果实成熟期 9~10 月。

二、贴梗海棠属分类

(一) 贴梗海棠亚属　原亚属

Chaenomeles Lindl. subgen. Chaenomeles

(二) 华丽贴梗海棠亚属　新亚属

Chaenomeles Lindl. subgen. × Superba(Frahm)T. B. Zhao,Z. X. Chen et Y. M. Fan, subgen. trans. comb. nov.

Subgen. trans. comb. nov. fretgibus deciduatibus. floribus ante foliis aperti vel floribus et foliis simultaneis. 5- vel 15~25-petalis in quoque flore rare pluyimissimis. staminibus multis distichis,rare tristichis vel dispersis;5~11-stylis non aequilongis.

Henan:Zhengzhou City. 2017-10-07. T. B. Zhao et Y. M. Fan, No. 201710074

（HNAC）.

　　本新亚属为落叶灌木,丛生。花先叶开放,或花叶同时开放。单花具花瓣 5 枚,或 15~25 枚,稀更多;雄蕊多数,2 轮排列,稀 3 轮排列,或散生;花柱 5~11 枚,长短不等。

　　Supplementary Description:

　　Deciduous bush, cluster, about 1. 5 m high, crown width 2. 0 m. Branches with branching prickles; current year branchlets are leafless. Twigs of more than 2 years old having solitary or clustered buds, mixed buds and leaf buds. Leaves alternate, or clustered, ovoid to oblong, surface dark green, glossy, apex pointed, or obtuse rounded, base cuneate, margin pointed serrate, or blunt teeth. Flowers solitary or 3 ~ 5 flowered in axils of leaves, branchlets, or sides of basal branches of twigs at or above 2 years old. After flowering, the leaves open, or open at the same time. Single flower with 5 petals, or 15 to 25 flowers, Spoon−circle, 1. 5 to 2. 0 cm long, 1. 0 to 1. 7 cm wide, white or dark red, etc. , Apex obtuse rounded, margin usually entire, base with long claws, Stamens numerous in 2−wheeled, rare 3−wheeled, or scattered. The anthers are golden in color, the length of filaments are different, and the lowest scattered stamens are hook− like inner − curved, and their dispersing stages are not consistent; Style 5 to 11, varying in length, some apex in head shape, some in headless shape. Calyx tube campanulate, cup − shaped, or bowl−shaped, glabrous outside; sepals 5, obtuse round, margin purplish red, margin ciliate, large sepal spacing. Pedicel 1 to 2 mm. Fruit globose, yellow.

　　形态特征补充描述:

　　落叶灌木,丛生,高 1. 5 m 左右,冠幅 2. 0 m。枝具枝刺,当年生枝枝刺上无叶、无叶,2 年生以上枝刺上有单生,或簇生花蕾及混合芽和叶芽。叶互生,或簇生,卵圆形至长圆形,表面暗绿色,具光泽,先端尖,或钝圆,基部楔形,边缘尖锯齿,或钝锯齿。花单生或 3~5 朵簇生于 2 年生以上枝的叶腋、枝刺上,或枝刺基部两侧。花先叶开放,或花叶同时开放。单花具花瓣 5 枚,或 15~25 枚,稀更多,匙状圆形,长 1. 5~2. 0 cm,宽 1. 0~1. 7 cm,白色,或深红色等,先端钝圆,边缘通常全缘,基部具长爪;雄蕊多数,2 轮排列,稀 3 轮排列,或散生,花药金黄色,花丝长短不等,最下面散生的雄蕊呈钩状内弯,其散粉期不一致;花柱 5~11 枚,长短不等,有的先端呈头状,有的无头状;萼筒有钟状、杯状,或碗状等,外面无毛;萼片 5 枚,钝圆,边部紫红色,边缘具缘毛,萼片间距大;花梗长 1~2 mm。果实球状,黄色。

　　本新亚属模式种:华丽贴梗海棠(傲卜贴梗海棠 Chaenomeles × superba(Frahm) Rehder。

　　本新亚属有 6 种、1 亚种:加利福尼亚杂种贴梗海棠 Chaenomeles × califormia C. Weber、斯拉尔克安杂种贴梗海棠 Chaenomeles × clarkiana C. Weber、华丽贴梗海棠及维里毛维尼阿娜杂种贴梗海棠(法国贴梗海棠)Chaenomeles × vilmoviniana C. Weber、杂种贴梗海棠 Chaenomeles × hybrid C. Weber、大理杂种贴梗海棠 Chaenomeles × daliensis(Z. X. Shao et B. Liu)T. B. Zhao, Z. X. Chen et Y. M. Fan、寒木瓜杂种贴梗海棠 Chaenomeles × specio−japonica T. B. Zhao, Z. X. Chen et Y. M. Fan, sp. trans. nov. 。1 亚种为洱源杂种贴梗海棠 Chaenomeles × daliensis(Z. X. Shao et B. Liu)T. B. Zhao, Z. X. Chen et Y. M. Fan subsp. + eryuanensis(Z. X. Shao et B. Liu)T. B. Zhao, Z. X. Chen et Y. M. Fan, subsp. trans. nov. 。

产地：美国、法国等。华丽贴梗海棠及部分栽培品种，中国有引种栽培。

三、贴梗海棠学名变更历史与形态特征

贴梗海棠（群芳谱），皱皮木瓜（中国植物志），贴梗木瓜（中国高等植物图鉴），铁脚梨（河北习见树本图说）图版 10：10、12，图版 11：10、12

（一）贴梗海棠学名变更历史

Chaenomeles speciosa（Sweet）Nakai in Jap. Journ. Bot. 4：331. 1929.

Cydonia speciosa Sweet, Hort. Suburb. Lond. 113. 1818. Holotype, pl. 692. in Curtis's abaot. Mag. 18. 1803.

1803 年，*Pyrus japonica* Sims in Bot. Mag. XVIII. t. 692（non Thunb. ）1803.

1806 年，*Malus japonica* Andrews, Bot. Repos. VII. T. 462. 1806.

1813 年，*Cydonia lagenaria* Loiseleir in Nouv. Duhamel, VI. 255. t. 76. 1813.

1813 年，*Cydonia lagenaria* Loiseleir in Duhamel, Traité Arb. Arbust. éd. augm. ［Nouv. Duhamel］6：255. t. 76. 1813.

1815 年，*Cydonia lagenaria* Loiseleir in Duhamel, Traite Arb. Arburst. （Nouv. Duhamel）6：255. pl. 76. 1815.

1817 年，*Cydonia lagenaria* Loiseleir, Herb. Amat. II. t. 73（non Persoon）. 1817.

1818 年，*Cydonia speciosa* Sweet, Hort. Suburb. Klond. 113. 1818.

1825 年，*Cydonia speciosa* Guimpel, Otto & Hayne, Abb. Fremd. Holzgew. 88. t. 70. 1825.

1834 年，*Chaenomeles japonica* Spach, Hist. Nat. Vég. Phan. II. 159（pro parte）. 1834.

1847 年，*Cydonia umbato* Roemer, Fam. Nat. Règ. Vég. Syn. 3：218. 1847. p. p.

1873 年，*Chaenomeles japonica* Spach *a. genuina* Maxim. in Bull. Acad. Sci. St. Pétersb. XIX：168（in Mél. Biol. 9：163）. 1873；non var. typica.

1891 年，*Cydonia citripoma* Carr. in Rev. Hort. 1876, 330. t. 1876. "*citripomma*"；1891：41. f. 1. 1891.

1900 年，*Cydonia japonoca* Spach var. *genuina* Ito in Tokyo, Bot. Mag. XIV. 117（Pl. Sin. Yoshi, I. 20）. 1900.

1908 年，*Cydonia japonoca* Spach var. *lagenaria* Makino in Tokyo Bot. Mag. XXII：64. 1908.

1909 年，*Cydonia japonica* Pers. var. *lagenaria*（Loisel. ）Makino in Bot. Mag. Tokyo, 22：64. 1908.

1909 年，*Chaenomeles lagenaria*（Loisel. ）Koidzumi in Bot. Mag. Tokyo, 23：173. 1909.

1913 年，*Chaenomeles angustifolia* Koiedzumi in Journ. Coll. Sci. Tokyo, 24, 2：97. 1913.

1915 年，*Chaenomeles eugenioides* Koidzumi in Bot. Mag. Tokyo, 29：160. 1915.

1916 年，*Chaenomeles lagenaria* Koidzumi in Tokyo Bot. XXIII：173. 1909；E. H. Wilson，PLANTAE WILSONIANAE. II：296~300. 1916.

1918 年，*Chaenomeles cardinalis*（Carr.）Nakai in Bot. Mag. Tokyo，32：145. 1918.

1963 年，C. Weber. CULTIVARS IN THE GENUS CHAENOMELES：Vol. 23. April 5. Number 3：30~50. 1963.

1934 年，周汉藩. 河北习见树木图说：115. 图 70. 1934.

1937 年，陈嵘著. 中国树木分类学：425. 图 325. 1937.

1956 年，侯宽昭编著. 广州植物志：297. 1956.

1959 年，裴鉴等. 江苏南部种子植物手册：352. 图 564. 1959.

1974 年，中国科学院植物研究所主编. 中国植物志（第三十六卷）：352~352. 图版 48：1~5. 1974.

1977 年，江苏省植物研究所编. 江苏植物志（上册）：294. 图 1198. 1977.

1977 年，云南植物研究所编著. 云南植物志（第一卷）：413~414. 图 102：1~4. 1977.

1983 年，中国科学院植物研究所主编. 中国高等植物图鉴（第二册）：243. 图 2216. 1983.

1984 年，华北树木志编写组编. 华北树木志：273~274. 图 283. 1984.

1985 年，吴征镒主编. 西藏植物志（第二册）：595. 1985.

1986 年，中国科学院西北植物研究所编著. 秦岭植物志·第一卷 种子植物（第二册）：524~525. 图 439. 1986.

1986 年，安徽植物志协作组编. 安徽植物志（第二卷）：34~35. 图 934. 1986.

1990 年，丁宝章，王遂义主编. 河南植物志（第二册）. 187~188. 图 972. 1990.

1991 年，戴天澍等主编. 鸡公山木本植物图鉴：127. 图 254. 1991.

1992 年，北京师范大学主编. 北京植物志（上卷）：378~379. 图 465. 1992. 修订版.

1994 年，朱长山，杨好伟主编. 河南种子植物检索表：171. 1994.

1997 年，孙元龙，任宪威主编. 河北植物志：252~253. 图 280. 1997.

2004 年，李法曾主编. 山东植物精要：292. 图 1032. 2004.

2004 年，张桂荣著. 木瓜：25~31. 2009.

2005 年，彭镇华主编. 中国长江三峡植物大全（上卷）：529. 图 613. 2005.

2006 年，徐来富主编. 贵州野生木本花卉：212. 彩片 3. 2006.

2011 年，宋良红，李全红主编. 碧沙岗海棠：90. 2011.

2018 年，赵天榜等主编. 郑州植物园种子植物名录：126~129. 2018.

牧野富太郎. 牧野 新日本植物圖鑑（改正版）：260. 图. 昭和五十四年.

牧野富太郎著. 增铺版 牧野 日本植物圖鑑：464. 第 1392 图. 昭和廿十四年.

（二）形态特征

落叶直立、丛生灌木，或小乔木，高 2.0~6.0 m；树皮褐色，光滑。小枝圆柱状，直立、平伸，或斜展，粗壮，无毛，或密被茸毛，紫褐色，疏生浅褐色皮孔，具细枝刺；幼枝紫褐色，被柔毛，后无毛，或密被茸毛。1 年生枝刺短，顶生，或腋生，通常 2~5 节，无叶、无芽。2 年生以上枝刺，在节间叶腋处、枝刺基部两侧、顶部形成花蕾、混合芽，或叶芽，有时丛生短小枝顶端形成花蕾。芽有：顶芽（叶芽、混合芽）和腋芽。混合芽有顶生与腋生 2 种，着生于多年生枝、干上。冬芽三角-卵球状,先端急尖,近无毛,或鳞片紫褐色,边缘具短缘毛。叶有大型叶与小型叶之分。小型叶着生于直立、灌丛植株上,叶卵圆形、宽卵圆形、椭圆形,长2.5~4.5 cm,宽1.5~2.5 cm。大型叶着生于枝稀,或平展的植株上,叶宽倒椭圆形、卵圆形、椭圆形,披针形、倒卵圆-披针形、宽椭圆形、柳叶形,稀长椭圆形,长3.0~9.0 cm,宽1.5~5.0 cm,表面绿色,或深绿色,无毛,背面淡绿色,疏被短柔毛,主脉明显突起,疏被柔毛,先端急尖,或渐尖、圆钝,基部楔形至宽楔形,边缘具白色狭边及芒状尖锯齿,稀重锯齿,齿尖开展,有时近全缘,无毛缘;叶柄长约1.0 cm,被柔毛,后无毛。幼叶表面绿色,带淡紫色晕,疏被柔毛,背面密被褐色茸毛,后脱落近于无毛;萌枝叶背面沿脉有短柔毛;叶柄长约1.0 cm;托叶大,革质,肾形,或半圆形,稀圆形、卵圆形,长0.5~1.5 cm,宽8~20 mm,边缘具芒状尖锯齿,无缘毛,背面密被褐色茸毛。花先叶开放,或同时开放。花单生,或2~6朵簇生于2年生以上枝上叶腋,或枝刺上,或枝刺基部两侧,以及叶丛枝顶端。花两性。花径3~5 cm。单花具花瓣5枚,稀10~15~20枚,倒卵圆形,或匙状圆形,有时呈不规则形,长1.0~1.5 cm,宽8~15 mm,猩红色、绯红色、紫色、白色、粉红色及多色、淡粉色、红色,或白色与白色(带红晕)相嵌合,基部具爪,爪长10~20 mm,宽8~15 mm;雄蕊45~60枚,花丝水粉色,或白色,长短不等,长约为花瓣一半,两轮排列于萼筒内面上部。萼筒2种类型:① 不孕花:萼筒钟状,小而短,外面无毛,或微被毛;萼片5枚,卵圆形、椭圆形,直立,长3~5 mm,宽3~4 mm,先端钝圆至截形,边缘全缘,或具波状齿及褐色缘毛;无花柱,或花柱长约2~3 mm。② 可孕花:萼筒圆柱状,上部较粗,中部稍凹,基部稍膨大,长1.5~2.0 cm,径8~12 mm,其内花柱通常与雄蕊等高,或显著高于雄蕊;雄蕊5枚,稀11枚,中部合生处膨大,密被短柔毛,或茸毛,合生处下部无毛,基柱无毛;柱头头状;萼片直立,半圆形,稀卵圆形,长3~4 mm,宽4~5 mm,长约萼筒之半,先端钝圆,边缘全缘,或有波状齿,及黄褐色缘毛;花梗短粗,长约3 mm或近无柄。果实椭圆体状、纺锤状、卵球状,或近圆柱状,稀小球状,长8.0~12.0 cm,径3.5~6.0 cm,黄色有红晕、黄绿色、深绿色,果点白色,明显,或不明显,表面平滑,或具明显纵钝棱与沟;上部渐细,先端平,或微凹,稀有突起;萼筒脱落,或宿存,肉质化,膨大,呈瘤状;萼片脱落;萼洼与梗洼四周具明显纵钝棱与沟,或无纵钝棱与沟。果梗短,或近于无梗。花期3~5月,果实成熟期9~10月。

产地:木瓜贴梗海棠特产中国。山东、陕西、湖北、江西、湖南、河南、贵州、浙江、广东、广西、云南、四川等省(区、市)有分布与栽培。河南各市有栽培。长垣县有大面积栽培。

用途:主要栽培供观赏,还可做盆栽。果实入药,有驱风、舒筋、活络、镇痛、消肿、顺气之效。

产地:贴梗海棠特产中国。湖北、陕西、甘肃、四川、贵州、云南、广东、河南、河北、山东、山西、安徽、浙江等省(市)广泛栽培。2015年至2017年6月25日,赵天榜、陈志秀和范永明等,采集的标本,存河南农业大学。

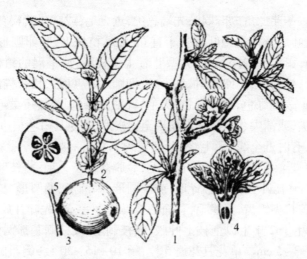

图 7-2　贴梗海棠 Chaenomeles speciosa(Sweet)Nakai

1. 花与叶枝,2. 叶枝,3. 果实,4. 花纵剖面,5. 果实横剖面(选自《中国树木志》)。

(三)形态特征补充描述:

Supplementary Description:

Deciduous shrubs, or small trees, 2.0 m tall; bark brown, smooth. Branchlets terete, glabrous, purple-brown, or dark brown, sparsely brownish lenticels, spiny. Branches terminal, or axillary, usually leafless, bud free, rare leaf or sprouted. 2-year-old branches without wood nodule, or with wood nodule rarely. Terminal leaf buds triangular-egg globose, apex acute, subglabrous, or scales margin ciliate, purple-brown. Axillary leaf buds, small, apex acute, bud scales glabrous outside, or pubescent. Leaves alternate, or clustered, ovoid, elliptic, lanceolate, thinly elliptic, 3.0 to 9.0 cm long, 1.5 to 5.0 cm wide. Apex obtuse rounded, or obtuse, acute, sparsely rounded, base cuneate to broadly cuneate, margin obtuse, margin obtuse serrate, or heavily obtuse, toothed apex spreading, glabrous. Young leaves pubescent on the back, or glabrous. Petiole about 1.0 cm, pubescent or glabrous, stipules suborbicular, reniform, large, thick papery, margin broadly pointed, base short and broadly petiolate. not caducous. After flowering, the leaves open, or before flowering, Hermaphroditism (with infertile and fertile bisexual flowers). Single born, Fascicled on the base of the upper branches of the annual branches, or on the spines of the branches. Summer, autumn and winter flowers (early October), solitary, or inflorescence. Single flower with 5 petals, 15 to 55 sparsely spaced, 3.0 to 5.0 cm in diameter, obovular, spoonlike circles, etc. scarlet, bright red, brick red, orange, pink, white light green and multicolored, apex obtuse, retuse, base extending into short claws, 10～15 mm in length and 8～13 mm in width. The stamens are 40 to 50, rare 60 or more, the filaments of which are not equal in length or length, and arranged in two rounds, scattered and dilute. Style 5, dilute 11, base connate dilated, pubescent, or glabrous, nearly as long as stamens, or long. Stigma capitate, inconspicuously divided, ca. As long as stamens; ovule multiple per ovary. Calyx tube campanulate, cup-shaped, bowl shaped and bell shaped-terete, outside glabrous. Sepals suborbicular, shorter than calyx tube, both surfaces glabrous, no reflex, margin ciliate. Pedicel short thick, about 3 mm or subsessile. There are two kinds of flowers, which are fertile flowers and infertile flowers, and the difference is significant. Sterile ovary and style undeveloped or stunted. Fruit has large, small size. Large fruit oval, spindle-shaped, or terete, 3.5 to 6.0 cm in diameter. Small fruit ovoid, globose, 2.0 to 3.0 cm in diameter, yellow, or yellowish-green, with sparsely and inconspicuous spots. Calyx exfoliated, or persistent calyx fleshy, tuberculate; fruiting pedicel short, or nearly sessile. Fruit with many seeds, rare without seeds. The flowering period is from March to May, and the fruit maturity is from August to October.

　　落叶丛生灌木,或小乔木,高达 2.0 m;树皮褐色,光滑。小枝圆柱状,无毛,紫褐色,或黑褐色,疏生浅褐色皮孔,具枝刺;枝刺顶生,或腋生,其上通常无叶、无芽,稀有叶、有芽;2 年生枝无瘤状突起,稀具瘤状突起。顶生叶芽三角-卵球状,先端急尖,近无毛,或鳞片边缘具短缘毛,紫褐色。腋生叶芽,小,先端急尖,芽鳞外面无毛,或被短柔毛。叶互生,或簇生、卵圆形、椭圆形、披针形,稀长椭圆形,长 3.0~9.0 cm,宽 1.5~5.0 cm,先端钝圆,或钝尖、急尖,稀钝圆,基部楔形至宽楔形,边部下延,边缘钝锯齿,或重钝据齿,齿尖开展,无缘毛;幼叶背面被短柔毛,或无毛;叶柄约 1.0 cm;被短柔毛,或无毛;托叶近圆形、肾形,大,厚纸质,边缘具宽尖锯齿,基部具短而宽柄。不早落。花先叶开放,或花后叶开放。花两性(有不孕两性花与可孕两性花)。单生,或 2~5(~6)枚簇生于 2~5 年生枝上枝刺基部两侧,或枝刺上。有夏花、秋花与冬花(10 月上旬),单生,或呈花序状花。单花具花瓣 5 枚,稀 15~55 枚,径 3.0~5.0 cm,倒卵圆形、匙状圆形等多形状,猩红色、大红色、砖红色、橙色、粉红色、白色淡绿色及多色,先端钝圆、微凹,基部延伸成短爪,长 10~15 mm,宽 8~13 mm;雄蕊 40~50 枚,稀 60 枚以上,花丝不等长,2 轮排列,稀散生;花柱 5 枚,稀 11 枚,基部合生处膨大,被短柔毛,或无毛,与雄蕊近等长,或长;柱头头状,有不明显分裂,约与雄蕊等长;每子房室多胚珠;萼筒钟状、杯状、碗状与钟状-圆柱状,外面无毛;萼片近圆形,比萼筒短,两面无毛,不反折,边缘具缘毛;花梗短粗,长约 3 mm 或近无柄。花有可孕花和不孕花 2 种,区别显著,不孕花子房与花柱不发育,或发育不良。果实分大型、小型。大型果卵球状、纺锤状,或圆柱状,径 3.5~6.0 cm;小型果卵球状、球状,径 2.0~3.0 cm,黄色,或带黄绿色,有稀疏不明显斑点;萼脱落,或宿萼肉质化呈瘤状突起;果梗短,或近于无梗。果实具多数种子,稀无种子。花期 3~5 月;果实成熟期 8~10 月。

　　产地:贴梗海棠原产中国。湖北、河南、河北等省(区、市)均有栽培。

　　用途:主要栽培供观赏。

四、贴梗海棠种质资源与栽培品种资源

(一)亚种、变种资源

Ⅰ. 贴梗海棠 原亚种

Chaenomeles speciosa(Sweet)Nakai subsp. speciosa.

1. 贴梗海棠 原变种

Chaenomeles speciosa(Sweet)Nakai var. speciosa.

2. 大叶贴梗海棠　变种

Chaenomeles speciosa(Sweet)Nakai var. megalophylla T. B. Zhao,Z. X. Chen et Y. M. Fan,2018 年,赵天榜等主编. 郑州植物园种子植物名录:127. 2018。

本变种主干少。小枝稀少,平展。叶大型,宽倒椭圆形。7 月有 2 次花。单花具花瓣5 枚,红色。果实长椭圆体状,较大,表面深绿色,具光泽,果点白色。单果重 82.0~110.0g。果肉汁多、质脆,味酸,翠绿色。

Supplementary Description:

Deciduous shrubs, less trunk; lateral branches sparse, spreading. 2-year-old branches with short pointed spines. Leaves large, broad-rounded, 6.0 to 8.0 cm long, 4.0 to 6.0 cm wide, dark green, apex blunt rounded, narrowly cuneate at base, decurrent, margin with sharp double serrated; stipules reniform, apex pointed. Flowers solitary or 2 to 5 clustered on 2-year-old branches. Flowering on the second time in July. Flower 3.5 to 4.5 cm in diameter. Single flower has 5 petals, spoon-round, dark red, uneven, short claws. Flowers divided into infertile bisexual flowers and fertile bisexual flowers. There are two types of calyx tube:① bell-shaped(infertile bisexual flower)and its stylus usually undeveloped;② long cylindrical(fertile bisexual flowers), dark red of sun surface, outside glabrous. thicker in the upper part, slightly concave in the middle part, slightly larger in the base, both stamen and pistil in anthesis are developed. The fruit is ellipsoidal, larger, 5.5 to 6.5 cm long and 6.0 to 6.5 cm in diameter. The surface is green, glossy, and the fruit spots are white and obvious. The apex is rounded. Calyx depression is deep. Slightly blunt longitudinal edges and grooves around; calyx falling off, calyx depression, dark brown, base column persistent, densely with white short hairs or calyx and stamen sere, filament persistent; base blunt rounded, stems deeper, without blunt edges and grooves rounded. Single fruit weight is 82.0 to 110.0 g. Lots of fruit juice, crisp, sour and green.

Henan:Zhengzhou City and Zhengzhou Botanical Garden. 2015-04-05. T. B. Zhao et Z. X. Chen,No. 201504159(branches, leaves and flowers). Type specimen, deposited in Henan Agricultural University. 2017-08-25. T. B. Zhao,Z. X. Chen et Y. M. Fan,No. 201708251(branches, leaves and fruits) deposited in Henan Agricultural University.

形态特征补充描述:

落叶灌丛,主干少;侧枝稀疏,平展。2 年生枝具短尖枝刺。叶大型,宽倒椭圆形,长6.0~8.0 cm,宽 4.0~6.0 cm,深绿色,先端钝圆,基部狭楔形,下延,边缘具尖锐重锯齿;托叶肾形,先端尖。花单生,或 2~5 朵簇生于 2 年生枝上。7 月有 2 次花。花径 3.5~4.5 cm。单花具花瓣 5 枚,匙-圆形,深红色,不平展,具短爪。花有不孕两性花及可孕两性花 2 种;萼筒有 2 种类型:① 钟状(不孕两性花),其内花柱通常不发育;② 长圆柱状(可孕两性花),阳面深红色,外面无毛,上部较粗,中部稍凹,基部稍膨大。花内雄蕊雌蕊均发育。果实长椭圆体状,较大,长 5.5~6.5 cm,径 6.0~6.5 cm,表面绿色,具光泽,果点白色,明显,先端钝圆,萼洼较深,四周微具钝纵棱与沟纹;萼片脱落,萼洼深,黑褐色,基柱宿存,密被白色短毛,或萼片、雄蕊干枯,花丝宿存;基部钝圆,梗洼较深,四周无钝纵棱与沟纹。单果重 82.0~110.0 g。果肉汁多、质脆,味酸,翠绿色。

　　产地:河南。郑州市、郑州植物园有栽培。2015 年 4 月 5 日。赵天榜和陈志秀,No. 201504159(枝、叶与花),存河南农业大学。2017 年 8 月 25 日。赵天榜、陈志秀和范永明,No. 201708251(枝、叶与果实)标本,存河南农业大学。

　　3. 小叶贴梗海棠　变种

Chaenomeles speciosa(Sweet)Nakai var. parvifolia T. B. Zhao,Z. X. Chen et Y. M. Fan,2018 年,赵天榜等主编. 郑州植物园种子植物名录:127. 2018。

　　本变种为丛生灌丛。小枝很多,直立、很短。叶小型,卵圆形、圆形。单花具花瓣 5 枚,深红色。果实近球状,长 4.0~5.0 cm,径 4.5~5.0 cm,表面淡黄白色,具光泽,无棱,果点白色,明显。单果重 10.0~15.0 g。

Supplementary Description:

Deciduous thickets,with many main branches;the branchlets are dark brown,erect and short. Leaves small,oval,round,1.0 to 3.0 cm long,1.0 to 2.0 cm wide,green surface,glabrous;Abaxially pale green,glabrous,apex obtuse,base cuneate,margin with blunt serrate,glabrous. Flowers have infertile bisexual flowers and fertile bisexual flowers. There are two types of calyx tube:① bell-shaped (infertile bisexual flower) and its stylus usually undeveloped; ② cylindrical (fertile bisexual flowers),The upper part is thick,the middle part is concave slightly,and the base is slightly enlarged. both stamen and pistil in anthesis are developed. Single flower with 5 petals,red. The fruit is nearly globose,4.0 to 5.0 cm long and 4.5 to 5.0 cm in diameter. The surface is yellowish-white and the fruit spots are white and obvious. The apex is rounded. Calyx depression is deep. Slightly blunt longitudinal edges and grooves around;calyx falling off,calyx depression,There was no obvious furrow and furrow around,dark brown,base column persistent,densely white pubescent, or glabrous,base ton round,stalked deeper,surrounded by slightly obtuse longitudinally ribbed and furrowed . Single fruit weight is 10.0 to 15.0 g.

Henan:Zhengzhou City and Zhengzhou Botanical Garden. 2017-08-04. T. B. Zhao,Z. X. Chen et Y. M. Fan,No. 201708043(branches,leaves and fruits). Type specimen,deposited in Henan Agricultural University. 2016-04-15. T. B. Zhao,Z. X. Chen et Y. M. Fan, No. 201604151 (branches, young leaves and flowers),deposited in Henan Agricultural University.

　　形态特征补充描述:

　　落叶丛生灌丛,主枝多;小枝黑褐色,直立、短。叶小型,卵圆形、圆形,长 1.0~3.0 cm,宽 1.0~2.0 cm,表面绿色,无毛,背面淡绿色,无毛,先端钝圆,基部楔形,边缘具钝锯齿,无缘毛。花有不孕两性花及可孕两性花 2 种;萼筒有 2 种类型:① 钟状(不孕两性花),其内花柱通常不发育;② 圆柱状(可孕两性花),上部较粗,中部稍凹,基部稍膨大。其内雄蕊雌蕊均发育。单花具花瓣 5 枚,红色。果实近球状,长 4.0~5.0 cm,径 4.5~5.0 cm,表面淡黄白色,果点白色,明显,先端钝圆,萼洼较深,四周微具钝纵棱与沟纹;萼片脱落,萼洼深凹,四周无明显钝棱与沟,黑褐色,基柱宿存,密被白色短毛,或无毛;基部钝圆,梗洼较深,四周微具钝纵棱与沟纹。单果重 10.0~15.0 g。

产地:河南。郑州市、郑州植物园。2017 年 8 月 4 日。赵天榜、陈志秀和范永明,No. 201708043(枝、叶与果实)。模式标本,存河南农业大学。2016 年 4 月 15 日。赵天榜、陈志秀和范永明,No. 201604151(枝、幼叶与花),存河南农业大学。

4. 棱果贴梗海棠　变种

Chaenomeles speciosa(Sweet)Nakai var. angulicarpa T. B. Zhao, Z. X. Chen et H. Wang,2018 年,赵天榜等主编. 郑州植物园种子植物名录:128. 2018。

本变种小枝褐色,无毛。果实近球状,长 2.0~3.0 cm,径 2.0~3.5 cm,深绿色,具明显的钝纵棱与纵沟纹。单果重 5.0~10.0~20.0~26.0 g。

Supplementary Description:

Deciduous shrubs, 2.5 m tall. Few branches, flat. Branchlets brown, glabrous. Leaves broadly elliptic, broadly elliptical, 2.0 to 5.0 to 7.0 cm long, 1.5 to 2.5 to 4.5 cm wide, surface dark green, glabrous, abaxially light green, sparsely pubescent along veins, apex rounded, shortly pointed, base cuneate or broadly cuneate, bilateral asymmetrical, margin finely serrate, interdentate glandular, stipules semicircular, reniform, surface dark green, glabrous, margin serrate, margin with small glandular dots, base margin entire, brownish ciliate; deformed leaflet semicircular, obovate, surface dark green, glabrous, margin with fine serrated teeth, glands between teeth, apex deeply concave, base margin entire; petiolule with sparse hair. Petiolule of stipule has brownish pubescent. Blooming first, then growing leaves. Flowers solitary, 3 to 5 clusters are born on 2-year-old branches. Single flower with 5 petals, obovate, 1.0 to 1.7 cm long, 8 to 12 mm wide, red. Fruit globose nearly, apex slightly slender, 3.5 to 4.0 cm long, 3.5 to 4.0 cm in diameter, dark green, with obvious longitudinal and shallow grooves, fruit spots white and small, obvious; calyx depression is small and oblique, slightly deep concave, blunt longitudinal edges and grooves around; calyx falling off, base flat, with a wide longitudinal blunt edge; The branches are pale yellow and white, with deep and concave stalks, and there are no obvious broad edges and furrows around them. Single fruit weight is 5.0 to 10.0 to 20.0 to 26.0 g.

Henan: Zhengzhou City and Zhengzhou Botanical Garden. 2017-08-27. T. B. Zhao, Z. X. Chen et H. Wang, No. 201708279(branches, leaves and fruits). Type specimen, deposited in Henan Agricultural University. 2017-04-20. T. B. Zhao et Z. X. Chen, No. 201704204 (branches, leaves and flowers), deposited in Henan Agricultural University.

形态特征补充描述:

落叶丛生灌木,高达 2.5 m。干、枝少,平展。小枝褐色,无毛。叶宽椭圆形、宽椭圆形,长 2.0~5.0~7.0 cm,宽 1.5~2.5~4.5 cm,表面深绿色,无毛,背面浅绿色,沿脉疏被短柔毛,先端钝圆、短尖,基部楔形,或宽楔形,两侧不对称,边缘具细锯齿,齿间具腺体;托叶半圆形、肾形,表面深绿色,无毛,边缘具细锯齿,齿间具小腺点,基部边缘全缘,具褐色缘毛;畸形小叶半圆形、倒卵形,表面深绿色,无毛,边缘具细锯齿,齿间具小腺点,先端深凹,基部边缘全缘;小叶柄具疏毛。托叶柄具褐色短柔毛。花先叶开放。花单生,3~5 朵簇生于 2 年生枝上。单花具花瓣 5 枚，倒卵圆形，长 1.0~1.7 cm，宽 8~12 mm，红色。果实。果实近球状，先端稍细，长 3.5~4.0 cm，径 3.5~4.0 cm，深绿色，具明显的钝纵棱与浅沟纹，果点白色小，明显；萼洼小偏斜，稍深凹，四周具明显钝棱与沟，萼脱落；基部平，具宽纵钝棱；贴枝处浅黄白色，梗洼深凹，四周无明显宽棱与沟纹。单果重 5.0~10.0~20.0~26.0 g。

河南：郑州市、郑州植物园。2017 年 8 月 27 日，赵天榜、陈志秀和王华，No. 201708279（枝、叶与果实）。模式标本，存河南农业大学。2017 年 4 月 20 日。赵天榜和陈志秀，No. 201704204（枝、叶与花），存河南农业大学。

5. 白花贴梗海棠　变种　图版 14:1~13

Chaenomeles speciosa（Sweet）Nakai var. alba（Lodd）Nakai?；2018 年，赵天榜等主编. 郑州植物园种子植物名录：128. 2018；*Pyrus japonica alba* Lodd. Bot. Cab. 6541. pl. 1821；*Pyrus japonica alba* Späth，Späth－Buch，220. 1930；*Chaenomeles japonica nivalis* Lemoine Nurs.，Nancy，Fr.，Cat. 1881，without description；2004 年，王嘉祥. 山东皱皮木瓜品种分类探讨. 园艺学报，31(4):520~521；2003 年，郭帅. 观赏木瓜种质资源的调查、收集、分类及评价（D）。

本变种落叶灌木，高 3.0 m。小枝直立生长，深紫褐色，无毛，或被柔毛，密被深紫褐色小点。短枝上叶，簇互生，卵圆形、椭圆形，小型叶近圆形，长（1.0~）2.0~3.0 cm，宽（0.5~）1.0~1.5 cm，表面绿色，无毛，具光泽，背面淡黄绿色，无毛，先端钝圆、短尖，基部楔形，边缘具弯曲钝锯齿，齿端具芒尖。花白色，单生，或 2~3 朵簇生在短枝上。花两型：① 可育花，萼筒圆筒状，上粗，下细，淡绿色，无毛，长 1.0~1.2 cm，萼筒内面基部淡绿色；萼片 5 枚，近圆形，边缘有疏缘毛；雄蕊多数，两轮着生在萼筒上部，花丝长短悬殊，浅白色，无毛；花柱 5 枚，稀 7 枚，无毛，基部合生占花柱长序 1/3，长于雄蕊。②不育花，萼筒短漏斗状，花柱不发育，花柱极短，或无，其他与可育花相同。单花具花瓣 5 枚，通常匙状近圆形，纯白色，近圆形，花瓣长 1.2~1.5 cm，宽 1.5~1.7 cm，具 2~3 mm 长爪。花期 4 月上旬。

地点：河南郑州市湿地公园有栽培。2017 年 4 月 2 日。赵天榜和陈志秀，No. 201704021，存河南农业大学。

6. 异果贴梗海棠　新变种

Chaenomeles speciosa（Sweet）Nakai var. triforma T. B. Zhao et Z. X. Chen，var. nov.

A var. nov. fructibus 3－formis：① globosis，② ovaideis，③ obellipsoidei，flavo－virentibus，conspicuo angulis obtusis.

Henan：Zhengzhou City. 2015-08-25. T. B. Zhao，Z. X. Chen et Y. M. Fan，No. 201508251（HNAC）.

本新变种与贴梗海棠原变种 Chaenomeles speciosa（Sweet）Nakai var. speciosa 主要区别：果实 3 种类型：① 球状，② 卵球状，③ 倒椭圆体状，黄绿色，具明显纵钝棱。

Supplementary Description：

The new variety is deciduous shrub，2.0 m tall. Leaves ovoid，2.0 to 3.5 cm long，1.5 to 2.0 cm wide，apex rounded，base cuneate. . Blooming first，then growing leaves. Flowers solitary, white, 3 to 5 clusters are born on 2-year-old branches. Single flower with 5 petals, obovate, 1. 0 to 1. 7 cm long, 8 to 12 mm wide, red. There are 3 types of fruit：① globose, ② ovoid globose, ③ inverted ellipsoidal, yellowish green, with obvious longitudinal blunt edges.

　　Henan：Zhengzhou City. 2015-04-25. T. B. Zhao et Z. X. Chen, No. 201504059（branches, leaves and flowers）. 2015-08-25. T. B. Zhao et Z. X. Chen, No. 201508251（branches, leaves and fruits）. Type specimen, deposited in Henan Agricultural University.

　　形态特征补充描述：

　　本新变种为落叶丛生灌木,高达 2. 0 m。叶卵圆形,长 2. 0~3. 5 cm,宽 1. 5~2. 0 cm,先端钝圆,基部楔形。花先叶开放。花白色,单生,3~5 朵簇生于 2 年生枝枝上。单花具花瓣 5 枚, 倒卵圆形, 长 1. 0~1. 7 cm,宽 8~12 mm,红色。果实 3 种类型:① 球状,② 卵球状,③ 倒椭圆体状, 黄绿色, 具明显纵钝棱。

　　产地：河南。郑州市栽培。2015 年 4 月 5 日。赵天榜和陈志秀, No. 201504059（枝、叶与花）。2015 年 8 月 25 日。赵天榜和陈志秀, No. 201508251（枝、叶与果实）。模式标本, 存河南农业大学。

　　7. 小果贴梗海棠　新变种

　　Chaenomeles speciosa（Sweet）Nakai var. parvicarpa T. B. Zhao et Z. X. Chen, var. nov.

　　A var. nov. fructibussubglobosis 2. 0~3. 0 cm longis, diametibus 2. 0~3. 5 cm, atrovirentibus, conspicuo angulis et sulcatis. Fructibus 5. 0~10. 0 g.

　　Henan：Zhengzhou City. 2017-08-25. T. B. Zhao, Z. X. Chen et Y. M. Fan, No. 201708251（HNAC）.

　　本新变种与贴梗海棠原变种 Chaenomeles speciosa（Sweet）Nakai var. speciosa 主要区别：果实近球状,长 2. 0~3. 0 cm,径 2. 0~3. 5 cm;深绿色,具明显的钝纵棱与浅沟纹。单果重 5. 0~10. 0 g。

　　Supplementary Description：

　　The new variety is deciduous shrub, 2. 5 m tall. Branchlets brown, glabrous. Leaves broadly elliptic, ovoid, 2. 0 to 4. 0 cm long, 1. 5 to 2. 2 cm wide, Surface green, glabrous, abaxially light green, sparsely pubescent along veins, apex rounded obtuse, base cuneate, margin with fine serrated teeth, glands between teeth; deformed leaflets semicircular, obovate, surface dark green, glabrous, with fine serrated teeth edges, glands between teeth; apex deeply concave or rounded, base margin entire; leaf petiole with sparse hairs. Blooming first, then growing leaves. Flowers solitary, 3 to 5 clusters are born on 2-year-old branches. Single flower with 5 petals, obovate, 1. 0 to 1. 7 cm long, 8 to 12 mm wide, red. The fruit is globose nearly, 2. 0 to 3. 0 cm long, 2. 0 to 3. 5 cm in diameter; dark green, with obvious longitudinal and blunt edges shallow grooves, fruit spots is white and small, obvious; calyx depression round, deeply concave, surrounded by obvious edges and grooves; calyx falling off, the base of persistent column swollen, pale light yellow white; base with wide longitudinal blunt edges; light yellow white of close to the branches, stems deeper, without obvious wide longitudinal blunt edges and grooves around, or obvious slightly. Single fruit weight is 5.0 to 10.0 g.

Henan:Zhengzhou City. 2017-08-25. T. B. Zhao, Z. X. Chen et Y. M. Fan, No. 201708251 (branches,leaves and fruits). Type specimen,deposited in Henan Agricultural University.

形态特征补充描述：

本新变种为落叶丛生灌木,高达 2.5 m。小枝褐色,无毛。叶宽椭圆形、卵圆形,长 2.0~4.0 cm,宽 1.5~2.2 cm,表面绿色,无毛,背面浅绿色,沿脉疏被短柔毛,先端钝圆,基部楔形,边缘具细锯齿,齿间具腺体;畸形小叶半圆形、倒卵形,表面深绿色,无毛,边缘具细锯齿,齿间具小腺点,先端深凹,或钝圆,基部边缘全缘;小叶柄具疏毛。花先叶开放。花单生,3~5 朵簇生于 2 年生枝枝上。单花具花瓣 5 枚,倒卵圆形,长 1.0~1.7 cm,宽 8~12 mm,红色。果实近球状,长 2.0~3.0 cm,径 2.0~3.5 cm,深绿色,具明显的钝纵棱与浅沟纹,果点白色小,明显;萼洼圆形,深凹,四周具明显钝棱与沟;萼脱落,宿柱基部膨大,淡黄白色;基部具宽纵钝棱;贴枝处浅黄白色,梗洼深凹,四周无明显宽棱与沟纹,或稍明显。单果重 5.0~10.0 g。

产地:河南。郑州市有栽培。2017 年 8 月 25 日。赵天榜、陈志秀和范永明,No. 201708251(枝、叶与果实)。模式标本,存河南农业大学。

8. 常绿贴梗海棠　新变种　图版 10:4

Chaenomeles speciosa(Sweet)Nakai var. sempervirens T. B. Zhao,Z. X. Chen et Y. M. Fan,var. nov.

A var. nov. frutibus sempervirentibus cespitosis ca. 1.5 m aitis. ramulosis cespitosis plerumque obliquis curvis. foliis ellipticis et ovatibus,3.0~5.0 cm longis 2.5~3.0 cm latis, supra atrovirentibus,glabris subtus viriduli apice obtusosbasi cuneatis margine serrulati. Flotibus ante foliis apertis. 1-floribus 5-petalis in quoque flore,spathulati-rotundatis rubris.

Henan:Zhengzhou City. 2017-04-20. T. B. Zhao,Z. X. Chen et Y. M. Fan, No. 201704201(HNAC).

本新变种与贴梗海棠原变种 Chaenomeles speciosa(Sweet)Nakai var. speciosa 主要区别:植株为常绿灌丛,高约 1.5 m。丛生枝通常细,斜弯曲。叶椭圆形、卵圆形,长 3.0~5.0 cm,宽 2.5~3.0 cm,表面深绿色,无毛,背面浅绿色,先端钝圆,基部楔形,边缘具尖锯齿。花先叶开放。花单生。单花具花瓣 5 枚,匙-圆形,红色。

产地:河南。郑州市有栽培。2017 年 4 月 20 日。赵天榜、陈志秀和范永明,No. 201704201(枝、叶与花)。模式标本,存河南农业大学。

9. 密毛贴梗海棠　新变种

Chaenomeles speciosa(Sweet)Nakai var. densivillosa T. B. Zhao,Z. X. Chen et D. F. Zhao,var. nov.

A var. nov. ramulis brunneis, laxe villosis;ramulis in juvenilibus dense villosis. foliis ellipticis,anguste ellipticis,2.5~5.5 cm longis,1.7~2.2 cm latis,supra viriidiis sparse villosis, subtus viriidiis dense villosis,apice obtusis cum acumine,acuminatis,basi cuneatis margine crenatis;petiolis 1.0~1.3 cm longis,dense viriidiis. foliis in juvenilibus dense villosis. 5-petalis in quoque flore, rubris. frutibus ovatis 3. 0 ~ 5. 0 cm longis cinerei - albis, supra imparibus, 5 - angulis conspicuis obtusis; calycibus deciduis vel conservatis.

Henan: Zhengzhou City. 2012-05-24. T. B. Zhao, Z. X. Chen et D. F. Zhao, No. 201205245(HNAC).

本新变种与贴梗海棠原变种 Chaenomeles speciosa(Sweet)Nakai var. speciosa 主要区别:小枝褐色,疏被长柔毛;幼枝密被褐色长柔毛。叶椭圆形、狭椭圆形,长 2. 5 ~ 5. 5 cm,宽 1. 7 ~ 2. 2 cm,表面绿色,疏被长柔毛,背面淡绿色,密被长柔毛,先端钝尖、渐尖,基部楔形,边缘具钝重锯齿;叶柄长 1. 0 ~ 1. 3 cm,密被长柔毛。幼叶紫色,密被长柔毛。单花具花瓣 5 枚,红色。果实球状,长 3. 0 ~ 4. 0 cm,灰白色,表面凸凹不平,具明显的 5 条钝纵棱;萼脱落,或宿存。

产地:河南。郑州市有栽培。2012 年 5 月 24 日。赵天榜、陈志秀和赵东方,No. 201205245(枝、叶与花)。模式标本,存河南农业大学。

10. 绿花贴梗海棠 新变种

Chaenomeles speciosa(Sweet)Nakai var. chloroticflora T. B. Zhao, Z. X. Chen et D. F. Zhao, var. nov.

A var. nov. fruticosis defoliatinibus. Hysteranthis, syanthis. singulari - floribus vel 3 ~ 5 - floribus cespitosis in ramulis biennibus vel spinis ramulis. (3 ~)5(~ 6) - petalis in 1 - floribus, 8 ~ 10 mm longis, 6 ~ 8 mm latis, spathulati - rotundatis, pallide viridi - albis; calycibus ob - campanulatis, pallide viridis, glabris, splendentibus, 5 - stylis, angulosis, glabris in conjunstis; multistaminibus 2 - verticillatis; 5 - sepalis apice obtusis, extus glabris intus raro pubescentibus, margine sparse ciliatis; obtusangulis rotundatis.

Henan: Zhengzhou City. 2012-04-05. T. B. Zhao, Z. X. Chen et D. F. Zhao, No. 201204051(HNAC).

本新变种为落叶丛生灌木。花先叶开放,花叶同时开放。花单生,或 3 ~ 5 朵簇生于 2 年生枝上或枝刺上。单花具花瓣(3 ~)5(~ 6)枚,长 8 ~ 10 mm,宽 6 ~ 8 mm,匙 - 圆形,淡绿白色;萼筒倒钟状,淡绿色,无毛,具光泽;花柱 5 枚,具纵棱,合生处无毛;雄蕊多数,2 轮排列,萼片 5 枚,先端钝圆,外面无毛,内面疏被短柔毛,边缘疏被缘毛;花梗具环状钝棱。

河南:郑州市。2012 年 4 月 5 日。赵天榜、陈志秀和赵东方,No. 201204051(枝、叶与花)。模式标本,存河南农业大学。

Ⅱ. 多瓣白花贴梗海棠 新亚种

Chaenomeles speciosa(Sweet)Nakai subsp. multipetala Z. B. Zhao, Z. X. Chen et D. F. Zhao, supsp. nov.

Subsp. nov. 10 ~ 15 - petalis, rare 5 ~ 12 - petalis in quoque flore. staminibus a - petalinis, saepe 3 ~ 5 - petalinis.

Henan: Zhengzhou City. 2018-03-25. T. B. Zhao et Z. X. Chen, No. 201803251(holotypus, HANC).

本新亚种单花具花瓣 10 ~ 15 枚,稀 5 ~ 12 枚;雄蕊通常无瓣化,稀 3 ~ 5 枚瓣化。

产地:河南。郑州市有栽培。2018 年 3 月 25 日。赵天榜和陈志秀,No. 201803251

（枝、叶与花）。模式标本,存河南农业大学。

11. 多瓣白花贴梗海棠　多瓣贴梗海棠　原变种　图版 12:1~12,图版 13:2~6、8~11

Chaenomeles speciosa(Sweet) Nakai var. multipetala T. B. Zhao et Z. X. Chen,2018
年,赵天榜等主编. 郑州植物园种子植物名录:128. 2018。

本变种单花具花瓣 15 枚,匙圆形等多形状,淡白色;雄蕊有瓣化,花丝淡黄白色;萼筒
倒钟状,绿色;花柱 5 枚,合生处密被短柔毛;萼片 5 枚,边缘疏被缘毛。

Supplementary Description:

The new variety is deciduous shrub. Branchlets brown, glabrous. Leaves broadly elliptic,
oval, 3. 5 to 5. 0 cm long, 2. 5 to 3. 0 cm wide, surface dark green, glabrous, abaxially light
green, sparsely pubescent along veins, apex rounded, base cuneate, margin with blunt sawtooth.
Blooming first, then growing leaves. Flowers solitary, 3 to 5 clusters are born on 2-year-old
branches. Single flower with 15 petals, 1. 5 to 2. 0 cm long, 1. 2 to 1. 5 cm wide, spoon-shaped
and other shapes, pale white; stamens petal-like, filaments yellowish white; Calyx tube inverted
bell-shaped, green, stylus 5, densely pubescent at connate; calyx 5, margin sparsely ciliate.
Fruit nearly globose, 4. 5 cm long, 6. 0 cm in diameter; dark green, with slightly longitudinal
blunt edges and shallow grooves around, fruit spots white and small, obvious; calyx depression
round, deeply concave, surrounded by obvious edges and grooves, base of column persistent,
stems deeper, without obvious wide longitudinal blunt edges and grooves rounded. Single fruit
weight is 55. 0 g.

Henan: Zhengzhou City and Bishagang Park. 2018-03-18. T. B. Zhao, Z. X. Chen et D.
F. Zhao, No. 20180318 (branches, leaves and flowers). Type specimen, deposited in Henan
Agricultural University.

形态特征补充描述:

本新变种为落叶丛生灌木。小枝褐色,无毛。叶宽椭圆形、卵圆形,长 3.5~5.0 cm,
宽 2.5~3.0 cm,表面深绿色,无毛,背面浅绿色,沿脉疏被短柔毛,先端圆钝,基部楔形,边
缘具钝锯齿。花先叶开放。花单生,3~5 朵簇生于 2 年生枝上。单花具花瓣 15 枚,长
1.5~2.0 cm,宽 1.2~1.5 cm,匙圆形等多形状,淡白色;雄蕊有瓣化,花丝淡黄白色;萼筒
倒钟状,绿色;花柱 5 枚,合生处密被短柔毛;萼片 5 枚,边缘疏被缘毛。果实近球状,长
4.5 cm,径 6.0 cm;深绿色,具稍明显的钝纵棱与浅沟纹,果点白色,小,明显;萼洼圆形,四
周具明显钝棱与沟;萼脱落,柱基宿存,梗洼,四周无明显宽棱与沟纹。单果重 55.0 g。

河南:郑州市、碧沙岗公园。2018 年 3 月 18 日。赵天榜、陈志秀和赵东方,No.
20180318(枝、叶与花)。模式标本,存河南农业大学。

Ⅲ. 多瓣红花贴梗海棠　新亚种　图版 15:1~5

Chaenomeles speciosa(Sweet) Nakai subsp. multpetalirubra Z. B. Zhao, Z. X. Chen et
D. F. Zhao, supsp. nov.

Subsp. nov. 10~45-petalis, rare 5~12-petalis in quoque flore. staminibus a-petalinis,
saepe 3~5-petalinis. floris rubris.

Henan: Zhengzhou City. 2018-03-25. T. B. Zhao et Z. X. Chen, No. 201803281(holotypus,HANC).

　　本新亚种单花具花瓣 10~45 枚,稀 5~12 枚;雄蕊通常无瓣化,稀 3~5 枚瓣化。花红色。

　　产地:河南。郑州市有栽培。2018 年 3 月 28 日。赵天榜、陈志秀和赵东方,No. 2018032801(枝、叶与花)。模式标本,存河南农业大学。

　　12. 多瓣红花贴梗海棠　原变种

　　Chaenomeles speciosa(Sweet)Nakai var. multpetalirubra.

　　13. 亮粉红花贴梗海棠　变种

　　Chaenomeles speciosa(Sweet)Nakai var. laeti-subrosea T. B. Zhao et Z. X. Chen,2018 年,赵天榜等主编. 郑州植物园种子植物名录:128. 2018。

　　本变种单花具花瓣 5~12 枚,匙-近圆形,稀畸形,亮粉红色,畸形花瓣形态多样。

Supplementary Description:

Deciduous shrubs,1. 5 m tall. Branchlets erect,purple-brown,glabrous,sparsely dark purple-brown dots;with scolus. The bud of scolus germinated with several deformed leaflets. Leaves ovoid,ellipsoid,2. 0 to 3. 0 cm long,1. 0 to 1. 5 cm width,surface green,glabrous,glossy,abaxially yellowish green,glabrous,apex rounded,shortly pointed,The base is cuneate,the edge has a curved blunt serrate,and the end of the tooth has a awn tip. Flowers solitary,or 3 to 5 clusters on short branches. There are two types of flowers:① Fertile flowers,clayx tube cylindrical,sunny side is purplish red,glabrous,about 2. 0 cm long,and the base of the calyx tube inside puce;5 pieces of sepals,nearly circular,with purple edges,sparsely ciliate. ② Infertility flowers,spoon-near circle,rare deformation,bright pink,petal 2. 0 to 2. 3 cm long,1. 0 to 1. 3 cm wide,petal morphology varied,with 4 to 8 mm long claws. Fertile flower stamens numerous,two whorls attached to upper part of calyx tube. The filaments and stylus are glabrous. They are taller than stamens or flush with stamens. Infertility flowers stamens numerous,2 rounds of birth on upper part of the calyx tube,stylus very short,not developed. Flowering in late March.

　　Henan:Bishagang Park. 2017-04-07. T. B. Zhao,Z. X. Chen et D. F. Zhao,No. 201704075 (branches,leaves and flowers). Type specimen,deposited in Henan Agricultural University.

　　形态特征补充描述:

　　落叶丛生灌木,高 1. 5 m。小枝直立生长,紫褐色,无毛,疏被深紫褐色小点;具枝刺。枝刺芽萌发多枚畸形小叶。叶卵圆形、椭圆形,2. 0~3. 0 cm,宽 1. 0~1. 5 cm,表面绿色,无毛,具光泽,背面淡黄绿色,无毛,先端钝圆、短尖,基部楔形,边缘具弯曲钝锯齿,齿端具芒尖。花单生,或 3~5 朵簇生在短枝上。花两型:①可孕花,萼筒圆筒状,阳面紫红色,无毛,长约 2. 0cm,萼筒内面基部淡紫色;萼片 5 枚,近圆形,边缘紫红色,疏被缘毛。②不孕花,萼筒倒锥状,其他与 1 相同。单花具花瓣 5~12 枚,匙-近圆形,稀畸形,亮粉红色,花瓣长 2. 0~2. 3 cm,宽 1. 0~1. 3 cm,花瓣形态多样,具 4~8 mm 长爪。可孕花雄蕊多数,两轮着生在萼筒上部,花丝无毛,花柱无毛,高于雄蕊或与雄蕊齐平。不孕花雄蕊多数,两轮着生在萼筒上部,花柱极短,不发育。花期 3 月下旬。

地点:河南郑州市碧沙岗公园有栽培。2017 年 4 月 7 日。赵天榜、陈志秀和赵东方,No. 201704075(枝、叶与花)。模式标本,存河南农业大学。

14.'圣果花'贴梗海棠　兆国海棠　新组合变种

Chaenomeles speciosa(Sweet)Nakai var. shengguahua(Z. G. Guan)T. B. Zhao, var. comb. nov. , *Chaenomeles speciosa*(Sweet)Nakai 'Shengguahua',2017 年,管兆国. 我国木瓜种质资源. 山西果树,1:5~8。

本栽培品种落叶丛生小灌木,高 1.5~2.8 m,冠幅 1.2~1.5 m。花径 5.0~7.0 cm。单花具花瓣 15~45 枚,3~9 层,具完全花和不完全花,花色有墨红色、粉红色、艳红色及绿色。

产地:山东、河南等各地均有栽培。2017 年。选育者:管兆国。

Ⅳ. 橙黄色花贴梗海棠　新亚种　图版 15:6~9

Chaenomeles speciosa(Sweet)Nakai subsp. citrinella T. B. Zhao, Z. X. Chen et D. F. Zhao, supsp. nov.

Subsp. nov. 10~25-petalis vel 5-petalis in quoque flore. staminibus a-petalinis. floris citrinella.

Henan:Zhengzhou City. 2018-04-20. T. B. Zhao et Z. X. Chen, No. 201804201(holotypus, HANC).

本新亚种单花具花瓣 10~25 枚,或 5 枚;雄蕊通常无瓣化。花橙黄色。

产地:河南。郑州市有栽培。2018 年 4 月 20 日。赵天榜和陈志秀, No. 201804201(枝、叶与花)。模式标本,存河南农业大学。

15. 橙黄色花贴梗海棠　原变种

Chaenomeles speciosa(Sweet)Nakai var. citrinella

16. 五瓣橙黄色花贴梗海棠　新变种

Chaenomeles speciosa(Sweet)Nakai var. pentapetala T. B. Zhao, Z. X. Chen et D. F. Zhao, var. nov.

Var. nov. 5-petalis in quoque flore. staminibus a-petalinis. floris pentapetalis.

Henan:Zhengzhou City. 2018-04-20. T. B. Zhao et Z. X. Chen, No. 201803283(holotypus, HANC).

本新变种单花具花瓣 5 枚;雄蕊通常无瓣化。花橙黄色。

产地:河南。郑州市有栽培。2018 年 4 月 20 日。赵天榜和陈志秀, No. 201804203(枝、叶与花)。模式标本,存河南农业大学。

（二）栽培群、栽培品种资源

Ⅰ. 贴梗海棠栽培群　原栽培群

Chaenomeles speciosa(Sweet)Nakai, Speciosa Group

1. 贴梗海棠　原栽培品种

Chaenomelesspeciosa(Sweet)Nakai 'Speciosa'.

2.'红艳'贴梗海棠　栽培品种

Chaenomelesspeciosa(Sweet)Nakai 'Hongyan',2007 年,臧德奎、王关祥、郑林等. 我

国木瓜属观赏品种的调查与分类. 林业科学,43(6):72~76;2018 年,赵天榜等. 郑州植物园种子植物名录:129。

'红贴梗海棠':*Chaenomeles* '*yizhou*' '*Hong Tiegeng Haitang*',2003 年,郭帅. 观赏木瓜种质资源的调查、收集、分类与评价(D);2004 年,王嘉祥. 山东皱皮木瓜品种分类探讨.园艺学报,31(4):520~522;2007 年,郑林等. 临沂市木瓜属品种资源调查与分类研究.山东林业科技,1:45~47,44。

'红贴梗海棠' *Chaenomeles speciosa* 'Red Tiegeng',2004 年,王嘉祥. 山东皱皮木瓜品种分类探讨. 园艺学报,31(4):520~522;2008 年,郑林. 中国木瓜属观赏品种调查与分类研究(D)。

'红贴梗海棠' *Chaenomeles speciosa*(Sweet)Nakai 'Hong Tiegeng Haitang',郭帅. 观赏木瓜种质资源的调查、收集、分类及评价(D),2003。

'红贴梗海棠' *Chaenomeles speciosa*(Sweet)Nakai 'Hongyan',2004 年,王嘉祥. 山东皱皮木瓜品种分类探讨.园艺学报,31(4):520~522;2007 年,郑林等. 临沂市木瓜属品种资源调查与分类研究. 山东林业科技,1:45~47,44;2009 年,郑林、陈红、郭先锋,等. 木瓜属(*Chaenomeles*)栽培品种与近缘种的数量分类. 南京林业大学学报(自然科学版),33(2):47~50;2009 年,王明明. 木瓜属栽培品种的分类研究(D);2011 年,杜淑辉. 木瓜属新品种 DUS 测试指南及已知品种数据库的研究(D)。

'红贴梗海棠' *Chaenomeles speciosa* 'Red Tiegeng',2008 年,郑林. 中国木瓜属观赏品种调查与分类研究(D)。

'红贴梗' *Chaenomeles yizhou* 'Hong Tiegeng',2003 年,赵红霞,张复君. 观赏木瓜.落叶果树,2003,(2):50~51。

'红贴梗'木瓜 *Chaenomeles speciosa*(Sweet)Nakai 'Hong',2011 年,宋良红等主编.碧沙岗海棠:92. 彩片 3。

红艳,2015 年,罗思源. 綦江木瓜资源圃木瓜品种的形态学鉴定和指纹图谱分析(D)。

本栽培品种为落叶小灌木。树皮灰白色,具疣点。主枝少,无枝刺;侧枝稀疏,平伸。2 年生枝红褐色,具短尖枝刺;幼枝红褐色,无毛。幼叶红褐色,密生黄色柔毛。叶椭圆形,或椭圆-倒卵圆形、椭圆-披针形,长 6.0~10.0 cm,宽 2.0~6.0 cm,绿色,先端尖、钝圆,基部狭楔形,下延,边缘具尖锐重锯齿,无缘毛;托叶 2 枚,肾形,先端尖,无毛,边缘具重锯齿,齿端尖,无缘毛。花单生,或 2~6 朵簇生于 2 年生以上短枝上。花径 3.5~5.3 cm。单花具花瓣 5 枚,匙-圆形,深红色,不平展,具短爪;萼筒长圆柱状、倒圆锥状,阳面深红色,外面无毛;萼片 5 枚,半圆形,有时有缺口,宿存;雄蕊花丝深红色。花有可孕花和不孕花。果实长椭圆体状、卵球状,长 4.5~6.0 cm,宽 4.0~5.0 cm,深绿色,向阳面红色,果点明显,先端钝圆,萼洼大而深,褐色,洼周具棱;萼片宿存,或脱落。果实扁球状、球状。花期 4 月,稀 5 月 2 次开花;果实成熟期 9~10 月。平均果重 43.0 g。

产地:山东临沂、泰安。河南郑州有栽培。

注:根据《国际栽培植物命名法规》。'海棠'('Haitang')是'*Chaenomeles*'的中文名称,不能作为品种加词。如郭帅(2003)、王嘉祥(2004)命名为'红贴梗海棠' 'Hong

Tiegeng Haitang'及王嘉祥(2004)将'红贴梗海棠'命名为英文'Red tiegeng';赵红霞(2003)、郭帅(2003)在命名植物名称时,将'yizhou'分别与'Hong Tiegeng'。因此,该品种名称依'红艳'('Hongyan')为佳。

3. '大果'贴梗海棠　新栽培品种

Chaenomelesspeciosa(Sweet)Nakai'Daguo',cv. nov.

本新栽培品种为落叶小灌木。主干少,无枝刺。侧枝稀疏,平伸。2年生枝具短尖枝刺。幼叶片椭圆形,或椭宽倒卵圆形;长6.0~8.0 cm,宽4.0~6.0 cm,绿色,先端钝圆,基部狭楔形,下延,边缘具尖锐重锯齿;托叶肾形,先端尖。花单生,或2~5朵簇生于2年生以上短枝上。花径3.5~4.5 cm。单花具花瓣5枚,匙-圆形,深红色,不平展,具短爪;萼筒长圆柱状,阳面深红色,外面无毛;萼片5枚,半圆形;花有可孕花和不孕花。果实长椭圆体状,长4.5~6.0 cm,宽4.0~5.0 cm,深绿色,果点明显,先端钝圆,萼洼大而深,褐色,洼周具棱;萼片宿存,或脱落。花期4月,稀5月2次开花;果实成熟期9~10月。

产地:河南郑州有栽培。选育者:赵天榜、陈志秀和范永明。

4. '秀美'贴梗海棠　栽培品种

Chaenomeles speciosa(Sweet)Nakai'Moerloosei',Ch. Brickell in《Encyclopedia of Garden Plants London,New York Stuttagrt. Noscow:Dorling Kindersley》. 1996,205~251;2004年,包志毅. 世界园林乔灌木. 201~202;2007年,臧德奎,王关祥,郑林,等. 我国木瓜属观赏品种的调查与分类. 林业科学,43(6):72~76;杜淑辉. 木瓜属新品种DUS测试指南及已知品种数据库的研究(D). 2011;2008年,郑林. 中国木瓜属观赏品种调查和分类研究(D)。

秀美,2015年,罗思源. 綦江木瓜资源圃木瓜品种的形态学鉴定和指纹图谱分析(D)。

本栽培品种为落叶灌木,高1.0 m;树皮灰褐色。枝、干细,主枝明显,具枝刺。幼枝红褐色,少毛。幼叶红褐色,无毛,背面主脉被毛。叶椭圆形,或椭圆-披针形,基部楔形,边缘具尖锯齿,无缘毛;托叶肾形,基部偏斜,先端尖。花单生,或2~5朵簇生于2年生短枝上,或枝刺上。花碗状,径约2.0 cm;单花具花瓣5枚,圆形,粉红色至白色略带红晕;雄蕊花丝初黄色,盛开后红色;花萼5枚,半圆形至三角形,宿存;萼筒钟状。果实扁球状。花期3~4月;果实成熟期9~10月。

产地:山东、浙江杭州、江苏南京、上海等地有栽培。该品种引自欧洲,目前在华东等地常见栽培。

注:1996年Christopher Brickell编写的《Encyclopedia of Garden Plants》一书中,已有确切的名称,故应采用Christopher Brickell的植物名称'Moerloosei'。包志毅(2004)翻译的《世界园林乔灌木》一书中,译名为秀美。

5. '多彩'贴梗海棠　多彩　"富贵锦"　富贵海棠　栽培品种　图版17:2~6、13、14

Chaenomeles speciosa(Sweet)Nakai'Toyo Nishiki',Ch. Brickell in《Encyclopedia of Garden Plants London,New York Stuttagrt. Noscow:Dorling Kindersley》. 1996,205~251;1993年,邵则夏、陆斌、刘爱群,云南木瓜资源、栽培与加工利用专题 云南的木瓜种质资源. 云南林业科技,3:32~36,42;2004年,包志毅. 世界园林乔灌木. 201~202。

'复色贴梗海棠' *Chaenomeles speciosa* 'Fuse Tiegeng Haitang',1998 年,王嘉祥. 木瓜品种调查与分类初探. 北京林业大学学报,20(2):123~125;'复色海棠' *Chaenomeles speciosa* 'Fuse Haitang',2004 年,王嘉祥. 山东皱皮木瓜品种分类探讨. 园艺学报,31(4):520~522;2007 年,郑林等. 临沂市木瓜品种资源调查与分类研究. 山东林业科技,1:45~47,44;2007 年,臧德奎、王关祥、郑林,等. 我国木瓜属观赏品种的调查与分类. 林业科学,43(6):72~76;2008 年,郑林、陈红、张雷,等. 木瓜属植物的花粉形态及品种分类. 林业科学,44(5):53~57;2009 年,郑林、陈红、郭先锋,等. 木瓜属(*Chaenomeles*)栽培品种与近缘种的数量分类. 南京林业大学学报(自然科学版),33(2):47~50;2008 年,郑林. 中国木瓜属观赏品种调查和分类研究(D);2011 年,杜淑辉. 木瓜属新品种 DUS 测试指南及已知品种数据库的研究(D)。

多彩,2015 年,罗思源. 綦江木瓜资源圃木瓜品种的形态学鉴定和指纹图谱分析(D)。

"复色海棠" *Chaenomeles yizhou* 'Fuse Haitang',2003 年,郭帅. 观赏木瓜种质资源的调查、收集、分类及评价(D);2004 年,王嘉祥. 山东皱皮木瓜品种分类探讨. 园艺学报,31(4):520~522;2007 年,郑林. 临沂市木瓜属品种资源调查与分类研究. 山东林业科技,1:45~47,44。2007 年,臧德奎、王关祥、郑林等. 我国木瓜属观赏品种的调查与分类. 林业科学,43(6):72~76;2008 年,郑林. 中国木瓜属观赏品种调查与分类研究(D);2008 年,易吉林. 新优观花植物——日本海棠. 南方农业(园林花木版),2(10):32~33。

'复色海棠',2003 年,赵红霞、张复君. 观赏木瓜. 落叶果树,2:50~51。

'复色贴梗海棠' *Chaenomeles speciosa* 'Fuse Tiegeng Haitang',1998 年,王嘉祥. 木瓜品种调查与分类初探. 北京林业大学学报,20(2):123~125;2007 年,郑林等. 临沂市木瓜属品种资源调查与分类研究. 山东林业科技,1:45~47,44。2007 年,臧德奎、王关祥、郑林等. 我国木瓜属观赏品种的调查与分类. 林业科学,43(6):72~76;2008 年,郑林. 中国木瓜属观赏品种调查与分类研究(D)。

复色海棠,张桂荣著. 木瓜:52. 2009。

本栽培品种为落叶小灌木,株高 0.5~1.1~1.4 m,生长势较强;树皮灰色。枝、干黄褐色,具细长枝刺。小枝红褐色,具枝刺,无毛;幼时黄绿色,多少带紫红色,无毛。幼叶黄绿色,边缘红褐色,无毛。叶椭圆形,或长椭圆-披针形,长 7.0~10.0 cm,宽 2.0~4.0 cm,黄绿色,平展,具光泽,先端尖,基部楔形;边缘具尖锐重锯齿;托叶 2 枚,肾形,先端尖,基部偏斜。花单生,或花 3~5 朵簇生于 2 年生以上短枝上,或枝刺上。单花具花瓣 5 枚,圆匙形,花色有大红色、粉红色与白色(带红晕)相嵌合。同株、同枝、同簇、同朵花色彩各异,基部有短爪;雌蕊花 5 枚,基部合生;雄蕊 38~42 枚,花丝亮红色(绿白色),花药亮黄色;萼筒倒圆锥状;萼片 5 枚,半圆形,宿存,或脱落。果实小,扁球状,长约 5.3 cm,径 4.1 cm。黄绿色,细滑。花期 3~4 月;果实成熟期 9~10 月。

产地:山东临沂等地有栽培。

注:贴梗海棠'Tiegeng Haitang'是 Chaenomeles speciosa(Sweet)Nakai 的中文名称,而'海棠'Haitang 是 Chaenomeles 的俗名。因此,'复色海棠''Fuse Haitang'、'复色贴梗海棠''Fuse Tiegeng Haitang'均不符合《国际栽培命名法规》要求。包志毅等(2004)翻译

的《国际栽培命名法规》一书中译名为'多彩'。'多彩 Toyo Nishiki'是国外常见的品种。

6.'凤凰木'贴梗海棠　栽培品种

Chaenomeles speciosa(Sweet)Nakai 'Fenghuang Mu',2007 年,臧德奎、王关祥、郑林,等. 我国木瓜属观赏品种的调查与分类. 林业科学,43(6):72～76;2007 年,郑林等. 临沂市木瓜属品种资源调查与分类研究. 山东林业科技,1:45～47,44;2008 年,郑林. 中国木瓜属观赏品种调查和分类研究(D);2009 年,郑林、陈红、郭先锋,等. 木瓜属(*Chaenomeles Lindl.*)栽培品种与近缘种的数量分类. 南京林业大学学报(自然科学版),33(2):47～50;2011 年,杜淑辉. 木瓜属新品种 DUS 测试指南及已知品种数据库的研究(D)。

凤凰木,2015 年,罗思源. 綦江木瓜资源圃木瓜品种的形态学鉴定和指纹图谱分析(D)。

本栽培品种为落叶小灌木;树皮灰褐色。2 年生枝具枝刺。幼枝红褐色,被白色柔毛。幼叶绿色、黄绿色,无毛,边缘红褐色,无缘毛。成叶长椭圆形至披针形;长 3.0～5.0 cm,宽 2.0～3.0 cm,黄绿色,基部楔形,边缘具尖锐重锯齿;托叶肾形,基部偏斜,先端尖。花单生,或 2～4 朵簇生于短枝上。花径 3.0～ 4.0 cm。单花具花瓣 5 枚,匙圆形,亮橙黄色至橙红色;雄蕊花药黄色,花丝黄色(红色);花萼 5 枚,半圆形,红色,宿存或脱落;萼筒倒圆锥状,绿色,向阳面为红褐色。果实卵球状。花期 3～4 月,果实成熟期 9～10 月。

产地:山东临沂等地有栽培。2007 年。选育者:郑林等。

7.'红星'贴梗海棠　栽培品种

Chaenomeles speciosa(Sweet)Nakai 'Hongxing',2007 年,郑林等. 临沂市木瓜属品种资源调查与分类研究,山东林业科技,1:45～47,44;2007 年,臧德奎、王关祥、郑林,等. 我国木瓜属观赏品种的调查与分类,林业科学,43(6):72～76;2008 年,郑林. 中国木瓜属观赏品种调查和分类研究(D);2008 年,郑林、陈红、张雷,等. 木瓜属植物的花粉形态及品种分类,林业科学,44(5):53～57;2009 年,郑林、陈红、郭先锋,等. 木瓜属(*Chaenomeles*)栽培品种与近缘种的数量分类,南京林业大学学报(自然科学版),33(2):47～50;2009 年,王明明. 木瓜属栽培品种的分类研究(D);2011 年,杜淑辉. 木瓜属新品种 DUS 测试指南及已知品种数据库的研究(D)

红星,2015 年,罗思源. 綦江木瓜资源圃木瓜品种的形态学鉴定和指纹图谱分析(D)。

本栽培品种为落叶灌木;树皮灰色。老枝无枝刺,2 年生枝具枝刺,具疣点。幼枝红色,无毛。幼叶黄绿色,,边缘红褐色,无缘毛。叶长椭圆形-披针形,长 7.0～9.0 cm,宽 2.0～3.5 cm;绿色,基部楔形,边缘具重锯齿;托叶肾形,基部偏斜,先端尖。花单生,或 2～3 朵簇生于 2 年生短枝上。花五角星形,径 3.5～4.0 cm。单花具花瓣 5 枚,匙圆形,深红色;雄蕊花丝红色;花萼 5 枚,半圆形,红色,宿存或脱落;萼筒圆柱状,绿色。花期 3～4 月;果实成熟期 9～10 月。

产地:山东临沂、泰安等地有栽培。2007 年。选育者:郑林等。

8.'资丘'贴梗海棠　资丘木瓜　栽培品种

Chaenomeles speciosa(Sweet)Nakai 'Ziqiu',2003 年,覃拥军. 皱皮木瓜地方品种资丘木瓜. 中国果树,1:28;2011 年,杜淑辉. 木瓜属新品种 DUS 测试指南及已知品种数据库的研究(D)。

资丘木瓜,2015年,罗思源. 綦江木瓜资源圃木瓜品种的形态学鉴定和指纹图谱分析(D)。

本栽培品种为落叶小灌木,高约1.5 m。小枝黄褐色,枝刺少。幼叶黄绿色,无毛,边缘红褐色。叶椭圆-披针形、披针形,绿色,长约3.0 cm,宽约1.0 cm,基部楔形,先端急尖,边缘具钝锯齿;托叶2枚,肾形,基部偏斜,先端尖。花单生,或2~5朵簇生于短枝上。单花具花瓣5枚,浅粉色、白色,近圆形,平展;花萼5枚;萼筒钟状,绿色。果实圆柱状、卵球状,黄绿色,具棱,无沟纹。花期3~4月,果实成熟期9~10月。单果重150.0~250.0 g。

产地:湖北长阳县等地有栽培。2003年。记录者:覃拥军。

9. '綦江'贴梗海棠　綦江木瓜　栽培品种

Chaenomeles speciosa(Sweet)Nakai 'Qijiang',2011年,杜淑辉. 木瓜属新品种 DUS 测试指南及已知品种数据库的研究(D)。

綦江木瓜,2015年,罗思源. 綦江木瓜资源圃木瓜品种的形态学鉴定和指纹图谱分析(D)。

本栽培品种为落叶灌木,高约3.0 m。小枝黄褐色,具枝刺。幼叶黄绿色,无毛,边缘红褐色。叶长椭圆-披针形、披针形,绿色,长约3.0 cm,宽约1.0 cm,基部楔形,先端急尖,边缘具圆锯齿;托叶2枚,肾形,基部偏斜,先端尖。花单生,或2~5朵着生于短枝上。单花具花瓣5枚,白色,近圆形,平展;花丝绿白色;花萼5枚;萼筒钟状,绿色。果实圆柱-椭圆体状,黄绿色,具纵钝棱。花期3~4月;果实成熟期8~9月。

产地:重庆市綦江等地有栽培。2011年。选育者:杜淑辉。

10. '朱红'贴梗海棠　栽培品种

Chaenomeles speciosa(Sweet)Nakai 'Zhuhong',2011年,杜淑辉. 木瓜属新品种 DUS 测试指南及已知品种数据库的研究(D)。

朱红,2015年,罗思源. 綦江木瓜资源圃木瓜品种的形态学鉴定和指纹图谱分析(D)。

本栽培品种为落叶小灌木,高约2.0 m。小枝直立,黄褐色,具枝刺,无毛。幼叶无毛,边缘红褐色。叶卵圆形,稀长椭圆形,绿色,长3.0~9.0 cm,宽1.0~5.0 cm,基部楔形,先端急尖,稀钝圆,边缘具锐锯齿;托叶2枚,肾形,基部偏斜,先端尖。花单生,或3~5朵着生于短枝上。单花具花瓣5枚,红色,近圆形,平展;花丝红色;萼片5枚;萼筒倒圆锥状,绿色。无果实。花期3~4月。

产地:重庆市綦江等地有栽培。2011年。记录者:杜淑辉。

11. '锦绣'贴梗海棠　栽培品种

Chaenomeles speciosa(Sweet)Nakai 'Jinxiu',2004年,王嘉祥. 山东皱皮木瓜品种分类探讨. 园艺学报,31(4):520~522。

锦绣,2015年,罗思源. 綦江木瓜资源圃木瓜品种的形态学鉴定和指纹图谱分析(D)。

本栽培品种为落叶灌木,高1.5~2.5 m。小枝黄褐色,具枝刺。幼叶黄绿色,无毛,边缘红褐色。叶椭圆形、长椭圆-披针形,绿色,长约 3.0 cm,宽约 1.0 cm,基部楔形,先端急尖,边缘具钝锯齿;托叶 2 枚,肾形,基部偏斜,先端尖。花单生,或 2~5 朵簇生于短枝上。单花具花瓣 5 枚,桃红色、淡黄色、粉红色、多色复合,近圆形,不平展;花丝红色;花萼 5 枚;萼筒钟状,绿色。果实圆柱-椭圆体状,或扁球状,大型,长约 12.0 cm,径约 7.0 cm,黄绿色,具纵钝棱。花期 3~4 月,果实成熟期 8~9 月。

产地:山东临沂等地有栽培。2004 年。选育者:王嘉祥。

12. '椭圆体果'贴梗海棠　新栽培品种

Chaenomeles speciosa(Sweet)Nakai 'Tuoyuanti Guo',cv. nov.

本新栽培品种为落叶丛生灌木,高达 2.5 m。干、枝少,平展。叶宽椭圆-倒卵圆形,长 2.0~3.5 cm,宽 1.5~2.0 cm,先端钝圆,基部楔形。花先叶开放。花单生,3~5 朵簇生于二年生枝以上枝上。单花具花瓣 5 枚,倒卵圆形,长 1.0~1.7 cm,宽 8~12 mm,红色。果实椭圆体状,长 5.0 cm,径 4.0 cm;深绿色、绿色,微具不明显浅纵沟,果点白色明显;萼洼偏斜,深凹,四周具明显棱与沟;萼宿存;梗洼深凹,浅黄白色,四周稍有明显宽棱与沟纹。单果重量 43.0 g。

产地:河南。郑州植物园有栽培。2017 年 6 月 27 日。选育者:赵天榜和陈志秀。

13. '小叶大果'贴梗海棠　新栽培品种

Chaenomeles speciosa(Sweet)Nakai 'Xiaoye Daguo',cv. nov.

本新栽培品种为落叶丛生灌木,高 1.5 m。幼枝被较密弯毛,具枝刺。小枝斜展,紫褐色,无毛。叶近长圆形,2.5~4.0 cm,宽 2.5~3.5 cm,表面深绿色,无毛,具光泽,背面淡黄绿色,无毛,先端钝圆、微凹,基部宽楔形,边缘具钝锯齿,齿间具小点;托叶肾形。花单生,或 3~5 朵簇生在短枝上。花两型:① 可孕花,萼筒圆筒状,绿色,无毛,长约 2.0 cm;萼片 5 枚,近圆形,边缘疏被缘毛。② 不孕花,萼筒倒锥状,其他与①相同。单花具花瓣 5 枚,匙-近圆形,红色,花瓣长 2.0~2.5 cm,宽 1.0~1.5 cm,具 4~8 mm 长爪。可孕花雄蕊多数,两轮着生在萼筒上部,花丝无毛,花柱无毛,高于雄蕊,或与雄蕊齐平。不孕花雄蕊多数,两轮着生在萼筒上部,花柱极短,不发育。花期 3 月下旬。果实椭圆体状,长 6.5~7.5 cm,径 5.0~6.0 cm,淡黄绿色,稍具光泽,表面微具纵钝棱与沟纹;萼洼深,四周微具纵钝棱与沟纹;萼宿存,或干枯不脱落;梗洼深,四周微具纵钝棱与沟纹。果重 87.0~124.0 g。

产地:河南。郑州市有栽培。2017 年。选育者:范永明、赵天榜和赵东方。

14. '小叶大果-1'贴梗海棠　新栽培品种

Chaenomeles speciosa(Sweet)Nakai 'Xiaoye Daguo-1',cv. nov.

本新栽培品种为落叶丛生灌木,高约 1.0 m。小枝黑褐色,密被短柔毛,具枝刺。叶圆形,小型,2.0~2.5 cm,宽 2.0~2.5 cm,表面深绿色,无毛,具光泽,背面淡绿色,无毛,先端钝圆,基部楔形,边缘具钝锯齿,无缘毛;托叶肾形,无毛。花单生,或 3~5 朵簇生在 2年生短枝上。花两型:① 可孕花,萼筒圆筒状,绿色,无毛,长约 2.0 cm;萼片 5 枚,近圆形,边缘疏被缘毛。② 不孕花,萼筒倒锥状,其他与①相同。单花具花瓣 5 枚,匙-近圆形,红色,花瓣长 2.0~2.5 cm,宽 1.0~1.5 cm,具 4~8 mm 长爪。可孕花雄蕊多数,两轮着生在萼筒上部,花丝无毛,花柱无毛,高于雄蕊,或与雄蕊齐平。不孕花雄蕊多数,两轮着生在萼筒上部,花柱极短,不发育。花期3月下旬。果实球状,长5.0~7.0cm,径5.0~6.5cm,淡橙黄色,平滑,天纵钝棱与沟纹,果点黑色,明显;萼片脱落;萼洼深,黑褐色,无柱基,四周无纵钝棱与沟纹;梗洼平,四周无纵钝棱与沟纹。果重68.0~95.0~166.0g。

产地:河南。郑州市有栽培。2017年。选育者:范永明、赵天榜和赵东方。

15.‘棱扁果’贴梗海棠　新栽培品种

Chaenomeles speciosa(Sweet)Nakai‘Leng Bianguo’,cv. nov.

本新栽培品种为落叶丛生灌木,高约50.0cm。小枝斜展,褐色,无毛。叶近圆形,2.0~3.0cm,宽1.5~2.5cm,表面深绿色,无毛,具光泽,背面淡黄绿色,无毛,先端钝圆,基部宽楔形,边缘具钝锯齿;托叶肾形。花单生,或3~5朵簇生在2年生短枝上。花两型:① 可孕花,萼筒圆筒状,绿色,长约2.0cm;萼片5枚,近圆形,边缘疏被缘毛。② 不孕花,萼筒倒锥状,其他与①相同。单花具花瓣5枚,匙-近圆形,红色,花瓣长2.0~2.5cm,宽1.0~1.5cm,具4~8mm长爪。可孕花雄蕊多数,两轮着生在萼筒上部,花丝无毛,花柱无毛,高于雄蕊,或与雄蕊齐平。不孕花雄蕊多数,两轮着生在萼筒上部,花柱极短,不发育。果实扁球状,小型,长2.5~3.5cm,径3.0~4.0cm,橙黄色,平滑,微具纵钝棱与沟纹,果点不明显;萼洼圆形,褐色,萼片脱落,柱基宿存,被较密短柔毛,四周具稍明鱼纵钝棱与沟纹;梗洼平,四周无纵钝棱与沟纹。果重10.0~28.0g。

产地:河南。郑州市有栽培。2017年。选育者:赵天榜、陈志秀和赵东方。

16.‘棱扁果-1’贴梗海棠　新栽培品种

Chaenomeles speciosa(Sweet)Nakai‘Leng Bianguo-1’,cv. nov.

本新栽培品种为落叶丛生灌木,高约50.0cm。幼枝密被弯曲柔毛。小枝斜展,褐色,密被小黑点,无毛。叶宽椭圆形、椭圆形,1.0~1.5~3.5cm,宽1.5~2.5cm,表面深绿色,无毛,具光泽,背面淡绿色,无毛,先端钝圆,基部宽楔形,边缘具钝锯齿,齿间具小点;托叶肾形。花单生,或3~5朵簇生在短枝上。花两型:① 可孕花、② 不孕花。单花具花瓣5枚,匙-近圆形,红色,其他与‘棱扁果’贴梗海棠花相同。果实扁球状,小型,长3.5~3.5cm,径3.5~4.0cm,橙黄淡绿色,平滑,果点不明显,具纵钝棱与沟纹,果点不明显;萼洼圆形,褐色,萼片脱落,柱基宿存,被短柔毛,四周具稍明显纵钝棱与沟纹;梗洼平,四周具纵钝棱与沟纹。果重22.0~35.0g。

产地:河南。郑州市有栽培。2017年。选育者:范永明,赵天榜和赵东方。

17.‘棱扁果-2’贴梗海棠　新栽培品种

Chaenomeles speciosa(Sweet)Nakai‘Leng Bianguo-2’,cv. nov.

本新栽培品种为落叶丛生灌木,高约50.0cm。小枝褐色,被较密短柔毛。叶椭圆形,1.5~3.0cm,宽1.5~2.5cm,表面淡黄绿色,无毛,具光泽,背面淡绿色,无毛,先端钝圆,基部楔形,边缘具钝锯齿,齿间具小点,无缘;托叶肾形,无毛。花单生,或3~5朵簇生在短枝上。花两型:① 可孕花、② 不孕花。单花具花瓣5枚,匙-近圆形,红色,其他与‘棱扁果’贴梗海棠花相同。果实扁球状,小型,长3.5~3.5cm,径3.5~4.0cm,橙黄色,平滑,果点不明显,具稍明显纵钝棱与沟纹;萼洼圆形,深,褐色,萼片脱落,无柱基宿存,四周具稍明显纵钝棱与沟纹;梗洼平,四周稍具纵钝棱与沟纹。果重20.0~25.0g。

产地:河南。郑州市有栽培。2017年。选育者:范永明、赵天榜和赵东方。

18. '扁果'贴梗海棠　新栽培品种

Chaenomeles speciosa(Sweet)Nakai 'Bianguo',cv. nov.

本新栽培品为落叶丛生灌木,高约50.0 cm。小枝褐色,无毛。叶椭圆形,1.5~3.0 cm,宽1.5~2.5 cm,表面淡黄绿色,无毛,具光泽,背面淡绿色,无毛,先端钝圆,基部楔形,边缘具钝锯齿,齿间具小点,无缘毛;托叶肾形,无毛。花单生,或3~5朵簇生在短枝上。花两型:① 可孕花、② 不孕花。单花具花瓣5枚,匙-近圆形,红色,其他与'棱扁果'贴梗海棠花相同。果实扁球状,小型,长3.5~4.0 cm,径3.5~4.0 cm,深绿色,平滑,果点小,白色,多,无纵钝棱与沟纹;萼洼浅,褐色,无纵钝棱与沟纹;萼片脱落,稀宿存,无柱基;梗洼平,四周稍具纵钝棱与沟纹。果重34.0~40.0 g。

产地:河南。郑州市有栽培。2017年。选育者:范永明、赵天榜和赵东方。

19. '扁果-1'贴梗海棠　新栽培品种

Chaenomeles speciosa(Sweet)Nakai 'Bianguo-1',cv. nov.

本新栽培品种为落叶丛生灌木,高约1.0 m。小枝黑褐色,密被小黑点,疏被短柔毛,具枝刺。叶椭圆形,2.5~5.0 cm,宽1.5~3.3 cm,表面绿色,无毛,具光泽,背面淡绿色,沿主脉疏被柔毛,先端短尖、钝圆,基部楔形,边缘具钝锯齿,无缘毛;托叶肾形,无毛。花单生,或3~5朵簇生在短枝上。花两型:① 可孕花、② 不孕花。单花具花瓣5枚,匙-近圆形,红色,其他与'棱扁果'贴梗海棠花相同。果实球状,小型,长3.5~4.0 cm,径3.5~4.5 cm,橙黄色、淡绿黄色,具显著的纵钝棱与沟,并有许多瘤状突起;萼洼深,黑褐色,无柱基,具明显纵钝棱与沟纹;萼片脱落;梗洼深,四周具明显纵钝棱与沟纹。果重24.0~37.0 g。

产地:河南。郑州市有栽培。选育者:范永明,赵天榜和赵东方。

20. '瘤突果'贴梗海棠　新栽培品种

Chaenomeles speciosa(Sweet)Nakai 'Liǔtuguo',cv. nov.

本新栽培品种为落叶丛生灌木,高约1.0 m。小枝黑褐色,密被短柔毛,具枝刺。叶椭圆形、圆形,小型,2.0~4.0 cm,宽2.0~3.0 cm,表面深绿色,无毛,具光泽,背面淡绿色,无毛,先端钝尖,基部楔形,边缘具钝锯齿及微波状齿,无缘毛;托叶肾形,无毛。花单生,或3~5朵簇生在短枝上。花两型:① 可孕花、② 不孕花。单花具花瓣5枚,匙-近圆形,红色,其他与'棱扁果'贴梗海棠花相同。果实2种类型:① 扁球状,长4.0~5.0 cm,径4.5~5.5 cm,淡绿黄色,具光洋,具显著纵钝棱与沟,并有许多显著瘤突;萼洼深,黑褐色,无柱基,四周具显著纵钝棱与沟;萼片脱落,无柱基;梗洼较深,四周具明显纵钝棱与沟。果重38.0~65.0 g。② 扁球状,长4.5 cm,径5.0 cm,淡绿色,光滑,无纵钝棱与沟纹;萼洼深,淡黄白色,柱基突起,淡黄白色,微被疏短柔毛,四周无纵钝棱与沟纹;萼片脱落;梗洼浅平,四周具微纵钝棱与沟纹。单果平均重39.0 g。

产地:河南。郑州市有栽培。2017年。选育者:范永明、赵天榜和赵东方。

21. '尖嘴突果'贴梗海棠　新栽培品种

Chaenomeles speciosa(Sweet)Nakai 'Jianzuitu Gou',cv. nov.

本新栽培品种为落叶丛生灌木,高约1.0 m。小枝黑褐色,具光泽,密被小黑点,疏被短柔毛,具枝刺。叶椭圆形、圆形,小型,2.0~4.0 cm,宽2.0~3.0 cm,表面深绿色,无毛,具光泽,背面淡绿色,无毛,先端钝尖,基部楔形,边缘具钝锯齿及微波状齿,无缘毛;托叶肾形,无毛。花单生,或 3~5 朵簇生在短枝上。花两型:① 可孕花、② 不孕花。单花具花瓣 5 枚,匙-近圆形,红色,其他与'棱扁果'贴梗海棠花相同。果实椭圆体状,长 6.0~6.5 cm,径 4.5~5.0 cm,淡绿黄色,具光泽,不平,微具纵钝棱与沟纹,稀有不显著瘤突,先端稍细;萼洼稍深,黑褐色,无柱基,四周具较显著纵钝棱与沟纹;萼片脱落,无柱基;梗洼较深,四周具明显纵钝棱与沟。果重 60.0~65.0 g。

产地:河南。郑州市有栽培。2017 年。选育者:范永明、赵天榜和赵东方。

22.'小蜀红'贴梗海棠　栽培品种

Chaenomeles speciosa(Sweet)Nakai 'Xiao Shuhong'

本栽培品种为落叶簇生小灌木,高 1.0~1.5 m。小枝红褐色,无毛;幼枝淡绿色,疏被短柔毛,后无毛。叶长卵圆形至长椭圆形,长 4.7~9.5 cm,宽 2.5~3.7 cm,绿色,基部楔形,先端急尖、短尖,边缘具重钝圆锯齿、重锯齿,无缘毛。托叶肾形、半圆形,两面无毛,边缘具重钝圆锯齿,无缘毛,基部偏斜,先端尖。先叶后花。花单生,或 2~3 枚簇生于 2 年生短枝上。单花具花瓣 5 枚,匙状圆形,鲜红色,长 1.8~2.8 cm,宽 1.2~1.5 cm,先端钝圆,基部楔形,具长 4~6 mm 爪,边缘微波状;萼筒碗状,长 5~10 mm,淡绿色,上部钟状;萼片 5 枚,钝三角形,先端钝圆,边缘被疏缘毛,内面无毛;雄蕊 40 枚左右,2 轮排列于萼筒内面上部,花药淡黄色,花丝水粉色,萼筒内面下部亮紫红色、亮紫色;花柱 5 枚,不发育。可孕花未见。

产地:四川。河南郑州市碧沙岗公园有引种栽培。选育者:不详。

23.'梅锦'贴梗海棠　梅锦　栽培品种

Chaenomeles speciosa(Sweet)Nakai 'Meijin',2011 年,杜淑辉. 木瓜属新品种 DUS 测试指南及已知品种数据库的研究(D)。

梅锦,2015 年,罗思源. 綦江木瓜资源圃木瓜品种的形态学鉴定和指纹图谱分析(D)。

本栽培品种为丛生灌木。小枝黄褐色,具枝刺。幼叶黄绿色,被柔毛,边缘红褐色。叶椭圆形、长椭圆-披针形,绿色,长约 3.5 cm,宽约 1.5 cm,基部楔形,先端急尖,边缘具钝锯齿;托叶 2 枚,肾形,基部偏斜,先端尖。花单生,或 2~5 朵簇生于短枝上。单花具花瓣 5 枚,粉红色,近匙圆形,不平展;花丝红色;花萼 5 枚;萼筒倒圆锥状,绿色。果实具纵钝棱。花期 3~4 月,果实成熟期 8~9 月。

产地:山东。2011 年。选育者:杜淑辉。

24.'金香'贴梗海棠　金香　栽培品种

Chaenomeles speciosa(Sweet)Nakai 'Jinxiang',1993 年,邵则夏、陆斌、刘爱群,等. 云南木瓜资源、栽培与加工利用专题　云南的木瓜种质资源. 云南林业科技,3:32~36,43;1997 年,郑成果、徐兴东. 沂州木瓜. 中国果品研究,3:30~32;2004 年,王嘉祥. 山东皱皮木瓜品种分类探讨. 园艺学报,31(4):520~522;2007 年,郝继伟、周言忠. 沂州木瓜优质品种资源调查研究. 中国种业,11:72~76;2011 年,杜淑辉. 木瓜属新品种 DUS 测试指南及已知品种数据库的研究(D)。

金香,张桂荣著. 木瓜:30. 2009;2015 年,罗思源. 綦江木瓜资源圃木瓜品种的形态学鉴定和指纹图谱分析(D)。

本栽培品种小枝具枝刺。幼叶黄绿色,边缘红褐色;叶椭圆-披针形,边缘具芒状尖锯齿。花单生,或2~6朵簇生于短枝上。花喇叭型。单花具花瓣5枚,匙-圆形,红色;花丝由黄色变红色。萼筒钟状。果实卵球状,具棱。

产地:山东临沂、泰安。1993年。选育者:邵则夏、陆斌、刘爱群,等。

25. '四季'贴梗海棠　四季海棠　栽培品种

Chaenomeles speciosa(Sweet)Nakai 'Siji',1993年,邵则夏、陆斌、刘爱群,等. 云南木瓜资源、栽培与加工利用专题　云南的木瓜种质资源. 云南林业科技,3:32~36,43;'四季海棠',2004年,王嘉祥. 山东皱皮木瓜品种分类探讨. 园艺学报,31(4):520~522;2009年,郑林、陈红、郭先锋,等. 木瓜属(*Chaenomeles*)栽培品种与近缘种的数量分类. 南京林业大学学报(自然科学版),33(2):47~50。

Chaenomeles × *superba*(Frahm)Rehder 'Siji',2015年,罗思源. 綦江木瓜资源圃木瓜品种的形态学鉴定和指纹图谱分析(D)。

四季海棠,2009年,张桂荣著. 木瓜:53。

本栽培品种为落叶小灌木,株高约60.0 cm,长势较强。枝干黄褐色,枝刺细长。小枝被茸毛。叶长椭圆-披针形,长4.5~6.0 cm,宽1.5~2.0 cm,黄绿色,具光泽,边缘具圆钝锯齿,或重锯齿。托叶肾形,长约1.0 cm。花单生,或3~5朵簇生于2年生短枝上。单花具花瓣5枚,亮红色,具短爪;雄蕊38~42枚,花丝亮红色,花药亮黄色;雌蕊发育,或发育不良;萼筒漏斗状。果实小,黄绿色,扁球状,纵径4.3cm,横径3.1 cm。花期3~4月;果实成熟期8月。

产地:山东。1993年。选育者:邵则夏、陆斌、刘爱群,等。

26. '沂州'贴梗海棠　沂州木瓜　栽培品种

Chaenomeles speciosa(Sweet)Nakai 'Yizhou',*Chaenomeles lagenaria*(Loisel)Koidzumi 'Yizhou',1993年,王嘉祥、管兆国、滕兆青. 我国珍贵果树资源. 中国果树,3:25~26,36;1997年,郑成果,徐兴东. 沂州木瓜. 中国果品研究,3:31~33。

本栽培品种为丛生灌木,高2.5 m;树皮灰褐色、绿褐色,不剥落。小枝枝刺少。叶长椭圆形、长椭圆-披针形、卵圆形,先端尖锐,绿色、黄绿色,边缘具细锯齿;托叶大,肾形。花通常3~5朵簇生于2年生枝上。单花具花瓣5枚,圆形,多粉红色。果实圆柱状、倒卵球状、长纺锤体状,绿黄色、金黄色,果肉乳白色,果点红褐色,具多条钝纵棱与沟;萼片宿存,稀脱落,肉淡黄色。果实重100.0 g左右。

产地:山东。1993年。选育者:王嘉祥、管兆国、滕兆青。

27. '绿玉'贴梗海棠　绿玉　栽培品种

Chaenomeles speciosa(Sweet)Nakai 'Luyu',1993年,邵则夏、陆斌、刘爱群,等. 云南木瓜资源、栽培与加工利用专题　云南的木瓜种质资源. 云南林业科技,3:32~36,43;2004年,王嘉祥. 山东皱皮木瓜品种分类探讨. 园艺学报,31(4):520~522;2009年,张桂荣著. 木瓜:30;2008年,易吉林. 新优观花植物——日本海棠. 南方农业(园林花木版),2(10):32~33;2009年,王明明. 木瓜属栽培品种的分类研究(D);2011年,杜淑辉. 木瓜属新品种DUS测试指南及已知品种数据库的研究(D)。

绿玉,2009 年,张桂荣著. 木瓜:30;2015 年,罗思源. 綦江木瓜资源圃木瓜品种的形态学鉴定和指纹图谱分析(D)。

本栽培种小枝具枝刺。幼叶黄绿色,被毛。叶椭圆形、椭圆-披针形,边缘具芒状尖锯齿。花单生,或通常 2~5 朵簇生于 2 年生枝上。单花具花瓣 5 枚,匙-圆形,多粉红色、红色;花丝红色;萼筒钟状;花梗短。容易结果。果实圆柱状、长椭圆体状,大小匀整。单果平均重 780.0g,最大果重 2 680.0 g.。

产地:山东临沂、泰安。1993 年。选育者:邵则夏、陆斌、刘爱群,等。

28.'两型果'贴梗海棠　新栽培品种

Chaenomeles speciosa(Sweet)Nakai 'Liang Xing Guo',cv. nov.

本新栽培品种单花具花瓣 5 枚,匙-圆形,鲜红色。果实 2 种类型:① 称锤状,绿黄色与黄色混生,表面不平,有圆状突起及微钝纵棱;萼筒肉质化,突起呈瘤状;萼洼深,黑色;萼片脱落;梗洼浅平,四周无明显钝纵棱与沟;② 果实称锤状,与①不同点:萼洼特异,呈扁横沟槽状。单果重 124.0~195.0 g。

产地:河南长垣县。2017 年 9 月 13 日。选育者:赵天榜、陈志秀和范永明。

29.'两型果-1'贴梗海棠　新栽培品种

Chaenomeles speciosa(Sweet)Nakai 'Liang Xing Guo-1',cv. nov.

本新栽培品种单花具花瓣 5 枚,匙-圆形,红色。果实 2 种类型:球状、扁球状、橙黄色,具灰绿色晕,表面不平,阳面具紫红色星,有窄沟纹;萼脱落,柱基宿存,无毛,稀柱基突起呈瘤状增大,长 1. 3 cm,径 1. 2 cm,四周具稍明显钝纵棱与沟纹;梗洼浅平,四周无明显钝纵棱与沟。单果重 57.0~162.0 g。

产地:河南长垣县。2017 年 9 月 13 日。选育者:赵天榜、陈志秀和范永明。

30.'橙色'贴梗海棠　新栽培品种

Chaenomeles speciosa(Sweet)Nakai 'Chengse',cv. nov.

本新栽培品种花单生,或 3~5 朵簇生于 2 年生短枝上。单花具花瓣 5 枚,橙色,匙圆形,具短爪;雄蕊多数,2 轮排列,花丝亮红色,花药亮黄色;雌蕊发育,或发育不良,花柱合生处无毛;萼筒短,三角-漏斗状,无毛;花萼 5 枚,边缘被缘毛。花期 3 月。

产地:河南。郑州市有栽培。2018 年 3 月 22 日。选育者:赵天榜、陈志秀和赵东方。

31.'小花 小瓣'贴梗海棠　新栽培品种

Chaenomeles speciosa(Sweet)Nakai 'Xiaohua Xiaoban',cv. nov.

本栽培品种为落叶丛生小灌木,高约 1. 0 m。小枝黑褐色,无毛。叶圆形、椭圆形,长1. 5~3. 0~4. 5 cm,宽 1. 0~2. 0 cm,先端钝圆、钝尖,基部楔形、近圆形,边缘具尖锯齿;叶柄长 0. 5~1. 0 cm。花径 1. 5~2. 0 cm。花单朵,或 2~5 朵簇生于短枝上。单花具花瓣 5枚,匙-圆形,长 5~10 mm,宽 4~6 mm,橙色;雄蕊多数,花丝长短不等;雌蕊不发育;萼筒倒三角钟状,长约 5 mm;萼片 5 枚,边缘无缘毛。

产地:河南。长垣县有栽培。2018 年 3 月 25 日。选育者:赵天榜、陈志秀和赵东方。

32.'白果'贴梗海棠　新栽培品种

Chaenomeles speciosa(Sweet)Nakai 'Baiguo',cv. nov.

本栽培品种花单朵,或 2~5 朵簇生于短枝上。单花具花瓣 5 枚,匙-圆形,长 5~10

mm,宽 4～6 mm,白色。果实球状,白色。单果重 10.0～12.0 g。

产地:河南。郑州市有栽培。2018 年 8 月 25 日。选育者:赵天榜、陈志秀和赵东方。

33.'半重瓣'贴梗海棠　栽培品种

Chaenomeles speciousa(Sweet)Nakai 'Ban Zhongban',2011 年,宋良红等主编.碧沙岗海棠:90～91.彩片 4。

本栽培品种为落叶丛生小灌木。枝直立,纤细,具枝刺。叶椭圆形,先端急尖,或钝圆,基部楔形,边缘具尖锯齿;托叶肾形,或圆形。花先叶开放。花单朵,或 3～5 朵簇生于短枝上。单花具花瓣 6～9 枚,红色。果实球状,径 4.0～5.0 cm,表面具淡白绿色果点;萼脱落。夏果簇生,畸形,具不规则钝棱。

产地:河南。郑州市碧沙岗公园有栽培。选育者:?

34.'萼密毛'贴梗海棠　新栽培品种

Chaenomeles speciosa(Sweet)Nakai 'Èmimao',cv. nov.

本新栽培品种果实球状,长 3.0 cm,径 3.0 cm,淡黄绿色、金黄色,具光泽;萼洼平,四周无钝纵棱与沟纹;萼片宿存,内面密被短柔毛。单果重 15.0～26.0 g。

产地:北京。2017 年 8 月 25 日。选育者:陈俊通和范永明。

35.'金叶'贴梗海棠　新栽培品种　图版 10:9、图版 17:7～11

Chaenomeles speciosa(Sweet)Nakai 'Jenye',cv. nov.

本新栽培品种植株丛生落叶灌木。叶淡黄色、金黄色,具光泽。单花具花瓣 5 枚,浅粉色及橙粉色。

产地:河南郑州市有栽培。2017 年 8 月 5 日。选育者:赵天榜、陈志秀和范永明。

36.'肉萼'贴梗海棠　新栽培品种

Chaenomeles speciosa(Sweet)Nakai 'Rouè',cv. nov.

本新栽培品种植株丛生落叶灌木。小枝中、上部疏被柔毛,基部和幼枝密被柔毛。叶狭椭圆形,稀卵圆形,披针形,淡绿色,边缘具钝尖齿,齿端具腺体。果实球状,萼洼平,四周具不明显的细沟纹;果萼肉质,宿存。

产地:河南郑州市有栽培。2012 年 8 月 5 日。选育者:赵天榜、陈志秀。

37.'多棱沟果'贴梗海棠　新栽培品种

Chaenomeles speciosa(Sweet)Nakai 'Duolenggōu Gou',cv. nov.

本新栽培品种果实扁球状,长 3.0～3.5 cm,径 4.0～4.5 cm,淡黄绿色、金黄色,具光泽,具多条浅纵沟纹;萼洼深,四周具多条钝纵棱与沟纹;萼片脱落;基柱宿存,稀膨大;梗洼浅,四周具多条钝纵棱与浅沟纹;果柄极短。单果重 27.0～30.0 g。

产地:北京。2017 年 8 月 25 日。选育者:陈俊通和范永明。

附录　1. 三峡黄皱皮木瓜、2. 五光 1 号皱皮木瓜、3. 五光 2 号(湖北)皱皮木瓜。张桂荣无记载其形态特征。

38.'西峡木瓜'贴梗海棠　"西峡木瓜"　栽培品种

Chaenomeles speciosa(Sweet)Nakai 'Xixia Muguo',封光伟.皱皮木瓜新品种.种植园地,2005,12;封光伟.皱皮木瓜新品种"西峡木瓜".农村百事通,2006,9:30。

'西峡木瓜'贴梗海棠是用花粉辐射与 asdf 杂交培育的栽培品种。本栽培品种 3 月上旬开花,8 月中旬成熟。花期可持续 20~30 天,栽植后第一年开花,第二年开始结果,第三年亩产量可达 2 500 kg,第四年可达 4 000~5 000 kg,高产地块最高可达 6 500 kg。秋天果实成熟。西峡木瓜适应性强。

39.'两色'贴梗海棠　新栽培品种　图版 14:8、9,图版 17:1、2~6、13、14

Chaenomeles speciosa(Sweet)Nakai 'Liangse',cv. nov.

本新栽培品种植株为丛生落叶灌木。叶绿色、淡绿色。单花具花瓣 5 枚,两种花色:白色及粉色及橙粉色。

产地:河南郑州市有栽培。2017 年 4 月 5 日。选育者:赵天榜、陈志秀和范永明。

40.'粉花'贴梗海棠　新栽培品种　图版 18:18

Chaenomeles speciosa(Sweet)Nakai 'Fenhua',cv. nov.

本新栽培品种植株为丛生落叶灌木。叶绿色、淡绿色。单花具花瓣 5 枚,花粉色。

产地:河南郑州市有栽培。2017 年 4 月 5 日。选育者:赵天榜、陈志秀和范永明。

Ⅱ. 多瓣贴梗海棠栽培群　新栽培群

Chaenomeles speciosa(Sweet)Nakai,Multipetal Group,Group nov.

本新栽培群中栽培品种单花具花瓣多枚,多种颜色;雄蕊无瓣化。

41.'风扬'贴梗海棠　风扬　栽培品种

Chaenomeles speciosa(Sweet)Nakai 'Fengyang', *Chaenomeles speciosa* Nakai 'Fengyang'新品种,2008 年,郑林. 中国木瓜属观赏品种调查和分类研究(D);2011 年,杜淑辉. 木瓜属新品种 DUS 测试指南及已知品种数据库的研究(D)。

风扬,2015 年,罗思源. 綦江木瓜资源圃木瓜品种的形态学鉴定和指纹图谱分析(D)。

本栽培品种为落叶小灌木;树皮灰色。枝干粗大。幼枝红褐色,被白色柔毛;小枝绿灰色、黄绿色,具枝刺。幼叶黄绿色,无毛。叶椭圆形至椭圆-披针形;绿色,基部楔形,先端急尖,边缘具重钝锯齿;托叶肾形,基部偏斜,先端尖。花蕾球状,红色。花单生, 或 2~3 朵簇生于 2 年生枝上, 或枝刺上。单花具花瓣多枚,匙圆形,深红色;初开花药黄色,花丝黄色(红色);花萼 5 枚,半圆形,红色,宿存:萼筒长圆柱状,绿色。果实卵球状。花期 3~4 月,果实成熟期 9~10 月。

产地:山东临沂等地有栽培。2008 年。选育者:郑林。

42.'沂红'贴梗海棠　沂红　栽培品种

Chaenomeles speciosa(Sweet)Nakai 'Yihong', *Chaenomeles speciosa* Nakai 'Yihong'新品种;郑林. 2008 年,中国木瓜属观赏品种调查和分类研究(D);2011 年,杜淑辉. 木瓜属新品种 DUS 测试指南及已知品种数据库的研究(D)。

沂红,2015 年,罗思源. 綦江木瓜资源圃木瓜品种的形态学鉴定和指纹图谱分析(D)。

本栽培品种为落叶小灌木;树皮灰色。枝干粗大;幼枝红褐色,被白色柔毛;小枝绿灰色。幼叶黄绿色,边缘红褐色,无缘毛。叶长卵圆形-披针形;绿色,基部楔形,先端急尖,边缘具重锐锯齿;托叶肾形,基部偏斜,先端尖。花单生,或 2~3 朵簇生于短枝上。单花具花瓣 15 枚,匙圆形,鲜红色,花心黄色;花萼 5 枚,半圆形,宿存;萼筒圆柱状,绿色。花期 3~4 月,7~11 月出现 2 次、3 次开花,有总状花序;果实成熟期 9~10 月。

产地:山东临沂等地有栽培。该品种为'凤凰木'的品种变异。2008 年。选育者:郑林。

43. '皇族'贴梗海棠　皇族　栽培品种

Chaenomeles speciosa(Sweet)Nakai 'Huangzu',2009 年,郑林、陈红、郭先锋,等. 木瓜属(Chaenomeles)栽培品种与近缘种的数量分类. 南京林业大学学报(自然科学版),33(2):47~50;2011 年,杜淑辉. 木瓜属新品种 DUS 测试指南及已知品种数据库的研究(D)。

皇族,2015 年,罗思源. 綦江木瓜资源圃木瓜品种的形态学鉴定和指纹图谱分析(D)。

本栽培品种小枝具枝刺。幼叶黄绿色,无毛,边缘红褐色。叶椭圆形、椭圆-披针形,边缘具芒状锐锯齿。花单生,或 2~5 朵簇生于短枝上。单花具花瓣 10 枚,红色,碗型,花瓣圆匙形,不平展,花丝绿白色;萼筒倒圆锥状;花梗长。

产地:山东。2009 年。选育者:郑林、陈红、郭先锋,等。

44. '紫玉'贴梗海棠　紫玉　栽培品种

Chaenomeles speciosa(Sweet)Nakai 'Ziyu',2011 年,杜淑辉. 木瓜属新品种 DUS 测试指南及已知品种数据库的研究(D)。

紫玉,2015 年,罗思源. 綦江木瓜资源圃木瓜品种的形态学鉴定和指纹图谱分析(D)。

本栽培品种小枝具枝刺。幼叶黄绿色,无毛。叶椭圆形、椭圆-披针形,边缘具芒状锐锯齿。花单生,或 2~5 朵簇生于短枝上。单花具花瓣 10 枚,红色,碗型,花瓣圆匙形,不平展,花丝红色;萼筒倒圆锥状;花梗长。

产地:山东。2011 年。选育者:杜淑辉。

45. '红娇'贴梗海棠　红娇　栽培品种

Chaenomeles speciosa(Sweet)Nakai 'Hongjiao',2009 年,王明明. 木瓜属栽培品种的分类研究(D);2011 年,杜淑辉. 木瓜属新品种 DUS 测试指南及已知品种数据库的研究(D)。

红娇,2015 年,罗思源. 綦江木瓜资源圃木瓜品种的形态学鉴定和指纹图谱分析(D)。

本栽培品种为丛生灌木。小枝平展,具枝刺。幼叶黄绿色,无毛,边缘红褐色。叶椭圆形、椭圆-披针形,绿色,先端钝圆,基部圆形,边缘锐锯齿;叶柄长 8~15 mm。花单生,或 2~6 朵簇生于短枝上。单花具花瓣 5~10 枚,圆形,红色。萼筒倒圆锥状。

产地:山东。2009 年。选育者:王明明。

46. '粉娇'贴梗海棠　粉娇　栽培品种

Chaenomeles speciosa(Sweet)Nakai 'Fenjiao',2011 年,杜淑辉. 木瓜属新品种 DUS 测试指南及已知品种数据库的研究(D)。

粉娇,2015 年,罗思源. 綦江木瓜资源圃木瓜品种的形态学鉴定和指纹图谱分析(D)。

　　本栽培品种为丛生灌木。小枝具枝刺。幼叶黄绿色,边缘红褐色。叶披针形,绿色,先端钝圆,基部圆形,边缘锐锯齿;叶柄长 8~10 mm。花单生,或 2~6 朵簇生于短枝上。单花具花瓣 5~10 枚,匙-圆形,红色。萼筒倒圆锥状。

　　产地:山东。2011 年。选育者:杜淑辉。

　　47.‘红玉’贴梗海棠　红玉　栽培品种

Chaenomeles speciosa(Sweet)Nakai‘Hongyu’,2011 年,杜淑辉. 木瓜属新品种 DUS 测试指南及已知品种数据库的研究(D)。

　　红玉,2015 年,罗思源. 綦江木瓜资源圃木瓜品种的形态学鉴定和指纹图谱分析(D)。

　　本栽培品种为丛生灌木。小枝无枝刺。幼叶黄绿色,无毛,边缘红褐色。叶椭圆形、椭圆-披针形,绿色,先端钝圆,基部圆形,边缘锐锯齿。花单生,或 2~6 朵簇生于短枝上。单花具花瓣 5~10 枚,匙-圆形,红色;花丝绿白色。萼筒倒圆锥状。

　　产地:山东。2011 年。选育者:杜淑辉。

　　48.‘云锦’贴梗海棠　云锦　栽培品种

Chaenomeles speciosa(Sweet)Nakai‘Yunjin’,2009 年,王明明. 木瓜属栽培品种的分类研究(D);2011 年,杜淑辉. 木瓜属新品种 DUS 测试指南及已知品种数据库的研究(D)。

　　云锦,2015 年,罗思源. 綦江木瓜资源圃木瓜品种的形态学鉴定和指纹图谱分析(D)。

　　本栽培品种为丛生灌木。小枝具枝刺。幼叶黄绿色,无毛,边缘红褐色。叶椭圆形、椭圆-披针形,绿色,先端钝圆,基部圆形,边缘锐锯齿。花单生,或 2~6 朵簇生于短枝上。单花具花瓣 5~10 枚,匙-圆形,红色;花丝绿白色。萼筒钟状。果实扁球状。

　　产地:山东。2009 年。选育者:王明明。

　　49.‘红运’贴梗海棠　红运　栽培品种

Chaenomeles speciosa(Sweet)Nakai‘Hongyun’,2011 年,杜淑辉. 木瓜属新品种 DUS 测试指南及已知品种数据库的研究(D)。

　　红运,2015 年,罗思源. 綦江木瓜资源圃木瓜品种的形态学鉴定和指纹图谱分析(D)。

　　本栽培品种为丛生灌木。小枝具枝刺。幼叶黄绿色,无毛,边缘红褐色。叶椭圆形、椭圆-披针形,绿色,先端钝圆,基部圆形,边缘锐锯齿。花单生,或 2~6 朵簇生于短枝上。单花具花瓣 5~10 枚,匙-圆形,红色;花丝绿白色。萼筒倒圆锥状。

　　产地:山东。2011 年。选育者:杜淑辉。

　　50.‘三色花’贴梗海棠　新栽培品种　图版 17:13

Chaenomeles speciosa(Sweet)Nakai‘Sansehua’,cv. nov.

　　本新栽培品种植株为丛生落叶灌木。叶绿色、淡绿色。单花具花瓣 5 枚,花白色、浅黄色、粉色。

　　产地:河南郑州市有栽培。2017 年 4 月 5 日。选育者:赵天榜、陈志秀和范永明。

51.'多瓣 橙花'贴梗海棠　新栽培品种　图版 15:6~9,图版 18:4

Chaenomeles speciosa(Sweet)Nakai 'Duoban Chenghua',cv. nov.

本栽培品种为落叶丛生小灌木。小枝褐色,无毛,具枝刺。叶椭圆形,长 4.0~6.0 cm,宽 2.0~3.0 cm;表面绿色,无毛,具光泽,背面淡黄绿色,无毛,先端钝圆,基部楔形,边缘具弯曲钝锯齿,齿端、齿间具腺体;托叶肾形。花单生,或 3~5 朵簇生于短枝上。花叶同时开放。单花具花瓣 10~15 枚,匙-圆形,长 1.0~1.5 cm,宽 1.0~1.5 cm,橙黄色,略带粉色晕,爪长 2~3 mm;萼筒倒三角钟状,长 1.0~1.5 cm,径 7~9 mm,阳面紫色,萼片 5 枚,半圆形,紫色,边缘被缘毛;雄蕊多数,花丝浅粉色;雌蕊不发育。花期 3 月。

地点:河南。郑州市有栽培。2018 年 4 月 20 日。选育者:赵天榜、陈志秀和赵东方。

52.'沂锦'贴梗海棠　沂锦　栽培品种

Chaenomeles speciosa(Sweet)Nakai 'Yijin', Chaenomeles speciosa Nakai 'Yijin',2004 年,王嘉祥. 山东皱皮木瓜品种分类探讨. 园艺学报,31(4):520~522;2008 年,郑林. 中国木瓜属观赏品种调查和分类研究(D);2009 年,王明明. 木瓜属栽培品种的分类研究(D);2011 年,杜淑辉. 木瓜属新品种 DUS 测试指南及已知品种数据库的研究(D)。

沂锦,2015 年,罗思源. 綦江木瓜资源圃木瓜品种的形态学鉴定和指纹图谱分析(D)。

本栽培品种为落叶小灌木;树皮灰色。枝干粗大。幼枝红褐色,被白色柔毛。小枝绿灰色,具枝刺。幼叶黄绿色,边缘红褐色,无毛。叶长卵圆形-椭圆形,绿色,基部楔形,先端急尖,边缘具重钝锯齿,或芒状尖锯齿;托叶肾形,基部偏斜,先端尖。花单生,或 2~4 朵着生于短枝上。单花具花瓣 12~18 枚,匙-扁圆形,外轮花瓣绿黄白色,内轮绿白色带黄色晕,部分花内轮花瓣均淡红色;花萼 5 枚,半圆形,红色,宿存,或脱落;萼筒钟状,绿色。果实扁球状。花期 3~4 月,果实成熟期 9~10 月。

产地:山东临沂等地有栽培。2004 年。选育者:王嘉祥。

53.'橙红变型'贴梗海棠　橙红变型　栽培品种

Chaenomeles speciosa(Sweet)Nakai 'Chenghong Bianxing',2003 年,郭帅. 观赏木瓜种质资源的调查、收集、分类与评价(D)。

橙红变型,2015 年,罗思源. 綦江木瓜资源圃木瓜品种的形态学鉴定和指纹图谱分析(D)。

本栽培品种为落叶小灌木。小枝黄褐色,枝刺少。幼叶黄绿色,无毛,边缘红褐色。叶卵圆形、长椭圆形,绿色,长约 3.0 cm,宽约 1.0 cm,基部楔形,先端急尖,边缘具锐锯齿;托叶 2 枚,肾形,长约 1.0 cm,基部偏斜,先端尖。花单生,或 2~5 朵簇生于短枝上。单花具花瓣 5~8 枚,近圆形,橙红色;花丝黄色变红色;花萼 5 枚,半圆形,宿存,或脱落;萼筒倒圆锥状,绿色。果扁球状,无棱。花期 3~4 月,果实成熟期 9~10 月。

产地:山东临沂等地有栽培。2003 年。选育者:郭帅。

54.'小桃红'贴梗海棠　小桃红木瓜　栽培品种

Chaenomeles speciosa(Sweet)Nakai 'Xiao Taohong',1995 年,邵则夏、陆斌. 云南的木瓜. 果树科学,12 增刊:155~156;1993 年,邵则夏、陆斌、刘爱群等. 云南的木瓜种质资源. 云南林业科技,(3):32~36。

本栽培品种为丛生灌木,高 2.0~3.0 m;侧枝直立。小枝平展,具枝刺。叶椭圆形、卵圆形、近圆形,无毛,长 2.8~8.0~10.3 cm,宽 3.0~4.0~5.6 cm,绿色,先端钝圆,基部圆形、戟形,边缘中上部单锐锯齿极浅,基部边缘全缘;叶柄长 8~15 mm。花通常 2~6 朵簇生于 2 年生枝上。花径 3.0~5.0 cm。单花具花瓣 5~13 枚,圆形,深红色。果实球状,2 种类型:① 果实长 6.9 cm,径 6.3 cm,绿黄色,果肉淡黄色。果实重 100.0 g 左右;② 果实径 4.3 cm,具 5~7 条浅沟。单果重 64.5 g。

产地:云南。1995 年。选育者:邵则夏、陆斌。

55.'妖姬'贴梗海棠　妖姬　栽培品种

Chaenomeles speciosa(Sweet)Nakai'Yaoji',2011 年,杜淑辉. 木瓜属新品种 DUS 测试指南及已知品种数据库的研究(D)。

妖姬,2015 年,罗思源. 綦江木瓜资源圃木瓜品种的形态学鉴定和指纹图谱分析(D)。

本栽培品种为丛生灌木。小枝黄褐色,具枝刺。幼叶黄绿色,无毛。叶披针形,绿色,长约 3.5 cm,宽约 1.5 cm,基部楔形,先端急尖,边缘具锐锯齿;托叶 2 枚,肾形,基部偏斜,先端尖。花单生,或 2~5 朵簇生于短枝上。单花具花瓣 10 枚,红色,近匙圆形,不平展;花丝绿白色;花萼 5 枚;萼筒钟状,绿色。花期 3~4 月。

产地:山东。2011 年。选育者:杜淑辉。

56.'兆国'贴梗海棠 1 号　兆国海棠 1 号　栽培品种　皱皮木瓜杂交种

Chaenomeles speciosa(Sweet)Nakai'Zhaoguo-1',2017 年,管兆国. 我国木瓜种质资源. 山西果树,1:5~8。

本栽培品种为落叶丛生小灌木,高 2.8 m,冠幅 2.2 m 左右,主干灰褐色。枝斜展,无枝刺。叶长椭圆-披针形,长 6.0~12.0 cm,宽 2.0~4.0 cm,边缘具锐锯齿,基部楔形;托叶边缘具锐锯齿。花 3~5 朵簇生,深红色,径 7.0 cm;雄蕊 40~50 枚;雌蕊退化,不结实。

产地:山东、河南等各地均有栽培。2017 年。选育者:管兆国。

57.'兆国'贴梗海棠 2 号　兆国海棠 2 号　栽培品种

Chaenomeles speciosa(Sweet)Nakai'Zhaoguo-2',2017 年,管兆国. 我国木瓜种质资源. 山西果树,1:5~8。

本栽培品种为落叶丛生小灌木,高 2.5 m,冠幅 2.0 m 左右;主干灰褐色。叶长椭圆-披针形,长 6.0~11.0 cm,宽 2.0~3.5 cm,边缘具锐锯齿,基部楔形;托叶肾形,边缘具锐锯齿;叶柄长 1.5~2.0 cm。花 3~5 朵簇生。单花具花瓣 15~25 枚,艳红色,径 7.0 cm;雄蕊 35~45 枚;雌蕊 5 枚。果实近球状,长 6.0~10.0 cm,径 5.0~7.0 cm,具 5 条纵棱。每亩果实产量 3 000~4 000 kg。

产地:山东、河南等各地均有栽培。2017 年。选育者:管兆国。

Ⅲ. 尚待研究的栽培品种

58.'木瓜西府'贴梗海棠　栽培品种

Chaenomeles speciosa(Sweet)Nakai'Mugua Xifu',2017 年,管兆国. 我国木瓜种质资源. 山西果树,1:5~8。

本栽培品种为落叶灌木,高约 4.0 m。叶椭圆-披针形,长 8.0 cm,宽 2.5 cm 左右,表面浓绿色,边缘具钝锯齿。花艳粉红色。果实长椭圆体状,长 6.0 cm,径 4.0 cm,单果重 120.0~200.0 g。

产地:山东。2017 年。选育者:管兆国。

59.'奥星'贴梗海棠　奥星　栽培品种

Chaenomeles speciosa(Sweet)Nakai'Aoxing',1993 年,邵则夏、陆斌、刘爱群,等. 云南木瓜资源、栽培与加工利用专题　云南的木瓜种质资源. 云南林业科技,3:32~36,43; 1997 年,郑成果、徐兴东. 沂州木瓜. 中国果品研究,3:30~32;2007 年,郝继伟、周言忠. 沂州木瓜优质品种资源调查研究. 中国种业,11:72~76;2007 年,郝继伟,周言忠. 沂州光皮木瓜优质品种资源调查研究. 中国种业,11:84~85。

奥星,2009 年,张桂荣著. 木瓜:30。

本栽培品种树姿开张,枝干直立,以中短果枝结果为主,丰产。具枝刺。叶长椭圆-披针形。花粉红色。果实倒卵圆体状、宽卵球状,果肩宽,果顶窄,长 19.0 cm,径 16.0 cm,黄绿色,蜡质少;果肉细腻,浅绿色,耐储性好。单果重 500.0 g,最重达 1 800.0 g。果肉厚,白色,汁多,香味浓。

产地:山东临沂、泰安。1993 年。选育者:邵则夏、陆斌、刘爱群,等。

60.'蒙山一号'贴梗海棠　蒙山一号　栽培品种

Chaenomeles speciosa(Sweet)Nakai'Mengshan-1',张桂荣著. 木瓜:30. 2009。

本栽培品种树形较松散。果实长椭圆体状,具 5 条纵棱与沟,长 20.0 cm 左右,径 11.0 cm 左右,浅绿色,蜡质少,具光泽;皮孔大而明显,白色;果肉厚,乳白色,较细,汁液多。单果平均重 500.0 g,最重达 2 000.0 g。

产地:山东临沂、泰安。2009 年。选育者:张桂荣。

61.'蒙山二号'贴梗海棠　蒙山二号　栽培品种

Chaenomeles speciosa(Sweet)Nakai'Mengshan-2',2009 年,张桂荣著. 木瓜:30~31。

本栽培品种树高约 2.5 m,冠幅约 1.3 m。果实卵球状,整齐,具 5 条纵棱与沟,长 13.0 cm 左右,径 9.0 cm 左右,浅绿色,阳面泛黄色,蜡质稍多,具光泽;皮孔小而不明显;果肉较细,浅白色,汁液中等。单果平均重 300.0 g,最重达 900.0 g。

产地:山东临沂、泰安。2009 年。选育者:张桂荣。

62.'小果'贴梗海棠　新栽培品种

Chaenomeles speciosa(Sweet)Nakai'Xiaogou',cv. nov.

本新栽培品种小枝黑褐色,疏被短柔毛。叶椭圆形、倒卵圆形,长 3.0~6.5 cm,宽 1.5~3.5 cm,表面深绿色,无毛,背面淡绿色,无毛,先端钝圆,基部楔形,边缘具钝圆齿,齿端无黑色点,无缘毛;叶柄无毛。果实椭圆体状,长 2.5~3.0 cm,径 1.5~1.7 cm,阳面紫褐色,背面绿色,具光泽,无毛,具钝棱与沟;萼片基部结合处膨大、肉质化,宿存,长度占果实长度的 1/4;果梗基部节疏被短柔毛。单果重 3.0~4.0 g。

产地:北京。2017 年 8 月 25 日。选育者:陈俊通和范永明。

注:2012 年,张恒在《不同品种皱皮木瓜成分的研究》(D)中有:1. 金宝萝青 102 木瓜,2. 金宝萝青 103 木瓜　维生素 C1 593 mg/100 g,3. 金宝萝青 104 木瓜,4. 金宝萝青 106 木瓜　总糖量 6.7 g/100 g,5. 金宝萝青 108 木瓜,6. 金宝亚特金香玉木瓜　钙 462

mg/kg,7. 金宝亚特绿香玉木瓜　铁 6.4 mg/kg,8. 金宝亚特黄香玉木瓜,9. 金宝亚特青香玉木瓜,10. 金宝亚特红香玉木瓜,11. 金香玉 231 木瓜,12. 湖北宜恩木瓜　锌 2.5 mg/kg,13. 贵州正安县木瓜,14. 湖北长阳木瓜。上述品种无形态特征记载。

第三节　无子贴梗海棠　新种

Chaenimolessine-semina T. B. Zhao,Z. X. Chen et Y. M. Fan,sp. nov.,Plates 1:1~9

Sp. nov. ramulis caespitisi-erectis reclinati-pendulis. Foliis ellipticis vel anguste ellipticis,tenuiter chartaceis apice obtusis vel. Acuminates,basi anguste cuneatis marginatisbus decursiviis,margine crenatis vel. Bicrenatis,apice serratis et crenatis inter niri-glanduleres acerisis. A-stipulis in treviter ramulis. foliis breviter ramulis stipulis nullis,longe ramulis stipulis semirotundis. petalis 5 in quoque flore,flavidi-albis minute carneis;staminosis ultra 80 in quoque flore,sparsis in tubis calycibus;filamentis non aequilongis;stylis in medio combinatis,coalescentibus dense pubescentibus basi minutis glabratis;calycibus late triangulis apice obtusis intus dense pubescentibus,margine a-crinitis. fructus breviter tereti-globosi super 5(~8)obtusangulis manifestis calycibus non decidis,nanifeste inspissatis staminosis et stylis induviatis. Fructibus self-sterilibus sine seminibus.

Henan:Zhengzhou City. 2012-04-25. T. B. Zhao et Z. X. Chen,No. 201204251(HNAC).

本新种与贴梗海棠 Chaenomoles speciosa(Sweet)Nakai 相似,但区别为:丛生直立枝纤细,拱状下垂。叶椭圆形、狭椭圆形,薄纸质,先端钝圆,或渐尖,基部狭楔形,其边部下延,边缘具钝锯齿,或重钝锯齿,齿端及钝锯齿之间具针刺状黑色小腺点。短枝上叶无托叶;长枝上托叶半圆形。单花具花瓣 5 枚,淡黄白色,疏被水粉色晕;雄蕊 80 枚以上,散生于萼筒内,花丝不等长,散粉期不一致;花柱中部合生处膨大,密被白色短柔毛,基部极小而无毛;萼片宽三角形,先端钝圆,内面被短柔毛,边缘无缘毛。果实通常多种类型。自花不孕。果实无种子。

Descr. Add. :

Fruter decidua magni,2.0~2.5 m alta,dlam. 2.0~3.0 m. Ramuli caespitisi-erecti tenui et longi,cinerei-brunnei vel purpurei glabrati,reclinati,sine stipulis in ramulis,stipulis in longe ramulis semirotundatis vel reniformibus 5~10 mm longis,8~21 mm latis,supra viridis,utrinque minite pubescebtibusglabris,margne obtuse-crenatis,apice ternminalis spicolatus apicem minime nargi-glandulis;petiolulatis stipulis latis et brevibus utrinque minite pubescebtibus. Folia elliptica、anguste elliptica,tenuiter chartacea,3.5~8.5 cm longa,2.0~4.5 cm lata,supra viridula,paulatum pubescentibus,costis retusis,saepe glabris,subtus pallide viridula,paulatum pubescentibus,costis manifeste elevatis sparse pubescentibus,nervi laterals manifestis,apice obtusa vel acuminata,basi anguste cuneata,marginantibus decurrentia,margne obtuse-crenata vel obtuse-bicrenata,apice ternminalis spiculatus apicem minime nargi-glandulis,inter obtuse-crenatos minime nargi-glandulis; petiola 5~15 mm longa, supra minute sulacatis, glabris. flores ante folia aperti vel synabthii. 1-flos vel 2~3-flores caespitosi. petalis 5 in quoque flore, spathulati-rotundatatis, 1.3~1.7 cm longis 1.5~1.7 cm latis flavidi-ablis minite carneis minute carneis apice obtuse basi anguste cuneatis unguibus; staminosis ultra 80 in quoque flore, sparsis in tubis calycibus, flavidis, filamentis non aequilongis, antheris pollenibus liberatis tempis non aequabilibus; basi tubis calycibus aliquantum grossis, extus viriduli-purpurascentibus glabris, intra sparse pubescentibus; calycibus 5 in quoque flore, triangulatis 4~6 mm longis apice acutis extus glabris intus dense pubescentibus margine a-ciliatis; stylis 5, supra medium glabris, medio combinatis coalescentibus magnis dense pubescentibus basi minutis glabratis; pedicellis brevibus, ca. 1.0 cm longis glabris. Fructus breviter tereti-globosi 5.0~6.0 cm longi diam. 4.0~5.0 cm, flavidi vel flavi nitidus a-ceraceus super 5(~8) obtusangulis manifestis; calycibus non decidis, nanifeste inspissatis, staminosis et stylis induviis; concavis calycibusnon profundis manifestis obtusangulis manifestis multis et longistrorsismulti-fossis; concavis fructi-pedicellis parvis manifestis obtusangulis manifestis multis et longistrorsismulti-fossis. Fructus self-steriles sine seminibus.

Henan; Zhengzhou City. T. B. Zhao et Z. X. Chen, No. 201204251(holotypus, HANC).

形态特征补充描述：

落叶丛生灌木,高 2.0~2.5 m,冠径 2.0~3.0 m。丛生直立枝细长,灰褐色,或紫褐色,无毛,拱形下垂。小枝细短,灰褐色,或紫褐色,无毛,无枝刺。小枝上无托叶;长枝上托叶半圆形或肾形,长 5~10 mm,宽 8~21 mm,表面绿色,两面微被短柔毛,边缘具钝锯齿,齿端具针状刺,其先端具黑色小腺点;托叶宽而短,两面被短柔毛。叶椭圆形、狭椭圆形,薄纸质,长 3.5~8.5 cm,宽 2.0~4.5 cm,表面绿色,微被短柔毛,主脉凹入,通常无毛,背面淡绿色,微被短柔毛,主脉显著突起,疏被短柔毛,侧脉明显,先端钝圆,或渐尖,基部狭楔形,边部下延,边缘具钝锯齿,或重锯齿,齿端具针状刺,其先端具黑色小腺点;钝锯齿之间具针状刺,其先端黑色腺点;叶柄长 5~15 mm,表面具细纵槽,无毛,或疏被短柔毛;花先叶开放,或花叶同时开放。花单生,或 2~5 朵簇生 2 年生年枝叶腋。单花具花瓣 5枚,匙状圆形,长 2.0~2.7 cm,宽 1.5~2.5 cm,淡黄白色、白色、粉红色,微被淡粉色晕,或外面花瓣白色,内面花瓣粉色,先端钝圆,内曲,边缘全缘,有时皱折,基部狭楔形,或圆形,具长 2~5 mm 粉色爪;雄蕊 80 枚以上,散生于萼筒内上部,淡黄色,花丝长短不等,上面水粉色,下面亮粉色,有瓣化雄蕊;药室撒粉期也不一致;雄蕊群与雌蕊群近等高,或雄蕊群显著高于雌蕊群;萼筒 2 种:① 上部碗状,下部倒三角锥状,两者近等长,微被毛,或无毛,淡绿色,具有等长的细柄,柄上具节,基部稍膨大,具环痕,外面淡绿紫色,无毛,内面疏被短柔毛,花柱高于雄蕊,花柱合生处长 5~6 mm,下部无毛,稀具长柔毛;② 钟状,淡绿色,具短柄,柄上无节,基部稍膨大,具环痕,外面淡绿紫色,无毛,内面疏被短柔毛;萼筒具萼片 5 枚,宽三角形,长 4~6 mm,先端钝圆,外面微被毛,或无毛,内面密被短柔毛,边缘全缘,具长缘毛;花柱 5 枚,柱头头状膨大,长 2.0 cm,上部无毛,合生处膨大达 2/3,被白色短柔毛,基部突细呈短柱状,无毛;雄蕊群与雌蕊群近等高,或雌蕊群显著高于雄蕊群;花梗短,长约 1.0 cm,具环棱,无毛。果实通常分 4 类型:① 果实卵球状、扁球状、长圆柱-球状、短圆柱-球状,长 5.0~6.0 cm,径 4.0~5.0 cm,淡绿色、淡黄色,或黄色,具光泽,无蜡质,果点不明,或宿存;宿存萼增厚,边缘深波状,外面无毛;雄蕊与花柱凋存;萼洼浅,萼痕显著、径 3~4 mm,四周具多条不显著钝棱及多条小纵沟;梗洼小而显著,四周具多条显著钝棱及多条小纵沟。果实小,无种子。单果重 18.0~33.0 g,稀 45.0 g。② 果实卵球状、长圆柱状,长 4.0~6.0~7.5 cm,径 3.0~4.0 cm,淡绿色、淡黄绿色,或黄色,具光泽,无蜡质,果点不明显;萼脱落,或宿存。果实重 18.0~53.0 g,稀 45.0 g。③ 果实卵球状,长 4.0~4.5 cm,径 3.0~3.5 cm,淡黄绿色,或黄色,无光泽,无蜡质,果点不明显。④ 其他类型有 2 种,如扁球状、不规则体状。其果实形态特征与① 类型果实相同。自花不孕;果实无种子。

产地:河南。郑州市碧沙岗公园。2012 年 4 月 25 日,赵天榜和陈志秀,No. 201204251。

2011 年 10 月 30 日。赵天榜和王建郑,No. 201110303(果实无种子),存河南农业大学。

第四节　雄蕊瓣化贴梗海棠　新种　图版 19:1~12,图版 20:1~10

Chaenomeles stamini-petalina T. B. Zhao,Z. X. Chen et D. F. Zhao,sp. nov.

Sp. nov. staminis fere petalinis,petalini-staminis quam 40-petalinis,formis polymorphis,rare 1~3- staminis. pistillis non praegnantibus.

Henan:Changyuan Xian. T. B. Zhao,Z. X. Chen et D. F. Zhao,No. 2018032210(holotypus,HANC).

本新种单花具雄蕊几乎全瓣化,瓣化数达 40 枚以上,瓣化形态多变,稀有雄蕊 1~3 枚。雌蕊不发育。

产地:河南。长垣县。2018 年 3 月 22 日。赵天榜、陈志秀和赵东方,No. 2018032210(枝与花),模式标本。存河南农业大学。

亚种、变种:

Ⅰ. 雄蕊瓣化贴梗海棠　原亚种

Chaenomeles stamini - petalina T. B. Zhao, Z. X. Chen et D. F. Zhao subsp. stamini-petalina

1. 雄蕊瓣化贴梗海棠　原变种

Chaenomeles stamini-petalina T. B. Zhao,Z. X. Chen et D. F. Zhao,var. stamini-petalina

2. 小花雄蕊瓣化贴梗海棠　新变种

Chaenomeles stamini-petalina T. B. Zhao,Z. X. Chen et D. F. Zhao,var. parviflori-petalina T. B. Zhao,Z. X. Chen et D. F. Zhao,var. nov.

A nov. ramulispusillis,brevispinis. Diametris floribus < 2. 0 cm. staminis mnino petaloideis,formis petaloideis polymorphis. pistillis non praegnantibus.

Henan:Changyuan Xian. T. B. Zhao,Z. X. Chen et D. F. Zhao,No. 2018032215(holotypus,HANC)。

本新种变与雄蕊瓣化贴梗海棠原变种 Chaenomeles stamini-petalina T. B. Zhao,Z. X. Chen et D. F. Zhao,var. stamini-petalina 主要区别:小枝条细,枝刺短、细。花径约 2.0 cm。单花具雄蕊全瓣化,瓣化形态多变。雌蕊不发育。

产地:河南。长垣县。2018 年 3 月 22 日。赵天榜、陈志秀和赵东方,No. 2018032215(枝与花),模式标本,存河南农业大学。

3. 多瓣雄蕊瓣化贴梗海棠　新变种

Chaenomelesstamini-petalina T. B. Zhao,Z. X. Chen et D. F. Zhao,var. multi-stamini-petalina T. B. Zhao,Z. X. Chen et D. F. Zhao,var. nov.

A var. nov. diametris floribus 4.0~5.0 cm. petalinis 10~15 in quoque flore,spathulati-rotundatis,albis,subroseis;2~3-staminis petalinis multiformibus;5-stylis,locis combinatis dense pubescentibus.

Henan:Changyuan Xian. T. B. Zhao,Z. X. Chen et D. F. Zhao,No. 2018032218(holotypus,HANC)。

本新变种与雄蕊瓣化贴梗海棠原变种 Chaenomeles stamini-petalina T. B. Zhao,Z. X. Chen et D. F. Zhao,var. stamini-petalina 主要区别:花径 4.0~5.0 cm。单花具花瓣 10~15 枚,匙-近圆形,白色,具粉红色晕;雄蕊瓣化 2~3 枚,形态多变;雌蕊花柱 5 枚,中部合生处被短柔毛。

产地:河南。长垣县。2018 年 3 月 22 日。赵天榜、陈志秀和赵东方,No. 2018032218(枝与花),模式标本。存河南农业大学。

4. 小花碎瓣贴梗海棠　新变种

Chaenomeles stamini-petalina T. B. Zhao,Z. X. Chen et D. F. Zhao var. parviflori-petalina T. B. Zhao,Z. X. Chen et D. F. Zhao,var. nov.

A var. nov. diametris floribus 2.0~2.5 cm.,petalinis 5 in quoque flore,multicoloribus;> 45-petalinis in flore,non 3~5- petalinis.

Henan:Changyuan Xian. 2018-03-22. T. B. Zhao,Z. X. Chen et D. F. Zhao,No. 2018032220(holotypus,HANC)。

本新变种与雄蕊瓣化贴梗海棠原变种 Chaenomeles stamini-petalina T. B. Zhao,Z. X. Chen et D. F. Zhao,var. stamini-petalina 主要区别:花径 2.0~2.5 cm。单花具花瓣 5 枚,多色;雄蕊瓣化 45 枚以上,不瓣化雄蕊 3~5 枚。

形态特征:

落叶丛生小灌木,高约 1.5 m。小枝灰褐色,无毛。叶椭圆形,长 3.5~5.0 cm,宽 1.0~1.3 cm,先端钝尖,边缘具尖锯齿;叶柄长 0.5~1.0 cm。花径 2.0~2.5 cm。花单朵,或 2~4 朵簇生于短枝上。单花具花瓣 5 枚,匙-圆形,有畸形花瓣,长 7~10 mm,宽 6~11 mm,白色、粉红色,或白色具粉红色晕;雄蕊瓣化 45 枚以上,不瓣化雄蕊 3~5 枚;雌蕊花柱 5 枚,合生处无毛;萼筒倒钟状,长约 5 mm;萼片 5 枚,阳面紫色,边缘疏被缘毛。

产地:河南。长垣县有栽培。2018 年 3 月 22 日。赵天榜、陈志秀和赵东方,No. 2018032220,模式标本,存河南农业大学。

Ⅱ. 多瓣少瓣化贴梗海棠　新亚种

Chaenomeles stamini‐petalina T. B. Zhao, Z. X. Chen et D. F. Zhao subsp. multipetali‐paucipetalina T. B. Zhao, Z. X. Chen et Y. M. Fan, subsp. nov.

Subsp. nov. 5~12~18‐petalinis in quoque flore, spathulati‐rotundatis; staminibus pauci‐petalinis.

Henan: Zhengzhou City. T. B. Zhao, Z. X. Chen et Y. M. Fan, No. 201704259(holotypus, HANC).

本新亚种单花具花瓣5~12~18枚, 匙-圆形; 雄蕊有少数瓣化者。

产地: 河南郑州市、长垣县有栽培。2017年4月25日。赵天榜、陈志秀和赵东方, No. 201704259(枝与花), 模式标本, 存河南农业大学。

栽培品种:

1. '夕照'贴梗海棠　夕照　新改隶组合栽培品种

Chaenomeles stamini‐petalina T. B. Zhao, Z. X. Chen et D. F. Zhao 'Xizhao', trans. comb. nov., Chaenomeles speciosa Nakai 'Xizhao' 新品种; 2008年, 郑林. 中国木瓜属观赏品种调查和分类研究(D); 2011年, 杜淑辉. 木瓜属新品种DUS测试指南及已知品种数据库的研究(D)。

夕照, 2015年, 罗思源. 綦江木瓜资源圃木瓜品种的形态学鉴定和指纹图谱分析(D)。

本栽培品种落叶小灌木; 树皮灰色。小枝绿灰色, 皮孔明显, 具枝刺, 或无枝刺。幼枝红褐色, 被白色柔毛。幼叶黄绿色, 边缘红褐色, 被毛。叶椭圆形至椭圆-披针形; 长4.0~5.0 cm, 宽2~3 cm; 绿色, 先端急尖, 基部楔形, 边缘具重钝锯齿, 无缘毛; 托叶肾形, 基部偏斜, 先端尖。花单生, 或2~3朵簇生于短枝上。花径4.5~5.0 cm。单花具花瓣15枚, 匙圆形, 橘红色; 雄蕊有瓣化, 花丝初黄色, 后红色; 花萼5枚, 半圆形, 红色, 宿存, 或脱落; 萼筒钟状, 绿色。花期3~4月, 果实成熟期9~10月。

产地: 山东临沂等地有栽培。该品种是从'凤凰木'扦插苗变异中选育出的。2008年。选育者: 郑林。

2. '多瓣白花'贴梗海棠　新栽培品种　图版13:2~11

Chaenomeles stamini‐petalina T. B. Zhao, Z. X. Chen et D. F. Zhao 'Duoban Baihua', cv. nov.

本栽培品种为落叶丛生小灌木。小枝褐色, 无毛, 具枝刺。叶椭圆形, 长3.5~6.5 cm, 宽1.7~2.5 cm; 表面绿色, 无毛, 具光泽, 背面淡黄绿色, 无毛, 先端钝圆, 基部楔形, 边缘具弯曲钝锯齿, 齿端具腺体, 无缘毛。花单生, 或2~5朵簇生于短枝上。花先叶开放。单花具花瓣15枚, 匙-圆形, 长1.0~1.4 cm, 宽0.8~1.3 cm, 白色, 略带粉色斑, 畸形花瓣2~3枚, 爪长2~3 mm; 萼筒钟状, 长1.0~1.1 cm, 径7~9 mm, 阳面紫色, 萼片5枚, 半圆形, 紫色, 边缘疏被缘毛; 雄蕊多数, 有瓣化, 花丝亮白色; 雌蕊5枚, 合生处被很少短柔毛。花期3月下旬。

地点: 河南。长垣县有栽培。2018年3月25日。选育者: 赵天榜、陈志秀和赵东方。

3.'多瓣白花-1'贴梗海棠　新栽培品种

Chaenomeles stamini-petalina T. B. Zhao,Z. X. Chen et D. F. Zhao 'Douban Baihua-1',cv. nov.

本栽培品种落叶丛生小灌木,高约 2.0 m。小枝褐色,无毛。叶圆形、长椭圆形,长 3.0~5.2 cm,宽 1.0~2.3 cm,先端钝圆,基部楔形,边缘具锐锯齿;叶柄长 0.5~1.0 cm。花单朵,或 2~5 朵簇生于短枝上。花径 3.0~5.0 cm。单花具花瓣 19 枚,匙-圆形,有畸瓣 2~3 枚,白色,稀粉红色斑,或粉红色晕;雄蕊多数,花丝长短不等;雌蕊 5 枚,合生处无毛;萼筒倒三角钟状,长约 7 mm;萼片 5 枚,边缘被很少缘毛。

产地:河南。长垣县有栽培。2018 年 3 月 25 日。选育者:赵天榜、陈志秀和赵东方。

4.'兆国'贴梗海棠　新改隶组合栽培品种

Chaenomeles stamini-petalina T. B. Zhao,Z. X. Chen et D. F. Zhao 'Xizhao',trans. comb. nov. ;*Chaenomeles speciosa*(Sweet)Nakai 'Zhaoguo',2017 年,管兆国. 我国木瓜种质资源. 山西果树,1:5~8。

本栽培品种落叶丛生小灌木,高约 2.0 m。小枝褐色,无毛,密被瘤点。叶圆形、长椭圆形,长 1.2~3.0~5.0 cm,宽 1.0~2.5 cm,先端钝圆、短尖,基部楔形,边缘具锐锯齿;叶柄长 0.5~1.0 cm。花单朵,或 2~5 朵簇生于短枝上。单花具花瓣 15~25 枚,有畸形花瓣,艳红色、橙黄色及粉黄色,径 3.5~5.0 cm;雄蕊多数,花丝长短不等;雌蕊 5 枚,合生处无毛。

产地:山东。河南郑州市有栽培。选育者:管兆国。

5.'多色 多瓣'贴梗海棠　新栽培品种

Chaenomeles stamini-petalina T. B. Zhao,Z. X. Chen et D. F. Zhao 'Duose Douban',cv. nov.

本栽培品种落叶丛生小灌木,高约 2.0 m。小枝褐色,无毛。叶圆形、长椭圆形,长 3.5~5.0 cm,宽 1.0~2.3 cm,先端钝圆,基部楔形,边缘具锐锯齿;叶柄长 0.5~1.0 cm。花单朵,或 2~5 朵簇生于短枝上。单花具花瓣 19 枚,匙-圆形,有畸形花瓣,艳红色、橙黄色、粉黄色及白色,径 3.0~5.0 cm;雄蕊多数,花丝长短不等;雌蕊花柱 5 枚,不发育。

产地:河南。郑州市有栽培。2017 年 4 月 20 日。选育者:赵天榜、陈志秀和赵东方。

Ⅲ.**多瓣瓣化贴梗海棠**　新亚种

Chaenomeles speciosa(Sweet)Nakai subsp. multpetali-petaloidea T. B. Zhao,Z. X. Chen et Y. M. Fan,supsp. nov.

Subsp. nov. 10~30-petalis in quoque flore. staminibus 10~15- petaloideis.

Henan:Zhengzhou City. 2018-04-20. T. B. Zhao,Z. X. Chen et Y. M. Fan,No. 201804201(holotypus,HANC).

本新亚种单花具花瓣 10~30 枚;雄蕊通常瓣化 10~15 枚。

产地:河南。郑州市有栽培。2018 年 4 月 20 日。赵天榜、陈志秀和范永明,No. 201804201(枝、叶与花)。模式标本,存河南农业大学。

变种:

1. 多瓣瓣化贴梗海棠　原变种

Chaenomeles speciosa(Sweet)Nakai var. multpetali-petaloidea

2. 白花多瓣瓣化贴梗海棠　新变种

Chaenomeles speciosa(Sweet)Nakai var. alba Z. B. Zhao, Z. X. Chen et Y. M. Fan, var. nov.

A var. nov. 10~20-petalis in quoque flore. staminibus saepe 10~15- petaloideis.

Henan:Zhengzhou City. 2018-04-20. T. B. Zhao, Z. X. Chen et Y. M. Fan, No. 201804201(holotypus,HANC).

本新变种单花具花瓣10~20枚,白色;雄蕊通常瓣化10~15枚。

产地:河南。郑州市有栽培。2018年4月20日。赵天榜、陈志秀和范永明,No. 201804201(枝、叶与花)。模式标本,存河南农业大学。

3. 两色多瓣瓣化贴梗海棠　新变种

Chaenomeles speciosa(Sweet)Nakai var. bicolor T. B. Zhao,Z. X. Chen et Y. M. Fan, var. nov.

A var. nov. 10~20-petalis in quoque flore,albis et aurantiacis. staminibus saepe 10~25- petaloideis,mudtiformibus.

Henan:Zhengzhou City. 2018-04-20. T. B. Zhao,Z. X. Chen et Y. M. Fan, No. 201804205(holotypus,HANC).

本新变种单花具花瓣10~20枚,白色及橙黄色;雄蕊通常瓣化10~25枚,多种类型。

产地:河南。郑州市有栽培。2018年4月20日。赵天榜、陈志秀和范永明,No. 201804205(枝、叶与花)。模式标本,存河南农业大学。

4. 红花多瓣瓣化贴梗海棠　新变种

Chaenomeles speciosa(Sweet)Nakai var. rubriflora Z. B. Zhao,Z. X. Chen et Y. M. Fan,var. nov.

A var. nov. 20~30-petalis in quoque flore,rubris. staminibus saepe 20~30-petaloideis, mudtiformibus.

Henan:Zhengzhou City. 2018-04-20. T. B. Zhao,Z. X. Chen et Y. M. Fan, No. 201804207(holotypus,HANC).

本新变种单花具花瓣20~30枚,白色;雄蕊通常瓣化20~30枚,多种类型。

产地:河南。郑州市有栽培。2018年4月20日。赵天榜、陈志秀和范永明,No. 201804207(枝、叶与花)。模式标本,存河南农业大学。

第五节　木瓜贴梗海棠

木瓜贴梗海棠 木瓜海棠(群芳谱)　毛叶木瓜(中国植物志)　木桃(诗经、中国树木分类学)　芒齿贴梗海棠(湖北植物志)　图版21:9,图版22:5,图版23:1~13

一、木瓜贴梗海棠学名变更历史

Chaenomeles cathayensis(Hemsl.)Schneider III. Nandb. Laubh. 1:730. f. 405. p-p.

f. 406. e-f. 1906, non *Pyrus cathayensis* Hemsl. in Journ. Linn. Soc. 23：257. 1887.

1811 年，*Malus sinensis* Dumont de Courset, Bot. Cult. 5：428. 1811. exclud. Syn. Willd. et Miller.

1887 年，*Pyrus cathayana* Hemsl. in Journ. Linn. S. 23：257. 1887.

1887 年，*Pyrus cathayensis* Hemsl. in Journ. Linn. Soc. Lond. Bot. 23：256. 1887. exclud. syn. Quoad pl. ex Hupeh.

1890 年，*Chaenomeles chinensis* E. Koehne, Gatt. Pomac. 29. 1890.

1900 年，*Cydonia cathayensis* Hemsl. in Hookers Icon. Pl. 27：t. 2657-58. 1900.

1901 年，*Cydonia cathayana* Hemsl. in Journ. Hook. Icon. 27：pl. 2657 & 2658. 1901.

1915 年，*Cydonia mallardii* Anon. in Gard. Chron. sér. 3, 58：158. 1915. nom. ; non *Chaenomeles japonica* Mallardii Grignan 1903.

1906 年，*Chaenomeles sinensis*（Dum. -Cours.）Schneider, III. Handb. Laubh. 1730. f. 405 a-g. 406 a. 1906.

1906 年，*Pseudocydonia sinensis* Schneider in Repert. Sp. Nov. Règ. Vég. 3：181. 1906.

1906 年，*Choenomeles cathayensis* Schneider, III. Handb. Laubh. 1：730. f. 405 p-p. 406 e-f. 1906.

1906 年，Chaenomoles cathayana（Hemsl.）Schneider III. Handb. Laubh. 1：730. f. 405. p-p². f. 406. e-f. 1906.

1916 年，*Chaenomeles lagenria* Koidzumi var. *cathayensis* Rehder in Sargent, Pl. Wiolson, 2：298. 1916.

1918 年，*Cydonia japonica* Pers. var. *cathayensis*（Hemsl.）Cardot in Bull. Mus. Hist. Nat. Paris 24：64. 1918.

1918 年，*Cydonia japonoca* Spach var. *cathayensis* Cardot in Bull. Mus. Hist. Nat. Paris, 24：64. 1918.

1930 年，*Cydonia cathayensis* Hemsl. var. *wilsonii* Bean in New Fl. Sylv. 2：1891. 1930. nom. event.

1957 年，*Chaenomeles speciosa*（Sweet）Nakai var. *cathayensis*（Hemsl.）Hara in Journ. Jap. Bot. 32：139. 1957.

1957 年，*Chaenomeles speciosa*（Sweet）Nakai var. *wilsonii*（Rehder）Hara in Journ. Jap. Bot. 32：139. 1957.

1963 年，*Chaenomeles cathayensis*（Hemsl.）Schneider, C. Weber. CULTIVARS IN THE GENUS CHAENOMES. Vol. 23. April 5. Number 3：27. 1963.

1964 年，*Pyrus cathayana* Hemsl. in Journ. Linn. S. 23：257. 1887；Weber in Journ. Arn. Arb. 45：311. 1964.

1937 年，陈嵘著. 中国树木分类学：426. 1937.

1974 年，中国科学院植物研究所主编. 中国植物志（第 36 卷）：352~353. 1974.

1977 年，江苏省植物研究所编. 江苏植物志（上册）：294. 图 1199. 1977.

1977 年，云南植物研究所编著. 云南植物志（第一卷）：413. 1977.

1979 年,中国科学院湖北植物研究所编著. 湖北植物志(第二卷):171. 图 945. 1979,即芒齿皱皮木瓜为 *Cydonia speciosa* Sweet.

1984 年,华北树木志编写组编. 华北树木志:274～275. 图 284. 1984.

1985 年,吴征镒主编. 西藏植物志(第二册):595～596. 1985.

1986 年,中国科学院西北植物研究所编著. 秦岭植物志·第一卷 种子植物(第二册):525. 1986.

1990 年,丁宝章、王遂义主编. 河南植物志(第二册). 187～188. 1990.

1994 年,朱长山、杨好伟主编. 河南种子植物检索表:171. 1994.

2004 年,[英]克里斯托弗·布里克尔主编. 杨秋生、李振宇主译. 世界园林植物花卉百科全书. 522. 2004.

2004 年,李法曾主编. 山东植物精要:292. 图 1031. 2004.

2005 年,彭镇华主编. 中国长江三峡植物大全(上卷):528. 2005.

2006 年,徐来富主编. 贵州野生木本花卉:211. 彩片 2. 2006.

2011 年,宋良红、李全红主编. 碧沙岗海棠:93. 2011.

2018 年,赵天榜等. 郑州植物园种子植物名录:129. 2018.

牧野富太郎. 牧野 新日本植物圖鑑(改正版):259. 图. 昭和五十四年.

二、形态特征

落叶直立、丛生小灌木,高 0.5～1.0 m,多匍匐。幼枝紫褐色,被柔毛,后无毛,或密被茸毛。小枝圆柱状,开展,灰褐色、褐色、无毛,或密被柔毛,紫褐色,疏生浅褐色皮孔,疏被疣点,具枝刺;幼时具疏被柔毛,紫红色;枝刺短,顶生,或腋生,通常 2～5 节,无叶、无芽;2 年生枝条有疣状突起,黑褐色,无毛,在枝刺上、节间叶腋处、枝刺基部两侧、顶部形成花蕾、混合芽,或叶芽。冬芽三角卵球状,先端急尖,无毛,紫褐色。簇生枝上叶簇生,小,椭圆形、卵圆形、匙形至宽卵圆形,有畸形小叶,长 2.0～5.0 cm,宽 2.0～3.5 cm,表面绿色、淡黄绿色,无毛,具光泽,背面淡黄绿色,无毛,先端钝圆,稀短尖,基部楔形,或宽楔形,边缘具圆钝锯齿、重锯齿,齿端钝圆,具短尖,齿间具芒尖,无缘毛;叶柄长约 5 mm,无毛。托叶肾形,边缘具圆齿,长约 1.0 cm,宽 1.5～2.0 cm。长枝上叶互生,或簇生,椭圆形、披针形、倒卵圆-披针形、宽椭圆形、披针形、柳叶形,长 5.0～11.0 cm,宽 2.0～4.0 cm,表面绿色,或深绿色,无毛,背面淡绿色,疏被短柔毛,主脉明显突起,疏被柔毛,先端急尖,或渐尖,基部楔形至宽楔形,边缘具白色狭边及芒状尖锯齿,稀重锯齿,有时近全缘;幼时表面绿色,带淡紫色晕,疏被柔毛,背面密被褐色茸毛,后脱落近于无毛;叶柄长约 1.0 cm,被柔毛,后无毛;托叶大,革质,肾形,或半圆形,稀圆形,长 1.0～1.5 cm,宽 8～15 mm,边缘具芒状尖锯齿,无毛,背面密被褐色茸毛。花先叶开放,或同时开放。花小型,径 2.5～4.0 cm。花单生,或 2～6 朵簇生于 2 年生以上枝叶腋,或枝刺基部两侧、枝刺上,以及叶丛枝顶端。花径 2.0～4.0 cm。单花具花瓣 5 枚,稀 10～15～20 枚,倒卵圆形、匙状倒卵圆形,或匙状圆形,有时呈不规则形,长 1.0～2.0 cm,宽 8～15 mm,猩红色、橙亮红色、砖红色、绯红色、紫色、白色、粉红色及多色、淡粉色、红色,或白色等,基部具爪,内面基部色浅,爪长 2～3 mm;雄蕊 45～60 枚,花丝水粉色,或白色,长短不等,长约为花瓣一半,两轮排列于萼筒内面上部。花两性。萼筒 2 种类型:① 不孕花:萼筒钟状,小而短,外面无毛,或微被毛;萼片 5 枚,卵圆形、椭圆形,稀半圆形,直立,长 3~5 mm,宽 3~4 mm,先端钝圆至截形,边缘全缘,或具波状齿及褐色缘毛;无花柱,或花柱长 2~3 mm。② 可孕花:萼筒圆柱状,中部略凹,长 1.5~2.0 cm,径 8~12 mm;萼片先端急尖,或钝圆,边缘锯齿不明显,边部紫红色,无缘毛,或疏缘毛;外面无毛,内面基部有褐色短柔毛:雄蕊 40~60 枚,两轮着生在萼筒内面上部,花丝长短悬殊,浅水粉色;花柱 5 枚,稀 11 枚,中部合生处膨大,被柔毛、绵毛,或无毛,基柱细小而无毛;柱头头状,有不明显分裂,约与雄蕊等长;不孕花花柱不发育,高 1~2 mm;萼筒外面无毛,或微被毛;花梗短,或近于无梗,无毛。果实椭圆体状、纺锤状、卵球状,或近圆柱状,稀小球状,或畸状,长 2.5~4.0 cm,宽 2.0~4.0 cm,表面淡黄绿色,具红色晕,微具钝纵棱与沟纹,上部渐细,先端平,或微凹,稀有突起;黄色,果点小,明显;萼洼深,四周具钝纵棱与浅沟纹;萼片脱落,脱落萼痕黑色,四周具稍明显钝纵棱与沟,或宿存萼肉质化呈畸形,稀萼筒宿存,肉质化,膨大,呈瘤状;梗洼四周有钝棱突起与沟。花期 3~6 月,果实成熟期 9~10 月。单果重 8.0~21.0 g。

产地:木瓜贴梗海棠特产中国。山东、陕西、湖北、江西、湖南、河南、贵州、浙江、广东、广西、云南、四川等省(区、市)有分布与栽培。河南各市有栽培。长垣县有大面积栽培。

用途:主要栽培供观赏,还可做盆栽。果实入药,有驱风、舒筋、活络、镇痛、消肿、顺气之效。

图 7-3　木瓜贴梗海棠 Chaenomeles cathayensis(Hemsl.) Schneider

1. 叶、枝与果实,2. 幼叶、枝与花(选自中国树木志)。

Descr. Add. :

Fruticibus vel parvi-arboribus erectis et caespitosis. a-foliis, a-gemmis, 2~5-nodis in ramulosi-spinis;alabastris et gemmis foliis in nodis et apice grosse ramulosi-spinis. folia interdum caespites apice breviter ramulis. Floribus ante apertis. floribus bisexualibus;sterili-bifloribus et prolifici-bisexualifloribus. simgulatim flore vel 2~5-floribus cespitosis in 2~5(~10)-ramulis vel in ramuli-spinis vel in basi ramuli-spinis bilateralibus et apice ramulis caespitidii-foliis. tepalis 5 in quoque flore, interdum inordinatim, rufis vel albis; stylis 5 in quoque flore, consortionibus pilosis vel lanatis, basi stylis parvis glabris; tubis calycibus 2-formis; campanula-tis et cylindratis; tubis calycibus extus glabris vel pubescentibus minimis. Fructus ovoideis vel subcylindricis rare globris parvis apice tuberculatis; calycibus delapsis vel permanentibus; gongylodibus calycibus permanentibus carnosis tumescentibus.

形态特征补充描述：

落叶直立、丛生灌木，或小乔木，稀有秋叶越冬。1年生短枝刺上，通常无叶、无芽；2年生以上枝刺，通常具 2~5 节，在节间叶腋处、枝刺基部两侧、顶部形成花蕾、混合芽或叶芽。叶椭圆形、宽椭圆形、披针形、狭披针形；幼叶背面密被茸毛、疏柔毛，或无毛。花先叶开放。花两性，有不孕两性花、可孕两性花。花单生，或 2~5 枚簇生于 2~5(~10)年生枝上叶腋处，或枝刺上、枝刺基部侧面。单花具花瓣 5~15 枚，匙状圆形，有时呈不规则形，淡红色、白色、粉红色、紫色，或多色；花柱 5 枚，稀 11 枚，合生处膨大，被柔毛、绵毛，或无毛，基柱细小而无毛；萼筒 2 种类型：① 钟状类型、② 圆柱状类型；萼筒外面无毛，或微被毛。果实椭圆体状、纺锤状、卵球状，或近圆柱状，稀小球状，绿黄色，先端萼洼处有突起；萼脱落，或萼宿存；萼宿存时，肉质化，增大呈瘤状。单果重 555.0~623.0 g。

产地：湖北、四川等。模式标本，采自湖北。河南、山东等有栽培。

三、木瓜贴梗海棠种质资源与栽培品种资源

（一）亚种、变种资源
Ⅰ. 木瓜贴梗海棠　原亚种

Chaenomeles cathayensis(Hemsl.)Schneider subsp. cathayensis.

1. 木瓜贴梗海棠　原变种

Chaenomeles cathayensis(Hemsl.)Schneider var. cathayensis.

Chaenomeles cathayensis (Hemsl.) Schneider 'Mallardii', C. Weber. CULTIVARS IN THE GENUS CHAENOMES. Vol. 23. April 5. Number 3：27. 1963.

Cydonia mallardii Anonymous, Journ. Roy. Hort. Soc. 41：CXXXII. 1915. Corrected anonymousy to *Pyrus japonica* var. *wilsonii* in Journ. Roy Hort. Soc. 41 f. 122. 1915-16.

2. 威氏木瓜贴梗海棠　木瓜海棠（中国树木分类学）　新改隶组合变种

Chaenomeles cathayensis(Hemsl.)Schneider var. wilsonii(Rehder) T. B. Zhao, Z. X. Chen et Y. M. Fan, var. trans. nov. , *Chaenomeles lagenaria* (Loisel) Koidzumi var. *wilsonii* Rehder in Srg. Pl. Wils. 2：298. 1916.

1915 年, *Cydonia mallardii* Anon in Gard. Chron. sér. 3, LVIII. 158（ nomen nudum） 1915, non *Chaenomeles japonica Mallardii* Carr.

1937 年, 陈嵘著. 中国树木分类学：426. 1937.

1990 年, 丁宝章, 王遂义主编. 河南植物志（第二册）. 187~188. 1990.

本变种为丛生灌木，高 4.0~60 m。叶深绿色，具光泽，背面密被黄褐色茸毛，易擦掉。

花期早。单花具花瓣 5 枚,肉红色。果实卵球状,长 9.0~13.5 cm,金黄色和红色。

产地:湖北。Mo-his-mien。1910 年 10 月。模式标本 4120。

3. 球瘤果木瓜贴梗海棠　变种

Chaenomeles cathayensis(Hemsl.)Schneider var. tumorifructa T. B. Zhao,Z. X. Chen et J. T. Chen,2018 年,赵天榜等主编. 郑州植物园种子植物名录:129~130。

本变种落叶、半常绿丛生灌木,或小乔木。小枝紫褐色,密被长柔毛。枝刺通常具 2~5 节,节上无叶,稀有叶、无芽、无花蕾;长壮枝刺上有叶、有芽,稀有花蕾。叶长椭圆形,长 7.0~11.5 cm,宽 2.5~3.5 cm,表面疏被短柔毛,主脉基部密被长柔毛,背面淡绿色,长柔毛,主脉密被长柔毛,先端急尖,基部楔形,边缘具钝锯齿,或重钝锯齿;叶柄密被丝状长柔毛,具紫色晕。花单生,或(2~)3~5(~7)朵簇生于 2 年生以上枝及枝刺上。单花具花瓣 5 枚,匙状圆形,水粉红色及白色,先端钝圆,基部具三角形爪,边缘波状;萼筒 2 种类型:① 短圆筒状,上部呈碗状,下部圆锥状;萼筒与萼片其相连处具 1 环状钝棱;花柱 5 枚,白色-水粉色,合生处无毛。② 萼筒圆锥三角状,上部钟状,中部以下渐细,其中间稍凹入,基部稍粗;萼片钝三角形,先端钝圆,边缘密具缘毛,外面淡绿色,无毛,内面微被短柔毛;雄蕊着生萼筒下部亮紫红色或亮紫色;花柱 5 枚,棒状,水粉色,合生处微被短柔毛。果实球状,表面淡绿色,具亮光泽;萼筒宿存,肉质化,膨大,呈球状,表面具多枚突起小瘤;萼筒与萼片间具 1 环状钝棱;果梗极短,长约 4 mm,无毛。单果重 108.0 g。

产地:河南。郑州市、郑州植物园有栽培。2012 年 4 月 20 日。赵天榜、陈志秀,No. 201204201. 模式标本(花),采自河南郑州市,存河南农业大学。2013 年 7 月 5 日。赵天榜、陈志秀,No. 201307058(果实),采自河南郑州市,存河南农业大学。

4. 棱果木瓜贴梗海棠　变种

Chaenomeles cathayensis(Hemsl.)Schneider var. anguli-carpa T. B. Zhao,Y. M. Fan et Z. X. Chen,2018 年,赵天榜等主编. 郑州植物园种子植物名录:131~132. 2018。

本变种果实球状,长 5.5~7.0 cm,径 5.0~6.0 cm,表面不平,淡黄绿色,果点黑色,多;具多条钝纵棱与沟;萼片脱落;萼洼深,四周具明显钝纵棱与沟,稀有 2 个圆形萼洼,柱基宿存,突起,无毛;梗洼深,四周具明显钝纵棱与沟。单果重 122.0~130.0 g。

河南:郑州市、郑州植物园、长垣县。2017 年 8 月 22 日。范永明,陈志秀和赵天榜,No.201708225(果实)。模式标本,存河南农业大学。

5. 白花异瓣木瓜贴梗海棠　新变种　图版 21:3~4

Chaenomoles cathayana(Hemsl.)Schneider var. alba T. B. Zhao,Z. X. Chen et Y. M. Fan. ,var. nov.

A var. nov. tepalis 5 in quoque flore,albis;tubis calycibus cylindricis,intus spars pubescentibus;5-calycibus margine dense ciliatis intu glabris.

Henan;Zhengzhou City. 2015-04-05. T. B. Zhao et Z. X. Chen et al. ,No. 201504053 (flores,holotypus,HANC).

本新变种与木瓜贴梗海棠原变种 Chaenomeles cathayensis (Hemsl.) Schneider var. cathayensis 相似,但区别:单花具花瓣 5 枚,乳白色;萼筒圆柱状,外面微被短柔毛;萼片 5 枚,边缘密具缘毛,内面无毛。

河南:郑州市、郑州植物园。2015 年 4 月 5 日。赵天榜、陈志秀和范永明,No. 201504053。模式标本,存河南农业大学。

6. 柳叶木瓜贴梗海棠　新变种　图版 21:1~2

Chaenomeles cathayensis(Hemsl.)Schneider var. salicifolia T. B. Zhao,Z. X. Chen et D. W. Zhao,var. nov.

A var. nov. foliis anguste lanceolatis cum Salici-foliis(Salix matsudana Koidz.)5.0~8.0 cm longis 1.0~2.5 cm latis supra atro-viridibus glabris,subtus pallide viridulis,minute pubescentibus vel glabris,apice longi-acuminatis basi angusti-cuneatis plerumque decurrentibus. tepalis 5 in quoque flore,rubris vel subroseis,apice obtusis,marginatis integris,basi cordatis unguibus;staminibus filamentibus carneis vel albis non aeguilongis. Fructibus ovoideis vel cylindricis supra multi-obtusi-angulis et multi-sulcatis aliquantum manifestis.

Henan:Zhengzhou City. 2011-04-15. T. B. Zhao,Z. X. Chen et D. W. Zhao,No. 201104154(flora,holotypus hic disignatus HANC). 2013-07-05. T. B. Zhao et Z. X. Chen,No. 201607053(fructus,HANC).

本新变种与木瓜贴梗海棠原变种 Chaenomeles cathayensis(Hemsl.)Schneider var. cathayensis 相似,但区别:叶狭披针形似柳叶(旱柳 Salix matsudana Koidz.),长 5.0~8.0 cm,宽 1.0~2.5 cm,表面深绿色,无毛,背面淡绿色,微被短柔毛,或无毛,先端长渐尖,基部窄楔形,下延。单花具花瓣 5 枚,红色,或粉红色,先端钝圆,边缘全缘,基部心形,具爪;雄蕊花丝水粉色,或白色,不等长;萼筒 2 种类型:① 钟状,② 圆柱状;萼筒宿存,肉质化,不膨大,具多枚明显瘤凸。果实卵球状,或圆柱状。单果重 85.0~115.0 g。

河南:郑州市有栽培。2011 年 4 月 15 日。赵天榜,陈志秀和赵东武,No. 201104154。模式标本(花),存河南农业大学。2013 年 7 月 5 日。赵天榜和陈志秀,No. 201307053(果实),采自河南郑州市,存河南农业大学。

7. 紫花木瓜贴梗海棠　变种

Chaenomeles cathayensis(Hemsl.)Schneider var. purpleflora T. B. Zhao,Z. X. Chen et D. W. Zhao,2018 年,赵天榜等主编. 郑州植物园种子植物名录:130~131. 2018。

本变种叶长椭圆形,两面无毛。单花具花瓣 5 枚,稀 4 枚,紫色,内面白色;萼筒 2 种类型:① 萼筒圆筒状,上部碗状,中部稍凹,基部稍膨大,内面疏被褐色柔毛,花柱与花丝粉红色,花柱柱头分裂;② 萼筒钟状,稍短,其他与筒状萼筒相同。2 种花型:萼片 5 枚,稀 7 枚,外面粉红色,或紫红色,内面紫红色,微被短柔毛;花柱 5 枚,粉红色,呈短圆柱状,其高度低于内轮雄蕊基部,合生处无毛。果实长纺锤状,具 5~10 枚显著,或不显著纵钝棱与沟,先端明显呈瘤状(长 1.0~1.5 cm)突起,其边部具多枚圆球状瘤。

河南:郑州市、郑州植物园、长垣县有栽培。2012 年 3 月 2 日。赵天榜、赵东武和陈志秀,No. 2012030205(花),模式标本,存河南农业大学。2013 年 7 月 5 日。赵天榜、赵东武和陈志秀,No. 201307058(果实),采自河南郑州市,存河南农业大学。

8. 密毛木瓜贴梗海棠　新变种

Chaenomoles cathayensis(Hemsl.)Schneider var. densivillosa T. B. Zhao,Z. X. Chen et Y. M. Fan,var. nov.

A var. nov. foliis et ramulis dense villosis albis. follis ellipticis 2.0~3.0 cm longis 1.2~1.5 cm latis. Floribus parvis diam. 1.2~1.5 cm, albi-subroseis.

Henan: Changyuan Xian. 2016-04-10. T. B. Zhao, Z. X. Chen et Y. M. Fan, No. 201604101(ramulus et folia juvenilibus, holotypus hic disignatus HANC).

本新变种与木瓜贴梗海棠原变种 Chaenomeles cathayensis(Hemsl.) Schneider var. cathayensis 相似,但区别:叶与枝密被白色长柔毛。叶椭圆形,长 2.0~3.0 cm,宽 1.2~1.5 cm。花小,径 1.2~1.5 cm,白粉色晕。

河南:长垣县有栽培。2015 年 4 月 5 日。赵天榜、陈志秀和范永明,No. 201604101 (幼枝和幼叶)。模式标本,存河南农业大学。

9. 小花木瓜贴梗海棠 变种

Chaenomoles cathayana(Hemsl.) Schneider var. parviflora T. B. Zhao, Z. X. Chen et Y. M. Fan,2018 年,赵天榜等主编. 郑州植物园种子植物名录:130. 2018。

本变种叶椭圆形,小,长 1.0~1.2 cm,宽 1.2~1.5 cm。花小,径 1.2~1.5 cm,白色带粉色晕。

河南:郑州市、郑州植物园。2017 年 3 月 14 日。赵天榜、陈志秀和范永明,No. 2017031451。模式标本,存河南农业大学。

10. 两色花木瓜贴梗海棠 新变种 图版 21:5~7、图版 22:4、7、13、14

Chaenomeles cathayensis(Hemsl.) Schneider var. bicoloriflora T. B. Zhao, Z. X. Chen et D. W. Zhao, var. nov.

A var. nov. floribus 2-formis:① floribus albis, tepalis 5 in quoque flore, albis suброptundatis, 2.0~2.5 cm longis 2.0~2.5 cm latis, apice obtusis, rare accisis, basi unguibus albis. ② floribus roseis, tepalis 5 in quoque flore, carneis rotundalis spathulatis, 1.5~2.0 cm longis 1.2~1.7 cm latis, apice obtusis, basi unguibus subroseis; tubis calycibus, cylindricis et poculiformibus.

Henan: Zhengzhou City. 2013-04-14. T. B. Zhao, Z. X. Chen et D. W. Zhao, No. 201304149(flores, holotypus hic disignatus HANC).

本新变种与木瓜贴梗海棠原变种 Chaenomeles cathayensis (Hemsl.) Schneider var. cathayensis 相似,但区别:花色 2 种类型:① 白色类型,单花具花瓣 5 枚,白色,近圆形,长 2.0~2.5 cm,宽 2.0~2.5 cm,先端钝圆,稀凹裂,基部爪白色。② 淡红色类型,单花具花瓣 5 枚,淡红色,匙状近圆形,长 1.5~2.0 cm,宽 1.2~1.7 cm,先端钝圆,基部爪浅粉红色;萼筒有 2 种类型:圆柱状和钟状。

河南:郑州市有栽培。2013 年 4 月 14 日。赵天榜、陈志秀和赵东武,No. 201304149 (幼枝、幼叶和花)。模式标本,存河南农业大学。

11. 粉花木瓜贴梗海棠 新变种 图版 22:1

Chaenomeles cathayensis(Hemsl.) Schneider var. subrosea Y. M. Fan, T. B. Zhao et Z. X. Chen, var. nov.

A var. nov. tepalis 5 in quoque flore, subroseis rotumndatis, 2.2~2.7 cm longis 2.0~2.5 cm latis, apice obtusis, basi bifrontibus et unguibus subroseis.

Henan:Zhengzhou City. 2017-03-28. T. B. Zhao et Y. M. Fan, No. 201703281(Ramulis folia et flores, holotypus hic disignatus HANC).

本新变种与木瓜贴梗海棠原变种 Chaenomeles cathayensis(Hemsl.) Schneider var. cathayensis 相似,但区别:单花具花瓣 5 枚,粉红色,近圆形,长 2.2~2.7 cm,宽 2.0~2.5 cm,先端钝圆,基部两面和爪粉红色。

河南:郑州市、郑州植物园。2017 年 3 月 28 日。赵天榜、范永明和陈志秀, No. 201703281(枝、叶与花)。模式标本,存河南农业大学。

12. 无毛木瓜贴梗海棠　新变种

Chaenomoles cathayana(Hemsl.)Schneider var. glabra Y. M. Fan, Z. X. Chen et T. B. Zhao, var. nov.

A var. nov. ramulis et ramulis juvenilibus glabris. foliis anguste lanceolatis, chartaceis, 5.0~7.0 cm longis 1.5~2.5 cm latis bifrontibus glabris; petiolis glabris. foliis juvenilibus purpurascentibus vel purpuratis bifrontibus glabris.

Henan:Changyuan Xian. 2016-04-22. T. B. Zhao, Z. X. Chen et Y. M. Fan, No. 201604221(ramulus et folia juvenilibus, holotypus hic disignatus HANC).

本新变种与木瓜贴梗海棠原变种 Chaenomeles cathayensis(Hemsl.) Schneider var. cathayensis 相似,但区别:小枝、幼枝无毛。叶狭披针形,纸质,长 5.0~7.0 cm,宽1.5~2.5 cm,两面无毛;叶柄无毛。幼叶淡紫色,或紫色,两面无毛。

Supplementary Description:

Young shoots of this new variety are purplish, glossy, green abaxially, lilac halo, glabrous. Branchlets dark brown, glabrous, spiny, scolus stout. Leaves lanceolate, elliptic, with deformed leaflets, 2.5 to 7.5 cm long, 1.0 to 1.5 cm wide, surface dark green, glabrous, glossy, abaxially pale green, glabrous, apex mucronulate or rounded, base cuneate, marign with sharply serrations, no marign hairs; Petiole 5 to 17 mm in length; stipules lanceolate, 3 mm long, purple-red, marign with sharply serrations. Leaves on long branches narrowly lanceolate, narrowly elliptic, 6.5 to 7.5 cm long, 1.0 to 1.7 cm wide, surface dark green, glabrous, abaxially grayish green, glabrous, apex acuminate, base narrowly cuneate, marign with sharply serrations, no marign hairs; purple narrow side when young; petiole 1.5 to 2.0 cm long, glabrous; The stipules are half-heart-shaped, 1.5 cm long, both sides green, lilac halos, glabrous, margins with sharply serrations or repetitive serrated teeth, no marginal hairs. Flowering in early April. Flowers solitary, or 2 to 4 clusters. Single flower with 5 petals, spoon-shaped round, pink purple on both sides, claw about 2 mm long, pink purple. Fertile flowers; Calyx tube cylindrical, 1.5 to 1.7 cm long, 5 to 7 mm in diameter, the upper part and the the sunny surface of 5 clayx is dark purple, pale green back, glossy, with marign hairs; stamens numerous, inserted on upper part of calyx tube; filaments bright pink-purple; pistil has 5 stylus, the lower part of the division is glabrous, the middle part about 3 mm with pubescence, lower part slightly thicker, glabrous; The upper part of the sterile calyx tube is campanulate, about 8 mm long, about 8 mm in diameter, The lower part is short columnar, about 5 mm long, glabrous; Sepals and stamens are the same as fertile flowers,stylus of pistil undeveloped,about 5 mm long,pale yellow.

　　Henan:Changyuan Xian. 2016-04-22. T. B. Zhao, Z. X. Chen et Y. M. Fan, No. 201604221(branches,leaves and flowers). Type specimen,deposited in Henan Agricultural University.

　　形态特征补充描述：

　　本新变种幼枝阳面紫色，具光泽，背面绿色，具淡紫色晕，无毛。小枝黑褐色，无毛，具枝刺，刺粗壮。叶披针形、椭圆形，具畸形小叶，长 2.5~7.5 cm，宽 1.0~1.5 cm，表面深绿色，无毛，具光泽，背面淡绿色，无毛，先端短尖，或钝圆，基部楔形，边缘具尖锐锯齿，无缘毛；叶柄长 5~17 mm；托叶披针形，长的 3 mm，紫红色，边缘具尖锐锯齿。长枝叶狭披针形、狭椭圆形，长 6.5 ~7.5 cm，宽 1.0~1.7 cm，表面暗绿色，无毛，背面灰绿色，无毛，先端渐尖，基部狭楔形，边缘具尖齿，无缘毛，幼时具紫色狭边；叶柄长 1.5~2.0 cm，无毛；托叶半心形，长 1.5 cm，两面绿色，具淡紫色晕，无毛，边缘具尖锯齿，或重锯齿，无缘毛。花期 4 月上旬。花单生，或 2~4 枚簇生。单花具花瓣 5 枚，匙状圆形，两面粉紫色，爪长约 2 mm，粉紫色。可育花：萼筒圆柱状，长 1.5~1.7 cm，径 5~7 mm，上部及 5 枚萼片阳面深紫色，背面淡绿色，具光泽，边缘被缘毛；雄蕊多数，着生于萼筒内面上部；花丝亮粉紫色；雌蕊花柱 5 枚，分裂处下部无毛，中部长约 3 mm 处被柔毛，下部稍粗，无毛；不孕花萼筒上部钟状，长约 8 mm，径约 8 mm，下部短柱状，长约 5 mm，无毛；萼片、雄蕊与可孕花相同；雌蕊花柱不发育，长约 5 mm，淡黄色。

　　产地：河南长垣县。2016 年 4 月 22 日。赵天榜、陈志秀和范永明，No. 201604221（枝、叶与花）。模式标本，存河南农业大学。

　　13. 蜀红木瓜贴梗海棠　‘蜀红’　新组合变种　图版 21:10、11、14

　　Chaenomoles cathayana(Hemsl.)Schneider var. shuhong(Zang De-kui et al.)T. B. Zhao,Z. X. Chen et Y. M. Fan var. comb. nov. ,2018 年，赵天榜等主编. 郑州植物园种子植物名录:131. 2018;Chaenomoles cathayana(Hemsl.)Schneider 'Shu Hong',2007 年，臧德奎、王关祥、郑林，等. 我国木瓜属观赏品种的调查与分类. 林业科学,43(6):72~76;2008 年，郑林、陈红、张雷，等. 木瓜属植物的花粉形态及品种分类. 林业科学,44(5):53~57。

　　'蜀红' Chaenomoles cathayana(Hemsl.)Schneider 'Shuhong',2009 年，王明明. 木瓜属栽培品种的分类研究(D);2011 年，杜淑辉. 木瓜属新品种 DUS 测试指南及已知品种数据库的研究(D);2015 年，罗思源. 綦江木瓜资源圃木瓜品种的形态学鉴定和指纹图谱分析(D)。

　　'蜀红'毛叶木瓜,2011 年，宋良红等主编. 碧沙岗海棠:93. 彩片 3。

　　本变种幼枝鲜红色。叶椭圆形等，绿色，略带紫色。单花具花瓣 5 枚,亮红色；萼筒圆柱状。果实短圆柱状，通常中间稍凹；萼脱落，稀凋存。

　　产地：四川雅安。河南郑州市碧沙岗公园有引种栽培。

　　Supplementary Description:

　　Deciduous shrubs or small trees,with strong growth potential;the main branch stands upright and the lateral branches spreading. Old branches spiny,new branches yellow-brown;

young branches bright red. Leaves green, purplish, oblong to oblong-lanceolate, margin with repeated blunt serrated, Stipules kidney shaped, base oblique, apex pointed. Flowers and leaves bloom at the same time. Flowers solitary, or 2 to 5 clustered on 2-year-old branches or scolus. Single flower with 5 petals, round spoon-shaped, bright red, light red, 2.0 to 2.8 cm long, 1.5 to 2.5 cm wide, apex rounded, base cuneate, with 4 to 6 mm long claws, margin microwave-like; calyx tube cylindrical, 2.0 to 2.5 cm long, upper bell-shaped, pale green, purple-green, slightly pubescent, gradually thin below middle, slightly concave in middle, base slightly thicker; Sepals 5, bluntly triangular, apex obtuse round, margin densely ciliate, glabrous inside; about 40 stamens, 2 whorls arranged in upper part of calyx tube, anthers yellow, filaments pale pink, inner surface of stamen calyx tube bright purplish red, bright purple; stylus 5, connate 1.0 to 1.2 cm long, yellowish-white, near base bright purple, pubescent slightly; Pedicel near absent, Fruit short cylindrical, usually slightly concave in the middle, length 5.0 to 10.0 cm, diameter 3.5 to 5.0 cm, light green or dark green, smooth; calyx falling off, rarely persistent; calyx depression is about 1.0 cm, surrounded without obvious blunt edges, mark with calyx circle, brown and concave; stems deep, obvious, surrounded by 4 to 5 obscure edges. Flowering March; Fruit maturation period from September to October.

Origin: Ya'an Sichuan. Zhengzhou City, Henan Province, Bisha Gang Park has been introduced and cultivated.

形态特征补充描述：

落叶丛生灌木，或小乔木，生长势强；主枝直立，侧枝平展。老枝具枝刺，新梢黄褐色；幼枝鲜红色。叶绿色，略带紫色，长椭圆形至长椭圆-披针形，边缘具重生钝锯齿；托叶肾形，基部偏斜，先端尖。花叶同时开放。花单生，或2~5枚簇生于2年生枝上，或枝刺上。单花具花瓣5枚，匙状圆形，亮红色、淡红色，长2.0~2.8 cm，宽1.5~2.5 cm，先端钝圆，基部楔形，具长4~6 mm爪，边缘微波状；萼筒圆柱状，长2.0~2.5 cm，上部钟状，淡绿色、紫绿色，微被短柔毛，中部以下渐细，其中间稍凹入，基部稍粗；萼片5枚，钝三角形，先端钝圆，边缘密被缘毛，内面无毛；雄蕊40枚左右，2轮排列于萼筒内上部，花药黄色，花丝淡粉色，雄蕊萼筒内面下部亮紫红色、亮紫色；花柱5枚，合生处长1.0~1.2 cm，淡黄白色，近基部亮紫色，其上微被短柔毛；花梗近无。果实短圆柱状，通常中间稍凹，长5.0~10.0 cm，径3.5~5.0 cm，淡绿色，或暗绿色，光滑；萼脱落，稀凋存；萼洼深约1.0 cm，四周具不明显钝棱，萼痕圆形，褐色，凹入；梗洼深，明显，四周具不明显4~5条钝棱。花期3月；果实成熟期9~10月。

产地：四川雅安。河南郑州市碧沙岗公园有引种栽培。

14. 椭圆体果木瓜贴梗海棠　新改隶组合变种

Chaenomoles cathayensis(Hemsl.) Schneider var. ellipsoidea T. B. Zhao, Y. M. Fan et G. Z. Wang, 2018年，赵天榜等主编. 郑州植物园种子植物名录:130. 2018

本变种落叶丛生灌木，生长势弱；小枝褐色，平展，无毛，具枝刺；长枝下垂。叶绿色，边绿略带紫色，长椭圆形-长椭圆，边缘具疏钝锯齿；托叶肾形，基部偏斜，先端尖，基部楔形；叶柄疏被长柔毛。花叶同时开放。花2~5枚簇生于2年生枝上。单花具花瓣5枚，匙状圆形,白色,具粉红色晕,或部分粉红色,长 1.3~1.7 cm,宽 1.2~1.5 cm,先端钝圆,基部近圆形,具长 2~3 mm 爪,边缘微波状皱折,或凹缺;萼筒圆柱状,长 8.0~1.5 cm,上部钟状,淡绿色、紫绿色,中部稍凹入,基部稍粗;萼片 5 枚,钝三角形,先端钝圆,边缘密被缘毛,内面无毛;雄蕊多数,2 轮排列于萼筒内上部,花药黄色,花丝淡粉色,雄蕊萼筒内面下部亮紫红色、亮紫色;花柱 5 枚,合生处长 1.5~1.8 cm,亮白色、淡粉色,蜜被长柔毛;花梗极短,无毛。果实椭圆体状,长 9.0~13.0 cm,径 7.5~9.0 cm,表面具不规则稍明显瘤突,以及浅纵棱与沟;萼洼深,四周具明显钝纵棱与沟,稀有 2 个圆形萼洼。单果重 224.0~338.0 g。

河南:郑州市、郑州植物园、长垣县有栽培。2012 年 3 月 2 日。赵天榜、赵东武和陈志秀,No. 2012030205(花)标本,存河南农业大学。2017 年 7 月 31 日。范永明、王建郑和赵天榜,No. 201707312(果实),模式标本,存河南农业大学。

15. 多色木瓜海棠资源　　新变种

Chaenomeles cathayensis(Hemsl.)Schneider var. multicolora T. B. Zhao, Z. X. Chen et D. F. Zhao, var. nov.

A var. nov. tepalis 5 in quoque flore, rare petalinis, spathulati−rotundatis, margine basiis rare parvilobis. floribus albis, vivide subroseis, pallide subroseis, vel subroseis multformis piece frustris; stylis 5, rare 7, dealbatis, basi glabris.

Henan: Zhengzhou City. 2017-04-25. T. B. Zhao, Z. X. Chen et D. F. Zhao, No. 201704255(holotypus hic disignatus HANC).

本新变种与木瓜贴梗海棠原变种 Chaenomeles cathayensis(Hemsl.) Schneider var. cathayensis 相似,但区别为:单花具花瓣 5 枚,稀有雄蕊瓣化,匙-圆形,稀基部也边缘有小裂片。花白色、亮粉红色、淡粉色,或淡粉色,具粉红色不同形状斑块;花柱 5 枚,稀 7 枚,粉白色,基部无毛。

产地:河南。郑州市有栽培。2017 年 4 月 25 日。赵天榜、陈志秀和和赵东方,No. 201704255。模式标本,存河南农业大学。

16. 大果木瓜贴梗海棠　　新变种　　图版 22:10、11

Chaenomeles cathayensis(Hemsl.)Schneider var. magnicarpica T. B. Zhao, Z. X. Chen et D. F. Zhao, var. nov.

A var. nov. tepalis 5 in quoque flore, spathulati−rotundatis, chartaceis, planis, pallide albis; megalocarpicis ovoideis basi crassims, 7. 0~10. 0 cm longis, 5. 5~7. 5 cm, diametris, aurantiacis, nitidis; calycibus carnosis tumoribus.

Henan: Zhengzhou City. 2017-04-25. T. B. Zhao(ramulis floribus). 2017-10-25. T. B. Zhao, Z. X. Chen et D. F. Zhao, No. 201704251(carpicis, holotypus hic disignatus HANC).

本新变种与木瓜贴梗海棠原变种 Chaenomeles cathayensis (Hemsl.) Schneider var. cathayensis 相似,但区别为:单花具花瓣 5 枚,匙-圆形,纸质,平展,淡白色。果实大型,卵球状,基部最粗,长 7.0~10.0 cm,径 5.5~7.5 cm,橙黄色,具光泽;萼宿存,肉质呈瘤突。

产地:河南。郑州市有栽培。2017 年 4 月 25 日(花枝)。2017 年 10 月 25 日。赵天榜、陈志秀和赵东方 No. 201704251(果实)。模式标本,存河南农业大学。

Ⅱ. 多瓣木瓜贴梗海棠　新亚种　图版 22:3

Chaenomoles cathayensis(Hemsl.)Schneider subsp. multipetala T. B. Zhao,Z. X. Chen et D. W. Zhao,var. nov.

Subsp. nov. ramulis juvenilibus villosis curvis. foliis ellipticis,longe ellipticis,purpureis in juvenilibus. petalis 15~65 in quoque flore,aurantiacis,subroseis,albis,albi-subroseis vel pallide carneis,rubris et aurantiis et al. ;stylis 5,localibus connatis glablis.

Henan:Zhengzhou City. 2017-04-15. T. B. Zhao, Z. X. Chen et D. W. Zhao, No. 201704153(flores,holotypus,HANC).

本新亚种与木瓜贴梗海棠原亚种 Chaenomeles cathayensis(Hemsl.)Schneider var. cathayensis 相似,但区别为:幼枝疏被弯曲柔毛。叶椭圆形、长椭圆形,幼时具紫色晕。单花具花瓣 15~65 枚,橙红色、粉红色、白-粉色,或淡红色,瓣化雄蕊撕裂状条形、不规则形;花柱 5 枚,合生处无毛。

Supplementary Description:

The young branches of this new species are light brown green, white, glabous, sparsely curved pubescence. Branchlets dark brown, glabrous,with short scolus. Leaves on short branches are elliptic with deformed leaflets,2. 5 to 8. 5 cm long,1. 5 to 3. 0 cm wide,surface green, pale yellowish green,glabrous,glossy,abaxially yellowish-greenish,glabrous,sparsely pubescent along main veins,apex mucronulate or rounded,base cuneate,decurrent,glabrous,margin with sharply serration teeth,with a small tip between the teeth,without margin hairs;petiole 1. 0 to 1. 5 cm long,glabrous. Leaves on long branches are oblong,6. 5 to 9. 5 cm long,3. 0 to 3. 5 cm wide,surface green,glabrous,glossy,grayish green on back,glabrous,glossy,apex acuminate, base cuneate,margin with sharply serration teeth,rarely repeated serration teeth,without margin hairs,purple halo when young;petiole 1. 0 to 2. 0 cm long,glabrous;stipules half-hearted,about 1. 0 cm long,green on both sides,glabrous,margin with sharply serration teeth,rarely repeated serration teeth,with a small tip between the teeth. Flowering in early April. Flowers small,solitary,or 2 to 5 clustered on 2 years old branches. Single flower with 65 petals,tearing stripe,irregular shape,various colors:white,pink,red,orange,etc. Infertility flowers;calyx tube short funnel-shaped,about 5 mm long,4 mm in diameter,pale green,glabrous;calyx 5,pale green, glossy,margin with densely hairs;stamens numerous, born on the inner surface of the calyx tube,with irregular filaments,bright yellowish white,microstrip of water and pink halo,pistils are not developed,no fertile flowers.

Henan;Changyuan County. 2017-04-15. T. B. Zhao,Z. X. Chen et D. W. Zhao,No. 201704153(flower). Type specimen,collected from Zhengzhou,Henan Province,deposited in Henan Agricultural University.

形态特征补充描述:

本新种幼枝淡褐绿白色,具光泽,疏被弯曲柔毛。小枝黑褐色,无毛,具枝刺,枝刺短。短枝叶椭圆形,具畸形小叶,长 2.5~8.5 cm,宽 1.5~3.0 cm,表面绿色、淡黄绿色,无毛,具光泽,背面淡黄绿色,无毛,沿主脉疏被短柔毛,先端短尖,或钝圆,基部楔形,下延,无毛,边缘具尖锯齿,齿间具小尖,无缘毛;叶柄长 1.0~1.5 cm,无毛。长枝叶长椭圆形,长 6.5~9.5 cm,宽 3.0~3.5 cm,表面绿色,无毛,具光泽,背面灰绿色,无毛,具光泽,先端渐尖,基部楔形,边缘具尖锯齿,稀重齿,无缘毛,幼时具紫色晕;叶柄长 1.0~2.0 cm,无毛;托叶半心形,长约 1.0 cm,两面绿色,无毛,边缘具尖锯齿,稀重锯齿,齿间具小尖。花期 4 月上旬。花小型,单生,或 2~5 枚簇生于 2 年生枝上。单花具花瓣 65 枚,撕裂状条形、不规则形,多种颜色:白色、粉红色、红色及橙黄色等。不孕花:萼筒短漏斗状,长约 5 mm,径约 4 mm,淡绿色,无毛;萼片 5 枚,淡绿色,具光泽,边缘密被缘毛;雄蕊多数,着生于萼筒内面,花丝长短不齐,亮淡黄白色,微带水粉色晕;雌蕊不发育。无可育花。

产地:河南长垣县。2017 年 4 月 15 日。赵天榜、陈志秀和赵东武,No. 201704153 (花)。模式标本,采自河南郑州市,存河南农业大学。

17. 多瓣白花木瓜贴梗海棠　新变种

Chaenomeles cathayensis (Hemsl.) Schneider var. multipetalialba T. B. Zhao, Z. X. Chen et Y. M. Fan, var. nov.

A var. nov. tepalis 15 in quoque flore, albis extus apice minute subroseis; tubis calycibus cylindricis, base longistrorsum angulatis, intus dense pubescentibus; inter tubis calycibus et calycibus 1 angulato obtuse annulatis; stylis 5~11 in quoque flore, locis consociatis dense pubescentibus albis. fructibus longe ellipsoideis; calycibus perdurantibus carnosis tumescentibus, globosis, supra multi-rotundati-tumoribus, tubis calycibus et calycibus inter 1-annuliformibus obtuse prismaticis.

Henan: Zhengzhou City. 2013-04-14. T. B. Zhao, Z. X. Chen et X. K. Li, No. 201304149(flores, holotypus, HANC).

本新变种与木瓜贴梗海棠原变种 Chaenomeles cathayensis (Hemsl.) Schneider var. cathayensis 相似,但区别为:单花具花瓣 15 枚,花白色,外面先端带粉色晕;萼筒圆柱状,基部具纵棱,内面密被短柔毛;萼筒与萼片间具 1 环状钝棱;花柱 5~11 枚,合生处密被白色短柔毛。果实长椭圆体状;萼筒宿存,肉质,膨大,呈球状,表面具多枚突起小瘤。单果重 100.0 g。

河南:郑州市、郑州植物园。2013 年 4 月 14 日。赵天榜、陈志秀和范永明,No. 201304149(花)。模式模本,存河南农业大学。

18. 披针叶木瓜贴梗海棠　新变种

Chaenomeles cathayensis(Hemsl.)Schneider var. lanceolatifolia T. B. Zhao, Z. X. Chen et D. F. Zhao, var. nov.

A var. nov. ramulis juvenilibus dense villosis longitortuosis. foliis juvenilibus purpurei-rubris, margine obtusicrenatis apice et in obtusicrenatis glandibus. foliis lanceolatis, supra viridibus glabris, subtus pallide viridulis, glabris, apice longi-acuminatis basi angusti-cuneatis, margine obtusicrenatis apice et in obtusicrenatis glandibus. tepalis 15 in quoque flore, subrotundatis multideformibus, albis, lacteis, subroseis, apice obtusis, accisis et multiformibus, basi cuneatis; calycibus:① campanulatis,② cylindraceis; glabris, margine ciliatis.

Henan: Zhengzhou City. 2018-03-22. T. B. Zhao, Z. X. Chen et D. F. Zhao, No.

201803221（Ramosa，folia et flora，holotypus hic disignatus HANC）.

本新变种与木瓜贴梗海棠原变种 Chaenomeles cathayensis（Hemsl.）Schneider var. cathayensis 相似，但区别为：幼枝疏被弯曲长柔毛。幼叶紫红色，边缘锯齿齿端、齿间具腺体。叶披针形，表面绿色，无毛，背面淡绿色，无毛，先端长渐尖，基部狭楔形，边缘锯齿齿端、齿间具腺体。单花具花瓣 15 枚，近圆形、多畸形、白色、乳白色、粉红色、先端钝圆、凹裂等多形状，基部楔形；萼筒 2 种类型：① 钟状，② 圆柱状；萼筒无毛，边缘具缘毛。

河南：郑州市有栽培。2018 年 3 月 22 日。赵天榜、陈志秀和赵东方，No. 201803221（枝、叶和花）。模式标本，存河南农业大学。

19. 牡丹木瓜贴梗海棠　牡丹木瓜　新改隶组合变种

Chaenomoles cathayensis（Hemsl.）Schneider var. mudan G. S. Zhang et X. T. Liu ex Y. M. Fan，Z. X. Chen et T. B. Zhao，var. trans. nov.，2004 年，张继山、刘希涛. 光皮木瓜珍稀品种——牡丹木瓜. 专业户，6：43～44；2004 年，张继山、刘希涛. 光皮木瓜珍稀品种——牡丹木瓜. 农村百事通，9：31；2009 年，牡丹木瓜，张桂荣著. 木瓜：15。

A var. trans. nov. florescentiis 3 ~ 5 - florescentibus in annuis. florescentibus Martionibus~Januarionibus. multitepalis 5 in quoque flore. floribus puniceis in primum florescentibus；floribus rubris et carneis in secundis florescentibus；floribus rubrisviriduli-albis vel albis in tertiis~quintis florescentibus.

Shandong et Henan：Zhangyuan Xian. 2016-04-22. Y. M. Fan，T. B. Zhao et Z. X. Chen，No. 201604221（holotypus hic disignatus HANC）.

本新组合变种与木瓜贴梗海棠原变种 Chaenomeles cathayensis（Hemsl.）Schneider var. cathayensis 相似，但区别为：1 年生开花 3~5 次。花期 3 月下旬至 7 月下旬。单花具多枚花瓣。初花为鲜红色，次花期为红色、淡红色，再开花为绿白色，或白色。

产地：山东和河南。长垣县有栽培。2016 年 4 月 22 日。赵天榜、范永明和陈志秀，No. 201704221（枝、叶与花），标本存河南农业大学。

Ⅲ. 碎瓣木瓜贴梗海棠　新亚种

Chaenomeles cathayensis（Hemsl.）Schneider subsp. frustilli-petala T. B. Zhao，Z. X. Chen et D. W. Zhao，var. nov.

Subsp. nov. petalis 15~45 in quoque flore，aurantiacis，subroseis，albis，albi-subroseis vel pallide carneis；staminibus petalinis fasciariis，non regulregularibus.

Henan：Zhengzhou City. 2017-04-15. T. B. Zhao，Z. X. Chen et D. W. Zhao，No. 201704153（flores，holotypus，HANC）.

本新亚种与木瓜贴梗海棠原亚种 Chaenomeles cathayensis（Hemsl.）Schneider supsp. cathayensis 相似，但区别为：单花具花瓣 15~45 枚，橙红色、粉红色、白-粉色，或淡红色，瓣化雄蕊撕裂状带形、不规则形。

20. 小花多色多瓣木瓜贴梗海棠　新变种

Chaenomeles cathayensis（Hemsl.）Schneider var. parviflori-multicolori-multipetala T. B. Zhao，Z. X. Chen et D. F. Zhao，var. nov.

A var. nov. foliis juvenilibus purpureis. floriis parvis diam < 2.5 cm. 40-petalis laceris et non aequabilis. floribus mult-coloribus, albis, flavis, carneis.

Henan: Changyuan Xian. 2017-04-20. T. B. Zhao, Z. X. Chen et D. F. Zhao, No. 201704207(holotypus hic disignatus HANC).

本新变种与木瓜贴梗海棠原变种 Chaenomeles cathayensis(Hemsl.) Schneider var. cathayensis 相似,但区别为:幼叶紫色。花小,径小于 2.0 cm。单花具花瓣 40 枚,撕裂状条形、不规则形。花白色、淡黄色、淡粉色。

产地:河南。郑州市有栽培。2017 年 4 月 20 日。赵天榜、陈志秀和和赵东方, No. 201704205。模式标本,存河南农业大学。

21. 大花碎瓣木瓜贴梗海棠　新变种

Chaenomeles cathayensis(Hemsl.) Schneider var. grandiflori-petalina T. B. Zhao, Z. X. Chen et D. F. Zhao, var. nov.

A var. nov. ramulis et foliis juvenilibus glabris. 5-petalisin quoque flore, 10~55-staminibus petalinis, laceris et non aequabilis. floribus albis vel albi-subroseis. 2-formis:① obcampanulatis, ca. 5 mm longis;② cylindricis.

Henan: Changyuan Xian. 2018-03-22. T. B. Zhao, Z. X. Chen et D. F. Zhao, No. 201803225(holotypus hic disignatus HANC).

本新变种与木瓜贴梗海棠原变种 Chaenomeles cathayensis (Hemsl.) Schneider var. cathayensis 相似,但区别为:幼枝、小枝无毛。单花具花瓣 5 枚;雄蕊多数,瓣化 10~55 枚,撕裂状条形、不规则形。花白色,或白色-粉红色;萼筒 2 种类型:① 倒钟状,长约 5 mm;② 圆柱状。

Supplementary Description:

Deciduous shrubs, 2.5 m tall. Young branches green, glabrous. Branchlets grayish brown, glabrous. Leaves long elliptic, elliptic, 3.5 to 5.5 cm long, 1.2 to 1.6 cm wide, apex blunt tip or obtuse rounded, margin with triangular blunt serration teeth, glands between teeth and the apex of teeth; petiole length 0.5 to 1.0 cm. Flowers solitary or 2 to 5 clusters on short branches. Single flowers with 5 petals, spoon-round, deformed petals, length 2.5 to 3.0 cm, width 1.0 to 1.7 cm, white or pink, claw length 1.0 to 1.5 cm; flower diameter 2.5 to 3.0 cm; stamens numerous, petal formation of 10 to 55 pieces; 5 pistil styles, stylus; calyx tube has 2 types:①conversely campanulate, about 5 mm long;② cylindrical, slightly concave in the middle, 1.5 to 2.0 cm long; sepals 5, sunny face purple, margin sparsely marginate hairs.

Henan: Changyuan Xian. 2018-03-22. T. B. Zhao, Z. X. Chen et D. F. Zhao, No. 201803225. Type specimen, deposited in Henan Agricultural University.

形态特征补充描述:

本新变种落叶丛生小灌木,高约 2.5 m。幼枝淡绿色,无毛。小枝灰褐色,无毛。叶长椭圆形、椭圆形,长 3.5~5.5 cm,宽 1.2~1.6 cm,先端钝尖,或钝圆,边缘具三角形钝尖锯齿,齿端、齿间具腺点;叶柄长 0.5~1.0 cm。花单朵,或 2~5 朵簇生于短枝上。单花具花瓣 5 枚,匙-圆形,有畸形花瓣,长 2.5~3.0 cm,宽 1.0~1.7 cm,白色,或白色、粉红色,爪长 1.0~1.5 cm;花径 2.5~3.0 cm;雄蕊多数,瓣化 10~55 枚;花柱 5 枚,合生处无毛;萼筒 2 种类型：① 倒钟状，长约 5 mm；② 圆柱状，中间微凹，长 1.5~2.0 cm；萼片 5 枚，阳面紫色，边缘疏被缘毛。

产地：河南。长垣县有栽培。2018 年 3 月 22 日。赵天榜、陈志秀和赵东方，No. 201803225。模式标本，存河南农业大学。

22. 多萼碎瓣木瓜贴梗海棠　新变种

Chaenomeles cathayensis(Hemsl.) Schneider var. multicalyx-petalinia T. B. Zhao, Z. X. Chen et D. F. Zhao, var. nov.

A var. nov. 10-petalis in quoque flore, spathulati-rotundatis albis；10~15-petalis floribus secundis in quoque flore, albis, 15~20-calycibus petalinis.

Henan：Changyuan Xian. 2018-03-22. T. B. Zhao, Z. X. Chen et D. F. Zhao, No. 201803225(holotypus hic disignatus HANC).

本新变种与木瓜贴梗海棠原变种 Chaenomeles cathayensis (Hemsl.) Schneider var. cathayensis 相似，但区别：单花具花瓣 10 枚，匙状圆形，白色；2 次花——单花具花瓣 10~15 枚，白色，具萼片 15~20 枚呈花瓣状。

Supplementary Description：

Branchlets of this new variety is dark brown, glabrous, with scolus. Leaves elliptic, 1.5 to 6.0 cm long, 1.0 to 1.8 cm wide, surface green, glabrous, glossy, abaxially pale green, glabrous, apex blunt point, base cuneate, margin with sharply serration teeth, without marign hairs；petiole 5 to 10 mm long, glabrous. Single flowers with 10 petals, spoon-shaped round, apex rounded, rarely lobed, white, purplish red bands on both sides, sheet, claw length about 3 mm；calyx tube cylindrical；filaments pale purple, bright white, stylus 5, connate glabrous. Infertility flowers；calyx tube bowl-shaped, short funnel-shaped, 1.2 to 2.0 cm long, 1.5 to 2.0 cm in diameter, light green, glabrous. The second flowering in mid-September. Single flowers with 10 to 15 petals, white on both sides, Sepal petal 15~20, filmy, pale green, glossy, with white margin hairs；stamens numerous, born in the inner surface of the calyx tube, filaments lavender；pistil undeveloped, absent.

Henan：Zhengzhou Botanical Garden, Changyuan County. 2018-03-22. T. B. Zhao, Z. X. Chen et D. F. Zhao, No. 201803225. Type specimen, deposited in Henan Agricultural University.

形态特征补充描述：

本新变种小枝黑褐色，无毛，具枝刺。叶椭圆形，长 1.5~6.0 cm，宽 1.0~1.8 cm，表面绿色，无毛，具光泽，背面淡绿色，无毛，先端钝尖，基部楔形，边缘具尖锯齿，无缘毛；叶柄长 5~10 mm，无毛。单花具花瓣 10 枚，匙状圆形，先端钝圆，稀缺裂，白色，两面具紫红色边带、片状，爪长约 3 mm；萼筒圆柱状；花丝淡紫色、亮白色；雌蕊花柱 5 枚，合生处无毛。不孕花：萼筒碗状、短漏斗状，长 1.2~2.0 cm，径 1.5~2.0 cm，淡绿色，无毛。9 月中旬开 2 次花。单花具花瓣 10~15 枚，两面白色，具萼片化花瓣 15~20 枚，薄膜质，淡绿色，具光泽，边缘被白色缘毛；雄蕊多数，着生于萼筒内面，花丝淡紫色；雌蕊不发育，无。

河南：郑州植物园、长垣县。2018 年 3 月 22 日。赵天榜、陈志秀和赵东方，No.

201803225。模式标本,存河南农业大学。

(二) 栽培群、栽培品种

Ⅰ. 木瓜贴梗海棠　原栽培群

Chaenomeles cathayensis(Hemsl.)Schneider,Cathayensis group

1. 木瓜贴梗海棠　原栽培品种

Chaenomeles cathayensis(Hemsl.)Schneider'Cathayensis'.

2.'棱果'木瓜贴梗海棠　新栽培品种

Chaenomeles cathayensis(Hemsl.)Schneider'Lengguo',cv. nov.

本新栽培品种果实球状,长5.5~7.0 cm,径5.0~6.0 cm,表面不平,淡黄绿色,果点黑色,多;具多条钝纵棱与沟;萼片脱落;萼洼深,四周具明显钝纵棱与沟,柱基宿存,突起,无毛;梗洼深,四周具明显钝纵棱与沟。单果重122.0~130.0 g。

河南:郑州市、郑州植物园、长垣县。2017年8月22日。选育者:赵天榜、陈志秀和范永明。

3.'多色'木瓜贴梗海棠　新栽培品种

Chaenomoles cathayana(Hemsl.)Schneider'Duose',cv. nov.

本新栽培品种单花具花瓣5枚,白色、微紫色、水粉色;萼筒圆柱状,阳面紫色,微被短柔毛花药黄色,花丝淡粉色,雄蕊萼筒内下部亮紫红色、亮紫色;花柱5枚,淡粉红色,合生处长1.0~1.2 cm,密被短柔毛。

河南:郑州植物园、长垣县。2017年4月8日。选育者:范永明、赵天榜、陈志秀。

4.'剑川1号'木瓜贴梗海棠　剑川1号　西葫芦木瓜　栽培品种

Chaenomeles cathayensis(Hemsl.)Schneider'Jianchuan-1',剑川1号、西葫芦木瓜,1995年,邵则夏、陆斌. 云南的木瓜. 果树科学,12增刊:155~156;1993年,邵则夏、陆斌、刘爱群等. 云南的木瓜种质资源. 云南林业科技,(3):32~36。

本栽培品种为落叶小乔木,17年生高5.0 m,冠幅4.0 m,主干12个。小枝圆柱状,紫褐色,无毛。具枝刺。叶披针形,长5.0~12.0 cm,宽1.4~3.8 cm表面深绿色,无毛,背面被棕色绒毛,先端渐尖,基部楔形,边缘上部具钝锯齿,基部近全缘;幼叶背面被白色茸毛;叶柄无毛。果实椭圆体状、倒卵球状,长18.0 cm,径11.0 cm,绿黄色,有黏稠分泌物,果肉厚、黄白色,质硬而致密,萼洼突起,或凹陷。单果均重600.0 g,最重1 200.0 g。

产地:云南省剑川县。1995年。发现者:邵则夏、陆斌等。

5.'秤锤果'木瓜海棠资源　新栽培品种

Chaenomeles cathayensis(Hemsl.)Schneider'Chengchui Guo',cv. nov.

本新栽培品种为丛生落叶灌木,高2.0~4.0 m;幼枝微被短柔毛,后无毛,具枝刺,刺粗壮。小枝黑褐色,有小点状,无毛。叶狭椭圆形,长7.0~8.0 cm,宽1.8~2.5 cm表面深绿色,无毛,背面沿主要疏短柔毛,边缘具细锯齿、钝波状齿、局部全缘;幼叶背面银灰色,密被银灰色柔毛;叶柄无毛;托叶肾形,无毛。花期4月上旬。花单生,或2~3枚簇生;萼筒圆柱状,长1.5~1.7 cm,径5~7 mm,阳部及5枚萼片紫色,边缘具缘毛。单花具花被片5枚,匙-圆形,长、宽1.2~1.5 cm,外边上部紫色、淡紫色,下部白色,内面上部淡紫色,下部白色;雄蕊多数着生于萼筒内部边缘;花丝淡紫色;雌蕊花柱5枚,分裂处下部合生,上边 1/2 处密被白柔毛,下边 1/2 处无毛。果实 2 种类型:① 称锤状,绿黄色与黄色混生,表面不平,有圆状突起及微钝纵棱,萼筒肉质化,突起呈瘤状;萼洼深,黑色;萼片脱落;梗洼浅平,四周无明显钝纵棱与沟;② 果实与①相同,不同点:萼洼特异,呈扁横沟槽状。单果重 124~195.0 g。

产地:河南长垣县。2017 年 4 月 8 日。选育者:赵天榜、范永明和陈志秀。

6. '单瓣白'木瓜海棠资源　　新栽培品种

Chaenomeles cathayensis(Hemsl.)Schneider 'Danban Bai',cv. nov.

本新栽培品种幼枝淡黄绿白色,具光泽,无毛。小枝黑褐色,无毛,具枝刺,枝刺有长与短两种。叶狭长椭圆形、椭圆形,具畸形小叶,长 3.5~7.0 cm,宽 1.5~2.5 cm,表面淡黄绿色,无毛,背面淡绿色,无毛,先端钝尖,或钝圆,基部楔形,无毛,边缘具尖锯齿,稀重齿端,无缘毛;叶柄长 5~15 mm,无毛;托叶半心形,长的 3 mm,淡绿色,边缘具尖锐锯齿,或重尖齿。花期 4 月上旬。花小型,单生,或 2~4 枚簇生于 2 年生枝上,或枝刺上。单花具花瓣 5 枚,匙-圆形,先端钝圆,两面白色,具水粉色晕,爪长约 1 mm,白色。不孕花:萼筒短漏斗状,长 0.8~1.0 cm,径 0.8~1.0 cm,阳面深紫色,背面淡绿色,无毛;萼片 5 枚,阳面深紫色,背面淡绿色,具光泽,边缘被缘毛;雄蕊多数,着生于萼筒内面,花丝长短不齐,亮淡黄白色;雌蕊花柱不发育,无。可育花:萼筒圆柱状,长 1.5~1.8 cm,径 5~7 mm,阳面绿色,有紫色晕,具光泽,无毛;萼片 5 枚,基部合生,阳面深紫色,边缘具缘毛;雄蕊多数着生于萼筒内面;花丝亮粉色;雌蕊花柱 5 枚,分裂处下部与合生上部被白色柔毛,下部膨大,无毛。

产地:河南长垣县。2017 年 4 月 8 日。选育者:赵天榜、范永明和陈志秀。

7. '水粉花'木瓜海棠资源　　新栽培品种

Chaenomeles cathayensis(Hemsl.)Schneider 'Shuifenhua',cv. nov.

本新栽培品种幼枝淡黄绿白色,具光泽,无毛。小枝黑褐色,无毛,具枝刺,枝刺短。叶狭披针形,长 2.5~5.5 cm,宽 7~15 mm,表面绿色,无毛,背面淡绿色,无毛,沿主脉疏被短柔毛,先端渐尖,或钝圆,基部楔形,无毛,边缘具尖锐锯齿,无缘毛;叶柄长 5~10 mm,疏被柔毛;幼叶两面紫色。花期 4 月上旬。花小型,单生,或 2~3 枚簇生于 2 年生枝上,通常具 1 枚、长约 7 mm 畸形小叶。单花具花瓣 5 枚,匙-圆形,两面水粉色,长 1.5~1.8 cm,宽 5~6 mm,爪长 4~6 mm,水粉色、粉色。不孕花:萼筒短碗状,长约 7 mm,径约 10 mm,阳面黑紫色,无毛;萼片 5 枚,黑紫色,具光泽,边缘被缘毛;雄蕊多数,着生于萼筒内面,花丝长短不齐,亮紫红色;雌蕊花柱不发育,或无。可育花:萼筒圆柱状,长 1.5~1.8 cm,径 6~7 mm,绿色,具光泽,无毛;萼片 5 枚,基部合生,阳面黑紫色,边缘具缘毛;雄蕊多数着生于萼筒内面;花丝亮紫红色;雌蕊花柱 5 枚,下部合生处密被白色柔毛。

产地:河南长垣县。2017 年 4 月 8 日。选育者:赵天榜、范永明和陈志秀。

8. '圆柱果'木瓜海棠资源　　新栽培品种

Chaenomeles cathayensis(Hemsl.)Schneider 'Yuanzhu Gou',cv. nov.

本新栽培品种果实圆柱状,通常中间稍凹,长 5.0~10.0 cm,径 3.5~5.0 cm,淡绿色,或暗绿色,光滑;萼肉质,宿存;萼洼深约 1.0 cm,四周具稍明显钝棱与沟,萼洼凹入;梗洼深,明显,四周具稍明显钝棱与沟。单果重 39.0~85.0 g。

产地:河南长垣县。2017 年 7 月 31 日。选育者:赵天榜、范永明和陈志秀。

9.'粉红'木瓜贴梗海棠　栽培品种　图版 22:1

Chaenomeles cathayensis(Hemsl.)Schneider 'Fenhong',2009 年,王明明.木瓜属栽培品种的分类研究(D)。

本栽培品种花单生,或 2~3 朵簇生于 2 年生枝上,或枝刺上。花径 2.5~3.0 cm。单花具花瓣 5 枚,匙-圆形,淡粉红色,长 2.5~3.5 cm,宽 2.5~3.0 cm,先端钝圆,边缘全缘,基部具爪,爪淡白色;雄蕊多数,花丝不等长,两轮排列于萼筒内面上部;萼筒圆柱状,长 2.0~2.5 cm,淡绿色,无毛,上部碗状,基部稍膨大;萼片 5 枚,长钝圆形,长 5~10 mm,先端钝圆,边缘密具缘毛,外面无毛;花柱 5 枚,棒状,长约 2.5 cm,上粗向下渐细,合生处上部被较密柔毛,下部无毛,柱基无毛;柱头头状。不孕花未见。

产地:河南。郑州市有引种栽培。2009 年。选育者:王明明。

10.'淡红 多色'木瓜贴梗海棠　新栽培品种

Chaenomeles cathayensis(Hemsl.)Schneider 'Danhong Duoshai',cv. nov.

本新栽培品种主要识别要点:落叶小乔木。单花具花瓣 5 枚,匙-圆形,白色、微紫色、水粉色,长 1.5~2.0 cm,宽 1.2~1.7 cm,先端钝圆,基部楔形,具长 4~5 mm 爪,边缘微波状皱折;萼筒圆柱状,长 1.5~2.0 cm,上部钟状,阴面淡绿色,阳面紫色,微被短柔毛,中部以下渐细,呈圆锥状;萼片 5 枚,钝三角形,先端钝圆,边缘密被缘毛,内面无毛;雄蕊 40 枚左右,2 轮排列于萼筒内面上部,花药黄色,花丝淡粉色,雄蕊萼筒内下部亮紫红色、亮紫色;花柱 5 枚,淡粉红色,与雄蕊近等高,合生处长 1.0~1.2 cm,密被短柔毛。

产地:河南。河南郑州植物园有栽培。2017 年 4 月 15 日。选育者:范永明、赵天榜、陈志秀。

11.'甜木瓜'木瓜贴梗海棠　甜木瓜　栽培品种

Chaenomeles cathayensis(Hemsl.)Schneider 'Tianmugua',甜木瓜,1995 年,邵则夏、陆斌. 云南的木瓜. 果树科学,12 增刊:155~156;1993 年,邵则夏、陆斌、刘爱群等. 云南的木瓜种质资源. 云南林业科技,(3):32~36。

本栽培品种 4 年生树高 2.8 m。幼枝褐色,无毛,具枝刺。叶披针形,长 5.0~13.0 cm,宽 2.0~3.5 cm,密被白色茸毛,后为锈色茸毛,先端渐尖、急尖,上部边缘具锐锯齿,近基部边缘全缘,基部楔形;叶柄长 6~15 mm。花先叶开放。花单生,或 2~5 朵簇生于 2 年生枝上,或枝刺上。花径 3.0~5.0 cm。单花具花瓣 5 枚,圆形,淡粉红色至白色。果实大小悬殊。果肉较软,甜酸,可生食。单果重 275.0~900.0 g。

产地:云南。1995 年。选育者:邵则夏、陆斌。

12.'长俊'木瓜贴梗海棠　长俊　栽培品种

Chaenomeles cathayensis(Hemsl.)Schneider 'Changjun',长俊,1997 年,朱楷、汲升好、徐兴东,等. 沂州木瓜优良品种及栽培技术要点. 落叶果树,增刊:63~64;1997 年,郑成果,徐兴东. 沂州木瓜. 中国果品研究,1997,3:30~32;1998 年,陈修会、张兴龙、朱新学,等. 沂州木瓜的优良品种. 中国果蔬,3:29;1998 年,徐兴东. 沂州木瓜高产高效栽培技术. 山西果树,1:22~24;2000 年,徐兴东. 沂州木瓜品种简介. 特种经济动植物,3(4):36;2003 年,王嘉祥. 木瓜品种调查与分类初探. 落叶果树,20(2):123~125;2004 年,管恩桦、卢勇、彭树波,等. 沂州木瓜优良品种及丰产栽培技术. 北京农业,11:21~22;2007年,郑林等. 临沂市木瓜属品种资源调查与分类研究. 山东林业科技,1:45~47,44;2008年,郑林、陈红、张雷,等.木瓜属植物的花粉形态及品种分类,林业科学,44(5):53~57;2009年,郑林、陈红,等. 木瓜属(Chaenomeles)栽培品种与近缘种的数量分类. 南京林业大学学报(自然科学版),33(2):47~50);2009年,王明明. 木瓜属栽培品种的分类研究(D);2017年,管兆国. 我国木瓜种质资源. 山西果树,1:5~8。

'长俊' Chaenomeles speciosa 'Long Jun',1993年,邵则夏、陆斌、刘爱群,等. 云南木瓜资源、栽培与加工利用专题　云南的木瓜种质资源. 云南林业科技,3:32~36,43;1998年,王嘉祥. 木瓜品种调查与分类初探. 北京林业大学学报,20(2):123~125;2004年,王嘉祥. 山东皱皮木瓜品种分类探讨. 园艺学报,31(4):520~522;2007年,郝继伟、周言忠. 沂州木瓜优质品种资源调查研究. 中国种业,11:72~76;2008年,郑林. 中国木瓜属观赏品种调查和分类研究(D);2009年,王明明. 木瓜属栽培品种的分类研究(D);2011年,杜淑辉. 木瓜属新品种DUS测试指南及已知品种数据库的研究(D)。

长俊,张桂荣著. 木瓜:29. 2009;2015年,罗思源. 綦江木瓜圃木瓜品种的形态学鉴定和指纹图谱分析(D)。

本栽培品种为落叶丛生灌木,高1.5~3.0m;树势中庸;主枝直立;侧枝平展。老树树皮灰色,具疣点。枝具枝刺。1年生枝黄褐色;2年生枝浅灰褐色。幼枝暗红色,密生柔毛。幼叶亮绿色,边缘红褐色,中脉被毛。叶长椭圆形、长椭圆-披针形,长10.0~14.0cm,宽3.0~5.0cm;表面深绿色,基部楔形,边缘重具芒状尖锯齿;托叶肾形,基部偏斜,先端尖。花单生,或3~5朵簇生于2年生枝上,或枝刺上。花型小,径2.0~3.0cm。单花具花瓣5枚,三角形至不规则圆形,乳白色,上部带红色晕,长1.0~1.3cm,宽1.5~2.1cm,先端钝圆,或凹缺,基部楔形,具长约3mm爪,边缘全缘;花丝红色;萼筒圆柱状,长2.0~2.5cm,上部钟状,淡绿色,阳面带红晕,微被短柔毛。果实圆柱状、长椭圆体状,具5条纯纵棱与沟,纵径20.0cm左右,横径11.0cm左右,浅绿色,蜡质少,具光泽,皮孔大而明显,白色;果肉厚,乳白色,较细,汁液多,平均单果重500.0g。花期3月下旬,果实成熟期9月下旬。

产地:山东临沂、泰安。1993年。选育者:邵则夏、陆斌、刘爱群,等。

13. '红霞'木瓜贴梗海棠　红霞　栽培品种

Chaenomeles cathayensis(Hemsl.)Schneider 'Hongxia',红霞,1997年,朱楷、汲升好、徐兴东,等. 沂州木瓜优良品种及栽培技术要点. 落叶果树,增刊:63~64;1997年,郑成果、徐兴东. 沂州木瓜. 中国果品研究. 1997,3:31~33;1998年,陈修会、张兴龙、朱新学,等. 沂州木瓜的优良品种. 中国果蔬,3:29;2003年,王嘉祥. 木瓜品种调查与分类初探. 落叶果树,20(2):123~125;2004年,管恩桦、卢勇、彭树波,等. 沂州木瓜优良品种及丰产栽培技术. 北京农业,11:21~22;2007年,郑林等. 临沂市木瓜属品种资源调查与分类研究. 山东林业科技,1:45~47,44;2008年,郑林、陈红、张雷,等. 木瓜属植物的花粉形态及品种分类. 林业科学,44(5):53~57;2009年,王明明. 木瓜属栽培品种的分类研究(D);2017年,管兆国. 我国木瓜种质资源. 山西果树,1:5~8。

'红霞' Chaenomeles speciosa 'Hongxia',1996年,徐兴东. 木瓜优良品种简介. 北方

果树,1:18~19;1998 年,徐兴东. 沂州木瓜高产高效栽培技术. 山西果树,1998,1:22~24;2000 年,徐兴东. 沂州木瓜品种简介. 特种经济动植物,3(4):36。

'红霞'Chaenomeles cathayensis(Hemsl.)Schneider 'Red Rrush',1993 年,邵则夏、陆斌、刘爱群,等. 云南木瓜资源、栽培与加工利用专题 云南的木瓜种质资源. 云南林业科技,3:32~36,43;1998 年,王嘉祥. 木瓜品种调查与分类初探. 北京林业大学学报,20(2):123~125;2004 年,王嘉祥. 山东皱皮木瓜品种分类探讨. 园艺学报,31(4):520~522;2007 年,臧德奎、王关祥、郑林等. 我国木瓜属观赏品种的调查与分类. 林业科学,43(6):72~76;2007 年,郝继伟、周言忠. 沂州木瓜优质品种资源调查研究. 中国种业,11:72~76;2008 年,郑林. 中国木瓜属观赏品种调查和分类研究(D);2009 年,王明明. 木瓜属栽培品种的分类研究(D);2009 年,郑林、陈红、郭先锋,等. 木瓜属(Chaenomeles)栽培品种与近缘种的数量分类. 南京林业大学学报(自然科学版),33(2):47~50;2011 年,杜淑辉. 木瓜属新品种 DUS 测试指南及已知品种数据库的研究(D)。

红霞,张桂荣著. 木瓜:29. 2009;2015 年,罗思源. 綦江木瓜资源圃木瓜品种的形态学鉴定和指纹图谱分析(D)。

本栽培品种为落叶丛生灌木,高 1.5~2.5 m;树势中庸;主枝直立;侧枝平展. 小枝韧性强,质硬,具枝刺. 1 年生枝黄褐色;2 年生枝浅灰褐色. 幼枝暗红色,密被柔毛. 幼叶亮绿色,边缘红褐色,密被柔毛. 叶长椭圆形、长椭圆-披针形,长 8.0~10.0 cm,宽 4.0~5.0 cm;表面深绿色,无毛,基部楔形;边缘重钝锯齿;托叶肾形,基部偏斜,无毛,先端尖. 嫩叶亮绿色,边缘红褐色,密毛. 花单生,或 2~3 朵簇生于 2 年生枝上,或枝刺上. 花型小,杯状,径 2.0~3.0 cm. 单花具花瓣 5 枚,宽圆形,不平展,白色,带红色晕,或粉红色,长 1.0~1.3 cm,宽 1.5~2.1 cm,先端钝圆,向内卷,基部楔形,具长约 2 mm 爪,边缘全缘;萼筒圆柱状,长 2.0~2.5 cm,上部钟状,淡绿色,阳面带红晕,微被短柔毛;萼片 5 枚,半圆形. 果实卵球状,或倒卵球状,具 5 条纯纵棱与沟,纵径 13.0 cm 左右,横径 9.0 cm 左右,浅绿色,阳面有红晕,蜡质稍多,具光泽,皮孔小而不明显;果肉较细,浅白色,汁液量中等. 花期 3 月下旬;果实成熟期 9 月下旬。

产地:山东临沂、泰安. 1993 年. 选育者:邵则夏、陆斌、刘爱群,等。

14. '金陵粉'木瓜贴梗海棠 金陵粉 栽培品种

Chaenomeles cathayensis(Hemsl.)Schneider 'Jinling Fen',2007 年,臧德奎、王关祥、郑林,等. 我国木瓜属观赏品种的调查与分类. 林业科学,43(6):72~76;2008 年,郑林、陈红、张雷,等. 木瓜属植物的花粉形态及品种分类. 林业科学,44(5):53~57;2008 年,郑林. 中国木瓜属观赏品种调查和分类研究(D);2011 年,杜淑辉. 木瓜属新品种 DUS 测试指南及已知品种数据库的研究(D)。

金陵粉,2015 年,罗思源. 綦江木瓜资源圃木瓜品种的形态学鉴定和指纹图谱分析(D)。

本栽培品种为落叶大灌木,高约 2.5 m,生长势强;主枝直立,侧枝平展. 幼枝灰色,无毛. 老枝具枝刺. 幼叶黄绿色,边缘红褐色,无毛. 叶长椭圆形、长椭圆-披针形,墨绿色,基部楔形,边缘重尖锯齿. 托叶肾形,基部偏斜,先端尖. 花单生,或 2~5 朵簇生于 2 年生枝上,或枝刺上. 花碗状. 单花具花瓣 5 枚,匙-圆形,淡红色,长 1.0~1.3 cm,宽

1.5~2.1 cm,先端钝圆,向内卷,基部具长约 2 mm 爪,边缘全缘;雄蕊花丝黄色;萼筒圆锥状,长 2.0~2.5 cm,上部钟状,淡绿色,阳面带红晕,微被短柔毛;萼片 5 枚,半圆形。花期 3 月下旬;果实成熟期 9~10 月下旬。

产地:江苏南京。2007 年。选育者:臧德奎、王关祥、郑林,等。

15.'罗扶'木瓜贴梗海棠　罗扶　栽培品种

Chaenomeles cathayensis(Hemsl.)Schneider 'Luofu',罗扶,1993 年,邵则夏、陆斌、刘爱群,等. 云南木瓜资源、栽培与加工利用专题　云南的木瓜种质资源. 云南林业科技,3:32~36,43;1997 年,朱楷、汲升好、徐兴东,等. 沂州木瓜优良品种及栽培技术要点. 落叶果树,增刊:63~64;1997 年,郑成果、徐兴东. 沂州木瓜. 中国果品研究,3:30~32;1998年,陈修会、张兴龙、朱新学,等. 沂州木瓜的优良品种. 中国果蔬,3:29;1996 年,徐兴东. 木瓜优良品种简介. 北方果树,1:18~19;1998 年,徐兴东. 沂州木瓜高产高效栽培技术. 山西果树,1998,1:22~24;2000 年,徐兴东. 沂州木瓜品种简介. 特种经济动植物,3(4):36;1998 年,王嘉祥. 木瓜品种调查与分类初探. 北京林业大学学报,20(2):123~125;2004 年,管恩桦、卢勇、彭树波,等. 沂州木瓜优良品种及丰产栽培技术. 北京农业,11:21~22;2004 年,王嘉祥. 山东皱皮木瓜品种分类探讨. 园艺学报,31(4):520~522;2007年,郑林等. 临沂市木瓜属品种资源调查与分类研究. 山东林业科技,1:45~47,44;2007年,郝继伟、周言忠. 沂州木瓜优质品种资源调查研究. 中国种业,11:72~76;2007 年,臧德奎、王关祥、郑林等. 我国木瓜属观赏品种的调查与分类. 林业科学,43(6):72~76;2008 年,郑林. 中国木瓜属观赏品种调查和分类研究(D);2008 年,郑林、陈红、张雷,等. 木瓜属植物的花粉形态及品种分类. 林业科学,44(5):53~57;2009 年,王明明. 木瓜属栽培品种的分类研究(D);2011 年,杜淑辉. 木瓜属新品种 DUS 测试指南及已知品种数据库的研究(D)。

罗扶,张桂荣著. 木瓜:29. 2009;2015 年,罗思源. 綦江木瓜资源圃木瓜品种的形态学鉴定和指纹图谱分析(D);2017 年,管兆国. 我国木瓜种质资源. 山西果树,1:5~8。

本栽培品种为落叶丛生灌木,高约 2.5 m,生长势强;主枝直立;侧枝平展。老树树皮灰色。幼枝暗红色,密被柔毛。2 年生枝具枝刺。幼叶绿色,边缘红褐色,中脉被毛。叶长椭圆形、长椭圆-披针形,长 14.0~17.0 cm,宽 5.0~6.0 cm,深绿色,基部楔形,边缘重钝锯齿。托叶肾形,基部偏斜,先端尖。花单生,或 2~5 朵簇生于 2 年生枝上,或枝刺上。花小,喇叭状,开展,径 2.0~3.0 cm。单花具花瓣 5 枚,三角形至不规则圆形,白色,外面上部红色,先端凹缺,具长约 3 mm 爪;萼筒圆锥状,萼片 5 枚,宿存。果实近圆柱状、长椭圆体状,五棱明显;皮孔大而稀,青色并渐变浅褐色:成熟时绿黄色至黄色,蜡质少,具光泽;果肉淡黄色,较细,汁液多。个大整齐,纵径 11.0 cm 左右,横径 8.0 cm 左右,平均单果重 400.0 g,最大果重 1 300.0 g,果实成熟期 9 月中旬。

产地:山东临沂、泰安、济南。1993 年。选育者:邵则夏、陆斌、刘爱群,等。

16.'一品香'木瓜贴梗海棠　一品香　栽培品种

Chaenomeles cathayensis(Hemsl.)Schneider 'Yipinxiang',一品香,1997 年,朱楷、汲升好、徐兴东,等. 沂州木瓜优良品种及栽培技术要点. 落叶果树,增刊:63~64;1998 年,陈修会、张兴龙、朱新学,等. 沂州木瓜的优良品种. 中国果蔬,3:29;1998 年,王嘉祥等. 木瓜品种调查与分类初探. 北京林业大学学报,20(2):123～125;2004 年,管恩桦、卢勇、彭树波,等. 沂州木瓜优良品种及丰产栽培技术. 北京农业,11:21～22;2007 年,郑林等. 沂州木瓜品种资源分类研究. 山东林业科技,1:45～47,44;2009 年,郑林、陈红、郭先锋,等. 木瓜属(*Chaenomeles*)栽培品种与近缘种的数量分类. 南京林业大学学报(自然科学版),33(2):47～50。

Chaenomeles speciousa(Sweet)Nakai 'Yipin Xiang',2004 年,王嘉祥. 山东皱皮木瓜品种分类. 园艺学报,31(4):520～521;2008 年,郑林、陈红、张雷,等. 沂州木瓜品种资源分类研究. 林业科学,1:45～47,44;2009 年,王明明. 木瓜属栽培品种的分类研究(D);2009 年,郑林、陈红、郭先锋,等. 木瓜属(*Chaenomeles*)栽培品种与近缘种的数量分类. 南京林业大学学报(自然科学版),33(2):47～50;2011 年,杜淑辉. 木瓜属新品种 DUS 测试指南及已知品种数据库的研究(D);2015 年,罗思源. 綦江木瓜资源圃木瓜品种的形态学鉴定和指纹图谱分析(D);2017 年,管兆国. 我国木瓜种质资源. 山西果树,1:5～8。

'一品香'*Chaenomeles speciosa* 'Fragranlest',1998 年,王嘉祥. 沂州木瓜. 北京林业大学学报,20(2):123～125;2003 年,王嘉祥. 沂州木瓜. 落叶果树,(1):21～22;1993 年,邵则夏、陆斌、刘爱群,等. 云南木瓜资源、栽培与加工利用专题 云南的木瓜种质资源. 云南林业科技,3:32～36,42;2004 年,王嘉祥. 山东皱皮木瓜品种分类探讨. 园艺学报,31(4):520～522;2007 年,郝继伟、周言忠. 沂州木瓜优质品种资源调查研究. 中国种业,11:72～76;2008 年,郑林. 中国木瓜属观赏品种调查和分类研究(D);2011 年,杜淑辉. 木瓜属新品种 DUS 测试指南及已知品种数据库的研究(D)。

一品香,张桂荣著. 木瓜:29. 2009;2015 年,罗思源. 綦江木瓜资源圃木瓜品种的形态学鉴定和指纹图谱分析(D)。

本栽培种为落叶丛生灌木,树高约 1.5 m,生长势弱;树冠紧凑较矮. 幼枝鲜红色,茸毛稀少. 小枝具枝刺,新稍黄褐. 幼叶黄绿色,边缘红褐色,密被柔毛. 叶长椭圆形、长椭圆-披针形,长 9.0～11.0 cm,宽 3～4 cm,浓绿色,具光泽,稍扭曲,先端尖,基部偏斜,边缘具重钝锯齿. 托叶肾形,基部偏斜,先端尖. 花单生,或 2～4 朵簇生于 2 年生枝上,或枝刺上. 花小,杯状,不开展,径 2.0～5.0 cm. 单花具花瓣 5 枚,匙-圆形,白色带红晕,或粉红色,具长约 2 mm 爪;花丝红色;萼筒倒圆锥状. 果实卵球状,小,纵径 6.0 cm,横径 5.0 cm 左右,平均单果重 150 g 左右,最大果重 300.0 g;果皮金黄色,蜡质多,具光泽,香味浓;具 5 条纵钝棱与沟,且明显;果点乳白色,小而不明显;萼片脱落,萼洼浅、窄;果肉细,汁液较少.

产地:山东临沂、泰安. 1997 年. 选育者:朱楷、汲升好、徐兴东,等。

17. '两色'木瓜贴梗海棠　新栽培品种　图版 21:5～7、图版 22:2、4、7、13、14

Chaenomeles speciousa(Sweet)Nakai 'Liangse',cv. nov.

本新栽培品种为落叶丛生小灌木,高约 2.5 m. 幼枝淡绿色,无毛. 小枝灰褐色,无毛. 叶长椭圆形、椭圆形,长 3.5～5.5 cm,宽 1.2～1.6 cm,先端钝尖,或钝圆,边缘具三角形钝尖锯齿,齿端、齿间具腺点;叶柄长 0.5～1.0 cm. 花单朵,或 2～5(～7)朵簇生于短枝上. 单花具花瓣 5 枚,匙-圆形,长 2.0～2.5 cm,宽 1.7～2.0 cm,白色,或白色具粉红色斑块,或粉红色晕,爪长 3～4 mm;雄蕊多数,花丝淡黄白色、淡粉红色,长短不等;雌蕊花柱 5

枚,合生处密被短柔毛;萼筒2种类型:① 倒钟状,长约 5 mm;② 圆柱状,中间微凹,长 1.0~1.5 cm;萼片 5 枚,阳面紫色,边缘疏被缘毛。

产地:河南。长垣县有栽培。2018 年 3 月 25 日。选育者:赵天榜、陈志秀和赵东方。

18. '两型果'木瓜贴梗海棠　新栽培品种

Chaenomeles cathayensis(Hemsl.)Schneider 'Liang Xing Guo', cv. nov.

本新栽培品种果实椭圆体状、倒椭圆体状,长 4.5~5.5 cm,径 3.5~4.5 cm,淡黄绿色,具光泽,果点密;萼洼浅,四周无钝纵棱与沟纹;萼片肉质化,宿存,稀脱落;果柄长 4~5 mm,无毛。单果重 23.0~43.0 g。

产地:北京。2017 年 8 月 26 日。选育者:陈俊通和范永明。

19. '两型果-1'木瓜贴梗海棠　新栽培品种

Chaenomeles cathayensis(Hemsl.)Schneider 'Liang Xing Guo-1', cv. nov.

本新栽培品种果实球状、短椭圆体状,长 9.0~10.0 cm,径 8.0~10.0 cm,表面黄色与绿黄色混生,果点黑色,少;萼洼深,褐色,四周具浅纵棱与沟纹;梗洼深 1.0 cm 以上,或微凸起,四周无钝纵棱与沟,或具钝纵棱与沟。单果重 189.0~264.0 g。

产地:河南长垣县。2017 年 9 月 13 日。选育者:范永明,赵天榜和陈志秀。

20. '两型果-2'木瓜贴梗海棠　新栽培品种

Chaenomeles cathayensis(Hemsl.)Schneider 'Liang Xing Guo-2', cv. nov.

本新栽培品种果实 2 种类型:球状、扁球状,橙黄色,具灰绿色晕,表面不平,阳面具紫红色星,有窄沟纹;萼脱落,柱基宿存,无毛,稀柱基突起呈瘤状增大,长 1.3 cm,径 1.2 cm,四周具稍明显钝纵棱与沟纹;梗洼浅平,四周无明显钝纵棱与沟。单果重 57.0~162.0 g。

产地:河南长垣县。2017 年 9 月 13 日。选育者:范永明、赵天榜和陈志秀。

21. '两型果-3'木瓜贴梗海棠　新栽培品种

Chaenomeles cathayensis(Hemsl.)Schneider 'Liang Xing Guo-3', cv. nov.

本新栽培品种果实球状、卵球状,长 5.5~7.0 cm,径 6.0~6.5 cm,表面淡黄绿色,具淡绿色晕,微具钝纵棱与沟纹;萼洼深,四周具钝纵棱与浅沟纹,萼脱落;梗洼深,四周具浅钝纵棱与沟。单果重 79.0~129.0 g。

产地:河南长垣县。2017 年 9 月 13 日。选育者:范永明、赵天榜和陈志秀。

22. '密枝'木瓜贴梗海棠　新栽培品种

Chaenomeles cathayensis(Hemsl.)Schneider 'Mizhi', cv. nov.

本新栽培品种植株丛生,枝多、直立。小枝褐色,无毛,具枝刺。叶椭圆形,长 5.5~7.5 cm,宽 2.5~3.0 cm,表面深绿色,无毛,具光泽,先端钝圆,基部楔形,边缘具尖锯齿;叶柄无毛。果实圆柱状,长 8.5 cm,径 6.0~6.5 cm,表面黄绿色,凸凹不平,具很不规则浅沟纹及钝纵棱;萼筒肉质化,呈瘤状凸起;萼片枯存。单果平均重 131.0 g。

产地:河南长垣县。2017 年 9 月 13 日。选育者:范永明、赵天榜和陈志秀。

23. '球果'木瓜贴梗海棠　新栽培品种

Chaenomeles cathayensis(Hemsl.)Schneider 'Qiuguo', cv. nov.

本新栽培品种果实球状,橙黄色,长 6.0~7.0 cm,宽 6.0~6.5 cm,表面微有窄沟纹;

果点黑色,明显,萼洼四周具稍明显钝纵棱与沟纹脱落,柱基宿存,无毛,稀柱基突起呈瘤状增大,长1.3 cm,径1.2 cm,四周微具钝纵棱与沟纹;梗洼浅平,四周微具纵棱与沟。单果重98.0~100.0 g。

产地:河南长垣县。2017年9月13日。选育者:范永明、赵天榜和陈志秀。

24.'球果-1'木瓜贴梗海棠 新栽培品种

Chaenomeles cathayensis(Hemsl.)Schneider 'Qiuguo-1',cv. nov.

本新栽培品种果实球状,长5.5~7.0 cm,径5.0~6.0 cm,表面不平,淡黄绿色,果点黑色,多;明显,具多条钝纵棱与沟;萼片脱落;萼洼深,四周具明显钝纵棱与沟,柱基宿存,突起,无毛;梗洼深,四周具明显钝纵棱与沟。单果重122.0~130.0 g。

产地:河南长垣县。2017年9月13日。选育者:范永明、赵天榜和陈志秀。

25.'瘤柱'木瓜贴梗海棠 新栽培品种

Chaenomeles cathayensis(Hemsl.)Schneider 'Liuzhu',cv. nov.

本新栽培品种叶椭圆形、宽椭圆形,长9.5~10.5 cm,宽4.5~6.5 cm,表面深绿色,无毛,具光泽,背面淡绿色,无毛,沿主脉疏被弯曲长柔毛,先端短尖,基部近圆形,边缘具细尖锯齿,稀重锯齿,齿间U形,无缘毛;叶柄疏被短柔毛。果实椭圆体状,长9.0~11.0 cm,径7.0~9.0 cm,表面橙黄色、淡绿黄色,不平,具明显凹坑、瘤突与细线沟纹;萼洼深达1.0~1.5 cm,四周具稍明显钝纵棱与沟纹,柱基宿存,大而明显,呈瘤状,径5~7 mm,无毛;梗洼浅平,四周具钝纵棱与沟。单果重182.0~317.0 g。

产地:河南长垣县。2017年9月13日。选育者:范永明、赵天榜和陈志秀。

26.'扁球果'木瓜贴梗海棠 新栽培品种

Chaenomeles cathayensis(Hemsl.)Schneider 'Bian Qiuguo',cv. nov.

本新栽培品种果实扁球状,长7.5~8.0 cm,径7.0~9.0 cm,表面橙黄色与蓝绿黄色相间,不平,具多条明显钝纵棱与浅沟纹;萼脱落,萼洼深达1.0 cm以上,四周具多条稍明显钝纵棱与沟纹,梗洼浅平,四周无钝纵棱与沟。单果重220.0~245.0 g。

产地:河南长垣县。2017年9月13日。选育者:范永明、赵天榜和陈志秀。

27.'扁球果-1'木瓜贴梗海棠 新栽培品种

Chaenomeles cathayensis(Hemsl.)Schneider 'Bian Qiuguo-1',cv. nov.

本新栽培品种果实扁球状,长5.5 cm,径6.5 cm,表面橙黄色与蓝绿黄色相间,不平,具较多黑色点;萼脱落,萼洼深,四周无钝纵棱与沟纹;萼肉质化,突起;萼片脱落。单果平均重104.0 g。

产地:河南长垣县。2017年9月13日。选育者:范永明、赵天榜和陈志秀。

28.'扁球果-2'木瓜贴梗海棠 新栽培品种

Chaenomeles cathayensis(Hemsl.)Schneider 'Bian Qiuguo-2',cv. nov.

本新栽培品种果实特大,倒椭圆体状,长16.0~19.0 cm,径10.0~11.0 cm,表面橙黄色、淡灰绿黄色,凸凹不平,具很浅沟纹及钝纵棱,先端最粗,向基部渐细;萼洼深,褐色,四周无明显钝纵棱与沟纹,或具微钝纵棱与沟纹;梗洼浅平,或微凸起,四周稀具钝纵棱与沟。单果重520.0~551.0 g。

产地:河南长垣县。2017年9月13日。选育者:范永明、赵天榜和陈志秀。

29.'扁球果-3'木瓜贴梗海棠　新栽培品种

Chaenomeles cathayensis(Hemsl.)Schneider 'Bian Qiuguo-3',cv. nov.

本新栽培品种果实3种类型:① 果实球状,长7.0~8.0 cm,径7.5~8.0 cm,表面不平,黄绿色,果点黑色,少;萼洼浅,四周具瘤状凸起,萼脱落;梗洼深,四周无钝纵棱与沟,或微具钝纵棱与沟。单果重134.0~218.0 g。② 果实短椭圆体状,表面不平,黄绿色,果点黑色,少;萼筒肉质化,长1.5~2.0 cm,四周具圆瘤状突起,萼片脱落。单果重283.0~328.0 g。③ 果实扁椭圆体状,表面黄绿黄色,果点黑色,大,较多;萼洼1侧突凹,1侧突起,呈凹沟状,使果实呈长馒头状;梗洼1侧高、1侧低,四周具明显瘤突。单果平均重647.0 g。

产地:河南长垣县。2017年9月13日。选育者:范永明、赵天榜和陈志秀。

30.'沂果'木瓜贴梗海棠　沂果　栽培品种

Chaenomeles cathayensis(Hemsl.)Schneider 'Yiguo',沂果,2011年,杜淑辉. 木瓜属新品种 DUS 测试指南及已知品种数据库的研究(D)。

沂果,2015年,罗思源. 綦江木瓜资源圃木瓜品种的形态学鉴定和指纹图谱分析(D)。

本栽培品种小枝具枝刺。幼叶黄绿色,被毛。叶椭圆形、椭圆-披针形,边缘具芒状尖锯齿。花单生,或3~5朵簇生于2年生枝上,或枝刺上。单花具花瓣5枚,匙-圆形,白色、粉红色,花丝红色;萼筒钟状。果实圆柱状、长椭圆体状。

产地:山东。2011年。选育者:杜淑辉。

31.'大红袍'木瓜贴梗海棠　大红袍　栽培品种

Chaenomeles cathayensis(Hemsl.)Schneider 'Dahongpao',大红袍,2011年,杜淑辉. 木瓜属新品种 DUS 测试指南及已知品种数据库的研究(D)

大红袍,2015年,罗思源. 綦江木瓜资源圃木瓜品种的形态学鉴定和指纹图谱分析(D)。

本栽培品种小枝具枝刺。幼叶黄绿色,被毛。叶披针形,边缘具芒状尖锯齿。花簇生,红色。花单生,或3~5朵簇生于2年生枝上,或枝刺上。单花具花瓣5枚,匙-圆形,红色,花丝红色;萼筒钟状。果实圆柱状、长椭圆体状。

产地:山东。2011年。选育者:杜淑辉。

32.'珊瑚'木瓜贴梗海棠　珊瑚　栽培品种

Chaenomeles cathayensis(Hemsl.)Schneider 'Shanhu',珊瑚,2011年,杜淑辉. 木瓜属新品种 DUS 测试指南及已知品种数据库的研究(D)。

珊瑚,2015年,罗思源. 綦江木瓜资源圃木瓜品种的形态学鉴定和指纹图谱分析(D)。

本栽培品种小枝具枝刺。幼叶黄绿色,被毛,边缘红褐色。叶披针形,边缘具芒状尖锯齿。花单生,或3~5朵簇生于2年生以上枝,或枝刺上。单花具花瓣5枚,匙-圆形,红色,花丝红色;萼筒钟状。果扁球状,具棱。

产地:山东。2011年。选育者:杜淑辉。

33.‘红火’木瓜贴梗海棠　红火　栽培品种

Chaenomeles cathayensis(Hemsl.)Schneider‘Honghuo’,红火,2011 年,杜淑辉. 木瓜属新品种 DUS 测试指南及已知品种数据库的研究(D)。

红火,2015 年,罗思源. 綦江木瓜资源圃木瓜品种的形态学鉴定和指纹图谱分析(D)。

本栽培品种小枝具枝刺。幼叶红褐色。叶椭圆形、椭圆-披针形,边缘具尖锯齿。花单生,或 3~5 朵簇生于 2 年生枝上,或枝刺上。单花具花瓣 5 枚,匙-圆形,红色;花丝红色;萼筒钟状。果卵球状。

产地:山东。2011 年。选育者:杜淑辉。

34.‘锦绣’木瓜贴梗海棠　新栽培品种

Chaenomeles cathayensis(Hemsl.)Schneider‘Jinxiu’,cv. nov.

本新栽培品种花 35 朵簇生,或单生;褐色。叶披针形,边缘具芒状尖锯齿。花单生,或 3~5 朵簇生于 2 年生以上枝,或枝刺上。单花具花瓣 5 枚,匙-近圆形,长 2.2~2.5 cm,宽 2.1~2.5 cm,亮粉红色、白色、粉红色,以及淡粉色、粉红色不规则斑块;萼筒筒状,绿色,无毛。果实 3 种类型:① 果实球状,长 7.0~8.0 cm,径 7.5~8.0 cm,表面不平,黄绿色,果点黑色,少;萼洼浅,四周具瘤状凸起,萼脱落;梗洼深,四周无钝纵棱与沟,或微具钝纵棱与沟。单果重 134.0~218.0 g。② 果实短椭圆体状,表面不平,黄绿色,果点黑色,少;萼筒肉质化,长 1.5~2.0 cm,四周具圆瘤状突起,萼片脱落。单果重 283.0~328.0 g。③ 果实扁椭圆体状,表面黄绿黄色,果点黑色,大,较多;萼洼 1 侧突凹,1 侧突起,呈凹沟状,使果实呈长馒头状;梗洼 1 侧高、1 侧低,四周具明显瘤突。单果平均重 647.0 g。

产地:河南长垣县。2017 年 9 月 13 日。选育者:范永明、赵天榜和陈志秀。

Ⅱ. **多瓣木瓜贴梗海棠栽培群**　新栽培群

Chaenomeles cathayensis(Hemsl.)Schneider,Multipetala Group,Group nov.

本新栽培群单花具花瓣 5~18~25 枚。

35.‘水粉’木瓜贴梗海棠　新栽培品种

Chaenomeles cathayensis(Hemsl.)Schneider‘Shuifen’,cv. nov.

本新栽培品种单花具花瓣 5~12 枚,匙状圆形,白色,外面微有水粉色晕。可孕花萼筒圆柱状,不孕花萼筒宽漏斗状。

河南:郑州植物园、长垣县。2017 年 4 月 8 日。选育者:赵天榜、范永明和陈志秀。

36.‘两次白花’木瓜海棠资源　新栽培品种

Chaenomeles cathayensis(Hemsl.)Schneider‘Liangci Baihua’,cv. nov.

本新栽培品种为落叶丛生灌木。幼枝淡黄绿白色,具光泽,无毛。小枝黑褐色,无毛,具枝刺,枝刺有长与短两种。叶狭长椭圆形、椭圆形,具畸形小叶,长 3.5~7.0 cm,宽 1.5~2.5 cm,表面淡黄绿色,无毛,背面淡绿色,无毛,先端钝尖,或钝圆,基部楔形,无毛,边缘具尖锯齿,稀重齿端,无缘毛;叶柄长 5~15 mm,无毛;托叶半心形,长的 3 mm,淡绿色,边缘具尖锐锯齿,或重尖齿。花期 4 月上旬。花小型,单生,或 2~4 枚簇生于 2 年生枝上,或枝刺上。单花具花瓣 15~20 枚,匙-圆形,先端钝圆,两面白色,或水粉色晕,爪长约 1 mm,白色。不孕花:萼筒短漏斗状,长 0.8~1.0 cm,径 0.8~1.0 cm,阳面深紫色,背面淡绿色,无毛;萼片5枚,阳面深紫色,背面淡绿色,具光泽,边缘被缘毛;雄蕊多数,着生于萼筒内面,花丝长短不齐,亮淡黄白色;雌蕊花柱不发育,无。可育花:萼筒圆柱状,长1.5~1.8 cm,径5~7 mm,阳面绿色,有紫色晕,具光泽,无毛;萼片5枚,基部合生,阳面深紫色,边缘具缘毛;雄蕊多数着生于萼筒内面;花丝亮粉色;雌蕊花柱5枚,分裂处下部与合生上部被白色柔毛,下部膨大,无毛。2次花8月上旬开花。单花具花瓣10~15枚,匙状圆形,先端钝圆,两面白色,或具水粉色晕;萼筒碗状,径2.0~2.5 cm;萼片15~20枚而特异。

产地:河南长垣县。2017年4月8日。选育者:赵天榜、范永明和陈志秀。

37. ‘长垣-7’木瓜贴梗海棠　新栽培品种

Chaenomeles cathayensis(Hemsl.)Schneider ‘Changyuan-7’,cv. nov.

本新栽培品种为落叶丛生灌木。小枝黑褐色,无毛,具枝刺,刺粗壮。叶卵圆形、椭圆形,有畸形小叶,长1.0~2.0 cm,宽1.0~1.5 cm,表面深绿色,无毛,具光泽,背面淡绿色,无毛,具光泽,先端钝圆,基部圆形,边缘具尖锐锯齿,无缘毛;叶柄长2~3 mm,无毛。花单生,或2~3枚簇生于2年生短枝上。单花具花瓣5~12枚,匙-圆形,长1.3~1.7 cm,宽1.0~2.0 cm,两面白色,外面微有水粉色晕,爪长3~5 mm,白色。可孕花:萼筒圆柱状,长1.0~1.5 cm,径5~6 mm,亮绿色,无毛;萼片5枚,阳面淡绿色,边缘疏被缘毛;雄蕊多数,着生于萼筒内面上部;花丝亮粉色、亮白色;雌蕊花柱5枚,分裂处下部无毛;不孕花萼筒宽漏斗形,长约8 mm,径约8 mm,无毛;萼片、雄蕊与可孕花相同;雌蕊花柱不发育,未见。花期4月上旬。

地点:河南长垣县有栽培。2017年9月13日。选育者:赵天榜、范永明和陈志秀。

38. ‘瓣萼化’木瓜贴梗海棠　新栽培品种

Chaenomeles cathayensis(Hemsl.)Schneider ‘Ban Èhua’,cv. nov.

本新栽培品种小枝黑褐色,无毛,具枝刺。叶椭圆形,长1.5~6.0 cm,宽1.0~1.8 cm,表面绿色,无毛,具光泽,背面淡绿色,无毛,先端钝尖,基部楔形,边缘具尖锯齿,无缘毛;叶柄长5~10 mm,无毛。9月中旬开2次。花单生,具花梗。单花具花瓣10枚,匙-圆形,先端钝圆,稀缺裂,白色,两面具紫红色边带、片状晕,爪长约3 mm,花不孕:萼筒碗状,长1.2~2.0 cm,径1.5~2.0 cm,淡绿色,无毛;花瓣萼片化15~20枚,薄膜质,淡绿色,具光泽,边缘被缘毛;雄蕊多数,着生于萼筒内面,花丝淡紫色;雌蕊不发育、无雌蕊。

产地:河南长垣县。2017年4月13日。选育者:赵天榜和陈志秀。

39. ‘白雪’木瓜贴梗海棠　白雪　栽培品种

Chaenomeles cathayensis(Hemsl.)Schneider ‘Baixue’,白雪,2009年,王明明. 木瓜属栽培品种的分类研究(D);2011年,杜淑辉. 木瓜属新品种DUS测试指南及已知品种数据库的研究(D)。

白雪,2015年,罗思源. 綦江木瓜资源圃木瓜品种的形态学鉴定和指纹图谱分析(D)。

本栽培品种为落叶灌木。小枝具枝刺。幼叶黄绿色,边缘红褐色。叶长椭圆形、长椭圆-披针形,长4.0~9.5 cm,宽2.5~4.5 cm,深绿色,具光泽,无毛,背面淡绿色,无毛,边缘具芒状尖锯齿。花单生,或3~5朵簇生于2年生以上枝,或枝刺上。单花具花瓣5~10

枚,匙-圆形,白色,花丝红色,具长3~5 mm 爪;萼筒钟状。果实圆柱状、长椭圆体状。

产地:山东。2011 年。选育者:杜淑辉。

40.'秋实'木瓜贴梗海棠　秋实　栽培品种

Chaenomeles cathayensis(Hemsl.)Schneider 'Qiushi',秋实,2011 年,杜淑辉. 木瓜属新品种 DUS 测试指南及已知品种数据库的研究(D)。

秋实,2015 年,罗思源. 綦江木瓜资源圃木瓜品种的形态学鉴定和指纹图谱分析(D)。

本栽培品种为落叶灌木。小枝具枝刺。幼叶黄绿色。叶长椭圆形、长椭圆-披针形,边缘具锐锯齿。花单生,或3~5 朵簇生于2 年生枝上,或枝刺上。单花具花瓣5~10 枚,匙-圆形,白色、粉红色,花丝红色,具长3~5 mm 爪;萼筒钟状。果实圆柱状、长椭圆体状。

产地:山东。2011 年。选育者:杜淑辉。

41.'五彩'木瓜贴梗海棠　五彩　栽培品种

Chaenomeles cathayensis(Hemsl.)Schneider 'Wucai',五彩,2011 年,杜淑辉. 木瓜属新品种 DUS 测试指南及已知品种数据库的研究(D)。

五彩,2015 年,罗思源. 綦江木瓜资源圃木瓜品种的形态学鉴定和指纹图谱分析(D)。

本栽培品种小枝具枝刺。幼叶黄绿色,无毛,边缘红褐色。叶椭圆形、椭圆-披针形,边缘具芒状尖锯齿。花单生,或3~5 朵簇生于2 年生枝上,或枝刺上。单花具花瓣5~10 枚,匙-圆形,平展,三色,花丝红色;萼筒钟状。果卵球状。

产地:山东。2011 年。选育者:杜淑辉。

42.'红娇'木瓜贴梗海棠　红娇　栽培品种

Chaenomeles cathayensis(Hemsl.)Schneider 'Hongjiao';红娇,2011 年,杜淑辉. 木瓜属新品种 DUS 测试指南及已知品种数据库的研究(D)。

本栽培品种为落叶灌木,树皮片状剥落,枝无枝刺。幼叶黄绿色,边缘红褐色,表面无毛,背面多具毛,后脱落近无毛;幼枝无毛,暗红色,红棕色,2 年生枝有疣点;叶椭圆形、椭圆-披针形,先端圆钝至凹缺,边缘具锐锯齿,介于芒状和尖锐之间,花2~6 朵簇生,稀疏;花单色,花瓣红色,复瓣,花碗形,盛花期花径大,花瓣形状圆形,平展;花瓣数量较多,瓣爪长,雄蕊花丝红色,少量雄蕊瓣化,花柱基部被绵毛,萼筒倒圆锥状,花梗长;结实少,果实卵圆状,较短,无棱沟,果皮干后皱缩。

产地:山东。2011 年。选育者:杜淑辉。

43.'单橙'木瓜贴梗海棠　单橙　栽培品种

Chaenomeles cathayensis(Hemsl.)Schneider 'Dancheng';单橙,2009 年,王明明. 木瓜属栽培品种的分类研究(D)。

本栽培品种株高1 m 以上,株型不广开,2 年生枝上有少量疣点。叶长5.0~5.5 cm,椭圆形,具尖锐锯齿,花柱基部被微毛。

产地:山东临沂。2009 年。选育者:王明明。

第六节　日本贴梗海棠

日本贴梗海棠　日本木瓜（群芳谱）　倭海棠（诗经、中国树木分类学）和圆子（中国药学大辞典）　草木瓜　地梨　图版 24、图版 25、图版 26

一、日本贴梗海棠学名变更历史

Chaenomeles japonica（Thunb.）Lindl. ex Spach, Hist. Nat. Vég. Phan. 2:159. 1834. p. p., quoad basonym.

1784 年, *Pyrus japonica* Thunb., Fl. Jap. 207. 1784.

1806 年, *Cydonia japonica* Loiseleur, Herb. Amat. 2:73. 1817. non Persoon 1806.

1807 年, *Cydonia japonica* Persoon, Syn. Pl. II:40. 1807.

1807 年, *Malus japonica* Andrews, Bot. Repos. 7:t. 462. 1807.

1822 年, *Chaenomeles japonica*（Thunb.）Lindl. Trans. Linn. Soc. 13:96. 1822.

1834 年, *Chaenomeles japonica* Liondl. apud Spach, Hist. Vég. II. 159（pro parte）1834 quoad synon. "*Pyrus japonica* Thunb."

1834 年, *Chaenomeles japonica* Spach, Hist. Nat. Vég. Phan. 2:159. 1834.

1873 年, Chaenomeles japonica（Thunb.）Lindl. ex Spach var. alpina Maxim. in Bull. Acad Sci. St. Pétersb. 19:168（in Mél. Biol. 9:163）1873. "*β.*"

1873 年, *Chaenomeles japonica*（Thunb.）Lindl. ex Spach var. *pygmaea* Maxim. in Bull. Acad. Sci. St. Pétersb. 19:168（in Mél. Biol. 9:163）1873.

1873 年, *Chaenomeles japonica*（Thunb.）Lindl. ex Spach *β. alpina* Maxim. in Bull. Acad Sci. St. Pétersb. XIX. :168. 1873.

1873 年, *Chaenomeles japonica*（Thunb.）Lindl. ex Spach *γ. pygmaea* Maxim. in Bull. Acad Sci. St. Pétersb. XIX. :168. 1873.

1874 年, *Pyrus maulei* Masters in Gard. Chron. n. sér. 1:756. f. 159. 1874.

1874 年, *Cydonia maulei* T. Moore in Gard. Chron. n. sér. 1:756. f. 159. 1874.

1875 年, *Pyrus japonica* Thunb. *β. alpina* Franchet & Savatier, Enum. Pl. Jap. 1:139. 1875.

1875 年, *Cydonia maulei* T. Moore in Florist & Pomol. 1875, 49. t.

1877 年, *Chaenomeles japonica*（Thunb.）Lindl. ex Spach var. *maulei* Lavallé, Arb. Segrez. 110. 1877.

1882 年, *Pseudochaenomeles maulei* Carr. in Rev. Hort. 1882:238. f. 52, 55. 1882.

1889 年, *Cydonia japonica tricolor* Parsons & Sons, Descr. Cat. 39. 1889?

1890 年, *Chaenomeles alpina* E. Koehne, Gatt. Pomac. 28. t. 2. f. 23a-c. 1890.

1900 年, *Cydonia maulei* T. Moore var. *tricolor* Rehder in Bailey, Cycl. Am. Hort. I:427. 1900.

1900 年, *Cydonia maulei* T. Moore var. *alpinar* Rehder in Bailey, Cycl. Am. Hort. I:

427. 1900.

1900 年,*Cydonia sargenti* Lemoine,Cat. 144:25. 1900.

1902 年,*Pyrus sargenti* S. Arnott in Gard. Chron. sér. 3,32:192. 1902.

1903 年,*Cydonia mallardii* Anon. in Gard. Chron. sér. 3,58:158. 1915. nom.;non *C japonica* Mallardii Grignan 1903.

1906 年,*Choanomeles maulei* Schneider,III. Handb. Laubh. 1:731. f. 405 g-s,406 c-d. 1906.

1908 年,*Cydonia japonica*(Thunb.)Lindl. ex Spach *a. typica* Makino in Bot. Mag. Tokyo,22:63. 1908.

1911 年,*Chaenomeles maulei* Masters var. *sargenti* Mottet in Rev. Hort. n. sér. 11:204. t. 1911.

1911 年,*Chaenomeles maulei* Masters var. *alpina* Mottet in Rev. Hort. n. sér. 11:204. t. 1911.

1914 年,*Chaenomeles maulei* Masters var. *tricolor* Hort. ex Rehder in Bailey,Stand. Cycl Am. Hort. 2:728. 1914.

1916 年,*Chaenomeles japonica* Liond.,E. H. Wilson,PLANTAE WILSONIANAE. II:298~299. 1916.

1916 年,*Pyrus japonica* Wilsonii Anon. in Journ. Hort. Soc. Lond. 41:cxxxii,f. 122. 1916.

1916 年,*Chaenomeles trichogyna* Nakai,Fl. Sylv. Kor. 6:42. t. 15. 1916.

1916 年,*Chaenomeles maulei* Masters var. *alpina* Schneider,E. H. Wilson,PLANTAE. WILSONIANAE. II:298~299. 1916.

1919 年,*Cydonia japonoca* Wilosonii,Beckett in Gard. Chron. sér. 3,66:22. f. 9. 10. 1919.

1927 年,*Chaenomeles japonica*(Thunb.)Lindl. ex Spach var. *tricolor* Hort. ex Rehder,Man. Cult. Trees and Shrubs:401. 1927.

1949 年,*Chaenomeles japonica*(Thunb.)Lindl. ex Spach f. *tricolor*(Pasons)A. Rehder in Bibliography of Cultivated Trees and Shrubs:276. 1949.

1963 年,C. Weber. CULTIVARS IN THE GENUS CHAENOMELES:Vol. 23. April 5. Number 3:28. 1963.

1937 年,陈嵘著. 中国树木分类学:427. 1937.

1974 年,中国科学院植物研究所主编. 中国植物志(第三十六卷):353. 1974.

1974 年,中国科学院湖北植物研究所编著. 湖北植物志(第二卷):171. 图 945. 1974,即日本贴梗海棠为 *Chaenomeles japonica*(Thunb.)Lindl.

1984 年,华北树木志编写组编. 华北树木志:275. 图 285. 1984.

1986 年,*Chaenomeles japonica*(Thunb.)Lindl.,中国科学院西北植物研究所编著. 秦岭植物志·第一卷 种子植物(第二册):525~526. 1986.

1990 年,丁宝章,王遂义主编. 河南植物志(第二册). 187. 1990.

2004 年,[英] 克里斯托弗·布里克尔主编. 杨秋生,李振宇主译. 世界园林植物花卉百科全书:522. 2004.

2005 年,彭镇华主编. 中国长江三峡植物大全(上卷):528. 2005.

2015 年,张毅,刘伟,李桂祥,等. 日本木瓜属观赏品种资源调查. 中国园艺文摘,2015,9:3~8.

2013 年,*Chaenomeles japonica*(Thunb.)Lindl.,胡艳芳、王政、贺丹,等. 河南华丽贴梗海棠品种资源研究.

2018 年,赵天榜等主编. 郑州植物园种子植物名录:132.

牧野富太郎著. 增铺版　牧野 日本植物圖鑑:465. 第 1393 图. 昭和廿十四年.

二、形态特征

落叶丛生小灌木,高 0.5~1.0 m,多匍匐。小枝圆柱状,开展,灰褐色、褐色,无毛,疏被疣点,具枝刺,幼时具疏被柔毛,紫红色;2 年生枝条有疣状突起,黑褐色,无毛。冬芽三角卵球状,先端急尖,无毛,紫褐色。短生枝上叶小,椭圆形、卵圆形、匙形至宽卵圆形,有畸形小叶,长 2.0~5.0 cm,宽 2.0~3.5 cm,表面绿色、淡黄绿色,无毛,具光泽,背面淡黄绿色,无毛,先端钝圆,稀短尖,基部楔形,或宽楔形,边缘具圆钝锯齿、重锯齿,齿端钝圆,具短尖,齿间具芒尖,无缘毛;叶柄长约 5 mm,无毛;托叶肾形,边缘具圆齿,长约 1.0 cm,宽 1.5~2.0 cm。长枝上叶倒卵圆形,较大。花小型,径 2.5~4.0 cm。花单生,或 2~5 朵簇生在 2 年生短枝上。单花具花瓣 5 枚,匙-圆形、匙-倒卵圆形,长 1.5~2.0 cm,宽 1.0~1.3 cm,橙亮红色、砖红色,内面基部色浅,爪长 2~3 mm;萼筒短漏斗状、钟状,长 5~7 mm,宽 4~5 mm,无毛;萼片 5 枚,卵圆形,稀半圆形,长 4~5 mm,比萼筒约短一半,先端急尖,或圆钝,边缘锯齿不明显,边部紫红色,无缘毛,或疏缘毛;外面无毛,内面基部有褐色

图 7-4　日本贴梗海棠 Chaenomeles japonica(Thunb.)Lindl. ex Spach

(选自《牧野富太郎著. 增铺版　牧野　日本植物圖鑑》)

短柔毛;雄蕊40~60枚,两轮着生在萼筒内面上部,花丝长短悬殊,浅水粉色;花柱5枚,合生处无毛,与雄蕊近等长;柱头头状,有不明显分裂,约与雄蕊等长。不孕花花柱不发育,高1~2mm;花梗短,或近于无梗,无毛。果实近球状,或畸状,长2.5~4.0cm,径2.0~4.0cm,黄色,果点小,明显;萼片脱落,脱落萼痕黑色,四周具稍明显钝纵棱与沟,或宿存萼肉质化呈畸形。果重8.0~21.0g。花期3~4月,果实成熟期8~10月。

产地:原产日本,自北海道南部至本州岛、九州岛丘陵、山坡均有分布。模式标本,采自日本。山东、河南等省各地均有栽培。

三、日本贴梗海棠种质资源与栽培品种资源

(一) 变种资源

1. 日本贴梗海棠　原变种

Chaenomeles japonica(Thounb.)Lindl. ex Spach var. japonica.

1784年,*Pyrus japonica* Thounb. Fl. Jap. 207. 1784. Holotype:Japan.,Thunb.,s. n.(Herb. Upsala).

1822年,*Chaenomeles*(*Pyrus japonica* Thounb.)Lindl. Trans. Linn. Soc. 13:96. 1822(as Choenomeles).

1908年,*Cydonia japonica* var. *typica* Makino,Bot. Mag. Tokyo,22:63. 1908.

1963年,C. Weber. CULTIVARS IN THE GENUS CHAENOMELES:Vol. 23. April 5. Number 3:28. 1963.

2. 匍匐日本贴梗海棠　匍匐倭海棠　变种　图版24:1

Chaenomeles japonica(Thunb.)Lindl. ex Spach var. alpina Maxim. in Bull. Acad. Sci. St. Pétersb. 19:168(in Mél. Biol. 9:163)(1873)"*β.*"

1873年,*Chaenomeles japonica* γ. *pygmaea* Maxim.,in Bull. Acad. Sci. St. Pétersb. 19:168(in Mél. Biol. 9:163). 1873.

1873年,*Chaenomeles japonica* var. *alpina* Maxim.,in Bull. Acad. Sci. St. Pétersb. 19:168. 1873.

1873年,*Pyrus japonica β. alpina* Franchet & Savatier,Enum. Pl. Jap. 1:139. 1873.

1890年,*Chaenomeles alpina* E. Koehne,Gatt. Pomac. 28,t. 2,fig. 23a-c. 1890.

1900年,*Cydonia Sargenti* Lemonie,Cat. 144:25. 1900.

1902年,*Pyrus sargenti* S. Arnott in Gard. Chron. sér. 3,32:192. 1902.

1911年,*Chaenomeles maulei* Masters var. *sargenti* Mottet in Rev. Hort. n. sér. 11:204,t. 1911.

1937年,*Chaenomeles japonica* Lindl. var. *alpina* Maxim.,匍匐倭海棠 陈嵘著. 中国树木分类学:427. 1937.

1963年,C. Weber. CULTIVARS IN THE GENUS CHAENOMELES:Vol. 23. April 5. Number 3:28. 1963.

2011年,*Chaenomeles japonica*(Thunb.)Lindl. var. *alpina* Maxim.,宋良红等主编. 碧沙岗海棠:94~95. 彩片6. 2011.

2018 年,赵天榜等主编. 郑州植物园种子植物名录:132. 2018.

本变种为落叶丛生矮小灌木。茎平卧,枝斜出。2 年生以上枝有瘤状突起。叶卵圆形,长 1.0~2.5 cm,先端钝圆,基部楔形,边缘具圆钝锯齿。单花具花瓣 5 枚,匙-圆形、亮红色,爪长 2~3 mm;萼筒短钟状,无毛;萼片 5 枚,卵圆形,外面无毛,内面短柔毛,边缘具缘毛;雄蕊多数,花丝亮红色;花柱 5 枚,合生处无毛。果实近球状,黄色,果点小,明显;萼片脱落。果实椭圆体状,灰绿色,果点小,具稍明显钝棱与沟;萼片干枯,宿存。

产地:日本。河南郑州市有栽培。

3. 序花匍匐日本贴梗海棠　新变种　图版 24:2~4

Chaenomeles japonica(Thunb.) Lindl. ex Spach var. florescentia T. B. Zhao,Z. X. Chen et Y. M. Fan,var. nov.

A var. nov. secundis floribus inflorescentifactis,pedicellis 1.0~2.5 cm longis;secundis fructibus inflorescentifactis,pedicellis fructibus 5.0~10.0 cm longis. Fructibus ellipsoideis,cinerei-virellis.

Henan:Zhengzhou City. 2015-04-15. Y. M. Fan,T. B. Zhao et Z. X. Chen,No. 201504206(ramulus et flos,holotypus hic disignatus,HNAC).

本新变种 2 次花呈花序状,花梗长 1.0~2.5 cm。2 次果呈果序状,果序梗长 5.0~10.0 cm。果实椭圆体状,灰绿色。

产地:河南郑州。2015 年 4 月 20 日。范永明,陈志秀和赵天榜,No. 201504206(花枝)。模式标本,存河南农业大学。

4. 斑叶日本贴梗海棠　斑叶倭海棠　变种

Chaenomeles japonica(Thunb.) Lindl. ex Spach var. tricolor(Parsons & Sons) Rehder,grad. nov.,Bibliography of Cultivated Trees and Shrubs:Rehder. 277. 1949.

1889 年,*Cydonia japonica tricolor* Parsons & Sons,Descr. Cat. 39. 1889.

1900 年,*Cydonia maulei* Masters var. *tricolor* Rehder in Bailey,Cycl. Am. Hort. 1:427. 1900.

1914 年,*Chaenomeles maulei* Masters var. *tricolor* Hort. ex Rehder in Bailey,Stand. Cycl. Hort. 2:728. 1914.

1927 年,*Chaenomeles japonica* Lindl. var. *tricolor* Hort. ex Rehder,Man. Cult. Trees Shurbs,401. 1927.

1937 年,*Chaenomeles japonica* Lindl. var. *tricolor* Rehder,倭海棠 陈嵘著. 中国树木分类学:426~427. 1937.

本变种叶有粉红色、乳白色等不同之斑纹。

产地:日本。山东有栽培。

5. 白花日本贴梗海棠　变种　图版 25:1、11~12

Chaenomeles japonica(Thunb.) Lindl. ex Spach var. alba Nakai *

本变种花白色。

产地:日本。

6. 红花日本贴梗海棠　变种　图版 24:7~9,图版 25:4~5

Chaenomeles japonica(Thunb.)Lindl. ex Spach var. tortuosa Nakai *

本变种为落叶丛生矮小灌木。枝斜出。叶卵圆形,长 1.5~2.5 cm,先端钝圆,基部楔形,边缘具圆钝锯齿。单花具花瓣 5 枚,匙-圆形、深红色,爪长 2~3 mm;萼筒短钟状,无毛;萼片 5 枚,卵圆形,边缘具缘毛;雄蕊多数,花丝亮红色;花柱 5 枚,合生处无毛。果实球状,淡黄色,果点小;萼片脱落。

产地:日本。山东、河南郑州市有栽培。

7. 矮日本贴梗海棠　变种

Chaenomeles japonica(Thunb.)Lindl. ex Spach var. pygmaea Maxim. in Bull. Acad. Sci. St. Pétersb. 19:168. 1873.

1873 年,*Chaenomeles japonica* γ. *pygmaea* Maxim. in Bull. Acad. Sci. St. Pétersb. 19:168. 1873.

1963 年,*Chaenomeles japonica* var. *pygmaea* C. Weber. CULTIVARS IN THE GENUS CHAENOMELES:Vol. 23. April 5. Number 3:29. 1963.

本变种花红色。

产地:日本。山东、河南郑州市有栽培。

（二）栽培品种资源

Ⅰ. 日本贴梗海棠　原栽培群

1. 日本贴梗海棠　原栽培品种

Chaenomeles japonica(Thunb.)Lindl. ex Spach 'Japonica'

2. '四季红'日本贴梗海棠　四季红　栽培品种

Chaenomeles japonica(Thunb.)Lindl. ex Spach 'Siji Hong',四季红,2007 年,臧德奎、王关祥、郑林等. 我国木瓜属观赏品种的调查与分类. 林业科学,43(6):72~76。

四季红,2015 年,罗思源. 綦江木瓜资源圃木瓜品种的形态学鉴定和指纹图谱分析（D）。

'四季海棠'*Chaenomeles speciosa* 'Siji Haitang',2004 年,王嘉祥. 山东皱皮木瓜品种分类探讨. 园艺学报,31(4):520~522;2008 年,郑林. 中国木瓜属观赏品种调查与分类研究（D）。

'四季贴梗海棠'*Chaenomeles speciosa* 'Siji Tiegeng Haitang',1998 年,王嘉祥. 木瓜品种调查与分类初探. 北京林业大学学报,20(2):123~125;2008 年,郑林. 中国木瓜属观赏品种调查与分类研究（D）。

本栽培品种株高 0.5~0.6 m,生长势较强。枝、干黄褐色,枝刺细长。叶互生,长椭圆披针形,长约 4.5 cm,宽约 1.8 cm;黄绿色;平展,具光泽,基部楔形,边缘锯齿圆钝,多重锯齿。托叶肾形,基部偏斜,先端尖。花单生,或簇生,展叶前开放。单花具花瓣 5 枚,圆匙形,亮红色,基部有短爪;花萼 5 枚;雄蕊 38~42 枚,花柱 5 枚,基部连合。果实小,扁球状,深绿色,果面棱沟明显。单果重 40.0~50.0 g。花期 3~4 月,果实成熟期 9~10 月。

产地:山东临沂。2007 年。选育者:臧德奎、王关祥、郑林等。

3.'矮红'日本贴梗海棠　矮红　栽培品种

Chaenomeles japonica(Thunb.)Lindl. ex Spach 'Pygmaea',Ch. Brickell in《Encyclope-dia of Garden Plants London,New York Stuttagrt. Noscow:Dorling Kindersley》. 1996,205~251;2007 年,臧德奎、王关祥、郑林等. 我国木瓜属观赏品种的调查与分类. 林业科学,43(6):72~76;2008 年,郑林. 中国木瓜属观赏品种调查和分类研究(D);2009 年,郑林、陈红、郭先锋,等. 木瓜属(Chaenomeles)栽培品种与近缘种的数量分类. 南京林业大学学报(自然科学版),33(2):47~50;2011 年,杜淑辉. 木瓜属新品种 DUS 测试指南及已知品种数据库的研究(D)。

'矮红',Chaenomeles japonica(Thunb.)Lindl. 'Aihong',2008 年,郑林. 中国木瓜属观赏品种调查与分类研究(D);2009 年,王明明. 木瓜属栽培品种的分类研究(D)。

矮红,2015 年,罗思源. 綦江木瓜资源圃木瓜品种的形态学鉴定和指纹图谱分析(D)。

本栽培品种为矮灌木,高不足 1.0 m;树皮灰白色。幼枝细,褐色,无毛。小枝条平展,具枝刺。2 年生枝有疣状突起,黑褐色。叶椭圆形、椭圆-披针形、倒卵圆形,先端圆钝,稀急尖,基部楔形,或宽楔形;边缘具钝锯齿,无毛。花单生,或 2~5 朵簇生于短枝上。单花具花瓣 5~10 枚,圆匙形,径 1.5~2.0 cm,橙红色;花丝绿白色;萼筒钟状,萼片 5 枚,萼片半圆形至三角形,暗红色,宿存或脱落,萼筒钟状,雄蕊多数,有瓣化现象,花柱 5,分离,基部合生;花梗极短。果实扁球状,具棱。花期 3 月下旬。

产地:日本。江苏南京有引栽。1996 年。选育者:C. Brickell。

4.'单白'日本贴梗海棠　单白　栽培品种

Chaenomeles japonica(Thunb.)Lindl. ex Spach 'Danbai',2007 年,臧德奎、王关祥、郑林等. 我国木瓜属观赏品种的调查与分类. 林业科学,43(6):72~76;2008 年,郑林. 中国木瓜属观赏品种调查和分类研究(D);2008 年,郑林,陈红,张雷,等. 木瓜属植物的花粉形态及品种分类. 林业科学,44(5):53~57;2009 年,郑林、陈红、郭先锋,等. 木瓜属(Chaenomeles)栽培品种与近缘种的数量分类. 南京林业大学学报(自然科学版),33(2):47~50;2011 年,杜淑辉. 木瓜属新品种 DUS 测试指南及已知品种数据库的研究(D)。

'单白' Chaenomeles japonica(Thunb.)Lindl. 'Chajuba White',2009 年,王明明. 木瓜属栽培品种的分类研究(D)。

单白,2015 年,罗思源. 綦江木瓜资源圃木瓜品种的形态学鉴定和指纹图谱分析(D)。

本栽培品种为小灌木;树皮灰绿色。主枝直立性差,具腺点。幼枝绿色,被柔毛。2 年生枝黄褐色,具细尖枝刺,多且密;幼叶无毛,黄绿色。叶椭圆形、椭圆-披针形,长 2.5~5.0 cm,宽 2.0~3.0 cm;绿色,基部楔形,先端尖;缘具圆钝锯齿。托叶肾形,基部偏斜,先端尖。花 2~4 朵簇生于 2 年生短枝上。花杯状,径 1.0~2.0 cm。单花具花瓣 5 枚,圆匙形,白色,具瓣爪,长约 2.1 cm,花丝绿色;花梗长约 3.5 mm,绿色;花萼 5 枚,萼片圆形,宿存,或脱落;萼筒钟形。果实扁球状、球状,绿色。花期 3~4 月,果熟期 9~10 月。

产地:江苏南京、山东泰安。2007 年。选育者:臧德奎、王关祥、郑林等。

5.'单粉'日本贴梗海棠　单粉　栽培品种

Chaenomeles japonica(Thunb.)Lindl. ex Spach'Danfen',2008 年,郑林. 中国木瓜属观赏品种调查和分类研究(D);2011 年,杜淑辉. 木瓜属新品种 DUS 测试指南及已知品种数据库的研究(D)。

单粉,2015 年,罗思源. 綦江木瓜资源圃木瓜品种的形态学鉴定和指纹图谱分析(D)。

本栽培品种为小灌木;主枝直立性差,具疣点;树皮灰绿色。幼枝绿色,被柔毛。2 年生枝黄褐色,带绿色,具细尖枝刺,枝刺多且密。幼叶黄绿色,无毛。叶椭圆、椭圆-披针形,长 3.5~6.0 cm,宽 2.0~4.0 cm;绿色,基部楔形,先端尖;边缘具圆钝锯齿。托叶肾形,基部偏斜,先端尖。花单生,或 2~4 朵簇生于 2 年生短枝上。单花具花瓣 5 枚,圆匙形,长 2.0~3.0 cm,白色带红晕,具瓣爪;花丝黄色变红色;萼筒钟状,绿色;花萼 5 枚,萼片半圆形,宿存,或脱落。果实扁球状,绿色,具棱。花期 3~4 月,果实成熟期 9~10 月。

产地:山东泰安。2008 年。选育者:郑林。

6.'黄云'日本贴梗海棠　栽培品种

Chaenomeles japonica(Thunb.)Lindl. ex Spach'Huangyun',黄雲 日本ボケ.《日本のボケ》.121.彩片 20.平成 21 年。

7.'红花'日本贴梗海棠　红花　栽培品种　图版 24:7~9、11、14

Chaenomeles japonica(Thunb.)Lindl. ex Spach'Honghua',2009 年,王明明. 木瓜属栽培品种的分类研究(D);2011 年,杜淑辉. 木瓜属新品种 DUS 测试指南及已知品种数据库的研究(D)。

红花,2015 年,罗思源. 綦江木瓜资源圃木瓜品种的形态学鉴定和指纹图谱分析(D)。

本栽培品种小枝枝刺。幼叶黄绿色,边缘红褐色。叶倒卵圆形,边缘具圆钝锯齿。花通常 2~4 朵簇生于 2 年生短枝上。单花具花瓣 5 枚,圆匙形,橙红色;花丝黄色变红色;萼筒钟状;花梗短。容易结果。果实扁球状,具棱。

产地:山东泰安。2009 年。选育者:王明明。

8.'红五瓣'日本贴梗海棠　'日本红'　栽培品种

Chaenomeles japonica(Thunb.)Lindl. ex Spach'Hongwuban',2008 年,易吉林. 新优观花植物——日本海棠. 南方农业(园林花木版),2(10):32~33。

'日本红'日本贴梗海棠 Chaenomeles japonica(Thunb.)Lindl. ex Spach'Rubra',2009 年,陈红. 木瓜属种质资源的 RAPD、AFLP 亲缘关系鉴定与遗传多样性分析。

本栽培品种落叶丛生灌木。花单生,或 2~4 枚簇生于 2 年生短枝上。单花具花瓣 5 枚,红色。

产地:山东泰安、临沂。2008 年。选育者:易吉林。

9.'红吹雪'日本贴梗海棠　栽培品种

Chaenomeles japonica(Thunb.)Lindl. ex Spach'Hongchuixue',红の雪 日本ボケ. 日本のボケ.120.彩片 15.平成 21 年。

本栽培品种为落叶丛生灌木。小枝直立生长,深褐色,无毛,密被深褐色小点,具刺枝。叶椭圆形、卵圆形,小型叶近圆形,长(1.0~)2.0~3.1 cm,宽7~10 mm,表面绿色,无毛,具光泽,背面淡黄绿色,无毛,先端钝圆,基部楔形,下延,边缘具弯曲钝锯齿,齿边具红色狭边,齿端具芒尖。花深红色,单生,或2~4朵簇生于2年生短枝上。单花具花瓣5枚,近圆形,花瓣长1.1~1.5 cm,宽1.2~1.7 cm,具3~4 mm长爪;萼筒短漏斗状,长约8 mm,淡灰白色,无毛,边缘具红色狭边,无缘毛;雄蕊多数,两轮着生在萼筒上部,花丝水粉色,无毛;花柱发育不良,长约5 mm,无毛,萼筒内面基部水粉色。花期3月下旬。

产地:日本。河南郑州市有栽培。

10.'桦长寿'日本贴梗海棠(新拟)　栽培品种　图版26:4

Chaenomeles japonica(Thunb.)Lindl. ex Spach 'Huachangshou',桦长寿 日本ボケ. 日本のボケ. 121. 彩片24. 平成21年。

本栽培品种为落叶丛生灌木。多年生小枝直立生长,深黑色,无毛。1年生小枝灰褐色,密被深褐色小点;具刺枝。叶宽倒卵圆形、小型叶近圆形,长1.1~2.2 cm,宽1.1~2.8 cm,表面淡黄绿色,具光泽,无毛,具光泽,背面稍淡黄绿色,具光泽,无毛,先端钝圆,或凹缺,基部楔形,下延,边缘具弯曲钝锯齿,齿端具短尖。花橙红色,单生,或2~5朵簇生于2年生短枝上,通常1~2枚不发育。单花具花瓣5枚,稀7枚,具2枚畸形花瓣,匙-圆形,长2.0~2.5 cm,宽1.8~2.2 cm,具橙红色3~4 mm长爪;萼筒短漏斗状,长约7 mm,淡灰绿白色,无毛,边缘具红色狭边,无缘毛,或疏被极短缘毛,稀疏被长缘毛;雄蕊多数,两轮着生在萼筒内面上部,花丝粉色,无毛;花柱发育不良,长约3 mm,淡绿黄色,无毛。花期3月下旬。

产地:日本。河南郑州市有栽培。

11.'明星'日本贴梗海棠(新拟)　栽培品种

Chaenomeles japonica(Thunb.)Lindl. ex Spach 'Mingxing',明星 日本ボケ. 日本のボケ. 122. 彩片36. 平成21年。

本栽培品种为落叶丛生灌木。多年生小枝直立生长,深黑色,无毛。1年生小枝灰褐色,密被深褐色小点,具刺枝。叶小型,近圆形,长0.7~1.0 cm,宽0.5~0.8 cm,表面淡黄绿色,具光泽,无毛,背面稍淡黄绿色,具光泽,无毛,先端钝圆,或凹缺,基部楔形,下延,边缘具弯曲钝锯齿,齿端具短尖。花小型,单生,或2~5朵簇生于2年生短枝上,通常1~2枚不发育。单花具花瓣5枚,匙-圆形,长1.0~1.2 cm,宽0.8~1.2m,具橙红色,爪长约2 mm;萼筒短漏斗状,长约7 mm,淡灰绿白色,无毛,具淡紫色晕;萼片5枚,边缘无缘毛,或疏被长缘毛;雄蕊多数,两轮着生在萼筒内面上部,花丝粉色,无毛;花柱发育不良,长约3 mm,具淡紫色晕。花期3月下旬。

产地:日本。河南郑州市有栽培。

12.'黄之司'日本贴梗海棠(新拟)　'黄の司'栽培品种

Chaenomeles japonica(Thunb.)Lindl. ex Spach 'Kinotukasa',黄の司 日本ボケ. 日本のボケ. 122. 平成21年。

'黄之司'(Kinotukasa),2013年,张毅等. 日本木瓜属观赏品种资源调查. 9:7。

本栽培品种为落叶丛生灌木。小枝直立生长,灰褐色,无毛,密被褐色小点,具细、短刺枝;1年生小枝灰褐色,密被深褐色小点。叶椭圆形、卵圆形,小型叶近圆形,长0.5~

1.2~2.5 cm,宽 5~12 mm,表面淡黄绿色,无毛,具光泽,背面淡黄绿色,无毛,先端钝圆,基部楔形,边缘具弯曲钝锯齿,稀重锯齿,齿端具芒尖。花单生,或 2~3 朵簇生于 2 年生短枝上。单花具花瓣 5 枚,黄水粉色,具光泽,匙-圆形,长 1.2~1.5 cm,宽 1.3~1.5 cm,具 2~3 mm 长爪,水粉色;萼筒短漏斗状,长约 7 mm,淡灰绿白色,无毛;雄蕊多数,两轮着生在萼筒内面上部,花丝水粉色,无毛;花柱不发育;萼片 5 枚,边缘具红色狭边,无缘毛,或密被长缘毛。可孕花未见。花期 3 月下旬。

产地:日本。河南郑州市有栽培。

13.'肉萼'日本贴梗海棠 新栽培品种

Chaenomeles japonica(Thunb.)Lindl. ex Spach 'Rouè',cv. nov.

本新栽培品种小枝黑褐色,疏被短柔毛。叶椭圆形、倒卵圆形,长 3.0~5.0 cm,宽 1.7~2.5 cm,表面绿色,无毛,背面淡绿色,无毛,先端钝圆,基部楔形,边缘具钝圆齿,齿端具黑色点,无缘毛;叶柄无毛。果实长卵球状,长 2.0~2.5 cm,径 1.5 cm,阳面微被紫褐色晕,背面绿色,具光泽,无毛,具钝纵棱与沟,基部粗,向上渐尖;萼片膨大、肉质化,1~2 枚呈长 1.0 cm 小圆叶;果柄无毛。单果重 1.0~1.5 g,稀单果重 2.0g。

产地:北京。2017 年 8 月 25 日。选育者:陈俊通和范永明。

14.'瘤果'日本贴梗海棠 新栽培品种

Chaenomeles japonica(Thunb.)Lindl. ex Spach 'Liuguo',cv. nov.

本新栽培品种果实椭圆体状、圆柱状,长 3.0~3.5 cm,径 2.0~2.5 cm,阳面微被紫褐色晕,背面绿色,具光泽,无毛,具钝纵棱与沟,上部约 1/3 处具环痕,表面具瘤丘;萼片肉质化,宿存;果柄长 5~7 mm,疏被短柔毛。单果重 5.0~7.0 g。

产地:北京。2017 年 8 月 25 日。选育者:陈俊通和范永明。

15.'橙红'日本贴梗海棠 新栽培品种

Chaenomeles japonica(Thunb.)Lindl. ex Spach 'Chenhong',cv. nov.

本新栽培品种为落叶丛生灌木。枝条斜展,灰褐色,无毛,密被褐色小点,具细、短刺枝。短枝叶倒卵圆形,小型,长 0.5~1.5 cm,宽 5~10 mm,表面淡黄绿色,无毛,具光泽,背面淡黄绿色,无毛,先端钝圆,基部楔形,边缘具钝锯齿。花单生,或 2~3 朵簇生于 2 年生短枝上。单花具花瓣 5 枚,橙红色,或浅橙粉色,具光泽,匙-圆形,长 1.5~2.0 cm,宽 1.5~1.7 cm,具 2~3 mm 长爪;萼筒短漏斗状,长约 5 mm,淡灰绿色,无毛;雄蕊多数,两轮着生在萼筒内面上部,花丝长短不等;花柱 5 枚,合生处无毛;萼片 5 枚,淡灰绿色,无毛,边缘红褐色,密被长缘毛。花期 3 月下旬。

地点:河南郑州市有栽培。2018 年 3 月 22 日。选育者:赵天榜,陈志秀和赵东方。

16.'国华'日本贴梗海棠(新拟) 栽培品种 图版26:2

Chaenomeles(Thunb.)Lindl. ex Spach 'Guohua',国华,2004 年,王嘉祥. 山东皱皮木瓜品种分类探讨. 园艺学报,31(4):520~522;国华 日本ボケ. 日本のボケ. 121. 彩片 20. 平成 21 年。

本新引栽培品种为落叶丛生灌木,高 1.5~2.5 m。枝条斜展,灰褐色,无毛,密被褐色小点,具细、短刺枝。叶椭圆形、卵圆形、长椭圆披针形,小型叶近圆形,长 0.5~1.5 cm,宽 5~10 mm,表面淡黄绿色,无毛,具光泽,背面淡黄绿色,无毛,先端钝圆,基部楔形,边缘具钝锯齿。花单生,或 2~3 朵簇生于 2 年生短枝上。单花具花瓣 5 枚,深红色,具光泽,匙-圆形,长 1.5~1.7 cm,宽 1.3~1.5 cm,具 2~3 mm 长爪;萼筒短漏斗状,长约 5 mm,淡灰绿色,无毛;雄蕊多数,两轮着生在萼筒内面上部,花丝长短不等;花柱 5 枚,合生处密被柔毛;萼片 5 枚,阳面红褐色,边缘具红褐色狭边,密被长缘毛。果实长椭圆状,结果多,大,纵横径 17.0~12.0 cm。

产地:山东。2004 年。记录者:王嘉祥。河南郑州市有栽培。

Ⅱ. 多瓣日本贴梗海棠 新栽培群

17. '日落'日本贴梗海棠 日落 栽培品种

Chaenomeles japonica(Thunb.)Lindl. ex Spach 'Riluo',2007 年,臧德奎、王关祥、郑林等. 我国木瓜属观赏品种的调查与分类. 林业科学,43(6):72~76;2008 年,郑林. 中国木瓜属观赏品种调查和分类研究(D);2009 年,郑林、陈红、郭先锋,等. 木瓜属(Chaenomeles)栽培品种与近缘种的数量分类. 南京林业大学学报(自然科学版),33(2):47~50;2011 年,杜淑辉. 木瓜属新品种 DUS 测试指南及已知品种数据库的研究(D)。

日落,2015 年,罗思源. 綦江木瓜资源圃木瓜品种的形态学鉴定和指纹图谱分析(D)。

本栽培品种为小灌木;主枝直立性差,具腺点,树皮灰绿色。幼枝绿色,被柔毛。2 年生枝黄褐色,带绿色,具细尖枝刺,枝刺多且密。幼叶黄绿色,无毛。叶椭圆形、披针形,长 4.0~5.0 cm,宽 2.0~3.0 cm,绿色,基部楔形,先端尖,边缘具尖锯齿。托叶肾形,基部偏斜,先端尖。花通常 2~4 朵簇生于 2 年生短枝上。花小型,碗形,不平展,径 1.5~2.1 cm。单花具花瓣 12~15 枚,圆匙形,米黄色,带红晕,具爪,爪长 2~3 mm;花丝绿色;花梗长约 2 mm,绿色;花萼 5 枚,萼片半圆形,宿存或脱落;萼筒钟状。花期 3 月;果熟期 9~10 月。

产地:山东泰安。2007 年。选育者:臧德奎、王关祥、郑林等。

18. '十二一重'日本贴梗海棠(新拟) 栽培品种 图版 26:5

Chaenomeles japonica(Thunb.)Lindl. ex Spach 'Shiéahong',十二一重 日本ボケ. 日本のボケ. 123. 彩片 36. 平成 21 年。

本栽培品种为落叶丛生灌木,高约 2.0 m。小枝黑褐色,无毛,具枝刺。叶椭圆形、近圆形,具畸形小叶,长 1.5~4.0 cm,宽 0.8~1.7 cm,表面深绿色、绿色,无毛,具光泽,背面淡绿色,无毛,先端钝尖,或微凹,基部楔形,无毛,边缘具锯齿,齿端具短尖,边缘具狭淡紫边,无缘毛;叶柄长 5~10 mm。花单生,或 2~4 枚簇生于 2 年生短枝上。单花具花瓣 15~20 枚,匙-圆形,先端钝圆,稀缺裂,有畸形花瓣,两面深红色,间有带形、片形;花瓣长 1.2~2.3 cm,宽 1.5~2.0 cm,爪长约 2 mm,紫色、粉紫色。不孕花:萼筒碗状,长 0.7~1.0 cm,径 1.0~1.5 cm,阳面深紫色、背面淡绿色,无毛;萼片 5 枚,阳面深紫色,背面淡绿色,具光泽,边缘被缘毛;雄蕊多数,着生于萼筒内面上部,花丝长短差异极大,亮淡黄白色、白色;雌蕊花柱不发育,无。可孕花未见。花期 4 月上旬。

产地:日本。河南长垣县有栽培。

19. '红大晃'日本贴梗海棠(新拟) 栽培品种 图版 26:9

Chaenomeles japonica(Thunb.)Lindl. ex Spach 'Hongdahuang',红大晃 日本ボケ. 日本のボケ. 124. 彩片 41. 平成 21 年。

本栽培品种为落叶丛生灌木。小枝直立生长,淡灰褐色,无毛,疏被深褐色小点。叶倒卵圆形、圆形,小型叶近圆形,长(5~)10~18 mm,宽5~11 mm,表面淡绿色,无毛,具光泽,背面淡黄绿色,无毛,具光泽,先端钝圆,基部楔形,边缘具弯曲钝锯齿,齿端钝圆,具芒尖,或无芒尖。花亮红色。花单生,或2~3朵簇生于2年生短枝上,稀具1枚不发育小蕾。单花具花瓣13~14枚,稀9枚,亮红色,匙-圆形,长15~18 mm,宽9~18 mm,具2~3 mm长爪,水粉色;萼筒短漏斗状,长约5 mm,淡灰绿白色,无毛;萼片5枚,背面有红色晕及红色狭边,无缘毛,或密被长缘毛;雄蕊多数,两轮着生在萼筒上部,花丝水粉色,无毛;子房与花柱发育不良。可孕花未见。

产地:日本。河南郑州、长垣县等各地有栽培。

20. '红之光'日本贴梗海棠(新拟)　红の光　栽培品种　图版26:13

Chaenomeles japonica(Thunb.)Lindl. ex Spach 'Hongzhiguang',红の光,日本のボケ. 123. 彩片50. 平成21年。

本栽培品种为落叶丛生灌木。小枝直立生长,淡黄白色,无毛,密被深褐色小点。叶椭圆形、卵圆形、圆形,小型叶近圆形,长10~25 mm,宽7~15mm,表面淡绿色,无毛,具光泽,背面淡黄绿色,无毛,先端钝圆、钝尖,基部楔形,边缘具弯曲钝锯齿,齿边具淡紫色狭边,齿端具芒尖;幼叶具紫色晕。花单生,或2~3朵簇生于2年生短枝上。花型大,宽3.8~4.0 cm。单花具花瓣9~12枚,具1~3枚畸形花瓣,匙-近圆形,亮红色,长1.5~2.0 cm,宽1.5~2.5 cm,具3~4 mm长爪;萼筒短漏斗状,长约7 mm,淡灰绿白色,无毛,边缘无缘毛;萼片5枚,长于萼筒,背面灰绿白色,无毛,边缘无缘毛;雄蕊多数,两轮着生在萼筒上部,花丝,淡黄白色,无毛;不育花子房不发育,无花柱;可孕花未见。

产地:日本。河南郑州、长垣县等各地有栽培。

21. '春之精'日本贴梗海棠(新拟)　春の精　栽培品种　图版26:10

Chaenomeles japonica(Thunb.)Lindl. ex Spach 'Chunzhijing',春の精 日本ボケ. 日本のボケ. 125. 平成21年。

'春之精'(Harunosei),2013年,张毅等. 日本木瓜属观赏品种资源调查. 9:6(归入贴梗海棠)。

本栽培品种为落叶丛生灌木。小枝黑褐色,无毛,具枝刺,枝刺短。叶椭圆形、狭椭圆形,具畸形小叶,长2.0~3.2 cm,宽1.0~1.2 cm,表面深绿色,无毛,具光泽,背面淡绿色,无毛,先端短尖,或钝圆,基部楔形,稀圆形,边缘具尖锐锯齿,或重锯齿,无缘毛;叶柄长5~10 mm,无毛。花单生,或2~4枚簇生于2年生短枝上。单花具花瓣15~17枚,匙-圆形,两面粉紫色,爪长约3 mm,粉紫色。不孕花:萼筒上部碗状,长5~7 mm,径1.0~1.3 cm,阳面与5枚萼片阳面深紫色、紫色,背面淡绿色,具光泽,边缘被缘毛;雄蕊多数,密集着生于萼筒内面上部及密生于短柱状上;花丝长短差异大,亮粉紫色、淡微黄色、淡微水粉色;雌蕊花柱不发育,无见花柱。未见可孕花。花期4月上旬。

产地:日本。河南长垣县有栽培。

22. '彩之雪'日本贴梗海棠(新拟)　彩の雪　栽培品种　图版26:11

Chaenomeles japonica(Thunb.)Lindl. ex Spach 'Caizhixue',彩の雪,日本ボケ. 日本のボケ. 125. 平成21年。

'彩之雪'(Sainoyuki),2013 年,张毅等. 日本木瓜属观赏品种资源调查. 9:6(归入贴梗海棠)。

本栽培品种为落叶丛生小灌木,高约 2.0 m。小枝褐色,无毛。叶椭圆形,长 3.5~5.0 cm,宽 1.0~1.3 cm,先端钝圆,边缘具尖锯齿;叶柄长 0.5~1.0 cm。花单朵,或 2~5 朵簇生于短枝上。单花具花瓣 20 枚,匙-圆形,有畸形花瓣,长 1.5~2.0 cm,宽 1.0~1.6 cm,白色,或白色微具粉红色晕,花径 3.0~4.5 cm;雄蕊多数,无瓣化;雌蕊不发育;萼筒倒钟状,长 5~7 mm;萼片 5 枚,阳面紫色,边缘疏被缘毛。

产地:日本。河南。长垣县有栽培。选育者:?。

23. '七变化'日本贴梗海棠　栽培品种　图版 26:12

Chaenomeles japonica(Thunb.)Lindl. ex Spach 'Qibianhua',七变化 日本ボケ. 日本のボケ. 125. 彩片 49 页. 平成 21 年。、

'七变化'(Sitihenge),2013 年,张毅等. 日本木瓜属观赏品种资源调查. 9:7(归入贴梗海棠)。其系'昭和锦'与'岩户神乐长寿乐'的杂交品种。

本栽培品种花簇生于短枝上。花大型。单花花瓣 15 枚以上,匙-圆形,白色,或白色微具粉红色晕;雄蕊多数,无瓣化;萼筒倒钟状。

产地:日本。长垣县有栽培。

24. '碎瓣'日本贴梗海棠　新栽培品种

Chaenomelesjaponica(Thunb.)Lindl. ex Spach 'Suiban',cv. nov.

本栽培品种落叶丛生小灌木,高约 2.0 m。小枝褐色,无毛。花单朵,或 2~3 朵簇生于短枝上。单花具花瓣 5 枚,匙-圆形,有畸形花瓣,长 8~10 mm,宽 6~10 mm,白色,或白色具粉红色晕,花径 1.3~2.0 cm;雄蕊多数,瓣化 3~5 枚,形状多样;雌蕊不发育;萼筒倒钟状,长约 5 mm,阳面紫色;萼片 5 枚,阳面紫色,边缘疏被缘毛。

产地:河南。长垣县有栽培。2018 年 3 月 25 日。选育者:赵天榜、陈志秀和赵东方。

25. '多碎瓣'日本贴梗海棠　新栽培品种

Chaenomeles japonica(Thunb.)Lindl. ex Spach 'Duosuiban',cv. nov.

本栽培品种落叶丛生小灌木,高约 2.0 m。小枝褐色,无毛。叶椭圆形,长 3.0~5.0 cm,宽 1.2~1.5 cm,先端钝圆,边缘具尖锯齿;叶柄长 0.5~1.0 cm。花单朵,或 2~3 朵簇生于短枝上。单花外轮花瓣 5 枚,匙-圆形,有畸形花瓣,长 10~15 mm,宽 10~11 mm,白色、粉红色,或白色具粉红色晕,花径 3.0~4.0 cm;雄蕊多数,瓣化 45 枚以上,形状多样,不瓣化雄蕊 3~5 枚;雌蕊花柱 5 枚,无合生处;萼筒倒钟状,长约 5 mm;萼片 5 枚,阳面紫色,边缘疏被缘毛。

产地:河南。长垣县有栽培。2018 年 3 月 25 日。选育者:赵天榜、陈志秀和赵东方。

26. '小花'日本贴梗海棠　新栽培品种

Chaenomeles japonica(Thunb.)Lindl. ex Spach 'Xiaohua',cv. nov.

本栽培品种为落叶丛生小灌木,高约 2.0 m。小枝褐色,无毛。叶椭圆形,长 3.0~4.5 cm,宽 1.0~1.5 cm,先端钝圆,边缘具尖锯齿;叶柄长 0.7~1.2 cm。花单朵,或 2~3 朵簇生于短枝上。单花花瓣 20 枚,匙-圆形,长 1.0~1.5 cm,宽 1.0~1.3 cm,白色,或白色微具粉红色晕,花径 1.7~2.0 cm;雄蕊多数,无瓣化;雌蕊不发育;萼筒倒钟状,长约 5

mm；萼片 5 枚，边缘疏被缘毛。

产地：河南。长垣县有栽培。2018 年 3 月 25 日。选育者：赵天榜、陈志秀和赵东方。

Ⅲ．多瓣碎瓣复色日本贴梗海棠　新栽培群

27. '彩之国'日本贴梗海棠(新拟)　彩の国　栽培品种　图版 26：14

Chaenomeles japonica(Thunb.)Lindl. ex Spach 'Caichiguo'，彩の国，日本ボケ. 日本のボケ. 125. 彩片 56. 平成 21 年。

'彩之国'(Sainokuni)，2013 年，张毅等. 日本木瓜属观赏品种资源调查. 9：5(归入贴梗海棠)。

本栽培品种为落叶丛生灌木，高约 3.5 m。小枝黑褐色，无毛，具枝刺，枝刺短。叶狭长椭圆形、椭圆形，长 2.8~7.5 cm，宽 2.0~2.5 cm，表面绿色，无毛，背面淡绿色，无毛，先端钝尖，或钝圆，基部楔形，或圆形，无毛，边缘具尖锯齿，稀重齿端，齿间具小尖头，无缘毛；叶柄长 10~15 mm，无毛。花小型，单生，或 2~3 枚簇生于 2 年生枝上。单花具花瓣 40 枚以上，形状多样，两面白色、紫色，或水粉色晕、白色具淡紫色条纹，爪长 5~15 mm，白色。不孕花：萼筒短三角状，长约 5 mm，径约 6 mm，淡绿色，无毛；萼片 5 枚，淡绿色，具光泽，边缘被缘毛；雄蕊多数，着生于萼筒内面，花丝长短不齐，亮淡黄白色；雌蕊花柱不发育，无。可育花：萼筒圆柱状，长 1.5~1.8 cm，径 5~6 mm，绿色，具光泽，无毛；萼片 5 枚，基部合生，绿色，边缘具缘毛；雄蕊多数着生于萼筒内面；花丝淡白色；雌蕊花柱 5 枚，分裂处下部与合生上部疏被白色柔毛，下部无毛。花期 4 月上旬。

产地：日本。河南长垣县有栽培。选育者：？。

第七节　华丽贴梗海棠

一、华丽贴梗海棠学名变更历史

Chaenomeles × superba(Frahm) Rehder，Journ. Arnold Arb. 2：58. 1920.

1898 年，*Cydonia maulei* T. Moore var. *superba* Frahm in Gartemwelt，2：214. 1898.

1900 年，*Cydonia maulei* T. Moore var. *atrosanguinea* Froebel ex Olbrich in Gartenwelt，4：270. 1900.

1900 年，*Cydonia maulei* T. Moore var. *alba* Froebel ex Olbrich in Gartenwelt，4：270. 1900.

1900 年，*Cydonia maulei* T. Moore var. *grandiflora rosea* Foebel ex Olbrich in Gartenwelt，4：270. 1900.

1900 年，*Cydonia maulei* T. Moore var. *grandiflora perfecta* Foebel ex Olbrich in Gartenwelt，4：270. 1900.

1903 年，*Chaenomeles maulei* Masters(f.) *grandiflora rosea* Froebel ex Zabel in Beissner et al. ，Handb. Laubh. -Ben. 182. 1903.

1903 年，*Chaenomeles maulei* Masters(f.) *grandiflora perfecta* Froebel ex Zabel in Beissner et al. ，Handb. Laubh. -Ben. 182. 1903.

1903 年, *Chaenomeles maulei* Masters（f.）*alba* Froebel ex Zabel in Beissner et al., Handb. Laubh. -Ben. 182. 1903.

1903 年, *Chaenomeles maulei* Masters（f.）*superba* Leichtlin ex Zabel in Beissner et al. Handb. Laubh. -Ben. 182. 1903.

1920 年, *Chaenomeles × superba* Lindl. ex Spach in Journ. Arnold Arb. 2:58. 1920.

1920 年, *Chaenomeles × superba* ［*Chaenomeles japonica*（Thunb.）Lindl. ex Spach × *Chaenomeles lagenaria*（Loisel.）Koidzumi］（Frahm）Rehder in Jour. Arnold Arb. 2: 58. 1920.

1920 年, *Chaenomeles superba* ［*Chaenomeles japonica*（Thunb.）Lindl. ex Spach × *Chaenomeles lagenaria*（Loisel.）Koidzumi］（Frahm）Rehder f. *perfecta*（Olbrich）Rehder in Journ. Arnold Arb. Hort. 2:58. 1920.

1920 年, *Chaenomeles superba* ［*Chaenomeles japonica*（Thunb.）Lindl. ex Spach × *Chaenomeles lagenaria*（Loisel.）Koidzumi］（Frahm）Rehder f. *rosea*（Olbrich）Rehder in Journ. Arnold Arb. Hort. 2:58. 1920.

1923 年, *Chaenomeles eugenioides* Koidzumi var. *superba* Nakai in Bot. Mag. Tokyo, 37: 72. 1923.

2011 年, *Chaenomeles × superba* Ch. Brickell, 宋良红等主编. 碧沙岗海棠:96. 2011.

2018 年, Chaenomeles × superba（Frahm）Rehder, 赵天榜等主编. 郑州植物园种子植物名录:132. 2018.

二、形态特征

落叶灌木, 丛生, 高 1.5 m 左右, 冠幅 2.0 m。小枝直立开展, 具枝刺; 幼枝被茸毛。当年生枝枝刺上无叶、无花。2 年生枝具瘤突。2 年生以上枝刺上有单生, 或簇生花蕾及叶丛枝和叶芽。叶互生, 或簇生, 卵圆-长圆形, 表面暗绿色, 具光泽, 先端尖, 或钝圆, 基部楔形, 边缘尖锯齿, 或钝锯齿。花单生, 或 3~5 朵簇生于 2 年生以上枝叶腋处、枝刺上, 或枝刺基部两侧。花先叶开放, 或花叶同时开放, 有时有多次开花现象。单花具花瓣 5 枚、10 枚, 或 15~25 枚, 匙-圆形, 长 1.5~2.0 cm, 宽 1.0~1.7 cm, 红色、白色、粉红色、橙红色, 或深红色等, 先端钝圆, 边缘通常全缘, 基部具长爪; 雄蕊多数, 2 轮排列, 稀 3 轮排列, 或散生, 花药金黄色, 花丝长短不等, 最下面散生雄蕊呈钩状内弯, 其散粉期不一致; 花柱 5~11 枚, 长短不等, 有的先端呈头状, 有的无头状; 萼筒有钟状、杯状, 或碗状等, 外面无毛; 萼片 5 枚, 钝圆, 边部紫红色, 具缘毛; 萼片间距大; 花梗长 1~2 mm。果实球状、椭圆体状, 黄色。

产地:法国。起源:华丽贴梗海棠（傲大贴梗海棠）Chaenomeles × superba（Frahm）Rehder 和日本贴梗海棠 Chaenimoles japonica（Thoub.）Lindl. ex Spach。山东、河南郑州市有栽培。

用途:主要用于栽培观赏。果实入药, 还可加工罐头。

三、栽培群、栽培品种资源

Ⅰ. 华丽贴梗海棠栽培群 原品种群

Chaenomeles × superba(Frahm) Rehder. Supera Group, Group nov.

本栽培群的栽培品种单花具花花瓣 5 枚。

1. 华丽贴梗海棠 原栽培品种

Chaenomeles × superba(Frahm) Rehder 'Superba'.

本栽培品种单花具花花瓣 5 枚。

2. '早春'华丽贴梗海棠 报春 新组合栽培品种

Chaenomeles× superba(Frahm) Rehd. 'Zaochun', cv. comb. nov. , Chaenomeles × superba Lindl. ex Spach 'Zaochun', 2008 年, 郑林. 中国木瓜属观赏品种调查和分类研究 (D);2011 年,杜淑辉. 木瓜属新品种 DUS 测试指南及已知品种数据库的研究(D)。

'报春' Chaenomeles 'yizhou' 'Baoehun', 2008 年,赵红霞、张复君. 观赏木瓜. 落叶 果树, 2:50~51。

"报春"、"红运当头",2003 年,郭帅. 观赏木瓜种质资源的调查、收集、分类与评价 (D)。

'报春' Chaenomeles speciosa Lindl. ex Spach 'Early spring',2004 年,王嘉祥. 山东皱 皮木瓜品种分类探讨. 园艺学报,31(4):520~522。

'报春',陈红、王关祥、郑林,等. 木瓜属(贴梗海棠)品种分类的研究历史与现状. 山 东林业科技. 2006,5:70~71. 78

报春,2009 年,张桂荣著. 木瓜:53;2015 年,罗思源. 綦江木瓜资源圃木瓜品种的形 态学鉴定和指纹图谱分析(D)。

本栽培品种为落叶小灌木:树皮灰褐色,具枝刺。幼枝黄褐色,无毛。幼叶黄绿色,无 毛。叶长椭圆形、披针形;长 4.5~11.0 cm,宽 1.5~4.0 cm,深绿色,具光泽,边缘具锐锯 齿,基部楔形;托叶小,长约 1.0 cm,肾形,基部偏斜,先端尖。花单生,或 2~6 朵簇生于 2 年生短枝上。单花具花瓣 5 枚,宽匙-圆形,深红色,基部具短爪;雄蕊有瓣化者,花丝黄 色,开后亮红色,花药亮黄色;雌蕊发育,或发育不良;萼筒钟状;萼片 5 枚,半圆形,宿存。 果实扁球状,黄色,具棱。花期 3~4 月;果实成熟期 9~10 月。

产地:山东临沂、泰安有栽培。2008 年。郑林记载。

3. '猩红与金黄'华丽贴梗海棠 东洋锦 报春 新组合栽培品种 图版 28:10

Chaenomeles × superba (Frahm) Rehder ' Crimson and Gold ', cv. comb. nov. , Chaenomeles × superba Ch. Brickell 'Crimson and Gold' in《Encyclopedia of Garden Plants London , New York Stuttagrt. Noscow:Dorling Kindersley》. 1996,205~251;2007 年,臧德奎、 王关祥、郑林等. 我国木瓜属观赏品种的调查与分类. 林业科学,43(6):72~76;2007 年, 郑林等. 沂州木瓜品种资源分类研究. 山东林业科技,1:45~47,44 有'四季红';2008 年,郑林、陈红、张雷,等. 木瓜属植物的花粉形态及品种分类. 林业科学,44(5):53~57; 2008 年,郑林. 中国木瓜属观赏品种调查与分类研究(D);2009 年,王明明. 木瓜属栽培 品种的分类研究(D);2009 年,郑林、陈红、郭先锋,等. 木瓜属(Chaenomeles)栽培品种与

近缘种的数量分类. 南京林业大学学报(自然科学版),33(2):47~50;2011 年,杜淑辉.
木瓜属新品种 DUS 测试指南及已知品种数据库的研究(D);2013 年,胡艳芳、王政、贺丹,
等. 河南华丽贴梗海棠品种资源研究。

'东洋锦'*Chaenomeles* 'yizhou''Dongyang Jin',2015 年,赵红霞、张复君. 观赏木瓜
[J]. 落叶果树, 2003,(2):50~51;2003 年,郭帅. 观赏木瓜种质资源的调查、收集、分类
与评价(D);2008 年,易吉林. 新优观花植物——日本海棠. 南方农业(园林花木版),2
(10):32~33;2009 年,郑林、陈红、郭先锋,等. 木瓜属(*Chaenomeles*)栽培品种与近缘种
的数量分类. 南京林业大学学报(自然科学版),33(2):47~50。

'东洋锦'*Chaenomeles* × *superba* Ch. Brickell 'Tyovishik',2009 年,王明明. 木瓜属栽
培品种的分类研究(D)。

'猩红与金黄'华丽贴梗海棠(东洋锦)*Chaenomeles* × *superba* Ch. Brickell 'Crimson
and Gold',2011 年,宋良红等主编. 碧沙岗海棠:103. 彩片 3。

'猩红与金黄'华丽贴梗海棠'报春'*Chaenomeles* × *superba* (Frahm) Rehd. 'Crimson
and Gold.' in Weber C. Cultivars in the genus Chaenimeles in Arnoldia. 23(3):75. 1963,
2018 年,赵天榜等主编. 郑州植物园种子植物名录:133。

东洋锦 日本ボケ. 日本のボケ. 120. 彩 12. 平成 21 年。

'东洋锦'(Toyonisiki),2013 年,张毅等. 日本木瓜属观赏品种资源调查. 9:4(归入
贴梗海棠)。

本栽培品种为落叶灌木,长势强。枝、干黑褐色,枝刺粗壮。幼叶黄绿色,无毛。叶长
椭圆形、椭圆-披针形,长 6.0~9.0 cm,宽 2.0~4.0 cm,绿色,基部楔形,边缘具芒状尖锯
齿;托叶肾形,长约 1.0 cm。花单生,或 2~6 朵簇生于 2 年生短枝上。单花具花瓣 5 枚、
白色、红色,或白地红色、白地红白混合色,宽匙-圆形,具短爪;雄蕊 25~28 枚,花丝黄色,
花药亮黄色;雌蕊发育,或发育不良;萼筒钟状、倒圆锥状;萼片 5 枚,半圆形,红色,宿存,
或脱落。果实圆柱状,黄色,具棱。花期 3~4 月,果实成熟期 9~10 月。

产地:山东临沂、江苏南京。该品种在山东、河南各地普遍栽培。

4.'红牡丹'华丽贴梗海棠　红牡丹　新组合栽培品种

Chaenomeles × superba(Frahm) Rehder 'Hongmudan',cv. comb. nov.,*Chaenomeles* ×
superba Ch. Brickell 'Hongmudan' in《Encyclopedia of Garden Plants London,New York Stut-
tagrt. Noscow:Dorling Kindersley》. 1996,205~251。

红牡丹,2009 年,张桂荣著. 木瓜:54。

红牡丹 日本ボケ. 日本のボケ. 121. 彩片 21. 平成 21 年。

本栽培品种为落叶丛生小灌木,多分枝。单花具花瓣 5 枚,艳红色。

产地:原产日本。选育者:C. Brickell。山东临沂、浙江杭州、江苏南京、河南郑州市
有引种栽培。

5.'珊瑚'华丽贴梗海棠　珊瑚　新组合栽培品种

Chaenomeles × superba(Frahm) Rehder 'Shanhu',cv. comb. nov.,*Chaenomeles* × *su-
perba* Lindl. ex Spach 'Shanhu',2011 年,杜淑辉. 木瓜属新品种 DUS 测试指南及已知品
种数据库的研究(D)。

珊瑚,2015 年,罗思源. 綦江木瓜资源圃木瓜品种的形态学鉴定和指纹图谱分析(D)。

本栽培品种小枝具枝刺。幼叶黄绿色,无毛,边缘红褐色;叶披针形,边缘具芒状尖锯齿。花单生,或 2~5 朵簇生在短枝上。单花具花瓣 5 枚,匙状近圆形,平展,橙红色,花丝红色;萼筒钟状;花梗短。容易结果。果扁球状、具棱。

产地:山东。2011 年。选育者:杜淑辉。

6. '四季红'华丽贴梗海棠　四季红　新组合栽培品种

Chaenomeles × superba(Frahm)Rehder 'Siji Hong',cv. comb. nov.,*Chaenomeles × superba* Lindl. ex Spach 'Siji Hong',2007 年,臧德奎、王关祥、郑林等. 我国木瓜属观赏品种的调查与分类. 林业科学,43(6):72~76;2011 年,杜淑辉. 木瓜属新品种 DUS 测试指南及已知品种数据库的研究(D)。

四季红,2015 年,罗思源. 綦江木瓜资源圃木瓜品种的形态学鉴定和指纹图谱分析(D)。

本栽培品种小枝具枝刺。幼叶黄绿色,无毛,边缘红褐色。叶披针形,边缘具圆钝锯齿。花单生,或 2~5 朵簇生在短枝上。单花具花瓣 5 枚,红色,花瓣圆匙形,平展,花丝绿白色;萼筒钟状;花梗短。果实扁球状、球状。

产地:山东临沂。2007 年。选育者:臧德奎、王关祥、郑林等。

7. '玉佛'华丽贴梗海棠　玉佛　新组合栽培品种

Chaenomeles × superba(Frahm)Rehder 'Yufu',cv. comb. nov.,*Chaenomeles × superba* Lindl. ex Spach 'Yufu',2007 年,郝继伟、周言忠. 沂州木瓜优质品种资源调查研究. 中国种业,11:72~76。

玉佛,2015 年,罗思源. 綦江木瓜资源圃木瓜品种的形态学鉴定和指纹图谱分析(D)。

本栽培品种小枝具枝刺。幼叶黄绿色,无毛,边缘红褐色。叶椭圆-披针形,边缘具锐锯齿。花单生,或 2~5 朵簇生在短枝上。单花具花瓣 5 枚,粉色,花瓣圆匙形,平展,花丝绿白色;萼筒钟状;花梗短。果实卵球状,先端突起,具棱。

产地:山东。2007 年。选育者:郝继伟、周言忠。

8. '莫愁红'华丽贴梗海棠　莫愁红　新组合栽培品种

Chaenomeles × superba(Frahm)Rehder 'Mochouhong',cv. comb. nov.,*Chaenomeles × superba* Lindl. ex Spach 'Mochouhong',2011 年,杜淑辉. 木瓜属新品种 DUS 测试指南及已知品种数据库的研究(D)。

莫愁红,2015 年,罗思源. 綦江木瓜资源圃木瓜品种的形态学鉴定和指纹图谱分析(D)。

本栽培品种小枝具枝刺。幼叶黄绿色, 无毛, 边缘红褐色。叶椭圆形、椭圆-披针形,边缘具芒状尖锯齿。花单生,或 2~5 朵簇生在短枝上。单花具花瓣 5 枚,粉红色,花瓣圆匙形,平展,花丝黄色变红色;萼筒钟状;花梗短。果实卵球状,具棱。

产地:山东。2011 年。选育者:杜淑辉。

Ⅱ. 半重瓣华丽贴梗海棠栽培群　新品种群

Chaenomeles × superba(Frahm) Rehder Banchong Group, Group nov.

本栽培群的栽培品种单花具花花瓣5~10枚。

9. '红舞'华丽贴梗海棠　红舞　新组合栽培品种

Chaenomeles × superba(Frahm) Rehder 'Hongwu', cv. comb. nov. , Chaenomeles × superba Ch. Brickell 'Hongwu', 2007 年, 臧德奎、王关祥、郑林等. 我国木瓜属观赏品种的调查与分类. 林业科学, 43(6):72~76; 2007 年, 郑林等. 沂州木瓜品种资源分类研究. 山东林业科技, 1:45~47, 44; 2008 年, 郑林. 中国木瓜属观赏品种调查与分类研究(D); 2011 年, 杜淑辉. 木瓜属新品种 DUS 测试指南及已知品种数据库的研究(D)。

红舞, 2015 年, 罗思源. 綦江木瓜圃木瓜品种的形态学鉴定和指纹图谱分析(D)。

本栽培品种为落叶小灌木; 树皮灰色。主枝具枝刺。幼枝红褐色, 被白色柔毛。幼叶黄绿色, 边缘红褐色, 无缘毛。叶椭圆形、椭圆-披针形, 长 4.0~6.0 cm, 宽 2.0~3.0 cm; 绿色, 基部楔形, 先端急尖, 边缘具重钝锯齿; 托叶肾形, 基部偏斜, 先端尖。花单生, 或2~3 朵簇生于 2 年生短枝上。单花具花瓣5~7 枚, 匙-圆形, 深红色, 基部具短爪; 雄蕊有瓣化者, 花丝黄色, 开后红色; 萼筒圆柱状; 萼片 5 枚, 半圆形, 宿存。果实卵球状, 具棱。花期 3~4 月, 果实成熟期 9~10 月。

产地:山东临沂有栽培。选育者:C. Brickell。

10. '尼考林'华丽贴梗海棠　尼考林　新组合栽培品种

Chaenomeles × superba(Frahm) Rehder 'NICOLINE', cv. comb. nov. , Chaenomeles × superba Lindl. ex Spach 'NICOLINE'(Anonymous, Jaarb. Boskoop 1954 116. 1954, withuot description); Chaenomeles × superba Lindl. ex Spach 'Nicoline', 2011 年, 杜淑辉. 木瓜属新品种 DUS 测试指南及已知品种数据库的研究(D)。

尼考林, 2015 年, 罗思源. 綦江木瓜资源圃木瓜品种的形态学鉴定和指纹图谱分析(D)。

本栽培品种小枝具枝刺。幼叶黄绿色, 无毛, 边缘红褐色。叶椭圆形、椭圆-披针形, 边缘具芒状尖锯齿。花单生, 或2~5 朵簇生在短枝上。单花具花瓣5~7 枚, 大型, 碗状, 多花, 深红-红色, 花瓣圆匙形, 不平展, 花丝绿白色; 萼筒钟状; 花梗长。果实卵球状, 具棱, 脐状。

产地:?。中国有引种栽培。选育者:Dr. S. G. A. Doorenbos。

11. '红双喜'华丽贴梗海棠　红双喜　新组合栽培品种

Chaenomeles × superba(Frahm) Rehder 'Hongshuangxi', cv. comb. nov. , Chaenomeles × superba Lindl. ex Spach 'Hongshuangxi', 红双喜, 2004 年, 王嘉祥. 山东皱皮木瓜品种分类探讨. 园艺学报, 31(4):520~522。

本栽培品种为大灌木, 株高 1.5~2.5 m。叶片长椭圆-披针形。花复瓣, 6~10 枚, 花冠深红色, 具清雅芳香, 雌蕊发育正常。果实大, 结果多, 果实长卵圆状, 纵横径 11.0~7.0 cm。

产地:山东。记录者:王嘉祥。

12.'沂州红'华丽贴梗海棠　沂州红　新组合栽培品种

Chaenomeles × superba(Frahm) Rehder 'Yizhouhong',cv. comb. nov., *Chaenomeles ×* *superba* Lindl. ex Spach 'Yizhouhong',2011 年,杜淑辉. 木瓜属新品种 DUS 测试指南及已知品种数据库的研究(D)。

沂州红,2015 年,罗思源. 綦江木瓜资源圃木瓜品种的形态学鉴定和指纹图谱分析(D)。

本栽培品种小枝具枝刺。幼叶黄绿色,无毛,边缘红褐色。叶椭圆形、椭圆-披针形,边缘具锐锯齿。花单生,或 2~5 朵簇生在短枝上。单花具花瓣 10 枚,匙-圆形,平展,红色,花丝绿白色;萼筒倒圆锥状;花梗长。果扁球状。

产地:山东。2011 年。选育者:杜淑辉。

13.'五彩'华丽贴梗海棠　五彩　新组合栽培品种

Chaenomeles × superba(Frahm) Rehder 'Wucai',cv. comb. nov., *Chaenomeles × super-ba* Lindl. ex Spach 'Wucai',2007 年,臧德奎、王关祥、郑林等. 我国木瓜属观赏品种的调查与分类. 林业科学,43(6):72~76;2011 年,杜淑辉. 木瓜属新品种 DUS 测试指南及已知品种数据库的研究(D)。

五彩,2015 年,罗思源. 綦江木瓜资源圃木瓜品种的形态学鉴定和指纹图谱分析(D)。

本栽培品种小枝具枝刺。幼叶黄绿色,无毛,边缘红褐色;叶椭圆形、椭圆-披针形,边缘具芒状尖锯齿。花单生,或 2~5 朵簇生在短枝上。单花具花瓣 10 枚,碗状,三色,花瓣圆匙形,平展,花丝红色;萼筒钟状;花梗短。少量结果。果实卵球状。

产地:不详。2007 年。选育者:臧德奎、王关祥、郑林等。

14.'倾城'华丽贴梗海棠　倾城　新组合栽培品种

Chaenomeles× superba(Frahm) Rehder 'Qingcheng',cv. comb. nov., *Chaenomeles × su-perba* Lindl. ex Spach 'Qingcheng',倾城,2015 年,罗思源. 綦江木瓜资源圃木瓜品种的形态学鉴定和指纹图谱分析(D)。

本栽培品种小枝具枝刺。幼叶黄绿色,被毛,边缘红褐色。叶披针形,边缘具锐锯齿。花单生,或 2~5 朵簇生在短枝上。单花具花瓣 10 枚,红色,花瓣圆匙形,平展,花丝绿白色;萼筒圆锥状;花梗短。

产地:云南。2015 年。选育者:罗思源。

15.'矮红'华丽贴梗海棠　矮红　新组合栽培品种

Chaenomeles× superba(Frahm) Rehder 'Aihong',cv. comb. nov., *Chaenomeles × super-ba* Lindl. ex Spach 'Aihong',2008 年,郑林、陈红、张雷等. 木瓜属植物的花粉形态及品种分类. 林业科学,44(5):53~57。

矮红,2015 年,罗思源. 綦江木瓜资源圃木瓜品种的形态学鉴定和指纹图谱分析(D)。

本栽培品种小枝具枝刺。幼叶黄绿色。叶倒卵圆形,边缘具钝锯齿。花单生,或 2~5 朵簇生在短枝上。单花具花瓣 10 枚,橙红色,花瓣圆匙形,不平展,花丝绿白色;萼筒钟状;花梗短。果实扁球状,具棱。

产地:山东。2008 年。选育者:郑林、陈红、张雷等。

Ⅲ. 重瓣华丽贴梗海棠栽培群 　新品种群

Chaenomeles × superba(Frahm) Rehder Chongban Group, Group nov.

本栽培群的栽培品种单花具花花瓣 10~15 枚, 稀 5~15 枚。

16. '碧雪'华丽贴梗海棠 　碧雪 　新组合栽培品种

Chaenomeles × superba(Frahm) Rehder. ' Bixue', cv. comb. nov. , *Chaenomeles × superba* Lindl. ex Spach 'Bixue', 2004 年, 王嘉祥. 山东皱皮木瓜品种分类探讨. 园艺学报, 31 (4):520~522; 2007 年, 臧德奎、王关祥、郑林等. 我国木瓜属观赏品种的调查与分类. 林业科学, 43(6):72~76; 2008 年, 郑林. 中国木瓜属观赏品种调查与分类研究(D); 2009 年, 王明明. 木瓜属栽培品种的分类研究(D); 2009 年, 郑林、陈红、郭先锋等. 木瓜属 (*Chaenomeles*)栽培品种与近缘种的数量分类. 南京林业大学学报(自然科学版), 33(2): 47~50; 2011 年, 杜淑辉. 木瓜属新品种 DUS 测试指南及已知品种数据库的研究(D)。

碧雪, 2015 年, 罗思源. 綦江木瓜资源圃木瓜品种的形态学鉴定和指纹图谱分析(D)。

本栽培品种为落叶小灌木。主枝直立性差, 具腺点, 皮灰绿色。幼枝绿色, 被柔毛。2 年生枝黄褐色, 带绿色, 具细尖枝刺, 枝刺多且密。幼叶黄绿色, 无毛。叶椭圆形、披针形, 长 3.0~6.0 cm, 宽 2.0~4.0 cm; 绿色, 基部楔形, 先端尖, 边缘具圆钝锯齿; 托叶肾形, 基部偏斜, 先端尖。花单生, 或 2~4 朵簇生于 2 年生短枝上。花小, 径 1.7~2.0 cm。单具花瓣 5~15 枚, 匙-圆形, 白色, 基部具短爪, 稀有雄蕊瓣化; 雄蕊花丝绿色, 开后红色; 萼筒钟状; 萼片 5 枚, 半圆形, 宿存。果实卵球状, 黄色, 具棱。花期 3~4 月, 果实成熟期 9~10 月。

产地:山东泰安、江苏南京有栽培。2004 年。选育者:王嘉祥。

注:该栽培品种与'绿宝石"Lu Baoshi'相似, 但'绿宝石'花大, 重瓣性更强。

17. '复长寿'华丽贴梗海棠 　复长寿 　新组合栽培品种

Chaenomeles × superba(Frahm) Rehder ' Fu Changshou', cv. comb. nov. , *Chaenomeles speciosa* Ch. Brickell 'Fu Changshou', 2007 年, 郑林等. 沂州木瓜品种资源分类研究. 山东林业科技, 1:45~47, 44; 2008 年, 郑林. 中国木瓜属观赏品种调查和分类研究(D); 2008 年, 郑林、陈红、张雷等. 木瓜属植物的花粉形态及品种分类. 林业科学, 44(5):53~57; 2009 年, 郑林、陈红、郭先锋等. 木瓜属(*Chaenomeles*)栽培品种与近缘种的数量分类. 南京林业大学学报(自然科学版), 33(2):47~50; 2011 年, 杜淑辉. 木瓜属新品种 DUS 测试指南及已知品种数据库的研究(D)。

复长寿, 2015 年, 罗思源. 綦江木瓜资源圃木瓜品种的形态学鉴定和指纹图谱分析 (D)。

本栽培品种为小灌木, 枝姿平展; 树皮灰色, 具针状枝刺。幼枝红褐色, 被毛。幼叶黄绿色, 无毛。叶椭圆形、椭圆-披针形, 无毛; 长 5.0~7.0 cm, 宽 2.0~3.0 cm; 深绿色, 基部楔形, 边缘重钝锯齿、芒状尖锯齿。托叶肾形, 基部偏斜, 先端尖。花 1 朵, 或 2~3 朵簇生于短枝上; 花梗近无, 绿色。花萼 5 枚, 宿存; 萼筒钟状、倒圆锥状。花径 3.0~4.5 cm。单花具花瓣 10~15 枚, 红色, 具爪, 爪长约 3 mm; 花丝黄色, 开后红色。果实扁球状, 具棱, 绿色。花期 3~4 月, 果实成熟期 9~10 月。

18.'醉杨妃'华丽贴梗海棠　醉杨妃　新组合栽培品种　图版27:6

Chaenomeles × superba(Frahm) Rehder 'Zuiyangfei', cv. comb. nov., *Chaenomeles ×*
superba Ch. Brickell 'Zuiyangfei',2009 年,郑林、陈红、郭先锋等. 木瓜属(*Chaenomeles*)栽
培品种与近缘种的数量分类. 南京林业大学学报(自然科学版),33(2):47~50。

醉杨妃,罗思源. 2015,綦江木瓜资源圃木瓜品种的形态学鉴定和指纹图谱分析
(D)。

本栽培品种为落叶丛生灌木。小枝褐色,具枝刺,无毛,疏被疣点。幼叶黄绿色,边缘
红褐色,被柔毛。叶椭圆形、椭圆-披针形,长5~3.6 cm,宽0.8~1.8 cm,表面绿色,无毛,
具光泽,背面淡黄绿色,无毛,先端钝圆,基部楔形,边缘具钝锯齿,齿端具芒尖。花2~5
朵簇生在短枝上,稀单生。单花具花瓣14~15枚(稀有3~5枚畸形花瓣),匙状近圆形,
长1.5~2.2 cm,宽1.2~2.7cm,初花淡绿白色、内面水粉色,两面中上部粉红色、下面白
色,爪长2~3 mm(畸形爪长5~7 mm);萼筒漏斗状,淡绿色,阳面有紫色晕;萼片5枚,边
缘具淡白色及紫色边,疏被缘毛;雄蕊多数。未见可孕花。

地点:山东。河南郑州市碧沙岗公园有栽培。2009年。选育者:郑林、陈红、郭先
锋等。

19.'粉牡丹'华丽贴梗海棠　粉牡丹　新组合栽培品种

Chaenomeles × superba(Frahm) Rehder 'Fenmudan', cv. comb. nov., *Chaenomeles ×*
superba Lindl. ex Spach 'Fenmudan',粉牡丹,2004 年,王嘉祥. 山东皱皮木瓜品种分类探
讨. 园艺学报,31(4):520~522;2009 年,王明明. 木瓜属栽培品种的分类研究(D)。

本栽培品种为大灌木,株高1.5~2.5 m。叶片长椭圆-披针形。单花具花瓣11枚以
上,雌蕊发育正常,花冠浅粉色。果实长圆柱状,纵横径13.0~9.5 cm。

产地:山东。2004年。选育者:王嘉祥。

20.'艳阳红'华丽贴梗海棠　艳阳红　栽培品种

Chaenomeles × superba(Frahm) Rehder 'Yanyanghong', cv. comb. nov., *Chaenomeles ×*
superba Lindl. ex Spach 'Yanyanghong',艳阳红,2004 年,王嘉祥. 山东皱皮木瓜品种分类
探讨. 园艺学报,31(4):520~522。

本栽培品种为小灌木,株高0.4~1.0 m。叶长卵圆-小匙形。花重瓣,11枚以上,雌
蕊发育不正常,花冠橙红色;结果极少。

产地:山东。2004年。记录者:王嘉祥。

Ⅳ. 复重瓣华丽贴梗海棠栽培群　新品种群

Chaenomeles × superba(Frahm) Rehder Fuchongban Group, nov.

本栽培群的栽培品种单花具花瓣15~25枚,稀25~35枚。

21.'长寿乐'华丽贴梗海棠　长寿乐　'贺岁红''艳阳红'　新组合栽培品种
图版27:2、8

Chaenomeles × superba(Frahm) Rehder 'Changshou Le', cv. comb. nov., *Chaenomeles*
× superba Lindl. ex Spach 'Changshou Le',2007 年,臧德奎、王关祥、郑林等. 我国木瓜属
观赏品种的调查与分类. 林业科学,43(6):72~76;2007 年,郑林等. 沂州木瓜品种资源
分类研究. 山东林业科技,1:45~47,44;2008 年,郑林. 中国木瓜属观赏品种调查与分类

研究(D);2009 年,郑林、陈红、郭先锋等. 木瓜属(*Chaenomeles*)栽培品种与近缘种的数量分类. 南京林业大学学报(自然科学版),33(2):47~50。

‘长寿乐’2003 年,赵红霞,张复君. 观赏木瓜. 落叶果树,2:50~51。

‘长寿乐’*Chaenomeles* ‘yizhou’ ‘Changshou Le’,2003 年,郭帅. 观赏木瓜种质资源的调查、收集、分类及评价(D)。

‘长寿乐’*Chaenomeles cathayensis* ‘Changshou Le’,2004 年,王永慧,高淑真,朱继宏等. 沂州海棠盆花快速培育技术. 山东农业科学,2004,3:46~47。

‘长寿乐’*Chaenomeles* × *speciosa* Lindl. ex Spach ‘Changshou Le’,2004 年,王嘉祥. 山东皱皮木瓜品种分类探讨. 园艺学报,31(4):520~522;2009 年,王明明. 木瓜属栽培品种的分类研究(D);*Chaenomeles* × *superba* Ch. Brickell ‘Changshou Le’,2013 年,胡艳芳、王政、贺丹等. 河南华丽贴梗海棠品种资源研究;2011 年,杜淑辉. 木瓜属新品种 DUS 测试指南及已知品种数据库的研究(D)。

‘长寿乐’华丽贴梗海棠 *Chaenomeles* × *superba* (Frahm) Rehder ‘Shijie Yi’,2018 年,赵天榜等主编. 郑州植物园种子植物名录:132~133.

‘长寿乐’华丽木瓜(长寿乐) *Chaenomeles* × *superba* Ch. Brickell ‘Changshou Le’,2011 年,宋良红等主编. 碧沙岗海棠:98~99. 彩片 4。

Chaenomeles × *superba* Ch. Brickell ‘Chojuraku’,2009 年,王明明. 木瓜属栽培品种的分类研究(D)。

‘长寿乐’(Tyojuraku),2013 年,张毅等. 日本木瓜属观赏品种资源调查. 9:5(归入贴梗海棠)。

‘艳阳红’*Chaenomeles* × *speciosa* Lindl. ex Spach ‘Yanyang Hong’,2004 年,王嘉祥. 山东皱皮木瓜品种分类探讨,园艺学报,31(4):520~522;2007 年,郑林. 沂州木瓜品种资源分类研究,山东林业科技,1:45~47,44。

长寿乐,张桂荣著. 木瓜:51~52. 2009;2015 年,罗思源. 綦江木瓜资源圃木瓜品种的形态学鉴定和指纹图谱分析(D);2018 年,赵天榜等. 郑州植物园种子植物名录:132~133。

长寿乐 日本ボケ. 日本のボケ. 123. 彩片 38. 平成 21 年。

本栽培品种为落叶丛生小灌木,株高 50.0 cm 左右;树皮灰色. 小枝黄褐色,疏被柔毛,具枝刺;幼枝被茸毛. 幼叶无毛,亮绿色、黄绿色. 叶长椭圆形、卵圆形,长 4.0~6.0 cm,宽 2.0~3.0 cm;表面绿色,无毛,具光泽,背面淡黄绿色,无毛,先端钝圆,基部楔形,边缘具弯曲钝锯齿、重锯齿,齿端具芒尖;托叶肾形,基部偏斜. 花单生,或 3~5 朵簇生于 2 年生短枝上. 花先叶开放. 单花具花瓣 15~22 枚,匙-圆形,长 1.5~2.0 cm,宽 1.3~1.5 cm,向上卷曲,红色,略带橙黄色,爪长 2~3 mm;萼筒钟状、倒圆锥状,长 1.5~2.0 cm,径 7~9 mm,阳面紫色;萼片 5 枚,半圆形,紫色,被缘毛;先端凹缺,宿存,或脱落;雄蕊约 70 枚,花丝红色、淡绿色;雌蕊花柱 5 枚,雌蕊发育不良. 结果少. 果实小,扁球状、卵球状,具棱. 花期 4 月,果实成熟期 9~10 月。

地点:日本. 本栽培品种系冈田长吉从‘残雪’与‘黑光‘杂交品种中选出. 山东临沂地区广泛栽培. 河南郑州市碧沙岗公园有引种栽培。

22.'红宝石'华丽贴梗海棠　红宝石　长寿冠　长寿逢春　新组合栽培品种

Chaenomeles × superba(Frahm)Rehder 'Hong Baoshi', cv. comb. nov., *Chaenomeles × superba* Ch. Brickell 'Hong Baoshi',2007 年,郑林等. 沂州木瓜品种资源分类研究. 山东林业科技,1:45~47. 44;2007 年,臧德奎、王关祥、郑林等. 我国木瓜属观赏品种的调查与分类. 林业科学,43(6):72~76;2008 年,郑林、陈红、张雷等. 木瓜属植物的花粉形态及品种分类. 林业科学,44(5):53~57;2008 年,郑林. 中国木瓜属观赏品种调查与分类研究(D);2009 年,郑林、陈红、郭先锋等. 木瓜属(*Chaenomeles*)栽培品种与近缘种的数量分类. 南京林业大学学报(自然科学版),33(2):47~50。

'红宝石' *Chaenomeles × speciosa* Ch. Brickell 'Red Gem',1998 年,王嘉祥. 木瓜品种调查与分类初探. 北京林业大学学报,20(2):123~125;1993 年,邵则夏、陆斌、刘爱群等. 云南木瓜资源、栽培与加工利用专题　云南的木瓜种质资源. 云南林业科技,3:32~36,43;2004 年,王嘉祥. 山东皱皮木瓜品种分类探讨. 园艺学报,31(4):520~522;2008 年,郑林. 中国木瓜属观赏品种调查和分类研究(D);2011 年,杜淑辉. 木瓜属新品种DUS 测试指南及已知品种数据库的研究(D)。

'红宝石' *Chaenomeles × speciosa* Ch. Brickell 'Hong Baoshi',2013 年,胡艳芳、王政、贺丹等. 河南华丽贴梗海棠品种资源研究。

红宝石,2015 年,罗思源. 綦江木瓜资源圃木瓜品种的形态学鉴定和指纹图谱分析(D)。

'红宝石'华丽木瓜(长寿冠) *Chaenomeles × superba* Ch. Brickell 'Changshouguan',2011 年,宋良红等主编. 碧沙岗海棠:96~97. 彩片 5。

'红宝石'华丽贴梗海棠 *Chaenomeles × superba*(Frahm)Rehder 'Red Flower',2018 年,赵天榜等主编. 郑州植物园种子植物名录:132. 2018.

'长寿冠' *Chaenomeles* 'yizhou' 'Changshouguan',2003 年,郭帅. 观赏木瓜种质资源的调查、收集、分类及评价(D);2007 年,郑林等. 沂州木瓜品种资源分类研究. 山东林业科技,1:45~47,44。

'长寿冠',赵红霞、张复君. 观赏木瓜. 落叶果树,2:50~51,2003。

'长寿冠' *Chaenomeles cathayensis* 'Changshouguan',2003 年,郭帅. 观赏木瓜种质资源的调查、收集、分类及评价(D);2004 年,胡忠惠、杨丽芳、张文庆等. 木瓜海棠长寿冠催花试验及观赏特性调查. 天津农业科学,2004,3:28~29;2008 年,易吉林. 新优观花植物——日本海棠. 南方农业(园林花木版),2(10):32~33;2008 年,郑林. 中国木瓜属观赏品种调查与分类研究(D)。

'长寿冠' *Chaenomeles × superba* Ch. Brickell 'Chojukan',2009 年,王明明. 木瓜属栽培品种的分类研究(D)。

长寿冠,2009 年,张桂荣著. 木瓜:51。

'长寿冠'(Tyojukan),2013 年,张毅等. 日本木瓜属观赏品种资源调查. 9:7。本品种系'长寿梅'与'红牡丹'杂交品种。

长寿逢春,2003 年,郭帅. 观赏木瓜种质资源的调查、收集、分类与评价(D)。

本栽培品种为落叶丛生灌木,高 0.5 m 左右,枝姿平展;长势弱。树皮灰色。小枝细,通常下垂,暗红褐色,被较密柔毛,通常无枝刺;皮孔大而圆。幼芽、新叶紫红色,被白色柔毛。叶椭圆形、狭卵圆形、倒卵圆形,小,长 5~15 mm,宽 5~7 mm,表面绿色,无毛,具光泽,背面淡黄绿色,无毛,先端钝圆,基部楔形,边缘具弯曲钝锯齿、重锯齿,齿端具芒尖。长枝上叶匙-椭圆形,暗绿色,边缘锯齿不规则,长 3.0~4.0 cm,宽 1.0~2.0 cm,先端急尖,边缘浅波状,具圆钝重锯齿;托叶 2 枚,对生,肾形,长约 1.0 cm。花单生,或 2~5 朵簇生于 2 年生短枝上,有 1~2 朵不发育。单花具花瓣 17~19~25 枚(稀有 2~3 枚不发育),匙-近圆形,长 1.5~1.7 cm,宽 1.3~1.5 cm,鲜红色,爪长 2~3 mm;萼筒盘状,高 3~4 mm,径 7~9 mm,阳面紫色,花梗周围绿色,无毛;萼片 5 枚,紫色,被缘毛;雄蕊极多,外层花丝长于内面花丝 2 倍,花丝绿白色,花药散粉也不一致,内面雄蕊密聚着生,不为轮状排列;雌蕊花柱不发育,无见花柱。未见可孕花。果实扁球状。花期 4 月上旬。

地点:日本。本栽培品种系从'长寿梅'与'红牡丹'杂交品种中选出。山东临沂、浙江杭州、江苏南京有栽培。河南郑州市碧沙岗公园有引种栽培。2007 年,郑林等有记载。

23.'绿宝石'华丽贴梗海棠　白雪公主　银长寿　新组合栽培品种　图版 27:7

Chet-x superba (Frahm) Rehder 'Lu Baoshi', *Chaenomeles × speciosa* Ch. Brickell 'Lu Baoshi',2004 年,王嘉祥. 山东皱皮木瓜品种分类探讨. 园艺学报,31(4):520~522;2007 年,郑林等. 沂州木瓜品种资源分类研究. 山东林业科技,1:45~47,44;2007 年,臧德奎、王关祥、郑林等. 我国木瓜属观赏品种的调查与分类. 林业科学,43(6):72~76;2008 年,郑林、陈红、张雷等. 木瓜属植物的花粉形态及品种分类. 林业科学,44(5):53~57;2008 年,郑林. 中国木瓜属观赏品种调查与分类研究(D);2009 年,郑林、陈红、郭先锋等. 木瓜属(*Chaenomeles*)栽培品种与近缘种的数量分类. 南京林业大学学报(自然科学版),33(2):47~50;2015 年,罗思源. 綦江木瓜圃木瓜品种的形态学鉴定和指纹图谱分析(D)。

Chaenomeles × speciosa Ch. Brickell 'Lu Baoshi',1993 年,邵则夏、陆斌、刘爱群等. 云南木瓜资源、栽培与加工利用专题　云南的木瓜种质资源. 云南林业科技,3:32~36,43;1998 年,王嘉祥、王侠礼、管兆国等. 木瓜品种调查与分类初探. 北京林业大学学报,1998,20(2):127~129;2011 年,杜淑辉. 木瓜属新品种 DUS 测试指南及已知品种数据库的研究(D);2013 年,胡艳芳、王政、贺丹等. 河南华丽贴梗海棠品种资源研究。

"银长寿"、"绿宝石"、"白雪公主",2003 年,郭帅. 观赏木瓜种质资源的调查、收集、分类及评价(D)。

'银长寿' *Chaenomeles cathayensis* 'Yin Changshou',2003 年,王永慧、高淑真、朱继宏等. 沂州海棠盆花快速培育技术. 山东农业科学,2004,3:46~47。

'银长寿' *Chaenomeles × superba* Ch. Brickell 'Ginchuju',2009 年,王明明. 木瓜属栽培品种的分类研究(D)。

'银长寿',2003 年,赵红霞、张复君. 观赏木瓜. 落叶果树,2:50~51。

白雪公主,2008 年,易吉林. 新优观花植物——日本海棠. 南方农业(园林花木版),2(10):32~33。

'绿宝石'华丽木瓜(银长寿)*Chaenomeles × superba* Ch. Brickell 'Lü Baoshi',2011 年,宋良红等主编. 碧沙岗海棠:102. 彩片 4。

'绿宝石'华丽贴梗海棠 *Chaenomeles × superba*(Frahm)Rehder 'Lü Baoshi',2018 年,

2018年,赵天榜等主编. 郑州植物园种子植物名录:133.

绿宝石,2015年,罗思源. 綦江木瓜资源圃木瓜品种的形态学鉴定和指纹图谱分析(D)。

银长寿,2009年,张桂荣著. 木瓜:51～52。

'银长寿'(Gintyoju),2013年,张毅等. 日本木瓜属观赏品种资源调查. 9:5(归入贴梗海棠)。本品种系'残雪'与'黑光'杂交品种。

银长寿 日本ボケ. 日本のボケ. 123. 彩38. 平成21年。

本栽培品种为落叶丛生灌木,株高0.5～1.2 m,长势弱。幼枝红褐色,被白色柔毛;小枝直立,灰绿色、深紫褐色,被柔毛,密被深紫褐色小点,具枝刺。叶卵圆形、椭圆形、椭圆-披针形(小型叶近圆形),长4.5～7.0 cm,宽2.5～4.0 cm,表面深绿色,无毛,具光泽,背面淡黄绿色,无毛,先端钝圆、短尖,基部楔形,边缘具弯曲重钝锯齿,齿端具芒尖。长枝上叶宽卵圆形、椭圆形、椭圆-披针形,深绿色,平均长6.8 cm,宽3.4 cm,先端急尖,边缘具不规则锯齿;托叶2枚,对生,肾形,长约1.3 cm。花初淡绿色,后绿白色。单花,或2～5朵簇生于2年生短枝上。花两型:① 可孕花,萼筒圆筒状,淡绿色,无毛,长约2.0 cm,萼筒内面基部淡紫色;萼片5枚,近圆形,边缘有缘毛。② 不孕花,萼筒漏斗状,雌蕊花柱不发育,极短,其他与可孕花相同。单花具花瓣20～25枚,通常匙状近圆形,有畸形花瓣,纯白色,花瓣长2.0～2.3 cm,宽1.7～2.3 cm,畸形花瓣形态多样,具4～8 mm长爪;雄蕊多数,鲜黄色,两轮着生在萼筒内面上部,花丝淡绿色、粉红色,无毛;花柱无毛,高于雄蕊,或与雄蕊齐平。果实扁球状,小,具纵棱与沟。花期4月上旬,果实成熟期8月。果实小,扁球状,具棱,沟深。

地点:山东临沂、浙江杭州及河南郑州、长垣县等地有栽培。2004年。选育者:王嘉祥。

24.'沂橙'华丽贴梗海棠　沂橙　新组合栽培品种

Chaenomeles × superba(Frahm)Rehder 'Yicheng',cv. comb. nov.,*Chaenomeles × superba* Ch. Brickell 'Yicheng',2008年,郑林. 中国木瓜属观赏品种调查和分类研究(D);2011年,杜淑辉. 木瓜属新品种DUS测试指南及已知品种数据库的研究(D)。

沂橙,2015年,罗思源. 綦江木瓜资源圃木瓜品种的形态学鉴定和指纹图谱分析(D)。

本栽培品种为落叶小灌木;树皮灰色。枝干粗大。幼枝红褐色,被白色柔毛。小枝绿灰色,具枝刺。幼叶黄绿色,边缘红褐色,无毛。叶长卵圆形,绿色,基部楔形,先端急尖,边缘具重钝锯齿。托叶肾形,基部偏斜,先端尖。花单生,或2～3朵簇生于2年生短枝上。单具花瓣17～25枚,匙-圆形,初花淡绿色,后淡黄绿色,基部具短爪;雄蕊鲜黄色,有瓣化者,花丝淡绿色;雌蕊有的发育不良;萼筒倒圆锥状、圆柱状;萼片5枚,半圆形,绿色,宿存,或脱落。果实扁球状。花期3～4月,果实成熟期9～10月。

产地:山东临沂有栽培。该栽培品种为'凤凰木'的品种变异。2008年。选育者:郑林。

25.'紫衣'华丽贴梗海棠　紫衣　新组合栽培品种

Chaenomeles × superba(Frahm)Rehder 'Ziyi',cv. comb. nov.,*Chaenomeles × superba*

Ch. Brickell 'Ziyi' in《Encyclopedia of Garden Plants London, New York Stuttagrt. Noscow: Dorling Kindersley》. 1996,205~251;2008 年,郑林. 中国木瓜属观赏品种调查与分类研究(D);2011 年,杜淑辉. 木瓜属新品种 DUS 测试指南及已知品种数据库的研究(D)。

紫衣,2015 年,罗思源. 綦江木瓜资源圃木瓜品种的形态学鉴定和指纹图谱分析(D)。

本栽培品种为落叶小灌木;树皮灰色。枝刺少。幼枝红褐色,被白色柔毛。小枝绿灰色。幼叶黄绿色,边缘红褐色,无毛。叶椭圆形、椭圆-披针形,绿色,基部楔形,先端急尖,边缘重、钝锯齿。托叶肾形,基部偏斜,先端尖。花单生,或 2~3 朵簇生于 2 年生短枝上。单具花瓣 21 枚,匙-圆形,有雄蕊瓣化者,紫红色,边卷似牡丹状,基部具短爪;雄蕊花丝红色;雌蕊有的发育不良;萼筒圆柱状,绿色;萼片 5 枚,半圆形,绿色,宿存。果实扁球状。花期 3~4 月;果实成熟期 9~10 月。

产地:山东临沂有栽培。选育者:C. Brickell。

26. '世界一'华丽贴梗海棠 "世界1号" "沂州红" "富贵红宝" 大富贵 栽培品种 图版 27:11

Chaenomeles × superba (Frahm) Rehder 'Shijieyi',2008 年,易吉林. 新优观花植物——日本海棠. 南方农业(园林花木版),2(10):32~33;2009 年,王明明. 木瓜属栽培品种的分类研究(D)。

Chaenomeles speciosa 'Shijie Yi',1998 年,王嘉祥. 木瓜品种调查与分类初探. 北京林业大学学报,20(2):123~125;2007 年,郑林等. 沂州木瓜品种资源分类研究. 山东林业科技,1:45~47,44;陈红. 木瓜属种质资源的 RAPD、AFLP 亲缘关系鉴定及遗传多样性分析(D). 山东农业大学, 2008。

'大富贵'*Chaenomeles* Mzho 'Da Fugui',2003 年,郭帅. 观赏木瓜种质资源的调查、收集、分类及评价(D);2008 年,易吉林. 新优观花植物——日本海棠. 南方农业(园林花木版),2(10):32~33;2008 年,郑林. 中国木瓜属观赏品种调查和分类研究(D);2009 年,郑林、陈红、郭先锋等. 木瓜属(*Chaenomeles*)栽培品种与近缘种的数量分类. 南京林业大学学报(自然科学版),33(2):47~50。

'大富贵',赵红霞,张复君. 观赏木瓜. 落叶果树,2:50~51,2003。

'大富贵'*Chaenomeles × superba* Lindl. ex Spach 'Da Fugui',1993 年,邵则夏、陆斌、刘爱群等. 云南木瓜资源、栽培与加工利用专题 云南的木瓜种质资源. 云南林业科技,3:32~36,43;2007 年,臧德奎、王关祥、郑林等. 我国木瓜属观赏品种的调查与分类. 林业科学,43(6):72~76;2007 年,郑林等. 沂州木瓜品种资源分类研究. 山东林业科技,1:45~47. 44。

'大富贵'*Chaenomeles × speciosa* Ch. Brickell 'Da Fugui',2004 年,王嘉祥. 山东皱皮木瓜品种分类探讨. 园艺学报,31(4):520~522 ;2008 年,郑林、陈红、张雷等. 木瓜属植物的花粉形态及品种分类. 林业科学,44(5):53~57;2013 年,胡艳芳、王政、贺丹等. 河南华丽贴梗海棠品种资源研究。

'大富贵'*Chaenomeles × speciosa* Ch. Brickell 'Da Fugui',2013 年,胡艳芳、王政、贺丹,等. 河南华丽贴梗海棠品种资源研究。

"大富贵"*Chaenomeles* Mzho 'Da Fugui',2003 年,郭帅. 观赏木瓜种质资源的调查、

收集、分类及评价(D)。

'大富贵'华丽木瓜(沂州红、富贵红宝、世界一号) *Chaenomeles* × *superba* Ch. Brickell 'Da Fugui',2011 年,宋良红等主编. 碧沙岗海棠:100~101. 彩片 5。

大富贵,2009 年,张桂荣著. 木瓜:52;2015 年,罗思源. 綦江木瓜资源圃木瓜品种的形态学鉴定和指纹图谱分析(D)。

'世界一'华丽贴梗海棠 *Chaenomeles* × *superba*(Frahm)Rehder 'Da Fugui',2018 年,赵天榜等主编. 郑州植物园种子植物名录:133。

世界一,*Chaenomeles* Mzho 'Da Fugui',2003 年,郭帅. 观赏木瓜种质资源的调查、收集、分类及评价(D)。

'世界一'(Sekaiiti),2013 年,张毅等. 日本木瓜属观赏品种资源调查. 9:5(归入贴梗海棠)。

世界一 日本ボケ. 日本のボケ:34. 彩片 1. 平成 21 年。

本栽培品种为落叶丛生灌木,高 1.5 m 左右,生长势较强;树皮灰色;皮孔明显。小枝斜展,红褐色;幼枝红色,被白色柔毛。幼叶黄绿色,边缘红褐色,无毛;叶圆形至椭圆-披针形,长 6.0~7.0 cm,宽 2.0~3.0 cm,深绿色,先端急尖,基部楔形,边缘具圆钝锯齿,稀圆钝重锯齿。托叶肾形,先端尖,基部偏斜。花单生,或 3~5 朵簇生于 2 年生以上短枝上。花先叶开放。单花具花瓣 25~35 枚,匙-圆形,橙黄色,基部具短爪;萼筒钟状,萼片 5 枚,绿色,半圆形至三角形,先端凹缺,宿存,或脱落;雄蕊约 70 枚,花丝黄色;雌蕊发育不良。花期 3~4 月。

产地:日本。'世界一'系鹤卷清二郎从'长寿乐'与'昭和锦'杂交品种选出。山东临沂、浙江杭州、江苏南京、河南郑州市有引种栽培。

27. '两色多瓣'华丽贴梗海棠　新栽培品种　图版 28:6

Chaenomeles × *superba*(Frahm)Rehder 'Èrse Duoban', cv. nov.

本新栽培品种为落叶丛生灌木,高 1.5 m 左右。叶宽圆形,长 5.0~6.5 cm,宽 2.0~3.0 cm,深绿色,先端急尖,基部楔形,边缘具圆钝锯齿。花先叶开放。单花具花瓣 15 枚,匙-圆形,橙黄色、浅紫色,基部具短爪;萼筒钟状,萼片 5 枚,绿色,半圆形至三角形;雄蕊多枚,花丝黄色。花期 3~4 月。

产地:河南。郑州市有引种栽培。2016 年 4 月 25 日。选育者:赵天榜。

第八节　杂种贴梗海棠

1. 大理杂种贴梗海棠　大理木瓜 1 号　新杂交种

Chaenomeles × *daliensis*(Z. X. Shao et B. Liu)T. B. Zhao,Z. X. Chen et Y. M. Fan, sp. hybr. nov.,1995 年,邵则夏、陆斌. 云南的木瓜. 果树科学,12 增刊:155~156;2011 年,杜淑辉. 木瓜属新品种 DUS 测试指南及已知品种数据库的研究(D)。

大理木瓜 1 号,2015 年,罗思源. 綦江木瓜资源圃木瓜品种的形态学鉴定和指纹图谱分析(D)。

注:大理木瓜 1 号系小桃红木瓜(贴梗海棠)与毛叶海棠(木瓜贴梗海棠)天然杂种。

根据《国际植物命名法规》(1975)中:"杂种的名称　杂种规则　第 1 条　第 2 条"规定,作者将大理木瓜 1 号与洱源 3 号贴梗海棠属 1 个新杂种。

Descr. Add. :

Species × nov. ramulis purpure-brunneis,spinis ramulis. foliis juveilibus flavo-virentibus margine rubri--brunneis. foliis ellipticis longis vel elliptici-lanceolatis,3. 0~9. 0 cm longis,2. 5~4. 5 cm latis,apice acutis basi cuneatis margine biserratis. 1-flos vel 2~5-flores caespitosis in breviter ramulis. 5-petalis in quoque flore,rotundatia,subroseis to albis. fructibus cylindricis、ellipsoideis,5~7-sulcis non profundis ad fructus 1/4~1/3 longis.

Yunnan:Dali. Shao Ze et al. .

形态特征:

本新杂交种 10 年生树高 5. 0 m,冠幅 5. 0 m × 6. 0 m。小枝紫褐色,具枝刺。幼叶黄绿色,无毛,边缘红褐色。叶长椭圆形,或椭圆-披针形,长 3. 0~9. 0 cm,宽 2. 5~4. 5 cm,先端急尖,基部楔形,边缘具锐重锯齿。花单生,或 3~5 朵簇生在短枝上。单花具花瓣 5 枚,花瓣近圆形,淡粉红色至白色;雌蕊长于花瓣 1/2,花柱 5 枚,基部合生。果圆柱状、椭圆体状;萼洼四周具 5~7 条浅沟,达果长 1/4~1/3。

产地:云南大理。发现者:邵则夏、陆斌。

亚种

1.1　大理杂种贴梗海棠　原亚种

Chaenomeles × daliensis(Z. X. Shao et B. Liu) T. B. Zhao,Z. X. Chen et Y. M. Fan subsp. × daliensis.

1.2　洱源杂种贴梗海棠　新改隶组合无性亚种　洱源 3 号　嫁接无性系　皱皮木瓜与毛叶木瓜贴梗海棠杂交种

Chaenomeles × daliensis(Z. X. Shao et B. Liu) T. B. Zhao,Z. X. Chen et Y. M. Fan subsp. + eryuanensis(Z. X. Shao et B. Liu) T. B. Zhao,Z. X. Chen et Y. M. Fan,subsp. trans. nov.

1995 年,邵则夏、陆斌. 云南的木瓜. 果树科学,12 增刊:155~156;1993 年,邵则夏、陆斌、刘爱群等. 云南的木瓜种质资源. 云南林业科技,(3):32~36。

Descr. Add. :

Species + nov. ramulis juvenilibus fusci-brunneis,rare tomentosis,spinis ramulis. foliis lanceolatis to late lanceolatis,3. 0~11. 0 cm longis,2. 0~3. 5 cm latis,glabris,dense tomentosis albis to ferrugineis,apice acuminatis,basi cuneatis,margine pungentibus、biserratis. floribus anticis. 2~5-floribus caespitosis in breviter ramulis. 5-petalis in quoque flore,rotundatia,ovatiis subroseis subroseis.

Yunnan:Ěyuan. Dali. Shao Ze et al.

本新无性杂交亚种树势强,半开张,主干 3~5 个。幼枝棕褐色,稀被茸毛,具枝刺。叶披针形至宽披针形,长 3. 0~11. 0 cm,宽 2. 0~3. 5 cm,光滑,密被白色茸毛至锈色茸毛,先端渐尖,基部楔形,边缘具锐锯齿、重锯齿,齿整齐。花先叶开放。花 2~5 朵簇生 2 年生枝上。花径 2. 0~4. 0 cm。单花具花瓣 5 枚,圆形、卵圆形,粉红色;雄蕊多数。果实球状、椭圆体状,先萼洼端突起。单果重 600.0~700.0 g,最大果重 900.0 g。

产地:云南洱源。2003 年。发现者:邵则夏、陆斌。

2. 碗筒杂种贴梗海棠　新无性杂交种　图版 29

Chaenomeles + crateriforma T. B. Zhao,Z. X. Chen et Y. M. Fan,sp. + hybrida.

Descr. Add. :

Speciebus + hybridis nov. 10~15-petalis in quoque flore,phoeniceis;calycis tubus crateriformis extus pallide chlorinis obtusi-angulosis et canaliculatis;pedicellis 2.0~3.5 cm longis, glabris.

Henan:Zhengzhou City. 2015-04-21. Y. M. Fan, T. B. Zhao et Z. X. Chen, No. 20150421(flores et ramulus)(HNAC).

形态特征:

本新无性杂种单花具花瓣 10~15 枚,鲜红色;萼筒碗状,淡灰绿色,表面具钝棱与沟;花梗长 2.0~3.5 cm,无毛。

产地:河南郑州。2015 年 4 月 20 日。范永明、陈志秀和赵天榜,No. 201504215(花枝)。模式标本,存河南农业大学。

变种:

2.1　碗筒杂种贴梗海棠　原变种

Chaenomeles + crateriforma T. B. Zhao,Z. X. Chen et Y. M. Fan var. crateriforma.

2.2　白花碗筒杂种贴梗海棠　新变种

Chaenomeles + crateriforma T. B. Zhao,Z. X. Chen et Y. M. Fan,var. alba T. B. Zhao,Z. X. Chen et Y. M. Fan,var. nov.

A var. nov. 15~20-petalis in quoque flore,albis,pluries petali-deformibus.

Henan:Zangyuan Xuan. 2015-04-20. Y. M. Fan,T. B. Zhao et Z. X. Chen, No. 201504206(ramulus et flos,holotypus hic disignatus,HNAC)

本新变种单花具花瓣 15~20 枚,白色,常有畸形花瓣。

产地:河南郑州。2016 年 4 月 25 日。范永明、陈志秀和赵天榜,No. 201604251(花)。模式标本,存河南农业大学。

3. 畸形果贴梗海棠　新无性杂交种　图版 7:2

Chaenomeles + deformicarpa T. B. Zhao,Z. X. Chen et Y. M. Fan sp. + hybrida nov.

Descr. Add. :

Speciebus + hybridis nov. foliis ellipticis,3.0~5.0 cm longis,1.5~2.0 cm latis,supra arto-viridis,apice obtusis basi cuneatis margine serratis. floribus ante foliis aperientibus. 1-floribus in ramulis biennibus. 10~15-petalis in quoque flore,rotundati-spathulatis puniceis;fructibus breviter cylindricis 4.5~5.0 cm longis,3.5~4.0 cm latis,supra confragosis,breviter angulis obtusis,manifeste lenticellis. floribus exsiccatis prsistentibus;pedicelli-carpicis 2.0 cm longis,glabris.

Henan:Zhengzhou City. 2017-10-20. Y. M. Fan, T. B. Zhao et Z. X. Chen, No. 201710208(folia, carpa et ramulus)(HNAC).

形态特征：

本新无性杂种叶椭圆形，长 3.0~5.0 cm，宽 1.5~2.0 cm，表面深绿色，先端钝圆，基部楔形，边缘具锐锯齿。花先叶开放。花单朵着生于 2 年生枝上。单花具花瓣 10~15枚，匙-圆形，鲜红色。果实短柱状，长 4.5~5.0 cm，径 3.5~4.0 cm，表面凸凹不平，具短钝棱与沟，果点白色，显著；花干后宿存；花梗长 2.0 cm，无毛。

产地：河南郑州。2017 年 10 月 20 日。范永明，陈志秀和赵天榜，No. 201710205（枝、叶与果实）。模式标本，存河南农业大学。

第九节　假光皮木瓜属　新杂交属

× Jiaguangpimugua T. B. Zhao, Z. X. Chen et Y. M. Fan, gen. hybr. nov.

Descr. Add. :

Gen. hybr. nov. arboribus deciduis parvis, 3.0~5.0 m altis. foliis lanceolatis, tamquam Salix matsudana Koidz. semi-coriaceis, margine serratis. floribus 1- vel 2~5-floribus caespitosis in breviter ramulis; 5-petalis in quoque flore, multi-subriseis, unguibus.

Shandong: Wang Jia Xilang et al. .

形态特征：

落叶小乔木，高 3.0~5.0 m。叶狭长披针形，似细柳叶，半革质，边缘具尖锐锯齿。花单生，或簇生。单花具花瓣 5 枚，多粉色，具爪。果实长 8.0~12.0 cm，径 7.0~9.0 cm，果皮粗糙，厚而硬，果肉薄，质较粗。

地点：山东。发现者：王嘉祥、王侠礼、管兆国等。

注：本新属系木瓜属 Pseudochaenomeles Carr. 与贴梗海棠属 Chaenomeles Lindl. 之间杂种属。根据《国际植物命名法法规》（1975）中："杂种的名称　杂种规则　第 1 条"规定，将假光皮木瓜作为 1 新杂交属、1 新杂交种。因为假光皮木瓜系木瓜属木瓜与贴梗海棠属贴梗海棠的杂交种。

一、假光皮木瓜（新拟）　新组合杂交种

Jiaguangpimugua × shandongensis(J. X. Wang et al.) T. B. Zhao, Z. X. Chen et Y. M. Fan, sp. comb. hybrid nov.

形态特征与属形态特征相同。

二、栽培品种

1.'光果'假光皮木瓜　栽培品种

Jiaguangpimugua × shandongensis(J. X. Wang et al.) T. B. Zhao, Z. X. Chen et Y. M. Fan 'Guangguo';2009 年，王明明. 木瓜属栽培品种的分类研究(D)。

2.'矮橙'假光皮木瓜　栽培品种

Jiaguangpimugua × shandongensis(J. X. Wang et al.) T. B. Zhao, Z. X. Chen et Y. M. Fan 'Pymaea';2009 年，王明明. 木瓜属栽培品种的分类研究(D)。

3.'毛雷'假光皮木瓜　栽培品种

Jiaguangpimugua × shandongensis(J. X. Wang et al.)T. B. Zhao,Z. X. Chen et Y. M. Fan 'Maolei';2009 年,王明明. 木瓜属栽培品种的分类研究(D)。

4.'红粉女士'假光皮木瓜　栽培品种

Jiaguangpimugua × shandongensis(J. X. Wang et al.)T. B. Zhao,Z. X. Chen et Y. M. Fan 'Pink Lady';2009 年,王明明. 木瓜属栽培品种的分类研究(D)。

注:4 栽培品种无形态特征记载。

附录 1　尚待研究的栽培品种

1. 川木瓜=四川木瓜
2. 宜木瓜=安徽宜城木瓜
3. 资木瓜=湖北资木瓜
4. 云木瓜=秋木瓜
5. 湖北宜昌木瓜
6. 贵州正定县木瓜
7. 湖北长阳县木瓜
8. 陕西白河木瓜
9. 曹州木瓜

附录 2　国内尚无引栽的资源

1. 加利福尼亚杂种贴梗海棠
2. 斯拉尔克娜杂种贴梗海棠
3. 维里毛里尼阿娜杂种贴梗海棠
4. 杂种贴梗海棠
5. 寒木瓜品种群
6. 昭和锦、雪御殿品种群

第十节　西藏木瓜属 　新杂交属

× Cydo-chaenomeles T. B. Zhao,Z. X. Chen et Y. M. Fan,gen. hybr. nov.

Descr. Add. :

Gen. hybr. nov. fruticibus deciduis,vel arbusculis. ramosis in juvenilibus dense tomentosis brunneis. foliis coriaceis,margine integris rare apice pauciserratis,subtus tomentosis brunneis;petiolis in juvenilibus dense tomentosis brunneis. stipulis subtus tomentosis brunneis. stylis basin dense tomentosis cinerei-albis.

产地:中国西藏。

形态特征:

本新杂交属为落叶灌木,或小乔木。叶革质,边缘全缘,稀先端有少数细齿,背面密被褐色茸毛;叶柄幼时被褐色茸毛,逐渐脱落;托叶背面被褐色茸毛。雌花花柱5枚,基部合生处密被灰白色柔毛。

新杂交属模式种:西藏木瓜 Cydo－chaenomeles × thibetica(Yü) T. B. Zhao, Z. X. Chen et Y. M. Fan。

产地:中国西藏。河南无引种栽培。

注1:俞德俊教授认为,该种近似于毛叶木瓜(木瓜贴梗海棠)Chaenimoles cathayensis (Hemsl.)Schneioder 与云南栘㯷 Docynia delayayi(Franch.)Schneider 的属间杂种。根据《国际植物命名法规》(1984年,中译版)附录Ⅰ 杂种规则 第7条 H. 7.3 两属间杂种的"属名"(相当于属的两属间杂种的名称),是由两个亲本属的名称相结合而形成的,并简化了的公式,即把一个名称的第一部分或全部,与另一个名称的后一部分或全部相结合而成的一个词。即可成立新杂种属及新杂种。其前面加上 × 符号。

1. 西藏木瓜

Cydo－chaenomeles × thibeticat(Yü) T. B. Zhao, Z. X. Chen et Y. M. Fan, sp. comb. nov.

1963年,*Chaenomeles thibetica* Yü,植物分类学报,8:234. 1963

1974年,中国科学院中国植物志编辑委员会. 中国植物志(第三十六卷):353～354. 1974

1977年,云南植物研究所编著. 云南植物志(第一卷):414. 1977

1985年,吴征镒主编. 西藏植物志(第二册):596. 1985

2005年,彭镇华主编. 中国长江三峡植物大全(上卷):529. 2005

形态特征:

落叶丛生灌木,或小乔木,高达 1.5～3.0 m;树皮褐色,光滑,通常多刺,刺锥状,长 1.0～1.5 cm。幼枝密被茸毛,或柔毛。小枝微曲,圆柱状,红褐色,或紫褐色;多年生枝条黑褐色,散生长圆形皮孔。冬芽三角-卵圆状,红褐色;芽鳞顶端,或边缘微有褐色缘毛。叶革质,椭圆形、卵圆-披针形,或长圆-披针形,长 6.0～8.5 cm,宽 1.8～3.5 cm,先端急尖、渐尖,基部楔形,边缘全缘,稀先端有少数细齿,表面深绿色,中脉与侧脉均微下陷,背面密被褐色茸毛,稀无毛,中脉和侧脉均显著突起;叶柄粗短,长 1.0～1.6 cm,幼时被褐色茸毛,后逐渐脱落;托叶大形,草质,近链刀形,或近肾形,长约 1.0 cm,宽约 1.2 cm,边缘具不整齐锐锯齿,稀钝锯齿,背面被褐色茸毛。花后叶开放。花两性。花单生,或 3～5 朵簇生于 2 年生枝上。单花具花瓣5枚,匙状椭圆形,白色;雄蕊 30～40 枚,花丝不等长;花柱5枚,基部合生,并密被灰白色柔毛;子房每室多胚珠;萼筒棒状,外面密被茸毛;萼片两面被柔毛,比萼筒短,边缘具齿缺,反弯。果实长圆体状,或梨状,长 6.0～11.0 cm,径 5.0～9.0 cm,黄色,味香;萼片宿存,反折,三角卵圆形,两面被柔毛,先端急尖,长约2 mm。种子多数,扁平,三角-卵球状,长约 1.0 cm,宽约 0.6 cm,深褐色。

产地:西藏察隅、波密、米林、拉萨。生山坡、林下、沟谷或灌丛中,海拔 2 100～3 700 m。四川西部有分布。

本种俞德俊认为系毛叶木瓜 Ch. cathayensis(Hemsl.)Schneider. 与云南栘㯷 Docynia delavayi(Franch.)Schneider 的属间杂种。

第八章　木瓜族植物苗木培育技术

第一节　种子采集与处理

作者认为,木瓜族植物良种、壮苗的培育,必须具备的条件是:① 优良的遗传品质,即生长迅速、树形壮观,适应性与抗逆性强等;② 优良的播种品质,即种子饱满、纯度高、千粒重高、无病虫害、发芽率与发芽势高等;③ 经济效益大,即成蕾年龄早,果实大,且均匀,单株年产量高、品质优良的栽培品种,很有开发利用前景等;④ 社会效益、生态效益明显,即花大,色艳,1 年内有多次开花等。

一、选择采种母树

为保证播种育苗具有优良的遗传品质和播种品质的种子,要选择土壤肥沃、湿润,光照充足,生长健壮,发育良好,抗病虫等灾害能力强,冠大而结实多,种子品质好、孤立的树木,作为采种植株。采种母树选择决定后,每年冬季,或翌年春季应进行松土、施肥和灌溉,促使其根系生长发育,利于吸收土壤中水分和矿物质。同时,母树生长发育期间,及时浇水、施肥和防治病虫害,确保其果实正常生长和发育,利于果实产量和品质的提高。

二、适时采种

木瓜族植物采种前,必须了解不同物种的果实成熟时期,抓紧时期采种。为此,要了解其不同物种的开花、结实物候期和物候特征,才能获得良好的效果;否则,采种过早,种子成熟度差,影响种子品质,降低种子发芽率。2017 年 8 月上旬,作者采集的木瓜种子没有发芽能力。据作者观察,河南郑州市区木瓜族属植物不同种的果实成熟期也不一致,即使是同一物种、同一立地条件下,由于年份的差异也有区别。现将木瓜、木瓜贴梗海棠及贴梗海棠 3 种木瓜族植物开花、结实物期与物候特征列于表 8-1。

表 8-1　木瓜族植物开花、结实物期与物候特征

名称	地点	时间(年)	开花期	果实成熟期	成熟果实形状、颜色
木瓜	河南郑州	2015～2017	4月下旬至5月上旬	11月中旬	椭圆体状,橙黄色,具光泽
木瓜贴梗海棠	河南郑州	2015～2017	3月中旬至4月上旬	10月至11月	卵球状,橙黄色,具光泽
贴梗海棠	河南郑州	2015～2017	3月中旬至4月下旬	9月中旬	卵球状,小,绿黄色,具光泽

注:赵天榜、陈志秀提供资料。

表 8-1 中材料表明,木瓜、木瓜贴梗海棠及贴梗海棠在河南郑州市区其果实成熟期是

不一致的,即果实成熟期,多在9月中下旬至11月下旬。其果实成熟的主要特征性状是:果色由黄绿色变为橙黄色、黄色、黄白色,果实发软,应及时采收。

为了进一步了解和掌握木瓜果实的最佳采熟期,作者于2017年进行试验。现将试验结果列于表8-2。

表 8-2　木瓜采种期试验

采种期	饱满度(%)	千粒重(%)	发芽率(%)	发芽势(%)
9月15日	35.1	103.3	15.1	5.7
11月15日	95.9	143.5	100	89.3

注:2017年赵天榜、陈志秀提供资料。

三、采种技术

木瓜树体通常高大,果实成熟后,通常用高枝剪,或长竿上绑利镰采下果实,或上树采摘等。采种时,必须认真保护母树,避免损坏过多枝条影响母树生长发育和翌年结实、产量与质量。木瓜贴梗海棠及贴梗海棠植株较低,多为灌丛,可人工采摘。在没人采摘的地方,可等果实自行脱落后拾取,这样的果实内种子非常饱满,如2017年4月上旬,作者在长垣县贴梗海棠属植物引种栽培基地院内收集自行落地的帚状木瓜果实,解剖后取出的种子千粒重160.8 g,发芽率100.0%。

此外,采种时不要过多伤害枝条,以免影响翌年开花、结实。采种前,必须进行采种技术教育,特别是安全教育,以免枝刺伤人的事故发生。

四、种子处理

采集的新鲜木瓜等果实,应放在通风、干燥处摊开,使果实充分变软后,用利刀削去果肉后,取出种子,再用微碱水揉搓种子,去掉种皮外胶质,再用水冲洗干净,捞出种子阴干后,放入通气袋内储藏。

五、种子品质鉴定与发芽试验

1. 种子品质鉴定

木瓜族植物种子品质的鉴定是保证育苗成功的关键一环。因此,其储藏前,或调拨前,都必须进行种子净度、千粒重、发芽率与发芽势的测定。2017年(11月上旬采种),作者进行木瓜种子品质测定结果表明,种子净度98.0%以上,千粒重平均120.0 g,变幅101.0~108.0 g,每千克种子平均10 000粒,变幅8 000~11 000粒。2017年3月在长垣县木瓜树下拾的果实经试验测定,种子千粒重180.0~200.0 g,发芽率100.0%。

贴梗海棠(8月上旬采种)种子净度90.0%~98.0%,千粒重平均66.0 g;蜀红贴梗海棠(8月上旬采种)种子千粒重平均77.0 g;'小果'贴梗海棠种子(8月上旬采种)千粒重平均20.0 g。

2. 种子优良度试验

木瓜族植物种子品质的鉴定,通常采用发芽试验。用发芽试验鉴定其种子品质所需时间较长,可采用切开法鉴定种子品质。发芽试验具体方法与技术见原中华人民共和国林业部颁布的《林木种子品质检验规程》。

切开法鉴定种子品质具有迅速、简便、准确等优点,具体方法是:从供检验种子中选取400粒,分为4组,用利刀将其切开,进行观察。凡是籽粒饱满、胚与子叶为乳白色者,属优良骨质种子;籽粒空秕、不饱满、胚与子叶变色者,加压后为粉末状,或霉烂,有臭味,或病虫危害者,属品质低劣的种子。

根据鉴定结果,求出种子优良度多少(%)。凡是种子优良度>85.0%以上者,为优良种子。

3. 种子发芽试验

种子发芽试验目的是掌握种子发芽能力,确定适宜播种量,必须进行种子发芽试验。其试验方法如下。

3.1　发芽试验器具

发芽试验可用培养箱,或光照发芽器。培养箱,或光照发芽器内放置瓷盘,盘内注入蒸馏水。其内放入发芽皿,皿底放入滤纸和供试种子,或放入经过消毒的细沙做发芽床。

3.2　发芽试验条件

发芽试验床用水,要用蒸馏水。温度保持在20~25 ℃。每天光照时间为5~10 h。

3.3　发芽试验管理

发芽器皿要编号,放一定数量种子,一般50粒。粒与粒按行排列,并有一定间距。发现发霉种子,及时冲洗、消毒。

3.4　发芽试验记载

发芽试验时,必须每天记载种子发芽粒数、腐烂粒数、异状发芽粒数,最后计入硬粒数。

3.5　发芽试验结果计算

(1)发芽率计算。发芽率是指种子在适宜条件下,正常发芽种子占供试种子粒数的百分率。其计算公式如下:

$$发芽率(\%)= 正常发芽种子粒数 / 供试种子粒数 × 100$$

(2)发芽势计算。发芽势是指种子在适宜条件下,正常发芽种子最高粒数之和占供试种子粒数的百分率。其计算公式如下:

$$发芽势(\%)= 正常发芽种子最高粒数之和 / 供试种子粒数 × 100$$

(3)未发芽率计算。包括空粒、硬粒。

4. 种子生活力测定

用化学试剂测定种子生活力,可在短时间内评定种子质量。其方法为:从纯净种子选取200粒,分4组进行试验。细心剥出种胚,放入清水中,或湿纱布内,全部剥完后进行试验。

试验时,可选用靛蓝,或四唑测定种子生活力。

4.1　靛蓝——靛蓝胭脂红染色法

用蒸馏水配成0.05%~0.1%的溶液,然后将种胚放入。在温度20~25 ℃条件下2~3 h后,无染色的为有种子生活力的种子,否则为无生活力的种子。

4.2　氯化(或溴化)三苯四唑——四唑染色法

用蒸馏水配成 0.1%~1.0 %(一般用 0.5 %)的溶液,然后将种胚放入。在温度 20~25 ℃条件下 2~3 h 后,凡是染红色的为有生活力的种子,否则为无生活力的种子。

除上述进行种子品质鉴定外,还要清除病虫及损胚的种子。

六、种子储藏

根据作者实践证明,当年采集的木瓜族植物种子,经过层积沙藏,一般发芽率达 90.0 %以上。其具体方法为:储藏坑选择在背风向阳、地势高燥、排水良好、无鼠害的地方。一般坑深 50.0~80.0 cm,宽 60.0 cm,坑的长度视种子数量多少而定。储藏坑挖好后,坑底铺湿润细沙约 10.0 cm,并竖放 1~2 束秸秆,利于通气,沙上放入混有湿润细沙的种子(3∶1)。当混有湿润细沙的种子放到距地表 15.0~20.0 cm 处时,覆湿润细沙后,盖土使其高出地面。然后,在储藏坑四周挖排水沟,以防雪水浸入坑内积水。在种子层积沙藏过程中,通常检查 1~2 次,以免储藏坑内水分过大,引起种子腐烂,或湿度过小,造成种子发芽不一,或起不到层积沙藏的催芽目的。如果发现储藏坑内水分过大时,加入干细沙,混匀后达到细沙湿润为宜(手捏后湿润细沙无水滴即可);反之,适量喷水达到储藏坑内细沙湿润为止。然后,按上述层积沙藏方法,将种子放入储藏坑内,供翌春进行播种育苗时用。

第二节　良种苗木繁育技术

木瓜属等植物良种苗木繁育,通常采用播种育苗、扦插育苗、嫁接育苗方法。现将 3 种方法,分别介绍如下。

一、播种育苗　图版 30:1、2

1. 育苗地选择

育苗地的选择直接影响到苗木产量、质量和成本高低,是决定育苗成败的重要关键技术措施之一。该族植物幼苗具有怕旱、怕涝、怕盐碱、怕强光、忌瘠薄,喜土层深厚,土壤肥沃、疏松、湿润,排水良好的沙壤土,或黏壤土。杂草丛生,地势低洼,土壤瘠薄地、盐碱地、低洼积水地、沙地,不能作为育苗地,否则必须经过土壤改良后,再作育苗用地。

2. 细致整地

育苗地选择后,必须进行深耕细整,才能达到改良土壤性质,提高土壤保墒、保肥能力,为种子发芽出土、苗木健壮生长创造适宜的环境条件。深耕细整,是培育木瓜属等植物优质壮苗的重要措施之一。

育苗整地要求是:整地及时,床面平整,深度适宜,深浅一致,土垡下实,土块细碎,无杂根及石块。整地最好在秋末冬初进行深耕。耕地深度为 25.0~30.0 cm,耕后不耙,使其经过冬季进行充分风化,并冻死有害病虫。翌春土壤解冻后,施入基肥;地下害虫较重的育苗地,在耕地前每亩均匀撒入杀虫农药 1.0~1.5 kg 后,再进行浅耕细耙,可使育苗地达到上垡下实、土层不乱、土肥混合均匀的要求。同时,要及时拣出石块、树根,然后耧平筑床。

3. 施入有机基肥

整地时,施入有机基肥,不仅能直接供应和满足苗木生长对土壤养分的需要,而且能改善土壤理化性质,促进土壤团粒结构形成,提高土壤微生物活动能力,为苗木生长发育创造适宜的环境条件。基肥应以有机肥料为主,适当加入一定数量的复合肥,通常在秋后,或翌春整地时施入。每亩施入有机基肥以 4 500.0 kg 左右为宜。

4. 做床

做床一般可在春季土壤解冻后进行。河南各地通常采用平床。

平床适宜于地势平坦,地下水位较低,排水良好,土壤疏松、透气性强的地区。做床时,首先在整平的育苗地上,用划行器,或长绳,按要求进行划印做床。一般苗床长 10.0 m、宽 1.0 m。然后,用板镢、锄,或刮板,沿线印堆土、拍实成垄。苗床做好楼平后,引大水灌溉,待水分渗干后,再用锄松土约 10.0 cm 后,楼平床面,准备播种。

5. 种子催芽

催芽是为种子创造适宜的发芽条件,提高种子发芽率和发芽势。催芽的方法较多,通常采用朝阳池催芽法。该催芽方法如下:选择背风向阳地方,根据种子多少挖一催芽池,将其混入湿润细沙(1∶3),上面加盖塑料薄膜,保持其内气温 15~20 ℃,空气相对湿度 80.0% 以上。3~5 d,搅拌 1 次,使种子受温、受湿均匀,利于发芽整齐。

种子数量较少,也可用木箱,或瓦盆,放在温室,或塑料棚内,进行种子催芽。也可以采用热水催芽法,其方法是将种子放入桶、盆内,用 50~60 ℃ 的热水浸泡 5 min 左右后,加入冷水浸 10~15 h 后,倒去水,用筛筛去没膨大的种子后,加入 1.0% 碱水充分洗去晒胶质黏液后,再用 15 ℃ 左右热水进行催芽。其余没膨大的种子不再用。

6. 播种技术

播种技术是培育优质壮苗的主要技术措施之一。其内容如下:

6.1　播种时间

应根据当地的气候条件,选择适宜的播种期。为延长苗木生长期,可在春季晚霜期前 10~15 d 进行播种。

6.2　播种方法

通常采用条状撒播,即将经过催芽的种子,均匀地撒播在播种沟内后,覆细土约 2.0 cm,用秸草覆盖,或用塑料薄膜搭成弓形棚,保持棚内一定的温度(20~25 ℃)和空气相对湿度 70.0% 左右,利于种子发芽出苗。播种量直接影响到苗木质量和产量,合理的密度是培育木瓜属等植物苗木优质、壮苗的基础。木瓜种子每千克 7 000~10 000 粒,一般每亩播种量以 1.2~1.5 kg 为宜,单位面积上以 1.00 万~1.67 万株/亩为宜。

此外,也可以采用营养杯育苗。

7. 苗圃管理

木瓜植物种子播种后,很快发芽出土、生长发育,并在年生长发育的不同阶段中,要求不同的外界环境条件和采取相应的管理措施,才能达到提高苗木产量和质量、培育优质壮苗的目的。其苗木管理技术措施根据苗木生长期的不同而有区别。

7.1　出苗期

木瓜种子经过催芽后,从播种到幼苗出土,历时 10~15 d。这一时期,由于幼苗依靠种子内部储存的养分,供生根、发芽,所以幼苗出土早晚和整齐与否,土壤温度、水分是主导因子。这一时期加强苗床管理,特别是适时喷水,保持土壤具有一定温度和湿度,有利于幼苗生长和发育。同时,严防土壤板结、病虫危害及日灼、闷芽等灾害。特别是立枯病 Hylemyia platura Meigen、蝼蛄、地老虎等危害,是造成缺苗、断垄的主要原因,应及时防除。如 2017 年,作者进行木瓜播种育苗时,没进行土壤、种子杀菌消毒,结果幼苗遭立枯病危害,全部死亡。

7.2　生长初期(扎根期,或蹲苗期)

从幼苗出现第 5 片小叶起,能进行独立营养生长开始,到苗木速生期开始出现时为止。该期应采取措施是:① 适时、适量灌溉,保持土壤具有一定湿度。为此,每隔 7~10 d 灌溉 1 次,使床面土壤保持湿润,利于苗木的良好生长和发育。② 严防日灼和病虫害的发生。采取预防措施,做到苗齐、苗全、苗壮。③ 及时间株定苗。当幼苗长出第 5~7 片叶时,应及时进行间苗。间苗时,要留大、留优,留苗距离,一般每米长的播种行上留苗 5~10 株,即每亩保留 10 000~15 000 株为宜。要结合间苗进行带土移栽,以扩大苗木数量,提高苗木质量。④ 适时中耕、除草,为苗木速生和根系发育创造条件。

7.3　速生期

从苗木高生长加速开始到秋末苗木生长缓慢为止,即从 6 月上旬至 9 月上旬。该期加强苗圃管理是培育壮苗的关键。为此,应采取如下技术措施:① 灌溉、施肥。天气干旱时,应及时灌溉,一般 10~15 d 1 次。灌溉前,应追施肥料,以尿素为最好,每次每亩可施 3.0~3.5 kg,也可在距苗行 15.0~20.0 cm 处,挖深、宽约 10.0 cm 的小沟,将肥料撒入,覆土后,进行灌溉。有机肥料必须充分腐熟,可进行沟施,施后覆土,达到充分利用肥效的目的。② 中耕、除草。苗木速生期间,行间很快郁闭,仅有少量杂草生长,应及时拔除,一般不再进行中耕。如行距较宽,行内杂草丛生、地表板结,可在灌溉后,适时疏松地表,清除杂草,利于苗木生长发育。③ 排涝防害。苗木速生期,正处雨水较多季节,特别是大雨、暴雨和连阴雨天气,平床地面容易积水,加之高温,易发生苗木根腐,造成死亡。为此,雨后应及时排除积水。④ 严防虫害。木瓜等苗木一般虫害不多,也不易造成灾害,偶尔发现黄刺蛾 Philosamia cynthia Walker et Felder、大袋蛾 Cryptothelea variegate Snellen 等,用人工捕捉便可消灭。

7.4　生长后期

苗木从速生期后,高生长显著下降开始,到秋末落叶为止。该期的主要任务是:防止苗木徒长,促进木质化,提高苗木越冬抗寒能力。因此,在管理上应采取以下措施:9 月下旬,停止灌溉和施氮肥。苗木高生长停止后,一般于下午傍晚,进行叶面喷施磷、钾肥(浓度 1.0%~3.0%)1~2 次,提高苗木木质化程度。

7.5　休眠期

苗木从落叶到翌年春发芽前,称休眠期。该期苗木处于微弱的、正常的生理活动状态中,应在 12 月上旬前后,灌溉越冬,严防苗木冻害和牲畜危害。

特别提出的是,营养钵育苗移栽技术是培育砧木苗的一个方向。它具有省工、省料、节约成本等优点。营养钵育苗的主要技术如下:① 建造简易塑料温室。选择背风向阳、地势高燥处,搭建塑料大棚(长、宽度视种子多少而定),其内用砖砌成方块苗床,用以放置营养钵。② 播种。营养钵内用腐熟的厩肥与细沙土(2∶1)混匀后,作营养土装入营养钵后,摆放在苗床上。然后,将经过催芽的种子(裂口)播种、覆土后,及时喷水,保持一定温度(20~25 ℃)和土壤湿度(25.0%左右),促进种子发芽出土。种子发芽出土前后,易受立枯病等危害,应及时喷50.0%托布津800倍药液,或50.0%的退菌特800倍液进行预防。③ 移栽。播种幼苗出现2~3片真叶时,带土移入苗圃地内。株行距离,一般行距40.0~50.0 cm、株距15.0~25.0 cm。移栽前,逐渐拆除塑料薄膜,经10~15 d后,再进行移栽。移栽时,除去营养钵。移栽后,及时喷水,严防干旱和病虫危害,并加强水肥管理。

二、芽苗培育与移栽

芽苗培育与移栽的技术要点如下:① 种子进行沙藏处理,翌春取出储藏骨质种子,置于向阳处挖50.0 cm × 50.0 cm × 50.0 cm的朝阳池,进行催芽。种子与细沙成3∶1混匀,放入坑内,用塑料薄膜盖上,保持湿度,每3~5 d喷水1次,并进行翻拌,待种子裂口时,捡出播种。② 芽苗培育。选背风向阳处,挖宽1.2 m、深30.0~60.0 cm,长度不等,做成朝阳池,池床底北高南低,成一斜面,便于排水。床面铺细沙,沙用呋喃丹(3.0 g/m²)和硫酸亚铁(5.0 g/m²)处理。③ 播种期为11月下旬,或12月。每平方米播种约2 000粒,然后覆2.0 cm厚细沙,搭成弓形棚。棚上覆盖2层薄膜,保持其内温度15~20 ℃及空气相对湿度75%左右,促进种子发芽出土及幼苗健壮生长。④ 翌春晚霜后,及时移栽。移栽前,幼苗要进行锻炼15~20 d。移栽时,将幼苗取出,放在盛水盆内,以防风吹、日晒损伤幼苗根系。同时,在苗圃地内苗床上开沟,沟深、宽约10.0 cm,浇水后将幼苗放入水沟内,慢慢覆土,勿损伤根系。移后,严防病虫害、日灼。⑤ 苗木落叶后结果表明,4月5日移栽的幼苗平均苗高1.20 m,地径1.30 cm;4月20日移栽的苗高为1.15 m,地径1.26 cm,而大田播种的苗木高0.95 m,地径1.13 cm。

三、嫁接繁殖

1. 嫁接目的

嫁接是人为构成接穗与砧木共生的一种方法,培育成一个植株。以繁殖为目的的枝、芽称为接穗(接枝、接芽),被嫁接植株称砧木。嫁接繁殖的优点是:① 保持嫁接种与栽培品种的优良特性;② 用其他方法难繁殖,或不能繁殖的种与栽培品种;③ 嫁接苗能促进生长、发育、提早开花与结实,还能缩短育种年限,利于老树,或劣栽培品种植株更新复壮;④ 采用蒙导技术,培育无性杂种、无性杂交栽培品种。

2. 嫁接亲和性

嫁接亲和性是指嫁接成活后的植株能够正常生长发育,即生长、开花、结实。其原因是:同属,或同种间不同栽培品种间嫁接成活率高,且能正常生长发育和开花、结实。嫁接不亲和性是指嫁接成活后的小苗生长不良,多形成"小脚",或"大脚"现象,即嫁接植株树的嫁接处,形成上下接合处粗细差异极大,容易引起死亡。其原因是:① 亲缘关系远,② 生长速度差异大,③ 组织结构不同,④ 砧木与接穗所需的养分与水分差异大。如木瓜嫁接于贴梗海棠、日本贴梗海棠很难成活生长;反之,也不能成活生长。

3. 嫁接种类

木瓜属等植物良种繁育方法较多。按照接穗与砧木种类不同,可分为枝接、根接、绿枝接、靠接、高接、芽接、靠接等。其中,枝接又分为切接、劈接、合接、鞍接、舌接、皮下接等;芽接又分为"T"芽接、盾芽接、倒芽接、削芽接、嵌芽接、套芽接等。

为加速木瓜族植物良种繁育,现介绍目前通常采用的几种方法。

3.1 切接

切接在枝接中具有广泛的代表性,不仅能培育各种苗木,又能在大树上高接换种、更新复壮时应用。切接的基本技术如下。

(1)采穗条时期。接穗条可在树木落叶后到翌春萌动前的休眠期间采集。落叶后采集的接穗条,用湿沙储藏起来,到嫁接时应用,但以随采随接为宜。

(2)接穗条规格。接穗条必须是具备繁育目的的优良成活生长品种。采集时,应选择光照充足、发育充实的健壮枝条,弱枝、花枝、2次枝、病虫害枝、徒长枝均不宜选用。接穗条采集后,应除去上部发育不充实部分,下部去掉芽分化不良的部分,选用枝条中部的饱芽部分。该部分接穗条上芽饱满、发育良好、利于成活。

(3)接穗条储藏。冬采,或早春采集的接穗条,可剪成长20.0~30.0 cm,30~50根捆成一捆进行储藏。储藏地点以地势高燥、排水良好、温度低处为宜。储藏坑深50.0 cm,大小依接穗条数量多少而定。具体方法,与种子"层积沙藏"方法相似,但不同点是:一层湿润细沙,一层嫁接接穗条。也可放在低温(5.0 ℃左右)储藏库内储藏。

(4)嫁接时期。从11月到翌春3月上、中旬均可进行。切接可将砧木苗起出,在温室内嫁接后,放在湿沙中储藏,用塑料薄膜覆盖,待接合处愈合后,翌春发芽前移栽,成活率高。各地经验表明,在苗圃内采用切接方法繁育木瓜属等植物良种苗时,一般以春季3月上、中旬为宜。

(5)削接穗。当天嫁接用的接穗条,放在湿润的包裹中,然后削接穗进行嫁接。削接穗的方法是:先在接穗基部2.0~3.0 cm处上方芽的两侧切入木质部,下切呈水平状,成双切面,削面平滑,一侧稍厚,另一侧稍薄。削好的接穗最少要保留2个芽为好。

(6)削砧木。砧木苗从根颈上10.0~15.0 cm处剪去苗干,断面要平滑,随之选择光滑平整的砧木一侧面,用刀斜削一下,露出形成层,对准露出的形成层的一侧,用切接刀从其边部向下垂直切下2.5~3.5 cm,但切伤面要平直。

(7)接法。将削好的接穗垂直插入砧木的切口内,使接穗和砧木的形成层上下接触面要大、要牢固。若砧木和接穗粗细不同,其两者的削面,必须有一侧形成层彼此接合。若从一侧面看时,二者的切削面接合之间有空隙,表明接穗,或砧木切削不平,不易成活。为此,要重新削切,其面积要平滑,并要技术操作熟练。接后,用塑料薄膜绑紧,切忌碰动接穗。通常每1砧木上嫁接1个接穗。若砧木,或大树上砧枝过粗(3.0~10.0 cm),可接多个接穗。在田间进行切接时,其嫁接方法相同,但不同点是:接穗应用塑料薄膜绑紧,以防接穗失水过多,而影响成活。接穗成活后,及时用刀破膜使接穗上的芽萌发抽枝生长。切接技术如图8-1所示。

(8)管理。温室内切接后,将接后的嫁接植株放在湿润的有塑料薄膜覆盖的温室内,进行假植,保持一定湿度和温度,利于接口愈合,但以不发芽为宜。翌春进行移栽。移栽时,严防碰动接穗,以保证嫁接具有较高的成活率。移栽成活后,及时松绑接穗、除萌、中耕、除草、灌溉、施肥、防治病虫和防止成活的接枝风折等。

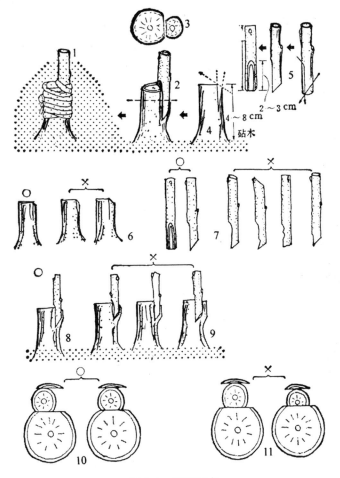

图8-1　切接技术

1. 截劈砧木;2. 削接穗;3. 接穗插入砧木;4. 接后,扎绑与封土;

5. ○正确截劈砧木,×不正确截劈砧木;6. ○正确削接穗,×不正确削接穗;

7. ○正确接穗插入砧木,×不正确接穗插入砧木;8. 正确接穗与砧木对准形成层

(选自町田英夫等著. 孙昌其等译. 1982.《花木嫁接技术》)。

(9) 切接成活过程。提高嫁接成活必须考虑接穗与砧木的内部条件,即枝与芽发育充实和营养丰富;嫁接后必须考虑如何加速促进接穗与砧木形成愈伤组织,提高成活外部措施,即保持接穗与砧木接合处最适宜的温度与湿度(需7~20 d),以利于两者形成层细胞分裂与愈合。现以切接为例,介绍其嫁接成活过程。切接成活过程如图8-2所示。

(10) 影响切接成活因素。影响切接成活的主要因素是接穗与砧木的亲和性,还必须考虑接穗与砧木的内部条件,即接穗与砧木发育充实和营养丰富与否;嫁接后必须保持接穗与砧木接合处最适宜的温度与湿度(需7~20 d),以利于两者形成层细胞分裂与愈合,即影响切接成活的主要因素。

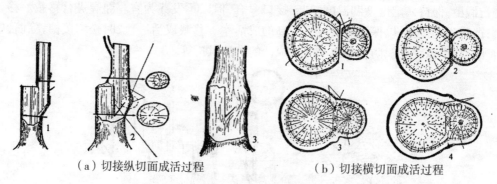

（a）切接纵切面成活过程　　　　　（b）切接横切面成活过程

图8-2　切接成活过程

（选自町田英夫等著. 孙昌其等译.1982.《花木嫁接技术》）。

3.2　劈接

劈接技术具体方法与切接技术具体方法相同,但不同点是:① 嫁接时期。通常以3月上、中旬进行嫁接为最适时期。② 砧木选择。砧木苗粗度,以粗2.0~3.0 cm为佳。大树上的砧枝,以2~3年生的长壮枝为宜。这种砧枝嫁接成活后,接穗萌枝多而壮,扩大树冠快,成蕾早,产量高。③ 砧木劈开切面在砧木中间。

劈接技术如下:

（1）削接穗。当天嫁接用的接穗条,放在湿润的包裹中,然后削接穗进行嫁接。削接穗的方法是:先在接穗基部2.0~3.0 cm处上方芽的两侧切入木质部,下切呈水平状,成双切面,削面平滑,一侧稍厚,另一侧稍薄。削好的接穗最少要保留2个芽。

（2）削砧木。砧木苗从根颈处上面5.0~10.0 cm处剪去苗干,断面要平滑,随之选择光滑平整的砧木一侧面,用刀斜削一下,露出形成层,对准露出的形成层的一侧,用切接刀从其边部向下垂直切下2.5~3.5 cm,但切伤面要平直。

（3）接法。将削好的接穗垂直插入砧木的切口内,接穗和砧木的形成层上下接触面要大、要牢固。若砧木和接穗粗细不同,其两者的削面必须有一侧形成层彼此接合。接后,用塑料薄膜绑紧,切忌碰动接穗。劈接技术,如图8-3所示。

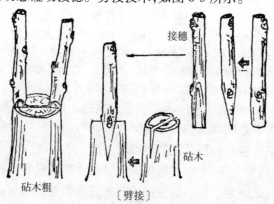

接穗

砧木

砧木粗　　　〔劈接〕

图8-3　劈接技术

（选自町田英夫等著. 孙昌其等译.1982.《花木嫁接技术》）。

（4）加强管理。接芽成活后,及时松绑接穗、除萌、中耕、除草、灌溉、施肥、防治病虫和防止成活的接枝风折等。

3.3　腹接

腹接具有嫁接速度快、成活率高的优点,适宜较粗砧木,或砧枝嫁接。具体方法与技术如下:

（1）采穗条时期。春季芽萌动前采集。采集的接穗条,用湿沙储藏起来,到嫁接时应用。但以随采随接为宜。

（2）接穗条规格。与切接相同。

（3）嫁接时期。以春 3 月上、中旬为嫁接的最佳时期。

（4）削砧木。砧木苗从根颈上 10.0~15.0 cm 处剪去苗干,断面要平滑,随之选择光滑平整的砧木一侧面,用刀斜削一下,露出形成层,对准露出的形成层的一侧,用切接刀从其边部向下垂直切下 2.5~3.5 cm,但切伤面要平直。

（5）削接穗。当天嫁接用的接穗条,放在湿润的麻包片中,然后削接穗进行嫁接。削接穗的方法是:先在接穗基部 2.0~3.0 cm 处芽的对面削入木质部,切口平滑,长约 3.0 cm,而在对面将皮层削掉,露出木质部,勿使木质部与韧皮部分离。

（6）接法。用光滑的竹片,或刀,将砧木上光滑切口处的韧皮部挑开,削好的接穗垂直插入砧木切口处后,接触面要大。然后,用塑料薄膜绑紧。接穗用塑料薄膜套上,或包住接穗,以免失水过多,而影响成活。接穗成活后,及时用刀破膜使接穗上的芽萌发抽枝生长。腹接技术如图 8-4 所示。

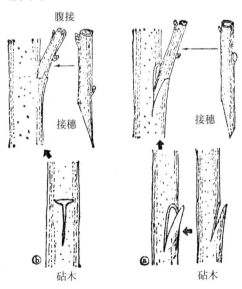

图 8-4　腹接技术

（选自町田英夫等著. 孙昌其等译. 1982.《花木嫁接技术》66 页）。

3.4　芽接

芽接俗称“热粘皮”。它具有接得快、成活率高、苗木壮等优点。芽接方法也有多种,如盾形芽接、倒芽接、削芽接、套芽接、嵌芽接、钩形芽接等。

芽接中通常采用"T"芽接与嵌芽接等。现介绍"T"芽接技术。

（1）芽接时间。从砧木萌芽前3月中、下旬到9月上中旬，均可进行嫁接。例如，3月中下旬芽接成活率达80.0%左右，4月下旬芽接成活率达80.0%左右，5月上旬至6月下旬为92.0%~95.7%，7月中旬为76.5%，8月上旬为83.3%，9月上中旬嫁接成活率达95.0%以上，10月上中旬芽接成活率为84.7%，12月上旬芽接成活率为3.0%。

（2）选择砧木。选择地径粗1.0~1.5 cm的1年生望春玉兰实生苗，或树上1年生枝作砧木。然后，摘除幼嫩枝梢及部分叶片，形成通风透光的条件，利于嫁接工作进行和嫁接后接芽愈合快，成活率高。2龄以上的砧木芽接成活率低，要注意。

（3）选择接穗条。选用优良品种幼壮植株上发育充实的1年生枝作接穗条。然后去掉叶片，用中间饱满芽的枝段，细弱枝、内膛枝、下垂枝、病虫害枝及徒长枝不能选用。

（4）芽接天气。芽接前，要注意天气预报，即芽接后约7 d无雨为佳，否则严重影响芽接成活率。例如，戴天澍高级工程师经验表明，芽接后，当晚大雨，连续几天下雨，则接芽全部死亡。因此，芽接应注意嫁接前的天气预报，这点极为重要。

（5）芽接技术。①削接芽。通常选用接穗条中间的饱满芽进行芽接。接芽削取时，应从接芽基部下1.0~1.5 cm处下刀，削成长2.0~3.0 cm的芽片。芽片不要太厚，里侧稍带薄的木质部为宜。②削砧木与芽接。芽接前10~15 d，应灌溉1次。同时，要注意天气预报。选择砧木的适宜处，去掉泥尘，在地面10.0 cm左右地方，刻"T"字形口，拨开皮层，将削好的接芽插入皮层内，上切口对齐，使两者形成层相互密接后，用塑料薄膜绑紧。接芽外露，上切口处更要绑紧，以防雨水入内，影响成活率。"T"芽接与嵌芽接技术如图8-5所示。

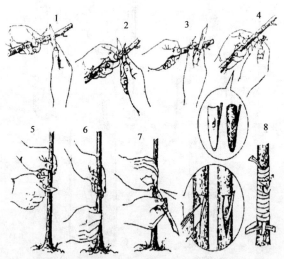

图8-5　"T"芽接技术

1、2. 削接芽，3、4. 取芽片，5、6. 拨开砧木开口皮层，

7. 插入接芽上切口对齐，8. 用塑料薄膜绑紧

（选自孙时轩主编. 1987.《林木育苗技术》）。

（6）接后管理。3~6月芽接的接芽成活后，适时剪除接芽上的砧木。接芽萌发后，及时绑缚，以防风折。同时，还要加强中耕、除草、施肥、灌溉、防治病虫，及时抹除砧木上的萌芽,加速苗木生长,提高苗木质量。8~9月芽接的接芽成活后,到翌春砧木芽萌前10~15 d,从接芽上3.0~5.0 cm处剪去砧木上枝段,以免剪口距接芽太近(>2.0 cm),否则会造成芽接上枝段干枯,影响接芽萌发。

3.5 根接技术

该法嫁接具有成活率高、成本低等优点。其具体方法如下:

(1)选择生长健壮的1~5年生的壮苗,待其落叶10~20 d后,在其一侧挖取粗度4~20 mm的根。然后,剪成长10.0~12.0 cm,按粗细分级后,用湿润细沙掩埋,供嫁接时用。

(2)选择中、长枝为接穗条,其中以中部饱满芽为好作接穗。接穗条选取后,用利剪从叶柄基部0.3~0.5 cm处剪去叶柄,剪口要平。

(3)根接时期。从取根开始直到翌年3月上旬。

(4)根接技术。接根与接穗等粗,或超过接穗时,接根当砧木。嫁接时,用利刀将砧根上端削平后,垂直劈开,将接穗削成楔形,插入砧根切口内,一侧对准形成层后,绑后进行储藏。若砧根细,接穗时,用利刀将接穗下端削平后,垂直劈开,将砧根上部削成楔形,插入接穗切口内,一侧对准形成层后,绑后进行储藏,如图8-6所示。

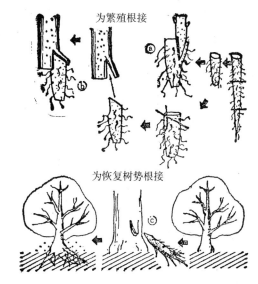

图8-6 根接技术

(选自町田英夫等著. 孙昌其等译.1982.《花木嫁接技术》72页)。

(5)根接储藏。储藏可在室外挖深宽40.0 cm左右的储藏坑。坑底铺湿润细沙后,一侧用湿润细沙堆成40°左右斜坡后,将接好的根接接穗斜排放在斜坡上,排放厚度一般为10.0 cm左右,再用铺湿润细沙堆成斜坡,直到放满。最后湿润细沙将储藏坑填满。也可在温室内采用相同方法进行储藏。

(6)根接苗移栽。翌春土壤解冻后,耧平育苗地,按40.0~60.0 cm行距,开成深20.0 cm的移栽沟,灌水于沟内,将愈合的根接接穗按15.0~20.0 cm的株距摆放,上端高低一致,封土后,覆盖薄膜,便于保持其湿度,提高地温,利于新根生长发育。

(7)加强管理。根接苗管理与其他嫁接方法管理相同。

四、木瓜与木瓜贴梗海棠组培技术

1. 木瓜组培技术

2017 年 5~7 月，刘永恒进行木瓜快繁试验研究。试验研究的内容是用木瓜种子与幼枝进行快繁试验。现将快繁试验结果简介如下。

1.1　木瓜种子组培试验

1.1.1　木瓜种子处理

首先将木瓜种子用温水 40~50 ℃浸种，使其膨胀，洗去胶质黏液，再用自来水冲洗 30 min 后，再放入 75.0%乙醇中浸泡 30 s 后放入 1.0 g/L 溶液中消毒 7 min 后，用无菌水冲洗 4~5 次，再放入无菌水中浸泡 24 h 后，置于无菌条件下，剥去种皮，收集种仁。

1.1.2　木瓜种仁组培

将取出的种仁，分 3 组：A 去掉种皮的胚芽，B 去掉子叶的胚芽，C 保留子叶的胚芽，在无菌条件下接种在 MS+蔗糖 30.0 g/L +琼脂 7.0 g/L 的培养基上，进行观察。其结果是：A 发芽率 99.0%，没污染，幼苗生长迅速，是比较理想的一组；B 发芽率 52.0%，污染率 10.0%，幼苗生长迅速；C 发芽率 0.0%，污染率 12.25%，幼苗生长一般，污染很少。

1.2　木瓜外植体组培初代试验

1.2.1　木瓜外植体处理

首先选木瓜幼枝，剪叶、留叶柄，去托叶，截成长 4.0~5.0 cm 带芽的枝段，用加入洗洁精的自来水冲洗 15~20 min 后，再用自来水冲洗 2~3 次，分组用 0.1%升汞溶腋 6 min、8 min、10 min、12 min 后，用无菌水冲洗 3~5 次，置于无菌条件下，截成带芽的小段，接种在无菌条件下的 MS+6-BA 1.0 mg/L+BAO 1.0 mg/L+蔗糖 30.0 g/L +琼脂 7.0 g/L 的培养基上，进行观察。

1.2.2　木瓜外植体试验结果

愈伤组织数 48 个，比率 47.7%；外植体变黑 9 个，比率 10.0%；外植体变褐 11 个，比率 12.2%；外植体污染 6 个，比率 6.7%；外植体发霉 8 个，比率 8.9%；外植体正常 13 个，比率 14.5%。

1.3　木瓜外植体组培继代试验

1.3.1　木瓜外植体处理

其处理广法与初代试验处理相同。其不同之处是把培养体接种在无菌条件下的 MS+BA 0.5 mg/L+NAA 0.1 mg/L+GA 0.2 mg/L+AD 0.2 mg/L+蔗糖 30.0 g/L +琼脂 7.0 g/L 的培养基上，进行观察。

1.3.2　木瓜外植体试验结果

经过 28 d 观察，木瓜组培苗生长发育良好。

1.4　木瓜外植体组培最优试验

1.4.1　木瓜外植体处理

其处理广法与初代试验处理相同。其不同之处是把培养体接种在无菌条件下的 MS+BA 0.5 mg/L+NAA 0.1 mg/L+GA 0.2 mg/L+AD 0.2 mg/L+蔗糖 30.0 g/L +琼脂 7.0 g/L 的培养基上，进行观察。

1.4.2　木瓜外植体试验结果

试验结果表明,生长素 IAA、IBA、NAA、2,4-D 中,以 0.05 ~ 0.5 mg/L 浓度为宜。

1.4.3　木瓜外植体试验结果

试验结果表明,3 种培养基,即 3/2 MS、MS、3/4 MS,以 MS 最佳。

2. 木瓜贴梗海棠组培技术

2017 年,张庆田、夏阳、孙仲序等进行木瓜海棠组织培养技术的研究。试验结果表明,快繁最佳培养基:MS + 6-BAA 1.0 mg/L + NAA 0.1 mg/L + 2.4-D 0.2 mg/L,增殖系数可达 8.7。生长最佳培养基:1/2 MS + IBA 1.0 mg/L + NAA 0.2 mg/L。在 MS + 6-BA 4.0 mg/L + 2.4-D 0.5 mg/L 培养基上,愈伤组织生长较快,结构正常。

五、其他育苗技术

1. 扦插繁殖

扦插繁殖分为硬枝扦插和嫩枝扦插 2 种,将 ABT 生根粉按说明书比例配成溶液,把插穗的基部浸泡 8 ~ 12 h,扦插介质以排水良好的沙土,或蛭石为宜。但不适宜木瓜,日本贴梗海棠等中有些栽培品种扦插不易成活。

1.1　硬枝扦插

硬枝扦插一般于冬春季进行。通常于 9 月下旬可剪取当年生壮实的木质化枝条作插穗,3 月下旬也可剪取健壮充实的 1 年生枝条作插穗,插穗粗度在 5 ~ 10 mm,每段长 15.0 cm 左右,插入土中一半,插后浇 1 次透水,并覆膜保温,以后保持膜内土壤湿润,温度过高时揭开塑料膜进行通风,插后约 40 d 生根。

(1)李淑芳等进行木瓜贴梗海棠扦插试验时用营养袋 20.0 cm × 10.0 cm,装入用甲醛消毒的土壤,采用 1 ~ 2 年生的壮条。剪成长 15.0 ~ 20.0 cm 的插条,基部斜剪,用 3 号生根粉 500 mg/L 及 1 000 mg/L 水溶液浸 2 h 后,取出插入营养袋土壤。每天早晚喷水 1 次,保持土壤水分含率 80.0% 左右。3 个月后,将成活的插条移入苗圃地内,加强苗圃管理。其试验结果表明,冬春扦插的插条 1 000 mg/L 处理的成活率 86.5%,500 mg/L 处理的成活率 78.4%,对照(水)处理的成活率 30.0%;雨季扦插的插条 1 000 mg/L 处理的成活率 86.0%,500 mg/L 处理的成活率 71.0%,对照(水)处理的成活率 30.0%。

(2)2013 年,郎鹏、常兆晶、袁龙义等在《木瓜海棠硬枝扦插繁殖研究》一文中介绍,扦插繁殖技术是在 2 月中旬,采集枝条在温室内沙藏 1 周,沙湿度不低于 60.0%。生根粉 3 种:ABT 1 号生根粉、NAA 萘乙酸、911 生根粉,其浓度分别为 50 mg/L、100 mg/L、200 mg/L、400 mg/L。培养基:泥炭、珍珠岩、蛭石,其比例为 3∶2∶5。枝条分上、中、下 3 部分剪取分放。插条长度 7.0 ~ 9.0 cm,具 3 ~ 5 芽。插条在不同浓度的生根粉药液中浸 2 mg/Lh,扦插后浇水 1 次,保持温度 18 ~ 20 ℃,晚间不低于 15 ℃。晴天 10 时、16 时喷雾 1 次。15 mg/Ld 喷 0.2% 多菌灵 1 次,防止插条腐烂。

试验结果表明,春插成活率 66.81%,误差 6.51%;秋插成活率 83.21%,误差 3.85%;顶部插条成活率 34.4%,误差 4.15%;中部插条成活率 46.5%,误差 3.38%;基部插条成活率 25.2%,误差 5.35%。NAA 最佳浓度 100 mg/L,ABT、911 生根粉最佳浓度 200 mg/L。

（3）2010年，刘珠琴、黄宗兴、舒巧云在《木瓜海棠长寿冠扦插技术研究》一文中介绍，采用200 mg/L、500 mg/L、1 000 mg/L、1 500 mg/L 的 IAA、NAN、IBA 溶腋浸插条 1.5 h、1.0 h、30 min，浸 2~3 min 后，放置于拱形塑料棚内，保持插床温度 20 ℃左右，不超过 30 ℃；保持插床湿度 90%以上。扦插后，每天 07:30~19:00，喷水 40 min，间隔 35 min。阴天、夜间停止。15 d 喷 0.2%多菌灵，或百菌清溶液 1 次，连续喷 2~3 次，防止插条腐烂。30 d 后统计插条成活率。

试验结果表明，基质为珍珠岩的成活率（24.67±4.16）%；河沙的成活率（63.33±6.11）%；泥炭土的成活率（44.00±2.00）%；蛭石的成活率（29.33±3.06）%；混合基质（泥炭土 3、珍珠岩 2、蛭石 5）的成活率（74.47±3.06）%。半木质化插条：梢部的成活率（68.67±35.47）%，中部的成活率（83.33±33.06）%；基部插条成活率（49.33±8.33）%。

（4）2018 年 2 月，作者采用"快速生根粉"50 mg/L 处理木瓜、贴梗海棠 1 年生枝条，生根成活良好。

1.2　嫩枝扦插

嫩枝扦插通常 5~8 月在生长健壮、无病虫害的幼龄植株上剪取粗壮、生长旺盛的当年生半木质化枝条，插穗长度为 10.0~15.0 cm，剪去下部的叶片，保留上部的叶片，下切处要靠近腋芽，扦插深度以插穗长度的 1/2~1/3 为宜。插后浇 1 次透水，使介质与插穗结合紧密。扦插前期应搭遮阳网，以免强烈的直射阳光灼伤叶片，或造成叶片萎蔫。生根后则应适当增加光照，以促使叶片通过光合作用，制造养分，使幼苗生长健壮。

2. 分株繁殖

分株繁殖是在晚秋或早春将丛生的母株从土中掘起进行分割，每株带有 2~3 个枝干，早春分株有利于分株后伤口的愈合，可直接定植。为确保成活率高，也可在老株旁边挖取蘖枝分栽。目前，贴梗海棠、木瓜贴梗海棠、日本贴梗海棠、华丽贴梗海棠均采用此法繁殖。

3. 留根繁殖

2016~2018 年，作者在河南长垣县贴梗海棠属良种繁育场发现，贴梗海棠、木瓜贴梗海棠、华丽贴梗海棠栽培丛周围萌发很多根蘖苗，一般有 50~100 株，如图版 30:4、5。

4. 压条繁殖

压条繁殖通常有 2 种方法：一种方法，是将 1~3 年生的枝条，在靠地一侧刻伤，弯后压入地下，待其生根成活后，剪断其后，即成带根植株进行移栽。另一种方法，是在萌发，或生长初期，选健壮的枝条，在其基部上边用细钢丝，或铜丝，将其枝条上韧皮部弄破后，在其下部 15.0~20.0 cm 处用黑色塑料薄膜绑成袋筒状，其内装入肥沃的腐殖土，并使其湿润，然后上面扎好，经过一个生长季节后，均从弄伤处萌发很多新根。落叶后，将其剪下，进行移植。

六、杂草及其防除

1. 杂草及其特点

1.1　杂草的含义

凡生于农田、果园、林地、花圃等地与农作物、苗木、果树、林木、花卉等争水、争肥、争光的非目的草本植物均称为杂草。

1.2　杂草特点

① 种类多、分布广；② 繁殖与再生能力强；③ 适应性很强；④ 传播方式多种多样。

1.3　杂草分类

（1）非寄生性杂草：凡具有独立进行光合作用、制造营养物质的能力，能独立生长发育的杂草。其中，可分：① 一年生杂草；② 越冬杂草；③ 多年生杂草。

（2）寄生性杂草：不能独立进行光合作用、制造营养物质的能力，能独立生长发育的杂草，寄生于农作物、苗木、果树、林木、花卉等的杂草。其中，可分：① 全寄生性杂草，如菟丝子；② 半寄生性杂草，如桑寄生。

2.　杂草及其防除

2.1　人工防除

通常采用人工方法，如锄地、铲草、密植等方法。其中，莎草 Cyperus rptundus Linn.、白茅 Imperata cylindrica（Linn.）Beauv. var. major（Neea）C. E. Hubb. ex Hubb. et Vaughan 人工很难除尽。根据作者实践经验，在有莎草、白茅密生的地方，种植南瓜 Cucurbita（Duch. ex. Lam.）Duch. ex. Poiret，加强水肥措施，催进南瓜茎叶密集生长，使杂草严重缺乏营养而死亡。

2.2　化学除草

化学除草的优点是：省工、省钱，工作效率高，便于机械化作业。

（1）化学除草原理：① 阻碍杂草光合作用；② 干扰杂草呼吸作用和能量代谢；③ 扰乱杂草激素作用和核酸代谢，而不影响农作物、苗木、果树、林木、花卉等植物。

（2）常用的有机除草剂，主要有除草醚、2.4-D、二硝甲酚、敌草腈、敌稗、灭草灵、敌草隆、扑草净、茅草枯等。它们分别属于水溶剂、粉剂、可湿性粉剂、乳剂、颗粒剂。

（3）常用的有机除草剂使用方法。依药剂种类不同，而使用方法、剂量也有很大区别。但是，使用前，必须选定药品名称，掌握药品使用技术。

七、苗木出圃与运输

1.　苗木调查

调查的目的在于了解当年苗圃的苗木产量和质量，以便做出造林用苗和营销计划。调查时间，通常在苗木落叶后进行。调查方法，一般根据苗圃面积大小和要求而定。通常采用标准行进行苗木调查，也可采用标准面积调查。标准行调查是指在苗圃地内的育苗面积上按种植总行数的 1.0%~3.0% 作为标准行进行苗木调查。面积调查是指在苗圃地内的育苗面积上按 1.0% 的面积进行苗木调查。若育苗面积小，可增加其调查面积比例，有时可进行全面调查。调查后，按苗木高度，或地径不同，分别统计各级苗木的数量。通常将木瓜一龄实生苗分为四级。其标准是：一级苗，苗高>1.0 m，地径>1.0 cm；二级苗，苗高 0.5~1.0 m，地径 0.6~1.0 cm；三级苗，苗高 0.3~0.5 m，地径 0.4~0.6 cm；四级苗，苗高<0.3 m，地径<0.4 cm。

2.　苗木出圃

苗木出圃通常称起苗，是育苗的重要环节。这一环节如果不注意，会严重降低苗木质量和合格苗的产量。起苗前,必须做好一切准备工作。例如,1~2年生苗木采用裸根造林时,起苗前,必须进行灌溉,保持土壤湿润,以免起苗时过多损伤根系。起苗时,通常在苗行一侧距离苗木25.0~30.0 cm处,开沟深50.0 cm,再从一侧逐渐按株掘取,不可硬拔,以免损伤根系。大苗起苗时,必须根据其地径粗细,一般保持根系长度15.0~20.0 cm,并带土球移栽。土球直径大小,应根据树种、年龄和要求不同而有区别。

3. 苗木假植与运输

木瓜属等植物苗木通常采取春季土壤解冻后,随起苗、随造林。掘取的苗木根系沾泥浆后,再运往造林地进行栽植。也可在12月中、下旬,将苗木掘取后进行假植,翌春造林。假植时,应选地势高燥、背风处挖储藏沟。沟的长度随苗木数量而定,深度50.0~70.0 cm,沟的顺风方向一侧挖成45°~50°的斜坡。苗木放置时,顶部应与当地风向相反,放置苗木不要过厚,上面覆土要厚、踏实。土壤干燥时,覆土后要灌水,然后重新覆土、踏实,以免影响苗木根系干燥,或腐烂,而影响造林后成活率。若长途运输苗木于外地栽植,或造林,在运输过程中,必须严防苗木失水和根系干燥,是确保造林和栽植成活的关键。特别提出,引起注意和重视。

第九章　木瓜族植物栽培理论与技术

为了扩大、发展木瓜族植物,提高栽培质量,加速植株生长,达到速生、丰产、优质的目的,作者多年来在河南郑州市、长垣县及长葛县等多种立地条件下,进行了木瓜、木瓜贴梗海棠、贴梗海棠等调查研究,获得一批非常宝贵的试验材料,取得了集约栽培木瓜等经验。现整理介绍如下。

第一节　适地适树

适地适树是指造林树种的生物学特性,主要是在其生态学特性和造林地的立地条件相适应条件下,以充分发挥造林地的生产潜力,达到在该立地条件和当前技术、经济条件下,可能达到的高产、优质水平和最佳的生态环境。这是造林工作的一项基本理论和原则。为此,只有认真贯彻执行"适地适树"原则,才能发挥造林地的生产潜力,取得造林的最佳效果,达到造林的预期目的。

造林时,在造林地地段(立地条件)确定后,木瓜属等植物种的选择,应该按照"生物、经济兼顾"的原则,全面加以考虑,即根据造林地的立地条件,选择适宜当地生长的树种(包括变种、栽培品种),否则造林就达不到预期目的。

木瓜族植物生长发育的好坏与其植株年果实产量高低、品质优劣密切相关,是受外界多种因素和人为措施相互综合作用的结果。这种结果,必然通过树种的年生长速度、单株年产量高低、品质优劣而表现出来。总之,造林树种必须与外界环境条件统一,生物体才能得以生存、繁衍和发展。

木瓜族植物适应性强、分布地区很广,因而栽培范围也大。中国地域辽阔,横跨亚热带、暖温带和寒带三个气候带,立地条件悬殊极大,有高山、丘陵和平原,土壤种类、气候类型也多种多样。因此,木瓜族植物在我国北迄北京、辽宁南部,南至广西、广东等省(区、市),东起山东青岛,西至陕西、甘肃、云南、四川西部、西藏东南部均有栽培和分布。河南与山东栽培木瓜属等植物品种最多、面积最大。其中,以土层深厚、疏松、通气、肥沃、湿润的沙壤土生长最好,壤土次之,乱石滩地上生长最差,如表9-1所示。同一沙壤土对木瓜不同变种生长与果实重量的影响,如表9-2所示。

表9-1　不同壤土对12年生木瓜生长的影响

名称	沙土	乱石滩地	壤土	沙壤土	黏壤土	重黏土
树高(m)	4.2	5.0	5.45	5.63	5.10	4.0
粗度(cm/50.0 cm)	4.05	5.15	5.60	6.00	5.41	3.80

注:2017年10月,赵天榜等调查材料。

表 9-2　沙壤土对 20 年生木瓜不同变种生长与果实重量的影响

名称	树高（m）	地径（cm）	冠幅（m）	果重（g）
木瓜	6.20	8.10	4.15	230.0~250.0
红花木瓜	6.00	8.24	4.00	230.0~250.0
大叶毛木瓜	5.51	8.51	4.56	400.0~450.0
小叶毛木瓜	5.00	7.54	3.87	129.0~215.0
塔状木瓜	6.86	8.42	4.05	600.0~800.0
垂枝木瓜	5.32	8.60	4.80	85.0~170.0~263.0
球果木瓜	7.32	12.11	6.58	890.0~1 330.0
小果木瓜	6.20	8.10	4.15	30.0~78.0~103.0

注：2017 年 10 月，赵天榜、陈志秀等调查材料。

　　表 9-1、表 9-2 调查材料表明，木瓜在沙壤土上生长最好，壤土次之，沙土、重黏土地上生长最差，而在同一土壤——沙壤土对木瓜不同变种生长和果实重量的影响也很大。其中，球果木瓜生长量大、结果数多，小果木瓜生长量小、结果数少，而单果重 30.0~78.0~103.0 g。

　　为了实现"适地适树"，达到木瓜属等植物丰产、优质，必须采用以下措施：第一，必须做到适地选树，或选地适树。选择造林树种时，应优先考虑采用乡土树种。乡土树种是长期适应当地气候、土壤条件的结果，造林容易成活、成林。第二，改地适树，就是在"地"和"树"之间不能达到统一，影响树木的生长发育时，造林前必须采用技术措施，改变造林地的立地条件，如深翻土壤、施有机肥料，改变土壤瘠薄、土壤质地黏重的造林地，或挖排水沟、修台田、施有机肥料等措施，改造低洼地、盐碱地后，再造林。第三，选择生长快，适应性强、结果多、质优的栽培品种。

　　总之，"适地适树"必须认真贯彻执行，才能发挥造林地的生产潜力，取得造林的最佳效果，达到栽培的预期目的。

第二节　造林地整地

一、整地意义

　　造林整地（简称整地）是造林前改善造林地立地条件（土壤条件）的一项重要工作。细致整地在改善土壤物理化学性质，加速土壤团粒结构形成，增强土壤蓄水、保肥能力中具有重要作用，是提高造林成活率，促进高产、优质的重要技术措施之一。

　　细致整地，尤其是深耕，不仅改善土壤的物理性状，提高土壤含水率，而且在改善土壤化学性状，提高土壤肥力等方面也有一定作用。耕地深度，并不是越深越好。一般耕地深度，以 33.0~100.0 cm 为宜。

　　此外，深耕时不要打乱土层，以免影响林木生长和根系发育。还要拣净石块、草根和树根,并达到土层疏松、平整。

二、整地季节

选择适宜的整地季节,可以较好地改善土壤条件,提高造林成活率,节省整地用工、降低造林成本。因此,整地季节,应根据当地立地条件的特点而定。

在土壤肥沃、湿润、杂草少的造林地上造林,整地最好秋整春栽。"四旁"植树多在春季随整地,随造林。在茅草 Imperata cylindrica(Linn.)Beauv. var. major(Nees)C. E. Hubb. ex Hubb. et Vaughan 丛生的造林地上,造林前1年,或半年必须根除茅草后,才能造林。在茅草丛生的地段,消灭茅草是关键措施。消灭茅草的方法很多。伏天连续耕地2~3次,耕地深度20.0~23.0 cm。每次耕后,用钉齿耙耙地2~3遍,可使90.0%以上茅草死亡。然后,才能造林。作者根除茅草和莎草 Cypeus rotundus Linn. 的经验是:早春在茅草和莎草丛生的地上,每隔5.0~10.0 m,挖1个70.0 cm × 70.0 cm × 70.0 cm 的穴,穴内施入腐熟有机肥料。霜降停止后,茎长1.0 m 左右进行摘心,促进侧芽萌发,6月上旬以后,茎叶覆盖地面,茅草和莎草因无阳光,缺乏养分而全部枯死。

三、整地技术

1. 全面整地

全面整地是在造林地上全面翻垦土壤的一种整地方法。此法多在地形平坦,或坡度起伏较小(≤15°)的造林地上使用。全面整地后的造林地具有蓄水保墒、疏松、肥力较高等特点,因而造林成活率高,幼林生长快。同时,还可间种作物2~3年,达到以农促林、林粮双丰收的效果。

2. 局部整地

2.1 梯田整地

沿等高线筑成梯田。梯田面向内倾斜成反坡,即外沿高、内边低,一般外沿高3°~15°。梯田面宽1.0~3.0 m,埂外,或埂内坡约60°。然后,平整地面,供造林用。

2.2 块状整地

块状整地通常在坡陡、地形复杂、水土流失严重的山地,或大块岩石裸露地上,采用块状整地。块状整地面积大小,根据具体条件而定。

2.3 穴状整地

通常在"四旁"造林地上进行穴状整地。其植穴大小,依具体立地条件和植苗大小而定。

总之,无论那一种整地方式,均必须遵照适地、细致整地的原则进行。整地的质量要求,必须做到以下几点:造林穴内的石块、草根、树根,必须清除干净;穴状整地时,表层土与底层心土放置有序,土层勿乱。

第三节　良种壮苗

良种壮苗是培育林木速生、优质、丰产的物质基础。营林目的不同,对良种的要求也随之不同。

一、良种

良种是指适应性强、生长快、抗病虫害和自然灾害能力强、结实成龄早、年单株产量高、品质优良的树种、变种和栽培品种。

1. 经济林种良种

培养特用经济林种时，则良种标准是：速生、成蕾年龄、单株年产结实量>30.0 kg、品质好、抗病虫性强等，如木瓜中的大果木瓜、球果木瓜，木瓜贴梗海棠中的大果木瓜贴梗海棠等栽培品种。

2. 观赏良种

选作园林绿化观赏良种时，则良种标准是：速生、适应性强、花期早而长、花大、色艳、多次开花、病虫害少和抵抗自然灾害能力强，以及耐修剪等。

2.1　行道树良种

选用木瓜中的栽培优良品种，如红花木瓜 Pseudochaenomeles sinensis (Thouin) Carr. var. rubriflora T. B. Zhao, Z. X. Chen et X. K. Li, 球果木瓜等。

2.2　庭院美化良种

选用红花木瓜，多色多瓣木瓜贴梗海棠 Chaenomoles cathayensis (Hemsl.) Schneider subsp. multicolori-multipetala T. B. Zhao, Z. X. Chen et D. W. Zhao, 雄蕊瓣化贴梗海棠 Chaenomeles stamini-petalina T. B. Zhao, Z. X. Chen et D. F. Zhao。

2.3　盆景良种

选用贴梗海棠中的'圣果花'贴梗海棠 Chaenomeles speciosa (Sweet) Nakai 'Shengguo-hua'等，以及木瓜贴梗海棠中的'瓣萼化'木瓜贴梗海棠 Chaenomeles cathayensis (Hemsl.) Schneider 'Ban Èhua'等栽培品种。

二、壮苗

壮苗是指用于造林的苗木而言，生长健壮、芽发育良好、根系发达、无严重病虫害的2~5年生的木瓜、木瓜贴梗海棠嫁接苗及贴梗海棠、华丽贴梗海棠等无性繁殖的壮苗（丛株）。壮苗标准，依树种、变种、栽培品种的不同，其标准也有差异，即使是同一树种、栽培品种，根据造林，或栽植要求、繁殖方法的不同，其壮苗标准也不一致。特别是"四旁"绿化，更应选择木瓜幼壮树栽植。其树高通常 3.0~5.0 m, 地径粗壮（5.0~10.0 cm），带土栽植，确保成活。

第四节　合理密植

一、栽植密度

栽植密度也称造林密度。它根据经营方式和造林目的不同而定。如木瓜作为特用经济树种，栽植密度应根据当地立地条件和经济条件而定，株行距一般以 5.0~10.0 m 为

宜;单行穴栽以 6.0~10.0 m 为宜。木瓜贴梗海棠作为特用经济树种时,栽植密度一般以
5.0~8.0 m 为宜。贴梗海棠、华丽贴梗海棠作为观赏树种时,栽植密度一般以 3.0~5.0 m
为宜。若片栽,其密度以 3.0~5.0 m 株行距为宜。

　　确定合理栽植密度时,应根据以下原则:① 树种特性。乔木树种,可稀植;生长慢的
树种,或灌木,要密植。② 立地条件。造林地内土层深厚、肥沃、湿润,有利于林木生长
时,应稀植;在气候恶劣,土壤瘠薄、干旱,可采用宽行窄距栽植,才能充分发挥该种林木的
群体作用,有利于林木生长与发育。③ 经营目的。以栽植为经济林时,应稀些;农林间作
时,可稀些。④ 抚育管理。抚育措施及时,如适时灌溉、合理施肥、及时防治病虫危害,林
木生长迅速,发育健壮,可稀植;在抚育措施不能及时进行,或不能进行时,可适当密植,发
挥群体的作用,利于林木生长,但必须及时间除过密植株。

　　总之,栽植密度是依据造林树种生态特性、立地条件、经营目的和抚育管理措施等因
子综合考虑而定的。

二、混交栽植

　　森林培育学(造林学)介绍林木混交林营造时,常讲生物体与外界环境条件统一、种
内与种间关系的理论,为混交林栽植提供理论依据。

　　木瓜族植物在"四旁"植树,在庭院绿化及公园中有小面积的混交栽植。

　　混交栽植形式有单株、单行、多行栽植、丛状栽植、小片人工林栽植等方式,如图版
31:1、7、8、图版 32:8。混交栽植有株间混栽、行与行(单行与多行)混栽、片状混栽、乔灌
木混栽等多种形式混栽。尽管采取形式不同,但必须遵守的原则是:木瓜为乔木树种,栽
植株距要大于 5.0 m 以上。

　　根据作者 2018 年 9 月 10 日调查材料表明,木瓜、樟树 Cinnamomun camphora(Linn.)
Presl 与构树 Broussonetia(Linn.)L'her. ex Vent. 混交林郁闭度为 0.8 条件下,木瓜均能正
常生长和良好发育,如表 9-3 所示。

表 9-3　木瓜在混交林中的生长调查

树种	木瓜	樟树	构树
年龄(a)	50	50	50
树高(m)	9.0	13.5	13.7
粗度(cm)	31.3	52.7	51.7
冠幅(m)	7.5	7.5	8.3

　　注:樟树与构树混交林郁闭度为 0.8。

　　从表 9-3 可以看出,木瓜为喜光树种,也耐一定程度庇荫。所以,木瓜族植物在侧光、
散射光条件下,均能正常生长和良好发育。

第五节　认真栽植

一、栽植时间

根据当地的气候条件和苗木的质量而定。一般来说,从秋季落叶至翌春发芽前这一段时间内均可栽植。在土壤肥沃、湿润,无大风危害的地方,可秋季造林,翌年苗木生长迅速。

二、栽植方法

1. 栽苗造林

栽苗造林的植穴大小,一般应根据造林地立地条件,如土层厚度的不同而要求也有不同。如造林地平坦、土层深厚时,植穴以 $80.0 \sim 100.0 \ cm^3$ 为宜,穴内要适当施入有机肥料。造林地土层浅薄、土壤瘠薄时,可提前挖穴,将别处一些草皮、肥土填入穴内,至草皮熟化后再进行造林。挖植穴时,应把表土和底土分开放在穴边。栽植时,将苗木放置穴内,对准株行距,使苗木根系舒展,用细表土填入穴内至苗木根颈附近,这样有利于根系的生长,填土 $1/2 \sim 1/3$ 时,将苗木轻轻提至栽植的最适深度后,踏实,填满土,封土成堆。造林地有灌溉条件时,苗木栽植后,应及时灌溉,确保造林成活率。

2. 丛株栽植

贴梗海棠、华丽贴梗海棠及日本贴梗海棠,以及栽培品种常以丛株穴栽为主。植穴常以 $100.0 \ cm^3$ 大穴为宜。丛株放入植穴内,灌大水,填入细土,使丛株根系与土壤密接,而确保成活。

3. 大树移栽

3.1　大树挖掘、包装和运输

大树移栽要掌握随挖、随包、随运输、随栽植的原则。移栽时期,以翌年3月为宜。带土移栽木瓜时,所带土球的大小,以单株的大小而定。一般移栽 $5 \sim 10$ 年生的植株,土球以约 $50.0 \ cm \times 50.0 \ cm \times 50.0 \ cm$ 为宜;10年生以上的树木,土球以 $0.7 \sim 1.0 \ m^3$ 为佳。带土树木的土球,要用草绳包扎,以防泥土松散,影响移栽的成活。包扎方法是:先用草绳在土球周围打上一道腰箍,使土球坚固不散,以防包扎时土块松散。腰箍宽度达土球绑捆厚度的 $1/3$ 左右。腰箍打好后,从四周向土球底部挖土,随挖、随断根(断根时,切勿使土块松散下落)、随包扎。包扎时,以用草绳包扎的方法为宜。同时,严防运输时,土球松散、水分过度蒸腾,影响成活。因此,在运输过程中,要采用洒水,或用帆布篷盖起来等措施。

3.2　栽植与管理

为了木瓜大树移栽成活,栽后,再用草绳将树干缠绕起来,以防碰伤,并减少水分蒸腾,保证成活。栽植后,当年春季和春末夏初,天气特别干旱、空气相对湿度低,为保证移栽成活,必须及时进行大水灌溉 $2 \sim 3$ 次;还应根据具体天气进行适时喷水,增加周围空气相对湿度,减少水分蒸腾。必要时,要进行输水、输液(1.0% 糖水),利于移栽树木成活和生长。

第六节　抚育管理

为了提高造林和大树栽植成活率,加速林木生长,及时进行抚育管理具有重要作用。俗话说:"三分栽植,七分管",管是关键。植树以成活为标准。造林成活后,及时进行中耕、除草、施肥、灌溉、防治病虫害等措施。为加强木瓜属植物生长提供好的环境条件,其中水、肥是决定幼树速生的主导因子。抚育管理的主要措施如下。

一、除萌、抹芽

木瓜栽植后,为了增加美观性,通常在栽植后,翌春常从主干上生出很多萌芽,影响主干生长,应及时除去萌芽。作为经济林树种培养时,可在当年栽植幼树进行截干,留干高度 1.0~1.5 m。其干上萌芽后选留 3~5 个、均匀分开壮芽,以培育多干的观赏型树木,或疏散分层的丰产树形。将株干上萌发过多的侧芽抹去。

二、中耕、除草

中耕、除草是林木抚育管理措施中的重要内容。中耕的目的在于破碎表土,切断毛细管,减少地表水分蒸发,改善林木土壤透水和通气性能,利于土壤微生物活动,为林木良好生长发育创造条件。中耕次数,依具体条件而定。除草可以改善土壤水分和养分状况,减少杂草吸收水分、养分,利于林木生长。特别是茅草,或杂灌丛生的林地,及时消灭茅草和杂灌木,是加速林木生长的重要措施之一。

三、灌溉、施肥

在人工林的栽培管理中,施肥和灌溉是一项重要的技术措施。灌溉是人为改良土壤水分状况,满足林木生育所需要水分的有力措施。一般根据林木年发育规律和当地降水条件,多在速生期前和速生期间灌溉 3~5 次,对于加速林木生长具有特别重要作用。

施肥是改善林地营养状况和提高土壤肥力的重要措施之一。为了提高木瓜属等植物速生、早花与丰产。应在木瓜属等植物生长期间及时追肥。追肥以 15~20 d 1 次,每次每株追施化肥 50.0 g 左右为宜。追肥后,灌溉大水。地表干燥后,及时松土、除草。

四、灾害防除

木瓜属等植物病虫害及自然灾害防除,见第十章。

第十章　木瓜族植物病虫害与自然灾害防除

第一节　主要病害

一、苗木病害

1. 苗木立枯病

病害症状:幼苗,或苗木受立枯病危害后,表现有:① 种腐型,即骨质种子发芽后,子叶未出土前,就腐烂;② 猝倒型,幼苗出土后,幼茎被害后,从地面处腐烂倒伏而死;③ 稍腐烂,幼苗出土后,茎、根皮部受害腐烂,使韧皮部与木质部脱离,拔苗木时韧皮部留于土中,木质部拔出。

致病病原:据报道,引起苗木立枯病的病原菌主要有 3 种:① 立枯丝核菌 Rhizoctonia solani Kühm;② 光孢镰刀菌 Fusarium oxysporum Schl. ;③ 瓜果腐霉菌 Pythium spp. 。

发病规律:3 种病菌都是土壤中的习居病菌,长期生活在土壤中,平时在土壤中植物残体上腐生,每年 4~6 月初,遇到合适寄主和潮湿环境便侵染幼苗茎部和苗木根部。腐霉菌和丝核菌的适宜温度是:12~22 ℃ 及 20~28 ℃。镰刀菌则为 20~30 ℃。在土壤板结、湿度过大时,苗木生育不良,易导致猝倒的发生。

防治方法:① 选择好苗圃地,实行病圃与麦类作物,或与小青杨 Populus pseudo-sinomii Kitagaula 轮作 2~3 年;② 高温、高湿天气适于病菌的发生和危害,可在发病前喷 1∶1∶2 的 200 倍波尔多液,或 50.0% 的退菌特 800 倍液,或 50.0% 的(水剂灭菌灵) 200~300 倍液,每 3~5 d 喷 1 次,可有效制止病害发生;③ 播种前,不施未腐熟的有机肥料,并进行土壤消毒,每亩可施 2.0~2.5 kg 5.0% 的五氯硝基苯,拌细土撒入圃地;④ 骨质种子发芽、幼苗出土后至茎基部木质化前,适当进行遮阴、减少灌溉次数和灌溉量,抑制病菌发生和蔓延危害。

二、叶部病害

1. 白粉病

病害症状:该病主要侵害木瓜属等植物叶片、幼枝等,有时病斑连接,致使叶片干枯脱落。首先,在病部出现褐色斑点,病斑中央开始长出白霉,后逐渐扩大,直至全部,或整段枝叶。秋季在白粉层中出现小黑点,有时白粉层消失,有时白粉层与小黑点共有,有时白粉层中无小黑点 。

致病病原:白粉病是由白粉菌目 Erysiphales 中的各种菌引起的。

发病规律:该类病菌一是在病叶、病枝上越冬,翌年春展叶时,子囊壳破裂,从中释放出子囊孢子危害幼叶、嫩枝。二是以菌丝体在芽内越冬,翌年春在病芽内产生分生孢子危害。白粉病分 3 种类型：① 耐干旱类型，② 喜潮湿类型，③ 中间类型。其中，以空气相对湿度 30%~100%、温度在 4~32 ℃均可发生危害，但是高温、多雨、多湿时期，病害严重，引起叶片大部，或全部脱落。

防治方法：① 冬季树木落叶后，及时清除病枝、落叶，埋深，或烧去；② 发病初期，每 3~10 d 喷 1 次 1∶2∶250 的波尔多液，或 65.0% 的代森锌可湿性粉剂 500 倍液，或 70.0%的甲基布托津可湿性粉剂 1 000 倍液进行预防；③ 苗木及林木密度适中，不可太密；④ 在生长初期，用25% 的 1∶1 000~2 000 的液进行防治。

2. 叶斑病

病害症状：该病主要侵害木瓜属等植物叶片，有时病斑连接，致使叶片干枯脱落。

致病病原：叶斑病是由 Cercospora destructiva Rav. 菌引起的。

发病规律：该类病菌是病叶落地越冬。翌年春展叶时，病菌危害幼叶。夏秋季均可发生危害。在高温、多雨、多湿时期，病害严重，引起叶片大部，或全部脱落。

防治方法：① 冬季树木落叶后，及时清除病枝、落叶，埋深，或烧去；② 发病初期，每 3~10 d 喷 1 次 1∶2∶250 的波尔多液，或 65.0%的代森锌可湿性粉剂 500 倍液，或 70.0%的甲基布托津可湿性粉剂 1 000 倍液进行预防；③ 苗木及林木密度适中，不可太密。

3. 煤污病

病害症状：该病主要侵害木瓜属等植物叶片、幼枝等，有时病斑连接，覆盖一层黑色煤粉状物，影响光合作用，致使叶片干枯脱落。

致病病原：烟煤菌无性时期属半知菌类，有性时期为柳煤烟菌，即 Fumago vagans Pers. 。

发病规律：该类病菌在病叶、病枝上越冬，翌年春展叶时，由蚜虫、蚂蚁及风雨传播。9~10 月危害严重，引起叶片大部，或全部脱落。

防治方法：① 冬季树木落叶后，及时清除病枝、落叶，埋深，或烧去；② 发病初期，每 3~10 d 喷 1 次 1∶2∶250 的波尔多液，或喷药除杀蚜虫、蚂蚁；③ 苗木及林木密度适中，不可太密。

三、枝干病害

1. 立木腐朽病

病害症状：常见的病症为树皮和边材腐朽；腐朽的心材通常表现为白色腐朽，或褐色腐朽。立木腐朽病的后期，在树干、大枝上，常有木腐真菌的子实体出现。

致病病原：① 普通裂褶菌 Schizophyllum commune Fr. 危害多种树木；② Fomes geotropus 和 F. fasciatus 引起心材腐朽；③ 多毛栓孔菌 Trametes hispida Bagl. 及 T. dickinsii Berk. ；④ 扁蕈 Ganoderma applanatum(Pers.)Pat. ；⑤ 紫韧革菌 Stereum purpureum(Pers.)Fr. 。

防治方法：① 加强抚育管理，避免树体的各种损伤，如虫蛀、日灼、伤皮、疏枝等，以防病菌从伤口侵入；② 疏枝伤口，要及时涂漆、涂白，或 3.0 % 氟酸钠液，伤口消毒防腐后，用水泥填平以免积水腐烂；③ 发现病菌子实体后，及时摘除、销毁，病部要采用刮皮、消毒等措施。

四、根部病害

1. 根朽病

病害症状：被害植株的地表根颈外和根部韧皮部外面最初出现斑点状灰褐色、黑褐色病斑，逐渐扩大，韧皮部腐烂，病皮下有白色扇形菌丝片；木质部呈现白色海绵状腐朽；夏秋高温、多雨季节，在腐朽根上有簇状小磨菇菌（子实体）出现。

致病病原：引起根朽病的病原菌有 2 种：Armillaria mellea（Vahl.）Fr. 及 Armillariella tabescen（Scop. ex Fr.）Somg。

发现规律：该病菌由风力传播，从伤口侵入，在根皮内产生黑色菌素，再蔓延至邻近树根上危害。病害常在低洼、多湿的地方造成危害。

防治方法：① 发现树根上有该菌子实体出现，及时采集、销毁，并在根冠以外处挖环形深沟（1.0 m 以上）施入石灰，或其他农药，进行土壤消毒，防治该菌蔓延他株；② 幼树发病后，可在植株周围用穿孔器打孔灌药（1 : 2 : 200 倍波尔多液，或 1.0 % 的硫酸铜液），施五氯硝基苯药土（1 : 200）翻入地内进行土壤消毒；③ 将死的植株除去，进行土壤消毒；④ 防止植株附近长期积水，或停止栽培香菇、木耳，以免引起根腐招致病害发生与危害。

五、果实病害

1. 果实腐烂病

病害症状：该病通常 6~8 月高温、高湿条件下发病严重。幼果染病后，果面上形成紫褐色小圆点，后逐渐扩大到果面至果梗；高温、高湿条件下，又出现粉红色黏状物，致使骨质种子感染后，发育不良，无发芽能力。木瓜果实腐烂病，如图版 30:10。

致病病原：引种果实病原菌主要有：① 青霉菌类 Penicillium spp. ;② 黑曲霉 Aspergillus nigra Van Tiegh. ;③ 链隔孢菌类 Alternaria spp. ;④ 根足霉（黑根霉）Rhizopus nigricans Euremb. ;⑤ 镰刀菌类 Fusarium spp. ;⑥ 粉红聚端孢霉菌 Trichothecium roscum（Ball.）Link。

此外，还有多种细菌引起的种皮霉烂，果肉成糊状。发病规律：上述病菌普遍存在于空气、土壤、水中和库房里。果实表面带菌是普遍存在的现象。其伤口有利于病菌侵入，高温、高湿有利于病原菌生长繁殖。

防治方法：① 6~7 月，发病前，或发病期间，喷洒 1 : 1 : 2 的 200 倍波尔多液，或 50.0% 的退菌特 800 倍液，每 15~20 d 1 次；② 骨质种子成熟后及时吸收，避免损伤；③ 储藏时，骨质种子含水率 10.0%~15.0%，库内温度保持在 0~4 ℃，并通气；④ 骨质种子层积时，用 0.5% 高锰酸钾（$KMnO_4$）浸种 15~30 min，用清水洗净，沙用 40.0% 的甲醛 10 倍液喷洒，闷 30 min 后摊干，待药味消失后，再与骨质种子混匀储藏。

六、其他病害

危害木瓜族植物的病害还有炭疽病、黄化病，以及其他病害。

第二节　主要虫害

一、苗木虫害

1. 蝼蛄类

该类害虫主要为华北蝼蛄 Gryllotalpa unispina Saussure 和非洲蝼蛄 G. africana africana Palisot de Beauvois。

形态特征:成虫梭状,黄褐色,前胸背板发达,前翅平叠背上,后翅在前翅下面,纵卷成筒状,腹部末端有两根尾毛,前足发达,后足胫上节具刺。华北蝼蛄胫节有 1~2 根刺,非洲蝼蛄有 4 根刺。若虫很小。蝼蛄类形态特征,如图 10-1 所示。

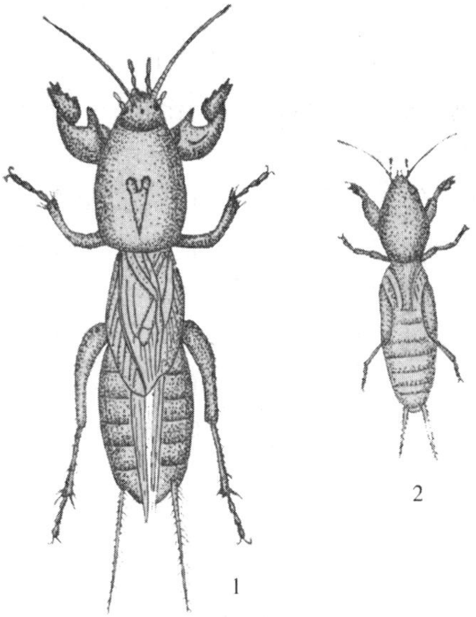

防治方法:① 施有机肥料时,要充分腐熟;② 苗床上发现有隧道时,灌水、滴煤油后,蝼蛄出洞后杀死;③ 用灯光,或火光诱杀;④ 用胃毒剂药品,拌毒钮诱杀。

2. 金龟子类

形态特征:金龟子种类很多,其形态特征也有明黄色。如朝鲜黑金龟子 Holotrichia diomphalia Bates 成虫体黑褐色,具光泽。大黑金龟子 H. morosa serobiculata Brenske 成虫体黑色,无光泽,小盾片上有点刻。铜绿金龟子 Anomala corpulenta Motsch 成虫翅鞘铜绿色,具光泽,腹部黄褐色。幼虫称蛴螬,多在地下取食根系。2 种金龟子形态特征,如图 10-2 所示。

生活习性:铜绿金龟子 1 年发生 1 代,以幼虫在土壤中越冬。翌年 5 月化蛹。成虫有趋光性。通常在 5 月下旬至 8 月下旬傍晚群集危害叶片,以 6~7 月危害最重,常把树叶吃光。幼虫在地下取食植物幼根。朝鲜黑金龟子 2 年发生 1 代,其习性与铜绿金龟子相似。

防治方法:① 春季金龟子成虫出土前及出土期间,在树下喷氧化乐果(粉剂),或呋喃丹(粉剂),每亩 1.5~2.0 kg 均匀撒入地表,用耙楼匀即可;② 成虫有趋光性,可用黑光灯诱杀,或夜间堆柴放火诱杀;③ 加除苗圃,或林地管理,消灭杂草,减少成虫产卵机会。

图 10-1　蝼蛄

1. 华北蝼蛄,2. 非洲蝼蛄

(选自杨有乾等. 1982.《林木病虫害防治》)

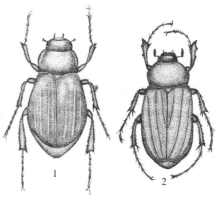

图 10-2　2 种金龟子

1. 铜绿金龟子成虫, 2. 黑绒金龟子成虫

(选自杨有乾等. 1982.《林木病虫害防治》)。

3. 小地老虎

Agrotis ypsilon(Rott.)

形态特征:成虫暗褐色,体长 19~24 mm,翅展 44~56 mm,前翅肾状纹、环状纹和剑状纹黑褐明显,后翅淡褐色。老熟幼虫体长 55~57 mm,灰褐色,体表密布黑色颗粒突起。小地老虎形态特征,如图 10-3 所示。

生活习性:1 年发生 4 代,以幼虫、蛹和成虫越冬。成虫于 3 月出现,有趋光性。雌成虫产卵于地面杂草和土块上。幼虫孵化后,在树上啃皮,或咬成小洞。4 龄后,白天入土,夜晚出来危害幼苗嫩叶,拖入穴中,易发现。幼虫受惊后,将体卷缩作假死状。老熟幼虫在土中化蛹。

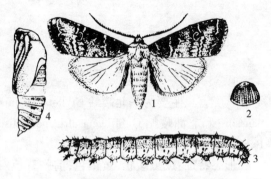

图 10-3　小地老虎 Agrotis ypsilon(Rott.)
1. 成虫,2. 卵,3. 幼虫,4. 蛹,5. 茧
(选自张执中主编.1997.《森林昆虫学》)

此外,还有黄地老虎 Euxoa segetum Schiff. 等。

防治方法:① 早春清除杂草,消灭幼虫食料来源和成虫产卵场所;② 晚间用鲜草堆放,第二天早上可人工捕杀;③ 在幼苗、嫩叶上喷 40.0% 的氧化乐果 1 000 倍液毒杀;④ 灌水后,幼虫出土作假死状,可捕杀。

4. 种蝇

Hylemyia platura Meigen

形态特征:成虫体灰褐色,长 4~6 mm,似家蝇 Musca domestica Linnaeus。幼虫蛆状,体长 8~10 mm,乳白色,头部尖细,尾端钝截,口钩黑色。蛹褐色,圆筒状。种蝇形态特征,如图 10-4 所示。

生活习性:1 年发生 2 代,以蛹越冬。翌年 3 月成虫羽化,喜在未腐熟的肥料中产卵。幼虫孵化后,咬食子叶、幼芽造成缺苗断垄。老熟幼虫入土化蛹。

防治方法:① 避免施入未腐熟的有机肥料,尤其是饼肥;② 播种前,每亩施入氧化乐果,或呋喃丹粉 1.5~2.0 kg,均匀撒入地表进行毒杀。

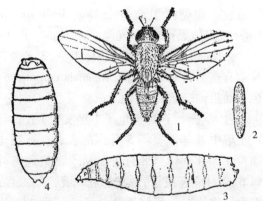

图 10-4　种蝇 Hylemyia platura Meigen
1. 成虫,2. 卵,3. 幼虫,4. 蛹
(选自山东省林业学校主编.1992.《森林昆虫学》(第 2 版))

5. 金针虫类

金针虫类常见的有 2 种。

5.1　沟金针虫 Pleonomus canaliculatus Falder.

形态特征:成虫体深栗褐色,长 14~16 mm,梭状,全身密被黄色细毛;前胸背板半球状隆起,中央有微细纵沟,鞘翅上有纵沟。幼虫体长 20~30 mm,扁平,金黄色,背面中央有 1 纵沟,尾端分为二叉,末端稍上弯。蛹体长 18~22 mm,乳白色,纺锤状。

5.2　细胸金针虫 Agriotes fusicollis Miwa.

形态特征:成虫体黑褐色,有光泽,体长 8~9 mm,棱状,全身被黄褐色细茸毛;前胸背板不呈球状隆起。幼虫体长 23 mm,淡黄褐色,长圆柱状,尾节圆锥状,近基部两侧有一褐色圆斑,并有 4 条褐色纵纹。

2 种金针虫形态特征,如图 10-5 所示。

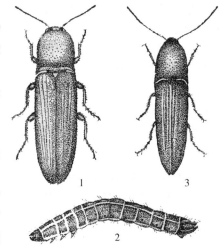

图 10-5　金针虫

1. 沟金针虫成虫,2. 沟金针虫幼虫,
3. 细胸金针虫成虫

(选自杨有乾等. 1982.《林木病虫害防治》)

生活习性:沟金针虫 2~3 年发生 1 代,以幼虫,或成虫越冬。越冬成虫翌年 2 月下旬至 3 月上旬成虫开始活动。白天入土,夜间出土交配产卵于地表土中。5 月上旬孵化。幼虫危害至 6~7 月入土深处过夏,秋季又出土危害,秋后过冬。越冬幼虫翌年 2~3 月出土活动危害。老熟幼虫 8 月下旬至 9 月中旬入土做室化蛹,9 月下旬羽化为成虫在原土室中,待翌年 2~3 月出土危害。

防治方法:① 避免施入未腐熟的有机肥料,尤其是饼肥;② 播种前,每亩施入氧化乐果,或呋喃丹粉 1.5~2.0 kg,均匀撒入地表进行毒杀;③ 在幼苗、嫩叶上喷 40.0% 的氧化乐果 1 000 倍液毒杀。

二、叶部虫害

1. 黄刺蛾

Cnidocampa flavescens(Walker)

形态特征:雌蛾体长 15~17 mm,翅展 30~37 mm;雄蛾体长 13~15 mm,翅展 32~33 mm,体橙黄色;头小,复眼球状,黑色,触角丝状,棕褐色;前翅黄褐色,自顶角有 1 细斜线伸向翅的中室,斜线内为黄色,外方棕色,翅的棕色部分有 1 褐色细线自顶角伸向后缘中部,后缘近翅基有 1 小黄褐色圆斑,中室部分有 1 黄褐色圆纹,后翅灰黄色。幼虫体壮,头部黄褐色,体自第 2 节起,各节背线两侧有 1 对刺,其中第 3~4 节及第 10 节尤大,枝刺上有黑刺毛,体的两侧各有 9 个枝刺,枝刺具毒液。茧椭圆体状,质硬,黑褐色,或灰褐色,具白色纵条纹。黄刺蛾形态特征,如图 10-6 所示。

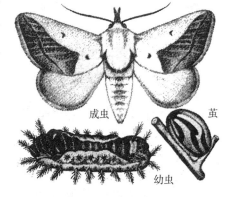

图 10-6　黄刺蛾

Cnidocampa flavescens (Walker)

(选自李孟楼主编. 2002.《森林昆虫学通论》)

生活习性:1 年发生 2 代,以幼虫在茧内越冬。翌年 5 月幼虫化蛹、羽化,成虫有趋光性,产卵于叶背面。6 月卵孵化后,幼虫群集背叶进行危害,后分散危害。6 月中、下旬至 7 月上、中旬,老熟幼虫在枝上吐丝结茧,化蛹其中

越冬。有时,7月中、下旬出现第2代幼虫,危害至9月,结茧越冬。

防治方法:① 冬季组织人力,破茧杀虫;② 幼虫群集危害时,用人工摘叶捕杀;③ 在幼虫分散危害期间,喷农药毒杀;④ 保护益鸟,如大山雀 Parus major artatus T. & B. 等捕食茧内蛹;⑤ 施放天敌——赤眼蜂 Trichogramma sp. ,产卵于其幼虫上,在茧内越冬。翌年春季成虫羽化,继续产卵于黄刺蛾幼虫上,给予杀死。

此外,还有白眉刺蛾 Narosa edoensis Kawada、青刺蛾 Parasa consocia Walker、中国绿刺蛾 P. sinica Moore、扁刺蛾 Thosea sinensis(Walker)、褐刺蛾 Th. hibarana Mats. 。防治方法与黄刺蛾相同。

2. 木橑尺蠖

Culcula panterinaria Bremer et Grey

形态特征:成虫体长 17~30 mm,灰白色,头棕黄色,复眼深褐色,雌蛾触角丝状,雄蛾羽状,胸部背面有棕黄色鳞毛,中央有 1 条线灰色斑纹,翅展 50~78 mm;前翅白色,散生大小不等的灰色,或橙色斑点,基部有 1 块大圆形橙色斑,近外缘有 1 排橙色及深褐色圆斑,与后翅外缘同样的花斑相接。老熟幼虫体上有灰白色小斑点,头部密生乳白色、琥珀色及褐色泡沫状突起,头顶中央凹陷,两侧突起,胴部 2~10 节前缘亚基线各有 1 灰白色圆斑。木橑尺蠖形态特征,如图 10-7 所示。

生活习性:1 年发生 1 代,以蛹在土中,或石块下越冬。翌年 6~7 月成虫羽化,有趋光性。卵产于叶背、枝干、杂草等处,聚集成块,表面覆盖棕色茸毛。幼虫孵化后,分散危害,受惊后吐丝下蚕,借风力传播。严重时吃光叶片。8 月上旬幼虫老熟,入土化蛹越冬。

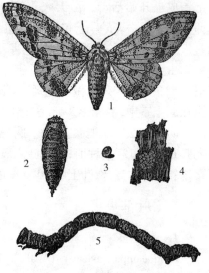

图 10-7　木橑尺蠖
Culcula panterinaria Bremer et Grey
1. 成虫,2. 蛹,3. 卵,4. 卵块,5. 幼虫
(选自中南林学院主编. 1987.
《经济林昆虫学》)

防治方法:① 成虫有趋光性,设置黑光灯,或利用火光诱杀;② 幼虫危害期间,喷药毒杀;③ 老熟幼虫入土前,进行土壤处理,每亩撒施农药进行毒杀;④ 利用鸟益和施放天敌,消灭害虫。

3. 大袋蛾

Cryptothelea variegata Snellen

形态特征:雌蛾无翅,乳白色,蛆状,体长约 22 mm;雄蛾有翅,翅展 29~35 mm,体翅灰褐色,翅面有透明斑块。幼虫紫褐色,头顶两侧有几条明显的黑褐色纵条,胸部背板中央有纵沟 2 条,胸足 3 对,较发达,腹足退化,仅存痕迹。大袋蛾形态特征,如图 10-8 所示。

生活习性:1 年发生 1 代,稀有 2 代。以幼虫在袋囊内越冬,袋囊系在枝上。5 月中上旬在袋内化蛹。雌蛾无翅,产卵于袋内,每雌蛾产卵 2 000~4 000 粒,可孤雌生殖。幼虫 6 月中旬开始孵化,群集叶面危害,可吐丝结袋下垂,转移到其他树木枝条上吐丝系袋越冬。

防治方法:① 人工摘除虫袋,杀死幼虫;② 加强预测预报,及时喷药防治;③ 3 龄以下幼虫喷80.0%的氧化乐果1 000倍液,或50.0%的锌硫磷1 000倍液,或50.0%的速灭杀丁3 000倍液毒杀;④ 幼虫3龄前打孔注药,在树干基部侧根上钻6.0 cm深孔3~5个,注入40%的久效磷或50.0%的甲胺磷2.0~5.0 mL,内吸后毒杀,也可在树干基部穴施呋喃丹毒杀;⑤ 保护益鸟。

4. 蚜虫类

蚜虫主要有:豆蚜Aphis glycines Mats.、刺槐蚜虫A. robiniae Macchiati、桃蚜Myzus persicae Sulzer等。

形态特征:无翅孤雌蚜体卵球状,漆黑色具光泽,附肢淡色间有黑色,体毛短而浅。腹部第1~6节为大黑斑,腹部淡色具黑斑;7~8节一狭细横带;触角第三节中部4~7个圆形感觉圈成行;生殖板有长毛12~14根。若虫淡黄绿色。刺槐蚜虫形态特征,如图10-9所示。

生活习性:1年发生10余代,以卵在树枝梢芽腋、枝叉处越冬。翌年3月卵开始孵化,群集危害幼芽、幼叶,并布满黏液,招致煤污病发生。

防治方法:① 发现蚜虫及时喷1 000倍氧化乐果液毒杀;② 及时清除苗圃等周围杂草;③ 释放天敌,如小蜂科Chalcidiae的广大腿小蜂Brachymeria obscurata Wal Ker等,以及寄生蝇类等。

5. 山楂红蜘蛛

Tetranychus vinnensis Zacher

危害多种植物。

形态特征:雌成螨体长0.53 mm左右、宽0.32 mm左右;体卵球状,背部前方稍隆起,有26根刚毛横排成6排。冬型成螨略小,朱红色,具光泽;夏型成螨稍大,深红色,体背第3对足后方两侧有大黑斑纹。雄成螨体长0.45 mm左右、宽0.25 mm左右;体纺锤状,前宽后尖,体背后半部有明显沟纹;初期浅黄色,渐变绿色,后橙黄色,体背两侧目黑绿色斑纹,如图10-10所示。

生活习性:1年发生8~9代,受精冬型雌成螨

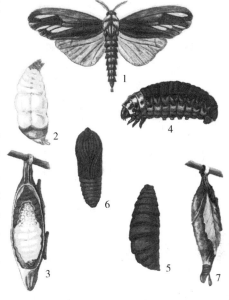

图10-8 大袋蛾
Cryptothelea variegata Snellen
1. 雄成虫,2. 雌成虫,3. 袋内雌成虫产卵状,
4. 幼虫,5. 雌蛹,6. 雄蛹,
7. 雌成虫羽化后在袋上的蛹壳
(选自杨有乾等. 1982.《林木病虫害防治》)。

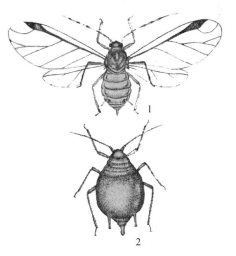

图10-9 刺槐蚜虫
1. 有翅蚜,2. 无翅蚜
(选自杨有乾等. 1982.《林木病虫害防治》)

在树皮裂缝处,或在土缝处越冬。翌年树木发芽后危害。经2~3代繁殖,数量巨增。6~7月危害高峰期,叶片大量枯落。此后雨季来临及天敌增加,螨量锐减。9月有所增多。10

月后进入越冬。

防治方法：① 枯落叶及落叶及时收集深埋，或烧毁；② 及时清除苗圃等周围杂草；③ 冬初及时刮树皮深埋或烧毁；④ 发现初期，及时喷 80.0 % 的氧化乐果 1 000 倍液等。

此外，还有苜蓿红蜘蛛 Bryobia praetiosa Koch 等。

三、枝干虫害

1. 蚱蝉

Cryptotympana atrata Fabricias

形态特征：成虫体长 50～55 mm，黑色，有光泽，有金色细毛，翅展 120～130 mm，透明，基部烟黑色。雄虫 1～2 腹节有鸣器，雌虫有刀状产卵器。若虫形似成虫，淡黄褐色，仅有翅芽，前足腿节极端膨大，下缘具刺。蚱蝉形态特征，如图 10-11 所示。

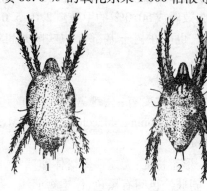

图 10-10　山楂红蜘蛛

1. 雌成虫，2. 雄成虫

（选自中南林学院主编. 1987.《经济林昆虫学》）

生活习性：约 10 年发生 1 代，以卵和若虫在土中越冬。若虫钻入土中，吸取幼根汁液，至冬季潜入土层深处越冬。幼虫一生均在土中生活。6～7 月，羽化若虫在黄昏及夜间钻出地表，爬至树干上蜕皮羽化。成虫寿命 60 d 左右，7 月下旬至 8 月为产卵期。产卵时，用产卵器插内枝条内木质部产卵，每枝上可产卵 90 余粒，每雌虫可产卵 500～600 粒。枝条产卵后枯死；冬季产卵枝易被风折落地。

防治方法：① 6～7 月间，若虫爬出地面时，采用人工捕捉；② 冬季及时清除风落枯枝烧毁，或深埋；③ 黑夜间，用燃柴火光，诱杀成虫；④ 饲养和保护益鸟，如灰喜鹊 Cyanopica cyana Pallas、喜鹊 Pica sericea Grould 等捕食其成虫。

此外，还有鸣蝉 Euterpnosia chinensis Mats. 等。

2. 光肩星天牛

Anoplophora glabripennis Motschulsky

形态特征：雌成虫体长 22～38 mm，宽 7.8～10.2 mm；雄成虫体长 15.4～26 mm，宽 6.9～9.5 mm，体漆黑色，具光泽，头部中央具 1 纵沟，复眼肾状，黑明，触角鞭状，11 节，除第 1、2 节外，余下各节基部均有灰白色毛环，基节特粗，第 3 节最长，末节稍长，前胸两侧各具 1 刺尖突起，鞘翅紫铜色，具光泽，基部光滑，并有数目不等、大小形状不一的绒毛白斑排列成 5～6 横列。雌成虫产卵器周围密布棕黑色毛束；雄成虫腹部全被鞘翅盖住，生殖器周围生来较少。幼虫：蠕虫型，体长 50～60 mm；老熟幼虫乳白色，头淡黄褐色，缩

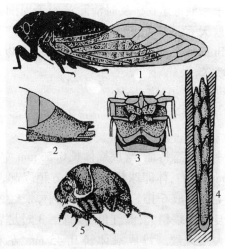

图 10-11　蚱蝉

Cryptotympana atrata Fabricias

1. 成虫，2. 雌成虫外生殖器，

3. 雄成虫鸣器，4. 卵块，5. 老熟若虫

（选自张执中主编. 1997.《森林昆虫学》）

入前胸内。蛹:裸蛹。光肩星天牛形态特征,如图 10-12 所示。

生活习性:多数为 1 年 1 代,少数为 2 年 1 代,以幼虫在枝条,或干内越冬。1~4 月开始危害,4~5 月化蛹,6 月上旬羽化成虫。成虫危害嫩叶、幼芽,有趋光性,交尾前,多在早晨树干上进行。成虫多在枝丫处刻槽,产卵于槽内。6 月中旬至 7 月开始孵化幼虫。幼虫取食周围木质部及皮层;3 龄后开始蛀入木质部,蛀成 S 形、U 形以及多种不规则坑道,每坑道 1 虫。10 月中旬,幼虫在坑道内越冬;8~9 月产卵,以卵越冬。翌年 4 月越冬幼虫开始活动,继续危害;越冬卵也相继孵化,被害严重植株,枝干枯死。

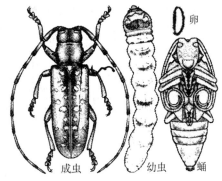

图 10-12　光肩星天牛
(选自李孟楼主编. 2002.《森林昆虫学通论》)

防治方法:① 成虫出现后,交尾期间,可于每天早晨进行人工捕杀;② 3 龄前幼虫在未进入木质部及表层前,喷 40.0 % 的氧化乐果 800~1 000 倍液于树干、枝、枝丫处毒杀幼虫;③ 钻入木质部的幼虫,用磷化锌毒签,堵塞虫孔;④ 种植诱虫树,进行诱杀,如在玉兰属植物周围种植旱柳 Salix matshudana Koidz. ,诱其产卵、危害,随后伐木消灭;⑤ 保护天敌,如啄木鸟属 Piculus lacepede。

此外,还有云斑天牛 Batocera horsfieldi Hope、星天牛 Anoplophora chinensis(Forster)、土居天牛 Dorysthenes hydropicus(Pascoe)等,其防治方法与光肩星天牛防治方法相同。

3. 红蜡蚧

Ceroplastes rubens Maskell

形态特征:雌成虫介壳近椭圆体状,长 3~4 mm,红褐色,老熟时背面隆起略呈半球状,顶部凹陷,边缘四角各有 1 条白色蜡质横带;雌成虫体椭圆体状,暗红色,长 2.5 mm,体边缘气门处凹陷较深。雄虫化蛹时介壳椭圆体状,长 1 mm,暗紫红色,翅白色,半透明,翅展 2.4 mm,触角 10 节,顶端 3~4 根长毛。末龄雌若虫体椭圆体状,红褐色至紫红色;末龄雄成虫体长椭圆体状,紫红色。

生活习性:1 年发生 1 代,以受精雌成虫在枝条上越冬。一般 4 月上、中旬雄成虫大量羽化,4 月下旬雌成虫大量产卵。第 1、2、3 代若虫大量孵化期为:5 月下旬、7 月下旬、8 月上旬至 10 月上旬。完成 1 代所需时期是:第 1、2 代雌成虫为 70 d 左右,雄成虫为 51~58 d;第 3 代雌虫长达 8 个月左右;雄虫为 7 个月左右;若虫期第 1、2 代雌虫 28~32 d,雄虫为 23~24 d;第 3 代为 6 个月左右。若虫孵化后,经 2~5 h 后固定取食,固定后开始分泌白色蜡状物质,逐渐形成介壳盖于背部。第 1、2 代虫体分布于叶片和枝干上。该虫的传播主要是借风力进行。

防治方法:① 若虫孵化期间,喷 40.0% 的氧化乐果乳油 8 000 倍液,或 25.0% 的亚胺硫磷乳油 800 倍液毒杀;② 红点唇瓢虫是该虫的主要天敌。

此外,还有日本蜡蚧 Ceroplastes japonicus Green、龟蜡蚧壳虫等,其防治方法与红蜡蚧防治方法相同。

四、果实虫害

1. 桃小食心虫

Carposina nipomensis Walsingham

形态特征:成虫体长 5~8 mm,灰褐色,或黄褐色,翅展 13~18 mm,前翅白色,或淡灰色,近前缘中央有一蓝黑色三角形大斑纹,后翅灰白色;复眼红色。雌成虫下唇须长而向前伸出呈剑状;雌成虫下唇须短而弯曲;成虫卵深红色。幼虫体长 12~15 mm,黄白色,体背渐变为桃红色,头黄褐色,前胸背板深褐色。冬茧扁椭圆体状,长约 6 mm;夏茧椭圆体状,长约 13 mm。桃小食心虫形态特征,如图 10-13 所示。

生活习性:1 年发生 1~2 代,以幼虫结茧在枝条上、土中越冬。翌年一般 5 月上中旬出土至 7 月初,幼虫出土后在地面吐丝再结(夏茧)化蛹,6 月成虫羽化,交尾产卵于叶、玉蕾、果实上。幼虫孵化后蛀入玉蕾、果实上,其后在小孔处有白色粉末状。8 月上旬至下旬,部分幼虫继续做茧发生第 2 代,此代成虫,8 月中羽化最多,危害也大,9 月上旬至下旬危害至果落入土越冬。完成 1 代所需时期是:第 1、2 代雌成虫为 70 d 左右,雄成虫为 51~58 d;第 3 代雌虫长达 8 个月左右;雄虫为 7 个月左右;若虫期第 1、2 代雌虫 28~32 d,雄虫为 23~24 d;第 3 代为 6 个月左右。若虫孵化后,经 2~5 h 后固定取食,固定后开始分泌白色蜡状物质,逐渐形成介壳盖于背部。第 1、2 代虫体分布于叶片和枝干上。该虫的传播主要是借风力进行。

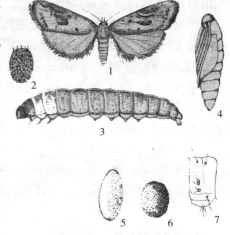

图 10-13　桃小食心虫

1. 成虫,2. 卵,3. 幼虫,4. 蛹,5. 夏茧,
6. 冬茧,7. 幼虫第二节示毛位
(选自河南农学院昆虫教研组编绘.
1975.《河南园林害虫图册》)

防治方法:① 成虫孵化期间,或出土期间,每 5~10 d 喷 1 次 40.0% 的氧化乐果乳油 800 倍液,或 25.0% 的亚胺硫磷乳油 800 倍液等毒杀;② 落叶与落果收集后深埋。

五、其他虫害

其他害虫,如黄褐油葫芦 Gryllus testaceus Walker、梨网椿象 Stephanitis nashi Esaki et Tareya、透翅蛾卷叶蛾、介壳虫、象甲类等,也要及时防除。

第三节　寄生性植物防治

植物中有少数种类从寄主植物中获得水分、养分而使其生长发育,不断地危害寄主。

1. 菟丝子 Cuscuta chinesis Lam.

菟丝子通常危害多种树木,或草本植物。作者发现菟丝子危害木瓜属等植物。

被害症状:菟丝子的茎主要缠绕苗木,或幼树枝条,吸取枝条内水分、养分,形成缢痕,致使其干枯。

被害起因:由菟丝子引起。该植物茎较粗,似绳状,径2~3 mm,黄白色,具紫色、淡紫色的突起斑点,多分枝,无叶。穗状花序;花冠钟状,淡红色,或绿白色,花萼碗状;子房球状,花柱1,柱状裂开。蒴果卵球状,具1~2粒种子。种子淡褐色,光滑。

防治方法:发现寄生植物立即除去,深埋。

2. 其他

木瓜属等植物还有槲寄生、桑寄生等危害,也要及时清除。

第四节　生物防虫

利用自然界各种有益生物控制和防治害虫的方法,是今后防治害虫的方向,也是有效的措施之一。它具有不污染环境,对人畜和其他生物(包括植物)安全的优点。生物防治的主要途径如下。

一、以虫治虫

自然界中有许多肉食性昆虫,它们以捕食,或寄生的方式消灭害虫,分别称其为捕食性,或寄生性天敌昆虫。常见的捕食性天敌昆虫有瓢虫科异色瓢虫 Leis axyriolis Pallas、黑翅蜻 Rhyotremis fuliginosa Seys、中华大刀螳螂 Tenodera andifolia sinensis Saussare、中华草蛉 Chrysopa sinica Tjeder、黑疣姬蜂 Coccygomimus disparis Vierech,以及寄生蝇类等。

二、以蜘蛛治虫

蜘蛛种类多、数量大、繁殖快、食性广、适应性强,是一类重要的天敌。它们只捕食昆虫,不危害作物和林木、果树,只捕活虫,不食死虫,能捕食许多种类的害虫。

三、以鸟治虫

我国是多鸟之国,有鸟类达1 800种以上,约有1/2能捕食昆虫,其中常见的有灰喜鹊 Cyanopica cyana(Pallas)、喜鹊 Pica pica sericea Gould、大山雀 Parus major artatus T. et B.、家燕 Hirundorustica gutturalis Scopoli 等。据报道,1对家燕在一个夏季能捕食50万~100万只昆虫。因此,应大力宣传保护和利用食虫益鸟,严禁捕杀,并给鸟类创造适宜的栖息环境。

四、以菌治虫

有些细菌、真菌和病毒,能使害虫感染而死。目前,国内外应用最多的是细菌制剂等,如青虫菌(Bacillus thuringiensis Berliner var. galleriae)制剂、白僵菌[Beaaveria bassiana(Bals.)Vuill.]制剂、苏云金杆菌(Bacillus thuringienus Berliner)制剂等。这些细菌及真菌类制剂通常每克含孢子达100亿,用1 000~2 000倍液喷雾,可防治多种鳞翅目 Lepidoptera 幼虫。

总之,以上进行害虫防治的具体措施和方法,参见有关著作。

五、其他治虫

有些虫体较大,且数量较少时,如大袋蛾可人工摘除、介壳虫类可人工刷杀等。在苗圃,或林内养鸡、养鸟等捕食。

第五节　鼠类、牲畜和人之害

根据作者在木瓜属等植物栽培区内长期观察的结果,还有鼠、鼢鼠、牛、羊等危害,以及人为的被坏等,均要加以严防。

第六节　木瓜族植物自然灾害

一、旱害

旱害是指木瓜族植物对大气和土壤过度干燥而引起的自然性灾害。

症状:木瓜族植物发生干旱时,首先表现是:白天叶片边缘呈现向上微翘,或下降,继而边缘出现干枯狭边,随着干旱情况时期的延长加剧,干枯面积逐渐增多,致使叶片全部干枯脱落。若遭大的降水,或灌溉,则会萌发二次新叶和幼枝。

防治方法:① 选栽抗旱的木瓜族植物品种,增加其抗干旱能力;② 适时进行灌溉,在干旱情况下,为确保木瓜族植物的正常生长和发育,应每隔 15~20 d 灌溉 1 次,确保其对水分的需要;③ 栽植地段要慎重选择,要选择土壤肥沃、湿润,或有灌溉条件的地方,特别在无灌溉条件的干旱地段,或风口处,不宜栽植;④ 浅山丘陵区栽培时,必须采用抽槽整地,或修筑梯田、积水防旱、护土防冲等措施,可以减轻,或避除其害;⑤ 干旱沙地造林,应采用换土、种草,或增设灌溉措施,确保所栽植株速生、优质、丰产;⑥ 城乡园林化建设地段,特别是庭院绿化树木周围不宜采用全面硬化措施,已采用硬化措施的,应逐渐除去,种草,或花卉,及时灌溉,确保植株所需的水分,而避免其危害。

二、水害

水灾是由于土壤水分过多而造成木瓜族植物生长不良,甚至引起根系腐烂而死亡的一种灾害。

产生原因:① 造林地选择不当,因造林地长期积水,引起木瓜族植物根系腐烂而死亡。② 栽植处有自来水管的水龙头处,长期因人用水,使其周围地下土壤水分饱和,引起腐烂根,造成死亡;③ 地下水位增高、土壤水分含率增加,引起土壤盐渍化程度提高,也是木瓜族植物受害的原因之一。

防治方法:① 选择地势高 排水、排污方便的地方栽植;② 地势低洼、长期积水,或盐碱地,在未改造前,不能造林,或植栽;③ 及时排除积水。

三、盐碱害

盐碱害是指造林地或栽植地点的土壤严重盐碱(pH>9.0),而引起栽植木瓜族植物死亡,或生长不良而言。

症状:在盐碱地上栽植木瓜族植物,常引起新叶发黄,叶小而少,随后干枯,甚至死亡。

产生原因:木瓜族植物多数种喜生于酸性,或中性肥沃土壤上。

防治方法:改造造林地,进行挖沟、排水、洗碱,增施有机肥料,改善土壤结构,降低其盐碱含量后,再造林,或栽植。

四、风害

风害是指由大风引起木瓜族植物风倒、风折而造成的危害。

危害时期:风灾通常在夏季多雨或大风天气发生。有时早春、冬季也有发生。

症状:夏季常有大风而使大树风倒,或者树冠大枝折断,而影响树体形状生长,有时形成严重的偏冠现象发生。

防治方法:① 浅土层、风口处,尽量避免栽植木瓜族植物;② 栽植防护林带;③ 栽植在无风或风力比较小的特殊小环境内;④ 选择冠小、根系深的抗风品种。

五、干热风害

华北平原地区在 5 月下旬至 6 月上旬,常有一种又热又干的西南风,或南风,称干热风。但是,在这一阶段中,气温达 30 ℃以上,空气相对湿度达 25.0%以下(重型干热风),轻型干热风达空气相对湿度 30.0%以下,风速 3~4 级,小麦籽粒干瘪,质量变劣,产量降低,如农谚也有"麦前 4 月风(农历),风过一场空"之说。木瓜属等植物的一些品种叶片受干热风危害引起叶片干枯,影响生长和发育,而呈现第二次萌叶生长现象。

防治方法:① 5 月下旬至 6 月上旬,及时灌大水 1~2 次,保持木瓜族植物在干热风危害时,有充足的水分供应,避免,或减轻危害;② 木瓜经济林四周应营造防护林带,或防护林网,改变小气候条件,避免干热风的危害程度。

六、冻害

冻害是木瓜族植物对气温突然降低而不适应的结果,使其枝、芽受冻而发生的危害。

防治方法:① 在苗木或幼树生长后期,停止灌溉和施氮肥,增施磷、钾肥,促进其枝条发育充实和加速其木质化,确保其免受冻害;② 开花初期,或展叶期,如遇晚寒,可使采用草、麦糠堆燃放烟,提高气温,凝雾防寒,亦可采用风障进行预防;③ 选育,或引栽耐寒种,或品种;④ 选择背风向阳处,避免栽植在风口地方;⑤ 营造防护林带,或防护林网,改变小气候条件,避免其危害程度。

七、雾凇

雾凇(俗称冰挂、冻雨)是指早春季节下雨时由于气温突降,雨点落在树枝上后,立刻凝聚成冰层,雾凇条件适应时,会越聚越厚,形成白色半透明凝聚物。雾凇是一种常见的灾害性天气。

防治方法:目前雾淞危害上还没有采取任何防护的措施。

八、日灼

1. 苗颈日灼

播种出土后的幼苗,由于地表温度过高(35 ℃以上),常使幼苗根颈及叶灼伤,致其死亡。其症状是:苗颈受伤后,根颈处缢缩,倒伏,或幼苗灼焦而死,但不腐烂,组织内无病菌菌丝。

防治方法:① 在重黏土地,或沙土地上育苗时,要覆盖稻草、遮阴,或喷水;② 在塑料棚内进行营养袋育苗,待幼茎木质化后早春进行移栽,避免幼苗期的高温天气;③ 苗带间间种较高的其他作物,如玉米,进行侧方遮阴。

2. 叶片日灼

叶片日灼常在 6 月上旬至 7 月底期间发生。河南经常出现高温(气温达 35 ℃以上)引起叶片灼伤或因高温、水分供应不足,造成叶片边缘干枯,严重时,常使叶片干脱落,尤其是嫩叶,然后出现多次生长,甚至造成死亡。

防治方法:① 在天气高温、干旱、大风天气时,定时(12~15 h)喷水。② 适时灌溉,保证高温、干旱时水分的充足供应,可避免,或减轻其危害程度。

3. 干皮日灼

当年春季新栽的植株(胸径 5.0~10.0 cm),常在 6~7 月间,由于高温天气,常在树干西南侧灼伤干皮。严重时,灼伤长度 0.5~1.5 m,宽达干粗的 1/3~1/2,受伤后的树皮干枯,不腐烂。

防治方法:①木瓜族植物移栽后,在树干上用稻草绳从地面缠绕树干 1.8 m 高,或树干上缠草绳,或涂白,即可避免此害。② 适当密植,或在 1~5 年间进行间作套种措施,则无日灼现象。

第十一章　木瓜族植物开发与利用

木瓜族植物适应性很强,因而分布与栽培很广,且寿命长、花色鲜艳、芳香四溢,是重要的观花木,重要的中药材,绿化、美化荒山和平原的重要特用经济林、城乡风景林等多用途的优良树种,因而在我国城乡园林建设事业中占居重要地位。

第一节　木瓜族植物学术价值

多年来,作者在进行木瓜属等植物研究过程中,发现许多特异特征,如:木瓜属植物有叶芽、混合芽,稀花芽;混合芽有有叶混合芽、无叶混合芽;花色有白色、红色、粉色等;果实类型更多,单果重 50.0~2 000.0 g。这些特异特征,是恢复木瓜属植物的重要论据之一。同时,进一步深入开展该属植物形态变异、良种选育等多学科理论研究具有重要的学术价值和意义。贴梗海棠属植物栽培品种达 300 种以上,且有杂交类群,在研究杂交理论、栽培品种亲缘系统发育理论、无性杂种起源理论等方面具有重要的学术价值。

第二节　木瓜族植物药用

木瓜族植物药用主要指果实的用途,且主要指木瓜和木瓜贴梗海棠的果实。木瓜果实的药用历史很久。现摘《本草纲目》中有关木瓜果实的药用记载如下:

明李时珍《本草纲目》中,有:[时珍曰]按尔雅云:楙,木瓜。郭璞注云:木实如小瓜,酢而可食。则木瓜之名,取此义也。或云:木瓜味酸,得木之正气故名。[思邈曰]酸、咸、温、涩。[主治]湿痹邪气,霍乱大吐下,转筋不止。别录 治脚气冲心,取嫩者一颗,去子煎服佳。强筋骨,下冷气,止呕逆,心膈氮睡,消食,止水利后渴不止,作饮服之。藏器止吐泻奔豚,及水肿冷气热痢, 心服痛。大明调营卫,助骨气。雷敩去湿和胃,滋脾益肺,治腹胀善噫,心下烦痞。好古 [发明][杲曰]木瓜入手、足太阴血分,气脱能收,气滞能和。[弘景曰]木瓜最疗转筋。如转筋时,但呼其名木瓜及书上作木字皆愈,此理亦不可解。俗人拄木瓜杖,云利筋胫也。[宗奭曰]木瓜得木之正,酸能入肝,故益筋与血。病腰肾脚膝无力,皆不可缺也。[时珍曰]木瓜所主霍乱吐利转筋脚气,皆脾胃病也,非肝病也。

木瓜核 [主治]霍乱烦躁气急,每嚼七粒,温水咽之。

枝 叶 皮 根 [气味]并酸,涩,温,无毒。[主治]煮汁饮,并止霍乱吐下转筋,疗脚气。别录枝作杖,利筋脉。根、叶煮汤淋足胫,可以已蹶。木材作桶濯足,甚益人。苏颂曰:枝、叶煮汁饮,治热痢。花 [主治]面黑 粉滓。

现代医学研究表明,木瓜属等植物的果实中含有多种营养物质,如中国林业科学院经济林研究开发中心进行木瓜鲜果成分的测定,其结果为:含糖 1. 2% ~ 3. 1%,有机酸3. 14% ~ 4. 91%,粗纤维 1. 70% ~ 2. 60%,单宁 0. 37% ~ 1. 54%,果胶 0. 782% ~ 2. 071%。

100 g 鲜果汁中,多种氨基酸 255.72~418.70 mg,维生素 C 50.84~203.09 mg,烟酸 0.24~
0.32 mg,胡萝卜素 0.09~0.17 mg,维生素 E 0.40~0.76 mg,黄酮类物质 0.15~0.31 mg;
钙 169~433 μg,镁 86.9~150 μg,锌 1.40~2.32 μg,锰 0.15~0.62 μg,磷 99.0~268.0 μg。

2003 年,陆斌等在《云南木瓜种质资源与果实营养成分》一文中,测定了皱皮木瓜
(贴梗海棠)、毛叶木瓜(木瓜贴梗海棠)、西藏木瓜及小桃红木瓜(贴梗海棠)4 种鲜果营
养成分的测定。测定结果如表 11-1 所示。

表 11-1　云南 4 种木瓜果实营养成分

营养成分 *	贴梗海棠	木瓜贴梗海棠	西藏木瓜	小桃红木瓜
氨基酸	304.337	308.560	410.388	418.694
钾	0.15	0.23	0.29	0.17
钙	433	367	383	367
镁	86.9	114	150	128
铜	0.20	0.84	< 0.38	0.58
锌	1.67	2.11	2.87	1.40
铁	8.91	27.08	9.21	6.87
锰	0.15	0.30	0.62	0.51
磷	131	139	268	265
总黄酮	3.94	8.42	4.77	14.50
维生素 C	91.41	50.84	134.99	203.09
维生素 A	0.09	0.13	0.17	0.12
维生素 E	0.45	0.46	0.46	0.74
维生素 B1、B2、B6	0.08	0.11	0.09	0.09
芦丁	0.98	5.87	1.55	13.70

注: * 氨基酸含量单位为 mg/100 g,其他成分含量单位为 μg/g。

从表 11-1 中可看出,云南 4 种木瓜果实营养成分的含率差异非常明显。其中,西藏
木瓜果实营养成分中有 8 种成分排第一位,木瓜贴梗海棠果实营养成分中有 2 种成分排
第一位,贴梗海棠果实营养成分中有 2 种成分排第一位,小桃红贴梗海棠果实营养成分中
有 4 种成分排第一位。根据这 4 种植物单株产果量及果实大小等特点,木瓜贴梗海棠及
西藏木瓜果实很有开发利用前景。

特别提出的是,木瓜果实中还含有齐墩果酸、熊果酸(罗思源,2015)、黄酮(抗肿瘤活
性,刘爱华等,2014)、抗癌有效成分(上海南昌制药厂,1976)、抗肝炎活性(洪永福等,
2000),果实富含硒(王艳等,2010)等。

为此,我国不少单位,或个人在木瓜族植物果实的开发利用方面做了大量工作和研
究,获得了很大成就,申报了不少专利,如木瓜保健茶(刘刚,2005)、木瓜蜜醋饮料(赵发,
2007)、木瓜富硒保健茶(王艳等,2010),以及木瓜酒(严红光等,2007)等,因而具有较好

的开发利用前景。

第三节　优良的园林、庭院和"四旁"的观赏树种

木瓜属等植物是优良的园林、庭院和"四旁"观赏树种。这些树种具有寿命长、适应性强、根系发达、花色艳丽芳香等特性,是现代园林、庭院和"四旁"植树的主要观赏良种。贴梗海棠及木瓜贴梗海棠等是优良盆景资源及切花良种。木瓜果实大小不同、形态各异,成熟后发出芳香,是室内观果的佳品。

一、片林栽培

目前,在我国木瓜属等植物大面积片林栽培很少,特别是木瓜大面积栽培更少。据作者调查,木瓜片林栽培面积多在 600 m² 以下,多数呈小片状栽植,其株数为 10~50 株,稀达 100 株,如图版 32:2、4、8、11。灌木类——贴梗海棠属的种、栽培品种混植的试验区、苗木公司有较大面积的栽培。如山东省沂州木瓜研究所基地。

作者仅在河南长垣县见到全省目前栽培贴梗海棠属植物最大(面积约 200 亩)的基地。

二、行状栽培

行状栽培通常在"四旁"采用,一般一行,或双行栽植,如图版 32:3、10。株距 5.0~8.0 m 不等。栽植方法,依苗木,或植株大小而定。

三、单株栽植,或丛植

木瓜属大型单株、贴梗海棠属丛植时,通常采用带土穴栽。

四、混交种植

木瓜、木瓜贴梗海棠、贴梗海棠等,不仅喜光,还有耐阴特性,能够在樟树 Cinnamomum camphora(Linn.) Presl、乌桕 Sapium sebiferum(Linn.) Roxb. 等乔木树种下生长良好,如图版 31:1、7、8。

第四节　优良的水土保持林和水源涵养林树种

木瓜族植物适应性强、根系发达、固土护坡能力强,是水土保持林、水源涵养林的主要树种。

第五节　植物园、公园中的特殊类群

目前,我国中部地区很多植物园(公园)中均有木瓜园的设置,如荥阳公园中有木瓜园,郑州市碧沙岗公园中有蜀红木瓜贴梗海棠区,郑州植物园中有木瓜园等。各园内木瓜

族植物园面积大小不等,而栽培的木瓜属等种与栽培品种也不同。郑州植物园中的木瓜园,栽植木瓜 20 多个变种、栽培品种,对于深入开展木瓜多学科理论研究,以及普及其科学知识和文化知识具有重大意义。

第六节　木瓜贴梗海棠属植物盆景

一、盆景与特点

1. 盆景

盆景是经过艺术处理和园艺技艺加工创造成景的艺术品。中国盆景是造园艺术中的珍宝,历史悠久,源远流长,起源于汉晋,成于唐宋,盛于明清。盆景是盆栽技术和造型艺术高度结合的产物,是我国劳动人民的智慧结晶和伟大创举。

2. 盆景特点

盆景特点是缩龙成寸、小中见大、独特特性和活的艺术品。

盆景是把自然景物缩小在一定范围内,即缩景于咫尺盆内,如名山大川可缩景于盆内,成山水盆景。高大乔木,可为尺寸景观,而呈现出"立体的画""无声的诗"。

盆景是活的艺术品,其选型材料以花草、树木为材料。它们均有生命特征和生长发育规律,以及独特特性,即在栽培技术上要求很高,小小盆中,一撮之土,盈尺之树,生长发育良好,并非易事;多年老干,花叶繁茂,更加难得。

盆景题材极为丰富,有江、河、湖、海、溪、塘、瀑等水景,有峰、峦、岗、崖、坡等山景,以及各种奇异的树桩、花草表现出的锦绣壮丽景观。

二、盆景流派

我国盆景历史悠久,依其风格、特色不同,分为 8 大流派。

1. 扬派

扬派是以扬州命名的盆景艺术流派。它以扬州市为中心地区。以"严整而富有变化,清秀而不失壮观"及"桩心古老,以久为贵;片必平整,以功为贵"的特色,名扬天下。

2. 苏派

苏派是以苏州命名的盆景艺术流派。它以苏州市为中心地区。以"严整而富有变化,清秀而不失壮观"及"桩心古老,以久为贵;片必平整,以功为贵"的特色,名扬天下。

3. 川派

川派是以四川命名的盆景艺术流派。它以成都市为中心地区。以"雍容典雅,虬曲多姿"而名扬中华。

4. 岭南派

岭南派是以岭南地区(广东、广西)命名的盆景艺术流派。它以广州市为中心地区。具有"苍劲、自然、飘逸、豪放"的独特风格。

5. 徽派

徽派是以安徽徽州命名的盆景艺术流派。它以徽州为中心地区。以"古朴奇特"的古桩盆景闻名。

6. 通派

通派是以江苏南通市命名的盆景艺术流派。它以南通市为中心地区。具有"树型两弯半、庄严雄伟、层次分明、苍劲、自然、飘逸、豪放"的艺术特色。

7. 海派

海派是以上海命名的盆景艺术流派。它以上海市为中心地区。以"明快流畅、雄健精巧"著称。

8. 其他

浙江盆景是以杭州、温州市为中心地区。以"自然、明快、挺秀"为主要艺术特色;福建盆景是以福州、厦门为中心地区,以"自然、豪放、朴拙"为特色;北广盆景是以山东、河南、河北等为中心地区,以"古朴、雄伟"为特色。

三、贴梗海棠属植物盆景　　图版 23

贴梗海棠属植物盆景是指该属植物中的贴梗海棠、木瓜贴梗海棠、日本贴梗海棠及华丽贴梗海棠及其栽培品种作为盆景主材的盆景而言。

盆景形式,以取材、造型不同,而形式变化很大。通常可分以下 12 种。

1. 直干式

单株主干直立,不弯曲,枝条分生横出,层次分明。直干式又可分单干、双干,或多干等形式。

2. 斜干式

单株主干向一侧倾斜,枝条平展于盆外,老树姿态,枝横悬空,颇有意境。

3. 卧干式

单株主干横卧于盆面,枝昂然崛起,树姿苍老古雅,十分壮观。

4. 悬崖式

单株主干弯曲下垂盆外,枝梢悬垂盆外。

5. 曲干式

单株主干扭曲,如游龙形式,枝条层次明显,颇有诗意。

6. 提根式

单株主干古桩异特、多根外露多姿,形成古雅奇特景观。

7. 游龙式

单株主干多次弯曲,似游龙飞翔状。

8. 丛生式

单株主干多数呈丛生状。丛生式又可分直立丛生和矮丛生 2 种。

9. 圆筒式

单株具多数直立枝,形状似柱状。

10. 匍匐式

单株呈匍匐于地面。

11. 球状式

单株呈球状位于盆内。

12. 垂枝式

单株侧枝、1 年生小枝均下垂。

四、盆景造型技术

1. 所用工具与用料

（1）所用工具：手剪、钳、嫁接刀、雕刻刀、手锯、锤、铲、喷雾器、水桶等。

（2）用料：棕丝、铁丝、铜丝、麻皮、砂、石，以及肥料、农药等。

2. 盆景设计与妙用题名

盆景是中华民族独特的艺术表现形状，造型前，必须事前进行精心设计、选材和造型，并根据其主体、题材和意境等来决定题名，如"妙趣横生""悬根古桩"等。

3. 盆景造型技术

3.1　树桩选取

根据盆景设计要求不同，首先决定选用树种。如做古桩盆景，应选用野生的贴梗海棠和木瓜贴梗海棠等野生大龄树木作古桩用，而木瓜不能作古桩用，它与贴梗海棠和木瓜贴梗海棠等砧木嫁接不能成活。

3.2　树桩选取要求

树龄大，桩基粗，直径通常达 20.0 cm 以上，垂直粗根（2.0 cm 以上）多在 10 条以上，长度 20.0~40.0 cm。

3.3　树桩选取技术

树桩选择确定后，当年秋末冬初，或翌年春没发芽前，从地面 50.0~80.0 cm 高处砍去干枝。在树桩 2.0 m 处挖沟，除去土壤和岩石，切勿损伤干与根皮。

3.4　选择装盆

根据树桩形状、大小，根系粗细、多少，选择适宜的装盆。装盆有盆状、碗状、圆筒状、长方状、圆盘状等。

3.5　树桩栽培技术

树桩栽培时，首先，将枝、干、根伤口处，用刀削平，枝、干伤口处涂上桐油，或油漆，防止水分蒸发。根部伤口处削平，勿使根部木质部与韧皮部分离。其次，选用肥沃、无病虫的黏壤土或沙壤土。再次，栽植时，覆土厚度要大于 25.0 cm，栽后灌水，覆盖地膜，防止土壤水分过度蒸发。最后，栽植后，树桩用薄膜覆盖，严防水分蒸发。此外，树桩可以直栽，也可以斜栽。

3.6　树桩栽后管理

第一，枝、干上萌芽后，选择一定位置留芽，其余芽一律抹去。需芽无芽时，用刀刻伤枝、干至木质部处，促进上部休眠芽萌发新枝。第二，树桩上可选用单干、双干，或多枝型。在不同干型上，嫁接多种颜色、花形等新优栽培品种。采用锯、拉、剪、扭、撑等措施，创造各种特异的盆景。第三，及时灌水、施肥、防治病虫害。还要及时除萌、修枝等。

五、木瓜贴梗海棠盆景实例

为了进一步了解和掌握贴梗海棠属植物盆景造型技术,现举例列入图版 23,供参考。

第七节　加强木瓜族等植物文化建设

程雅倩、彭光华在《中国木瓜历史考证》中,介绍了木瓜的文化意蕴。如《诗经·木瓜》中写道,木瓜、木桃、木李与琼琚、琼瑶、琼玖的互投互报,其意是一首情诗,男女互赠瓜果玉器,表达了相互之间的爱慕。《左传·昭公二年》记载:"晋韩宣子出使鲁国,自鲁至齐,再自齐聘于卫,卫侯享之"。唐代张九龄在《叙怀二首其二》中写道:"木瓜诚有报,玉楮论无实"。这首诗中,诗人用木瓜表达了回报之情,可见木瓜被当作回报的象征十分广泛。南朝·宋何承天在《木瓜赋》一诗中写道:"美中州之佳树,表闲冶之丽姿"。又"惟兹木之在林,亦超类而独劭"。"离众用而获宁,永端己以厉操"。该诗将木瓜树誉为"佳树",赞其根、叶等"超类而独劭",既是"离众",也能坚守自己高洁操守的品性。宋代王龄的《木瓜花》一诗用"簇簇红葩间绿""不与夭桃次第开"等句子,描写了木瓜花"簇簇红葩"之艳,赞美木瓜不与桃花争艳、不媚俗的高洁品格。由此可见,木瓜被文人当作特立独行、坚持自我的象征。

第十二章　木瓜族植物栽培现状与建议

第一节　栽培现状

一、成绩很大

木瓜族植物种质资源丰富。根据作者多年来对木瓜族植物资源的调查,木瓜族植物资源有木瓜族4属(1新杂交种属——假光皮木瓜属、1新改隶组合杂交种属——西藏木瓜属)、2亚属(贴梗海棠亚属及1新改隶组合杂交种亚属——华丽贴梗海棠亚属)、10种(3新种、3杂交种)、17亚种(12新亚种、1新改隶组合亚种)、94变种(27新变种、5新改隶组合变种)和18栽培品种群(17新栽培品种群)、228栽培品种(119新栽培品种、29新改隶组合品种)。

二、存在问题

作者认为,还有以下问题尚待进一步研究:① 木瓜、木瓜贴梗海棠、贴梗海棠野生分布区及野生资源不清,有待进一步研究;② 木瓜、木瓜贴梗海棠、贴梗海棠开发利用尚待进一步深入研究,如果实的抗癌问题、切花技术;③ 木瓜族植物资源基地建设尚无进行;④ "四旁"混交林营造技术与理论研究,也无开展等。

第二节　建　议

一、建立木瓜族植物种质资源基因库

为了深入开展木瓜族植物多学科理论与技术研究,建立该属植物园,或基因库林是一项重大任务。

二、加速木瓜族植物新栽培品种的选育、繁育与推广

木瓜族植物是我国园林建设中的主要树种之一,如,木瓜树姿雄伟,寿命长,枝叶密茂,花有红、白色,果实类型很多。木瓜贴梗海棠花色艳丽,有白色、红色、复色,单瓣、多瓣而特异,兼切花、盆栽、果用于一身等,应加速新栽培品种的选育、繁育与推广。

三、深入开展果实化学成分及其利用研究

据报道,木瓜族植物果实含有类黄酮成分。该成分具有抗癌作用,尚需进行深入研究。

参 考 文 献

Ⅰ. 英文

1. C. P. Thunberg 首先发表该榲桲属 Cydonia Mill. 一新种,即 *Cydonia japonica* Thunb. (Fl. Jap. 207. 1784)及梨属 Pyrus Linn. 一新种,即 *Pyrus japonica* Thunb. (Fl. Jap. 207. 1784)。两者实为 1 种,即贴梗海棠属 Chaenimoles Lindl. 一种——日本贴梗海棠 Chaenimoles japonica (Thunb.)Lindl. ex Spach (1834)。

2. Sims 发表日本贴梗海棠(倭海棠、日本木瓜)*Pyrus japonica* Sims in Bot. Mag. XVIII. t. 692 (non Thunberg). 1803.

3. R. Sweet 发表日本贴梗海棠(倭海棠、日本木瓜)*Cydonia speciose* Sweet Hort. Subrb. Lond. 113. 1818. Holotype,pl. 692. in Curtis's Bot. Mag. 18:1803.

4. G. Koidzumi 发表日本贴梗海棠(倭海棠、日本木瓜)*Cydonia speciose*(Sweet) Koidz. 1803.

5. Andrews 发表日本贴梗海棠(倭海棠、日本木瓜)*Malus japonica* Andrews,Bot. Repos. VII. t. 462. 1803. 1806

6. ' Mallardi' *Cydonia mallardi* Anonymous, Jour. Roy. Hort. Soc. 41:cxxxii. 1915

7. Persoon 发表 *Malus japonica* Persoon,Syn. II. 40. 1807

8. Persoon 发表榲桲 *Cydonia vulgaris* Pers. Syn. Pl. 2:658. 1807

9. Persoon 发表日本贴梗海棠 (倭海棠、日本木瓜)*Cydonia japonicas* (Thunb.) Pers. Syn. PI. II:40 (*Cydonia japonica* Persoon). 及 *Cydonia japonicas* (Thunb.) Pers. var. *alpina* Maximowicz & var. *pygmaea* Maximowicz, *Cydonia japonicas*(Thunb.)Pers. var. *maulei* (Masters)Lavalle 1807

10. Thouin 发表的榲桲属 1 种,即 *Cydonia* sinensis Thouin in Ann. Müs. Hist. Nat. Paris 19:145. t. 8. 9. 1812

11. Andrews 发表木瓜 *Cydonia sinensis* Thouin in Ann. Müs. Hist. Nat. Paris 19:145. t. 8. 9. 1812

12. Loiseleur 发表木瓜海棠(毛叶木瓜)*Cydonia lagenaria* Loiseleur in Nouv. Duhamel,VI. 255. t. 76. 1813 ? (= *Cydonia lagenaria* Loiseleur in Duhamel,Traite Arb. ed. aiigm,(Nouv. Duhamel) VI. :255. t. 176. 1813 ?)

13. Loiseleur 发表木瓜海棠(毛叶木瓜)*Cydonia lagenaria* Loiseleur in Duhamel,Traite Arb. Arburst. (Nouv. Duhamel)6:255. pl. 76. 1815

14. Poiret 发表木瓜 *Pyrus sinensis* Poiret,Encycl. Méth. Suppl. IV. 452. 1816

15. Poiret 发表木瓜海棠(毛叶木瓜)*Cydonia lagenaria* Loiseleur Herb. Amat. II. t. 73(non Persoon) 1817

16. Lindley 发表木瓜属 *Chaenomeles* Lindl. in Trans. Linn. Soc. Lond. 1397. 1821 "*Chaenomeles*" 木瓜属 Chaenomeles Lindl. 模式种 Typus *Pyrus japonica* Thunb. = *Chaenomeles japonica*(Thunb.) Spach.
木瓜属分 2 组
Sect. I. Euchaenomeles Schneider,III. Hand. Laubh. 1:729. 808. 1906. "Euchaenomeles"
Sect. II. Pseudocydonia Schneider,III. Hand. Laubh. 1:728. (1906. May)

17. Lindley 发表日本贴梗海棠(倭海棠、日本木瓜) *Chaenomeles japonica* Lindley (Usually Lindley in Trans Linn. Soc. XIII. 97. 1822) apud Spach, Hist. Vég. II. 159 (proparte) , Hist. Nat. Vég. 1834, quoad synon. "*Pyrus japonica* Thunberg".

18. Koehne 将 Thouin 1812 年发表的榲桲属组合到木瓜属内 Chaenomeles Lindl.

19. E. A. Carrire 以木瓜 *Pseudochaenomeles sinensis* (Thouin) Carr. 为模式建立木瓜属 Pseudochaenomeles Carr. 属.

20. De Candoile 发表贴梗海棠属和榲桲属 Chaenomeles et Cydonia Mill. Prodr. 2:638. 1825.

21. De Candolle 发表木瓜海棠(毛叶木瓜) *Cydonia lagenaria* D C. , Prodr. II. 638(pro parte).

22. De Candoile 发表木瓜组 *Cyrus* Mill. sect. *Chaenomeles* D C.

23. Guimpel 发表日本贴梗海棠(倭海棠、日本木瓜) *Cydonia speciosa* Guimpel, Otto & Hayne, Abb. Fremd. Holzgew. 88. t. 70. 1825.

24. Ch. H. Persoon, *Cydonia japonicas* Pers. Syn. Pl. 2:40. 1807.

25. De Candolle A R Rosaceae. Prpdromiis, Chaenomeies et Cydonia De Candoile ,2:525~639. 1825.

26. Spach 发表日本贴梗海棠(倭海棠、日本木瓜) *Chaenomeles japonica* Spach Hist. Nat. Vég. Ⅱ. 159(non parte). 1834.

27. Lindler ex Spach 发表日本贴梗海棠(倭海棠、日本木瓜) *Chaenimoles japonica* (Thunb.) Lindl. ex Spach, Hist. Nat. Veg. Phan. 2:159. 1834. p. p. quoad. Basonym.

28. Lindley ex Spach 发表 Chaenimoles saponica(Thoub.) Lindl. ex Spach, Hist. Nat. Vég. Phan. 2: 159. 1834. p. p. quoad. Basonym.

29. J. L. Poiret 发表木瓜 *Pyrus sinensis* Poir. Encycl. Mém. Div. Acad. Sci. St. Pétersbourg, Ⅱ. 27. 1835.

30. Bunge 发表木瓜 *Pyrus chinensis* Bunge in Mén. Sav. Etr. Acad. Sci. St. Pétersbourg, Ⅱ. 27 (Enum. Pl. Chin. Bor. 101). 1835.

31. Bunge 发表日本贴梗海棠(倭海棠、日本木瓜) *Chaenimoles japonica* Bunge in Mén. Sav. Ètr. Acad. Sci. St. Pétersbourg, II. 101(Enum. Pl. Chin. Bor. 27). 1835.

32. Decaisne 发表日本贴梗海棠(倭海棠、日本木瓜) *Chaenimoles japonica* Decaisne in Nouv Arch Müs Paris, X. 129(Mén. Fam. Pom.)(pro parte). 1874.

33. Sweet 发表 *Cydonia speciosa* Sweet Lindley 1837. 1845.

34. Siebolder & Zuccarini 发表木瓜海棠(木瓜贴梗海棠) *Cydonia lagenaria* Sieb. & Zucc. in Abh. Akad. Milnch. IV. pt. II. (Fam. Nat. Fl. Jap. I. 23). 1845.

35. Maximowicz 发表日本贴梗海棠(倭海棠、日本木瓜) *Chaenomeles japonica* Bunge *a genuina* Maxim. in Bull. Acad. Sci. St. Pétersbourg, XIX. 168. 1873; in Mél. Biol. IX. 163. 1873.

36. Maximowicz 发表日本贴梗海棠(倭海棠、日本木瓜) *Chaenomeles japonica* Bunge *b. alpina* Maxim. in Bull. Acad. Sci. St. Pétersbourg, XD. 168. 1873; in Mél. Biol. IX. 163. 1873.

37. Maximowicz 发表日本贴梗海棠(倭海棠、日本木瓜) *Chaenimoles japonica* Bunge *r. pygmaea* Maxim. in Bull. Acad. Sci. St. Pétersbourg, XIX. 168. 1873; in Mél Biol. IX. 163. 1873.

38. Poriet 发表木瓜海棠(毛叶木瓜、木瓜贴梗海棠) *Cydonia lagenaria* Wenzig in Linnaea, XXXXVIII. 10. 1874.

39. Decaisne 发表日本贴梗海棠(倭海棠、日本木瓜) *Chaenomeles japonica* Decaisne in Nouv Arch Mus Paris, X. 129(Mén. Fam. Pom.)(pro parte). 1847.

40. Masters 发表木瓜海棠 *Pyrus Maulei* Masters in Gard. Chron. n. sér. I. 756. fig. 159. 1874; Ⅱ. 740. fig. 144.

41. Decaisne 发表贴梗海棠属、榅桲属及假榅桲属 Chaenomeles Lindl. et Cydonia Mill. , *Pseudo-cydonia* in Cydonia Decaisne 1874.

42. Masters 发表 *Pyrus Maulei* Masters in Gard. Chron. n. sér. I:756. fig. 159. 1874;II. 740. fig. 144. 1874.

43. Thunberg 发表日本贴梗海棠(倭海棠、日本木瓜)*Pyrus japonica* Thunb. ,*ß. alpina* Franchet & Savatier, Enum,Pl. Jap. I:139. 1875.

44. Hemsley 发表 *Pyrus cathayensis* Hemsley in Joum. Linn. Soc. Bot. XXIII. 256. 1887. pro parte quoad. Specime Kiangsi.

45. Hemsley 发表 *Pyrus cathayensis* Hemsley in Jour. Linn. Soc. Bot. XXIII. 256(pro parte) 1887,exclude. Specimine Henryano.

46. Hemsley 发表 *Cydonia cathayana* Hemsl. in Joum. Soc. XXIII. 256. 1887,quoad plantam hupehensem.

47. Lavallé 发表 *Chaenomeles japonica* var. *Maulei* Lavallé,Arb. Segrez,110. 1877.

48. E. A. Carriere 发表木瓜属 Pseudochaenomeles Carr. 及木瓜新种 Pseudochaenomeles sinensis (Thouin) Carr. ,Revue Hort. 1882:238. t. 52~55. 1882.

49. Sweet 发表 *Cydonia speciosa* Sweet,Hort. Suburb. London 113. 1818.

50. Franchet 发表日本贴梗海棠(倭海棠、日本木瓜)*Chaenomeles japonica* Bunge *a. genuina* Franchet in Nouv. Arch. Miis. Paris,sér. 2, V. 271(Pl. David. l. 119). 1883.

51. Hemsley 发表木瓜海棠(毛叶木瓜、木瓜贴梗海棠)*Pyrus cathayensis* Hemsl. in Joum. Linn. Soc. Bot. XXIII. 256. 1887. pro parte quoad. Specim. e Kiangsi.

52. Schneider 发表木瓜海棠(毛叶木瓜、木瓜贴梗海棠)*Chaenomeles cathayana*(Hemsl.)Schneider, III. Handb. Laubh. I:730. f. 405. p-p¹. 406. e-f. 1906, non *Pyrus cathayana* Hemsl. in Joum. Linn. S. 23:257. 1887.

53. Lavallé 发表日本贴梗海棠(倭海棠、日本木瓜)*Chaenomeles japonica* Bunge var. *Maulei* Lavallé, Arb. Segrez,110. 1887.

54. Koehne 发表日本贴梗海棠(倭海棠、日本木瓜)*Chaenimoles alpine* Koehne,Gatt. Pomac. 28. t. 2,fig. 23 a-c. 1890.

55. Koehne 发表木瓜 *Chaenomeles sinensis*(Thouin)Koehne ,Gatt. Popmac. (sphalmate "chinensis") 29. 1890.

56. Koehne L. H. 发表贴梗海棠属(包括榅桲属及假榅桲属),真榅桲属(包括榅桲属)Cydonia Mill. Chaenomeles Lindl. ,Cydonia in Eucydonia,*Pseudocydonia* in Cydonia in Eucydonia Koehne L. H. 1890. 1891.

57. Koehne 发表木瓜 *Chaenomeles sinensis* Koehne,Gatt Pomac(sphalmate "chinensis") 29. 1896.

58. Poiret 发表木瓜海棠(毛叶木瓜、木瓜贴梗海棠)*Cydonia lagenaria* Palibin in Act. Hort. Petrop. XVII. 74(Consp. FI. Kor.). 1898.

59. Hemsley 发表木瓜海棠(毛叶木瓜、木瓜贴梗海棠)*Cydonia cathayana* Hemsl. in Journ. Hooker's. Icon. XXVII:t. 2657~2658. 1900.

60. Diels 发表日本贴梗海棠(倭海棠、日本木瓜)*Chaenomeles japonica* Diels in Bot. Jahrb. XXIX. 388. 1900.

61. Ito. 发表日本贴梗海棠(倭海棠、日本木瓜)*Cydonia japonica* Diels var. *genuina* Ito. in Tokyo Bot. Mag. ,XIV. 117(PI. Sin. Yoshi, I. 20). 1900.

62. Schneider 发表日本贴梗海棠(倭海棠、日本木瓜)*Chaenomeles maulei* Schneider,III. Handb.

Laubh. 1:731. f. 405. q-s. 406 c-d. 1906.

63. Schneider 发表日本海棠(倭海棠、日本木瓜) *Chaenomeles japonica* Schneider III. Handb. Laubholzk. I. 730, fig. 405 h-o[1]. 406 b. 1906.

64. Schneider 发表木瓜海棠(毛叶木瓜、木瓜贴梗海棠) *Pyrus cathayana* (Hemsl.) Schneid. III. Handb. Laubholzk. I. 730. fig. 405. p-p[1]. 406. e-f. 1906.

65. Schneider 发表木瓜海棠(毛叶木瓜、木瓜贴梗海棠(*Chaenomeles cathayana*(Hemsl.) Schneid., III. Handb. Laubh. I. 730. f. 405. p-p[2]. 406. e-f. 1906, non *Pyrus cathayana* Hemsley in Joum. Linn. S. XXIII. 257. 1887.

66. Makino 发表日本贴梗海棠(倭海棠、日本木瓜) *Cyonia japonica* Loiseleur var. *lagenaria* Makino in Tokyo Bot. Mag., XXII. 64. 1906.

67. Schneider 发表 *Ctoemwiofey maulei* Schneid. III Handb. Laubh. 1:731. f. 405. q-s. 406 c-d. 1906.

68. Pavolini 发表日本贴梗海棠(倭海棠、日本木瓜) *Pyrus vulgris* Pavolini in Nuov. Giom. Bot. Ital. n. sér. XV. 4151 (non Persoon) 1908.

69. Maximowicz 发表日本贴梗海棠(倭海棠、日本木瓜) *Cydonia speciosa* Sweet var. *genuina* Maxim. in Tokyo Bot. Mag., XXII. 64. 1908.

70. Makino 发表 *Cydonia japonica* var. *typica* Makino, Bot. Mag. Tokyo, 22:63. 1908.

71. Makino 发表 *Cydonia japonica* Loiseleur var. *lagenaria* Makino in Tokyo Bot. Mag. XXII. 64. 1908.

72. Makino 发表 *Cydonia japonica* Loisel. var. *lagenaria*(Loisel.) Makino in Bot. Mag., Tokyo, 22:64. 1908.

73. Koidzumi 发表 *Chaenomeles lagenaria* Koidzumi in Tokyo Bot. Mag., XXIII. 173. 1909.

74. Koidzumi 发表木瓜海棠(毛叶木瓜、木瓜贴梗海棠) *Chaenomeles lagenaria*(Loisel.) Koidzumi in Bot. Mag., Tokyo, XXIII. 173. 1909.

75. Jour. 发表木瓜海棠(毛叶木瓜、木瓜贴梗海棠) *Chaenomeles lagenaria* Jour. in Coll. Sci. Univ. Tokyo, XXXIV. art. II. 94(Consp. Rosac. Jap.). 1913.

76. Jour. 发表木瓜海棠(毛叶木瓜、木瓜贴梗海棠) *Chaenomeles lagenaria* (Loisel.) Jour. in Coll. Sci. Univ. Tokyo, 34 (2):94. 1913.

77. Koidzumi 发表木瓜海棠(毛叶木瓜、木瓜贴梗海棠) *Chaenomeles lagenaria* Koidzumi in Jour. Coll. Sci. Tokyo, XXXIV. art. II. 97. 1913.

78. Koidzumi 发表木瓜海棠(毛叶木瓜、木瓜贴梗海棠) *Chaenomeles lagenaria* Koidzumi in Jour. Coll. Sci. Tokyo, XXXIV. art. II. 94(Consp. Rosac. Jap.). 1913.

79. Koidzumi 发表木瓜海棠(毛叶木瓜、木瓜贴梗海棠) *Chaenomeles lagenaria* Koidzumi in Joum. Coll. Sci. Univ. Tokyp, 34(1):95. 1913.

80. Hemsley 发表 *Cydonia cathayana* Hemsl. in Journ. Hooker's. Icon. XXVII:t. 2657~2658. 1900.

81. Koidzumi 发表木瓜海棠(毛叶木瓜、木瓜贴梗海棠) *Chaenomeles eugenioides* Koidzumi in Tokyo, Bot. Mag., XXIX. 160. 1915.

82. Carriére 发表木瓜海棠(毛叶木瓜、木瓜贴梗海棠) *Cydonia Mallardii* Carr. in Gard. Chron. ser. 3)L VIII. 158(nomen nudum) 1915, non *Chaenomelesjaponica Mallardii* Carr.

83. Rehder 发表木瓜海棠(毛叶木瓜、木瓜贴梗海棠) *Chaenomoles lagenaria*(Loisel.) Rehd. in Sargnet, Pl. Wils. II:296~297. 1916.

84. Rehder *Chaenomoles lagenaria*(Loisel.) Koidzumi var. *cathayensis* Rehd. in Sargnet, Pl. Wils. II:297. 1915.

85. Rehder 发表木瓜海棠 (毛叶木瓜、木瓜贴梗海棠) *Cydonia lagenaria* Loisel. var. *cathayana* (Hemsl.) Rehd. in Sargnet, Pl. Wils. II:297. 1916.

86. Rehder 发表木瓜海棠 (毛叶木瓜、木瓜贴梗海棠) *Chaenomoles lagenaria* Loisel. var. *wilsonii* Rehd. n. var. , in Sargnet, Pl. Wils. II:298. 1916.

87. Rehder 发表木瓜海棠 (毛叶木瓜、木瓜贴梗海棠) *Chaenomeles lagenaria* Koidzumi var. *cathayana* Rehd. , n. var. , Rhder in Sargnet, Pl. Wils. I:297~298. 1912.

88. Cardot 发表木瓜海棠 (毛叶木瓜、木瓜贴梗海棠) *Cydonia japonica* Loisel. var. *cathayana* (Hemsl.) Cardot in Bull. Müs. Hist. Nat Paris, 24:64. 1918.

89. Koehne 发表木瓜 *Chaenomeles sinensis* Koehne, L. H. Bailey in Manual of Cultivated Plants. 377. 1925.

90. Bailey 发表日本贴梗海棠 (倭海棠、日本木瓜) *Cydonia japonica* Bailey in L. H. Bailey, Manual of Cultivated Plants. Psrt. I. Explantions. 377. 1925.

91. Lindler 发表日本贴梗海棠 (倭海棠、日本木瓜) *Chaenomeles japonica* Lindler in L. H. Bailey, Manual of Cultivated Plants. Psrt. I. Explantions. 377. 1925.

92. Schneider 发表日本贴梗海棠 (倭海棠、日本木瓜) *Chaenomeles maulei* Schneider in L. H. Bailey, Manual of Cultivated Plants. Psrt. I. Explantions. 377. 1925.

93. T. Moore 发表日本贴梗海棠 (倭海棠、日本木瓜) *Cydonia maulei*. T. Moore in L. H. Bailey, Manual of Cultivated Plants. Psrt. I. Explantions. 377. 1925.

94. Thunberg 发表日本贴梗海棠 (倭海棠、日本木瓜) *Pyrus japonica* Thunb. in L. H. Bailey, Manual of Cultivated Plants. Psrt. I. Explantions. 377. 1925.

95. Thunberg 发表木瓜 *Cydonia sinensis* Thunb. in L. H. Bailey, Manual of Cultivated Plants. Psrt. I. Explantions. 377. 1925.

96. Lindley, Chaenomeles et Cydonia et *Pseudocydonia* in Chaenomeles Lindl. 377. 1. 1925.

97. Nakai, *Chaenomeles speciose* (Sweet) Nakai in Jap. Joum. Bot. 4:331. 1929 [*Chaenomeles speciosa* Nakai ?].

98. Rehder, Chaenomeles et Cydonia, *Pseudocydonia* in Chaenomeles Rehder 1940.

99. Rehder, Chaenomeles et Cydonia, *Pseudocydonia* in Chaenomeles Rehder 1949.

100. Wells J. S. , The rooting of Chaenomeles (包括木瓜属) American Nurseryman, 1 (11) :59~65. 1955.

101. Hara, *Chaenomeles speciosa* (Sweet) Nakai var. *cathayana* (Hemsl.) Hara in Joum. Jap. Bot. 32:139. 1957.

102. Hara, *Chaenomeles speciosa* (Sweet) Nakai var. *wilsonii* (Rehd.) Hara in Joum. Jap. Bot. 32:39. 1957.

103. Weber C. , Cultivars in the genus Chaenomeles (包括木瓜属). Amodia, (23) :17~75. 1963.

104. Weber C. , The genus Chaenomeles (包括木瓜属) (Rosaceae) Journal Arnold Arbor. , (45) :161~205. 1964.

105. Weber C. , Chaenomeles in Euchaenomeles, Cydonia, Chaenomeles in Chaenomeles Weber, JOURNAL OF THE ARNOLD ARBORETUM, Vol. XLV, NUMBER 2, APRIL 1964.

106. Sterling C. , Comparative Morphology of the Carpel in thr Rosaceae VII. Pomoideae:Chaenomele Cydonia, Docynia。American Journal of Botany 1966a, 53(3) :225~231.

107. Lesinska E, Przybylski R, Eskin N A M. Some volatile and non volatile components of the dwarf quince (Chaenomeles japonica) Journal of Food Science, 53(4) :854~856. 1988.

108. Phppsetal. , Chaenomeles et Cydonia, *Pseudocydonia* in Chaenomeles Phpps et al. 1990. 136. Robertson etal. , Chaenomeles et Cydonia, *Pseudocydonia* in Chaenomeles Robertson et al. 1991.

109. Golubev V. N, Kolechik A A, Rigavs U A. Carbhydrate complex of the fruit of Chaenomeles maulei. Chemistrty of Natural Compouds. 26(4):387~390. 1991.

110. Bartish I. V, Rumpunen K, Nybom H. Genetic diversity in Chaenomeles (Rosaceae) revealed by RAPD analysis. Plant Systematics and Evolution, 214:131~145. 1999.

111. Bartish I. V, Garkava L P, Rumpunen K, Nybom H. Phylogenetic relationships and differentiation among and within population of Chaenomeles Lindl. (Rosaceae) estimated with RAPDs and isozymes. Theor Appl Genet, 101:554~563. 2000.

112. Bartish I. V, Rumpunen K, Nybom H. Combined analyses of RAPDs, cpDNA AND morphology demonstrate spontaneous hybridization in the plant genus Chaenomeles. Heredity, 85:383~392. 2000.

113. Kaufimane E, Rumpunen K. Sporogenesis and gametophyte development in Chaenomeles japonica (Japane sequince)Scientia Horticulturae, 94:241~249. 257~271. 2002.

114. Qun Chen, Wei Wei. Effects and mechanisms of glucosides of Chaenomeles speciosa on collagen-inducedarthritis in rats. International Immunopharmacology, 3:593~608. 2003.

115. Chen Jaw-chyun, Chang Yuan-shiun, Wu shih-lu, et al. , Inhibition of Escherichia coli heat-labile enterotoxin-induced diarrhea by *Chaenomeles speciosa*. Journal of Ethnopharmacology, 113:233~239. 2007.

116. Lindley, Chaenomeles Lindl. in Trans. Linn. Soc. Lond. 13:97. 1821. "Choenomeles".

117. Miller, Cydonia Miller sect. Chaenomeles DC. , Prodr. 2:638. 1825.

118. Schneider, Sect. I. Euchaenomeles Schneid. , III. Hand. Laubh. 1:729. 808. 1906. "Euchaenomeles" .

119. Sims, *Pyrus japonoca* sensu Sims in Bot. Mag. 18:t. 692. 1803. non Thunberg 1784.

120. Andrews, *Malus japonica* Andrews, Bot. Repos. 7:t. 462. 1807.

121. Loiseleur, *Cydonia japonica* Loisel. , Herb. Amat. 2:73. 1917. non Persoon 1806.

122. Loiseleir, *Cydonia lagenaria* Loisel. in Duhamel, Traité Arb. Arbust. éd. augm. [Nouv. Duhamel] 6:255. t. 76. 1813?

123. Sweet, *Cydonia speciosa* Sweet, Hort. Suburb. Klond. 113. 1818.

124. Spach, *Chaenomeles japonica* Spach, Hist. Nat. Vég. Phan. 2:159. 1834.

125. Spach, *Chaenomeles japonica* Spach a. *genuina* Maxim. in Bull. Acad. Sci. St. Pétersb. 19:168(in Mél. Biol. 9:163). 1873;non var. typica.

126. E. A. Carriere, ? *Cydonia citripoma* Carr. in Rev. Hort. 1876, 330. t. 1876. "citripomma", 1891: 41. f. 1. 1891.

127. Ito, *Cydonia japonoca* Spach var. *genuina* Ito in Bot. Mag. Tokyo, 14:117. 1900. non var. typica.

128. Makino, *Cydonia japonoca* Spach β. *Lagenaria* Makino in Bot. Mag. Tokyo, 22:64. 1908.

129. Koiedzumi, ? *Chaenomeles angustifolia* Koiedz. in Journ. Coll. Sci. Tokyo, 24, 2:97. 1913.

130. Koiedzumi, ? *Chaenomeles eugenioides* Koidz. in Bot. Mag. Tokyo, 29:160. 1915.

131. T. Nakai, ? *Chaenomeles cardinalis*(Carr.)Nakai in Bot. Mag. Tokyo, 32:145. 1918.

132. T. Nakai, ? *Chaenomeles eburnea*(Carr.)Nakai in Bot. Mag. Tokyo, 32:145. 1918.

133. Rehder, *Chaenomeles sinensis* (Loisel.) Koidzumi var. *cathayensis* (Hemsl.) Rehd. in Sargent, Pl. Wiolson, 2:297. 1915.

134. Hemsley, *Pyrus cathayensis* Hemsl. in Journ. Linn. Soc. Lond. Bot. 23:256. 1887. exclud. syn.

Quoad pl. ex Hupeh.

135. Hemsley,*Pyrus cathayensis* Hemsl. in Journ. Linn. Soc. 23:257. 1887.

136. Schneider,*Choenomeles cathayensis* Schneider,III. Handb. Laubh. 1:730. f. 405p-p. 406e-f. 1906.

137. Cardot,*Cydonia japonoca* Spach var. *cathayensis* Cardot in Bull. Mus. Hist. Nat. Paris,24:64. 1918.

138. Rehder,*Chaenomeles sinensis* Loiseleir var. *wilsonii* Rehder in Sargent,Pl. Wiolson,2:2989. 1915.

139. Anon. ,*Cydonia mallardii* Anon. in Gard. Chron. ser. 3,58:158. 1915. nom. ;non *C. japonica* Mallardii Grignan 1903.

140. Wilsonii,*Pyrus japonica* Wilsonii Anon. in Journ. Hort. Soc. Lond. 41:cxxxii,f. 122. 1916.

141. Wilsonii,*Cydonia japonoca* Wilsonii Beckett in Gard. Chron. sér. 3,66:22. f. 9. 10. 1919.

142. Bean,*Cydonia cathayensis* Hemsl. var. *wilsonii* Bean in New Fl. Sylv. 2:1891. 1930. nom. event.

143. Lindley ex Spach,*Chaenomeles japonoca*(Thunb.)Lindl. ex Spach,Hist. Nat. Vég. Phan. 2:159. 1834. p. p. ,quoad basonym.

144. Thunberg,Pyrus japonica Thunb. ,Fl. Jap. 207. 1784.

145. Masters,*Pyrus maulei* Masters in Gard. Chron. n. sér. 1:756. f. 159. 1874.

146. T. Moore,*Cydonia maulei* T. Moore in Florist & Pomol. 1875:49. t. 1875.

147. Lavallee,*Chaenomeles japonoca* (Thunb.)Lindl. ex Spach var. *maulei* Lavallée,Arb. Segrez. 110. 1877.

148. Carriere,*Pseudochaenomeles maulei* Carr. in Rev. Hort. 1882:238. f. 52,55. 1882.

149. Schneider,*Choenomeles maulei* Schneider,III. Handb. Laubh. 1:731. f. 405g-s,406c-d. 1906.

150. Makino,*Cydonia japonoca*(Thunb.)Lindl. ex Spach *a. typica* Makino in Bot. Mag. Tokyo,22:63. 1908.

151. Nakai,? *Chaenomeles trichogyna* Nakai,Fl. Sylv. Kor. 6:42. t. 15. 1916.

152. A. Rehder,*Chaenomeles japonoca*(Thunb.)Lindl. ex Spach f. *tricolor* [Pasons] A. Rehd. in Bibliography of Cultivated Trees and Shrubs:276. 1949.

153. Parsons & Sons,*Cydonia japonica tricolor* Parsons & Sons,Descr. Cat. 39. 1889?

154. Rehder,*Cydonia maulei* T. Moore var. *tricolor* Rehd. in Bailey,Cycl. Am. Hort. [1] :427. 1900.

155. Hort. ex Rehder,*Chaenomeles maulei* Masters var. *tricolor* Hort. ex Rehd. in Bailey,Stand. Cycl. Am. Hort. 2:728. 1914.

156. Hort. ex Rehder,*Chaenomeles japonica*(Thunb.)Lindl. ex Spach var. *tricolor* Hort. ex Rehder, Man. Cult. Trees and Shrubs, 401. 1927.

157. Maxim. ,*Chaenomeles japonica*(Thunb.)Lindl. ex Spach var. *alpina* Maxim. in Bull. Acad. Sci. St. Pétersb. 19:168(in Mél. Biol. 9:163)1873. "β".

158. Maximowicz,*Chaenomeles japonica*(Thunb.)Lindl. ex Spach var. *pygmaea* Maxim. in Bull. Acad. Sci. St. Pétersb. 19:168(in Mél. Biol. 9:163)1873.

159. Franchet & Savatier,*Pyrus japonica* Thunb. β. *alpina* Franchet & Savatier,Enum. Pl. Jap. 1:139. 1873.

160. Koehne,*Chaenomeles qalpina* Koehne,Gatt. Pomac. 28. t. 2. f. 23a-c. 1890.

161. Lemoine,*Cydonia sargenti* Lemoine,Cat. 144:25. 1900.

162. S. Arnott,*Pyrus sargenti* S. Arnott in Gard. Chron. sér. 3,32:192. 1902.

163. Mottet,*Chaenomeles maulei* Masters var. *sargenti* Mottet in Rev. Hort. n. sér. 11:204. t. 1911.

164. Schneider, *Chaenomeles sinensis* Sect. II. *Pseudocydonia* Schneider, III. Hand. Laubh. 1：728 （1906,May）.

165. Schneider, *Pseudocydonia* Schneider in Repert. Sp. Nov. Règ. Vég. 3：180（1906,Nov.）.

166. Schneider, *Chaenomeles sinensis*（Dum.‑Cours.）Schneider, III. Handb. Laubh. 1：730. f. 405a‑g,405a. 1906.

167. Dumont de Courset, *Malus sinensis* Dumont de Courset, Bot. Cult. 5：428. 1811. exclud. syn. Willd. et Miller.

168. Thouin, *Cydonia sinensis* Thouin in Ann. Mus. Hist. Nat. Paris,19：145. t. 8,9. 1812.

169. Poiret, *Pyrus sinensis* Poiret, Encycl. Méth. Bot. Suppl. 4：452. 1816.

170. Sprengel, *Pyrus chinensis* Sprengel in Linnaeus, Syst. Vég. ed. 16,2：510. 1825.

171. Wenzig, *Malus communis* ζ *Chinensis* Wenzig in Jahrb. Bot. Gart. Mus. Berlin. 2：291. 1883.

172. Hemsley, *Pyrus chinensis* Hemsl. in Journ. Linn. Soc. Lond. Bot. 23：256. 1887. p. p. , quoad specim. e Kiangsi.

173. Koehne, *Chaenomeles chinensi* Koehne, Gatt. Pomac. 29. 1890.

174. Schneider, *Pseudocydonia sinensis* Schneider in Repert. Sp. Nov. Règ. Vég. 1906,3：181.

175. Schneider, *Chaenomeles cathayensis*（Hemsl.）Schneider III. Laubh. 2：730.

176. C. Weber, The Cultivars in the genus Chaemonoles Amold：17~75. 1963.

177. C. Weber, The genus Chaemonoles（Rosaceae）Journal Amold Arbor 1964,45(11)：59~65.

178. E. H. Wilson, PLANTAE WILSONIANAE. II：296~300. 1916.

179. H. F. Chow（周汉藩）在《THE FAMILIAR TREES OF HOPEI》[M]. 北京：静生生物调查所（PUBLISHED BY THE PEKING NATURAL HISTORYBULLETIN）,1934.

180. C. Weber, 1996. Encrclopedia of Ganden Plants. London, New York. Stuttagrt. Noscow：Dorling Kindersley,205~251

181. C. D. Brikenll, B. R. Baum, W. L. A. Hoteerscheid, et al. 2004. Intemational Code of vomenclatuyr for Cultivated for Cultivated and Plants. 7th ed. Act Hort. 647：1~84.

Ⅱ. 日文

1. 工藤佑舜. 昭和八年. 日本有用樹木學（第三版）. 東京：丸善株式会社.

2. 大井次三郎. 昭和31年. 日本植物誌（第二版）：552. 東京：株式会社至文堂.

3. 白澤保美. 明治四十四年. 日本森林樹木図譜 上冊. 東京：成美堂書店.

4. 最新園芸大辭典編輯委員会. 昭和五十八年. 最新園芸大辭典 第3卷 C. 85. 東京：株式会社誠文堂新光社.

5. 東京博物学研究会. 明治四十一年. 植物圖鑑. 東京：北隆館書店.

6. 浅山英一. 太田洋愛,二口善雄画. 1986. 園芸植物圖譜. 東京：株式会社 平凡社.

7. 牧野富太郎著. 増補版　牧野　日本植物圖鑑. 東京：北隆館　昭和30年.

8. 仓田 悟. 1971. 原色 日本林業樹木図鑑 第1卷（改正版）. 東京：地球出版株式会社.

9. 朝日新闻社. 1987. 朝日園芸植物事典. 東京：朝日新闻社.

10. 野間省一. 昭和55年(1980). 談社園芸大百科事典. 第1卷 早春の花. 東京：株式会社.

11. 最新園芸大辞典編集委員会. 最新園芸大辞典. 昭和五十八年　第3卷 C. ：85.

12. 日本ボケ協会. 日本のボケ. 日本新潟：日本ボケ協会事務局,平成21年.

13. 倉重　祐二在《ボケの園芸史》平成21年.

14. 新潟县"越后小合園芸同好会"发行的《放春花铭鉴》1913年.

15. 琦玉县"琦玉安行同好会"发行的《宝家华名鉴》1914 年.

16. 新潟市秋叶区的"日本木瓜公园"2007 年.

17. 四柳　幸男等在《日本のボケ》. 平成 21 年.

18. 伊藤武夫著. 台灣植物图说. 昭和 51 年　国书刊行会.

Ⅲ. 中文

二画

1. 丁宝章,王遂义. 河南植物志(第二册)[M]. 郑州:河南科学技术出版社,1990:186~189.

2. 丁以华,田伟作,李永福,等. 木瓜及其伪品种的紫外光谱聚类分析[J]. 中国现代应用医学, 2000,17(2):114~115.

3. 卜晓英,张敏,李文芳,等. 木瓜系列产品加工技术[J]. 食品工业技术,2003,24(4):45~48.

三画

4. 山西省林业科学研究院. 山西树木志[M]. 太原:山西人民出版社,1985.

5. 马伟光,游文龙,黄云谱,等. 一种酸木瓜保健茶及制备方法[P]. 中国专利,CN101107951, 2008-01-23.

6. 上海南昌制药厂. 木瓜抑制艾瘤腹水癌有效成分的研究[J]. 中草药通报,1976,7(6):15.

7. 于晓亮. 木瓜属果实的数量分类及指纹图谱研究(D)。2011.

四画

8. 中国科学院中国植物志编辑委员会. 中国植物志(第三十六卷)[M]. 北京:科学出版社,1974.

9. 中国科学院植物研究所. 中国高等植物图鉴(第二册)[M]. 北京:科学出版社,1983.

10. 中国科学院昆明植物研究所. 云南植物志·第十二卷　种子植物[M]. 北京:科学出版社,2006: 412~415.

11. 中国科学院武汉植物研究所. 湖北植物志(第二卷)[M]. 武汉:湖北人民出版社,1976.

12. 中国科学院西北植物研究所. 秦岭植物志·第一卷　种子植物(第二册)[M]. 412~413. 1986: 542. 图 438~439. 北京:科学出版社.

13. 云南植物研究所. 云南植物志(第一卷)[M]. 北京:科学出版社,1977.

14. 王遂义. 河南树木志[M]. 郑州:河南科学技术出版社,1994.

15. 王蔚嫱. 木瓜保健饮料的生产工艺研究[J]. 食品工业科技,2018,2:188~190.

16. 王艳,张峰婧,王汉屏. 木瓜富硒保健茶的工艺研究[J]. 陕西农业科学,2010,3:49~50.

17. 王红霞. 药用观赏植物——贴梗海棠[J]. 植物杂志,2003,6:30.

18. 王嘉祥. 山东观赏木瓜种质资源调查、收集与分类研究[J]. 种质资源,2004,32(6):63.

19. 王嘉祥. 山东观赏木瓜种质资源调查及分类[J]. 林业科技开发,2005,19(5):33~34.

20. 王嘉祥. 观赏木瓜优良品种简介[J]. 中国种业,2004(10):54.

21. 王嘉祥,王侠礼,管兆国,等. 木瓜品种调查与分类初探[J]. 北京林业大学学报,1998,20(2): 123~125.

22. 王嘉祥. 二元分类法在皱皮木瓜品种分类中的应用[J]. 枣庄师范专科学校学报,2004,21(2): 30~31.

23. 王嘉祥. 山东省沂州木瓜品种资源的分类特性评价与利用[J]. 西南园艺,2004,32(6): 22~23.

24. 王嘉祥. 木瓜盆景的制作与养护[J]. 林业施用技术,2005,7.

25. 王嘉祥. 沂蒙山区多用途木瓜植物资源研究[J]. 安徽农业科学,2006,18:4739.

26. 王嘉祥. 沂州木瓜的观赏特性及应用研究[J]. 安徽农业科学,2005,33(2):266.

27. 王嘉祥. 沂州海棠优良品种及其在园林中的应用[J]. 园林绿化,2005,33(2):266.

28. 王嘉祥. 沂蒙木瓜园林观赏应用研究[J]. 山东农业大学学报(自然科学版),2005,36(1):119~120.

29. 王嘉祥. 沂州木瓜[J]. 落叶果树,2003(1):21~22.

30. 王嘉祥. 我国珍贵植物资源——沂州木瓜[J]. 特用经济植物,2004,5:34.

31. 王嘉祥. 山东省皱皮木瓜品种分类探讨[J]. 园艺学报,2004,31(4):520~522.

32. 王永慧,高淑真,朱继宏,等. 沂州海棠盆花快速培育技术[J]. 山东农业科学,2004,3:46~47.

33. 王明明. 木瓜属栽培品种的分类研究[D]. 山东农业大学,2009.

34. 王明明,陈化榜,王建华,等. 木瓜属品种亲缘关系的 SRAP 分析[J]. 中国农业科学,2010,43(3):542~551.

35. 王明明,王建华,宋振巧,等. 木瓜属植物品种资源的数量分类研究[J]. 园艺学报,2009,36(5):701~710.

36. 王焕光,殷兴华. 旱薄丘陵地木瓜早期生产栽培技术[J]. 烟台果树,2009,1:30~40.

37. 王跃兵,霍昌亮. 皱皮木瓜高产栽培技术[J]. 河北果树,2010,2:28~31.

38. 王绍美,何照范,郁建平,等. 木瓜营养成分分析[J]. 营养学报,2000,22:190~192.

39. 王有为,何敬胜,范建伟,等. 木瓜地道起源与地道产区形成研究[J]. 会议论文,2008.

40. 方清贵,陈亚雪. 木瓜的优良品种及栽培技术[J]. 广西农业科学,2005,2:120.

41. 方文培. 峨眉植物图志 第一卷 第二号[M]. 上海:商务印书馆,1942.

42. 孔庆莱,吴德亮,李祥麟,等. 植物学大辞典[M]. 上海:商务印书馆,1933.

43. 孔增科,胡双丰,潘如燕,等. 木瓜与光皮木瓜、西藏木瓜与小木瓜的鉴别与合理应用[J]. 河北中医,2007,29(4):599~601.

44. 孔劲松,杨光海,Kong Jin-song,等. 皱皮木瓜总黄酮镇痛作用的机制分析[J]. 时珍国医国药,2009,20(4):599~601.

45. [日]町田英夫等著. 孙昌其,刘汝诚译. 花木嫁接技术[M]. 北京:农业出版社,1982.

五画

46. 卢炯林,余学友,张俊朴,等. 河南木本植物图鉴[M]. 香港:新世纪出版社,1998.

47. 刘爱华,田慧群,覃晓体,等. 木瓜总黄酮抗肿瘤活性研究[J]. 中国药方,2014,25(2):599~601.

48. 田奇伟,唐沼海. 木瓜的抗菌作用(初报)[J]. 微生物学通报,1982(6):271.

49. 冯建荣,袁莉. 木瓜食用加工产品技术研究[J]. 中国果菜,1990,2:6~8.

50. 冯建荣,袁莉. 木瓜食用加工产品技术[J]. 食品科学,1991,5:21.

51. 冯丽,罗栋源,万端极. 宜木瓜风味酸奶的制作工艺研究[J]. 食品研究与开发,2010,31(10):127~130.

52. 包志毅. 世界园林乔灌木[M]. 北京:中国林业出版社,2004:201~202.

53. 北京师范大学. 北京植物志(上册)[M]:399. 图 345. 1962.

六画

54. 朱长山,杨好伟. 河南种子植物检索表[M]. 兰州:兰州大学出版社,1994.

55. 朱海兰,黄丽芬. 木瓜种类及其用途[J]. 陕西林业科技,2005,1:65~68.

56. 朱勇. 宜木瓜分布现状、低产原因及改造技术[J]. 中国园艺文摘,2014,30(8):223~224.

57. 朱勇. 四季海棠的越夏管理[N]. 中国花卉报,2006-06-15(第003版).

58. 刘刚. 瓜保健茶[P]. 中国专利(LIU Garg Healthy tea of Papaya [P] Pateat of C),CN16311192A 2005-06-29.

59. 刘金,吴广永. 不是桃花,胜似桃花——话沂州木瓜海棠[J]. 中国花卉盆景,2001,5:5.

60. 刘慎谔. 东北木本植物图志[M]. 北京:科学出版社,1955.

61. 刘厚桂,胡晋红. 木瓜中齐墩果酸抗乙型肝炎病菌研究[J]. 解放军药学学报,2002,18(5):272~274.

62. 刘淑霞,刘淑琴,王士杰,等. 木瓜籽提取抗感染镇痛活性研究[J]. 中国医学学报,2008,2:13~15.

63. 刘珠琴,黄宗兴,舒巧云. 木瓜海棠长寿冠扦插技术研究[J]. 福建林业技术,37(4):105~107. 1010.

64. 刘爱华,田慧群,覃晓林,等. 木瓜总黄酮抗肿瘤活性研究[J]. 中国药业,2014,25(7):599~601.

65. 刘大勇,于万俊,赵翠华,等. 曹州木瓜早实丰产栽培技术[J]. 烟台果树,2003,1:45~46.

66. 刘大勇,周宝国,赵翠华,等. 曹州木瓜栽培技术[J]. 中国果树,2002,11:41~42.

67. 安玉红,任廷远,阐建全. 木瓜果醋发酵工艺的研究[J]. 中国酿造,2010,3:171~175.

68. 《安徽植物志》协作组编. 安徽植物志 第2卷[M]. 北京:中国展望出版社,1986,6.

69. 安徽经济植物志增修编写办公室,安徽省人民政府经济文化研究中心. 安徽经济植物志[M]. 合肥:安徽科学技术出版社,1990.

70. 西南林学院,云南省林业厅. 云南树木图志[M]. 昆明:云南科技出版社,1990.

71. 华北树木志编写组编. 华北树木志[M]. 北京:中国林业出版社,1984.

72. 江苏省植物研究所编. 江苏植物志 上册[M]. 南京:江苏人民出版社,1977.

73. 孙连绵,洪永福. 简述中药木瓜的化学、药理与临床应用研究[J]. 药学实践杂志,1999,17(5):281~284.

74. 孙劲松,杨光海. 皱皮木瓜总黄酮镇痛作用的机制分析[J]. 时珍国医国药,2009,20(3):549~550.

75. 孙元龙,任宪威主编. 河北树木志[M]. 北京:中国林业出版社,1997.

76. 向一兵. 长阳木瓜产区主要病虫及危害[J]. 湖北农业科学,2003,1:?

77. 向一兵. 木瓜花腐病的初步观察[J]. 湖北农业科学,2001,6:?

七画

78. 宋良红,李全红. 碧沙岗海棠[M]. 长春:东北师范大学出版社,2011.

79. 陈嵘著. 中国树木分类学[M]. 上海:商务印书馆,1937.

80. 陈焕镛. 海南植物志 第一卷[M]. 北京:科学出版社,1964.

81. 陈根荣. 浙江树木图鉴[M]. 北京:中国林业出版社,2009.

82. 陈有民. 园林树木学[M]. 北京:中国林业出版社,1988.

83. 陈修会,张兴龙,朱新学,等. 沂州木瓜的优良品种[J]. 中国果菜,1998,3:29.

84. 陈春方,刘晓云,程军勇,等. 木瓜扦插试验初报[J]. 湖北林业科技,2009,5:24~25.

85. 陈春方,等. 木瓜优良品种选育初报[J]. 湖北林业科技,2010,5:?

86. 《陈世骧文选》编辑组. 陈世骧文选[M]. 北京:科学出版社,2005.

87. 陈睐,吴廷俊,戴跃进. 四种木瓜主要化学成分的比较[J]. 华西药学杂志,2000,15(16):38~39.

88. 陈红,王关祥,郑林,等. 木瓜属(贴梗海棠)品种分类的研究历史与现状[J]. 山东林业科技,2006,5:70~71. 78.

89. 陈红,王关祥,郑林,等. 临沂市木瓜属品种资源调查与分类研究[J]. 山东林业科技,2007,1:70~71.

90. 陈红. 木瓜属种质资源的 RAPD、AFLP 亲缘关系鉴定及遗传多样性分析[D]. 山东农业大学,2008.

91. 陈瑛,李锦,吴英良. 野木瓜化学成分及药理和临床研究进展[J]. 沈阳药科大学学报,2008,25(11):924~927.

92. 陈起伟. 永平白木瓜育苗及丰产栽培技术[J]. 柑桔及亚热带果树信息,2003,19(1):35~36.

93. 吴征镒. 西藏植物志 第二册[M]. 北京:科学出版社,1985.

94. 吴国卿,王文平,陈燕. 野木瓜的资源状况与食用加工研究总述[J]. 贵州农林科学,2010,38(2):163~164.

95. 吴延廷,张俊. 中药木瓜的基源与性状鉴定[J]. 华西医科大学学报,1996,27(4):404~408.

96. 李书心. 辽宁植物志 上册[M]. 沈阳:辽宁科学技术出版社,1988:862~865.

97. 李顺卿. 中国森林植物学(FOREST BOTANY OF CHINA)[M]. 上海:商务印书馆,1935.

98. 李法曾. 山东植物精要[M]. 北京:科学出版社,2004.

99. 李淑芳,谭莉. ABT 生根粉在扦插木瓜海棠上的应用[J]. 维普资讯,1998(5):16~17.

100. 李丽,李蕴成,高春燕. 白木瓜对亚硝酸盐的清除作用的研究[J]. 食品科技,2009,34(10):174~176.

101. 李战国. 曹州光皮木瓜的经济价值及生产栽培技术[J]. 北方园艺,2007,10:108~109.

102. 杨有乾,李秀生. 林木病虫害防治[M]. 郑州:河南科学技术出版社,1982.

103. 杨松杰. 木瓜属植物种质资源研究进展[J]. 湖北农业科学,2011,50(20):4116~4120.

104. 张桂荣. 木瓜[M]. 北京:中国农业科学技术出版社,2009.

105. 张天麟. 园林树木 1600 种[M]. 北京:中国建筑工业出版社,2010.

106. 张晓芹. 曹州木瓜的观赏特性与园林应用[J]. 北方园艺,2010(2):130~131.

107. 张俊辉,李婷. 一种木瓜保健酒及制备方法[P]. 中国专利,CN103509678A,2014-01-15.

108. 张超,陈奉玲,汤兴毫. 木瓜的草本考证[J]. 中草药,1999,30(12):943~944.

109. 张继山,刘希涛. 光皮木瓜珍稀品种——牡丹木瓜[J]. 专业户,2004,6:43~44.

110. 张继山,刘希涛. 光皮木瓜珍稀品种——牡丹木瓜[J]. 农村百事通,2004,9:31.

111. 张继山,刘希涛. 牡丹木瓜[J]. 技术与市场,2004,10:36.

112. 张继山,刘希涛. 光皮木瓜的珍稀品种——牡丹木瓜[J]. 上海农业科技,2005,2:120.

113. 张国华. 木瓜栽培技术[J]. 现代农业科技,2009,21:95.

114. 张建新,杜双奎. 白河县不同地区光皮木瓜营养成分分析[J]. 西北农业学报,2005,14(4):106~109.

115. 张秀秀. 山东省木瓜种质资源 AFLP 分析及果用新品种评价[D]. 山农农业大学林学院,2012.

116. 张茜,王光,何祯祥,等. 木瓜种质资源的植物学归类及管理原则[J]. 植物遗传资源学报,2005,6(3):339~343.

117. 张恒,耿岩玲,王岱杰,等. 不同品种皱皮木瓜成分的研究[J]. 山东科学,2011,24(2):24~27.

118. 张恒. 不同品种(系)皱皮木瓜成分的研究[D]. 山东农业大学,2012.

119. 张毅,刘伟,李桂祥,等. 日本木瓜属观赏品种资源调查[J]. 中国园艺文摘,2015(9):3~8.

120. 张庆田,夏阳,孙仲序,等. 木瓜海棠组织培养技术的研究[J]. 山东林业科技,2007,2:32~33,3.

121. 邱顺华. 贵州正安野木瓜抗菌活性成分研究[J]. 福建中医药,1985,16(6):356.

122. 严红光,殷彪,何波,等. 木瓜酒发酵特性的研究[J]. 酿酒技术,2007,5:32~368.

123. 杜秀荣,唐建军. 中国地图集[M]. 北京:中国地图出版社,2004.

124. 杜钧莹,李迁思,杜少恩,等. 一种木瓜保健酒生产制备方法[P]. 中国专利,CN102399672A 2012-04-04.

125. 杜淑辉. 木瓜属新品种 DUS 测试指南及已知品种数据库的研究[D]. 山东农业大学,2011.

126. 杜淑辉,臧德奎,孙居文,等. 木瓜属观赏品种的灰色关联度综合评价[J]. 山东农业科学, 2011,(1):?

127. (宋)苏颂. 图径本草[M]. 合肥:安徽科技出版社,1994.

128. 汪雪丽,姚立霞,杜先锋. 宣木瓜果醋发酵工艺的研究[J]. 食品工业科技,2018,4:188~190.

129. 余崇彪,陈春芳,刘晓云,等. 湖北木瓜资源二元生物学归类分析与开发对策[J]. 湖北林业科技,2007,5:51~52.

130. 邵则夏,陆斌. 云南的木瓜[J]. 果树科学,1995,12:155~156.

131. 邵则夏,陆斌,刘爱群,等. 云南木瓜资源、栽培与加工利用专题 云南的木瓜种质资源[J]. 云南林业科技,1993(3):32~36,42.

132. 邵则夏,陆斌. 云南木瓜的种质资源与果实营养成分[J]. 中国南方果树,32(5):62~63. 2003.

133. [英]克里斯托弗·布里克尔主编. 杨秋生,李振宇主译. 世界园林植物花卉百科全书[M]. 郑州:河南科学技术出版社,2004,130、155、156、522.

134. 邹汉斌. 木瓜的丰产优质与栽培技术[J]. 福建农业,2007,1:2.

八画

135. 郑万钧. 中国树木志 第二卷[M]. 北京:科学出版社,1985:1027.

136. 郑林. 中国木瓜属观赏品种调查和分类研究[D]. 山东农业大学,2008.

137. 郑林,陈红,郭先铮,等. 木瓜属(Chaenomeles)栽培品种与近缘种的数量分类[J]. 南京林业大学学报(自然科学版),2009,33(2):47~50.

138. 郑林,陈红,张雷,等. 木瓜属植物的花粉形态与品种分类[J]. 林业科学,2008,44(5):53~57.

139. 郑成果,徐兴东. 沂州木瓜[J]. 中国果品研究,1997,3:31~33.

140. 周以良,等. 黑龙江树木志[M]. 哈尔滨:黑龙江科学技术出版社,1986.

141. 周脉常,曹文俊,伞志民. 家庭树桩盆景快速成型法[M]. 郑州:河南科学技术出版社,1986.

142. 河北植物志编辑委员会. 河北植物志 下册[M]. 石家庄:河北科学技术出版社,1989.

143. (明)李时珍. 本草纲目[M]. 北京:人民卫生出版社,1982.

144. 金钟仁. 木瓜抗癌有效成分木瓜结晶的提取[J]. 中草药通报,1975,6(6):18.

145. 赵梅. 木瓜保健果冻的工艺研究[J]. 食品科技,2013,10:111~114.

146. 赵发. 一种木瓜蜜醋饮料及其制备方法[P]. 中国专利,CN1954742A,2007-05-02.

147. 赵红霞,张复军. 观赏木瓜[J]. 落叶果树,2003(2):50~51.

148. 赵士洞译. 俞德俊,耿伯介校. 国际植物命名法规(1975)[M]. 北京:科学出版社,1984.

149. 屈国胜,杨松杰. 药食两用木瓜属植物研究进展[J]. 安康学院学报,2012,24(5):88~90.

150. 罗思源. 綦江木瓜资源圃木瓜品种的形态学鉴定和指纹图谱分析(D). 山农农业大学林学院, 2015.

151. 易吉林. 新优观花植物——日本海棠[J]. 南方农业(园林花卉版),2008(5):32~33.

152. 赵天榜,郑同忠,李长欣,等. 河南主要树种栽培技术[M]. 郑州:河南科学技术出版社,1994.

153. 赵天榜,宋良红,李小康,等. 郑州植物园种子植物名录[M]. 郑州:黄河水利出版社, 2018:133.

154. 岳华峰,李相宽,杨超伟,等. 不同产地光皮木瓜果实和种子表型性状多样性[J]. 东北林业大学学报,2015,43(11):52~55.

155. 苑兆和,陈学森,张春雨,等. 沂州木瓜不同品种果实香气物质 GC-MS 分析[J]. 果树学报,2008,25(2):269~273.

156. 林娜,姜卫兵,翁忙玲. 海棠树种资源邱园林特性及其开发利用[J]. 中国农学通报,2006,22(10):242~247.

九画

157. 贺士元. 河北植物志 上册[M]. 石家庄:河北科学技术出版社,1986.

158. 贺士元,邢其华,尹祖棠,等. 北京植物志(下册)[M]. 北京:北京出版社,1989.

159. 南京林学院树木学教研组. 树木学(上册)[M]. 北京:农业出版社,1961:215、217.

160. 贵州植物志编辑委员会. 贵州植物志 第七卷[M]. 贵州:贵州人民出版社,1989:135~140.

161. 侯宽昭. 广州植物志[M]. 北京:科学出版社,1956.

162. (南北朝·梁)名医别录[M]. 北京:人民卫生出版社,1986.

163. 洪永福,孙连娜,郭学敏,等. 中药木瓜抗肝炎活性成分的研究[J]. 中国自然资源学会,全国第四届天然药物资源学术讨论会论文集,2000.

164. 洪永福,郭学敏. 三种木瓜的乙醚提取部的气相色谱——质谱分析[J]. 第二军医大学学报,2000,21(8):749~752.

165. 洪艳平,尹忠平,上官新晨,等. 光皮木瓜总三萜化合物的提取和含量测定[J]. 江西农业大学学报,2007,29(2):61~65.

166. 柳蔚,李世刚. 皱皮木瓜水提取物对消化道运动功能的影响[J]. 中外医疗,2009,28(32):?

167. 柳蔚,杨光海,钱京萍. 资木瓜乙醇提取物镇痛抗炎作用的试验研究[J]. 实用医学进修杂志,2005,32(4):252~254.

168. 俞益武,崔会平,庞丙亮,等. 观赏木瓜引种观察与应用的初步评价[J]. 中国农学通报,2009,25(19):157~160.

169. 郝继伟,周言忠,王加玺,等. 4 个曹州光皮木瓜地方品种简介[J]. 中国果树,2006,3:57~58.

170. 郝继伟,周言忠. 沂州木瓜优质品种资源调查研究[J]. 中国种业,2007,(11):84~85.

171. 俞德俊. 西藏木瓜 Chaenomeles thibeticaYü [J]. 植物分类学报,1963,(8):234.

172. 胡艳芳,王政,贺丹,等. 河南华南贴梗海棠品种资源研究[J]. 中国观赏园艺进展,2013,1~5.

173. 胡忠惠,杨丽芳,张文庆,等. 木瓜海棠长寿冠催花试验及观赏特性调查[J]. 天津农业科学,2004,3:28~29.

174. 封光伟. 皱皮木瓜新品种"西峡木瓜"[J]. 农村百事通,2006,9:30.

175. 项昭宝,仁绍坐,石轶松. 木瓜资源的开发与利用[J]. 中国野生植物资源,2002,21(5):26~27.

176. 荣文存,马惠. 光皮木瓜及其经济价值[J]. 烟台果树,2007,3:36~37.

177. 宫发珍,关发斌. 木瓜的保健作用与繁殖技术[J]. 四川农业科技,2008,3:?

十画

178. 贾祖璋,贾祖珊. 中国植物图鉴[M]. 北京:中华书局,1955.

179. 贾波. 山东木瓜主栽品种的植物学性状及果实品质研究[D]. 山东农业大学,2003.

180. 贾波,曹帮华,秦贺兰,等. 不同品种光皮木瓜营养品质分析与评价[J]. 营养学报,2010,32(3):306~308.

181. 浙江植物志编辑委员会. 浙江植物志[M]. 杭州:浙江科学技术出版社,1993:174~177.

182. 郭成立,田昌本,唐沼海,等. 木瓜治疗急性细菌性痢疾107例临床观察［J］. 中华医学杂志, 1984,64(11):689.

183. 郭帅. 观赏木瓜种质资源的调查、收集、分类及评价［D］. 山东农业大学,2003.

184. 郭学敏,洪永福,章玲. 皱皮木瓜化学成分的研究［J］. 中草药,1997,28(10):584~585.

185. 郭建喜,白芳芳,查振道,等. 毛叶木瓜播种试验［J］. 陕西林业科技,2012,6:44~45,21.

186. 徐兴东. 沂州木瓜品种简介［J］. 特种经济动植物,2000,3(4):36.

187. 徐兴东. 沂州木瓜高产高效栽培技术［J］. 山西果树,1998,1:22~24.

188. 徐兴东. 木瓜优良品种简介［J］. 北方果树,1996,1:18~19.

189. 徐晓白,吴诗华,赵庆泉. 中国盆景［M］. 合肥:安徽科技出版社,1985.

190. 徐来富. 贵州野生木本花卉［M］. 贵州:贵州科技出版社,2006.

191. 高富,裴盛基,杨立新,等. 云南木瓜属(Hhaenoneles)植物的民族植物学初步研究［J］. 安徽农业科学,2011,39(7):3950~3954.

192. 高慧媛. 光皮木瓜的化学成分及抗癌促发的活性研究［D］. 沈阳药科大学,2002.

193. 殷默恵,殷晓春. 陈州园林造型艺术［M］. 郑州:河南科学技术出版社,2004,1991.

十一画

194. 商业部土产废品局等. 中国经济植物志［M］. 北京:科学出版社,2012.

195. 曹玉翠,曹邦华,贾波,等. 木瓜硬枝扦插技术与生根相关联酶活性研究［J］. 西南大学林学院学报,2008,28(6):5~9.

196. 曹保芹,张明春,杜桂喜,等. 4个曹州光皮木瓜地方品种简介［J］. 中国果树,2006,3:57~58.

197. 龚复俊,卢笑丛,陈玲,等. 西藏木瓜挥发油成分研究［J］. 中草药,2006,3:57~58.

198. 谢源. 光皮木瓜栽培技术［J］. 陕西林业科技,2006,4:98~101.

199. 梁玉本,王波. 我国栽培的木瓜优良品种［J］. 烟台果树,2007,3:34~35.

十二画

200. 湖北省植物研究所. 湖北植物志 第一卷［M］. 武汉:湖北人民出版社,1976.

201. 湖南地图出版社. 经贸世界地图册［M］. 长沙:湖南地图出版社,2006.

202. 程龙凤. 一种木瓜保健粉的制作方法［P］. 中国专利,CN103849534A,2014-01-08-11.

203. 覃拥军. 皱皮木瓜地方品种资丘木瓜［J］. 中国果树,2013,1:28.

204. 覃江文. 皱皮木瓜园的主要病虫害及综合防治［J］. 植保技术与推广,2001,21(4):?

205. 鲁宁琳,范昆,王来平,等. 木瓜品种资源分类及功效［J］. 落叶果树,2008,6:29~31.

206. 彭华胜,王德群. 安徽地道药材宣木瓜生产现状及保护对策［J］. 现代中药研究与实践,2003,17(2):17~18.

207. 韩立敏. 木瓜有效成分的研究［J］. 安徽农业科学,2009,37(23):10969~10970.

208. 棣少林. 宜木瓜资源的开发与利用［J］. 安徽林业,2005,2:22~3.

十三画

209. 福建省科学技术委员会,《福建植物志》编写组. 福建植物志 第二卷［M］. 福州:福建科学技术出版社,1985:331~333.

210. 靳晓白,成仿云,张启翔译. 国际栽培植物命名法规［M］. 北京:中国林业出版社,2009.

211. 路夷坦,范永明,赵东武,等. 中国木瓜属植物资源的研究［J］. 安徽农业科学,2018,46(33):37~40,60.

212. 愈益武,崔会平,张建国,等. 观赏木瓜引种观察与应用的初步评价［J］. 中国农学通报,2009.

十四画

213. 裴鉴,单人骅,周太炎,等. 江苏南部种子植物手册[M]. 北京:科学出版社,1959.

214. 裴鉴,周太炎. 中国药用植物志[M]. 北京:科学出版社,1955.

215. 管恩桦,卢勇,彭树波,等. 沂州木瓜优良品种及丰产栽培技术[J]. 北京农业,2004, 11:21~22.

216. 熊兴军. 资丘木瓜[J]. 植物杂志,1998,5:15.

217. 臧德奎,王关祥,郑林,等. 我国木瓜属观赏品种的调查与分类[J]. 林业科学,2007,43(6): 72~76.

218. 臧德奎,陈红,郑林,等. 木瓜属优良品种亲缘关系的 AFLP 分析[J]. 林业科学,2009,45(8): 39~43.

219. 谭江文. 皱皮木瓜园的主要病虫害及综合防治[J]. 植保技术与推广,2001,4.

十五画

220. 樊蓝美. 一种木瓜保健酒配方[P]. 中国专利,CN103849534A, 2014-06-11.

十六画

221. 薛杰. 菏泽木瓜的栽培[J]. 中国花卉园艺,2006,20:42~43.

十七画

222. 戴天澍,敬根才,张清华,等. 鸡公山木本植物图鉴[M]. 北京:中国林业出版社,1991: 127~128.

索　引

Ⅰ．木瓜族植物名称、俗名索引

一画

一品香　174

'一品香'　8,9,10,175

'一品香'木瓜贴梗海棠　174

二画

'七变化'　194

'七变化'日本贴梗海棠　17,194

十二一重　192

'十二一重'日本贴梗海棠　192

三画

川木瓜　213

'三色花'贴梗海棠　142

三型果木瓜栽培群　87

'三型果'木瓜　87

'三型果-1'木瓜　87

'三型果-2'木瓜　88

小叶毛木瓜　34,81

小叶贴梗海棠　119

'小叶大果'贴梗海棠　133

'小叶大果-1'贴梗海棠　133

'小叶瘤突柱果'木瓜　101

小手木瓜　92

'小手'木瓜　92

小花木瓜贴梗海棠　159

'小花'日本贴梗海棠　194

'小花 小瓣'贴梗海棠　138

'小花 碎瓣'贴梗海棠　149

小花雄蕊瓣化贴梗海棠　148

小果木瓜　78

'小果'木瓜　99

小果贴梗海棠　122

'小果'贴梗海棠　145

'小柱果'木瓜　99

'小柱果-1'木瓜　100

'小球果'木瓜　106

'小桃红'贴梗海棠　29,30,143

小桃红木瓜　7,143,209

'小蜀红'贴梗海棠　136

小狮子头　91

'小狮子头'　8,9

'小狮子头'木瓜　91

'小椭圆体状果'木瓜　98

'小椭圆体状果-1'木瓜　99

大手木瓜　92

'大手'　9

'大手'木瓜　92

大叶毛木瓜　83

大叶贴梗海棠　17,40,118

大红袍　10

'大红袍'木瓜贴梗海棠　178

大花碎瓣木瓜贴梗海棠　167

'大果'贴梗海棠　129

大果木瓜贴梗海棠　163

'大金苹果'木瓜　107

大狮子头　9,91

'大狮子头'木瓜　91

大型杂种贴梗海棠　16

'大球果'木瓜　34,105

大理1号　7

大理木瓜1号　209

大理杂种贴梗海棠　18,19,39,45,112,209,210

"大富贵"　11

'大富贵'　8,9,10,11,18,208

'大椭圆体状果'木瓜　96

夕照　150

'夕照'　9,10

'夕照'贴梗海棠　150

四画

双色花木瓜　73

木爪　1,2,3,4,5,6,7,9,12,19,23,30,35,
　　　36,38,42,51,53,61,54,66,68,70,73,
　　　74,75,76,79,80,83,228,237,257

'木瓜 西府'贴梗海棠　45,59,64,133

木瓜组　36,66

木瓜贴梗海棠　6,7,8,9,10,12,13,14,16,
　　　　17,18,19,27,28,29,39,50,
　　　　152,155,156,169,209,213,
　　　　228,229,257

木瓜栽培群　87

木爪海棠　7,8,9,12,13,14,16,17

木瓜族　1,35,40,233,255

木瓜属　1,7,8,10,12,13,16,19,35,38,
　　　41,218

木桃　2,3,4,5,6,7,152,261

日本木瓜　11,12,13,14,17,182

'日本红'　189

日本贴梗海棠　7,9,10,11,12,13,14,16,17,
　　　　20,21,35,36,44,59,64,66,
　　　　182,183,184,185

日落　192

'日落'　9,10,17

'日落'日本贴梗海棠　192

'手瓜'　9

长寿乐　203,204

'长寿乐'　8,9,10,18,52,203,204

'长寿乐'华丽贴梗海棠　203

长寿乐品种群　10

长寿冠　204,205

'长寿冠'　8,9,205

长寿逢春　204,205

长寿梅　11

'长枝'木瓜　95

'长茄果'木瓜　108

'中柱果'木瓜　100

'长垣-7'木爪贴梗海棠　180

长俊　171,172

'长俊'　7,8,9,10,172

'长俊'木瓜贴梗海棠　171

'长垣大球果'木瓜　105

'长椭圆体'红花木瓜　104

风扬　140

'风扬'　9,10

'风扬'贴梗海棠　140

凤凰木　131

'凤凰木'　9,10

'凤凰木'贴梗海棠　131

云南桸桽　59

云南甜木瓜　10

云锦　142

'云锦'　9,10

'云锦'贴梗海棠　142

毛叶木瓜　7,9,12,13,14,16,17,19,29,50,
　　　　213,214

毛叶木瓜(木瓜贴梗海棠)1号　9,10

毛叶木瓜(木瓜贴梗海棠)2号　9,10

毛叶木瓜(木瓜贴梗海棠)3号　9,10

毛叶木瓜贴梗海棠　52,210

毛叶贴梗海棠　59

'毛叶瘤突柱果'木瓜　101

'毛柱'木瓜　110

'毛雷'　10

'毛雷'假光皮木瓜　212

无子贴梗海棠　16,19,146

'无毛'木瓜海棠　61,160

无性杂交种

'水粉'木爪贴梗海棠　179

'水粉花'木爪海棠　170

五彩　181,201

'五彩'　10,18,

'五彩'木瓜贴梗海棠　181

'五彩'华丽贴梗海棠　40,201

五瓣橙黄花贴梗海棠　127

五画

白花木瓜　53,86

白花日本贴梗海棠　186

白花多瓣木瓜　86

白花多瓣瓣化贴梗海棠　152

白花异瓣木瓜　86

白花异瓣木瓜贴梗海棠　157

白花碗筒杂种贴梗海棠　211

'白果'贴梗海棠　138

白花贴梗海棠 121
'白雪' 9,10,11
'白雪'木瓜贴梗海棠 180
白雪公主 206
'白雪公主' 9
"白雪公主" 206
玉兰 97
'玉兰' 8,9
'玉兰'木瓜 97
玉佛 7,8,9,199
'玉佛' 8,9
'玉佛'华丽贴梗海棠 199
'凹瓣'木瓜 109
'永平白'木瓜 109
'可食'木瓜 102
四川木瓜 213
四川川木瓜 10
四季红 187,199
'四季红' 9,10,17
'四季红'日本贴梗海棠 187
'四季红'华丽贴梗海棠 199
四季贴梗海棠 9
'四季'贴梗海棠 187
四季海棠 137
'四季海棠' 8,137,187
'圣果花'贴梗海棠 127,236
东洋锦 197,198
东洋锦栽培群 10
东洋锦品种群 10
'东洋锦' 9,10,197,198
世界一 208,209
'世界一' 8,9,52,208,209
"世界1号" 208
'世界一'华丽贴梗海棠 59,208
尼考林 200
'尼考林' 10,18
'尼考林'华丽贴梗海棠 200
加利福尼亚杂种贴梗海棠 14,21,39,54,112
半重瓣华丽贴梗海棠栽培群 199
'半重瓣'贴梗海棠 139

六画

红の光 192

红の雪 189
红大晃 192
'红大晃'日本贴梗海棠 192
'红之光' 192
'红之光'日本贴梗海棠 193
红火 11,197
'红火' 10,11
'红火'木瓜贴梗海棠 197
'红云'木瓜 102
红双喜 200
'红双喜' 8
'红双喜'华丽贴梗海棠 200
'红五瓣'日本贴梗海棠 189
红玉 142
'红玉' 10
'红玉'贴梗海棠 142
'红运' 10
'红运' 142
'红运'贴梗海棠 142
"红运当头" 197
'红吹雪'日本贴梗海棠 189
红花 189
'红花' 9,10,17
红花木瓜 34,38,51,84,236
红花木瓜栽培群 55
'红花'日本贴梗海棠 187,189
红花多瓣瓣化贴梗海棠 152
红牡丹 198
'红牡丹'华丽贴梗海棠 198,205
红宝石 204,205
'红宝石' 8,9,10,204,205
'红宝石'华丽木瓜 205
'红宝石'华丽贴梗海棠 204
红星 131
'红星' 9,10
'红星'贴梗海棠 131
红贴梗海棠 8
'红贴梗' 128
'红贴梗'木瓜 128
红娇 141,181
'红娇' 9,10
'红娇'木瓜贴梗海棠 181

'红娇'贴梗海棠　141

'红艳'　9,10

'红艳'贴梗海棠　127

红霞　172,173

'红霞'　7,8,9,10,173

'红霞'木瓜贴梗海棠　172

红舞　199,200,205

'红舞'　9,10,18

'红舞'华丽贴梗海棠 199

'红粉女士'假光皮木瓜　212

'农大-2号'木瓜　94

华丽贴梗海棠亚属　44,46,52,111,262

华丽贴梗海棠属　14,16

华丽贴梗海棠　10,17,20,21,45,52,54,59,
　　　　　　　112,195,197

华丽贴梗海棠栽培群　196

多瓣贴梗海棠　17,125

异果贴梗海棠　121

多色木瓜海棠　163

'多色'木瓜贴梗海棠　169

'多色多瓣'木瓜贴梗海棠　51,151,236

多彩　129,130

'多彩'　9,10,131

'多彩'贴梗海棠　129

多萼碎瓣木瓜贴梗海棠　168

'多棱沟果'贴梗海棠　139

'多碎瓣'日本贴梗海棠　194

多瓣木瓜贴梗海棠　164

多瓣木瓜贴梗海棠栽培群　179

多瓣少瓣化贴梗海棠　150

'多瓣日本'贴梗海棠　192

多瓣白花木瓜贴梗海棠　165

'多瓣白花'贴梗海棠　150

多瓣白花贴梗海棠　124

多瓣白花贴梗海棠亚种　125

多瓣红花贴梗海棠　125,126

多瓣雄蕊瓣化贴梗海棠　149

多瓣贴梗海棠栽培群　140

多瓣瓣化贴梗海棠　151

'多瓣橙花'贴梗海棠　143

朱红　132

'朱红'贴梗海棠　132

'尖嘴突果'贴梗海棠　135

兆国海棠　127

'兆国'贴梗海棠　151

'兆国'海棠1号　144

'兆国'海棠2号　144

'兆国'贴梗海棠1号　144

'兆国'贴梗海棠2号　144

西府海棠　9

'西峡木瓜'贴梗海棠　139

"西峡木瓜"　139

西葫芦木瓜　169

西藏木瓜　7,9,16,19,29,213,214

西藏木瓜属　1,19,41,46,51,59,213,262

曲枝品种群　11

地梨　182

'肉萼'日本贴梗海棠　191

'早春'　9,10,18

'早春'华丽贴梗海棠　197

光皮木瓜　8

光果木瓜　9

'光果'假光皮木瓜　212

'尖嘴突果'贴梗海棠　135

杂种贴梗海棠　112,209

安徽宜城木瓜　213

'肉萼'贴梗海棠　139

七画

两色叶木瓜　80

'两色'木瓜贴梗海棠　175

两色多瓣瓣化贴梗海棠　152

'两色多瓣'华丽贴梗海棠　209

两色花木瓜贴梗海棠　159

'两色'贴梗海棠　140

两色多瓣瓣化贴梗海棠　152

两型果木瓜栽培群　88

'两型果'木瓜　88

'两型果'木瓜　57,88

'两型果-1'木瓜　57,88

'两型果-2'木瓜　57,89

'两型果-3'木瓜　57,89

'两型果-4'木瓜　89

'两型果-5'木瓜　90

'两型果-6'木瓜　90

'两型果-7'木瓜　90
'两型果-8'木瓜　90
'两型果-9'木瓜　91 大
'两型果'红花木瓜　103
'两型果'贴梗海棠　138
'两型果-1'贴梗海棠　138
'两型果'木瓜贴梗海棠　176
'两型果'木瓜贴梗海棠　176
'两型果-1'木瓜贴梗海棠　176
'两型果-2'木瓜贴梗海棠　176
'两型果-3'木瓜贴梗海棠　176
豆青　96
'豆青'　8,9,10
'豆青'木瓜　96
'纵棱小球果'木瓜
'陈香'木瓜　110
秀美　129
'秀美'　9,10
'秀美'贴梗海棠　129
牡丹木瓜贴梗海棠　166
牡丹木瓜　166
沂红　140
'沂红'　140
'沂红'贴梗海棠　140,143
'沂州2号'　9,10
'沂州2号'木瓜贴梗海棠
沂州木瓜　8,137
沂州红　200
'沂州红'　9,10,18
"沂州红"　208
'沂州红'华丽贴梗海棠　200
'沂州'贴梗海棠　137
'沂果'　10
'沂果'木瓜贴梗海棠178
'沂锦'　9,10
'沂锦'贴梗海棠　143
沂橙　207
报春　197
'报春'　8,197
"报春"　197
妖姬　144
妖姬贴梗海棠　144

'妖姬'　10
陕西白河木瓜
序花匍匐日本贴梗海棠　186
'卵球果'木瓜　95,107
'纵棱小球果'木瓜　107

八画

帚状木瓜　58,70
垂丝海棠　9
垂枝木瓜　72
其他栽培群　108
金叶木瓜　58,61,75
'金叶异瓣'红花木瓜　104
'金叶'红花木瓜　104
'金叶'贴梗海棠　139
'金苹果'木瓜　108
金香　136
'金香'　7,8,9
'金香'贴梗海棠　136
金陵粉　173
'金陵粉'　9,10
'金陵粉'木瓜贴梗海棠　173
细皮子　92
'细皮子'　9
'细皮子'木瓜　92
细皮剩花　8,9,98
'细皮剩花'　9
'细皮剩花'木瓜　98
细锯齿木瓜　81
'苹果果'木瓜　109
宜木瓜　213
单白　188
'单白'　9,10,17,188
'单白'日本贴梗海棠　188
单粉　189
'单粉'　9,10,17
'单粉'日本贴梗海棠　189
坡针叶木瓜贴梗海棠　165
威氏木瓜贴梗海棠　156
单橙　181
'单橙'　9
'单橙'木瓜贴梗海棠　170,181
罗扶　174

‘罗扶’　7,8,9,10
‘罗扶’木瓜贴梗海棠　174
明星　190
‘明星’日本贴梗海棠　190
国华　191
‘国华’　8
‘国华’日本贴梗海棠　191
陕西白河木瓜　10,213
法国贴梗海棠　112
法国贴梗海棠亚种　14
剑川1号　7,169
‘剑川1号’木瓜贴梗海棠　169
匍匐倭海棠　185
春の精　193
枝刺木爪　81
陕西白河木瓜　213

九画

柱果木瓜　79
‘柱果’木瓜　99
柱果木瓜栽培群　99
柳叶木瓜贴梗海棠　158
‘狮子头’　9
种木瓜　107
‘种’木瓜　9,107
亮粉红花贴梗海棠　126
‘亮黄斑皮’木瓜　38,59,108
‘亮黄青斑皮’木瓜　108
贴梗海棠　7,8,10,12,13,14,16,17,19,29,
　　　　 39,50,54,113,116,117,127,
　　　　 257,259
贴梗海棠亚种　14,16
贴梗海棠亚属　44,45,111
贴梗海棠属　1,7,12,14,16,19,35,40,42,
　　　　 45,66,110
‘扁果’贴梗海棠　135
‘扁果-1’贴梗海棠　135
‘扁球果’木瓜贴梗海棠　61,177
‘扁球果-1’木瓜贴梗海棠　177
‘扁球果-2’木瓜贴梗海棠　177
‘扁球果-3’木瓜贴梗海棠　178
皇族　141
‘皇族’　141

‘皇族’贴梗海棠　141
威氏木瓜贴梗海棠　156
‘剑川1号’木爪贴梗海棠　169
秋木瓜　213
‘秋红’木瓜
秋实　191
‘秋实’　10
‘秋实’木瓜贴梗海棠　181
珊瑚　178,198
‘珊瑚’　10
‘珊瑚’木瓜贴梗海棠　178
‘珊瑚’华丽贴梗海棠　198
草木瓜　182
贵州正定县木瓜　213
倭海棠　7
匍匐日本贴梗海棠　7,12,14,54
匍匐倭海棠　7,17,185
春の精　193
春之精　193
‘春之精’日本贴梗海棠　193
‘贺岁红’　203
复长寿　202
‘复长寿’　9,10,18
‘复长寿’华丽贴梗海棠　202
复色海棠　130
‘复色海棠’　8,9,130
"复色海棠"　130
复色贴梗海棠　8
‘复色贴梗海棠’　130
柳叶木瓜贴梗海棠　158
洱源3号　7,60,210
洱源3号贴梗海棠　209
洱源杂种贴梗海棠　18,39,52,60,112,210
重瓣华丽贴梗海棠栽培群　201
重瓣海棠木瓜　7
‘贺岁红’　203
‘昭和锦’　10,52
昭和锦、雪御殿栽培群　10
‘雪御殿’　10

十画

‘倒椭圆体果’木瓜　96
倭海棠　12,13,17,182

圆子　182

'圆柱体果'木瓜　101

'圆柱体果-1'木瓜　101

'圆柱体果-2'木瓜　102

'圆柱果'木瓜贴梗海棠　170

'圆球果'木瓜　106

'圆球果-1'木瓜　106

资丘木瓜　131,132

'资丘'贴梗海棠　131

粉花木瓜贴梗海棠　159

'粉红'木瓜贴梗海棠　171

'粉花'贴梗海棠　140

粉牡丹　203

'粉牡丹'华丽贴梗海棠　203

粉娇　141

'粉娇'　10

'粉娇'贴梗海棠　141

'秤锤果'木瓜海棠资源　169

'海赏'　130

'桦长寿'日本贴梗海棠　190

艳阳红　203

'艳阳红'　8,203,204

'艳阳红'华丽贴梗海棠　203

莫愁红　199

'莫愁红'　10,18

'莫愁红'华丽贴梗海棠　199

资木瓜　213

栽培群　127

栽培品种　127

浙江淳木瓜　10

海棠木瓜　7

'姬娇'　9

皱皮木瓜　7,8

倾城　201

'倾城'　10,18

倾城华丽贴梗海棠　201

十一画

球果木瓜栽培群　105

球果木瓜　78,236

'球果'红花木瓜　105

'球果'木瓜贴梗海棠　176

'球果-1'木瓜贴梗海棠　177

球瘤果木瓜贴梗海棠　157

常绿贴梗海棠　40,123

粗皮剩花　97

'粗皮剩花'　8,9

'粗皮剩花'木瓜　97

'弹花锤果'木瓜　109

'梨果状'木瓜　109

'梅锦'　10

绿玉　137

'绿玉'　8,9,10

'绿玉'贴梗海棠　137

绿花贴梗海棠　124

'绿宝'　137

'绿宝石'　8,9,10,18,206

'绿宝石'华丽木瓜　206

'绿宝石'华丽贴梗海棠　206

"绿宝石"　206

维里毛里尼阿娜杂种贴梗海棠　14,39,54,112

蒙山一号　145

'蒙山一号'贴梗海棠　145

蒙山二号　145

'蒙山二号'贴梗海棠　145

密毛木瓜贴梗海棠　158

密毛贴梗海棠　123

'密枝'木瓜贴梗海棠　176

'淡红　多色'木瓜贴梗海棠　171

野木瓜　7,83

野生皱皮木瓜　8

甜木瓜　7,171

'甜木瓜'木瓜贴梗海棠　171

'彩の国'　195

'彩之国'日本贴梗海棠　193

'彩之雪'　193,194

'彩之雪'日本贴梗海棠　193

'黄之司'日本贴梗海棠　190

'黄の司'　190

'黄云'日本贴梗海棠　189

黄云　189

傲大贴梗海棠　112

银长寿　206

'银长寿'8,9

"银长寿"　8,206
曹州木瓜　213
假光皮木瓜　8,16,19,51,212
假光皮木瓜属　1,19,41,46,59,212,262

十二画

塔状木瓜　71
棱沟干木瓜　74
'棱柱果'木瓜　100,102
'短椭圆体-红'红花木瓜　103
椭圆体状果木瓜品种群　93
'椭圆体状果'木瓜　93
'椭圆体状果-1'木瓜　93
'椭圆体状果-2'木瓜　93
'椭圆体状果-3'木瓜　94
'椭圆体状果-4'木瓜　94
'椭圆体状果-5'木瓜　94
'椭圆体-红'红花木瓜　103
'椭圆体红-2'红花木瓜　103
'椭圆体红-2'红花木瓜　103
'椭圆体果'贴梗海棠　133
'棱球果'木瓜　106
'棱小柱果'木瓜　100
棱果木瓜贴梗海棠　40,157
'棱果'木瓜贴梗海棠　169
棱果贴梗海棠　120
'棱扁果'贴梗海棠　134
'棱扁果-1'贴梗海棠　134
'棱扁果-2'贴梗海棠　134
"富贵红宝"　208
富贵海棠　129
"富贵锦"　129
'短椭圆体-红'红花木瓜　103
奥星　145
'奥星'7,8,9
'奥星'贴梗海棠　145
奥凯萨红　11
'萼密毛'贴梗海棠　139
紫衣　207
'紫衣'9,10,18
'紫衣'华丽贴梗海棠　207
紫玉　10
紫玉贴梗海棠　141

'紫玉'贴梗海棠　141
紫花木瓜贴梗海棠　158
斑叶日本贴梗海棠　7,186
斑叶倭海棠　7,17
'猩红与金黄'　9,10,18
'猩红与金黄'华丽贴梗海棠　197,198
'猩红与金黄'华丽木瓜　197,198
斯拉尔克娜杂种贴梗海棠　14,54
寒木瓜　10
寒木瓜品种群　10,213
寒木瓜杂种贴梗海棠　16,20,112
雄蕊瓣化贴梗海棠　16,19,40,148,236
斯拉尔克娜贴梗海棠　112
湖北长阳县木瓜　213
湖北宜昌木瓜　213
湖北资木瓜　10,213

十三画

锦绣　10,132
'锦绣'　8
'锦绣'贴梗海棠　132
'锦绣'木瓜贴梗海棠　179
蜀红木瓜贴梗海棠　161
'蜀红'9,10,161
'蜀红'毛叶木瓜　161
矮日本贴梗海棠　14
矮红　188,201
'矮红'　9,10,17,188
'矮红'日本贴梗海棠　187,188
'矮红'华丽贴梗海棠　201
'矮橙'10
'矮橙'假光皮木瓜　212
碗筒杂种贴梗海棠　16,20
畸形果贴梗海棠　21
碎瓣木瓜贴梗海棠　166
'碎瓣'日本贴梗海棠　194

十四画

碧雪　201
'碧雪'8,9,10,18
'碧雪'华丽贴梗海棠　201

十五画

瘤干木瓜　76

‘瘤突柱果’木瓜　101

‘瘤突果’贴梗海棠　135

‘瘤柱’木瓜贴梗海棠　177

‘瘤果’日本贴梗海棠　191

綦江木瓜　132

‘綦江’贴梗海棠　132

醉杨妃　202

‘醉杨妃’　9,10

‘醉杨妃’华丽贴梗海棠　202

十六画

橙红变型　143

‘橙红变型’　8,10,18

‘橙红变型’贴梗海棠　143

‘橙红’日本贴梗海棠　17,191

‘橙笆’贴梗海棠　138

橙黄色花贴梗海棠　127

十八画

‘瓣萼化’木瓜贴梗海棠　180,236

Ⅱ. 木瓜族植物学名、异学名索引

Chaenomeles DC.　12

Chaenomeles Lindl.　1,6,7,10,13,19,35,41,42,45,59,64,65,110,131

Chaenomeles Lindl. sect. Euchoenomeles Schneilder　36,41,42,44,64,110

Chaenomeles Lindl. sect. Pseudocydonia Schneilder　36

Chaenomeles Lindl. subgen. Chaenomeles　44,45,111

Chaenomeles Lindl. subgen. × Superba(Frahm)T. B. Zhao,Z. X. Chen et Y. M. Fan　44,46,52,110

Chaenomeles × california C. Weber　14,21,54,112

Chaenomeles × california Arthur　14

Chaenomeles × california C. Weber　54

Chaenomeles × calrkiana C. Weber　112

Chaenomeles × clarkiana C. Weber ‘Arthur Colby’　14

Chaenomeles × clarkiana C. Weber ‘Cynthia’　14

Chaenomeles Lindl. sect. I. *Euchoenomeles* Schneider　36,42,44

Chaenomeles Lindl. sect. II. *Pseudocydonia* Schneider　36

Chaenomeles subgen. superba T. B. Zhao,Z. X. Chen et Y. M. Fan　44

Chaenomeles alpina E. Koehne　153,182,185

Chaenomeles angustifolia Koidzumi　113

Chaenomeles cardinalis(Carr.)Nakai　114

Choenomeles cathayensis Schneider　153

Chaenomeles cathayensis ‘Changshou Le’　203

Chaenomeles cathayensis ‘Changshouguan’　205

Chaenomeles cathayensis ‘Yin changshou’　206

Chaenomoles cathayensis(Hemsl.)Schneider　7,14,16,17,18,19,50,59,152,153,155,157,213,214

Chaenomoles cathayensis(Hemsl.)Schneider var. alba T. B. Zhao,Z. X. Chen et Y. M. Fan　157

Chaenomeles cathayensis(Hemsl.)Schneider var. anguli-carpa T. B. Zhao,Y. M. Fan et Z. X. Chen　40,157

Chaenomeles cathayensis(Hemsl.)Schneider var. bicoloriflora T. B. Zhao,Z. X. Chen et D. W. Zhao　159

Chaenomeles cathayensis(Hemsl.)Schneider var. cathayensis　156,157,158,159,160,163,164,165,166,167,168

Chaenomoles cathayensis(Hemsl.)Schneider var. densivillosa T. B. Zhao,Z. X. Chen et Y. M. Fan　158

Chaenomoles cathayensis(Hemsl.)Schneider var. ellipsoidea T. B. Zhao,Y. M. Fan et G. Z. Wang　162

Chaenomoles cathayensis(Hemsl.)Schneider var. glabra Y. M. Fan,Z. X. Chen et T. B. Zhao　61,160

Chaenomoles cathayensis(Hemsl.)Schneider var. grandiflori-petalina T. B. Zhao,Z. X. Chen et D. F. Zhao　167

Chaenomoles cathayensis(Hemsl.)Schneider var. lanceolatifolia T. B. Zhao,Z. X. Chen et D. F. Zhao　165

Chaenomoles cathayensis(Hemsl.)Schneider var. magnicarpica T. B. Zhao,Z. X. Chen et D. F. Zhao　163

Chaenomoles cathayensis(Hemsl.)Schneider var. mudan G. S. Zhang et X. T. Liu ex Y. M. Fan,Z. X. Chen et T. B. Zhao　166

Chaenomeles cathayensis(Hemsl.)Schneider var. multicalyx-petalinia T. B. Zhao,Z. X. Chen et D. F. Zhao　168

Chaenomeles cathayensis(Hemsl.)Schneider var. multicolora T. B. Zhao,Z. X. Chen et D. F. Zhao　163

Chaenomeles cathayensis(Hemsl.) Schneider var. multipetalialba T. B. Zhao,Z. X. Chen et Y. M. Fan　165

Chaenomoles cathayana(Hemsl.)Schneider var. parviflora T. B. Zhao,Z. X. Chen et Y. M. Fan　159

Chaenomeles cathayensis(Hemsl.)Schneider var. purpleflora T. B. Zhao,Z. X. Chen et D. W. Zhao　158

Chaenomeles cathayensis(Hemsl.)Schneider var. parviflori-multicolori-multipetala T. B. Zhao,Z. X. Chen et D. F. Zhao　166

Chaenomeles cathayensis(Hemsl.)Schneider var. salicifolia T. B. Zhao,Z. X. Chen et D. W. Zhao　158

Chaenomeles cathayana(Hemsl.)Schneider var. shuhong(Zang De-kui et al.)T. B. Zhao,Z. X. Chen et Y. M. Fan　161

Chaenomeles cathayensis(Hemsl.)Schneider var. subrosea Y. M. Fan,T. B. Zhao et Z. X. Chen　159

Chaenomeles cathayensis(Hemsl.)Schneider var. tumorifructa T. B. Zhao,Z. X. Chen et J. T. Chen　157

Chaenomeles cathayensis(Hemsl.)Schneider var. wilsonii(Rehder)T. B. Zhao,Z. X. Chen et Y. M. Fan　54,156

Chaenomeles cathayensis(Hemsl.)Schneider subsp. cathayensis　156,159,160,163,164,165,166,167,168,169

Chaenomeles cathayensis(Hemsl.)Schneider subsp. frustilli-petala T. B. Zhao,Z. X. Chen et D. W. Zhao　166

Chaenomeles cathayensis(Hemsl.)Schneider subsp. multipetala T. B. Zhao,Z. X. Chen et D. W. Zhao　51,164,236

Chaenomeles cathayensis(Hemsl.)Schneider subsp. multicolori-multipetala T. B. Zhao,Z. X. Chen et D. W. Zhao　236

Chaenomeles cathayensis(Hemsl.)Schneider Cathayensis group　169

Chaenomeles cathayensis(Hemsl.)Schneider 'Ban Èhua'　180,236

Chaenomeles cathayensis(Hemsl.)Schneider 'Baixue'　180

Chaenomeles cathayensis(Hemsl.)Schneider 'Bian Qiuguo'　61,177

Chaenomeles cathayensis(Hemsl.)Schneider 'Bian Qiuguo-1'　177

Chaenomeles cathayensis(Hemsl.)Schneider 'Bian Qiuguo-2'　177

Chaenomeles cathayensis(Hemsl.)Schneider 'Bian Qiuguo-3'　178

Chaenomeles cathayensis(Hemsl.)Schneider 'Cathayensis'　169

Chaenomeles cathayensis(Hemsl.)Schneider 'Changyuan-7'　180

Chaenomeles cathayensis(Hemsl.)Schneider 'Changjun'　171

Chaenomeles cathayensis(Hemsl.)Schneider 'Chengchui Guo'　169

Chaenomeles cathayensis(Hemsl.)Schneider 'Dahongpao'　178

Chaenomeles cathayensis(Hemsl.)Schneider 'Danban Bai'　170

Chaenomeles cathayensis(Hemsl.)Schneider 'Dancheng'　181

Chaenomeles cathayensis(Hemsl.)Schneider 'Danhong Duoshai'　171

Chaenomoles cathayensis(Hemsl.)Schneider 'Duose'　169

Chaenomeles cathayensis(Hemsl.)Schneider 'Fenhong'　171

Chaenomeles cathayensis(Hemsl.)Schneider 'Honghuo'　179

Chaenomeles cathayensis(Hemsl.)Schneider 'Hongjiao'　181

Chaenomeles cathayensis(Hemsl.)Schneider 'Hongxia'　172

Chaenomeles cathayensis(Hemsl.)Schneider 'Jianchuan-1'　169

Chaenomeles cathayensis(Hemsl.)Schneider 'Jinling Fen'　173

Chaenomeles cathayensis(Hemsl.)Schneider 'Jinxiu'　179

Chaenomeles cathayensis(Hemsl.)Schneider 'Lengguo'　169

Chaenomeles cathayensis(Hemsl.)Schneider 'Liang Xing Guo'　176

Chaenomeles cathayensis(Hemsl.)Schneider 'Liang Xing Guo-1'　176

Chaenomeles cathayensis(Hemsl.)Schneider 'Liang Xing Guo-2'　176

Chaenomeles cathayensis(Hemsl.)Schneider 'Liang Xing Guo-3'　176

Chaenomeles cathayensis(Hemsl.)Schneider 'Liangci Baihua'　179

Chaenomeles cathayensis(Hemsl.)Schneider 'Liuzhu'　177

Chaenomeles cathayensis(Hemsl.)Schneider 'Luofu'　174

Chaenomeles cathayensis(Hemsl.)Schneider 'Mallardii'　156

Chaenomeles cathayensis(Hemsl.)Schneider 'Mizhi'　176

Chaenomeles cathayensis(Hemsl.)Schneider,Multipetala Group　179

Chaenomeles cathayensis(Hemsl.)Schneider 'Red Rrush'　173

Chaenomeles cathayensis(Hemsl.)Schneider 'Qiuguo'　176

Chaenomeles cathayensis(Hemsl.)Schneider 'Qiuguo-1'　177

Chaenomeles cathayensis(Hemsl.)Schneider 'Qiushi'　181

Chaenomeles cathayensis(Hemsl.)Schneider 'Shanhu'　178

Chaenomoles cathayensis(Hemsl.)Schneider 'Shuhong'　161

Chaenomeles cathayensis(Hemsl.)Schneider 'Shuifen'　179

Chaenomeles cathayensis(Hemsl.)Schneider 'Shuifenhua'　170

Chaenomeles cathayensis(Hemsl.)Schneider 'Tianmugua' 171

Chaenomeles cathayensis(Hemsl.)Schneider 'Wucai' 181

Chaenomeles cathayensis(Hemsl.)Schneider 'Yiguo' 178

Chaenomeles cathayensis(Hemsl.)Schneider 'Yuanzhu Gou' 170

Chaenomeles cathayensis(Hemsl.)Schneider 'Yipinxiang' 174

Chaenomeles 'Changshougu Le' 203,205

Chaenomeles 'Changshouguan' 205

Chaenomeles 'Yin Changshougu' 206

Chaenomeles chinensis E. Koehne 153

Chaenomeles chinensis(Thouin)E. Koehne 'Dashou' 92

Chaenomeles chinensis(Thouin)E. Koehne 'Xiao Shizitou' 91

Chaenomeles chinensis(Thouin)E. Koehne 'Xipizi' 92

Chaenomeles + crateriforma T. B. Zhao, Z. X. Chen et Y. M. Fan 16,19,20,210

Chaenomeles + crateriforma T. B. Zhao, Z. X. Chen et Y. M. Fan, var. crateriforma 211

Chaenomeles + crateriforma T. B. Zhao, Z. X. Chen et Y. M. Fan, var. alba T. B. Zhao, Z. X. Chen et Y. M. Fan 211

Chaenomeles + crateriforma(Z. X. Shao et B. Lin)T. B. Zhao, Z. X. Chen et Y. M. Fan 16,19,60, 210

Chenomeles + eryuanens(Z. X. Shao et B. Liu)T. B. Zhao, Z. X. Chen et Y. M. Fan 211

Chaenomeles + deformicarpa T. B. Zhao, Z. X. Chen et Y. M. Fan 211

Chaenomeles × daliensis(Z. X. Shao et B. Liu)T. B. Zhao, Z. X. Chen et Y. M. Fan 16,18,19,45, 209,210

Chaenomeles × daliensis(Z. X. Shao et B. Liu)T. B. Zhao, Z. X. Chen et Y. M. Fan subsp. daliensis 210

Chaenomeles × daliensis(Z. X. Shao et B. Liu)T. B. Zhao, Z. X. Chen et Y. M. Fan subsp. 十 eryuanensis(Z. X. Shao et B. Liu)T. B. Zhao, Z. X. Chen et Y. M. Fan 18,39,52,112,210

Chenomeles × hybrid C. Weber 112

Chaenomeles eugenioides Koidzumi 113

Chaenomeles eugenioides Koidzumi var. *superba* Nakai 196

Chaenomeles japonica Bunge 12

Chaenomeles japonica Bunge a genuina Maxim. 13

Chaenomeles japonica Bunge b alpina Maxim. 13

Chaenomeles japonica Bunge r pygmaea Maxim. 13,187

Chaenomeles japonica Bunge var. *Maulei* Lavallé 13

Chaenomeles japonica Decaisne 12

Chaenomeles japonica Franchet 13

Chaenomeles japonica Lindl. 6,7,12

Chaenomeles japonica Lindl. apud Spach 182

Chaenomeles japonica Lindl. 'Chajuba White' 188

Chaenomeles japonica Lindl. var. alpina Maxim. 7,185

Chaenomeles japonica Lindl. var. tritcolor Rehder 7

Chaenomeles japonica Liondley 183

Chaenomeles japonica *Mallardii* Carr.　151,156

Chaenomeles japonica Mallardii Grignan　153

Chaenomeles japonica Spach　113,182

Chaenomeles japonica Spach a. *genuina* Maxim.　113

Chaenomeles japonica Spach a. *typica* Makino.　183

Chaenomeles japonica(Thunb.)Spach　35

Chaenomeles japonica(Thunb.)Lindl.　36,182,183,184

Chaenomeles japonica(Thunb.)Lindl. var. alpina Maxim.　17,54,185

Chaenomeles japonica(Thunb.)Lindl. var. tricolor Rehder　17,186

Chaenomeles japonica(Thunb.)Lindl. ex Spach　16,17,44,54,59,64,66,182,184

Chaenomeles japonica(Thunb.)Lindl. ex Spach　1,59,65,182

Chaenomeles japonica(Thunb.)Lindl. ex Spach β. *alpina* Maxim.　182

Chaenomeles japonoca(Thunb.)Lindl. ex Spach f. *tricolor*(Pasons)Rehder　183

Chaenomeles japonica(Thunb.)Lindl. ex Spach var. alba Nakai　14,186

Chaenomeles japonica(Thunb.)Lindl. ex Spach var. alpina Maxim.　13,14,17,182,185

Chaenomeles japonica(Thunb.)Lindl. ex Spach var. florescentia T. B. Zhao,Z. X. Chen et Y. M. Fan 186

Chaenomeles japonica(Thunb.)Lindl. ex Spach var. japonica　185

Chaenomeles japonoca(Thunb.)Lindl. ex Spach var. *maulei* Lavallé　182

Chaenomeles japonica(Thunb.)Lindl. ex Spach var. pygmaea Maxim.　14,182

Chaenomeles japonica(Thunb.)Lindl. ex Spach var. pygmaea C. Weber　187

Chaenomeles japonica(Thunb.)Lindl. ex Spach γ. *pygmaea* Maxim.　182,187

Chaenomeles japonica(Thunb.)Lindl. ex Spach var. tortuosa Nakai　14,187

Chaenomeles japonica(Thunb.)Lindl. ex Spach var. tricolor Rehder　17

Chaenomeles japonica(Thunb.)Lindl. ex Spach var. tricolor Hort. ex Rehder　183,185

Chaenomeles japonica(Thunb.)Lindl. ex Spach var. tricolor(Parsons & Sons)Rehder　186

Chaenomeles japonica(Thunb.)Lindl. ex Spach 'Alba'　14

Chaenomeles japonica(Thunb.)Lindl. ex Spach 'Japonica'　187

Chaenomeles japonica(Thunb.)Lindl. ex Spach 'Siji Hong'　187

Chaenomeles japonica(Thunb.)Pers.　11

Chaenomeles japonica nivalis Lemoine　121

Chaenomeles japonica γ. *pygmaea* Maxim.　185,187

Chaenomeles japonica var. *mauleia* Lavallé　182

*Chaenomeles japonica*Lindl. var. *alpina* Maxim.　185

Chaenomeles japonica Lindl. var. *tricolor* Hort. ex Rehder　186

Chaenomeles japonica Lindl. var. *tricolor* Rehder　186

Chaenomeles japonica(Thunb.)Lindl. 'Aihong'　188

Chaenomeles japonica(Thunb.)Lindl. 'Chajuba White'　188

Chaenomeles japonica(Thunb.)Lindl. ex Spach　11,14,18,64,182,184

Chaenomeles japonica(Thunb.)Lindl. ex Spach 'Caizhixue'　193

Chaenomeles japonica(Thunb.)Lindl. ex Spach 'Caichiguo'　195

Chaenomeles japonica(Thunb.)Lindl. ex Spach 'Chenhong'　17,190

Chaenomeles japonica(Thunb.)Lindl. ex Spach 'Chunzhijing'　193

Chaenomeles japonica(Thunb.)Lindl. ex Spach 'Danbai'　188

Chaenomeles japonica(Thunb.)Lindl. ex Spach 'Danfen'　189

Chaenomeles japonica(Thunb.)Lindl. ex Spach 'Duosuiban'　194

Chaenomeles japonica(Thunb.)Lindl. ex Spach 'Duosuiban'　194

Chaenomeles japonica(Thunb.)Lindl. ex Spach 'Guohua'　191

Chaenomeles japonica(Thunb.)Lindl. ex Spach 'Hongchuixue'　189

Chaenomeles japonica(Thunb.)Lindl. ex Spach 'Hongdahuang'　192

Chaenomeles japonica(Thunb.)Lindl. ex Spach 'Honghua'　189

Chaenomeles japonica(Thunb.)Lindl. ex Spach 'Hongzhiguang'　193

Chaenomeles japonica(Thunb.)Lindl. ex Spach 'Huachangshou'　190

Chaenomeles japonica(Thunb.)Lindl. ex Spach 'Huangyun'　189

Chaenomeles japonica(Thunb.)Lindl. ex Spach 'Japonica'　187

Chaenomeles japonica(Thunb.)Lindl. ex Spach 'Kinotukasa'　190

Chaenomeles japonica(Thunb.)Lindl. ex Spach 'Liuguo'　190

Chaenomeles japonica(Thunb.)Lindl. ex Spach 'Mingxing'　190

Chaenomeles japonica(Thunb.)Lindl. ex Spach 'Pygmaea'　188

Chaenomeles japonica(Thunb.)Lindl. ex Spach 'Qibianhua'　194

Chaenomeles japonica(Thunb.)Lindl. ex Spach 'Riluo'　192

Chaenomeles japonica(Thunb.)Lindl. ex Spach 'Rubra'　189

Chaenomeles japonica(Thunb.)Lindl. ex Spach 'Rouè'　190

Chaenomeles japonica(Thunb.)Lindl. ex Spach 'Shiéyichong'　192

Chaenomeles japonica(Thunb.)Lindl. ex Spach 'Siji Hong'　187

Chaenomeles japonica(Thunb.)Lindl. ex Spach 'Suiban'　194

Chaenomeles japonica(Thunb.)Lindl. ex Spach 'Tyojubai'　11

Chaenomeles japonica(Thunb.)Lindl. ex Spach 'Xiaohua'　194

Chaenomeles lagenaria Koidzumi　6,7,113

Chaenomeles lagenria Koidzumi var. cathayensis Rehder　6,7,153

Chaenomeles lagenaria(Loisel)Koidzumi　54,113

Chaenomeles lagenaria(Loisel)Koidzumi 'Mallardi'　14

Chaenomeles lagenaria(Loisel)Koidzumi 'Yizhou'　137

Chaenomeles lagenaria(Loisel)Koidzumi var. wilsonii Rehder　6,7,156

Chaenomeles lagenaria(Loisel)Koidzumi var. *wilsonii* Rehder(Hemsl.)Schneider　14

Chaenomeles maulei Masters(f.)*alba* Froebel ex Zabel　195,196

Chaenomeles maulei Masters(f.)*superba* Leichtlin ex Zabel　196

Chaenomeles maulei Masters var. alpina Mottet　183

Chaenomeles maulei Masters var. alpinaSchneider　183

Chaenomeles maulei Masters var. *grandiflora perfecta* Froebel ex Zabel　195

Chaenomeles maulei Masters var. sargenti Mottet　183,185

Chaenomeles maulei Masters var. *tricolor* Hort. ex Rehder　183,186

Chaenomeles maulei Mzho 'Da Fugu'　208

Chaenomeles maulei Mzho 'Rosea'　208

Chaenomeles maulei Schneider　14,18,183

Chaenomeles maulei T. Moore　182

Chaenomeles multicolor-multipetala T. B. Zhao. Z. X. Chen et D. W. Zhao　236

Chaenomeles sinensis(Dum. -Cours.)Schneider　153

Chaenomeles sinensisE. Koehne　6,7,65

Chaenomeles sinensis(Thouin)E. Koehne　42

Chaenomeles sinensis Poir.　12

Chaenomeles sinensis Schneider　42,65

Chaenomeles sinensis Thouin 'Hongyun'　102

Chaenomeles sinensis Thouin 'Keshi'　102

Chaenomeles sinensis(Tohuin)E. Koehne　65

Chaenomeles sinensis(Tohuin)E. Koehne 'Cupi Shenghua'　97

Chaenomeles sinensis(Thouin)E. Koehene 'Da Shizitou'　91

Chaenomeles sinensis(Thouin)E. Koehne 'Dashou'　92

Chaenomeles sinensis(Thouin)E. Koehne 'Douqing'　96

Chaenomeles sinensis(Thouin)E. Koehne 'Xiaoguo'　92,107

Chaenomeles sinensis(Thouin)E. Koehne 'Xipizi'　92

Chaenomeles sinensis(Thouin)E. Koehne 'Xiaoshou'　92

Chaenomeles sinensis(Tohuin)E. Koehne 'Yulan'　97

Chaenomeles sinensis(Thouin)Schneider 'Chenxiang'　110

Chaenomeles sinensis(Thouin)Schneider 'Dajinpingguo'　108

Chaenomeles sinensis(Thouin)Schneider 'Douqing'　96

Chaenomeles sinensis(Thouin)Schneider 'Jinpingguo'　108

Chaenomeles sinensis(Thouin)Schneider 'Xipi Shenghua'　98

Chaenomeles sinensis(Thouin)Schneider 'Yongping Bai'　109

Chaenomeles sinensis(Tohuin)Schneider 'Zong Xiao Qiuquo'　107

Chaenomelessine-semina T. B. Zhao,Z. X. Chen et Y. M. Fan　16,19

Chaenomeles × sp.　83

Chaenomeles × sp. 'Akebono'　14

Chaenomeles speciosa Nakai 'Shije Haitang'　187

Chaenomeles speciosa Nakai 'Shije Tiegeng Haitang'　187

Chaenomeles speciosa Nakai 'Shije yi'　208

Chaenomeles speciosa Nakai 'Xizhao'　150

Chaenomeles speciosa Nakai 'Yihong'　140

Chaenomeles speciosa Nakai 'Yijin'　143

Chaenomeles × speciosa Ch. Brickell 'Changshouguan'　205

Chaenomeles × speciosa Ch. Brickell 'Da Fugui'　208

Chaenomeles × speciosa Ch. Brickell 'Fu Changshou'　202

Chaenomeles × speciosa Ch. Brickell 'Lu Baohi'　206

Chaenomeles × speciosa Ch. Brickell 'Red Gem'　204

Chaenomeles speciosa Lindl. ex Spach 'Early spring'　197

Chaenomeles × speciosa Lindl. ex Spach 'Changshou Le'　203

Chaenomeles × speciosa Lindl. ex Spach 'Yanyang Hong' 204

Chaenomeles × specios-japonica T. B. Zhao,Z. X. Chen et Y. M. Fan 16,20

Chaenomeles × specios-japonica T. B. Zhao,Z. X. Chen et Y. M. Fan 'Baimutan' 10

Chaenomeles × specios-japonica T. B. Zhao,Z. X. Chen et Y. M. Fan 'Hakubota' 112

Chaenomeles × specios-japonica T. B. Zhao,Z. X. Chen et Y. M. Fan 'Syowanisiki' 10

Chaenomeles × specios-japonica T. B. Zhao,Z. X. Chen et Y. M. Fan 'Yakigoten' 10

Chaenomeles speciosa(Sweet)Nakai 14,16,19,50,54,113,116,130

Chaenomeles speciosa(Sweet)Nakai var. alba Z. B. Zhao,Z. X. Chen et Y. M. Fan 152

Chaenomeles speciosa(Sweet)Nakai var. alba(Lodd)Nakai 121

Chaenomeles speciosa(Sweet)Nakai var. angulicarpa T. B. Zhao,Z. X. Chen et H. Wang 120

Chenomeles speciosa(Sweet)Nakai var. bicolor Z. B. Zhao,Z. X. Chen et Y. M. Fan 152

Chaenomeles speciosa(Sweet)Nakai var. cathayensis(Hemsl.)Hara 153

Chaenomeles speciosa(Sweet)Nakai var. chloroticiflora T. B. Zhao,Z. X. Chen et D. F. Zhao 124

Chaenomeles speciosa(Sweet)Nakai var. citrinella 127

Chaenomeles speciosa(Sweet)Nakai var. citrinella T. B. Zhao,Z. X. Chen et D. F. Zhao 127

Chaenomeles speciosa(Sweet)Nakai var. densivillosa T. B. Zhao,Z. X. Chen et D. F. Zhao 123

Chaenomeles speciosa(Sweet)Nakai var. laeti-subrosea T. B. Zhao et Z. X. Chen 126

Chaenomeles speciosa(Sweet)Nakai var. megalophylla T. B. Zhao,Z. X. Chen et Y. M. Fan 17, 40, 118

Chaenomeles speciosa(Sweet)Nakai var. multipetala T. B. Zhao,Z. X. Chen et D. F. Zhao 17,127

Chaenomeles speciosa(Sweet)Nakai var. multipetalirubra 126

Chaenomeles speciosa(Sweet)Nakai var. parvifolia T. B. Zhao,Z. X. Chen et Y. M. Fan 119

Chaenomeles speciosa(Sweet)Nakai var. parvicarpa T. B. Zhao et Z. X. Chen 122

Chaenomeles speciosa(Sweet)Nakai var. pentapetala Z. B. Zhao,Z. X. Chen et D. F. Zhao 127

Chaenomeles speciosa(Sweet)Nakai var. rubiriflora Z. B. Zhao,Z. X. Chen et Y. M. Fan 152

Chaenomeles speciosa(Sweet)Nakai var. sempervirensT. B. Zhao,Z. X. Chen et Y. M. Fan 40,123

Chaenomeles speciosa(Sweet)Nakai var. speciosa 117,121,122,123

Chaenomeles speciosa(Sweet)Nakai var. shngguahua(Z. G. Guan)T. B. Zhao 127

Chaenomeles speciosa(Sweet)Nakai var. triforma T. B. Zhao et Z. X. Chen 121

Chaenomeles speciosa(Sweet)Nakai var. wilsonii(Rehder) Hara 153

Chaenomeles speciosa(Sweet)Nakai subsp. speciosa 117,121

Chaenomeles speciosa(Sweet)Nakai subsp. citrinella T. B. Zhao,Z. X. Chen et D. F. Zhao 127

Chaenomeles speciosa (Sweet) Nakai subsp. multpetala T. B. Zhao, Z. X. Chen et D. F. Zhao 124,127

Chaenomeles speciosa(Sweet)Nakai subsp. multpetalirubra T. B. Zhao,Z. X. Chen et D. F. Zhao 125

Chaenomeles speciosa(Sweet)Nakai 'Albbrm' 14

Chaenomeles speciosa(Sweet)Nakai 'Aoxing' 145

Chaenomeles speciosa(Sweet)Nakai 'Baiguo' 135

Chaenomeles speciosa(Sweet)Nakai 'Baihua Douban-1' 135

Chaenomeles speciosa(Sweet)Nakai 'Ban Zhongban' 139

Chaenomeles speciosa(Sweet)Nakai 'Bianguo' 138

Chaenomeles speciosa(Sweet)Nakai 'Bianguo-1' 135

Chaenomeles speciosa(Sweet)Nakai 'Chenghong Bianxing 143

Chaenomeles speciosa(Sweet)Nakai 'Chengse' 138

Chaenomeles speciosa(Sweet)Nakai 'Daguo' 129

Chaenomeles speciosa(Sweet)Nakai 'Duolenggou Gou' 139

Chaenomeles speciosa(Sweet)Nakai 'Duose Douban' 151

Chaenomeles speciosa(Sweet)Nakai 'Èmimao' 139

Chaenomeles speciosa(Sweet)Nakai 'Duoban Chenghua' 143

Chaenomeles speciosa(Sweet)Nakai 'Fenghuang Mu' 131

Chaenomeles speciosa(Sweet)Nakai 'Fengyang' 140

Chaenomeles speciosa(Sweet)Nakai 'Fenhua' 140

Chaenomeles speciosa(Sweet)Nakai 'Fenjiao' 141

Chaenomeles speciosa(Sweet)Nakai 'Fuse Tiegeng Haitang' 130

Chaenomeles speciosa(Sweet)Nakai 'Jianzuitu Gou' 135

Chaenomeles speciosa(Sweet)Nakai 'Jinxiang' 136

Chaenomeles speciosa(Sweet)Nakai 'Jinxiu' 132

Chaenomeles speciosa(Sweet)Nakai 'Jenye' 139

Chaenomeles speciosa(Sweet)Nakai 'Hangzu' 141

Chaenomeles speciousa(Sweet)Nakai 'Hong' 128

Chaenomeles speciousa(Sweet)Nakai 'Hong Tiegeng Haitang' 128

Chaenomeles speciosa(Sweet)Nakai 'Hongjiao' 141

Chaenomeles speciousa(Sweet)Nakai 'Hongyan' 127,128

Chaenomeles speciosa(Sweet)Nakai 'Hongxing' 131

Chaenomeles speciosa(Sweet)Nakai 'Hongyun' 142

Chaenomeles speciosa(Sweet)Nakai 'Leng Bianguo' 134

Chaenomeles speciosa(Sweet)Nakai 'Leng Bianguo-1' 134

Chaenomeles speciosa(Sweet)Nakai 'Leng Bianguo-2' 134

Chaenomeles speciosa(Sweet)Nakai 'Liangse' 140,175

Chaenomeles speciosa(Sweet)Nakai 'Liang Xing Guo' 138

Chaenomeles speciosa(Sweet)Nakai 'Liang Xing Guo-1' 138

Chaenomeles speciosa(Sweet)Nakai 'Liütuguo' 135

Chaenomeles speciosa(Sweet)Nakai 'Luyu' 137

Chaenomeles speciosa(Sweet)Nakai 'Meijin' 136

Chaenomeles speciosa(Sweet)Nakai 'Mengshan-1' 145

Chaenomeles speciosa(Sweet)Nakai 'Mengshan-2' 145

Chaenomeles speciosa(Sweet)Nakai 'Moerloosei' 129

Chaenomeles speciosa(Sweet)Nakai 'Mugua Xifu' 144

Chaenomeles speciosa(Sweet)Nakai Multipetal Group

Chaenomeles speciosa(Sweet)Nakai Multipetali-pauci-petalina Group

Chaenomeles speciosa(Sweet)Nakai 'Qijiang' 132

Chaenomeles speciosa(Sweet)Nakai 'Red Tiegeng' 128

Chaenomeles speciosa(Sweet)Nakai 'Roue' 139

Chaenomeles speciosa(Sweet)Nakai 'Sansehua' 142

Chaenomeles speciosa(Sweet)Nakai 'Shengguahua'　236

Chaenomeles speciosa(Sweet)Nakai 'Siji'　137

Chaenomeles speciosa(Sweet)Nakai 'Siji Haitiang'　187

Chaenomeles speciosa(Sweet)Nakai 'Speciosa'　127

Chaenomeles speciosa(Sweet)Nakai　Speciosa Group　127

Chaenomeles speciosa(Sweet)Nakai 'Toynishiki'　10

Chaenomeles speciosa(Sweet)Nakai 'Toyo Nishiki'　129

Chaenomeles speciosa(Sweet)Nakai 'Tuoyuanti Guo'　133

Chaenomeles speciosa(Sweet)Nakai 'Tyojuraku'　10

Chaenomeles speciosa(Sweet)Nakai 'Xiao Shuhong'　136

Chaenomeles speciosa(Sweet)Nakai 'Xiaohua Xiaoban'　138

Chaenomeles speciosa(Sweet)Nakai 'Xiaogou'　145

Chaenomeles speciosa(Sweet)Nakai 'Xiao Taohong'　143

Chaenomeles speciosa(Sweet)Nakai 'Xiaogou'　145

Chaenomeles speciosa(Sweet)Nakai 'Xixia Muguo'　139

Chaenomeles speciosa(Sweet)Nakai 'Xiaoye Daguo'　133

Chaenomeles speciosa(Sweet)Nakai 'Xiaoye Daguo -1'　133

Chaenomeles speciosa(Sweet)Nakai 'Xizhao Muguo'　139

Chaenomeles speciosa(Sweet)Nakai 'Yaoji'　144

Chaenomeles speciosa(Sweet)Nakai 'Yihong'　140

Chaenomeles speciosa(Sweet)Nakai 'Yijin'　143

Chaenomeles speciousa(Sweet)Nakai 'Yipin Xiang'　175

Chaenomeles speciosa(Sweet)Nakai 'Yizhou'　137

Chaenomeles speciosa(Sweet)Nakai　'Yunjin'　142

Chaenomeles speciosa(Sweet)Nakai 'Zhaoguo'　151

Chaenomeles speciosa(Sweet)Nakai 'Zhaoguo-1'　144

Chaenomeles speciosa(Sweet)Nakai 'Zhaoguo-2'　144

Chaenomeles speciosa(Sweet)Nakai 'Zhuhong'　132

Chaenomeles speciosa(Sweet)Nakai 'Ziqiu'　131

Chaenomeles speciosa(Sweet)Nakai 'Zitugetusei'　10

Chaenomeles speciosa(Sweet)Nakai 'Ziyu'　141

Chaenomeles speciosa(Sweet)Nakai var. alba(Lodd)Nakai　121

Chaenomeles speciosa(Sweet)Nakai var. angulicarpa T. B. Zhao,Z. X. Chen et H. Wang　120

Chaenomeles speciosa(Sweet)Nakai var. bicolor T. B. Zhao,Z. X. Chen et Y. M. Fan　152

Chaenomeles speciosa(Sweet)Nakai var. megalophylla T. B. Zhao,Z. X. Chen et Y. M. Fan　118

Chaenomeles speciosa(Sweet)Nakai var. parvifolia T. B. Zhao,Z. X. Chen et Y. M. Fan　119

Chaenomeles speciosa(Sweet)Nakai var. multpetali-petaloidea　152

Chaenomeles speciosa(Sweet)Nakai var. speciosa Z. B. Zhao,Z. X. Chen et Y. M. Fan　117

Chaenomeles speciosa(Sweet)Nakai var. rubriflora Z. B. Zhao,Z. X. Chen et Y. M. Fan　152

Chaenomeles speciosa(Sweet)Nakai subsp. multpetala Z. B. Zhao,Z. X. Chen et D. F. Zhao

Chaenomeles speciosa(Sweet)Nakai subsp. multpetali-petaloidea Z. B. Zhao,Z. X. Chen et Y. M. Fan

151

Chaenomeles speciosa(Sweet) Nakai subsp. spiciosa　117

Chaenomeles speciosa(Sweet) Nakai Spiciosa　Group　127

Chaenomeles speciosa Nakai 'Yibong'　140

Chaenomeles speciosa 'Fragransest'　175

Chaenomeles speciosa 'Fuse Tiegeng Haitang'　130

Chaenomeles speciosa 'Hongxia'　173

Chaenomeles speciosa 'Long Juhn'　172

Chaenomeles speciosa 'Red Tigeng'　128

Chaenomeles speciosa 'Siji Tiegeng Haitang'　187

Chaenomeles speciosa 'Shijie Yi'　208

Chaenomeles stamini-petalina T. B. Zhao,Z. X. Chen et D. F. Zhao　16,19,40,148,236

Chaenomeles stamini-petalina T. B. Zhao,Z. X. Chen et D. F. Zhao var. stamini-petalina　19,148

Chaenomeles stamini-petalina T. B. Zhao,Z. X. Chen et D. F. Zhao var. parviflori-petalina T. B. Zhao,Z. X. Chen et D. F. Zhao　148

Chaenomeles stamini-petalina T. B. Zhao,Z. X. Chen et D. F. Zhao var. multi-stamini-petalina T. B. Zhao,Z. X. Chen et D. F. Zhao　149

Chaenomeles stamini-petalina T. B. Zhao,Z. X. Chen et D. F. Zhao var. parviflori-petalina' T. B. Zhao,Z. X. Chen et D. F. Zhao　149

Chaenomeles stamini-petalina T. B. Zhao,Z. X. Chen et D. F. Zhao subsp. multipetali-paucipe-talina T. B. Zhao,Z. X. Chen et Y. M. Fan　150

Chaenomeles stamini-petalina T. B. Zhao,Z. X. Chen et D. F. Zhao subsp. multipetali-petaloidea T. B. Zhao,Z. X. Chen et Y. M. Fan　150

Chaenomeles stamini-petalina T. B. Zhao,Z. X. Chen et D. F. Zhao 'Xizhao'　150

Chaenomeles stamini-petalina T. B. Zhao,Z. X. Chen et D. F. Zhao 'Duoban Baihua'　150

Chaenomeles stamini-petalina T. B. Zhao,Z. X. Chen et D. F. Zhao 'Duoban Baihua-1'　151

Chaenomeles stamini-petalina T. B. Zhao,Z. X. Chen et D. F. Zhao 'Douse Douban'　151

Chaenomeles stamini-petalina T. B. Zhao,Z. X. Chen et D. F. Zhao 'Xizhao'　151

Dhaenomeles superba Rehder　f. perfecta(Olbrich) Rehder　196

Chaenomeles superba [*Chaenomeles*(Loisel.) koidzumi] (Frahm) Rehder　196

Chaenomeles × superba Ch. Brickell　17,196

Chaenomeles × superba (Frahm) Rehder　45,52,54,59,195,196

Chaenomeles × superba Ch. Brickell 'Changshou Le'　204

Chaenomeles × superba Ch. Brickell 'Chojuraku'　204,205

Chaenomeles × superba Ch. Brickell 'Crimson and Gdd'　197,198

Chaenomeles × superba Ch. Brickell 'Da Fgui'　208

Chaenomeles × superba Ch. Brickell 'Fu Changshouguo'　199

Chaenomeles × superba Ch. Brickell 'Ginchujui'　206

Chaenomeles × supeciosa Ch. Brickell 'Hong Baoshi'　204,205

Chaenomeles × superba Ch. Brickell 'Hongwu'　199

Chaenomeles × supeciosa Ch. Brickell 'Lu Baoshi'　206

Chaenomeles × supeciosa Ch. Brickell 'Red Gem'　204

Chaenomeles × supeciosa Ch. Brickell 'Tyovishik'　198

Chaenomeles × *supeciosa* Ch. Brickell 'Zuiyangfei'　202

Chaenomeles × *superba* ［*Chaenomeles japonica* (Thunb.) Lindl. ex Spach × *Chaenomeles lagenaria* (Loisel.) Koidzumi］(Frahm) Rehder　196

Chaenomeles superba ［*Chaenomeles japonica* (Thunb.) Lindl. ex Spach × *Chaenomeles lagenarian* (Loisel.) Koidzumi］ (Frahm) Rehder f. *perfecta* (Olbrich) Rehder　196

Chaenomeles superba ［*Chaenomeles japonica* (Thunb.) Lind. ex Spach × *Chaenomeles lagenaria* (Loisel.) Koidzumi］ (Frahm) Rehder f. *rosea* (Olbrich) Rehder　196

Chaenomeles × superba(Frahm) Rehder　45,54,196

Chaenomeles × superba(Frahm) Rehder　54,195,196

Chaenomeles × superba(Frahm) Rehder 'Abricot'　14

Chaenomeles × superba(Frahm) Rehder 'Aighong'　201

Chaenomeles × superba(Frahm) Rehder Banchong Group　199

Chaenomeles × superba(Frahm) Rehder 'Bixue'　201

Chaenomeles × superba(Frahm) Rehder 'Changshou Le'　203

Chaenomeles × superba(Frahm) Rehder Chongban Group　199

Chaenomeles × superba(Frahm) Rehder 'Crimson and Gold'　197

Chaenomeles × superba(Frahm) Rehder 'Da Fugui'　208

Chaenomeles × superba(Frahm) Rehder 'Èrse Duoban'　209

Chaenomeles × superba(Frahm) Rehder 'Fenmudan'　203

Chaenomeles × superba(Frahm) Rehder 'Fu Changshou'　202

Chaenomeles × superba(Frahm) Rehder Fuchongban Group　203

Chaenomeles × superba(Frahm) Rehder 'Hong Baoshi'　204

Chaenomeles × superba(Frahm) Rehder 'Hongmudan'　198

Chaenomeles × superba(Frahm) Rehder 'Hongshuangxi'　198,200

Chaenomeles × superba(Frahm) Rehder 'Hongwu'　199

Chaenomeles × superba(Frahm) Rehder 'Lü Baoshi'　206

Chaenomeles × superba(Frahm) Rehder 'Mochouhong'　199

Chaenomeles × superba(Frahm) Rehder 'NICOLINE'　200

Chaenomeles × superba(Frahm) Rehder 'Qingcheng'　201

Chaenomeles × *superba*(Frahm) Rehder 'Red Flower'　205

Chaenomeles × superba(Frahm) Rehder 'Shanhu'　198

Chaenomeles × superba(Frahm) Rehder 'Shenghuo'　59,208

Chaenomeles × superba(Frahm) Rehder 'Shijie Yi'　59,204

Chaenomeles × *superba*(Frahm) Rehder 'Shijieyi'　208

Chaenomeles × superba(Frahm) Rehder 'Siji Hong'　199

Chaenomeles × superba(Frahm) Rehder Supera Group　196

Chaenomeles × superba(Frahm) Rehder 'Superba'　197

Chaenomeles × superba(Frahm) Rehder 'Wucai'　40,201

Chaenomeles × superba(Frahm) Rehder 'Yanyanghong'　203,204

Chaenomeles × superba(Frahm) Rehder 'Yicheng'　207

Chaenomeles × superba(Frahm) Rehder 'Yizhouhong'　200

Chaenomeles × superba(Frahm) Rehder 'Yufu'　199

Chaenomeles × superba(Frahm)Rehder 'Zaochun'　192,197

Chaenomeles × superba(Frahm)Rehder 'Ziyi'　207

Chaenomeles × superba(Frahm)Rehder 'Zuiyangfei'　202

Chaenomeles × superba Lindl. ex Spach　17,21,196

Chaenomeles × superba Lindl. ex Spach 'Aigong'　201

Chaenomeles × superba Lindl. ex Spach 'Bixue'　201

Chaenomeles × superba Lindl. ex Spach 'Changshou Le'　203

Chaenomeles × superba Lindl. ex Spach 'Da Fugui'　208

Chaenomeles × superba Lindl. ex Spach 'Fenmudan'　203

Chaenomeles × superba Lindl. ex Spach 'Hongshuangxi'　200

Chaenomeles × superba Lindl. ex Spach 'Mochouhong'　199

Chaenomeles × superba Lindl. ex Spach 'NICOLINE'　200

Chaenomeles × superba Lindl. ex Spach 'Qingcheng'　201

Chaenomeles × superba Lindl. ex Spach 'Shanhu'　198

Chaenomeles × superba Lindl. ex Spach 'Siji Hong'　199

Chaenomeles × superba Lindl. ex Spach Supera Group　196

Chaenomeles × superba Lindl. ex Spach 'Wucai'　40,201

Chaenomeles × speciosa Lindl. ex Spach 'Yanyang Hong'　204

Chaenomeles × superba Lindl. ex Spach 'Yanyanghong'　200,203

Chaenomeles × superba Lindl. ex Spach 'Yizhouhong'　207

Chaenomeles × superba Lindl. ex Spach 'Yufu'　207

Chaenomeles × superba Lindl. ex Spach 'Zaochun'　197

Chaenomeles × superba Lindl. ex Spach 'Zuiyangfei'　202

Chaenomeles × superba Ch. Brickell　196

Chaenomeles × superba Ch. Brickell 'Chojuraku'　204

Chaenomeles × superba Ch. Brickell 'Da Fugui'　208

Chaenomeles × superba Ch. Brickell 'Ginchuju'　206

Chaenomeles × superba Ch. Brickell 'Hong Baoshi'　204

Chaenomeles × superba Ch. Brickell 'Hongmudan'　198

Chaenomeles × superba Ch. Brickell 'Hongwu'　199

Chaenomeles × superba Ch. Brickell 'Lü Baoshi'　206

Chaenomeles × superba Ch. Brickell 'Yicheng'　207

Chaenomeles × superba Ch. Brickell 'Ziyi'　207

Chaenomeles × vimorenii C. Weber　54

Chaenomeles × vilmoviniana C. Weber　14,54,112

Chaenomeles × vilmoviniana C. Weber 'Afterglow'　14,54

Chaenomeles thibetica Yü　214

Chaenomeles tnaulei Lavalli　14

Chaenomeles trichogyna Nakai　183

Chaenomeles × vilmoriniana C. Weber　54,112

Chaenomeles yizhou 'Fuse Haitang'　130

Chaenomeles 'yizhou' 'Baoehun'　197

Chaenomeles 'yizhou' 'Dongyang Jin'　197

Chaenomeles '*yizhou*' 'Changshouguan'　205

Chaenomeles '*yizhou*' 'Changshou Le'　203

Chaenomeles '*yizhou*' 'Hong Tiegeng'　128

Chaenomeles '*yizhou*' 'Hong Tiegeng Haitang'　128

Chaenomeles sine-semina T. B. Zhao, Z. X. Chen et Y. M. Fan　146

× Cydo-chaenomeles T. B. Zhao, Z. X. Chen et Y. M. Fan　214

Cydo-chaenomeles × thibetica(Yü)T. B. Zhao, Z. X. Chen et Y. M. Fan　51

Cydonia Mill. sect. Chaenomeles DC.　42, 64, 110

Cydonia cathayensis Hemsl.　153

Cydonia cathayana Hemsl.　153

Cydonia cathayensis Hemsl. var. wilsonii Bean　153

Cydonia citripoma Carr.　113

Cydonia japonoca Andrews　11

Cydonia japonoca Spach var. genuina Ito　113

Cydonia japonoca Pers.　11

Cydonia japonoca Pers. var. *cathayensis* Cardot　153

Cydonia japonoca Pers. var. *lagenaria*(Loisel.)Makino　113

Cydonia japonoca Pers. var. *pygmaea* Mixim.　11

Cydonia japonoca Spach var. *alpina* Mixim.　11, 185

Cydonia japonoca Spach var. *cathayensis* (Hemsl.)Cardot　153

Cydonia japonoca Spach var. *lagenaria* Makino　113

Cydonia japonoca Spach var. *pygmea* Makino　185

Cydonia japonoca Spach var. *typia*Makino　185

Cydonia japonoca Sims.　11

Cydonia japonoca(Sweet)Koidzumi　11

Cydonia japonoca(Thounb.)Lindl. ex Spach var. *alpina* Mixim.　11, 185

Cydonia japonoca(Thounb.)Lindl. ex Spach var. *pygmaea* Mixim.　11

Cydonia japonoca(Thounb.)Lindl. ex Spach var. *typica* Makino　185

Cydonia japonica Loiseleur　182

Cydonia japonoca Pers.　11, 182

Cydonia japonoca var. *typica* Makino　185

Cydonia japonoca tricolor Parsons & Sons　182, 186

Cydonia japonoca Wilosonii　183

Cydonia lagenaria DC.　12

Cydonia lagenaria Loiseleir　12, 113

Cydonia lagenaria Pailibin　14

Cydonia lagenaria Sieb. & Zucc.　13

Cydonia lagenaria Wenzig　13

Cydonia mallardii Anon.　153, 156, 183

Cydonia maulei Miller var. *superba* Frahm　54

Cydonia maulei T. Moore　14, 182

Cydonia maulei T. Moore var. *alba* Froebel ex Olbrich　195

Cydonia maulei T. Moore var. *alpina* Mottet　183

Cydonia maulei T. Moore var. *atrosanguinea* Froebel ex Olbrich　195

Cydonia maulei T. Moore var. *grandiflora rosea* Foebel ex Olbrich　195

Cydonia maulei T. Moore var. grandiflora perfecta Foebel ex Olbrich　195

Cydonia maulei T. Moore var. *superba* Frahm　195

Cydonia maulei T. Moore var. *sargent* Mottet　183

Cydonia maulei T. Moore var. *tricolor* Hort. ex Rehder　183,182,186

Cydonia maulet Masters　186

Cydonia maulet Masters var. *tricolor* Rehder　13, 182,186

Cydonia Miller sect. *Chaenomoles* DC.　110

Cydonia sargenti Lemoine　183,185

Cydonia sinensis Loisel　12

Cydonia sinensis Poiret　12,65

Cydonia sinensis Thouin　11,64,65,66,68

Cydonia sinensis Thunb.　66

Cydonia speciosa Sweet　113,154

Cydonia speciosa Guimpel,Otto & Hayne　113

Cydonia umbato Roemer　113

Cydoniavulgaris sensu Pavolini　65

× Cydo-chaenomeles T. B. Zhao,Z. X. Chen et Y. M. Fan　1,42,46,51,213

Cydo-chaenomeles × thibetica(Yü)T. B. Zhao,Z. X. Chen et Y. M. Fan　16,17,19,41,213,214

×Jiaguangpimugua T. B. Zhao,Z. X. Chen et Y. M. Fan　1,19,41,46,51,59,212

Jiaguangpimugua × shandongensis(J. X. Wang et al.)T. B. Zhao,Z. X. Chen et Y. M. Fan　16,19,
20,212

Jiaguangpimugua × shandongensis(J. X. Wang et al.)T. B. Zhao,Z. X. Chen et Y. M. Fan 'Guang-
guo'　212

Jiaguangpimugua × shandongensis(J. X. Wang et al.)T. B. Zhao,Z. X. Chen et Y. M. Fan 'Maolei'
212

Jiaguangpimugua × shandongensis(J. X. Wang et al.)T. B. Zhao,Z. X. Chen et Y. M. Fan 'Pink La-
dy'　212

Jiaguangpimugua × shandongensis(J. X. Wang et al.)T. B. Zhao,Z. X. Chen et Y. M. Fan 'Pymaea'
212

Malus communis ζ. *Chinensis* Wenzig　65

Malus japonica Andrews　182

Malus sinensis Dumont.　65,153

Malus sinensis Dumont de Courset　154

Pseucochaenomelieae T. B. Zhao,Z. X. Chen et Y. M. Fan　1,40

Pseucochaenomeles Carr.　1,12,13,16,19,35,38,42,45,59,64,110,212

Pseudochaenomeles maulei Carr.　182

Pseudochaenomeles Differentia Group　108

Pseudochaenomeles sinensis(Thouin)Carr.　1,12,13,16,19,35,38,42,64,65,69,70

Pseudochaenomeles sinensis(Thouin)Carr. var. sinensis　51,53,73,74,75,76

Pseudochaenomeles sinensis(Thouin)Carr. var. pyramidalis(T. B. Zhao,Z. X. Chen et Y. M. Fan)T. B. Zhao,Z. X. Chen et Y. M. Fan　71

Pseudochaenomeles sinensis maulei Carr.　182

Pseudochaenomeles sinensis(Thouin)Carr. Honghua Grounp　103

Pseudochaenomeles sinensis(Thouin)Carr.　Rubriflos Grounp　55

Pseudochaenomeles sinensis(Thouin)Carr. var. alba T. B. Zhao,Z. X. Chen et D. W. Zhao　53,86

Pseudochaenomeles sinensis(Thouin)Carr. var. albiflora　86

Pseudochaenomeles sinensis(Thouin)Carr. subsp. albiflora T. B. Zhao,Z. X. Chen et Y. M. Fan　86

Pseudochaenomeles sinensis(Thouin)Carr. var. albi-heterogenei-petala T. B. Zhao Z. X. Chen et Y. M. Fan　86

Pseudochaenomeles sinensis(Thouin)Carr. var. albi-multipetala T. B. Zhao Z. X. Chen et Y. M. Fan　86

Pseudochaenomeles sinensis(Thouin)Carr. var. anguli-sulcata T. B. Zhao,Z. X. Chen et D. W. Zhao　74

Pseudochaenomeles sinensis(Thouin)Carr. var. aurea T. B. Zhao,Z. X. Chen et Y. M. Fan　58,61,75

Pseudochaenomeles sinensis(Thouin)Carr. var. bicolorifolia T. B. Zhao Z. X. Chen et D. W. Zhao　73,80

Peudochaenomeles sinensis(Thouin)Carr. var. bicolorflora T. B. Zhao,Z. X. Chen et D. W. Zhao　73,80

Pseudochaenomeles sinensis(Thouin)Carr. var. fastigiata T. B. Zhao,Z. X. Chen et Y. M. Fan　58,70

Pseudochaenomeles sinensis(Thouin)Carr. var. ganglionea T. B. Zhao Z. X. Chen et D. W. Zhao　76

Pseudochaenomeles sinensis(Thouin)Carr. var. globisa T. B. Zhao,Z. X. Chen et Y. M. Fan　78

Pseudochaenomeles sinensis(Thouin)Carr. var. magnifolia T. B. Zhao,Z. X. Chen et Y. M. Fan　83

Pseudochaenomeles sinensis(Thouin)Carr. var. magnifolia T. B. Zhao,Z. X. Chen et Y. M. Fan　83

Pseudochaenomeles sinensis(Thouin)Carr. var. multicarpa T. B. Zhao,Z. X. Chen et D. W. Zhao　78

Pseudochaenomeles sinensis(Thouin)Carr. var. parvifolia(T. B. Zhao,Z. X. Chen et Y. M. Fan)T. B. Zhao,Z. X. Chen et Y. M. Fan　34,81

Pseudochaenomeles sinensis(Thouin)Carr. var. pendula T. B. Zhao,Z. X. Chen et Y. M. Fan　72

Pseudochaenomeles sinensis(Thouin)Carr. var. pendusa(T. B. Zhao,Z. X. Chen et Y. M. Fan)T. B. Zhao,Z. X. Chen et Y. M. Fan　72

Pseudochaenomeles sinensis(Thouin)Carr. var. pyramidalis T. B. Zhao Z. X. Chen et Y. M. Fan　71

Pseudochaenomeles sinensis(Thouin)Carr. var. ramuli-spina　81

Pseudochaenomeles sinensis(Thouin)Carr. var. rubra T. B. Zhao,Z. X. Chen et X. K. Li　84

Pseudochaenomeles sinensis(Thouin)Carr. var. rubriflora　84

Pseudochaenomeles sinensis(Thouin)Carr. var. serrulata T. B. Zhao,Z. X. Chen et Y. M. Fan　81

Pseudochaenomeles sinensis(Thouin)Carr. var. sinensis　53,73,74,79,81,83

Pseudochaenomeles sinensis(Thouin)Carr. var. tericarpa T. B. Zhao,Z. X. Chen et Y. M. Fan　79

Pseudochaenomeles sinensis(Thouin)Carr. var. yemugua(Shao Zexia et al.)T. B. Zhao,Z. X. Chen et F. D. Zhao　83

Pseudochaenomeles sinensis(Thouin)Carr. subsp. ramuli-spina T. B. Zhao Z. X. Chen et Y. M. Fan
81

Pseudochaenomeles sinensis(Thouin)Carr. subsp. sinensis　70,73,74,79,80,81,83

Pseudochaenomeles sinensis(Thouin)Carr. 'Chang Qieguo'　108

Pseudochaenomeles sinensis(Thouin)Carr. 'Changzhi'　95

Pseudochaenomeles sinensis(Thouin)Carr. 'Chenxiang'　110

Pseudochaenomeles sinensis(Thouin)Carr. 'Cupi Shenghua'　97

Pseudochaenomeles sinensis(Thouin)Carr. 'Da Qiuguo'　34,105

Pseudochaenomeles sinensis(Thouin)Carr. 'Da Shizitou'　91

Pseudochaenomeles sinensis(Thouin)Carr. 'Dashou'　92

Pseudochaenomeles sinensis(Thouin)Carr. 'Da Tuoyuanti Guo'　96

Pseudochaenomeles sinensis(Thouin)Carr. 'Dajinpingguo'　107

Pseudochaenomeles sinensis(Thouin)Carr. 'Danhuachui Guo'　109

Pseudochaenomeles sinensis(Thouin)Carr. 'Duan Tuoyuanti-hong'　103

Pseudochaenomeles sinensis(Thouin)Carr. 'Duoqing'　96

Pseudochaenomeles sinensis(Thouin)Carr. Group Rubriflos　55

Pseudochaenomeles sinensis(Thouin)Carr. 'Honghua Chang Tuoyuanti Gou'　104

Pseudochaenomeles sinensis(Thouin)Carr. 'Hongyun'　102

Pseudochaenomeles sinensis(Thouin)Carr. 'Jinpingfguo'　108

Pseudochaenomeles sinensis(Thouin)Carr. 'Jinye'　104

Pseudochaenomeles sinensis(Thouin)Carr. 'Jinye Yiban'　104

Pseudochaenomeles sinensis(Thouin)Carr. 'Keshi'　102

Pseudochaenomeles sinensis(Thouin)Carr. 'Leng Qiuguo'　106

Pseudochaenomeles sinensis(Thouin)Carr. 'Leng Qiuguo-1'　106

Pseudochaenomeles sinensis(Thouin)Carr. 'Lengzhuguo'　102

Pseudochaenomeles sinensis(Thouin)Carr. Liang Guo　88

Pseudochaenomeles sinensis(Thouin)Carr. 'Lianghuangbanpi'　38,59,108

Pseudochaenomeles sinensis(Thouin)Carr. 'Lianghuang Qingbanpi'　108

Pseudochaenomeles sinensis(Thouin)Carr. 'Liangxing Guo'　58,88

Pseudochaenomeles sinensis(Thouin)Carr. 'Liangxing Guo-1'　57,89

Pseudochaenomeles sinensis(Thouin)Carr. 'Liangxing Guo-2'　57,89

Pseudochaenomeles sinensis(Thouin)Carr. 'Liangxing Guo-3'　57,89

Pseudochaenomeles sinensis(Thouin)Carr. 'Liangxing Guo-4'　89

Pseudochaenomeles sinensis(Thouin)Carr. 'Liangxing Guo-5'　90

Pseudochaenomeles sinensis(Thouin)Carr. 'Liangxing Guo-6'　90

Pseudochaenomeles sinensis(Thouin)Carr. 'Liangxing Guo-7'　90

Pseudochaenomeles sinensis(Thouin)Carr. 'Liangxing Guo-8'　90

Pseudochaenomeles sinensis(Thouin)Carr. 'Liangxing Guo-9'　91

Pseudochaenomeles sinensis(Thouin)Carr. 'Liangxing-hong'　103

Pseudochaenomeles sinensis(Thouin)Carr. 'Liguozhuang'　109

Pseudochaenomeles sinensis(Thouin)Carr. 'Liutu Zhuguo'　101

Pseudochaenomeles sinensis(Thouin)Carr. 'Luanguiqou'　95,170

Pseudochaenomeles sinensis(Thouin)Carr. 'Maoye Liutu Zhuguo ' 101

Pseudochaenomeles sinensis(Thouin)Carr. 'Maozhu' 110

Pseudochaenomeles sinensis(Thouin)Carr. 'Nong Da-2' 94

Pseudochaenomeles sinensis(Thouin)Carr. 'Pingguo Guo' 109

Pseudochaenomeles sinensis(Thouin)Carr. Qiuguo Group 105

Pseudochaenomeles sinensis(Thouin)Carr. 'Qiuguo' 105

Pseudochaenomeles sinensis(Thouin)Carr. 'Sanxing Guo' 87

Pseudochaenomeles sinensis(Thouin)Carr. Sinensis Guo 87

Pseudochaenomeles sinensis(Thouin)Carr. 'Sinensis' 87

Pseudochaenomeles sinensis(Thouin)Carr. 'Sanxing Guo' 87

Pseudochaenomeles sinensis(Thouin)Carr. 'Sanxing Guo-1' 87

Pseudochaenomeles sinensis(Thouin)Carr. Tuoyuanti Guo 93

Pseudochaenomeles sinensis(Thouin)Carr. 'Tuoyanti-hong-1' 103

Pseudochaenomeles sinensis(Thouin)Carr. 'Tuoyanti-hong-2' 103

Pseudochaenomeles sinensis(Thouin)Carr. Tuoyuanti Guo 93

Pseudochaenomeles sinensis(Thouin)Carr. 'Tuoyuanti Guo' 93

Pseudochaenomeles sinensis(Thouin)Carr. 'Tuoyuanti Guo-1' 93,99

Pseudochaenomeles sinensis(Thouin)Carr. 'Tuoyuanti Guo-2' 93

Pseudochaenomeles sinensis(Thouin)Carr. 'Tuoyuanti Guo-3' 94

Pseudochaenomeles sinensis(Thouin)Carr. 'Tuoyuanti Guo-4' 94

Pseudochaenomeles sinensis(Thouin)Carr. 'Tuoyuanti Guo-5' 94

Pseudochaenomeles sinensis(Thouin)Carr. 'Tuoyuanti Guo-6' 94

Pseudochaenomeles sinensis(Thouin)Carr. 'Tuoyuanti Guo-7' 94

Pseudochaenomeles sinensis(Thouin)Carr. 'Tuoyuanti Guo-8' 94

Pseudochaenomeles sinensis(Thouin)Carr. 'Tuoyuanti Guo-9' 94

Pseudochaenomeles sinensis(Thouin)Carr. 'Tuoyuanti Guo-10' 94

Pseudochaenomeles sinensis(Thouin)Carr. 'Waban' 109

Pseudochaenomeles sinensis(Thouin)Carr. 'Xiao Qiuguo' 106

Pseudochaenomeles sinensis(Thouin)Carr. 'Xiao Shizitou' 91

Pseudochaenomeles sinensis(Thouin)Carr. 'Xiaoguo' 99

Pseudochaenomeles sinensis(Thouin)Carr. 'Xiao Tuoyuanti Guo' 98

Pseudochaenomeles sinensis(Thouin)Carr. 'Xiao Tuoyuanti Guo-1' 99

Pseudochaenomeles sinensis(Thouin)Carr. 'Xiao Zhuguo' 99

Pseudochaenomeles sinensis(Thouin)Carr. 'Xiao Zhuguo-1' 100

Pseudochaenomeles sinensis(Thouin)Carr. 'Xiaoguo' 99

Pseudochaenomeles sinensis(Thouin)Carr. 'Xiaoshou' 92

Pseudochaenomeles sinensis(Thouin)Carr. 'Xiaoye Liutu Zhuguo' 101

Pseudochaenomeles sinensis(Thouin)Carr. 'Xipizi' 92

Pseudochaenomeles sinensis(Thouin)Carr. 'Yongping Bai' 109

Pseudochaenomeles sinensis(Thouin)Carr. 'Yuan Qiuguo ' 106

Pseudochaenomeles sinensis(Thouin)Carr. 'Yuan Qiuguo-1 ' 106

Pseudochaenomeles sinensis(Thouin)Carr. 'Yuanzhuguo ' 101

Pseudochaenomeles sinensis(Thouin)Carr. 'Yuanzhuguo-1 ' 101

Pseudochaenomeles sinensis(Thouin)Carr. 'Yuanzhuguo -2' 102

Pseudochaenomeles sinensis(Thouin)Carr. 'Yulan' 97

Pseudochaenomeles sinensis(Thouin)Carr. Zhuguo Group 99

Pseudochaenomeles sinensis(Thouin)Carr. 'Zhuguo' 99

Pseudochaenomeles sinensis(Thouin)Carr. 'Zongleng Xiao Qiuguo' 107

Pseudochaenomeles sinensis(Thouin)Carr. 'Zhong Zhuguo' 100

Pseudochaenomeles sinensis(Thouin)Carr. 'Zhangyuan Da Qiuguo' 105

Pseudocydonia Hutch. 36,65

Pseudocydonia Schneider 35

Pseudocydonia sinensis Schneider 35,64,65,153

Pseudocydonia sinensis(Thouin)Schneider 36,65

Pseudocydonia sinensis(Thouin)Schneider var. *fastigiata* T. B. Zhao,Z. X. Chen et Y. M. Fan 70

Pseudocydonia sinensis(Thouin)Schneider var. *maginefolia* T. B. Zhao,Z. X. Chen et Y. M. Fan 83

Pseudocydonia sinensis(Thouin)Schneider var. *multicarpa* T. B. Zhao,Z. X. Chen et D. W. Zhao 78

Pseudocydonia sinensis(Thouin)Schneider var. *parvifolia* T. B. Zhao,Z. X. Chen et Y. M. Fan 34,82

Pseudocydonia sinensis(Thouin)Schneider var. pyramidalis T. B. Zhao,Z. X. Chen et Y. M. Fan 71

Pseudocydonia sinensis(Thouin)Schneider 'Da Qiuguo' 105

Pseudocydonia sinensis(Thouin)Schneider 'Danhuachui Guo' 109

Pseudocydonia sinensis(Thouin)Schneider 'Honghua Chang Tuoyuanti Gou' 104

Pseudocydonia sinensis(Thouin)Schneider 'Leng Qiuguo' 106

Pseudocydonia sinensis(Thouin)Schneider 'Sanxing Guo' 87

Pseudocydonia sinensis(Thouin)Schneider 'Sanxing Guo-1' 87

Pseudocydonia sinensis(Thouin)Schneider 'Sanxing Guo-2' 88

Pseudocydonia sinensis(Thouin)Schneider 'Xiao Zhuguo' 99

Pseudocydonia sinensis(Thouin)Schneider 'Xiaoguo' 99

Pseudocydonia sinensis(Thouin)Schneider 'Yongping Bai' 111

Pseudocydonia sinensis(Thouin)Schneider 'Yulan' 97

Pseudocydonia sinensis(Thouin)Schneider 'Zhanguan Da Qiuguo' 105

Pseudocydonia sinensis(Thouin)Schneider 'Zongleng Xiao Qiuguo' 107

Pseudocydonia sinensis(Thouin)Schneider var. *fastigiata* T. B. Zhao,Z. X. Chen et Y. M. Fan 70

Pseudocydonia sinensis (Thouin) Schneider. var. *parvifolia* T. B. Zhao,Z. X. Chen et Y. M. Fan 34,82

Pyrus cathayana Hemsl. 13,153

Pyrus cathayensis(Hemsl.)Schneider 13

Pyrus chinensis Bunge 12,65

Pyrus japonica Loileleur 182

Pyrus japonica sargenti Lemonie 185

Pyrus japonica tricolor 182

Pyrus japonica wilsonii 183

Pyrus japonica Sims 11,113

Pyrus japonica T. Moore 182

Pyrus japonica Thounb.　12,64,182,185

Pyrus japonica Thounb. var. wilsonii(Rehder)T. B. Zhao,Z. X. Chen et Y. M. Fan　156

Pyrus japonica Thounb.　44,65,182,183,185

Pyrus japonica Thounb. *β. alpina* Franchet & Savatier　182,185

Pyrus maulei Masters　13,182

Pyrus mmlei Masters　14

Pyrus sargenti S. Arnott　183,185

Pyrus sinensis Poiret　64,65

Pyrus sinensis Sprengel　65

附　录

附录1　日本木瓜属观赏品种资源调查

（张毅，刘伟，李桂祥，等．中国园艺文摘，9:7~9.2015）

本文介绍皱皮木瓜(贴梗海棠)、木瓜贴梗海棠(毛叶木瓜)、日本木瓜(日本贴梗海棠)、华丽贴梗海棠(傲大贴梗海棠)、寒木瓜贴梗海棠(寒木瓜)等。目前,栽培品种总数约200余个(不包拆括引入的欧美栽培品种)。该文作者介绍日本120个栽培品种,划分为:

贴梗海棠 Chaenomeles speciousa(Sweet)Nakai

Ⅰ．东洋锦品种群(皱皮木瓜种＝贴梗海棠)

包括36个栽培品种,即:

1. '东洋锦'贴梗海棠　栽培品种

Chaenomeles speciousa(Sweet)Nakai 'Toyonisiki'

本栽培品种树型基部开张。花期早。花大型。单花具花瓣5枚,白色、红色、或白地着红色、白地着红白混合色。在阳光处白地会变粉色。

产地:日本。1914年记载于《放春花铭鉴》一书,起源不明。

1.1 '国华'贴梗海棠　栽培品种

Chaenomeles speciousa(Sweet)Nakai 'Kokkai'

本栽培品种花大型。单花具花瓣5枚,红色。系'东洋锦'红花系枝变品种。

1.2 '东绞'贴梗海棠　栽培品种

Chaenomeles speciousa(Sweet)Nakai 'Azumasibori'

本栽培品种花大型。单花具花瓣5枚,白色。系'东洋锦'白花系品种。

1.3 '高岭锦'贴梗海棠　栽培品种

Chaenomeles speciousa(Sweet)Nakai 'Takanenisiki'

本栽培品种树势强,树型基部开张。花期早。花大型,复色、复轮,桃色地白色复轮,桃色地着红色,偶有白色花。系'东洋锦'枝变品种。

1.4 '高岭雪'贴梗海棠　栽培品种

Chaenomeles speciousa(Sweet)Nakai 'Takanenoyuki'

本栽培品种树势强,树型基部开张。花期早。花大型。单花具花瓣5枚、复轮,桃色地白色复轮。性状稳定,花色艳丽。系'高岭锦'枝变品种。

2. '八房东洋'贴梗海棠　栽培品种

Chaenomeles speciousa(Sweet)Nakai 'Yatufusatoyo'

本栽培品种矮化型,树型匍匐。叶小。花期早。花小型,单花具花瓣5枚、浓红色。

2.1 '姬小町'贴梗海棠　栽培品种

Chaenomeles speciousa(Sweet)Nakai 'Himekomati'

本栽培品种叶更小。花小型。单花具花瓣5枚、红色。系'八房东洋'的实生株。扦插不易生根。

3. '安田锦'贴梗海棠 栽培品种

Chaenomeles speciousa(Sweet)Nakai 'Yasudansiki'

本栽培品种矮化型,树型基部开张。花期早。花中型。单花具花瓣5枚,白色、红色,或白地着红色、白地着红白混合色。

3.1 '富士岭'贴梗海棠 栽培品种

Chaenomeles speciousa(Sweet)Nakai 'Fuzinomine'

本栽培品种花中型。单花具花瓣5枚,粉红色复轮。系'安田锦'的枝变品种。

3.2 '祝月'贴梗海棠 栽培品种

Chaenomeles speciousa(Sweet)Nakai 'Iwaizuki'

本栽培品种花中型,重瓣、白色,开花后渐变粉色。系'安田锦'的实生株。

4. '梦'贴梗海棠 栽培品种

Chaenomeles speciousa(Sweet)Nakai 'Yume'

本栽培品种树型基部开张。花期早。花大型。单花具花瓣5枚,淡粉红色。扦插易活。

5. '越之辉'贴梗海棠 栽培品种

Chaenomeles speciousa(Sweet)Nakai 'Kosinokagayaki'

本栽培品种树型基部开张。花期早。花大型。单花具花瓣5枚、复色,白地着纤细红色条纹。

5.1 '越之岭'贴梗海棠 栽培品种

Chaenomeles speciousa(Sweet)Nakai 'Kosinokinomine

本栽培品种花大型。单花具花瓣5枚、复色,粉红地满布红色斑。

5.2 '珠之华'贴梗海棠 栽培品种

Chaenomeles speciousa(Sweet)Nakai 'Syunohana'

本栽培品种花大型。单花具花瓣5枚、复色,白地着粉红色条斑。系'越之辉'的枝变株。

6. '金寿盃'贴梗海棠 栽培品种

Chaenomeles speciousa(Sweet)Nakai 'Kinjuhai'

本栽培品种树型基部开张。花期中。花巨大型。单花具花瓣5枚,浅桃色。果实大。

6.1 '大和锦'贴梗海棠 栽培品种

Chaenomeles speciousa(Sweet)Nakai 'Yamatonisiki'

本栽培品种花巨大型。单花具花瓣5枚,白色、红色,或白地着红色斑。系'金寿盃'的枝变株。

7. '彩之国'贴梗海棠 栽培品种

Chaenomeles speciousa(Sweet)Naka 'Sanokuni'

本栽培品种树型基部开张。花期早。花大型。单花具花瓣5枚、复轮,白色、红色,或红白混合色。

8. '绯之袴'贴梗海棠 栽培品种

Chaenomeles speciousa(Sweet)Nakai 'Hinohakama'

本栽培品种花中型。单花具花瓣5枚,鲜红色。

8.1 '峰山'贴梗海棠 栽培品种

Chaenomeles speciousa(Sweet)Nakai 'Mineyama'

本栽培品种花大型。单花具花瓣5枚、桃色地白复轮。系'绯之袴'枝变。

8.2 '弥生之袴'贴梗海棠 栽培品种

Chaenomeles speciousa(Sweet)Nakai 'Mineyama'

本栽培品种花大型。单花具花瓣5枚、桃色地白复轮。系'峰山'枝变。

8.3 '五色木瓜'贴梗海棠 栽培品种

Chaenomeles speciousa(Sweet)Nakai'Gosikiboke'

本栽培品种为稀有斑叶品种。花大型。单花具花瓣5枚,鲜红色。系'弥生之袴'枝变品种。

2. 以'东洋锦'为亲本的杂交品种13个栽培品种

2.1　'寿'贴梗海棠　栽培品种

Chaenomeles speciousa(Sweet)Nakai'Kotobuki'

本栽培品种树型上部开张。花大型。重瓣、复色,白色、红色,或白地着红色,开花后花瓣向内侧弯曲。系'东洋锦'×'雪御殿'栽培品种。

2.2　'寿之岭'贴梗海棠　栽培品种

Chaenomeles speciousa(Sweet)Naka'Kotobukinomine'

本栽培品种花大型,重瓣、复色、复轮,粉红地着红色,白复。系'寿'的枝变品种。

2.3　'雪之华'贴梗海棠　栽培品种

Chaenomeles speciousa(Sweet)Nakai'Yukinohanae'

本栽培品种花中型,半重瓣、鲜白色。系'寿'的自然实生植株。

3.　'桂锦'贴梗海棠　栽培品种

Chaenomeles speciousa(Sweet)Nakai'Katuranisiki'

本栽培品种树型上部开张。枝纤细,扭曲。花中型,重瓣、复色,白色、红色,或白地着红色、红白混合色。系'东洋锦'×'雪御殿'杂交栽培品种。

3.1　'桂华'贴梗海棠　栽培品种

Chaenomeles speciousa(Sweet)Nakai'Keika'

本栽培品种花大型。单花具花瓣5枚,淡粉红色地着红色,或红色条斑。系'桂锦'枝变品种。

4.　'恋吹雪'贴梗海棠　栽培品种

Chaenomeles speciousa(Sweet)Nakai'Koifubuki'

本栽培品种树型上部开张。枝条纤细。花中型。单花具花瓣5枚,乳白地着纤细红色条纹,偶有白色单花。系'东洋锦'×'雪御殿'杂交栽培品种。

5.　'长寿宝'贴梗海棠　栽培品种

Chaenomeles speciousa(Sweet)Nakai'Tyjuho'

本栽培品种花中型。单瓣、复色,乳白色、红色、红白色斑。

6.　'越后美人'贴梗海棠　栽培品种

Chaenomeles speciousa(Sweet)Nakai'Etigojini'

本栽培品种树势强。树型直立。枝刺少。花期晚。花巨大型,半重瓣、桃红色。扦插易活。系'东洋锦'×'长寿乐'杂交栽培品种。

7.　'篝火'贴梗海棠　栽培品种

Chaenomeles speciousa(Sweet)Nakai'Kagaribi'

本栽培品种树型基部开张。花期晚。花大型,重瓣、浓红色。系'东洋锦'×'十二一重'杂交栽培品种。

8.　'越王锦'贴梗海棠　栽培品种

Chaenomeles speciousa(Sweet)Nakai'Koshiwanishiki'

本栽培品种树型上部开张。枝刺少。花芽多。花期早。花中型。单花具花瓣5枚,淡红色底着红色,开花后红色加重。系'东洋锦'×'金至乌殿'杂交栽培品种。

9.　'名残雪'贴梗海棠　栽培品种

Chaenomeles speciousa(Sweet)Nakai'Nagoriyuki'

本栽培品种树势强。树型上部开张。枝条纤细。花期晚。花大型。单花具花瓣5枚,白色、红色,或白地着红色。系'东洋锦'×'雪御殿'杂交栽培品种。

10. '樱锦'贴梗海棠　栽培品种

Chaenomeles speciousa(Sweet)Nakai 'Sakuranisiki'

本栽培品种树型上部开张。花期早。花中型。单花具花瓣5枚,淡红色地着红色,红白混合色,色泽华丽。系'东洋锦'×'雪御殿'杂交栽培品种。

11. '春之泉'贴梗海棠　栽培品种

Chaenomeles speciousa(Sweet)Nakai 'Hanrumoizumi'

本栽培品种树型上部开张。花期中。花中型。单花具花瓣5枚,白色地着淡红色。系'东洋锦'实生单株。

Ⅱ. 日月星品种群(皱皮木瓜种=贴梗海棠)

包括15个栽培品种

1. '日月星'贴梗海棠　栽培品种

Chaenomeles speciousa(Sweet)Nakai 'Zitugetusei'

本栽培品种树型基部开张。花期早。花大型,单瓣、复色,白色、红色,或白地着红色。复色花对比强烈,色泽华丽。花落仍保持白色。

1.1 '日月之岭'贴梗海棠　栽培品种

Chaenomeles speciousa(Sweet)Nakai 'Zitugetunomine'

本栽培品种树型基部开张。花期早。花大型。单花具花瓣5枚、复轮,桃色地着红白混合色,白复轮。置阳光处,其复色也鲜明。系'日月星'的枝变。

1.2 '彩之星'贴梗海棠　栽培品种

Chaenomeles speciousa(Sweet)Nakai 'Sainohosi'

本栽培品种树型基部开张。花期早。花大型。单花具花瓣5枚,白色、红色,或白地着大小粗细不等红色条纹。系'日月星'的枝变。

1.3 '星之岭'贴梗海棠　栽培品种

Chaenomeles speciousa(Sweet)Nakai 'Hoshinomine'

本栽培品种花大型。单花具花瓣5枚、复轮,粉红色地满布大小不等红色条斑,白复轮。系'彩之星'的枝变。

1.4 '明星'贴梗海棠　栽培品种

Chaenomeles speciousa(Sweet)Nakai 'Myojo'

本栽培品种矮化型。树型上部开张。花期早。花小型。单花具花瓣5枚,淡橙色。系'日月星'的实生株。

1.5 '春日'贴梗海棠　栽培品种

Chaenomeles speciousa(Sweet)Nakai 'Kasuga'

本栽培品种树型上部开张。枝横展,枝刺广。花多。花期中。花中型。单花具花瓣5枚、复轮,乳白色、红色,或稍带黄色地着淡红色。系'日月星'的实生株。

2. 以'日月星'为亲本的9个杂交品种

2.1 '光锦'贴梗海棠　栽培品种

Chaenomeles speciousa(Sweet)Nakai 'Hikarinisiki'

本栽培品种树型上部开张。花多。花期中。花中型,单瓣、或半重瓣复色,复轮,乳白色、红色,或稍带黄色地着红色。系'日月星'×'高岭锦'杂交栽培品种。

2.2 '樱小町'贴梗海棠　栽培品种

Chaenomeles speciousa(Sweet)Nakai 'Sakurakomati'

本栽培品种株型紧凑。树型上部开张。叶小。花期中。花中型。单花具花瓣5枚,白色、红色、红白混合色。系'日月星'×'长寿梅'杂交栽培品种。

2.3　'一番星'贴梗海棠　栽培品种

Chaenomeles speciousa(Sweet)Nakai'Itibanbosi'

本栽培品种株型紧凑。枝细,枝刺少。花期中。花中型。单花具花瓣5枚,白色、红色,或白地着红色、条纹状红色。系'日月星'×'司牡丹'杂交栽培品种。

2.4　'雅'贴梗海棠　栽培品种

Chaenomeles speciousa(Sweet)Nakai'Miyabii'

本栽培品种树型上部开张。花期晚。花中型。多头复色,乳白色、乳白色地着红白混合色,或红色。系'日月星'×'昭和锦'杂交栽培品种。

2.5　'花天女'贴梗海棠　栽培品种

Chaenomeles speciousa(Sweet)Nakai'Hanatennyo'

本栽培品种树型上部开张。花期中。花大型,重瓣复色,白色、红色,或色地着红色斑。系'日月星'×'雪御殿'杂交栽培品种。

2.6　'都锦'贴梗海棠　栽培品种

Chaenomeles speciousa(Sweet)Nakai'Miyakonisiki'

本栽培品种树型上部开张。花期晚。花大型,重瓣复色,白色、红色,或色地着红色斑。系'昭和锦'×'日月星'杂交栽培品种。

2.7　'彩之雪'贴梗海棠　栽培品种

Chaenomeles speciousa(Sweet)Nakai'Sainoyuki'

本栽培品种树型上部开张。枝刺少。花芽多。花期早。花大型,重瓣白色,或白地着淡红白混合色。系'日月星'×'银长寿'杂交栽培品种。

2.8　'幸之华'贴梗海棠　栽培品种

Chaenomeles speciousa(Sweet)Nakai'Satinohana'

本栽培品种树型上部开张。花期中。花中型,单瓣,或半重瓣复色,白地着红色斑。结果多。扦插易活。系'日月星'×'金至乌殿'杂交栽培品种。

2.9　'花簪'贴梗海棠　栽培品种

Chaenomeles speciousa(Sweet)Nakai'Hanakanzashi'

本栽培品种花单瓣、复色,白地着大小不等红色斑。系'寿'×'日月星'杂交栽培品种。

Ⅲ. 长寿乐品种群(皱皮木瓜种＝贴梗海棠)

包括长寿乐 Tyojuraku 等 15 个栽培品种。

1.　'长寿乐'贴梗海棠　栽培品种

Chaenomeles speciousa(Sweet)Nakai'Tyojuraku'

本栽培品种树型基部开张。花期早。花芽多。花大型,重瓣,橙红色。果实椭圆体状至近球状。系'残雪'×'黑光'杂交栽培品种。'长寿乐'枝变与杂交品种很多。

1.1　'芳寿之誉'贴梗海棠　栽培品种

Chaenomeles speciousa(Sweet)Nakai'Hojunohomare'

本栽培品种树型基部开张。树干粗壮。花期早。花芽多。花大型,重瓣,桃色地白复轮。

1.2　'白寿'贴梗海棠　栽培品种

Chaenomeles speciousa(Sweet)Nakai'Hakuju'

本栽培品种树势强健。树型基部开张。花期早。花大型,重瓣,白色。系'芳寿之誉'枝变栽培品种。

1.3　'春月'贴梗海棠　栽培品种

Chaenomeles speciousa(Sweet)Nakai 'Shungetsu'

本栽培品种树型基部开张。花期早。花芽多。花大型,半重瓣,复色,橙红色着地红色。系'芳寿之誉'实生植株。

1.4　'大朱宝'贴梗海棠　栽培品种

Chaenomeles speciousa(Sweet)Nakai 'Daisyuho'

本栽培品种树势强健。树型基部开张。枝条柔软。花芽多。花期中。花巨大型,重瓣,朱红色,橙红色着地红色。系'芳寿之誉'实生植株。

1.5　'红孔雀'贴梗海棠　栽培品种

Chaenomeles speciousa(Sweet)Naka 'Benikujaku'

本栽培品种树势强健。树型基部开张。花期早。花小型,复轮,朱红色。系'长寿乐'枝变栽培品种。

1.6　'流星'贴梗海棠　栽培品种

Chaenomeles speciousa(Sweet)Nakai 'Ryusei'

本栽培品种树型基部开张。花期早。花大型,重瓣,白色,偶有红色斑。系'长寿乐'枝变栽培品种。

2.　以'长寿乐'为亲本的杂交栽培品种

2.1　'黑珊瑚'贴梗海棠　栽培品种

Chaenomeles speciousa(Sweet)Nakai 'Kurosango'

本栽培品种树型上部开张。花期晚。花巨大型,重瓣,黑红色。枝条硬,扦插易活。系'长寿乐'×'昭和锦'杂交栽培品种。

2.2　'世界一'贴梗海棠　栽培品种

Chaenomeles speciousa(Sweet)Nakai 'Sekaiiti'

本栽培品种树势强健。树型上部开张。枝刺少。花多。花期晚。花巨大型,重瓣,朱红色。系'长寿乐'×'昭和锦'杂交栽培品种。

2.3　'春之曙'贴梗海棠　栽培品种

Chaenomeles speciousa(Sweet)Nakai 'Harunoakebono'

本栽培品种树型上部开张。花中型,重瓣,淡红色。系'世界一'枝变栽培品种。

2.4　'精玲'贴梗海棠　栽培品种

Chaenomeles speciousa(Sweet)Nakai 'Seirei'

本栽培品种树型上部开张。花巨大型,重瓣,白色,开花后稍带淡红色。系'世界一'枝变栽培品种。

2.5　'金至乌殿'贴梗海棠　栽培品种

Chaenomeles speciousa(Sweet)Nakai 'Kinsiden'

本栽培品种树型基部开张。枝刺多。花大型,重瓣,淡黄白色。系'长寿乐'×'司牡丹'杂交栽培品种。

2.6　'春风'贴梗海棠　栽培品种

Chaenomeles speciousa(Sweet)Nakai 'Hanrunokaze'

本栽培品种树型上部开张。花期中。花大型,重瓣,初花粉红色,后期略呈红色。系'长寿乐'×'七变化'杂交栽培品种。

2.7　'梦绘卷'贴梗海棠　栽培品种

Chaenomeles speciousa(Sweet)Nakai 'Yumeemaki'

本栽培品种树势强健。树型基部开张。花多。花期中。花中型,重瓣,淡红色。系'长寿乐'×'世界一'杂交栽培品种。

2.8 '一稔'贴梗海棠 栽培品种

Chaenomeles speciousa(Sweet)Nakai 'Kazumino'

本栽培品种树型上部开张。花多。花大型,重瓣,白色,渐变淡橙色。系'长寿乐'的实生株。

2.9 '晓山'贴梗海棠 栽培品种

Chaenomeles speciousa(Sweet)Nakai 'Gyozan'

本栽培品种树型上部开张。花多。花期中。花中型,重瓣,橙红色,花瓣质厚,叠抱。

2.10 '大晃锦'贴梗海棠 栽培品种

Chaenomeles speciousa(Sweet)Nakai 'Takonisiki'

本栽培品种树型上部开张。枝刺少。花多。花期中。花中型,重瓣变色,乳白色渐变红色,花瓣质厚,花期长。扦插易活。

2.11 '白鸟'贴梗海棠 栽培品种

Chaenomeles speciousa(Sweet)Nakai 'Hakutyo'

本栽培品种树型上部开张。枝刺多。花大型,重瓣,白色渐变红色。

2.12 '红大晃'贴梗海棠 栽培品种

Chaenomeles speciousa(Sweet)Nakai 'Benitaiko'

本栽培品种树型上部开张。枝刺多。花期中。花大型,重瓣,红色。

2.13 '银长寿'贴梗海棠 栽培品种

Chaenomeles speciousa(Sweet)Nakai 'Gintyoju'

本栽培品种树型基部开张。枝刺少。花期中。花大型,重瓣,青白色。系'残雪'×'黑光'杂交栽培品种。

2.14 '红鹤'贴梗海棠 栽培品种

Chaenomeles speciousa(Sweet)Nakai 'Furamingo'

本栽培品种树型基部开张。花期中。花大型,重瓣,桃色地白复轮。系'银长寿'枝变栽培品种。

2.15 '笑颜'贴梗海棠 栽培品种

Chaenomeles speciousa(Sweet)Nakai 'Hohoemi'

本栽培品种树型基部开张。花期晚。花大型,重瓣,红色。系'银长寿'枝变栽培品种。

2.16 '香篆木瓜'贴梗海棠 栽培品种

Chaenomeles speciousa(Sweet)Nakai 'Kotenboke'

本栽培品种枝条、枝刺呈屈曲、扭转。花大型。单花具花瓣5枚,淡红色。

寒木瓜杂种贴梗海棠 寒木瓜 杂交种

Chaenomeles × specios-japonica T. B. Zhao,Z. X. Chen et Y. M. Fan,sp. hybr. nov. 张毅、刘伟、李桂祥,等.日本木瓜属观赏品种资源调查. 中国园艺文摘,2015,9:7。寒木瓜系贴梗海棠与日本贴梗海棠的杂交种。

形态特征

本杂交种枝条伸展,枝刺少。花期11月至翌年2月。花多数单瓣。

Ⅰ. 寒木瓜品种群(贴梗海棠与日本贴梗海棠杂交种)

张毅、刘伟、李桂祥,等.日本木瓜属观赏品种资源调查. 中国园艺文摘,2015,9:7.

寒木瓜品种群,包括13个栽培品种:

1. '红牡丹'寒木瓜杂种贴梗海棠 栽培品种

Chaenomeles × specios-japonica T. B. Zhao, Z. X. Chen et Y. M. Fan 'Benibotan'

本栽培品种树型直立。树势强健。花期早。花中型。单花具花瓣5枚,红色。

2. '红吹雪'寒木瓜杂种贴梗海棠　栽培品种

Chaenomeles × specios-japonica T. B. Zhao, Z. X. Chen et Y. M. Fan 'Benifubuki'

本栽培品种树型上部开张。花期早。花中型,单瓣,复色、复轮。浓红地着红斑、复轮、桃色地白复轮,或单色花。系'红牡丹'的枝变栽培品种。

3. '虹'寒木瓜杂种贴梗海棠　栽培品种

Chaenomeles × frigidaria T. B. Zhao, Z. X. Chen et Y. M. Fan 'Nizi'

本栽培品种树型上部开展。花大型。单花具花瓣5枚,复色、复轮,红色、红底着粉红色斑。扦插容易生根。

4. '红光'寒木瓜杂种贴梗海棠　栽培品种

Chaenomeles × specios-japonica T. B. Zhao, Z. X. Chen et Y. M. Fan 'Beninohikari'

本栽培品种树型强健。花期中。花大型,重瓣,浓红色。系'日出'与'桦长寿'的杂交栽培品种。

5. '白牡丹'寒木瓜杂种贴梗海棠　栽培品种

Chaenomeles × specios-japonica T. B. Zhao, Z. X. Chen et Y. M. Fan 'Hakubotan'

本栽培品种树型直立。花期早。花大型。单花具花瓣5枚,白色。

6. '日出'寒木瓜杂种贴梗海棠(新拟)　栽培品种

Chaenomeles × specios-japonica T. B. Zhao, Z. X. Chen et Y. M. Fan 'Hinode'

本栽培品种无枝刺。花期晚。花大型,重瓣,浓红色。系'寒木瓜'实生植株。

7. '祝锦'寒木瓜杂种贴梗海棠(新拟)　'寒东洋'　栽培品种

Chaenomeles × specios-japonica T. B. Zhao, Z. X. Chen et Y. M. Fan 'Iwainisiki'

本栽培品种树型直立。花期最早。花中型。单花具花瓣5枚,复色,白色、红色。白地着红色,或红色斑,或红白混合花。

8. '祝樱'寒木瓜杂种贴梗海棠(新拟)　栽培品种

Chaenomeles × frigidaria T. B. Zhao, Z. X. Chen et Y. M. Fan 'Iwaizakura'

本栽培品种树势强健。树型直立。无枝刺。花期早。花中型。单花具花瓣5枚,复色、复轮,粉红色地着红色。系'祝锦'的复轮枝变栽培品种。

9. '云之峰'寒木瓜杂种贴梗海棠(新拟)　'寒更纱'　栽培品种

Chaenomeles × specios-japonica T. B. Zhao, Z. X. Chen et Y. M. Fan 'Kumonomine'

本栽培品种树型直立。花期早。花中型。单花具花瓣5枚,深红色。

10. '黑潮'寒木瓜杂种贴梗海棠(新拟)　栽培品种

Chaenomeles × specios-japonica T. B. Zhao, Z. X. Chen et Y. M. Fan 'Kurosio'

本栽培品种树型直立。花期早。花中型。单花具花瓣5枚,黑红色,似天鹅绒般光泽。

11. '明华'寒木瓜杂种贴梗海棠(新拟)　栽培品种

Chaenomeles × specios-japonica T. B. Zhao, Z. X. Chen et Y. M. Fan 'Meika'

本栽培品种树型上部开张。花期早。花中型。单花具花瓣5枚,复色,白地满布淡橙色斑。系'祝锦'×'黑潮'杂交栽培品种。

12. '虹'寒木瓜杂种贴梗海棠(新拟)　栽培品种

Chaenomeles × frigidaria T. B. Zhao, Z. X. Chen et Y. M. Fan 'Nizi'

本栽培品种树型上部开张。花期早。花大型。单花具花瓣5枚,复色、复轮,红色、红地着粉红色斑。扦插易活。

13. '丹顶红'寒木瓜杂种贴梗海棠(新拟)　栽培品种

Chaenomeles × specios-japonica T. B. Zhao,Z. X. Chen et Y. M. Fan 'Tantyobeni'

本栽培品种树型基部开张,生长势强。花期早。花中型。单花具花瓣5枚,桃色底地白复轮。系'古星寒木瓜'的枝变栽培品种。

Ⅱ. 昭和锦、雪御殿品种群(贴梗海棠与日本贴梗海棠杂交种)

张毅、刘伟、李桂祥,等.日本木瓜属观赏品种资源调查.中国园艺文摘,2015,9:6~7.

昭和锦、雪御殿品种群包括19个栽培品种:

1. '春之精'寒木瓜杂种贴梗海棠(新拟) 栽培品种

Chaenomeles × specios-japonica T. B. Zhao,Z. X. Chen et Y. M. Fan 'Harunosei'

本栽培品种树型上部开张。花期晚。花大型。重瓣,淡桃色。系'昭和锦'的枝变栽培品种。

2. '昼寝'寒木瓜杂种贴梗海棠(新拟) 栽培品种

Chaenomeles × specios-japonica T. B. Zhao,Z. X. Chen et Y. M. Fan 'Hirune'

本栽培品种枝刺少。花多。花中型。重瓣、千重瓣,淡桃色。系'绵帽子'的枝变栽培品种。

3. '神龙'寒木瓜杂种贴梗海棠(新拟) 栽培品种

Chaenomeles × specios-japonica T. B. Zhao,Z. X. Chen et Y. M. Fan 'Jinryu'

本栽培品种树冠紧凑,树型匍匐。枝细,屈曲生长。叶扭曲变形。花期中。花小型。单花具花瓣5枚,红橙色。系'昭和之光'的枝变栽培品种。

4. '十二一重'寒木瓜杂种贴梗海棠(新拟) 栽培品种

Chaenomeles × specios-japonica T. B. Zhao,Z. X. Chen et Y. M. Fan 'Jynihitoe'

本栽培品种'昭和锦'ד长寿乐'品种。树型上部开张。枝刺特少。花期晚。花大型,重瓣,浓红色,花瓣浓红色,雄蕊黄色。系'昭和锦'ד长寿乐'杂交栽培品种

5. '华宴'寒木瓜杂种贴梗海棠(新拟) 栽培品种

Chaenomeles × specios-japonica T. B. Zhao,Z. X. Chen et Y. M. Fan 'Kaen'

本栽培品种树型上部开张。花期中。花中型。单花具花瓣5枚,复色,白地着红白混合色、红白色斑。系'万华镜'的实生株。

6. '越之黑云锦'寒木瓜杂种贴梗海棠(新拟) 栽培品种

Chaenomeles × specios-japonica T. B. Zhao,Z. X. Chen et Y. M. Fan 'Kosinokokuunnisiki'

本栽培品种树型基部开张。花期晚。花大型。重瓣,黑红色。

7. '越之花笼'寒木瓜杂种贴梗海棠(新拟) 栽培品种

Chaenomeles × specios-japonica T. B. Zhao,Z. X. Chen et Y. M. Fan 'Kosinohanakago'

本栽培品种树型上部开张。枝条细。花期晚。花大型,多瓣,橙红色。

8. '越之残照'寒木瓜杂种贴梗海棠(新拟) 栽培品种

Chaenomeles × specios-japonica T. B. Zhao,Z. X. Chen et Y. M. Fan 'Kosinozansyo'

本栽培品种树型上部开张。花期晚。花大型。重瓣变色,初花白色,后花瓣外缘略呈红色。花型特别美丽。

9. '黑牡丹'寒木瓜杂种贴梗海棠(新拟) 栽培品种

Chaenomeles × specios-japonica T. B. Zhao,Z. X. Chen et Y. M. Fan 'Kurobotan'

本栽培品种树型上部开张。花期晚。花大型,重瓣,黑红色。

10. '万华镜'寒木瓜杂种贴梗海棠(新拟) 栽培品种

Chaenomeles × specios-japonica T. B. Zhao,Z. X. Chen et Y. M. Fan 'Mangeky'

本栽培品种树型上部开张。花期中。花中型。单花具花瓣5枚,复色、复轮,粉红地着红白混合色,白复轮。系'宴'的实生株。

11. '蒙娜丽莎'寒木瓜杂种贴梗海棠(新拟) 栽培品种

Chaenomeles × frigidaria T. B. Zhao, Z. X. Chen et Y. M. Fan 'Monariza'

本栽培品种树型上部开张。花期晚。花大型,千重瓣,桃色,花瓣叠抱。系'昭和锦'×'长寿乐'杂交栽培品种。

12. '七变化'寒木瓜杂种贴梗海棠(新拟)　栽培品种

Chaenomeles × specios-japonica T. B. Zhao, Z. X. Chen et Y. M. Fan 'Sitihenge'

七变化,四柳　幸男等.《日本のボケ》. 125. 彩片49. 平成21年。

本栽培品种树型上部开张。花期晚。花大型,重瓣变色,初花奶油色,后变粉红色,最后淡红色。系'岩户神乐'×'昭和锦鹤卷'杂交栽培品种。

13. '翠晃'寒木瓜杂种贴梗海棠(新拟)　栽培品种

Chaenomeles× specios-japonica T. B. Zhao, Z. X. Chen et Y. M. Fan 'Suiko'

本栽培品种树型基部开张。花期晚。花多。树冠紧凑。花大型,重瓣,桃色地白复轮。扦插易活。系'昭和锦'的枝变栽培品种。

14. '昭和锦'寒木瓜杂种贴梗海棠(新拟)　栽培品种

Chaenomeles× specios-japonica T. B. Zhao, Z. X. Chen et Y. M. Fan 'Syowanisiki'

昭和锦,日本ボケ協会.《日本のボケ》. 123. 彩片38. 平成21年。

本栽培品种树型上部开张。花期晚。花大型,重瓣,洋红色。花柄长花下垂。其枝变与杂交栽培品种很多。

15. '昭和之光'寒木瓜杂种贴梗海棠(新拟)　栽培品种

Chaenomeles× specios-japonica T. B. Zhao, Z. X. Chen et Y. M. Fan 'Syowanohikari'

本栽培品种树姿直立。枝刺少。叶大。花期早。花大型。单花具花瓣5枚,朱红色。系'昭和锦'的枝变栽培品种。

16. '心动'寒木瓜杂种贴梗海棠(新拟)　栽培品种

Chaenomeles× specios-japonica T. B. Zhao, Z. X. Chen et Y. M. Fan 'Tokimeki'

本栽培品种花期晚。花中型,花浓红色,花瓣卷曲。系'红牡丹'×'昭和锦'杂交栽培品种。

17. '宴'寒木瓜华丽贴梗海棠(新拟)　栽培品种

Chaenomeles× specios-japonica T. B. Zhao, Z. X. Chen et Y. M. Fan 'Utage'

本栽培品种树型上部开张。花期中。花中型。单花具花瓣5枚,淡桃色。

18. '绵帽子'寒木瓜杂种贴梗海棠(新拟)　栽培品种

Chaenomeles× specios-japonica T. B. Zhao, Z. X. Chen et Y. M. Fan 'Watabosi'

本栽培品种树型直立。花期晚。花大型,多瓣,青白色。系'昭和锦'×'岩户神乐长寿乐'杂交品种。

19. '昼寝'寒木瓜杂种贴梗海棠(新拟)　栽培品种

Chaenomeles× specios-japonica T. B. Zhao, Z. X. Chen et Y. M. Fan 'Hirune'

本栽培品种枝刺少。花量大。花中型,重瓣,千重瓣,淡色。系'绵帽子'枝变品种。

20. '妖精'寒木瓜杂种贴梗海棠(新拟)　栽培品种

Chaenomeles× specios-japonica T. B. Zhao, Z. X. Chen et Y. M. Fan 'Yosei'

本栽培品种树型上部开张。枝刺少。花期晚。花大型,重瓣,淡朱红色。系'七变化'的实生变异栽培品种。

21. '雪御殿'寒木瓜杂种贴梗海棠(新拟)　栽培品种

Chaenomeles × specios-japonica T. B. Zhao, Z. X. Chen et Y. M. Fan 'Yukigoten'

本栽培品种树型基部开张。花期晚。花大型,重瓣,清白色。系'司牡丹'的枝变栽培品种。其枝变与杂交栽培品种很多。

日本贴梗海棠

Chaenomeles japonica(Thunb.)Lindl. ex Spach,张毅、刘伟、李桂祥,等.日本木瓜属观赏品种资源调查.中国园艺文摘,2015,9:7.

Ⅲ. 日本木瓜品种群(日本木瓜种＝日本贴梗海棠)

分红花系和白花系。现介绍10个栽培品种:

1. '长寿梅'日本贴梗海棠

Chaenomeles japonica(Thunb.)Lindl. ex Spach 'Tyojubai'

本栽培品种树势强健。树型匍匐。四季开花。花小型。单花具花瓣5枚,红色。

2. '白长寿梅'日本贴梗海棠

Chaenomeles japonica(Thunb.)Lindl. ex Spach 'Sirotyojubai'

本栽培品种树势强健。树型匍匐。四季开花。花小型。单花具花瓣5枚,白色。

3. '寿姬'日本贴梗海棠

Chaenomeles japonica(Thunb.)Lindl. ex Spach 'Kotobukihime'

本栽培品种树型上部开张。具枝刺。叶小。花期早。花多。花小型。单花具花瓣5枚,红色。系'长寿梅'的实生变异栽培品种。

4. '高阳'日本贴梗海棠

Chaenomeles japonica(Thunb.)Lindl. ex Spach 'Kouyou'

本栽培品种树型上部开张。花期晚。花巨大型,重瓣,桃色复轮。系'长寿梅'的实生变异栽培品种。

5. '黄之司'日本贴梗海棠

Chaenomeles japonica(Thunb.)Lindl. ex Spach 'Kinotukasa'

本栽培品种树型匍匐。花期中。花小型。单花具花瓣5枚,淡黄白色。

6. '锦千鸟'日本贴梗海棠

Chaenomeles japonica(Thunb.)Lindl. ex Spach 'Nisikitidori'

本栽培品种树型匍匐。花期中。花小型。单花具花瓣5枚,淡橙红色。

7. '长寿冠'日本贴梗海棠

Chaenomeles japonica(Thunb.)Lindl. ex Spach 'Tyojukan'

本栽培品种树型上部开张。花期中。花中型,重瓣,深红色。系'长寿梅'×'红牡丹'杂交栽培品种。

8. '新潟玫瑰'日本贴梗海棠

Chaenomeles japonica(Thunb.)Lindl. ex Spach 'Niigatarozu'

本栽培品种树型上部开张。花期晚。花中型,重瓣,红黄色。系'长寿冠'的枝变栽培品种。

9. '黑长寿'日本贴梗海棠

Chaenomeles japonica(Thunb.)Lindl. ex Spach 'Hurotyoju'

本栽培品种树势强健。树型匍匐。花期中。花小型,重瓣,黑红色。系'长寿冠'×'黑潮'杂交栽培品种。

10. '八重长寿'日本贴梗海棠

Chaenomeles japonica(Thunb.)Lindl. ex Spach 'Yaetyoju'

本栽培品种叶小。花小型,重瓣,深红色。系'长寿冠'×'长寿梅'杂交栽培品种。

不知起源贴梗海棠

曲枝型(云龙型)品种群

现介绍5个栽培品种:

1. '奥凯萨江' 'Okesabeni'

本栽培品种树型匍匐。枝条、枝刺呈屈曲、扭转。花期中。花中型。单花具花瓣5枚,深红色。花瓣变形。

2. '朱鹭之舞' 'Tokinomai'

本栽培品种树型匍匐。干、枝条、叶与花瓣均呈屈曲、扭转。花中型,重瓣,淡桃色(朱鹭色),花瓣变形。系'白云龙'自然实生植株。

3. '龙头' 'Ryuto'(红云龙)

本栽培品种树型匍匐。花中型。单花具花瓣5枚,淡红色,花瓣变形。

4. '白龙头' 'Hkuryu'

本栽培品种树型匍匐。花中型。半单瓣,白色,花瓣变形。

5. '磷凤' 'Rinpo'(更纱云龙)

本栽培品种树型上部开张。花期早。花中型。单花具花瓣5枚,乳白色,渐变红白混合色,花瓣变形。

注:介绍不知归属。

附录2　世界园林植物花卉百科全书

([英]克里斯托弗·布里克尔主编. 杨秋生,李振宇主译.

郑州:河南科技出版社,2004:130,155,156,255)

1. '莫尔洛斯'贴梗海棠

Chaenomeles speciousa(Sweet)Naka 'Moerloosei'

本栽培品种丛生、落叶灌木,生长旺盛。叶暗绿色,具光泽。花粉红色,或白色。果实黄绿色。

2. '赛雪'贴梗海棠

Chaenomeles speciousa(Sweet)Naka 'Nivalis'

本栽培品种花纯白色。

3. '西蒙'贴梗海棠

Chaenomeles speciousa(Sweet)Naka 'Simonii'

本栽培品种株高1.0 m,冠幅2.0 m。花多,半重瓣,纯白色。

4. '埃特纳'华丽贴梗海棠

Chaenomeles × superba Lindl. ex Spach 'Moerloosei'

本栽培品种株高1.5 m,冠幅3.0 m。花猩红色。

5. '猩红'华丽贴梗海棠

Chaenomeles × superba Lindl. ex Spach 'Knap Hill Scarlet'

本栽培品种株高1.5 m,冠幅3.0 m。花猩红色。花大,红色。

6. '尼科林'华丽贴梗海棠

Chaenomeles × superba Lindl. ex Spach 'Nicoline' 156.

本栽培品种为落叶灌木,丛生。叶深绿色,具光泽。花大而多,鲜红色。果实黄色。

7.'罗瓦兰'华丽贴梗海棠

Chaenomeles × superba Lindl. ex Spach 'Rowallane'

本栽培品种为落叶灌木,低矮,冠开展。叶深绿色,具光泽。花大而多,红色。

附录 3　日本のボケ

(日本ボケ协会.平成 21 年,赵天榜、孔玉华编译)

四柳　幸男等在《日本のボケ》一书中记载,贴梗海棠属在日本的栽培品种 166 个,如下:

1. 单花具花瓣 5 枚,稀多瓣

1.1　东洋锦

花大型。花期早。单花具花瓣 5 枚,花白色、红色,白地红纹。花开非常美丽。

1.2　日月星

花大型。花期早。单花具花瓣 5 枚,花白色、红色,白地红纹。花开最后纯白色。

1.3　安田锦

花中型。花期早。单花具花瓣 5 枚,花白色、红色,白地红纹。八房性更妙。东洋锦枝变栽培品种。选育者:加藤悦郎。

1.4　高岭锦

花大型。花期早。单花具花瓣 5 枚,花桃色地白覆轮,花桃色地红纹。东洋锦枝变栽培品种。

1.5　桂锦

花大型。花期早。单花具花瓣 5 枚,花白色、红色,白地红纹、吹掛纹。东洋锦与雪御殿杂交品种。

1.6　日锦

花中型。花期中。单花具花瓣 5 枚、10 枚,乳白色、红色,被红纹覆盖。日月星与高岭锦杂交品种。

1.7　春日

花中型。花期早。单花具花瓣 5 枚,花乳白色、朱红色纹覆盖。日月星实生单株。

1.8　樱小町

花中型。花期早。单花具花瓣 5 枚,花白色、红色,白地红纹。花开最后纯白色。日月星与长寿梅杂交品种。

1.9　一番星

花中型。花期中。单花具花瓣 5 枚,花白色、红色,白地红纹、吹纹。日月星与司牡丹杂交品种。选育者:渡边金一郎。

1.10　虹

花中型。花期早。单花具花瓣 5 枚,花红色,红色地覆轮纹。寒木瓜枝变栽培品种。选育者:细贝要平。

1.11　长寿宝

花中型。花期早。单花具花瓣 5 枚,花乳白色、红色、白地具大小不等的红纹。

1.12　日月岭

花大型。花期早。单花具花瓣 5 枚,花桃色地白覆轮、桃色地具红纹。

1.13　恋吹雪

花中型。花期早。单花具花瓣 5 枚,花乳白色,白地具纹、吹纹。

1.14　祝锦

花中型。耐寒。单花具花瓣5枚,花期早。花白色、朱红色,白地具红纹。

1.15　越之辉

花大型。花期早。单花具花瓣5枚,花白色、朱红色,白地红纹、吹掛纹。选育者:石田和幸。

1.16　桂华

花大型。花期早。单花具花瓣5枚,花淡粉红色与红纹、吹纹。选育者:石田和幸。

1.17　红吹雪

花中型。耐寒。花期早。单花具花瓣5枚,花红地覆轮纹。寒木瓜枝变栽培品种。选育者:石田和幸。

1.18　万华镜

花中型。花期中。单花具花瓣5枚,花桃色地白覆轮桃色纹。寒木瓜枝变栽培品种。选育者:石田和幸。

1.19　春之泉

花中型。花期中。单花具花瓣5枚,花白色,具红色条纹。自然实生单株。选育者:石田和幸。

1.20　辉之岭

花大型。花期早。单花具花瓣5枚,花粉红色,白地具红条纹。花开最后纯白色。越之辉枝变栽培品种。选育者:石田和幸。

1.21　留恋雪

花中型。花期中。单花具花瓣5枚、10枚,乳白色、朱红色,白地具大小纹。东洋锦与雪御殿杂交品种。选育者:石田和幸。

1.22　越王锦

花中型。花期早。单花具花瓣5枚,花白色、粉红色,具红色条纹。开花后花色增加。东洋锦与金至乌殿杂交品种。选育者:石田和幸。

1.23　彩之星

花大型。花期早。单花具花瓣5枚,花白色、红色,白地具细红纹。花开最后纯白色。日月星枝变栽培品种。选育者:一色喜代嗣。

1.24　大和锦

花特大型。花期早。单花具花瓣5枚,花白色、红色,白地具红纹。金寿盃枝变栽培品种。选育者:渡边金一郎。

1.25　华宴

花中型。花期早。单花具花瓣5枚,花白色,覆轮,白地具桃色纹。万华镜枝变栽培品种。选育者:石田和幸。

1.26　白牡丹

花大型。花期早。单花具花瓣5枚,花白色。

1.27　明华

花中型。花期早。单花具花瓣5枚,花白地微桃色细纹。祝锦与高岭锦杂交品种。

1.28　祝樱

花中型。耐寒。单花具花瓣5枚,花红地具覆轮纹。祝锦枝变栽培品种。选育者:高野俊一。

1.29　星之岭

花大型。花期早。单花具花瓣5枚,花粉白色,花瓣边绿红色,具红色条纹。覆轮,红纹细。彩之星枝变栽培品种。选育者:加藤政明。

1.30 越之晓

花大型。花期早。单花具花瓣 5 枚,花白色、粉红色,白地具细红色条纹。越之辉枝变栽培品种。选育者:渡边金治郎。

1.31 弥生之袴

花中型。花期早。单花具花瓣 5 枚,花复色,白纹更细。东洋锦枝变栽培品种。选育者:石田和幸。

1.32 黄云

花中型。花期晚。单花具花瓣 5 枚,花复色,淡黄色,开后黄色。金华殿实生品种。

1.33 国华

花大型。花期中。单花具花瓣 5 枚,红色,被红纹覆盖。东洋锦枝变栽培品种。

1.34 东绞

花大型。花期早。单花具花瓣 5 枚,花白地、白纹更纱。东洋锦枝变栽培品种。

1.35 红牡丹

花中型。花期早。单花具花瓣 5 枚,花红色。

1.36 长寿梅

花小型。四季花开。单花具花瓣 5 枚,花红色。

1.37 白长寿梅

花小型。四季花开。单花具花瓣 5 枚,花白色。

1.38 八房东洋

花小型。花期早。单花具花瓣 5 枚,花浓红色。

1.39 黑光

花中型。花期早。单花具花瓣 5 枚,浓红色地。

1.40 绯之袴

花中型。花期早。单花具花瓣 5 枚,花本红色。

1.41 金寿盂

花巨大型。花期早。单花具花瓣 5 枚,花淡桃色无地。东洋锦枝变栽培品种。选育者:古川金作。

1.42 黑潮

花中型。耐寒种。单花具花瓣 5 枚,花黑红色。

1.43 梦

花大型。花期早。单花具花瓣 5 枚,花淡桃色。东洋锦枝变栽培品种。

1.44 春之里

花中型。花期早。单花具花瓣 5 枚,复色花、白地。开花后更美丽。

1.45 红雀

花中型。花期早。单花具花瓣 5 枚,花浓红色。

1.46 桦长寿

花中型。花期早。单花具花瓣 5 枚,花桦色。

1.47 宴

花大型。花期中。单花具花瓣 5 枚,花桃色地。雪御殿实生株。选育者:加藤幸雄。

1.48 绯之御旗

花大型。花期早。单花具花瓣 5 枚,花朱红色。

1.49 舞妓

花中型。耐寒。花期早。单花具花瓣 5 枚,花红色地。

1.50　黄之司

花小型。花期早。单花具花瓣5枚,花淡黄白色。

1.51　金盂

花小型。花期早。单花具花瓣5枚,花桦色地。

1.52　茶轮梅

花中型。花期早。单花具花瓣5枚,花桦色地。

1.53　茜

花中型。耐寒。单花具花瓣5枚,花浓红色。

1.54　雪之峰

花中型。耐寒。单花具花瓣5枚,花白地,开后更美丽。

1.55　黄华

花中型。花期中。单花具花瓣5枚,花淡黄白色。

1.56　子宝木瓜

花小型。花期早。单花具花瓣5枚,花浓桦色。

1.57　明星

花小型。花期早。单花具花瓣5枚,花淡橙色。日月星实生单株。选育者:加藤悦郎。

1.58　高岭之雪

花大型。花期早。单花具花瓣5枚,花桃色地白覆轮。东洋锦枝变栽培品种。

1.59　富士之岭

花中型。花期早。单花具花瓣5枚,花桃色地白覆轮具红纹。安田锦枝变栽培品种。选育者:加藤悦郎。

1.60　丹顶红

花中型。花期早。单花具花瓣5枚,花亮桃色地白覆轮、白纹。寒木瓜枝变栽培品种。选育者:高山太一郎。

1.61　绯之袴

花中型。花期早。单花具花瓣5枚,花桃色地白覆轮。绯之袴枝变栽培品种。选育者:石田和幸。

1.62　金光殿

花中型。花期早。单花具花瓣5枚,花淡黄色,开后黄色。

1.63　长寿锦

花中型。花期中。单花具花瓣5枚,花乳白色,开后红色。

1.64　锦千鸟

花小型。花期早。单花具花瓣5枚,花朱红色。幼叶朱红色,有绿白色斑块。

1.65　寿姬

花小型。花期早。单花具花瓣5枚,花赤色。长寿梅实生单株。选育者:风间寿三男。

1.66　姬小町

花小型。花期中。单花具花瓣5枚,花红色。叶朱色。

1.67　昭和之光

花大型。花期早。单花具花瓣5枚,花朱红色。

1.68　燐凤

花中型。花期早。单花具花瓣5枚,云龙状,乳白色,开花后更美丽。

1.69　龙头

花中型。花期早。单花具花瓣5枚,云龙状,淡红色。

1.70　早安红

花中型。花期早。单花具花瓣5枚,云龙状,绯红色。选育者:古川金作。

1.71　超级尼古拉斯

花大型。花期早。花一重至八重,亮赤色。

1.72　克拉克斯巨人

花大型。花期早。单花具花瓣5枚,花淡红色至红色。

1.73　布里卡特

花中型。花期早。单花具花瓣5枚,花深粉红色。

1.74　露布拉

花中型。花期早。单花具花瓣5枚,亮赤色。

1.75　白龙

花中型。花期中。单花具花瓣5枚,花云龙状,白色。

1.76　桃红美人

花中型。花期中。单花具花瓣5枚,花红色。

1.77　粉红女郎

花中型。耐寒。单花具花瓣5枚,花亮桃红色。

1.78　寿萤

花中型。花期中。单花具花瓣5枚,花绯红色带赤色。选育者:山本　猛。

1.79　五色木瓜

花中型。花期早。单花具花瓣5枚,花本红色。绯之袴枝变栽培品种。

1.80　桃花锦

花大型。花期中。单花具花瓣5枚,花浓桃色与薄桃色纹混合。

1.81　黄木瓜

花大型。花期中。单花具花瓣5枚,花乳白色。

1.82　金牡丹

花大型。花期中。单花具花瓣5枚,花乳白色。

1.83　珠之华

花大型。花期早。单花具花瓣5枚,花白地桃色纹。

1.84　白黄

花中型。花期中。单花具花瓣5枚,花乳白色。

1.85　尼巴里斯

花中型。花期早。单花具花瓣5枚,花白色。

2. 单花具花瓣多枚

2.1　寿

花大型。花期中。单花具花瓣多枚,花白色、红色、白地具红色纹。东洋锦与雪御殿杂交品种。

2.2　世界一

花巨大型。花期晚。单花具花瓣多枚,花桦红色。长寿乐与昭和锦杂交品种。选育者:鹤卷清二郎。

2.3　寿之岭

花大型。花期中。单花具花瓣多枚,花粉红色,具花边和红色条纹。寿的枝变栽培品种。

2.4　天女花

花中型。花期中。单花具花瓣多枚,花白色、赤色、白地红纹,吹纹。日月星与雪御殿杂交品种。选育者:石田和幸。

2.5 两色锦

花中型。花期中。单花具花瓣多枚,花白地,具大小红纹,白地、覆轮。昭和锦与日月星杂交品种。选育者:渡边金一郎。

2.6 羽衣锦

花大型。花期晚。单花具花瓣多枚,花白色、赤色、白地具大小红色纹。羽衣枝变栽培品种。选育者:加藤政明。

2.7 精玲

花巨大型。花期晚。单花具花瓣多枚,花白地,开花后花瓣边缘红色。世界一枝变栽培品种。选育者:木通 口勇一。

2.8 翠晃

花大型。花期晚。单花具花瓣多枚,花桃色地白覆轮。昭和锦枝变栽培品种。选育者:高山秀作。

2.9 十二一重

花大型。花期晚。单花具花瓣多枚,花浓红色。昭和锦与长寿乐杂交品种。选育者:鹤卷清二郎。

2.10 白鸟

花大型。花期早。单花具花瓣多枚,花白色,开后为红色。大晃锦枝变栽培品种。选育者:五十岚十四男。

2.11 黑珊瑚

花巨大型。花期晚。单花具花瓣多枚,花黑红色。长寿乐与昭和锦杂交品种。选育者:鹤卷清二郎。

2.12 长寿冠

花中型。花期中。单花具花瓣多枚,花绯红色。长寿梅与红牡丹杂交品种。选育者:加藤谨吾。

2.13 司牡丹

花大型。花期晚。单花具花瓣多枚,花黄色含桦色。

2.14 雪御殿

花大型。花期晚。单花具花瓣多枚,花纯白色。司牡丹枝变栽培品种。选育者:羽下富一。

2.15 昭和锦

花大型。花期晚。单花具花瓣多枚,花洋红色。

2.16 银长寿

花大型。花期中。单花具花瓣多枚,花青白色。选育者:冈田长吉。

2.17 长寿乐

花大型。花期早。单花具花瓣多枚,花橙红色。残雪与黑光杂交品种。选育者:冈田长吉。

2.18 八咫鸟

花大型。花期中。单花具花瓣多枚,花浓红色。选育者:中村隆吉。

2.19 金至鸟殿

花大型。花期中。单花具花瓣多枚,花淡黄色含白色。长寿乐与司牡丹杂交品种。选育者:和田文义。

2.20 越之黑云锦

花大型。花期晚。单花具花瓣多枚,花黑红色。

2.21 旭光

花中型。花期晚。单花具花瓣多枚,花淡黄色含桦色。寒木瓜与华大臣杂交品种。

2.22　大黑天

花中型。花期早。单花具花瓣多枚,花黑红色。

2.23　金华殿

花中型。花期中。单花具花瓣多枚,花乳白色。自然实生。选育者:渡边金一郎。

2.24　荣晃冠

花大型。花期。单花具花瓣多枚,花纯白色,开花后红色。

2.25　越之誉

花中型。花期中。单花具花瓣多枚,花朱红色。选育者:大正初期。

2.26　晓山

花大型。花期中。单花具花瓣多枚,花朱红色。选育者:中村隆吉。

2.27　黑牡丹

花大型。花期晚。单花具花瓣多枚,花黑红色。选育者:和田文义。

2.28　手向山

花中型。花期早。单花具花瓣多枚,花浓红色。选育者:中村隆吉。

2.29　篝火

花大型。花期晚。单花具花瓣多枚,花浓红色。东洋锦与十二一重杂交品种。选育者:细贝要平。

2.30　日之出

花中型。花期早。单花具花瓣多枚,花朱红色。选育者:中村隆吉。

2.31　红大晃

花大型。花期早。单花具花瓣多枚,花朱红色。大晃锦枝变栽培品种。选育者:片冈信夫。

2.32　白寿

花大型。花期早。单花具花瓣多枚,花纯白色。芳寿之誉枝变栽培品种。选育者:长泽信善。

2.33　大朱宝

花巨大型。花期晚。单花具花瓣多枚,朱红色合抱。芳寿之誉实生株。选育者:长泽信善。

2.34　妖精

花大型。花期晚。单花具花瓣多枚,花淡桦红色。七变化的实生株。选育者:加藤政明。

2.35　春之精

花大型。花期晚。单花具花瓣多枚,花淡桃色。昭和锦枝变栽培品种。选育者:长泽信善。

2.36　乙姬

花中型。花期中。单花具花瓣多枚,花赤色。富士之岭与黑珊蝴杂交品种。选育者:加藤悦郎。

2.37　春之风

花大型。花期中。单花具花瓣多枚,花淡粉红色至红色。长寿乐与七变化杂交品种。选育者:风间秋作。

2.38　红之光

花大型。花期中。单花具花瓣多枚,花朱红色。日之出与桦长寿杂交品种。选育者:石田和幸。

2.39　新潟玫瑰

花中型。花期中。单花具花瓣多枚,花桦色。长寿冠枝变栽培品种。选育者:加藤靖卫。

2.40　微笑

花大型。花期晚。单花具花瓣多枚,花红色。银长寿枝变栽培品种。选育者:木通 口勇一。

2.41　春之曙

花巨大型。花期晚。单花具花瓣多枚,花桃色地白覆轮。世界一枝变栽培品种。选育者:风间寿三男。

2.42 午间

花中型。花期中。单花具花瓣多枚,花薄桃色。绵帽子枝变栽培品种。选育者:加藤弥一。

2.43 红阳

花中型。花期早。单花具花瓣多枚,花红色。长寿梅实生株。选育者:内宫重宜。

2.44 彩之雪

花大型。花期早。单花具花瓣多枚,花白色,开花后红色。日月星与银长寿杂交品种。选育者:一色喜代嗣。

2.45 春月

花大型。花期早。单花具花瓣多枚,花橙红色。芳寿之誉实生株。选育者:长泽信善。

2.46 雪人

花中型。花期早。单花具花瓣多枚,花白色,开花后花瓣边缘红色,具八房性(指花瓣变小)。安田锦自然实生株。选育者:石田和幸。

2.47 八重长寿

花小型。花期中。单花具花瓣多枚,花浓红色。长寿冠与长寿梅杂交品种。选育者:吉田昭。

2.48 黑长寿

花小型。花期中。单花具花瓣多枚,花黑红色。长寿冠与黑潮杂交品种。选育者:吉田昭。

2.49 弗拉辛哥

花大型。花期早。单花具花瓣多枚,花桃色地白覆轮。银长寿枝变栽培品种。选育者:五十岚作。

2.50 大天红

花大型。花期晚。单花具花瓣多枚,花朱赤色。选育者:加藤政明。

2.51 大晃锦

花大型。花期早。单花具花瓣多枚,花初乳白色,花开后红色。

2.52 港之曙

花中型。花期中。单花具花瓣多枚,花初乳白色,花开后花瓣桃色。选育者:中村隆吉。

2.53 红衣

花中型。花期早。单花具花瓣多枚,花浓红色。选育者:中村隆吉。

2.54 越之残照

花大型。花期晚。单花具花瓣多枚,花初乳白色,花开后花瓣桃色。选育者:和田文义。

2.55 越之夕映

花大型。花期晚。单花具花瓣多枚,花初乳白色,花开后花瓣淡桃色。自然实生单株。选育者:吉沢武夫。

2.56 时之舞

花中型。花期中。单花具花瓣多枚,淡桃色。白云龙自然实生单株。选育者:加藤政明。

2.57 七变化

花大型。花期晚。单花具花瓣多枚,花初乳白色,花开后花瓣淡桃色。岩户神乐与昭和锦鹤卷杂交品种。选育者:清二郎。

2.58 雪之辉

花大型。花期早。单花具花瓣多枚,花初乳白色,花开后红色。

2.59 羽衣

花大型。花期晚。单花具花瓣多枚,花初白色,花开后红色。

2.60 碎屑

花大型。花期中。单花具花瓣多枚,花白色、赤色,白地红纹。

2.61 花大臣

花大型。花期中。单花具花瓣多枚,花橙红色。

2.62 红之光

花大型。花期中。单花具花瓣多枚,花朱红色。

2.63 绯牡丹

花大型。花期早。单花具花瓣多枚,花紫红色。

2.64 芳寿之誉

花大型。花期早。单花具花瓣多枚,花桃色地白覆轮。

2.65 流星

花大型。花期早。单花具花瓣多枚,花白色,具少量红纹。

3. 其他变化

3.1 多色花

花大型。花期晚。单花具花瓣多枚,多头型。花淡黄色,具红色条纹,或斑点。日月星与昭和锦杂交品种。选育者:渡边金一郎。

3.2 幸之华

花中型。花期中。单花具花瓣多枚,狮子头型,花白色、赤色、白地具红色大小纹,或斑点。日月星与金至乌殿杂交品种。选育者:石田和幸。

3.3 越后美人

花大型。花期晚。单花具花瓣多枚,千重型。花桃红色。东洋锦与长寿乐杂交品种。选育者:加藤正一。

3.4 旭牡丹

花中型。花期中。单花具花瓣 10 枚。花朱红色。

3.5 雪之华

花中型。花期中。单花具花瓣 10 枚。花雪白色。寿的实生单株。选育者:加藤幸雄。

3.6 梦绘卷

花大型。花期晚。单花具花瓣多枚,千重型。花桦色。长寿乐与世界一杂交品种。选育者:石田和幸。

3.7 彩之国

花大型。花期早。单花具花瓣多枚,采咲型。花白色、红色,覆轮很乱。东洋锦枝变栽培品种。选育者:一色喜代嗣作。

3.8 红孔雀

花小型。花期早。单花具花瓣多枚,采咲型。花桦色。长寿乐枝变栽培品种。选育者:小柳十四夫。

3.9 蒙娜丽莎

花大型。花期晚。单花具花瓣多枚,千重型。花桃色。昭和锦与长寿乐杂交品种。选育者:鹤卷清二郎。

3.10 越之花笼

花大型。花期晚。单花具花瓣多枚,多头型。花橙红色。选育者:和田文义。

3.11 金狮子

花中型。花期中。单花具花瓣多枚,狮子头型。花桦色与朱红色。

3.12 耐寒狮子头?

花中型。耐寒种。单花具花瓣多枚,狮子头型。花浓红色。绯之御旗与日之出锦杂交品种。选育者:铃木忠藏。

　3.13　心动

　　花中型。花期晚。单花具花瓣多枚,多头型。花浓红色。昭和锦与红牡丹杂交品种。选育者:风间利秋。

　3.14　绵帽子

　　花大型。花期晚。单花具花瓣多枚,多头型。花清白色。岩户神乐与昭和锦杂交品种。选育者:鹤卷清二郎。

　3.15　神龙

　　花小型。花期中。叶朱红色。昭和之光枝变栽培品种。选育者:片冈信夫。

　3.16　红娘

　　花大型。花期晚。单花具花瓣多枚,八重型。花亮红色。

附录 4　CULTIVARS IN THE GENUS CHAENOMELES

（C. Weber. Vol. 23. April 5. Number 3:28~75. 1963,范永明,杨金橘编译）

日本贴梗海棠 Chaenomeles japonica(Thunb.) Lindl. ex Spach,Hist. Nat. Vég. Phan. 2:159. 1834

1. *日本贴梗海棠　原变种*

Chaenomeles japonica(Thunb.) Lindl. ex Spach var. japonica

Pyrus japonica Thunb. Fl. Jap. 207. 1784. Holotype Japan,Thunberg,s. n. (Herb. Upsala).

Chaenomeles japonica(Pyrus japonica Thunb.)Lindl. Trans. Linn. Soc. 13:96. 1822(as Choenomeles).

Chaenomeles japonica(Thunb.) Lindl. ex Spach var. typica (Cydonia japonica var. typicaMakino, Bot. Mag. Tokyo,22:63. 1908)= Chaenomeles japonica var. japonica .

Chaenomeles alpina Koehne,Gatt. Pomac. 28. . pl. 2,f. 23 a–c. 1890 = *C. japonoca* var. *japonica.*

Cydonia japonica var. typica Makino, Bot. Mag. Tokyo,22:63. 1908.

　　矮灌木,高 3~4 英尺。短枝宽开展,刺纤细。幼萌枝具有 1 个短的、略明显粗糙茸毛。第二年,枝上具细疣点。叶倒卵圆形至匙形,幼时无毛,边缘具粗圆锯齿。花小。单花具花瓣 5 枚,花极淡白灰–白色。果实似苹果状,具疣纹,小,成熟时约 4.0 cm。

　　产地:日本。

2. *高山日本贴梗海棠(新拟)　变种*

Chaenomeles japonica(Thunb.)Lindl. ex Spach var. alpina Maxim. ,Bull. Acad. Sci. St. Petersb. 19:168. 1873.

Cydonia maulei T. Moore var. *alpina* Rehder in Bailey,Cycl. Am. Hort. 1:427. 1900

　　本变种为大灌木。单花具花瓣 5 枚,花鲑肉状粉红色至橙黄色。

　　产地:日本。选育者:C. S. Sargent。

3. *矮小日本贴梗海棠(新拟)　变种*

Chaenomeles japonica(Thunb.)Lindl. ex Spach var. γ pygmaea Maxim. ,Bull. Acad. Sci. Petersb. 19:168. 1873.

　　本变种植株矮小。枝通常匍匐。与 *Chaenomeles japonica*(Thunb.)Lindl. ex Spach var. alpina Maxim.

相同。

产地:日本。

4. '白花'日本贴梗海棠 栽培品种

Chaenomeles japonica(Thunb.)Lindl. ex Spach 'Alba'

Chaenomeles maulei Masters var. *alba* Nakai,Jap. Journ. Bot. 4:329. 1929 = 'ZöGE'

'ZöGE' (formerly, 'Alba', a name retained for another cultivar).

'Alba' (*Chaenomeles maulei* var. *alba* Nakai,Jap. Journ. Bot. 4:329. 1929)= 'Zöge'

本栽培种 'Zöge'日本贴梗海棠外形和'白花'贴梗海棠外形相似,因为不是同一个栽培品种。

产地:日本。

5. '高山'日本贴梗海棠(新拟) 栽培品种

Chaenomeles japonica(Thunb.)Lindl. ex Spach 'Alpina'

Cydonia maulei T. Moore var. *alpina* Rehder in Bailey,Cycl. Am. Hort. 1:427. 1900 = 'Sargentii'

'Alpina' (*Chaenomeles alpina* Koehne,Gatt. Pomac. 28. pl. 2,f. 23 a-c. 1890)= Chaenomeles japonica var. japonica .

'Sargentii' (*Cydonia sargenti* Lemoine Nurs. ,Nancy,Fr. ,Cat. no. 143:IX. 1899)

本栽培种为大灌木。单花具花瓣5枚,花鲑肉状粉红色至橙黄色。

产地:日本。选育者:C. S. Sargent。

6. '阿尔特胡尔 丘陵'日本贴梗海棠(新拟) 栽培品种

Chaenomeles japonica(Thunb.)Lindl. ex Spach 'ARTHUR HILL'

'Arthur HILL' (Hill Nurs. ,Dundee,III. Wholesale Trade List 1961)。

本栽培种单花具花瓣5枚,花鲑肉状粉红色。

产地:日本。选育者:Dr. A. Colby,1961 年。

7. '金黄'日本贴梗海棠(新拟) 栽培品种

Chaenomeles japonica(Thunb.)Lindl. ex Spach 'AUREA'

'AUREA' (Wayside Gard. ,Mentor,Ohio,Cat. 1942)。

本栽培种单花具花瓣5枚,花橙黄色,密布蔷薇红色。

产地:?。选育者:Wayside Gardens,1942 年。

8. '多萝 西罗'日本贴梗海棠(新拟) 栽培品种

Chaenomeles japonica(Thunb.)Lindl. ex Spach 'DOROTHY ROWE'

'DOROTHY ROWE' (以前称'Pygmaea alba'——矮小白)。

'Pygmaea alba' (cult. at the Stanley M. Rowe Arb. ,Cincinnati,Ohio).

本栽培种花小型。单花具花瓣5枚,花淡白色和淡粉红和柠檬色。

产地:?。选育者:Dubois Nursery,Cincinnati,Ohio,1960 年。

9. '矮红罂粟'日本贴梗海棠(新拟) 栽培品种

Chaenomeles japonica(Thunb.)Lindl. ex Spach 'DWARF POPPY RED'

'DWARF POPPY' (Arb. Wageningen,Neth. ,Seed List 1960)= 'DWARF POPPY RED'.

'DWARF POPPY RED' (Anonumous,Jaarb. Boskoop 1954:116. 1954,wtthout description).

本栽培种花大型,与日本贴梗海棠相似,平展。单花具花瓣5枚,花"罂粟红"色。

产地:?。选育者:W. B. Clarke,San Jose,Cafifornia,约 1946 年。

10. '矮小红罂粟'日本贴梗海棠(新拟) 栽培品种

Chaenomeles japonica(Thunb.)Lindl. ex Spach 'Dwarf Poppy Red'

'DWARF POPPY' (Arb. Wageningen, Neth. ,Seed List 1960)= 'DWARF POPPY RED'.

'DWARF POPPY RED' (Anonumous , Jaarb. Boskoop 1954：116. 1954 , wtthout description).

本栽培品种花大型,与日本贴梗海棠相似,平展。单花具花瓣 5 枚,花"罂粟红"色。

产地:?。选育者:W. B. Clarke,San Jose,Cafifornia,约 1946 年。

11. '莫里'日本贴梗海棠(新拟) 栽培品种

Chaenomeles japonica (Thunb.) Lindl. ex Spach 'Maulei'

'Maulei' (*Pyrus maulei* Mast. Gard. Chron. II. 1：756. f. 159. 1874).

本栽培品种单花具花瓣 5 枚,花鲑肉状粉红色至橙黄色。

产地:日本。选育者:Messrs. 1869 年命名。

12. '莫里 实生苗'日本贴梗海棠(新拟) 栽培品种

Chaenomeles japonica (Thunb.) Lindl. ex Spach 'Maulei Seedlings'.

'Maulei Seedlings' (Slocock Nurs. ,Woking,Engl. Cat. 1958-59).

'Maulei' (Van Geert Nurs. ,Anvers,Belg. ,Cat. 1896 ,without dewscription) = 'MAULEI'.

本栽培品种花橙黄-火焰色。

产地:日本。系 Chaenomeles japonica (Thunb.) Lindl. ex Spach 'MAULEI' 实生苗。

13. '矮小'日本贴梗海棠(新拟) 栽培品种

Chaenomeles japonica (Thunb.) Lindl. ex Spach 'Nana'

'Nana' (cult. at the Univ. of Connecticut ,Storrs,Conn.) = 'PIGMANI'.

'PIGMANI' (Anonymous ,Pl. Buyers Guide 93. 1958 ,without description).

本栽培品种单花具花瓣 5 枚,花橙黄色。

产地:?。选育者:Dutch selection,1954 年。

14. '橙黄 美人'日本贴梗海棠(新拟) 栽培品种

Chaenomeles japonica (Thunb.) Lindl. ex Spach 'Orange Beauty'.

'ORANGE BEAUTY' (Jaarb. Boskoop 1954,116. 1954 ,without description)

本栽培品种单花具花瓣 5 枚,花橙黄色。

产地:?。选育者:Dutch selection,1954 年。

15. '矮小-1'日本贴梗海棠(新拟) 栽培品种

Chaenomeles japonica (Thunb.) Lindl. ex Spach 'Pygmaea'

'Pygmaea' (*Chaenomeles japonica* Chenault Nurs. ,Orleans,Fr. ,Cat. 1910-11) = 'SARGENTII'.

'SARGENTII' (*Cydonia sargenti* Lemoine Nurs. ,Nancy,Fr. ,Cat. No. 143：ix. 1899).

本栽培品种为大灌木,比模式种大。单花具花瓣 5 枚,花鲑肉状粉红色至橙黄色。

产地:日本。选育者:不清楚。命名者:C. S. Sargent 1892 年。

16. '皮吉麦阿'日本贴梗海棠(新拟) 栽培品种

Chaenomeles japonica (Thunb.) Lindl. ex Spach 'Pigmaea'

'Pigmaea' (Clarke Nurs. ,San Jose,Calif. ,Wholesale Price List Nov. 15. 1935) = 'SARGENTII'.

'Pigmaea' (*Chaenomeles lagenaria* Pigmaea,Light Tree Nurs. ,Richland,Mich. ,Price List 1958) = 'PIGMANI'.

'Pygmy' (Linn. County Nurs. ,Center Point,Iiwa,Cat. 1960) = 'SARGENTII'.

'Sargentiana' (cult. at the Wageningn Arb. ,Wageningen,Neth.) = 'SARGENTII'.

'SARGENTII' (*Cydonia sargenti* Lemoine Nurs. ,Nancy,Fr. ,Cat. No. 143：ix. 1899).

本栽培品种为矮小灌木。单花具花瓣 5 枚,花鲑肉状粉红色至橙黄色,常单性。

产地:日本。选育者:C. S. Sargent,1892 年。

17. '重瓣'日本贴梗海棠(新拟) 栽培品种

Chaenomeles japonica(Thunb.)Lindl. ex Spach 'Plena'

'PLENA'(*Chaenomeles maulei* f. *plena* Iwata,Journ. Agr. Sci.[Setagaya]5(4):36. 1960).

本栽培品种花重瓣,花色和起源不清。

产地:日本。选育者:不清?,1960 年。

18. '矮小 白'日本贴梗海棠(新拟)　栽培品种

Chaenomeles japonica(Thunb.)Lindl. ex Spach 'Pygmaea alba'

'Pygmaea alba'(cult. at the Stanley M. Rowe Arb.,Cincinnati,Ohio).

本栽培品种为矮小灌木。单花具花瓣 5 枚,花鲑肉状粉红色至橙黄色。

产地:日本。选育者:C. S. Sargent,1892 年。

19. '泰奥吉'日本贴梗海棠(新拟)　栽培品种

Chaenomeles japonica(Thunb.)Lindl. ex Spach 'TAIOJISHI'

'TAIOJISHI'(E. L. Kammerer,Bull. Morton Arb. 29(5):22. 1954).

'Tricolor'(*Chaenomeles japonica tricolor* Parsons Nurs.,Flushing,N. Y.,Cat. 1887,without description,ibid.,Descr. Cat. No. 39[prob. 1889],with description).

本栽培品种叶粉红色和白色杂斑。花鲑肉状粉红色-粉红色。

产地:日本。起源不清。选育者:不清,1988 年。

贴梗海棠

Chaenomeles speciosa(Sweet)Nakai,Jap. Journ. Bot. 4:331. 1929,C. Weber. CULTIVARS IN THE GENUS CHAENOMELES:Vol. 23. April 5. Number 3:30~50. 1963.

Cydonia speciosa Sweet,Hort. Suburb. London 113. 1818.

贴梗海棠　原变种

Chaenomeles speciosa(Sweet)Nakai var. speciosa

'Camelliaefolia'(Nicholson,Kew Hand List,ed. 2. 323. 1902,without description)= Chaenomeles speciosa var. speciosa.

Chaenomeles speciosa var. *lagenaria*(*Cydonia japonica* var. *β lagenaria* Makino,Bot. Mag. Tokyo,22 64. 1908)= Chaenomeles speciosa .

1. '警报'贴梗海棠(新拟)　栽培品种

Chaenomeles speciosa(Sweet)Nakai 'ALARM'(Harrison,Handb. Trees Shrubs & South. Hem. 87. f. 1959).

本栽培品种单花具花瓣 5 枚,深红色。1935 年左右偶然发现的实生苗。

产地:?。Harrison Nurseries,Palmerston North,N. Z.,1959 年。

2. '白'贴梗海棠(新拟)　栽培品种

Chaenomeles speciosa(Sweet)Nakai 'Alba'

'Alba'(*Pyrus japonica alba* Lodd. Bot. Cab. 6:541. pl. 1821)= 'CANDIDISSIMA'.

'Alba'(*Cydonia japonica alba* Späth,Späth-Buch,220. 1930)= 'NIVALIS'.

'NIVALIS'(*Chaenomeles japonica nivalis* Lemoine Nurs.,Nancy,Fr.,Cat. 1881,without description).

'CANDIDISSIMA'(Defossé-Thuillier Nurs.,Orléans,Fr. Cat. 1874,without description).

本栽培品种单花具花瓣 5 枚,白色,具粉红色晕。1935 年左右偶然发现的实生苗。

产地:日本。1813 年在 Europe 发现。

3. '白 光泽'贴梗海棠(新拟)　栽培品种

Chaenomeles speciosa(Sweet)Nakai 'Alba candida'

'Alba candida'(Dickinson nurs.,Chatenay,Fr.,Cat. 1889~90,without description)= 'CANDIDA'.

'CANDIDA'(*Chaenomeles japonica candida* Lebas,Rev. Hort. 1868:320. 1868).

本栽培品种单花具花瓣5枚,纯白色。果实苹果状,脐状。

产地:?。1868年发现,起源不清。

4. '白围绕'贴梗海棠(新拟)　栽培品种

Chaenomeles speciosa(Sweet)Nakai 'ALBA CINCTA'

'ALBA CINCTA'(*Chaenomeles japonica alba cincta* Beissner et al.,Handb. Laubh.-Ben.,181. 1903, without description).

'Alba cintra'(Wister,Swarthmore Pl. Notes 1955:212. 1955)= 'ALBA CINCTA'.

'Rosalba'(*Cydonia japonica rosalba* Van Houtte,Flore Serres 14:pl. 1403. 1861)= 'ALBA CINCTA'.

本栽培品种单花具花瓣5枚,纯白色,边缘粉红色。果实卵球状,萼增大。

产地:?。起源不清,1861年发现。

5. '白围绕 重瓣'贴梗海棠(新拟)　栽培品种

Chaenomeles speciosa(Sweet)Nakai 'ALBA CINGTA PLANA'

'ALBA CINGTA PLANA'(Barbier Nurs.,Orléans,Fr.,Cat. 1896,without description).

'Alba cintra plena'(Wister,Swarthmore Pl. Notes 1942:128. 1942,without description)= 'ALBA CINCTA PLENA'.

本栽培品种花重瓣,白色。

产地:?。起源不清,1896年发现。

6. '白 多花束'贴梗海棠(新拟)　栽培品种

Chaenomeles speciosa(Sweet)Nakai 'ALBA FLORIBUNDA'

'ALBA FLORIBUNDA'(*Chaenomeles japonica alba floribunda* Carriére,Rev. Hort. 1889:496. 1889).

'Floribunda'(*Chaenomeles lagenaria floribunda* Bean,Kew Hand List,ed. 3. 139. 1925)= 'Alba Floribunda'.

本栽培品种单花具花瓣5枚,纯白色,微有粉红色。花极多。

产地:?。起源不清。1889年发现。

7. '白 大花'贴梗海棠(新拟)　栽培品种

Chaenomeles speciosa(Sweet)Nakai 'ALBA GRANDIFLORA'

'ALBA GRANDIFLORA'(Carriére, Rev. Hort. 1876:410. pl. 1876).

'Alba grandiflora Carrierei'(*Chaenomeles japonica alba grandiflora Carrierei* Morel,Rev. Hort. 1909: 277. 1909)= 'ALBA GRANDIFLORA'.

本栽培品种为灌木,具多刺。单花具花瓣5枚,纯白色,大型。

产地:法国。1889年 Carriére 发现。

8. '白 大花 重瓣'贴梗海棠(新拟)　栽培品种

Chaenomeles speciosa(Sweet)Nakai 'ALBA GRANDIFLORA PLENA'

'Alba plena'(Carriére,Rev. Hort. 1886:182. 1886)= 'Alba Grandiflora Plena'.

'ALBA GRANDIFLORA PLENA'(*Cydonia japonica alba grandiflora plena* Froebel Nurs.,Zurich, Switz.,Cat. No. 90. 1880,without description).

'Flore albo pleno'(*Cydonia japonica flore albo pleno* L. Leroy Nurs.,Angers,Fr.,Cat. 1872)= 'ALBA GRANDIFLORA PLENA'.

'Grandiflora plena'(*Chaenomeles japonica grandiflora plena* Galdring,Garden 40:127. 1891)= 'ALBA GRANDIFLORA PLENA'.

本栽培品种花大型,半重瓣,纯白色,染有粉红色。

产地:?。选育者:Otto Froebel,1872 年。

9. '白 甜香'贴梗海棠(新拟)　栽培品种

Chaenomeles speciosa(Sweet)Nakai 'Alba odorans'

'Alba odorans'(Anonymous, Journ. Hort. Prat. Belg. 14:265. 1856－57, without description)=
'FLORE ALBO FRUCTU ODORATA'.

'FLORE ALBO FRUCTU ODORATA'(*Cydonia japonica flore albo fructu odorata* Papeleu Nurs., Lede-
berg,Belg.,Cat. 1852－53).

本栽培品种单花具花瓣 5 枚,纯白色,染有粉红色。果实极香。

产地:?。选育者:Moerloose,Ledeberg,Belgium,1852 年。

10. '白花'贴梗海棠(新拟)　栽培品种

Chaenomeles speciosa(Sweet)Nakai 'Albiflora'

'Albiflora'(*Cydonia speciosa var. β albiflora* Guimpel et al. Abbild. Fremd. Holzg. 1:88. 1825)=
'CANDIDISSIMA'.

'CANDIDISSIMA'(Defossé-Thuillier Nurs., Orléans,Fr.,Cat. 1874 without description).

本栽培品种单花具花瓣 5 枚,纯白色,染有粉红色。

产地:日本。1813 年 Europe 发现。

11. '白 水彩画花'贴梗海棠(新拟)　栽培品种

Chaenomeles speciosa(Sweet)Nakai 'ALBA PICTA'

'Albo-picta'(*Chaenomeles japonica albo-picta* Späth Nurs., Berlin, Germ., Cat. 1915－16)= 'ALBA
PICTA'.

'ALBA PICTA'(*Chaenomeles japonica alba picta* Späth Nurs.,Berlin,Germ.,Cat. 1887)

本栽培品种单花具花瓣 5 枚,纯白色,染有蔷薇红色-粉红色。

产地:?。选育者:Ludwig Späth,1887 年。

12. '白 小腺体 蔷薇色花'贴梗海棠(新拟)　栽培品种

Chaenomeles speciosa(Sweet)Nakai 'Alba punctata rosea'

'Alba Punctata rosea'(*Chaenomeles japonica alba punctata rosea* Letellier Nurs.,Caen,Fr.,Cat. 1897)=
'ALBA ROSEA'.

'ALBA ROSEA'(Wister,Swarthmore Pl. Notes 1942:126. 1942,without description).

本栽培品种单花具花瓣 5 枚,纯白色,染有蔷薇色-粉红色。果实卵球状;萼增大。

产地:?。选育者:Ludwig Späth,1897 年。有时称'白蔷薇'。

13. '白 蔷薇红色花'贴梗海棠(新拟)　栽培品种

Chaenomeles speciosa(Sweet)Nakai 'ALBA ROSEA'

'ALBA ROSEA'(Wister,Swarthmore,Pl. Notes 1942:126. 1942,without description)

本栽培品种单花具花瓣 5 枚,白色,外面蔷薇色-粉红色。果实卵球状;萼增大。

产地:?。选育者:Ludwing Spath,Berlin,Germany,1897 年命名。

14. '白 半重瓣'贴梗海棠(新拟)　栽培品种

Chaenomeles speciosa(Sweet)Nakai 'ALBA SEMIPLENA'

'ALBA SEMIPLENA'(*Cydonia japonica flore alba semiplena* Froebel Nurs.,Zurich,Switz.,Cat. no. 90.
1880,without description)

'Flore albo semipleno'(*Chaenomeles japonica flore albo emipleno* A. Leroy Nurs., Angers, Fr., Cat.
1873)= 'ALBA SEMIPLENA'.

本栽培品种花半重瓣,纯白色,染有粉红色。果实苹果状;萼增大。

产地:?。选育者:Otto Froebel,1873 年命名。

15. '单白'贴梗海棠(新拟)　栽培品种

Chaenomeles speciosa(Sweet)Nakai 'ALBA SIMPLEX'

'ALBA SIMPLEX'(*Chaenomeles japonica simplex* Parsons Nurs. ,Flushing,N. Y. ,Cat. 1873).

'Simplex alba'(*Chaenomeles japonica simplex alba* Parsons Nurs. ,Flushing,N. Y. ,Descr. Cat. No. 38-39 [prob. 1887-89])= 'ALBA SIMPLEX'.

本栽培品种单花具花瓣 5 枚,纯白色。

产地:?。选育者:Parsons Nurseroes,1873 年命名。

16. '白 彩斑花'贴梗海棠(新拟)　栽培品种

Chaenomeles speciosa(Sweet)Nakai 'Alba variegata'

'Alba variegata'(*Chaenomeles japonica alba variegata* Simon-Louis Nurs. , Metz, Fr. , Cat. 1886-87, without description)= 'VARIEGATA'.

'VARIEGATA'(*Cydonia japonica variegata* Van Houtte Nurs. ,Ghent,Belg. ,Cat. 1869,without description).

本栽培品种花色和起源不清。

产地:?。选育者:不清,1869 年。

17. '极白色花'贴梗海棠(新拟)　栽培品种

Chaenomeles speciosa(Sweet)Nakai 'CANDIDISSIMA'

'Albicans'(Vollert Nurs. , Lübeck, Germ. , Cat. 1899-1900)= 'CANDIDISSIMA'.

'Albiflora'(*Cydonia speciosa* var. β *albiflora* Guimpel et al. , Abbild. Fremd. Holzg. 1:88. 1825)= 'Candidissima'.

'CANDIDISSIMA'(Defossé-Thuillier Nurs. ,Orléans,Fr. ,Cat. 1874,without description).

本栽培品种单花具花瓣 5 枚,纯白色,染有粉红色。果实卵球状;萼增大。

产地:日本。选育者:Europe,1813 年。

18. '白-包绕花'贴梗海棠(新拟)　栽培品种

Chaenomeles speciosa(Sweet)Nakai 'Albo-cincta'

'Albo-cincta'(*Cydonia japonica albo-cincta* Van Houtte,Flore des Serres 14:23. pl. 1403. 1861)= 'ALBA CINCTA'.

'Alba cincta'(Wister,Swarthmore Pl、Notes 1955:212. 1955)= 'ALBA CINCTA'.

'ALBA CINCTA'(*Chaenomeles japonica alba cincta* Beissner et al. ,Handb. Laubh. - Ben. ,181. 1903, without description).

'Rosalba'(*Cydonia japonica rosalba* Van Houtte,Flore Serres 14:pl. 1403. 1861)= 'Alba-cincta'.

本栽培品种单花具花瓣 5 枚,纯白色,边缘粉红色。果实卵球状,萼增大。

产地:?。选育者:Louis van Houtte,Ghent,Belgium,1861 年。

19. '白-蔷薇红色花'贴梗海棠(新拟)　栽培品种

Chaenomeles speciosa(Sweet)Nakai 'Albo-rosea'

'Albo-rosea'(*Cydonia japonica albo-rosea* Muth, Gartenw. 7:113. 1902).

'ALBA ROSEA'(Wister,Swarthmore Pl. Notes 1942:126. 1942,without description).

本栽培品种单花具花瓣 5 枚,纯白色,染有蔷薇红色-粉红色。果实卵球状;萼增大。

产地:?。选育者:Ludwig Späth,1897 年。

20. '狭叶'贴梗海棠(新拟)　栽培品种

Chaenomeles speciosa(Sweet)Nakai 'ANGUSTIFOLIA'

'ANGUSTIFOLIA'(*Chaenomeles angustifolia* Koidzumi,Journ. Coll. Sci. Tokyo 34(2):97. 1913).

本栽培品种叶很狭,长达 7.0 cm,宽 15 mm。单花具花瓣 5 枚,纯白色。果实卵球状。

产地:日本。选育者:Koidzumi。

21.'苹果 花'贴梗海棠(新拟)　栽培品种

Chaenomeles speciosa(Sweet)Nakai 'APPLE BLOSSOM'

'APPLE BLOSSOM'(Clarke Nurs. ,San. Jose,Calif. ,Gard. Aristocrats 1937:11. 1937).

'Apple Blossom Pink'(Leonard Nurs. ,Powua,Ohio,Cat. 1932).

本栽培品种单花具花瓣 5 枚,纯白色,染有红色、粉红色和柠檬色。果实卵球状,或苹果状,萼增大。

产地:日本。选育者:Leonard Nursery,Piqua,Ohio,1932 年。

22.'粉红色 苹果花'贴梗海棠(新拟)　栽培品种

Chaenomeles speciosa(Sweet)Nakai 'Apple Blossom Pink'

'Apple Blossom Pink'(Leonard Nurs. ,Piqua,Ohio,Cat. 1932)= 'APPLE BLOSSOM'.

本栽培品种单花具花瓣 5 枚,纯白色,染有粉红色和柠檬色。果实卵球状,或苹果状,萼增大。

产地:?。选育者:Leonard Nursery,Piqua,Ohio,1932 年。

23.'深绯红色花'贴梗海棠(新拟)　栽培品种

Chaenomeles speciosa(Sweet)Nakai 'ATROCOCCINEA'

'ATROCOCCINEA'(*Chaenomeles japonica atrococcinea* Morel,Rev. Hort. 1909:277. 1090).

'Multiflora'(Barbier Nurs. ,Orléans,Fr. ,Cat. 1896,without description)= 'ATROCOCCINEA'.

本栽培品种花具花瓣 5 枚,红色。果实卵球状,或苹果状,萼增大。

产地:?。选育者:不清,1909 年。

24.'重瓣 深绯红色花'贴梗海棠(新拟)　栽培品种

Chaenomeles speciosa(Sweet)Nakai 'Atrococcinea flore pleno'

'Atrococcinea flore pleno'(Van Geert Nurs. ,Anvers,Belg. ,Cat. 1893)= 'ATROCOCCINEA PLENA'.

'ATROCOCCINEA PLENA'(*Cydonia japonica atrococcinea plena* Van Houtte Nurs. ,Ghent,Belg. ,Cat. 1869,without description).

'Coccinea plena'(*Chaenomeles japonica coccinea plena* Minier Nurs. Angers,Fr. ,Cat. 1960)= 'Atrococcinea Plena'.

本栽培品种花半重瓣,红色。果实小,苹果状,脐状。

产地:?。选育者:Louis van Houtte,1869 年。

25.'深绯红色 半-重瓣花'贴梗海棠(新拟)　栽培品种

Chaenomeles speciosa(Sweet)Nakai 'ATROCOCCINEA SEMI-PLENA'

'ATROCOCCINEA SEMI-PLENA'(*Chaenomeles japonica atrococcinea semi-plena* Simon-Louis Nurs. ,Metz. ,Fr. ,Cat. 1886-87,without description).

本栽培品种花半重瓣,红色。

产地:?。选育者:Simon-Louis Nursery,1886 年。

26.'深紫色花'贴梗海棠(新拟)　栽培品种

Chaenomeles speciosa(Sweet)Nakai 'Atropurpurea'

'Atropurpurea'(Goldring,Garden 40:127. 1891)= 'ATROSANGUINEA'.

'ATROSANGUINEA'(*Cydonia japonica* var. *atrosanguinea* Lemaire,III. Hort. 3:107. 1856).

'Dark Crimson'(*Chaenomeles japonica* Dark Crimson,Ellwanger & Barry Nurs. ,Rochester,N. Y. ,Cat. 1867)= ''ATROSANGUINEA'.

'Atrosanguinea' (*Chaenomeles* × *superba* var. *atrosanguinea* Wyman, Am. Nurs. , May 1, 1961; 95. 1961) = 'SIMONII'.

'Purpurea' (*Chaenomeles japonica purpurea* Simon-Louis Nurs. , Metz. , Fr. Cat. 1886-87, without description) = 'ATROSANGUINEA'.

'SIMONII' (*Chaenomeles japonica Simonii* Andre, Rev. Hort. 1883; 275. 1883).

'Simon' (Anonymous, Pl. Buyer's Guide, ed. 5. 59. 1949, without description) = 'Simonii'.

'Seerotina' (*Chaenomeles japonica simonirubra* Letellier Nurs. , Caen, Fr. , Cat. 1909-10) = 'Simonii'.

'Simonis' (*Chaenomeles japonica simonis* Van Geert Nurs. , Anvers, Belg. , Cat. 1893, without description) = 'Simonii'.

本栽培品种花小型。半重瓣。暗深红色,常常具有绿色记号。果实小,常为不规则卵球状,具有棱;萼宿存。

产地:?。选育者:不清,1882 年。

27. '深血红色 重瓣花'贴梗海棠(新拟)　栽培品种

Chaenomeles speciosa(Sweet)Nakai 'Atrosanguinea flore plena'

'Atrosanguinea flore plena' (Bay State Nurs. , N. Abington, Mass. , Cat. 1899) = 'ATROSANGUINEA PLENA'.

'ATROSANGUINEA PLENA' (*Cydonia japonica atrosanguinea plena* Froebel Nurs. , Zurich, Sitz. , Cat. No. 90. 1880, without description).

本栽培品种花半重瓣,亮红色,与'Simonii'相似。

产地:?。选育者:Otto Froebel,1880 年。

28. '橙黄色'贴梗海棠(新拟)　栽培品种

Chaenomeles speciosa(Sweet)Nakai 'Aurantiaca'

'Aurantiaca' (*Chaenomeles japonica aurantiaca* Prince Nurs. , Flushing, N. Y. , Cat. 1856) = 'FLORE RUBRO AURANTIACA'.

'FLORE RUBRO AURANTIACA' (*Cydonia japonica flore rubro aurantiaca* Papeleu Nurs. , Ledeberg, Belg. , Cat. 1852-53).

本栽培品种单花具花瓣 5 枚,橙黄-深红色。

产地:?。选育者:Moerloose,Ledeberg,Belgium,1852 年。

29. '橙黄 半重瓣'贴梗海棠(新拟)　栽培品种

Chaenomeles speciosa(Sweet)Nakai 'AURANTIACA SEMIPLENA'

'AURANTIACA SEMIPLENA' (*Cydonia japonica* var. *aurantiaca semiplena* Lemaire, III. Hort. 3; 107. 1856).

本栽培品种花半重瓣, 小型,橙黄-红色。

产地:?。选育者:Moerloose,Ledeberg,Belgium,1856 年。

30. '金黄色'贴梗海棠(新拟)　栽培品种

Chaenomeles speciosa(Sweet)Nakai 'Aurea'

'Aurea' (*Chaenomeles japonica aurea* Parsons, Flushing, N. Y. , Cat. 1873, without description) = 'SULPHUREA PERFECTA'.

'SULPHUREA PERFECTA' (*Chaenomeles japonica sulphurea perfecta* Van Houtte Nurs. , Ghent, Belg. , Cat. 1867, without description).

本栽培品种单花具花瓣 5 枚,橙黄白色。

产地:?。选育者:Louis van Houtte,1867 年。

31. '带状彩色光花'贴梗海棠(新拟)　栽培品种

Chaenomeles speciosa(Sweet)Nakai'AURORA'

'AURORA'(*Chaenomeles japonica aurora* Lebas,Rev. Hort. 1868:320. 1868).

本栽培品种单花具花瓣5枚,蔷薇红色-粉红色,着有黄色。果实大,橙黄色,脐状。

产地:?。起源不清,1868年。

32. '巴氏'贴梗海棠(新拟)　栽培品种

Chaenomeles speciosa(Sweet)Nakai'BALTZII'

'BALTZII'(Späth Nurs.,Berlin,Germ.,Cat. 1887).

本栽培品种单花具花瓣5枚,蔷薇红色-红色。果实苹果状,脐状。

产地:?。选育者:Ludwig Spath,introduced 1885年,Mr. Baltz命名。

33. '血红色花'贴梗海棠(新拟)　栽培品种

Chaenomeles speciosa(Sweet)Nakai'BLOOD RED'

'BLOOD RED'(Leonard Nurs.,Piqua,Ohio,Cat. 1933).

本栽培品种单花具花瓣5枚,深血-红色。果实大,苹果状,脐状。

产地:?。起源不清,1933年命名。

34. '胭脂红花'贴梗海棠(新拟)　栽培品种

Chaenomeles speciosa(Sweet)Nakai'Blush'

'Blush'(Ellwanger & Barry Nurs.,Rochester,N. Y.,Cat. 1870)='CANDIDISSIMA'.

'Blush japan'(Ellwanger & Barry Nurs.,Rochester,N. Y.,Cat. 1867)='CANDIDISSIMA'.

'CANDIDISSIMA'(Defossé-Thuillier Nurs.,Orléans,Fr.,Cat. 1874,without description).

本栽培品种单花具花瓣5枚,白色,具有粉红色晕。

产地:日本。选育者:Europe,1813年命名。

35. '深红色花'贴梗海棠(新拟)　栽培品种

Chaenomeles speciosa(Sweet)Nakai'CARDINALIS'

'CARDINALIS'(*Chaenomeles japonica* var. *cardinalis* Lemaire,III. Hort. 3:sub pl. 107. 1856).

本栽培品种花单瓣,或半复瓣,亮红色。果实苹果状,脐状尖。

产地:?。选育者:Moerloose,Ledeberg,Belgium,around,1855年命名。

36. '篝火'贴梗海棠(新拟)　栽培品种

Chaenomeles speciosa(Sweet)Nakai'BONFIRE'

'BONFIRE'(Clarke Nurs.,San Jose,Calif.,Wholesale Price List. Nov. 15. 1935).

本栽培品种单花具花瓣5枚,蔷薇红色-粉红色'。果实大,卵球状,脐状。

产地:?。选育者:起源不清,1935年命名。

37. '火球花'贴梗海棠(新拟)　栽培品种

Chaenomeles speciosa(Sweet)Nakai'Boule de Feu'

'Boule de Feu'(Princeton Nurs.,Princetion,N. J.,Retail Price List 1941,without description)='FIREBALL'.

'FIREBALL'(formerly'Boule de Feu',a name retained for another cultivar. Cult. at the Planting Fields Arb.,Oyster Bay,L. I.,Y.,from Princeton Nurs. Princeton,N. J.).

本栽培品种花半重瓣,火焰-红色。果实大,苹果状,高度凹入很宽,到很尖处结束。

产地:?。选育者:England,1940年命名。

38. '光辉'贴梗海棠(新拟)　栽培品种

Chaenomeles speciosa(Sweet)Nakai'Brillant'

'Brillant'(Hemeray Aubert Nurs.,Orléans,Fr.,Cat. 1956)= 'BRILLIANT'.

'BRILLIANT'(Leonard Nurs.,Piqua,Ohio,Cat. 1939).

本栽培品种单花具花瓣5枚,花蔷薇色-粉红色至蔷薇红色。果实苹果状,脐状尖。

产地:?。选育者:起源不清,1939年命名。

39. '布加奥蒂'贴梗海棠(新拟)　栽培品种

Chaenomeles speciosa(Sweet)Nakai 'BUGEAUTI'

'BUGEAUTI'(*Chaenomeles japonica bugeauti* Anonymous,hand-written cat. of Arboretum Segrezianum, Segrez,Fr.,1877,without description).

本栽培品种花色和起源不清。

产地:?。选育者:起源不清,1877年。

40. '山茶-布绿米格'贴梗海棠(新拟)　栽培品种

Chaenomeles speciosa(Sweet)Nakai 'Camellia-Bloemige'

'Camellia-Bloemige'(cult. at the Villa Taranto Gard.,Pallanza,It.)= 'CAMELLUFLORA'.

'CAMELLUFLORA'(Späth Nurs.,Berlin,Germ.,Cat. 1910-117)

本栽培品种花色和起源不清。

产地:?。选育者:起源不清,1910年命名。

41. '山茶花'贴梗海棠(新拟)　栽培品种

Chaenomeles speciosa(Sweet)Nakai 'Camelliaeflora'

'Camelliaeflora'(Nicholson,Kew Hand List,ed. 2. 323. 1902,without description)= Chaenomeles speciosa var. speciosa.

'Camelliiflora'(Späth Nurs.,Berlin,Germ.,Cat. 1910-11).

本栽培品种花红色。

产地:?。选育者:起源不清。

42. '纯白色花'贴梗海棠(新拟)　栽培品种

Chaenomeles speciosa(Sweet)Nakai 'CANDICANS'

'CANDICANS'(*Pyrus japonica candicans* Nicholson,Kew Hand List,ed. 1. 193. 1894,without description).

本栽培品种为小灌木。花蕾淡粉红色。单花具花瓣5枚,花淡白色。

产地:?。选育者:起源不清,1894年命名。

43. '亮白色花'贴梗海棠(新拟)　栽培品种

Chaenomeles speciosa(Sweet)Nakai 'CANDIDA'

'CANDIDA'(*Chaenomeles japonica candida* Lebas,Rev. Hort. 1868:320. 1868).

'Candida'(*Chaenomeles japonica candida* Lebas,Rev. Hort. 1868:320. 1868). 128. 1942,without description).

本栽培品种单花具花瓣5枚,亮白色。果实苹果状,脐状。

产地:?。选育者:起源不清,1868年命名。

44. '极白色花'贴梗海棠(新拟)　栽培品种

Chaenomeles speciosa(Sweet)Nakai 'CANDIDISSIMA'

'CANDIDISSIMA'(Defossé-Thuillier Nurs.,Orléans,Fr. Hort. 1868:320. 1868).

'CANDIDISSIMUM'(Wister,Swarthmore Pl. Notes 1942:128. 1942,without description)= 'CANDIDISSIMA'.

'Flore albo'(*Cydonia japonica flore albo* Loudon,Arb. & Frut. Brit. 932. 1838)= 'CANDIDISSIMA'.

'Japan Blush'(Parsons Nurs.,Flushing,N. Y.,Cat. 1840)= 'CANDIDISSIMA'.

'Japan White'(California Nurs.,Niles,Calif. Cat. 1888,without description)= 'CANDIDISSIMA'.

'Candida'(*Chaenomeles japonica candida* Lebas,Rr.,Cat. 1874,without description).

'White'(Strong Nurs.,Brighton,Mass.,Cat. 1874)= 'CANDIDISSIMA'.

本栽培品种单花具花瓣5枚,纯淡白色,具粉红色。

产地:日本。选育者:Europe,1813 年命名。

45. '肉色花'贴梗海棠(新拟)　栽培品种

Chaenomeles speciosa(Sweet)Nakai 'CARNEA'

'CARNEA'(*Chaenomeles japonica carnea* Lebas,Rev. Hort. 1868:320. 1868).

'Flora carnea'(Simon−Louis Nurs.,Metz,Fr.,Cat. 1911−12)= 'CARNEA'.

'Flore carneo'(*Cydonia japonica flore carneo* Papeleu Nurs.,Ledeberg,Belg.,Cat. 1852−53)= 'CARNEA'.

本栽培品种单花具花瓣5枚,纯淡白色至粉红色。果实卵球状,脐状。

产地:?。选育者:Origin unknown,1868 年命名。

46. '肉色 重瓣'贴梗海棠(新拟)　栽培品种

Chaenomeles speciosa(Sweet)Nakai 'CARNEA PLENA'

'CARNEA PLENA'(Parsons Nurs.,Flushing,N. Y.,Cat. 38−39,Prob. 1887−89).

本栽培品种花重瓣,"肉红色"。

产地:?。选育者:不清,1887 年命名。

47. '柠檬梨果'贴梗海棠(新拟)　栽培品种

Chaenomeles speciosa(Sweet)Nakai 'CITRIPOMA'

'CITRIPOMA'(*Cydonia citripoma* [*Chaenomeles citripomma*] Carriére, Rev. Hort., 1876: 330, pl. 1876).

本栽培品种单花具花瓣5枚,蔷薇红色。果实大,卵球状,有条带,萼增大。

产地:法国。选育者:Carrière,1869 年命名。

48. '绯红色花'贴梗海棠(新拟)　栽培品种

Chaenomeles speciosa(Sweet)Nakai 'COCCINEA'

'Coccinea'(*Cydonia japonica* var. *coccinea* Lemaire,III. Hort. 3:107. 1856).

'Coccinea erecta'(Princeton Nurs.,Princeton,N. J.,Cat. 1934)= 'COCCINEA'.

'Flore coccineo'(*Cydonia japonica flore coccineo* Papeleu Nurs.,Ledeberg,Belg.,Cat. 1852−53)= 'COCCINEA'.

本栽培品种单花具花瓣5枚,亮红色。

产地:?。选育者:Moerloose,Ldeberg,Belgium,约 1855 年命名。

49. '旋转'贴梗海棠(新拟)　栽培品种

Chaenomeles speciosa(Sweet)Nakai 'CONTORTA'

'CONTORTA'(*Chaenomeles superba contorta* Clarke Nurs.,San Jose,Calif. Gard. Aristocrats 9:18. 1942).

'RINHO'(Ishii,Engei Sokubutsu Zufu 6,no. 1136,var. 12. 1930−34).

'Tortuosa'(*Chaenomeles eugenuioides* var. *tortuosa* Nakai,Bot. Mag,Tokyo,37:72. 1923)= 'CONTORTA'.

本栽培品种枝条和刺枝多扭曲。花白色,具粉红色晕。果实苹果状,或小卵球状,萼增大。

产地:日本。选育者:Toichi Domoto Nursery,Haywood,California,1929 年命名。

50. '深 粉红色花'贴梗海棠(新拟)　栽培品种

Chaenomeles speciosa(Sweet)Nakai 'DEEP PINK'

'Deep Pink'(cult. at the Arnold Arboretum,Jamaica Plain,Mass. ,from Jones Nurs. ,Nashville,Tenn. ,since 1950).

本栽培品种单花具花瓣5枚,小型,"深粉红色"。果实苹果状,脐状。

产地:?。选育者:不清,1950年命名。

51. '深粉红色 博士'贴梗海棠(新拟)　栽培品种

Chaenomeles speciosa(Sweet)Nakai 'DOCTOR BANG'S PINK'

'DOCTOR BANG'S PINK'(cult. at the Mich. State Univ. ,East Lansing,Mich. ,and at the Univ. of Minn. ,St. Paul,Minn.).

'Dr. Bang's Pink'(cult. at the Mich. State Univ. ,East Lansing,Mich. ,and at the Univ. of Minn. ,St. Paul,Minn.)= 'DOCTOR BANG'S PINK'.

本栽培品种单花具花瓣5枚,鲑肉状-粉红色。果实小型,圆球状,脐状和突出。

产地:?。命名者:Dr. Bahg of Hamburg,Iowa,1955年。

52. '长果'贴梗海棠(新拟)　栽培品种

Chaenomeles speciosa(Sweet)Nakai 'DOLICHOCARPA'

'DOLICHOCARPA'(*Chaenomeles japonica dolichocarpa* Depken,Mitt. Deutsch. Dendr. Ges. 22:321. f. 1913)= 'Rubra Semiplena'.

'RUBRA SEMIPLENA'(*Cydonia japonica rubra semiplena* Lemoine Nurs. ,Nancy,Fr. ,Cat. no. 90. 1881,without description).

本栽培品种花半重瓣。花红色。果实梨状。

产地:?。选育者:Oberneuland, Germany,1913年命名。

53. '重瓣 猩红色花'贴梗海棠(新拟)　栽培品种

Chaenomeles speciosa(Sweet)Nakai 'Double Scarlet'

'Double Scarlet'(Strong Nurs. ,Brighton,Mass. ,Cat. 1872)= 'RUBRA PLENA'.

'RUBRA PLENA'(*Chaenomeles lagenaria rubra plena* Camus, Arb. Arbust. & Arbriss. Orn. 39. 1923).

'Rubra Pleno'(*Cydonia japonica rubra pleno* Prince Nurs. ,Flushing,N. Y. ,Cat. 1856)= 'RUBRA PLENA'.

本栽培品种花红色,重瓣。

产地:? 。选育者:不清楚,1844年命名。

54. '矮 红'贴梗海棠(新拟)　栽培品种

Chaenomeles speciosa(Sweet)Nakai 'DWARF RED'

'DWARF RED'(Anonymous,Journ. Roy. Hort. Soc. 77:IXXXIV. 1952,without description).

本栽培品种单花具花瓣5枚,花珊瑚红色。

产地:?。选育者:Lady Cranborne Hatfild,England,1952年命名。

55. '象牙白'贴梗海棠(新拟)　栽培品种

Chaenomeles speciosa(Sweet)Nakai 'EBURNEA'

'EBURNEA'(Carriére,Rev. Hort. 1872:331. f. 4. 1872).

Chaenomeles eburnea(Carr.)Nakai,Bot. Mag. Tokyo,32:146. 1918

本栽培品种单花具花瓣5枚,花小型,纯白色。

产地:日本和中国。选育者:不清楚。

56. '回音'贴梗海棠(新拟)　栽培品种

Chaenomeles speciosa(Sweet)Nakai'ECHO'

'ECHO'(H. R. Kemmerer & J. C. Mdaniel,Am. Nurs. May 1,1961:55. 1961).

本栽培品种单花具花瓣5枚,花亮蔷薇色和蔷薇红色。

产地:?。选育者:Dr. A. Colby,1961 年命名。

57. '艾米莉 苏蒂奥'贴梗海棠(新拟)　栽培品种

Chaenomeles speciosa(Sweet)Nakai'Emilie Soutzo'

'Emilie Soutzo'(Parsons Nurs. ,Flushing,N. Y. ,Cat. 1895)='PRINCESSE EMILIE SOUTZO'.

'Princess Emile Sontza'(*Chaenomeles japonica* Princesse Emile Sontza,Ellwanger & Barry Nurs. ,Roches-ter,N. Y. ,Cat. 1867)='PRINCESSE EMILIE SOUTZO'.

'Princesse Emilie'(*Chaenomeles japonica* Princesse Emilie Parsons Nurs. , Flushing, N. Y. , Cat. 1973)='PRINCESSE EMILIE SOUTZO'.

'PRINCESSE EMILIE SOUTZO'(*Cydonia japonica* Princesse Emilie Soutzo,Lemaire,III. Hort. 7:260. 1860).

本栽培品种单花具花瓣5枚,花暗红色。

产地:?。选育者:Moerloose,Ledeberg,Belgium,1860 年命名。

58. '像香樱桃'贴梗海棠(新拟)　栽培品种

Chaenomeles speciosa(Sweet)Nakai'Eugenioides'

'Eugenioides'(*Chaenomeles jeugenioides* Koidzumi,Bot. Mag. Tokyo, 29: 160. 1915)='ALBA ROSEA'.

本栽培品种单花具花瓣5枚,花白色,具粉红色晕。

产地:?。选育者:起源不清楚。

59. '希腊女神之一'贴梗海棠(新拟)　栽培品种

Chaenomeles speciosa(Sweet)Nakai'EUPHROSYNE'

'EUPHROSYNE'(Cheal Nurs. ,Crawley,Engl. ,Cat. 1931-32).

本栽培品种单花具花瓣5枚,花纯白色,具不同粉红色晕。

产地:?。选育者:Cheal Nursery,1931 年命名。

60. '纤细'贴梗海棠(新拟)　栽培品种

Chaenomeles speciosa(Sweet)Nakai'EXILIS'

'EXILIS'(*Cydonia japonica exilis* Siebold,Jaarb. Kon. Ned. Maatsch. 1844:27. 1844,without descrip-tion).

本栽培品种植株枝条纤细。

产地:日本。选育者:P. F. von Siebold from,1843 年命名。

61. '外面'贴梗海棠(新拟)　栽培品种

Chaenomeles speciosa(Sweet)Nakai'Extus'

'Extus'(Duncan & Davies Nurs. New Plymouth,N. Z. ,Cat. 1926)='NIVEA EXTUS COCCINEA'.

'Nivea coccinea'(Chaenomeles nivea coccinea L. Leroy Nurs. ,Angers,Fr. ,Cat. 1876,without descrip-tion)='NIVEA EXTUS COCCINEA'.

'NIVEA EXTUS COCCINEA'(Van Houtte,Nurs. ,Ghent,Belg. ,Cat. 1876,without description).

本栽培品种单花具花瓣5枚,花白色,花瓣外面具暗粉红色。

产地:?。选育者:起源不清。1867 年命名。

62. '小鹰'贴梗海棠(新拟)　栽培品种

Chaenomeles speciosa(Sweet)Nakai 'Falconnet'

'Falconnet'(Falconnet Nurs. ,Thoissey,Fr. ,Cat. 1960)= 'FALCONNET CHARLET'.

'FALCONNET CHARLET'(Barbier Nurs. ,Orleans,Fr. Cat. 1915,without description).

'Falconnet Charlet'(Kohankie Nurs. ,Painesville,Ohio,Cat. 1938)= 'Nivalis'.

'NIVALIS'(*Chaenomeles japonica nivlis* Lemoine Nurs. ,Nancy,Fr. ,Cat. 1881,without description).

'Falconnet Carlet'(Anonymous,Jaarb. Boskoop 1954:116. 1954)= 'Falconnet Charlet'.

本栽培品种单花具花瓣 5 枚,花亮白色。果实苹果状,脐状。

产地:?。选育者:起源不清。1881 年命名。

63. '盛情小鹰'贴梗海棠(新拟)　栽培品种

Chaenomeles speciosa(Sweet)Nakai 'FALCONNET CHARLET'

'FALCONNET CHARLET'(Barbier,Nurs. ,Orleans,Fr. ,Cat. 1915,without description).

本栽培品种花半重瓣,花粉红色,具蔷薇红色-粉红色晕。果实大型,苹果状,脐状。

产地:?。选育者:Falconnet Nursery,1900 年命名。

64. '帚状'贴梗海棠(新拟)　栽培品种

Chaenomeles speciosa(Sweet)Nakai 'FASTIGIATA'

'FASTIGIATA'(*Chaenomeles japonica fastigiata* A. Leroy Nurs. ,Angers,Fr. ,Cat. 1873).

本栽培品种枝条帚状。花色和起源不清。

产地:?。选育者:起源不清,1873 年命名。

65. '火流星'贴梗海棠(新拟)　栽培品种

Chaenomeles speciosa(Sweet)Nakai 'FIREBALL'

'FIREBALL'(formerly'Boule de Feu',a name retained for anothercultivar. Cult. at the Planting Fields Arb. ,Oyster Bay,L. I. ,Y. ,from Princeton Nurs. ,Princeton Nurs. ,Princeton,N. J.).

本栽培品种花火焰-红色,半重瓣。果实大,苹果状,顶端凹的很宽,最后变的很尖。

产地:英格兰。选育者:不清楚。1940 年命名。

66. '白花 果香'贴梗海棠(新拟)　栽培品种

Chaenomeles speciosa(Sweet)Nakai 'FLORE ALBO FRUCTU ODORATA'

'FLORE ALBO FRUCTU ODORATA'(*Cydonia japonica flore Albo fructu odorata* Papeleu Nurs. ,Ledeberg,Belg. ,Cat. 1852-53).

'Fructa odoratisasima'(Wister,Swarthmore Pl. Notes 1942:128. 1942)= 'Flore Albo Fructu Odorata'.

'Fructico odoratisasima'(Wister,Swarthmore Pl. Notes 1955:212. 1955)= 'Flore Albo Fructu Odorata'.

'Fructu odoratisasimo'(*Cydonia japonica fructu odoratissimo* Lemaire,III. Hort. 3:107. 1856)= 'Flore Albo Fructu Odorata'.

本栽培品种单花具花瓣 5 枚,花白色,具粉红色晕。果实很香。

产地:?。选育者:Moerloose,Ledeberg,Belgium,1852 年命名。

67. '白花 无刺'贴梗海棠(新拟)　栽培品种

Chaenomeles speciosa(Sweet)Nakai 'FLORE ALBO INERMIS'

'FLORE ALBO INERMIS'(*Cydonia japonica flore albo inermis* Papeleu Nurs. ,Ledeberg,Belg. ,Cat. 1852-53).

'Inermis'(*Cydonia japonica inermis* Anonymous,Journ. Hort. Prat. Belg. 14:265. 1857)= 'Flore Alobo Inermis'.

本栽培品种为灌木,具刺小刺。单花具花瓣 5 枚,花白色,具粉红色晕。

产地:?。选育者:Moerloose,Ledeberg,Belgium,1852 年命名。

68.'橙黄色花'贴梗海棠(新拟)　栽培品种

Chaenomeles speciosa(Sweet)Nakai 'Flore aurantiaca'

'Flore aurantiaca'(*Cydonia japonica flore aurantiaca* Papeleu Nurs. ,Ledeberg,Belg. ,Cat. 1856−57)=
'FLORE RUBRO AURANTIACA'.

'FLORE RUBRO AURANTIACA'(*Cydonia japonica flore rubro aurantiaca* Papeleu Nurs. ,Ledeberg,
Belg. ,Cat. 1852−53).

本栽培品种单花具花瓣 5 枚,花橙黄色−深红色。

产地:日本。选育者:Moerloose,Ledeberg,Belgium,1852 年命名。

69.'洋红色花'贴梗海棠(新拟)　栽培品种

Chaenomeles speciosa(Sweet)Nakai 'Flore kermesino'

'Flore kermesino'(*Cydonia japonica flore kermesino* Späth Nurs. ,Berlin,Germ. ,Cat. 1887)=
'KERMESINA SEMIPLENA'.

'KERMESINA SEMIPLENA'(Späth Nurs. ,Berlin,Germ. ,Cat. 1890).

本栽培品种花鲑肉状粉红色到蔷薇红色−粉红色,半重瓣。果实小,卵球状,稍被条带,脐状。

产地:?。选育者:Ludwig,Späth,1887 年命名。

70.'重瓣花'贴梗海棠(新拟)　栽培品种

Chaenomeles speciosa(Sweet)Nakai 'Flore pleno'

'Flore pleno'(*Cydonias japonica flore pleno* Waterer's Nurs. ,Twyford,Engl. ,Cat. 1851,without description)= 'ROSEA PLENA'.

'Flore pleno'(*Cydonia japonica flore pleno* Hillier Nurs. ,Winchester,Engl. ,Cat. 1930)= 'ROSEA
PLENA'.

'Flore rosea plena'(*Chaenomeles lagenaria flore plena* Sheridan Nurs. ,Clarkson,Can. ,Cat. 1919−91)=
'ROSEA PLENA'.

'Flore plena rosea'(*Chaenomeles japonica flore rosea* Hillier Nurs. Winchester,Engl. ,Cat. 1942)=
'ROSEA PLENA'.

'ROSEA PLENA'(*Cydonia japonica rosea plena* Anonymous[list of C. Baltey]Garden 13:144. 1878,
without description).

'Flore plena'(*Chaenomeles japonica flore plena* Waterer's Nurs. ,Twyford,Engl. ,Cat. 1938−39)=
'ROSEA PLENA'.

本栽培品种花半重瓣,粉红色到珊瑚红色。果实卵球状,稍被条带。

产地:?。选育者:Otto Froebel,Zurich,Switzerland,1878 年命名。

71.'紫色花'贴梗海棠(新拟)　栽培品种

Chaenomeles speciosa(Sweet)Nakai 'Flore purpurea'

'Flore purpurea'(*Chaenomeles japonica flore purpurea*,Weisse Nurs. ,Kamenz,Germ. ,Cat. 1895)=
'ATROSANHUINEA'.

'ATROSANHUINEA'(*Cydonia japonica* var. *atrosanguinea* Lemaire,III. Hort. 3:107. 1856).

本栽培品种单花具花瓣 5 枚,花"血红色"。

产地:?。选育者:Moerloose,1856 年命名。

72.'重瓣 蔷薇红色花'贴梗海棠(新拟)　栽培品种

Chaenomeles speciosa(Sweet)Nakai 'Flore rosea plena'

'Flore rosea plena'(*Chaenomeles lagenaria flore rosea plena* Sheridan Nurs. ,Clarkson,Can. ,Cat.

1961) = 'ROSEA PLENA'.

'Rosea flora pleno' (*Chaenomeles lagenaria rosea flora pleno* Hilleer Nurs. , Winchester, Engl. , Cat. Cat. 1958−59) = 'ROSEA PLENA'.

'Rosea flore plena' (*Chaenomeles japonica rosea flore plena* Waterer's Nurs. , Twyford, Engl. , Cat. 1950−51) = 'ROSEA PLENA'.

'ROSEA PLENA' (*Cydonia japonica rosea plena* Anonymous [list of C. Balyet], Garden 13:144. 1878, without description).

本栽培品种花粉红色至珊瑚状-粉红色,半重瓣。果实卵球状,稍被条带。

产地:?。选育者:Otto Froebel, Zurich, 1878 年命名。

73. '玫瑰花'贴梗海棠(新拟)　栽培品种

Chaenomeles speciosa(Sweet)Nakai 'FLORE ROSEA'

'FLORE ROSEO' (*Cydonia japonica flore roseo* Siebold, Jaarb. Kon. Ned. Maatsch. 1844:27. 1844, without description).

'Rosea' (*Cydonia japonica* var. γ *rosea* Roemer, Fam. Nat. Reg. Veg. Syn. Mon. , 219. 1847) = 'FLORE ROSEO'.

本栽培品种单花具花瓣 5 枚,花粉红色。

产地:日本。选育者:P. F. von Siebold, 1830 年命名。

74. '红色花'贴梗海棠(新拟)　栽培品种

Chaenomeles speciosa(Sweet)Nakai 'Flore rubro'

'Flore rubro' (*Cydonia japonica flore rubro* Siebold, Jaarb. Kon. Ned. Maatsch. 1844:27. 1844) = 'RUBRA'.

'RUBRA' (*Chaenomeles japonica rubra* L. Leroy Nurs. , Angers, Fr. , Cat. 1872).

'Floribus roseis' (*Cydonia japonica* var. *a floribus roseis* Siebold, Syn. Pl. Oecon. Univ. Regn. Jap. 12:67. 1830) = 'FLORE ROSEO'.

'FLORE ROSEO' (*Cydonia japonica flore roseo* Siebold, Jaarb. Kon. Ned. Maatsch. 1844:27. 1844, without description).

本栽培品种单花具花瓣 5 枚,花粉红色。

产地:日本。选育者:P. F. van Siebold, 1830 年命名。

75. '红-橙黄色花'贴梗海棠(新拟)　栽培品种

Chaenomeles speciosa(Sweet)Nakai 'FLORE RUBRO AURANTICA'

'FLORE RUBRO AURANTICA' (*Cydonia japonica flere rubro aurantiace* Papeleu Nurs. , Ledeberg, Belg. , Cat. 1852−53).

'Flore aurantiaca' (*Cydonia japonica flere rubro aurantiace* Anonymous, Journ. Hort. Prat. Belg. , 14:265. 1857) = 'Flore Rubra Aurantiaca'. .

'Orange Scarlet' (*Chaenomeles japonica* Orange Scarlet, Ellwanger & Barry Nurs. , Rochester, N. Y. , Cat. 1867) = 'Flore Rubra Aurantiaca'.

'Rosea aurantiaca' (*Cydonia japonica flore rubro aurantiaca* Papeleu Nurs. , Ledeberg, Belg. 1852−53)

本栽培品种单花具花瓣 5 枚,橙黄色-深红色。

产地:?。选育者:Moerloosa, Ledeberg, Beigium, 1852 年命名。

76. '半-重瓣花'贴梗海棠(新拟)　栽培品种

Chaenomeles speciosa(Sweet)Nakai 'Flore semi−pleno'

'Flore semi−pleno' (*Cydonia japonica flore semi−pleno* Loudon, Arb. & Frut. Ledeberg, Belg. , Cat.

1852-53) = 'RUBRA PLENA'.

'RUBRA PLENA' (*Chaenomeles lagenaria rubra plena* Camus, Arb. , Arbust. & Arbriss. Orn. 39. 1923).

本栽培品种花红色,重瓣。

产地:日本。选育者:不清楚,1844 年命名。

77. '深红色花'贴梗海棠(新拟) 栽培品种

Chaenomeles speciosa(Sweet) Nakai 'Floribus puniceis'

'Floribus puniceis' (*Cydonia japonica* var. β *floribus punicei*s, Siebold, Syn. Pl. Oecon, Univ. Regn. Jap. 12:67. 1830) = 'RUBRA'.

'RUBRA' (*Chaenomeles japonica* L. Leroy Nurs. , Angers, Fr. , Cat. 1872).

本栽培品种单花具花瓣5枚,深红色。

产地:日本。选育者:Banks,1796 年命名。

78. '蔷薇红色花'贴梗海棠(新拟) 栽培品种

Chaenomeles speciosa(Sweet) Nakai 'Floribus roseis'

'Floribus roseis' (*Cydonia japonica* var. a *floribus roseis*, Siebold, Syn. Pl. Oecon, Univ. Regn. Jap. 12: 67. 1830) = 'FLORE ROSEO'.

'Rosea' (*Chaenomeles japonica* var. γ *rosea* Roemer, Fam. Nat. Règ. Vég. Syn. Mon. , 219, 1847) = 'Flore Roseo'.

'Rosea' (*Pyrus japonica rosea* Van Houtte Nurs. , Ghent, Belg, Cat. 1849, without description) = 'UM-BILICATA'.

'Umbicillata' (*Cydonia japonica* var. *umbicillata rosea* Prince Nurs. , Flushing, N. Y. , Cat. 1860) = 'UMBILICATA'.

本栽培品种单花具花瓣5枚,蔷薇红色-红色。果实苹果状,脐状。

产地:日本。选育者:P. F. von Siebold,1847 年命名。

79. '彩斑叶'贴梗海棠(新拟) 栽培品种

Chaenomeles speciosa(Sweet) Nakai 'FOLIIS VARIEGATIS'

'FOLIIS VARIEGATIS' (*Chaenomeles japonica foliis variegatis* A. Leroy Nurs. , Angers, Fr. , Cat. 1873).

'VARIEGATA' (*Chaenomeles japonica variegata* Van Houtte Nurs. , Ghent, Belg. , Cat. 1869, without description).

'Variegatis' (Chaenomeles japonica variegatis Beissner et al. , Handb. Laubh. −Ben. 1903:182. 1903, without description) = 'FOLIIS VARIEGATIS'.

本栽培品种叶具"彩斑"。花色和起源不清。

产地:?。选育者:起源不清,1873 年命名。

80. '干达维地区'贴梗海棠(新拟) 栽培品种

Chaenomeles speciosa(Sweet) Nakai 'GANDAVENSIS'

'GANDAVENSIS' (*Chaenomeles japonica gandavensis* Anonymous [list of C. Baltet], Garden 13: 44. 1878, without description).

本栽培品种花色和起源不清。

产地:?。选育者:起源不清,1878 年命名。

81. '寇氏'贴梗海棠(新拟) 栽培品种

Chaenomeles speciosa(Sweet) Nakai 'GAUJARDII'

'GAUJARDII' (*Cydonia japonica* Gaujardii Lemaire, III. Hort. 7:260. f. 1. 1860).

本栽培品种单花具花瓣 5 枚,鲑肉状粉红色至珊瑚-粉红色。果实小,苹果状,稍带条带,表面凹入到顶部。

产地:法国。选育者:Moerloose,1860 年命名。

82. '巨大'贴梗海棠(新拟)　栽培品种

Chaenomeles speciosa(Sweet)Nakai 'GIGANTEA'

'GIGANTEA'(*Chaenomeles japonica gigantea* Prince Nurs. ,Flushing,N. Y. ,Cat. 1856).

本栽培品种为强壮灌木。单花具花瓣 5 枚,具亮红色晕。

产地:?。选育者:起源不清,1856 年命名。

83. '大花'贴梗海棠(新拟)　栽培品种

Chaenomeles speciosa(Sweet)Nakai 'GRANDIFLORA'

'GRANDIFLORA'(*Cydonia japonica grandiflora* Van Houtte Nurs. ,Ghent,Belg. ,Cat. 1869,without description).

'Grandiflora'(*Chaenomeles japonica grandiflora* Späth Nurs. , Berlin, Germ. , Cat. 1893) = 'ALBA GRANDIFLORA'.

本栽培品种为灌木,枝几为刺。单花具花瓣 5 枚,纯白色。

产地:法国。选育者:Carrière,1869 年命名。

84. '大花 蔷薇红色'贴梗海棠(新拟)　栽培品种

Chaenomeles speciosa(Sweet)Nakai 'Grandiflora rosea'

'Grandiflora rosea'(*Cydonia japonica grandiflora rosea* L. Leroy Nurs. ,Anges,Fr. ,Cat. 1913,without description) = 'ROSEA GRANDIFLORA'.

'ROSEA GRANDIFLORA'(*Chaenomeles japonica rosea grandiflora* Van Houtte,Nurs. Ghent,Belg. ,Cat. 1869,without description).

本栽培品种单花具花瓣 5 枚,白色,白色和粉红色,具蔷薇红色-粉红色晕。果实苹果状,稀具条带,脐状。

产地:?。选育者:起源不清,1869 年命名。

85. '大花 蔷薇红色-半重瓣'贴梗海棠(新拟)　栽培品种

Chaenomeles speciosa(Sweet)Nakai 'Grandiflora roseo-semiplena'

'Grandiflora roseo-semoplena'(*Chaenomeles japonica grandiflora rose-semiplena* Späth Nurs. , Berlin, Germ. ,Cat. 1915-16)= 'ROSEA SEMIPLENA'.

'ROSEA SEMIPLENA'(*Cydonia japonica rosea semiplena* Anonymous[list of C. Baltey] Garden 13: 144. 1878,without description).

本栽培品种花半重瓣,亮粉红色。

产地:?。选育者:起源不清,1876 年命名。

86. '大花 红色花'贴梗海棠(新拟)　栽培品种

Chaenomeles speciosa(Sweet)Nakai 'Grandiflora rubra'

'Grandiflora rubra'(*Cydonia japonica grandiflora rubra* Lemaire, III. Hort. 3:107. 1856) = 'RUBRA GRANDIFLORA'.

'RUBRA GRANDIFLORA'(*Chaenomeles japonica rubra grandiflora* Van Houtte Nurs. ,Ghent,Belg. ,Cat. 1867,without description).

本栽培品种花大型。单花具花瓣 5 枚,暗深红色。果实苹果状,或橙实状,脐状。

产地:?。选育者:Moerloose,Ledeberg,Belgium,1857 年命名。

87. '大花 半重瓣花'贴梗海棠(新拟)　栽培品种

Chaenomeles speciosa(Sweet) Nakai ' Grandiflora semiplena'

'Grandiflora semiplena' (*Chaenomeles lagenaria grandiflora semiplena* Colby, Trans. III. Acad. Sci. 21: 184. 1929) = 'ROSEA SEMIPLENA'.

'ROSEA SEMIPLENA' (*Cydonia japonica rubra semiplena* anonymous〔list of C. Baltet〕Garden 13: 144. 18678, without description).

'Rubra Semiplena' (*Cydonia japonica rubra semiplena* Lemoine Nurs. , Nancy, Fr. Cat. No. 90. 1881, without description).

本栽培品种花半重瓣,亮粉红色。

产地:?。选育者:起源不清,1887 年命名。

88. '日本花园'贴梗海棠(新拟)　栽培品种

Chaenomeles speciosa(Sweet) Nakai 'HANAZONO'

'HANAZONO' (*Cydonia japonica* Hanazono, Hakoneya Nurs. , Numazu – shi, Jap. , "Jap. Gard. Treasures" 1936).

本栽培品种单花具花瓣 5 枚,红色。果实卵球状,或苹果状,萼增大。

产地:日本。选育者:K. Wada, Wada, Hakoneya Nurseries, 1936 年命名。

89. '希斯特里斯'贴梗海棠(新拟)　栽培品种

Chaenomeles speciosa(Sweet) Nakai 'HISTRIX'

'HISTRIX' (*Chaenomeles japonica histrix* Simon – Louis Nurs. , Metz, Fr. , Cat. 1886 – 87, without description).

本栽培品种单花具花瓣 5 枚,柔软,粉红色。

产地:?。选育者:起源不清,1886 年命名。

90. '火焰红'贴梗海棠(新拟)　栽培品种

Chaenomeles speciosa(Sweet) Nakai 'IGNEA'

'IGNEA' (*Chaenomeles japonica ignea* Simon – Louis Nurs. , Metz, Fr. , Cat. 1886 – 87, without description).

'Ignis' (*Chaenomeles japonica ignis* Letellier Nurs. , Caen, Fr. , Cat. 1897) = 'IGNEA'.

本栽培品种单花具花瓣 5 枚,"火焰-红色"。

产地:?。选育者:起源不清,1886 年命名。

91. '覆瓦状'贴梗海棠(新拟)　栽培品种

Chaenomeles speciosa(Sweet) Nakai 'Imbricata'

'Imbricata' (Carriére, Rev. Hort. 1886: 182. 1886) = 'UMBILICATA'.

'Umbellata' (*Chaenomeles umbellata* Jackman Nurs. , Woking, Engl. , Cat. 1936 – 37) = 'UMBILICATA'.

'UMBILICATA' (*Cydonia japonica* var. *umbellicata* Sieb. De Vriese, Jaarb. Kon. Ned. Maatsch. 1848 17. pl. opp. 50. 1848).

'Umbellicata' (*Chaenomeles umbellata* Kelways Nurs. , Langport, Engl. , Cat. 1928) = 'UMBILICATA'.

'Umbellicata rosea' (*Chaenomeles japonica umbellicata rosea* Van Houtte Nurs. , Ghent, Belg. , Cat. 1867, without description) = 'UMBILICATA'.

'Umbicillata' (*Cydonia japonica umbicillata* Prince Nurs. , Flushing, N. Y. , Cat. 1856) = 'UMBILICATA'.

'Umbicillata rosea' (*Chaenomeles japonica umbicillata rosea* Prince Nurs. , Flushing, N. Y. , Cat. 1860) = 'UMBILICATA'.

本栽培品种单花具花瓣 5 枚,蔷薇红色-红色。果实苹果状,脐状。

产地:日本。选育者:P. F. van Siebold,1847 年命名。

92. '日本 深红色花'贴梗海棠(新拟) 栽培品种

Chaenomeles speciosa(Sweet)Nakai 'JAPANESE SCARLET'

'JAPANESE SCARLET'(*Chaenomeles japonica Japanese* Scarlet,Clarke Nurs.,San Jose,Calif. Gard. A-ristocrats 1934:15. 1934).

'Japanese Scarlet'(*Cydonia japonica* Japan Scarlet,Parsons Nurs.,Flushing,N. Y.,Cat. 1840)= 'RUBRA'.

'Japan Scarlet'(*Cydonia japonica* Japan Scarlet,Parsons Nurs.,Flushing,N. Y.,Cat. 1840)= 'RUBRA'.

'RUBRA'(*Chaenomeles japonica rubra* L. Leroy Nurs.,Angers,Fr. Cat. 1872).

本栽培品种单花具花瓣 5 枚,亮红色。

产地:日本。选育者:Banks,1796 年命名。

93. '铁撬 精选'贴梗海棠(新拟) 栽培品种

Chaenomeles speciosa(Sweet)Nakai 'JIMMY'S CHOICE'

'JIMMY'S CHOICE'(Anonymous,Am. Nurs.,July 1,1960:48. 1960,without description).

本栽培品种为灌木,枝开展和扭曲。单花具花瓣 5 枚,大型,淡白色至蔷薇红色-粉红色和蔷薇色-红色。

产地:?。选育者:James J. Kelley。

94. '冬花'贴梗海棠(新拟) 栽培品种

Chaenomeles speciosa(Sweet)Nakai 'KAN-TOYO-NISHIKI'

'KAN-TOYO-NISHIKI'(Hakoneya Nurs.,Numazu-shi,Jap. "Jap. Gard. Treasures"1941).

本栽培品种花冬季开多。单花具花瓣 5 枚,花白色,白色和粉红色,粉红色,或红色。枝条与花同色。

产地:?。选育者:K. Wada,Wada,Hakoneya Nurseries,1941 年命名。

95. '洋红色 半重瓣花'贴梗海棠(新拟) 栽培品种

Chaenomeles speciosa(Sweet)Nakai 'Kermesiana semi-plena'

'Kermesiana semi-plena'(Kingsville Nurs.,Kingsville,Md.,Cat. 1947)= 'KERMESINA SEMIPLE-NA'.

'KERMESINA'(*Chaenomeles japonica kermesina* Späth Nurs.,Berlin,Germ.,Cat. 1915-16).

'KERMESINA SEMIPLENA'(Späth Nurs.,Berlin,Germ.,Cat. 1890).

本栽培品种花半重瓣,花鲑肉状红色到蔷薇红色-粉红色。果实小,卵球状,稍有条带,具微棱,脐状。

产地:?。选育者:Ludwig,Späth,1887 年命名。

96. '洋红色'贴梗海棠(新拟) 栽培品种

Chaenomeles speciosa(Sweet)Nakai 'KERMESINA'

'KERMESINA'(*Chaenomeles japonica kermesina* Späth Nurs.,Berlin,Germ.,Cat. 1915-16).

'KERMESINA SEMIPLENA'(Späth Nurs.,Berlin,Germ.,Cat. 1890).

本栽培品种单花具花瓣 5 枚,花"深红色"红色。

产地:?。选育者:K. Wada,Wada,Hakoneya Nurseries,1941 年命名。

97. '山顶的光辉'贴梗海棠(新拟) 栽培品种

Chaenomeles speciosa(Sweet)Nakai 'KNAP HILL RADIANCE'

'KNAP HILL RADIANCE'(*Chaenomeles lagenaria* Knap Hill Radiance,Anonymous,Journ. Roy. Hort. Soc. 73:353. 1948).

本栽培品种单花具花瓣 5 枚,大型,天竺葵花色-红色。

产地:?。选育者:Kanp Hill Nursery,1948 年命名。

98.'考考'贴梗海棠(新拟)　栽培品种

Chaenomeles speciosa(Sweet)Nakai'KOKKO'

'KOKKO'(Hakoneya Nurs.,Numazu-shi,Jap"Jap. Gard. Treasures"1941).

'KOKUKO'(*Cydonia japonica* Kokuko,Hakoneya Nurs.,Numazu-shi,Jap"Jap. Gard. Treasures" 1936).

本栽培品种单花具花瓣 5 枚,或半重瓣,暗红色。

产地:?。选育者:K. Wada,Hakoneya Nurseries,1936 年命名。这个名字被 Hakoneya Nurseries 改成了 'KOKKO'。

99.'埃米斯瓦茨夫人'贴梗海棠(新拟)　栽培品种

Chaenomeles speciosa(Sweet)Nakai'LADY EMILYSWARTZ'

'LADY EMILYSWARTZ'(cult. at the Arnold Arboretum,Jamaica Plain,Mass.,from Parsons Nurs., Flushing,N. Y.,in 1884,now dead).

本栽培品种花色和起源不清。

产地:?。选育者:起源不清,1884 年命名。

100.'伦纳德'贴梗海棠(新拟)　栽培品种

Chaenomeles speciosa(Sweet)Nakai'Leonard's Variety'

'Leonard's Variety'(Wyman,Am. Nurs.,May 1,1961:97. 1961)='LEONARD'S VELVETY'.

'LEONARD'S VELVETY'(Leonard Nurs.,Piqua,Ohio,Cat. 1932).

本栽培品种单花具花瓣 5 枚,大型,花色"天鹅绒"红色。果实倒卵球状,稍有条带,脐状顶生在顶端 变狭。

产地:?。选育者:Leonard Nursery,1932 年命名。

101.'木黎　檬'贴梗海棠(新拟)　栽培品种

Chaenomeles speciosa(Sweet)Nakai'LIMONI'

'LIMONI'(cult. at the Nat. Arb. Washington,D. C.).

本栽培品种花色和起源不清。

产地:?。选育者:Leonard Nursery,1960 年命名。

102.'深黄色花'贴梗海棠(新拟)　栽培品种

Chaenomeles speciosa(Sweet)Nakai'LUTEA'

'LUTEA'(*Cydonia japonica lutea* Prince Nurs.,Flushing,N. Y.,Cat. 1844).

'Yellow'(*Chaenomeles japonica* yellow,Hoyt Nurs.,New Canaan,Conn.,Cat. 1897)='Lutea'.

本栽培品种单花具花瓣 5 枚,花橙黄-黄色。

产地:?。选育者:起源不清,1844 年命名。

103.'深黄色 大花'贴梗海棠(新拟)　栽培品种

Chaenomeles speciosa(Sweet)Nakai'LUTEA MACRANTHA'

'LUTEA MACRANTHA'(*Chaenomeles japonica lutea macrantha* Van Houtte Nurs.,Ghent,Belg.,Cat. 1869,without description).

本栽培品种单花具花瓣 5 枚,大型,花橙黄-黄色。

产地:?。选育者:起源不清,1869 年命名。

104. '深黄色 绿色花'贴梗海棠(新拟)　栽培品种

Chaenomeles speciosa(Sweet)Nakai 'LUTEA VIRIDIS'

'LUTEA VIRIDIS'(*Chaenomeles japonica lutea viridis* Van Houtte Nurs. ,Ghent,Belg. ,Cat. 1869,without description).

本栽培品种花大型。单花具花瓣5枚,绿白色,变为粉红色。

产地:?。选育者:起源不清,1869年命名。

105. '大花药花'贴梗海棠(新拟)　栽培品种

Chaenomeles speciosa(Sweet)Nakai 'MACRANTHA'

'MACRANTHA'(*Chaenomeles japonica macrantha* Simon-Louis Nurs. ,Metz,Fr. ,Cat. 1886–87,without description).

本栽培品种单花具花瓣5枚,大型,红色。

产地:?。选育者:起源不清,1886年命名

106. '大果'贴梗海棠(新拟)　栽培品种

Chaenomeles speciosa(Sweet)Nakai 'MACROCARPA'

'MACROCARPA'(*Cydonia japonica macrocarpa* Papeleu Nurs. ,Ledeberg,Belg. ,Cat. 1856–57,without description).

'Umbilicata macrocarpa'(*Cydonia japonica umbilicata macrocarpa* Papeleu Nurs. ,Ledeberg,Belg. ,Cat. 1852–53)= 'MACROCARPA'.

本栽培品种单花具花瓣5枚,蔷薇红色-红色。果实大型,苹果状,脐状。

产地:比利时。选育者:Moerloose,Ledeberg,Belgium,1852年命名。

107. '大花'贴梗海棠(新拟)　栽培品种

Chaenomeles speciosa(Sweet)Nakai 'MACRANTHA'

'MACRANTHA'(*Cydonia japonica macrocarpa* Papeleu Nurs. ,Ledeberg,Belg. ,Cat. 1852–53).

本栽培品种单花具花瓣5枚,蔷薇红色-红色。果实中等,苹果状,脐状。

产地:?。选育者:Moerloose,Ledeberg,Belgium,1852年命名。

108. '麦氏'贴梗海棠(新拟)　栽培品种

Chaenomeles speciosa(Sweet)Nakai 'Maerloosii'

'Maerloosii'(*Chaenomeles japonica Maerloosii* Parsons, Flushing, N. Y. , Cat. 1873)= 'MOER-LOOSEI'.

'MOERLOOSEI'(*Cydonia japonica moerloesii* Grignan,Rev. Hort. 1903:20. 1903).

'Moerloosii'(*Chaenomeles japonica moerloesii* Faulkner,Gard. Chron,Ⅲ. 111:225. 1942. with description)= 'MOERLOOSEI'.

'Moerlosii'(Carriére,Rev. Hort. 1886:82. 1886)= 'MOERLOOSEI'.

本栽培品种单花具花瓣5枚,花白色,具有蔷薇红色-粉红色晕。果实更大,或卵球状,较小。

产地:?。选育者:Moerloose,Ledeberg,Belgium,1856年命名。

109. '麦拉尔迪氏'贴梗海棠(新拟)　栽培品种

Chaenomeles speciosa(Sweet)Nakai 'Maillardii'

'Maillardii'(*Chaenomeles japonica Maerloosii* Prince Nurs. ,Flushing,N. Y. ,Cat. 1860,without description)= 'MALLARDII'.

'MALLARDII'(Courtin,Ⅲ. Gart. Zeit. 1:208,pl. 1857).

'Mallordu'(name in an unpublishedlost of Dr. H. R. Kemmerer,Univ. of Ⅲ.)= 'MALLARDII'.

'Millardi'(Duncan & Davies Nurs. ,New Plymouth,N. Z. ,Cat. 1926)= 'MALLARDII'.

本栽培品种单花具花瓣 5 枚,花内部蔷薇红色-粉红色,边缘白色。

产地:法国。选育者:Mallard,1857 命名。

110. '马勒拉特'贴梗海棠(新拟)　栽培品种

Chaenomeles speciosa(Sweet)Nakai'MALLAROT'

'MALLAROT'(formerly'Mallardii',a name retained for another cultivar).

'Mallordi'(Hesse Nurs.,Weener-Ems,Germ.,Cat. 1903-04)='MALLARDII'.

本栽培品种单花具花瓣 5 枚,花极淡白色。

产地:?。选育者:起源不清,1907 年命名。

111. '不规则条纹花'贴梗海棠(新拟)　栽培品种

Chaenomeles speciosa(Sweet)Nakai'MARMORATA'

'MARMORATA'(*Chaenomeles japonica marmorata* Späth Nurs.,Berlin,Germ.,Cat. 1887).

'Rosepink'(*Cydonia japonica rosepink*,Leonard Nurs.,Piqua,Ohio,Cat. 1937)='MARMORATA'

本栽培品种单花具花瓣 5 枚,花白色和粉红色,具"大理石条纹"。果实苹果状。

产地:?。选育者:Ludwig Späth,1887 年命名。

112. '毛尔嘿米氏'贴梗海棠(新拟)　栽培品种

Chaenomeles speciosa(Sweet)Nakai'Moerheimii'

'Moerheimii'(*Chaenomeles japonica moerheimii* Faulkner,Gard. Chron. III. 109:245. 1941,without description)='MOERLOOSEI'.

'Moerloesi'(*Chaenomeles lagenaria moerloesi* Anonymous,Journ. Roy. Hort. Soc. 82:308. 1957)='MOERLOOSEI'.

'Moerloesi'(*Cydonia japonica moerloesi* Grignan,Rev. Hort. 1903:20. 1903).

'MOERLOOSEI'(*Cydonia japonica moerloesii* Grignan,Rev. Hort 3:20. 1903).

'Moorlosii'(Mouillefert,Traité Arb. & Arbriss. 1:540 1892)='MOERLOOSEI'.

'Moerlozi'(*Chaenomeles japonica Moerlozi* California Nurs.,Niles,Calif.,Cat. 1908-09)='MOERLOOSEI'.

'Moerloesii'(Carriére,Rev. Hort. 1886:82. 1886)='MOERLOOSEI'.

'Moerloosii'(*Cydonia japonica moerloesii* Lemaire,III. Hort. 3:107. 1856)='MOERLOOSEI'.

'Moerlozi'(*Cydonia japonica moerlozi* California Nurs.,Niles,Calif.,Cat. 1908-09)='MOERLOOSEI'.

'Pinkstripe'(*Chaenomeles lagenaria* Pinkstripe,Anonymous,Pl. Buyer's Guide,ed. 5. 59. 1949)='MOERLOOSEI'.

本栽培品种单花具花瓣 5 枚,花白色,具有蔷薇红色-粉红色晕。果实很大,或卵球状,较小。

产地:?。选育者:Moerloose,Ledeberg,Belgium,1856 年。A. Papelen'Moerloosii'命名。

113. '畸形'贴梗海棠(新拟)　栽培品种

Chaenomeles speciosa(Sweet)Nakai'MONSTRUOSA'

'MONSTRUOSA'(*Chaenomeles japonica momonstruosa* A. Leroy Nurs.,Angers,Fr.,Cat. 1873,without description).

本栽培品种花色和起源不清。

产地:?。选育者:起源不清,1873 年命名。

114. '矮小'贴梗海棠(新拟)　栽培品种

Chaenomeles speciosa(Sweet)Nakai'Nana'

'Nana'(*Cydonia japonica nana* Lemaire,III. Hort. 3:107. 1856)='UMBILICATA NANA'.

'UMBILICATA NANA'(*Cydonia japonica umbilicata nana* Papeleu Nurs. ,Ledeberg,Belg. ,Cat. 1852-53).

'Nana compacta'(*Chaenomeles japonica nana compacta* Van Houtte Nurs. ,Ghent,Belg. ,Cat. 1867,without description)= 'UMBILICATA NANA'.

本栽培品种植株矮灌木,几乎具刺。单花具花瓣 5 枚,花橙黄色-红色。

产地:?。选育者:Moerloose,Ledeberg,Belgium,1852 年命名。

115. '脐'贴梗海棠(新拟)　栽培品种

Chaenomeles speciosa(Sweet)Nakai 'Navel'

'Navel'(Manning,Pl. Buyer's Index 1926,without description)= 'UMBILICATA'.

'UMBILICATA'(*Cydonia japonica* var. *umbilicata* Sieb. & De Vriese, Jaarb. Kon. Ned. Maatsch. 1848:17. pl. opp. 50. 1848).

本栽培品种单花具花瓣 5 枚,花蔷薇色-红色。果实苹果状,"脐状"。

产地:?。选育者:起源不清,1873 年命名。

116. '雪'贴梗海棠(新拟)　栽培品种

Chaenomeles speciosa(Sweet)Nakai 'NIVALIS'

'NIVALIS'(*Chaenomeles japonica nicalis* Lemoine Nurs. ,Nancy,Fr. ,Cat. 1881,without description).

'Nicalis major'(Bunyard,Planter's Handbook 86. 1908)= 'NIVALIS'.

'White'(*Chaenomeles lagenaria white*, Clarke Nurs. , San Jose, Calif. , Gard. Aristocrats 1937:12. 1937)= 'NIVALIS'.

'Nivalis'〔英〕克里斯托弗·布里克尔主编. 杨秋生,李振宇主译. 世界园林植物花卉百科全书. 郑州:河南科技出版社,2004,522。

注:花纯白色。

本栽培品种单花具花瓣 5 枚,花亮白色。果实苹果状,脐状。

产地:?。选育者:起源不清,1881 年命名。

117. '雪白'贴梗海棠(新拟)　栽培品种

Chaenomeles speciosa(Sweet)Nakai 'NIVEA'

'Nivea'(A. Leroy Nurs. ,Angers,Fr. ,Cat. 1873).

本栽培品种单花具花瓣 5 枚,花亮白色。

产地:?。选育者:起源不清,1873 年命名。

118. '雪白 深红色'贴梗海棠(新拟)　栽培品种

Chaenomeles speciosa(Sweet)Nakai 'Nivea coccinea'

'Nivea coccinea'(*Chaenomeles japonica nivea coccinea* L. Leroy Nurs. , Angers,Fr. ,Cat. 1876,without description)= 'NIVEA EXTUS COCCINEA'.

'NIVEA EXTUS COCCINEA'(Van Houtte Nurs. ,Ghent,Belg. Cat. 1867,without description)

本栽培品种单花具花瓣 5 枚,花白色,花瓣外面深粉红色。

产地:?。选育者:起源不清,1867 年命名。

119. '雪白 内面洋红色'贴梗海棠(新拟)　栽培品种

Chaenomeles speciosa(Sweet)Nakai 'NIVEA INTUS KERMESINA'

'NIVEA INTUS KERMESINA'(Späth Nurs. ,Berlin,Germ. ,Cat. 1887).

本栽培品种单花具花瓣 5 枚,花白色,具蔷薇红色-粉红色斑点。

产地:?。选育者:起源不清,1887 年命名。

120. '奥蒙德·克里姆森'贴梗海棠(新拟)　栽培品种

Chaenomeles speciosa(Sweet)Nakai 'ORMOND CRIMSON'

'ORMOND CRIMSON'(Harrison,Handb. Trees & Shrubs South. Hem. 87. 1959).

本栽培品种花重瓣,深红色。它系'FALCONNET CHARLET'实生株。

产地:?。选育者:Ormond Plant Farm,Ormond,Australia,1959 年。

121. '奥蒙德·斯卡莱特'贴梗海棠(新拟)　栽培品种

Chaenomeles speciosa(Sweet)Nakai 'Ormond Scarlet'

'Ormond Scarlet'(Harrison,Handb. Trees,& Shrubs South. Hem. 87. 1959).

本栽培品种重瓣,鲑肉状红色。它系'Falconnet Charlet'实生植株。

产地:?。选育者:Ormond Plant Farm,Ormond,Australia,1959 年。

122. '太平洋沿岸 红色'贴梗海棠(新拟)　栽培品种

Chaenomeles speciosa(Sweet)Nakai 'PACIFIC RED'

'PACIFIC RED'(*Chaenomeles lagenaria* Pacific Red,Natorp Nurs.,Cincinnati,Ohio,Cat. 1956).

本栽培品种单花具花瓣 5 枚,花粉红色到红色。果实橙状,脐状。

产地:?。选育者:Natorp Nursery,1956 年命名。

123. '橙粉花'贴梗海棠(新拟)　栽培品种

Chaenomeles speciosa(Sweet)Nakai 'PAPELEUI'

'PAPELEUI'(*Cydonia japonica* Papeleui Lemaire,III. Hort. 7:260. f. 2. 1860).

本栽培品种单花具花瓣 5 枚,花橙黄色,边缘粉红色。果实橙状,脐状。

产地:?。选育者:Moerloose's selections,1860 年命名。

124. '花序梗'贴梗海棠(新拟)　栽培品种

Chaenomeles speciosa(Sweet)Nakai 'PEDUNCULATA'

'PEDUNCULATA'(*Chaenomeles japonica pedunculata* Carrière,Rev. Hort. 1877:192. f. 34. 1877).

本栽培品种单花具花瓣 5 枚,花蔷薇红色-粉红色。果实梨状,脐状。

产地:?。选育者:起源不清。

125. '下垂'贴梗海棠(新拟)　栽培品种

Chaenomeles speciosa(Sweet)Nakai 'PENDULA'

'PENDULA'(*Cydonia japonica* var. *pendula* Rehder in Bailey,Cycl. Am. Hort. 1:427. 1900).

本栽培品种枝条纤细和下垂。花色和起源不清。

产地:?。选育者:起源不清,1900 年命名。

126. '刺状 石楠'贴梗海棠(新拟)　栽培品种

Chaenomeles speciosa(Sweet)Nakai 'PHYLIS MOORE'

'PHYLIS MOORE'(*Cydonia japonica* Phylis Moore,Anonymous,Gard. Chron. III. 91:1. pl. 1932).

'Phylis Moore'(Krüssmann,Deutsche Baumsch. 4(4):88. 1952)= 'PHYLIS MOORE'.

本栽培品种花半重瓣,粉红色和蔷薇红色-粉红色。果实卵球状,具强状条带,脐状。

产地:?。选育者:Knap Hill Nursery,1930 年,Lady Moore 命名。

127. '粉红花'贴梗海棠(新拟)　栽培品种

Chaenomeles speciosa(Sweet)Nakai 'Pink'

'Pink'(Princeton Nurs.,Princeton,N. J.,Cat. 1938)= 'ROSEA SEMIPLENA'.

'ROSEA SEMIPLENA'(*Cydonia japonica rosea semiplena* Anonymous[list of C. Baltet] Garden 13:144.
1878,without description).

本栽培品种花半重瓣,亮-粉红色。

产地:?。选育者:起源不清,1978 年命名。

128. '梨果状'贴梗海棠(新拟) 栽培品种

Chaenomeles speciosa(Sweet)Nakai 'Piriformis'

'Piriformis'(*Chaenomeles japonica piriformis* Mouillefert,Traité Arb. & Arbriss. 1: 540. 1892)= 'PYRIFORMIS'.

'PYRIFORMIS'(*Chaenomeles lagenaria pyriformis* Camus,Arb. ,Arbust. & Arbriss. Orn. 39. 1923).

本栽培品种花色不清。果实梨果状。

产地:?。选育者:起源不清,1892 年命名。

129. '重瓣'贴梗海棠(新拟) 栽培品种

Chaenomeles speciosa(Sweet)Nakai 'Plena'

'Plena'(*Cydonia japonica plena* Prince Nurs. ,Flushing,N. Y. ,Cat. 1844)= 'RUBRA PLENA'.

'RUBRA PLENA'(*Chaenomeles lagenaria pyriformis* Camus,Arb. ,Arbust. & Arbriss. Orn. 39. 1923).

本栽培品种花重瓣,红色。

产地:日本。选育者:起源不清,1978 年命名。

130. '帝王'贴梗海棠(新拟) 栽培品种

Chaenomeles speciosa(Sweet)Nakai 'PRINCEPS'

'PRINCEPS'(*Cydonia japonica princeps* Veitch Nurs. ,Kingston Hill,Engl. ,Cat. 1867-68).

本栽培品种单花具花瓣 5 枚,暗深红色-红色。

产地:英格兰。选育者:起源不清,1867 年命名。

131. '艾米尔·桑扎·帝王'贴梗海棠(新拟) 栽培品种

Chaenomeles speciosa(Sweet)Nakai 'Princeps Emile Sontza'

'Princeps Emile Sontza'(*Chaenomeles japonica* Princesse Emile Sontza,Ellwanger & Barry Nurs. ,Rochester, N. Y. ,Cat. 1867)= 'PRINCESSE EMILIE SOUTZO'.

'Princesse Emilie'(*Chaenomeles japonica* Princesse Emilie Parsons Nurs. ,Flushing,N. Y. ,Cat. 1873) = 'PRINCESSE EMILIE SOUTZO'..

'PRINCESSE EMILIE SOUTZO'(*Cydonia japonica* Princesse Emilie Soutzo,Lemaire III. Hort. 7:260. 1860).

本栽培品种单花具花瓣 5 枚,暗红色。

产地:?。选育者:Moerloose,Ledeberg,Belgium,1860 年。Moldavian Princess,EmilieSoutzo 命名。

132. '红'贴梗海棠(新拟) 栽培品种

Chaenomeles speciosa(Sweet)Nakai 'Red'

'Red'(*Chaenomeles japonica red*,Parsons Nurs. ,Flushing,N. Y. ,Cat. 1875,without description)= 'RUBRA'.

'RUBRA'(*Chaenomeles japonica rubra* L. Leroy Nurs. ,Angers,Fr. ,Cat. 1872).

本栽培品种单花具花瓣 5 枚,亮红色。

产地:日本。选育者:Banks,1796 年。

133. '红色 涟漪'贴梗海棠(新拟) 栽培品种

Chaenomeles speciosa(Sweet)Nakai 'Red Ripples'

'Red Ripples'(Stribbling Nurs. ,Merced,Calif. ,Wholesale Price List 1958)= 'RED RUFFLES'.

'RED RUFFLES'(Clarke Nurs,San Jose,Calif. Wholesale Price List 1951).

本栽培品种枝条几乎成刺。单花具花瓣 5 枚,红色。果实卵球状,脐状。

产地:?。选育者:W. B. Clarke,introduced,1951 年。

134. '红 小仙子'贴梗海棠(新拟) 栽培品种

Chaenomeles speciosa(Sweet)Nakai 'RED SPRITE'

'RED SPRITE'(H. R. Kemmerer & J. C. McDaniel,Am. Nurs. May1,1961:55. 1961).

本栽培品种灌木密丛。单花具花瓣5枚,蔷薇红色-红色。

产地:?。选育者:Dr. A. Colby,1961年。

135. '红 直立'贴梗海棠(新拟) 栽培品种

Chaenomeles speciosa(Sweet)Nakai 'Red Upright'

'Red Upright'(Burwell Nurs. ,Columbus,Ohio,Price List 1961.)= 'RUBRA'.

'Rubriflora'(*Cydonia speciosa* var. *a rubriflora* Guimpel et al. , Abbild. Fremd. Holzg. 1:88,pl. 70. 1825)= 'RUBRA'.

'RUBRA'(*Chaenomeles japonica* rubra L. Leroy Nurs. ,Angers,Fr. Cat. 1872).

本栽培品种单花具花瓣5枚,亮红色。

产地:日本。选育者:Banks,1796年。

136. '重瓣 蔷薇红色花'贴梗海棠(新拟) 栽培品种

Chaenomeles speciosa(Sweet)Nakai 'Rosea flora pleno'

'Rosea flora pleno'(*Chaenomeles lagenria rosea florapleno* Hillir Nurs. ,Winchester,Engl. ,Cat. 1958-59)= 'ROSEA PLENA'.

'ROSEA PLENA'(*Cydonia japonica rosea flore plena* Anonymous [list of Baltet] Garden 13:144. 1878, without description).

'Rosea flore plena'(*Chaenomeles japonica rosea flore plena* Waterers Nurs. ,Twyford,Engl. ,Cat. 1950-51)= 'ROSEA PLENA'.

本栽培品种花半重瓣,粉红色至珊瑚-粉红色。果实卵球状,具条纹。

产地:?。选育者:Otto Froebel,Zurich Switzerland,1878年。

137. '蔷薇红色 大花'贴梗海棠(新拟) 栽培品种

Chaenomeles speciosa(Sweet)Nakai 'ROSEA GRANDIFLORA'

'ROSEA GRANDIFLORA'(*Chaenomeles japonica rosea grandiflora* Van Houtte Nurs. ,Ghent,Belg. ,Cat. 1869,without description).

'Rosea grandiflora semiplena'(Späth Nurs. ,Berlin,Germ,Cat. 1889)= 'Rosea semiplena'.

本栽培品种单花具花瓣5枚,花白色、白色和粉红色,具柠檬色条纹。果实苹果状,具条带,脐状。

产地:?。选育者:起源不清,1869年。

138. '蔷薇红色花 重瓣'贴梗海棠(新拟) 栽培品种

Chaenomeles speciosa(Sweet)Nakai 'Rosea flora pleno'

'Rosea flora pleno'(*Chaenomeles lagenria rosea florapleno* Hillir Nurs. ,Winchester,Engl. ,Cat. 1958-59)= 'ROSEA PLENA'.

'Rosea flora plena'(*Chaenomeles japonica rosea flore plena* Waterers Nurs. ,Twyford,Engl. ,Cat. 1950-51)= 'Rosea Plena'.

'Rosea Plena'(*Cydonia japonica rosea plena* Anonymous[list of C. Baltet] Garden 13:144. 1878,without description).

本栽培品种花半重瓣,花珊瑚状-粉红色。果实卵球状,具条带。

产地:?。选育者:Otto Froebel, Zurich, Switzerland,1878年。

139. '蔷薇红色 半重瓣'贴梗海棠(新拟) 栽培品种

Chaenomeles speciosa(Sweet)Nakai 'ROSEA SEMIPLENA'

'ROSEA SEMIPLENA'(*Cydonia japonica rosea semiplena* Anonymous[list of C. Baltet] Garden 13:144.

1878，without description）．

本栽培品种花半重瓣，花亮粉红色。

产地：?。选育者：起源不清，1876 年。

140.'蔷薇红-粉红色花'贴梗海棠（新拟）　栽培品种

Chaenomeles speciosa（Sweet）Nakai 'Rosepink'

'Rosepink'（*Chaenomeles japonica rosepink*，Leonard Nurs.，Piqua，Ohio，Cat. 1934）= 'UMBILICATA'.

'UMBILICATA'（*Cydonia japonica* var. *umbilicata* Sieb. & De Vriese，Jaarb. Kon. Ned. Maatsch. 1848:17. pl. opp. 50. 1848）．

本栽培品种单花具花瓣 5 枚，蔷薇红色-红色。果实苹果状，脐状。

产地：日本。选育者：P. F. von Siebold，1847 年。

141.'红色花'贴梗海棠（新拟）　栽培品种

Chaenomeles speciosa（Sweet）Nakai 'RUBRA'

'RUBRA'（*Chaenomeles japonica rubra*，L. Leroy.，Nurs.，Angers，Cat. 1872）．

'Rubriflora'（*Cydonia speciosa* var. *arubriflora* Guimpel et al.，Abbild. Fremd. Holzg. 1:88. pl. 70. 1825）= 'RUBRA'.

'Upright Red'（Burr Nurs.，Manchester，Conn.，Cat. 1958-59，without description）= 'RUBRA'.

'Scarlet'（*Chaenomeles japonica* scarlet，Ellwanger & Barry Nurs. Rochester，N. Y.，Cat. 1867）= 'RUBRA'.

'Upright'（Adam Nurs.，Westfield，Mass.，Cat. 1957）= 'RUBRA'.

'Upright Red'（Burr Nurs.，Manchester，Conn.，Cat. 1958-59，without description）= 'RUBRA'.

本栽培品种单花具花瓣 5 枚，亮红色。

产地：日本。选育者：Banks，1796 年。

142.'红色 大花'贴梗海棠（新拟）　栽培品种

Chaenomeles speciosa（Sweet）Nakai 'RUBRA GRANDIFLORA'

'RUBRA GRANDIFLORA'（*Chaenomeles japonica rubra grandiflora* Van Houtte Nurs.，Ghent，Belg. Cat. 1867，without description）．

本栽培品种单花具花瓣 5 枚，大型。深橙黄-红色。果实苹果状，或橙果状，脐状。

产地：?。选育者：Moerloose，Ledeberg，Belgium，1857 年

143.'红色 重瓣花'贴梗海棠（新拟）　栽培品种

Chaenomeles speciosa（Sweet）Nakai 'RUBRA PLENA'

'RUBRA PLENA'（*Chaenomeles Lgenaria rubra plena* Camus，Arb.，Arbust. & Arbriss. Orn. 39. 1923）．

本栽培品种花重瓣，红色。

产地：?。选育者：起源不清，1844 年。

144.'红色 半重瓣花'贴梗海棠（新拟）　栽培品种

Chaenomeles speciosa（Sweet）Nakai 'RUBRA SEMIPLENA'

'Rosea aurantiaca'（*Cydonia japonica rubra semiplena* Lemoine Nurs.，Nancy，Fr.，Cat. No. 90. 1881，without description）= 'RUBRA SEMIPLENA'..

'Semi-alba-pleno'（Chaenomeles japonica semi-alba-pleno，Ellwanger & Barry Nurs.，Rochester，N. Y.，Cat. 1886）= 'Alba Semiplena'.

'Semi-pleno'（Chaenomeles japonica semi-plena，Van Houtte Nurs.，Ghent，Belg.，Cat. 1869，without description）= 'RUBRA SEMIPLENA'.

'Semipleno'(Chaenomeles japonica semipleno, Vollert Nurs. , Lubeck, Germ. , Cat. 1899 – 1900, without description) = 'RUBRA SEMIPLENA'.

本栽培品种花半重瓣,红色。

产地:?。选育者:起源不清,1887 年。

145. '红色-血红色 重瓣花'贴梗海棠(新拟)　栽培品种

Chaenomeles speciosa(Sweet)Nakai 'Rubro-sanguinea plena'

'Rubro – sanguinea plena'(*Cydonia japonica rubro – semiplena plena* Grignan, Rev. Hort. 1903:20. 1903) = 'SANGUINEA PLENA'..

'Sanguinea plena'(*Cydonia japonica sanguinea plena* Froebel Nurs. , Zurich, Switz. , Cat. no. 1880, without description)

本栽培品种花半重瓣,蔷薇红色-红色。

产地:日本。选育者:起源不清,1880 年。

146. '罗素红'贴梗海棠(新拟)　栽培品种

Chaenomeles speciosa(Sweet)Nakai 'RUSSELL'S RED'

'RUSSELL'S RED'(Cult. at Tudor House, Ripley, Engl. , from Richmond Nurs. , Windlesham, Engl.).

本栽培品种单花具花瓣 5 枚,亮鲑肉状-红色。

产地:?。选育者:L. R. Russell, Windlesham, Enhland, 1961 年, Russell Nursery 命名。

147. '柳叶'贴梗海棠(新拟)　栽培品种

Chaenomeles speciosa(Sweet)Nakai 'SALICIFOLIA'

'SALICIFOLIA'(*Chaenomeles japonica salicifolia* Verschaffelt Nurs. , Ghent, Belg. , Cat. 1876 – 77, without description).

本栽培品种"似柳叶"。花和起源不清。

产地:?。选育者:起源不清,1876 命名。

148. '血红色 重瓣花'贴梗海棠(新拟)　栽培品种

Chaenomeles speciosa(Sweet)Nakai 'Sanguinea flore pleno'

'Sanguinea flore pleno'(Van Geet Nurs. , Anvers, Belg. , Cat. 1893, without description) = 'SANGUINEA PLENA'.

'Sanguinea flore pleno'(Van Geet Nurs. , Anvers, Belg. , Cat. 1893, without description) = 'SANGUINEA PLENA'.

'Sanguinea plena'(Cydonia japonica sanguinea plena Froebel Nurs. , Zurich, Switz. , Cat. no. 90. 1880, without description).

本栽培品种花半重瓣,蔷薇红色-红色。

产地:?。选育者:Otto Froebel, 1880 命名。

149. '血红色 多花'贴梗海棠(新拟)　栽培品种

Chaenomeles speciosa(Sweet)Nakai 'Sanguinea multiflora'

'Sanguinea multiflora'(Carrière, Rev. Hort. 1886:182. 1886) = 'SANGUINEA PLENA MULTIFLO-RA'.

'SANGUINEA PLENA MULTIFLORA'(*Cydonia japonica sanguinea plena* multiflora Froebel Nurs. , Zurich, Switz. , Cat. no. 90. 1880, without description)..

本栽培品种单花具花瓣 5 枚,多花,"血红色"。

产地:?。选育者:Otto Froebel, 1880 命名。

150. '血红色 重瓣花'贴梗海棠(新拟)　栽培品种

Chaenomeles speciosa(Sweet)Nakai 'Sanguinea plena'

'Sanguinea plena'(*Cydonia japonica sanguinea plena* Froebel Nurs. ,Zurich,Switz. ,Cat. no. 90. 1880, without description).

本栽培品种花半重瓣,蔷薇红色-红色。

产地:?。选育者:Otto Froebel,1880 年命名。

151. '血红色 重瓣 多花'贴梗海棠(新拟) 栽培品种

Chaenomeles speciosa(Sweet)Nakai 'SANGUINEA PLENA MULTIFLORA'

'SANGUINEA PLENA MULTIFLORA'(*Cydonia japonica sanguinea plena multiflora* Froebel Nurs. ,Zurich,Switz. ,Cat. no. 90. 1880,without description).

本栽培品种单花具花瓣 5 枚,"血红色"。花很多。

产地:?。选育者:Otto Froebel,1880 年命名。

152. '血红色 半重瓣花'贴梗海棠(新拟) 栽培品种

Chaenomeles speciosa(Sweet)Nakai 'SANGUINEA SEMIPLENA'

'SANGUINEA SEMIPLENA'(*Chaenomeles japonica sanguinea semiplena* Späth Nurs. ,Berlin,Germ. , Cat. 1910-11).

本栽培品种单花半重瓣,花很多,深红色-红色。果实小型,苹果状,脐状。

产地:?。选育者:Ludwig Spath says""Hort. ,",1905 年命名。

153. '长匍茎'贴梗海棠(新拟) 栽培品种

Chaenomeles speciosa(Sweet)Nakai 'SARMENTOSA'

'SARMENTOSA'(*Chaenomeles japonica samentosa* Beissner et al. ,Handb. Laubh. -Ben. 182. 1903, without description).

本栽培品种花色和起源不清。

产地:?。选育者:起源不清楚,1869 年命名。

154. '迟'贴梗海棠(新拟) 栽培品种

Chaenomeles speciosa(Sweet)Nakai 'SEROTINA'

'SEROTINA'(*Chaenomeles japonica serotina*,André,Rev. Hort. 1894:424. f. 155. 156. 1894).

本栽培品种伞房花序,夏花。单花具花瓣 5 枚,花红色。果实脐状,具花序梗。

产地:法国。选育者:Mr. Morel,1893 年命名。

155. '白泷'贴梗海棠(新拟) 栽培品种

Chaenomeles speciosa(Sweet)Nakai 'SHIRATAUM'

'SHIRATAUM'(Taranto Gard. ,Pallanza,It. ,List of Seeds 1956-57).

本栽培品种叶狭窄。单花具花瓣 5 枚,花白色。

产地:日本。选育者:K. Wada。

156. '斯密凯娜'贴梗海棠(新拟) 栽培品种

Chaenomeles speciosa(Sweet)Nakai 'SIMIRENKIANA'

'SIMIRENKIANA'(*Chaenomeles japonica Simirenkiana* Simirenko,Rev. Hort. 1888:518).

本栽培品种叶白色。单花具花瓣 5 枚,花淡红色。

产地:?。选育者:起源不清楚。

157. '西蒙'贴梗海棠(新拟) 栽培品种

Chaenomeles speciosa(Sweet)Nakai 'SIMONII'

'SIMONII'(*Chaenomeles japonica Simonii* Andre,Rev. Hort. 1883:275. 1883).

'Simonis'(*Chaenomeles japonica Simonis* Van Geet Nurs. ,Anvers,Beig. ,Cat. 1893,without description)='SIMONII'.

'Simoni rubra'(*Chaenomeles japonica Simon rubra* Letellier Nurs. ,Caen,Fr. ,Cat. 1909-10)='SIMO-NII'.

'Simonii'［英］克里斯托弗·布里克尔主编. 杨秋生,李振宇主译. 世界园林植物花卉百科全书. 郑州:河南科技出版社,2004:522。注:株高1.0 m,冠幅2.0 m。花多,半重瓣,纯白色。

本栽培品种花半重瓣,花暗深红色-红色,经常有绿色符号。果实小型,不规则卵球状,具有条带,萼增大。像'TROSANGUINEA PLENAI'

产地:法国。选育者:Sinmon-Louis Nursery,1882 年命名。

158. '雪'贴梗海棠(新拟)　栽培品种

Chaenomeles speciosa(Sweet)Nakai 'SNOW'

'SNOW'(Clarke Nurs. ,San Jose,Calif. ,Gard. Aristocrats 12:12. 1945).

'Snow White'(*Chaenomeles lagenaria* Snow White,Light Trees Nurs. ,Richland,Mich. ,Price List 1958, without description)='SNOW'.

本栽培种单花具花瓣 5 枚,大型。花白色。果实苹果状,萼增大。

产地:?。选育者:W. B. Clarke,1945 年命名。

159. '雪 女王'贴梗海棠(新拟)　栽培品种

Chaenomeles speciosa(Sweet)Nakai 'SNOW QUEEN'

'SNOW QUEEN'(Hillier Nurs. ,Winchester,Engl. ,Cat. 1942).

本栽培品种单花具花瓣 5 枚,花亮白色。

产地:?。选育者:起源不清楚,1942 年命名。

160. '大萼'贴梗海棠(新拟)　栽培品种

Chaenomeles speciosa(Sweet)Nakai 'SPITFIRE'

'SPITFIRE'(Anonymous,Am. Nurs. ,May 15. 1949).

'Upiright Spitfire'(Wayside Gard. ,Mentor,Ohio,Cat. 1950)='Spitfire'. .

本栽培品种柱状灌木。单花具花瓣 5 枚,花深红色-红色。果实苹果状,具条带,萼增大。

产地:?。选育者:Wayside Gardens,Mentor Ohio,1949 年命名。

161. '光亮'贴梗海棠(新拟)　栽培品种

Chaenomeles speciosa(Sweet)Nakai 'SPLENDENS'

'SPLENDENS'(*Chaenomeles japonica splendens* Van Geert Nurs. ,Anvers,Belg. ,Cat. 1893,without de-scription).

本栽培品种花和起源不清。

产地:?。选育者:不清楚,1893 年命名。

162. '星光'贴梗海棠(新拟)　栽培品种

Chaenomeles speciosa(Sweet)Nakai 'STARLIGHT'

'STARLIGHT'(H. R. Kemmerer & J. C. McDaniel,Am. Nurs. ,May1,1961:10 & 53. f. 1961).

本栽培品种单花具花瓣 5 枚,花白色。一些恢复到粉红色,或红色原状。

产地:?。选育者:Dr. A. C0lby,1961 年命名。

163. '条纹'贴梗海棠(新拟)　栽培品种

Chaenomeles speciosa(Sweet)Nakai 'STRIATA'

'STRIATA'(*Chaenomeles japonica striata* A. Leroy Nurs. ,Angers,Fr. ,Cat. 1873,without description).

本栽培品种花和起源不清。

产地:?。选育者:A. Leroy,1873 年命名。

164. '硫黄色花'贴梗海棠(新拟)　栽培品种

Chaenomeles speciosa(Sweet)Nakai 'Sulphurea'

'Sulphurea'(*Chaenomeles japonica sulphurea* Desfossé-Thuillier Nurs. , Orléans, Fr. , Cat. 1874, without description)= 'SULPHUREA PERFECTA'.

'Sulphurea aurea'(Dickinson Nurs. , Chatenay, Fr. , Cat. 1904 – 05, without description)= 'SULPHUREA PERFECTA'.

'SULPHUREA PERFECTA'(*Chaenomeles japonica sulphurea* perfecta Van Houtte Nurs. , Ghent, Belg. Cat. 1867, without description).

本栽培品种单花具花瓣 5 枚,花黄白色。

产地:?。选育者:Louis van Houtte,1867 年命名。

165. '塔-伊希'贴梗海棠(新拟)　栽培品种

Chaenomeles speciosa(Sweet)Nakai 'TAIOH-NISHIKI'

'TAIOH-NISHIKI'(Hakoneya Nurs. , Numazu-shi, Jap. , "Jap. Gard. Treasures"1941).

'Taroyishi'(cult. at the Ida Cason Callaway Gard. , Pine Mountains, Ga.)= 'TAIOH-NISHIKI'.

本栽培品种花单瓣,或重瓣。花朱砂红色-红色。果实大型,卵球状,脐状。

产地:?。选育者:K. Wada,1941 年命名。

166. '塔尼-不-尤基'贴梗海棠(新拟)　栽培品种

Chaenomeles speciosa(Sweet)Nakai 'TANI-NO-YUKI'

'TANI-NO-YUKI'(*Cydonia japonica* Tani-no-Yuki, Hakoneya Nurs. , Numazu-shi, Jap. , "Jap. Gard. Treasures"1936).

本栽培品种单花具花瓣 5 枚,花亮红色,基部白色。果实苹果状,具条带,脐状。

产地:?。选育者:K. Wada,1936 年命名。

167. '葡萄'贴梗海棠(新拟)　栽培品种

Chaenomeles speciosa(Sweet)Nakai 'TATSUGASHIRA'

'TATSUGASHIRA'(Ishii, Engei Shokubutsu Zufu 6, no. 1136, var. 11. 1930-34).

本栽培品种枝条葡萄地面,具很多枝刺。叶柳叶形。单花具花瓣 5 枚,花橙红色-红色。果实小型,橙果状,具有橙黄色尖。

产地:日本。选育者:不清楚。

168. '得克萨斯 粉红色花'贴梗海棠(新拟)　栽培品种

Chaenomeles speciosa(Sweet)Nakai 'TEXAS PINK'

'TEXAS PINK'(Willis Nurs. , Ottawa, Kaans. , Price List 1957-58).

本栽培品种单花具花瓣 5 枚,花蔷薇红色-粉红色。果实橙果状,脐状。

产地:?。选育者:不清楚,1957 年命名。

169. '东洋锦'贴梗海棠(新拟)　栽培品种

Chaenomeles speciosa(Sweet)Nakai 'TOYO-NISHIKI'

'TOYO-NISHIKI'(Hakoneya Nurs. , Numazu-shi, Jap. , "Jap. Gard. Treasures"1941).

'Toyonishiki'(Toyonisiki)(E. L. Kammerer, Morton Arb. Bull. 29(5):20. 1954)= 'TOYO-NISHIKI'.

本栽培品种枝条粉红色和红色。单花具花瓣 5 枚,花白色,白色和粉红色。果实大型,苹果状,脐状。

产地:日本。选育者:K. Wada,1941 年命名。

170. '小伞形花序'贴梗海棠(新拟)　栽培品种

Chaenomeles speciosa(Sweet)Nakai 'Umbellata'

'Umbellata' (*Chaenomeles lagenaria umbellata* Jackman Nurs. , Woking, Engl. , Cat. 1936 – 37) = 'UMBILICATA'.

'Umbellicata' (*Chaenomeles japonica umbellicata* Kelways Nurs. , Langport, Engl. , Cat. 1928) = 'UMBILICATA'.

'Umbiliticata rosea' (*Chaenomeles japonica umbellicata* rosea Van Houtte Nurs. , Ghent, Engl. , Cat. 1868, without description) = 'UMBILICATA'.

'Umbicillata' (*Cydonias japonica umbicillata* Prince Flushing, N. Y. , Cat. 1856) = 'UMBILICATA'.

'UMBILICATA' (*Cydonias japonica* var. *umbicillata* Sieb. & De Vriese, Jaarb. Kon. Ned. Maatsch. 1848:17. pl. opp. 50. 1848).

本栽培品种单花具花瓣 5 枚,花蔷薇红色-红色。果实苹果状,脐状。

产地:?。选育者:P. F. Van Siebold,1847 年命名。

171. '脐状 矮小'贴梗海棠(新拟) 栽培品种

Chaenomeles speciosa(Sweet)Nakai 'UMBILICATA NANA'

'UMBILICATA NANA' (*Cydonias japonica umbicillata nana* Papeleu Nurs. ,Ledeberg,Belg. ,Cat. 1852– 53).

'Umbilisata' (Kluis & Koning Nurs. , Boskoop, Neth. , Cat. 1912, without description) = 'UMBILICA-TA'.

'Umbilitica' (Kelways Nurs. ,Langport,Engl. ,Cat. 1940) = 'UMBILICATA'

'Umbiliticata rosea' (Bunyard,The Planters' Haandbook,86. 1908) = 'UMBILICATA'.

本栽培品种矮灌木,几乎具刺。单花具花瓣 5 枚,花橙红色-红色。

产地:?。选育者:Moerloose Ledeberg,Belgium,1852 年命名。

172. '直立 粉红色花'贴梗海棠(新拟) 栽培品种

Chaenomeles speciosa(Sweet)Nakai 'UPRIGHT PINK'

'UPRIGHT PINK' (Burr Nurs. ,Manchester,Conn. ,Cat. 1958−59,without description).

本栽培品种单花具花瓣 5 枚,粉红色。

产地:?。选育者:起源不清楚,1958 年命名。

173. '先锋'贴梗海棠(新拟) 栽培品种

Chaenomeles speciosa(Sweet)Nakai 'VAN AERSCHODTI'

'VAN AERSCHODTI' (Van Geert Nurs. ,Anvers,Belg. ,Cat. 1893,without description).

本栽培品种花和起源不清。

产地:?。选育者:起源不清,1893 年命名。

174. '易变 三色花'贴梗海棠(新拟) 栽培品种

Chaenomeles speciosa(Sweet)Nakai 'Variabilis tricolor'

'Variabilis tricolor' (A. Leroy Nurs. ,Angers,Fr. ,Cat. 1873,without description) = 'VARIEGATA'.

'VARIEGATA' (*Cydonia japonica variegata* Van Houtte Nurs. ,Ghent,Engl. ,Cat. 1869,without description).

本栽培品种花和起源不清。

产地:?。选育者:起源不清, 1869 年命名。

175. '变色'贴梗海棠(新拟) 栽培品种

Chaenomeles speciosa(Sweet)Nakai 'VERSICOLOR'

'VERSICOLOR' (*Chaenomeles japonica versicolor* Osborn Nurs. , Fulham, Engl. , Cat. 1870, without description)。

本栽培品种单花具花瓣5枚,花白色和粉红色。果实卵球状,脐状。

产地:?。选育者:起源不清, 1870 年命名。

176. '变色 深黄色花'贴梗海棠(新拟) 栽培品种

Chaenomeles speciosa(Sweet)Nakai 'Versicolor lutea'

'Versicolor lutea' (*Chaenomeles japonica versicolor lutea* Van der Bom Nurs. , Oudenbosh, Neth. , Cat. 1907, without description)= 'Versicolor Lutescens'.

'VERSICOLOR LUTESCENS' (*Chaenomeles japonica versicolor lutescens* A. Leroy Nurs. , Angers, Fr. , Cat. 1865, without description)。

本栽培品种单花具花瓣5枚,花鲑肉状粉红色,具橙黄色-红色晕。果实不规则状倒卵球状,脐状。

产地:?。选育者:起源不清,1870 年命名。

177. '变色 黄色花'贴梗海棠(新拟) 栽培品种

Chaenomeles speciosa(Sweet)Nakai 'VERSICOLOR LUTESCENS'

'Versicolor lutea' (*Chaenomeles japonica versicolor lutea* Van der Bom Nurs. , Oudenbosh, Neth. , Cat. 1907, without description)= 'VERSICOLOR LUTESCENS'.

'VERSICOLOR LUTESCENS' (*Chaenomeles japonica versicolor lutescens* A. Leroy Nurs. , Angers, Fr. , Cat. 1865, without description)。

本栽培品种单花具花瓣5枚,花鲑肉状粉红色-粉红色,具橙黄色-红色晕。果实不规则状倒卵球状,脐状。

产地:?。选育者:起源不清,1870 年命名。

178. '变色 重瓣花'贴梗海棠(新拟) 栽培品种

Chaenomeles speciosa(Sweet)Nakai 'VERSICOLOR PLENA'

'VERSICOLOR PLENA' (*Cydonias japonica versicolor plena* Anonymous [list of C. Baltet] Garden 13: 144. 1878, without description)。

本栽培品种花半重瓣,花肉红色到蔷薇红色-粉红色。

产地:?。选育者:起源不清,1878 年命名。

179. '变色 半重瓣花'贴梗海棠(新拟) 栽培品种

Chaenomeles speciosa(Sweet)Nakai 'VERSICOLOR SEMIPLENA'

'VERSICOLOR SEMIPLENA' (*Cydonias japonica versicolor semiplena* Froebel Nurs. , Zurich, Switz. , Cat. no. 90. 1880, without description)。

本栽培品种花半重瓣,花白色和粉红色。

产地:?。选育者:Otto Froebel, 1880 年命名。

180. '绿色花'贴梗海棠(新拟) 栽培品种

Chaenomeles speciosa(Sweet)Nakai 'Viridis'

'Lutea Viridis' (*Chaenomeles japonica lutea viridis* Van Houtte Nurs. , Ghent, Belg. , Cat. 1869, without description)。

本栽培品种单花具花瓣5枚,大型,花绿色。

产地:日本。选育者:起源不清,1869 年命名。

181. '白色 直立花'贴梗海棠(新拟) 栽培品种

Chaenomeles speciosa(Sweet)Nakai 'WHITE UPRIGHT'

'WHITE UPRIGHT' (Natorp Nurs. , Cincinnati, Ohio, Cat. 1958, without description)。

本栽培品种单花具花瓣5枚,花白色。

产地:?。选育者:起源不清,1956 年命名。

182. '虞优'贴梗海棠(新拟)　栽培品种

Chaenomeles speciosa(Sweet)Nakai 'YUYO'

'Yuga'(name in an unpublished list of Dr. H. R. Kemmerer,Univ. of. III.)= 'YUYO'.

'YUYO'(Hakoneya Nues. ,Numazu-shi,Jap. ",Jap. Gard. Treasures''1941).

本栽培品种单花具花瓣 5 枚,花有土色、朱砂色。

产地:?。选育者:K. Wada,1941 年命名。

加利福尼亚杂种贴梗海棠(新拟)　木瓜贴梗海棠 × 贴梗海棠

Chaenomeles × californica Clarke,Garden Aristocrats 7:13. 1940.

C. Weber. CULTIVARS IN THE GENUS CHAENOMELES:Vol. 23. April 5. Number 3:50~53. 1963

形态特征:落叶灌木,高 6 英寸。小枝硬,直立,像木瓜贴梗海棠,但是,更多,强壮的杏黄色短枝;幼枝疏被柔毛,尤其是第 2 年生枝具小瘤突。叶披针形,同时在幼叶背面显示亮的密被褐色茸毛,同时边缘锯齿介于木瓜贴梗海棠与华丽贴梗海棠。单花具花瓣 5 枚,大型,通常为粉红色,或蔷薇红色、红色,或同时具有 2 种颜色。果实中等至大型,卵球状、苹果状及橙状。

栽培品种

1. '阿瑟·科尔比'加利福尼亚杂种贴梗海棠(新拟)　栽培品种

Chaenomeles × californica Clarke 'ARTHUR COLBY'

'ARTHUR COLBY'(H. R. Kemmerer J. C. McDaniel,Am. Nurs.,Maay 1,1961:54. 1961).

本栽培品种单花具花瓣 5 枚,花蔷薇红色-粉红色。果实梨果状。

产地:?。选育者:Dr. Arthur Colby。Messrs. Kemmerer and McDaniel 命名。

2. '北极光'加利福尼亚杂种贴梗海棠(新拟)　栽培品种

Chaenomeles × californica Clarke 'Aurora'

'Aurora'(Clarke Nurs.,San Jose,Calif.,Wholesale Price List May 1,1953)= 'DAWN'.

'DAWN'(formerly 'Aurora',a name retained for another cultivar).

本栽培品种单花具花瓣 5 枚,花柔粉红色和深红色-蔷薇色。果实梨果状。

产地:英国。选育者:W. B. Clarke 命名。

3. '加利福尼亚'杂种贴梗海棠(新拟)　栽培品种

Chaenomeles × californica Clarke 'CALIFORNIA'

'CALIFORNIA'(Clarke Nurs.,San Jose,Calif.,Wholesale Price List Nov. 15, 1948).

'Californica'(Clarke Nurs.,San Jose,Calif.,Gard. Aristocrats 7 13. 1940). No. 327 = 'CALIFOR-NIA'.

本栽培品种单花具花瓣 5 枚,花粉红色和蔷薇色-粉红色。果实梨果形状。

产地:?。选育者:W. B. Clarke, 1948 命名。

4. '最重要的'加利福尼亚杂种贴梗海棠(新拟)　栽培品种

Chaenomeles × californica Clarke 'CARDINAL'

'CARDINAL'(Clarke Nurs.,San Jose,Calif.,Wholesale Price List Dec. 1,1947).

'Cardinal Red'(Anonymous,Pl. Buyer's Guide 93. 1958)= 'CARDINAL'.

本栽培品种单花具花瓣 5 枚,花深红色-红色。

产地:?。选育者:W. B. Clarke,1947 年命名。系'ROSEMARY'实生植株。

5. '巨人 红'加利福尼亚杂种贴梗海棠(新拟)　栽培品种

Chaenomeles × californica Clarke 'CLARKE's GIANT RED'

'CLARKE's GIANT RED'(Clarke Nurs. ,San Jose,Calif. ,Wholesale Price List May. 1,1956).

'Clarks Giant'(Anonymous,Pl. Buyer's Guide 93. 1958) = 'CLARKE's GIANT RED'.

本栽培品种枝条开展,具矮生特性,短枝几乎为刺。花很大。单花具花瓣5枚,花蔷薇色-粉红色。果实梨果状,萼增大。

产地:?。选育者:W. B. Clarke,1956年。Clarke Nursery 命名。

6. '黎明'加利福尼亚杂种贴梗海棠(新拟) 栽培品种

Chaenomeles × californica Clarke 'DAWN'

'DAWN'(formerly 'Aurora', a name retained for another cultivar).

本栽培品种单花具花瓣5枚,花柔粉红色和深红色-蔷薇色。

产地:?。选育者:W. B. Clarke,1953 年命名。

7. '深红色花'加利福尼亚杂种贴梗海棠(新拟) 栽培品种

Chaenomeles × californica Clarke 'DEEP RED'

'DEEP RED'(Anonymous,Jaarb. Boskoop 1954:116. 1954,without description).

本栽培品种单花具花瓣5枚,"暗红色"。果实大型,苹果状,脐状。

产地:?。选育者:W. B. Clarke,1946 年命名。

8. '深 鲑肉状粉红色'加利福尼亚杂种贴梗海棠(新拟) 栽培品种

Chaenomeles × californica Clarke 'Deep Salmon'

'Deep Salmon'(Bonnell Nurs. ,Seattle,Wash. ,Cat. 1948)= 'ROSEMARY'.

'ROSEMARY'(*Chaenomeles × californica* Rosemary,Clarke Nurs. ,San Jose,Calif. Gard. Aristocrats 7:14. 1940)

本栽培品种单花具花瓣5枚,花粉红色至蔷薇色。果实卵球状,萼增大。

产地:?。选育者:W. B. Clarke,1941 年命名。

9. '着迷'加利福尼亚杂种贴梗海棠(新拟) 栽培品种

Chaenomeles × californica Clarke 'Enchantment'

'Enchantment'(Harrison,Handb. Trees Shrubs South. Hem. 87. 1959)= 'ENCHANTRESS'.

'ENCHANTRESS'(*Chaenomeles × californica* Enchantress,Clarke Nurs. ,San Jose,Calif. Gard. Aristocrats 7:14. 1940)

本栽培品种单花具花瓣5枚,花淡粉红色和深粉红色。果实卵球状至梨果状,脐状。

产地:?。选育者:Royal Horticultural Society,1943 年命名。

10. '火焰'加利福尼亚杂种贴梗海棠(新拟) 栽培品种

Chaenomeles × californica Clarke 'FIRE'

'FIRE'(Clarke Nurs. ,San Jose,Calif. ,Gard. Aristrocrats 11:14. 1944).

本栽培品种单花具花瓣5枚,花粉红色至暗粉红色。果实卵球状至梨果状,脐状。

产地:?。选育者:W. B. Clarke,1944 年命名。

11. '激情'加利福尼亚杂种贴梗海棠(新拟) 栽培品种

Chaenomeles × californica Clarke 'FLAMINGO'

'FLAMINGO'(Clarke Nurs. ,San Jose,Calif. ,Gard. Aristrocrats 11:14. 1944).

本栽培品种单花具花瓣5枚,小型,花蔷薇红色-粉红色。果实卵球状,萼稍增大。

产地:?。选育者:W. B. Clarke,1944 年命名。

12. '杰作'加利福尼亚杂种贴梗海棠(新拟) 栽培品种

Chaenomeles × californica Clarke 'MASTERPIECE'

'MASTERPIECE'(*Chaenomeles × californica* Masterpiece,Clarke Nurs. ,San Jose,Calif. Gard. Aristocrats 7:14. 1940)

本栽培品种单花具花瓣5枚,花蔷薇红色-粉红色。果实大型,卵球状,萼稍增大。

产地:?。选育者:W. B. Clarke,1940年命名。

13. '萍菜叶'加利福尼杂种贴梗海棠(新拟)　栽培品种

Chaenomeles × californica Clarke 'NASTURTIUM'

'NASTURTIUM' (Clarke Nurs. ,San Jose,Calif. ,Wholesale Price List May 1,1951).

本栽培品种单花具花瓣5枚,花大型,"旱金莲"红色。

产地:?。选育者:W. B. Clarke,1951年命名。

14. '橙 红色花'加利福尼亚杂种贴梗海棠(新拟)　栽培品种

Chaenomeles × californica Clarke 'Orange Red'

'OrangeRed' (Bonnell Nurs. ,Seattle,Wash. ,Cat. 1948) = 'SUNSETN GLOW'.

'SUNSETN GLOW' (*Chaenomeles × californica* Sunsettled Glow,Clarke Nurs. ,San Jose,Calif. Gard. A-ristocrats 7:14. 1940).

本栽培品种单花具花瓣5枚,花蔷薇色-粉红色至蔷薇色-红色。

产地:?。选育者:W. B. Clarke,1940年命名。

15. '粉红色 美人'加利福尼亚杂种贴梗海棠(新拟)　栽培品种

Chaenomeles × californica Clarke 'PINK BEAUTY'

'PINK BEAUTY' (*Chaenomeles × californica* Pink Beauty,Clarke Nurs. ,San Jose,Calif. Gard. Aristo-crats 8:15. 1941). .

本栽培品种单花具花瓣5枚,花光亮至暗粉红色。果实橙果状。

产地:?。选育者:W. B. Clarke,1941年命名。

16. '迷迭香'加利福尼亚杂种贴梗海棠(新拟)　栽培品种

Chaenomeles × californica Clarke 'ROSEMARY'

'ROSEMARY' (*Chaenomeles × californica* Rosemary,Clarke Nurs. ,San Jose,Calif. Gard. Aristocrats 7:14. 1940).

本栽培品种单花具花瓣5枚,花粉红色至蔷薇色。果实卵球状,萼稍增大。

产地:?。选育者:W. B. Clarke,1940年命名。

17. '玫瑰红色 早晨'加利福尼亚杂种贴梗海棠(新拟)　栽培品种

Chaenomeles × californica Clarke 'ROSY MORN'

'ROSY MORN' (Clarke Nurs. ,San Jose,Calif. Gard. Wholesale Price List May 1,1951).

本栽培品种单花具花瓣5枚,花柔粉红色。果实苹果状,脐状。

产地:?。选育者:W. B. Clarke,1951年命名。

18. '圣何塞'加利福尼亚杂种贴梗海棠(新拟)　栽培品种

Chaenomeles × californica Clarke 'SAN JOSE'

'SAN JOSE' (Clarke Nurs. ,San Jose,Calif. Gard. Wholesale Price List Nov. 15. 1948). .

本栽培品种单花具花瓣5枚,花蔷薇色-红色。

产地:?。选育者:W. B. Clarke,1948年命名。

19. '日落 光荣'加利福尼亚杂种贴梗海棠(新拟)　栽培品种

Chaenomeles × californica Clarke 'Sunset Glory'

'Sunset Glory' (Krüssmann,Deutsche Baumsch. 4(4):88. 1952) = 'SUNSET GLOW'.

'SUNSET GLOW' (*Chaenomeles × californica* Sunset Glow,Clarke Nurs. ,San Jose,Calif. Gard. Aristo-crats 7:14. 1940).

'Sunset Gold'(*Chaenomeles × californica* Sunset Glow, Clarke Nurs. , San Jose, Calif. Gard. Aristocrats 7:14. 1940)= 'SUNSET GLOW'.

'SWEET GLOW'(Bonnell nurs. , Seattle, Wash. , Cat. 1944)= 'SUNSET GLOW'.

本栽培品种单花具花瓣5枚,花蔷薇红色-粉红色至蔷薇红色-红色。

产地:?。选育者:W. B. Clarke,1940 年命名。

斯拉尔克娜杂种贴梗海棠

Chaenomeles × clarkiana Clarke(新杂种)

C. Weber. CULTIVARS IN THE GENUS CHAENOMELES:Vol. 23. April 5. Number 3:53. 1963

Chaenomeles cathayensis × japonica CALIFORNICA group.

形态特征:矮生灌木,不知形体大小。枝条直立伸展,具有很多和长刺,像日本贴梗海棠,很细的枝,像木瓜贴梗海棠。幼萌枝被短柔毛,第2年被有细疣点。小叶形态和锯齿之间介于2亲本(细小和狭窄像'CYNTHIA',大和宽像'MINERVA')。花亮红色和蔷薇红色-红色。果实中等大小,苹果状至橙果状。

产地:英格兰。选育者:W. B. Clarke,1945 年命名。

栽培品种

1. '月亮'斯拉尔克娜杂种贴梗海棠(新拟) 栽培品种

Chaenomeles × clarkiana Clarke 'CYNTHIA'

'CYNTHIA'(Clarke Nurs. , San Jose, Calif. , Gard. Aristocrats 14:10. 1947).

本栽培品种单花具花瓣5枚,花粉红色和蔷薇红色-红色。果实橙果状,表面凹陷,顶端变狭。

产地:?。选育者:W. B. Clarke,1947 年命名。

2. '智慧之神'斯拉尔克娜杂种贴梗海棠(新拟) 栽培品种

Chaenomeles × clarkiana Clarke 'MINERVA'

'MINERVA'(Clarke Nurs. , San Jose, Calif. , Gard. Wholesale Price List May 1, 1951).

本栽培品种单花具花瓣5枚,花粉红色至蔷薇红色-红色。果实苹果状,表面不平,具有条纹。

产地:?。选育者:W. B. Clarke,1951 年命名。

维里毛里尼阿娜杂种贴梗海棠(新拟) (木瓜贴梗海棠 × 贴梗海棠)(新杂种群)

Chaenomeles× vilmoriniana C. Weber. CULTIVARS IN THE GENUS CHAENOMELES:Vol. 23. April 5. Number 3:64~65. 1963.

Chaenomeles cathayensis × speciosa VILMORINIANA group.

形态特征:从略。

栽培品种

1. '晚霞'维里毛里尼阿娜杂种贴梗海棠(新拟) 栽培品种

Chaenomeles × vilmoriniana(Frahm)Rehder 'AFTERGLOW'

'AFTERGLOW'(Clarke Nurs. , San Jose, Calif. , Wholesale Price List Dec. 1,1947).

'Afterglow'(*Chaenomeles × californica* Afterglow, Wyman, Am. Nurs. , May 1, 1961:95. 1961)= Chaenomeles × superba

本栽培品种叶长和狭窄。花半重瓣,白色,具有蔷薇红色-粉红色晕。果实卵球状,具条带,萼宿存。

产地:?。选育者:W. B. Clarke,1947 年命名。系'Mount Everest'实生植株。

2. '杂种'维里毛里尼阿娜杂种贴梗海棠(新拟) 栽培品种

Chaenomeles × vilmoriniana(Frahm)Rehder 'HYBRIDA'

'HYBRIDA'〔*Chaenomeles hybrida* (*Chaenomeles cathayensis* × *speciosa*, as *Chaenomeles lagenaria cathayensis* × *japonica*) Lemoine Nurs. , Nancy, Fr. , Cat. no. 202. 1928, without description〕= 'VEDRARIE-NSIS'.

'VEDRARIENSIS' (*Chaenomeles hybrida vedrariensis* Lemoine Nurs. , Nacy, Fr. , Cat. no. 204. 1930, without description)

本栽培品种叶短和宽。单花具花瓣 5 枚,花白色,具粉红色晕。果实倒卵球状。

产地:法国。选育者:Philippe deVilmorin,1929 年命名。

3.'埃佛勒斯峰'维里毛里尼阿娜杂种贴梗海棠(新拟)　栽培品种

Chaenomeles × vilmoriniana(Frahm) Rehder 'MOUNT EVEREST'

'MOUNT EVEREST' (*Chaenomeles* × *hybrida cathayensis* Mount Everest, Clarke Nurs. , San Jose, Calif. , Gard. Aristocrats 7:14. 1940).

'VEDRARIENSIS' (*Chaenomeles hybrida vedrariensis* Lemoine Nurs. , Nacy, Fr. , Cat. no. 204. 1930, without description).

'Mt. Everest' (Krussmann, Deutsche Baumsch. 4(4):88. 1952)= 'MOUNT EVEREST'.

本栽培品种长和狭窄。单花具花瓣 5 枚,花大型,白色,具蔷薇红色-粉红色晕,稍有柠檬色和薰衣草花色。果实卵球状,萼增大。

产地:?。选育者:W. B. Clarke,1940 年命名。

华丽贴梗海棠

Chaenomeles × superba(Frahm) Rehder, Journ. Arnold Arb. 2:58. 1920(C. cathayensis × japonica)

C. Weber. CULTIVARS IN THE GENUS CHAENOMELES:Vol. 23. April 5. Number 3:53~64. 1963

栽培品种

1.'杏桃干'华丽贴梗海棠(新拟)　栽培品种

Chaenomeles × superba(Frahm) Rehder 'ABRICOT'

'ABRICOT' (Lemoine Nurs. , Nancy, Fr. , Cat. 1908).

'Apricot' (Chaenomeles lagenaria Apricot, Krussmann, Laubh. ,72. 1937)= 'ABRICOT'.

本栽培品种花半重瓣,花橙黄色。

产地:?。选育者:Victor Lemoine,1980 年命名。

2.'白'华丽贴梗海棠(新拟)　栽培品种

Chaenomeles × superba(Frahm) Rehder 'ALBA'

'ALBA' (*Cydonia japonica maulei alba* Froebel Nurs. , Zurich, Switz. , Cat. no. 14. 1899).

本栽培品种枝条平卧,先端向上。花纯白色。果实苹果状,或不规则卵球状,萼增大。

产地:?。选育者:Otto Froebel,1899 年命名。

3.'阿尔卑斯山'华丽贴梗海棠(新拟)　栽培品种

Chaenomeles × superba(Frahm) Rehder 'Alpina naranja'

'Alpina naranja' (*Chaenomeles japonica alpina naranja* Clarke Nurs. , San Jose, Calif. , Gard. Aristocrats 6:12. 1939, without description)= 'NARANJA'.

'NARANJA' (Clarke Nurs. , San Jose, Calif. , Gard. Aristocrats 1934:15. 1934)

本栽培品种单花具花瓣 5 枚。花蜡黄色橙黄色,具蔷薇红色晕。果实卵球状,萼增大。

产地:?。选育者:不清楚,1934 年命名。

4.'芬肯'华丽贴梗海棠(新拟)　栽培品种

Chaenomeles × superba(Frahm) Rehder 'Andenken an Ernest Finken'

'Andenken an Ernest Finken'（*Chaenomeles × superba* Andenken an Carl Ramcke,Krussmann,Handb. Laubh. 1:306. 1960）= 'ANDENKEN AN KARL RAMCKE'.

'Andenken an Ernest Finken'（cult. by Darthuizer Nurs. ,Boskoop,Neth. ）= 'ERNST FINKEN'.

'ERNST FINKEN'（*Chaenomeles × superba* Ernst Finken,Ruys Nurs. ,Boskoop,Neth. ,Cat. 1959-60）.

'ANDENKEN AN KARL RAMCKE'（Timm Nurs. ,Elmshorn,Germ. ,Cat. 1949-50）.

本栽培品种单花具花瓣5枚。花火红色。

产地:?。选育者:Karl Ramcke,1924 年命名。

5. '拉姆克'华丽贴梗海棠(新拟)　栽培品种

Chaenomeles × superba(Frahm) Rehder 'Andenken an Carl Ramcke'

'Andenken an Carl Ramcke'（*Chaenomeles × superba* Andenken an Carl Ramcke,Krussmann,Handb. Laubh. 1:306. 1960）= 'ANDENKEN AN KARL RAMCKE'.

'Andenken an Ernest Finken'（cult. by Darthuizer Nurs. ,Boskoop,Neth. ）= 'ERNST FINKEN'.

'ANDENKEN AN KARL RAMCKE'（Timm Nurs. ,Elmshorn,Germ. ,Cat. 1949-50）.

'ERNST FINKEN'（*Chaenomeles × superba* Ernst Finken,Ruys Nurs. ,Boskoop,Neth. ,Cat. 1959-60）.

'Karl Ramke'（in an unpublished list of the Bailey Hortorium,from John Connon Nurs. ,Waterdown, Can. ）= 'ANDENKEN AN KARL RAMCKE''.

本栽培品种单花具花瓣5枚。花火红色。果实苹果状,萼增大。

产地:?。选育者:H. Finken,1952 年命名。

6. '血红色'华丽贴梗海棠(新拟)　栽培品种

Chaenomeles × superba(Frahm) Rehder 'Atrosanguinea'

'Atrosanguinea'（*Cydonia japonica maulei atrosanguinea* Froebel Nurs. ,Zurich,Switz. ,Cat. no. 124. 1899）= 'OTTO FROEBEL'.

'OTTO FROEBEL'（formerly 'Atrosanguinea',a name retained fpr another cultivar）.

本栽培品种单花具花瓣5枚。花血红色。

产地:?。选育者:Otto Froebel,1899 年命名。

7. '杜鹃花'华丽贴梗海棠(新拟)　栽培品种

Chaenomeles × superba(Frahm) Rehder 'AZALEA'

'AZALEA'（Anonymous,Am. Nurs. ,Aug. 15,1950;52. 1950）.

本栽培品种单花具花瓣5枚。花"阿扎饹杜鹃属"粉红色。果实苹果状,萼增大。

产地:美国。选育者:W. B. C,1950 年命名。

8. '比尼赤多莉'华丽贴梗海棠(新拟)　栽培品种

Chaenomeles × superba(Frahm) Rehder 'BENICHIDORI'

'BENICHIDORI'（*Cydonia japonica* Benichidori,Hakoneya Nurs. ,Numazu – shi,Jap. ,"Jap. Gard. Treasures"1936）.

本栽培品种单花具花瓣5枚。花深红色红色。

产地:美国。选育者:K. Wada,1936 年命名。

9. '火球'华丽贴梗海棠(新拟)　栽培品种

Chaenomeles × superba(Frahm) Rehder 'Boule de Feu'

'Boule de Feu'（Turbat Nurs. ,Orleans,Fr. Cat. 1916-17）.

'Boule de Fue'（Kingsville Nurs. ,Kingsville,Md. ,Cat. 1947）= 'BOULE DE FEU'.

本栽培品种单花具花瓣5枚。花柠檬色至珊瑚状-粉红色。果实小型,不规则苹果状,尖脐。

产地:法国。选育者:起源不清,1913 年命名。

10. '布氏'华丽贴梗海棠(新拟) 栽培品种

Chaenomeles × superba(Frahm)Rehder 'BUNYARDII'

'BUNYARDII'(*Pyrus japonicabunyardii* Bunyard,The Planters' Handbook 86. 1908).

本栽培品种单花具花瓣 5 枚。花柠檬色-粉红色。

产地:英格兰。选育者:George Bunyard,1907 年命名。

11. '浮雕'华丽贴梗海棠(新拟) 栽培品种

Chaenomeles × superba(Frahm)Rehder 'CAMEO'

'CAMEO'(Clarke Nurs. ,San Jose,Calif. ,Wholesale Price List May 1. 1956).

本栽培品种枝条几乎成刺。花重瓣,花柠檬色至珊瑚状-粉红色。果实不规则橙果状,萼增大。

产地:英格兰。选育者:W. B. Clarke,1956 年命名。

12. '迷人'华丽贴梗海棠(新拟) 栽培品种

Chaenomeles × superba(Frahm)Rehder 'CHARMING'

'CHARMING'(Clarke Nurs. ,San Jose,Calif. ,Wholesale Price List May 1. 1951).

'Shell Pink'(cult. at the Monrovia Nurs. ,Azusa,Calif.)= 'CHARMING'.

本栽培品种枝条几乎成刺。花粉红色至朱砂红色。果实不规则苹果状。

产地:英格兰。选育者:W. B. Clarke,1950 年命名。

13. '雅加克'华丽贴梗海棠(新拟) 栽培品种

Chaenomeles × superba(Frahm)Rehder 'YAEGAKI'

'Chosan'(Krüssmann,Handb. Laubh. 1;306. 1960).

'YAEGAKI'(*Cydonia japonica* Yaegaki,Hakoneya Nurs. ,Numazu-shi,Jap. ,"Jap. Gard. Treasures" 1936).

'Choshan'(Anonymous,Journ. Roy. Soc. 75 IXXII. 1950)= 'YAEGAKI'.

本栽培品种花半重瓣,花橙黄色至珊瑚状-粉红色。果实不规则橙果状,萼增大。

产地:日本。选育者:J. O. Sherrard。

14. '红鞘'华丽贴梗海棠(新拟) 栽培品种

Chaenomeles × superba(Frahm)Rehder 'COLE'S RED'

'COLE'S RED'(*Chaenomeles lagenaria* Cole's Red,Cole Nurs. Painesville,Ohio,Cat. 1941).

'Sensational New Red'(Cole Nurs. ,Painesville,Ohio,Cat. 1942)= 'COLE'S RED'.

本栽培品种单花具花瓣 5 枚。花亮光深红色-红色。果实苹果状,脐状。

产地:?。选育者:D. B. Cole,1941 年命名。

15. '科莱特'华丽贴梗海棠(新拟) 栽培品种

Chaenomeles × superba(Frahm)Rehder 'COLETTE'

'COLETTE'(*Chaenomeles japonica* Colette,Hemeray-Aubert Nurs. ,Orléans,Fr. ,Cat. 1955).

本栽培品种单花具花瓣 5 枚。花柠檬色至珊瑚状-粉红色。

产地:?。选育者:Hemeray-Aubert Nurseries,1950 年命名。

16. '哥伦比亚'华丽贴梗海棠(新拟) 栽培品种

Chaenomeles × superba(Frahm)Rehd. 'COLUMBIA'

'COLUMBIA'(Barbier Nurs. ,Orléans,Fr. ,Cat. 1896,without description of the fruits only).

'Semperflorens'(Hesse Nurs. ,Weener-Ems,Germ. ,Cat. 1908-09,without description)= 'COLUMBI-A'.

本栽培品种单花具花瓣 5 枚。花粉红色至蔷薇红色,常单性,一般雌性。果径 2 英寸。

产地:?。选育者:起源不清,1896 年命名。

17. '虞美人'华丽贴梗海棠(新拟)　栽培品种

Chaenomeles × superba(Frahm)Rehd. 'COQUELIOT'

'COQUELIOT'(Delaunay Nurs. , Angers, Fr. , Cat. 1958-59).

本栽培品种单花具花瓣5枚。花橙黄色,具蔷薇红色-粉红色晕。

产地:?。选育者:起源不清,1958年命名。

18. '珊瑚状 美丽'华丽贴梗海棠(新拟)　栽培品种

Chaenomeles × superba(Frahm)Rehd. 'CORAL BEAUTY'

'CORAL BEAUTY'(*Chaenomeles × superba* Coral Beauty, Clarke Nurs. , San Jose, Calif. , Wholesale Price List Nov. 15,1949).

本栽培品种枝条几乎成刺。花柠檬色至珊瑚状-粉红色。果实卵球状,萼增大。

产地:?。选育者:W. B. Clarke,1949年命名。

19. '珊瑚状 光'华丽贴梗海棠(新拟)　栽培品种

Chaenomeles × superba(Frahm)Rehd. 'Coral Glow'

'Coral Glow'(Leonard Nurs. , Piqua, Ohio, Cat. 1934)= 'CORALLINA'.

'CORALLINA'(*Chaenomeles japonica corallina* Clarke Nurs. , San Jose, Calif. Gard. Aristocrats 1934:15. 1934).

本栽培品种单花具花瓣5枚。花橙黄色。果实小型,苹果状。

产地:?。选育者:W. B. Clarke。

20. '珊瑚 海'华丽贴梗海棠(新拟)　栽培品种

Chaenomeles × superba(Frahm)Rehd. 'CORAL SEA'

'CORAL SEA'(*Chaenomeles × superba* Coral Sea, Clarke Nurs. , San Jose, Calif. , Gard. Aristocrats 10:15. 1934).

本栽培品种单花具花瓣5枚。花柠檬色-粉红色至珊瑚状-粉红色。果实橙果状。

产地:?。选育者:W. B. Clarke,1943年命名。系'CANDIDA'实生植株。

21. '深红色和金黄色'华丽贴梗海棠(新拟)　栽培品种

Chaenomeles × superba(Frahm)Rehd. 'CRIMSON AND GOLD'

'CRIMSON AND GOLD'(Clarke Nurs. , San Jose, Calif. , Gard. Aristocrats 6:12. 1939).

'Crimson and Red'(Cult. at the Landbouwhogeschool, Wageningen, Neth.)= 'CRIMSON AND GOLD'.

'Scanlet and Gold'(Sunningdale Nurs. , Windlesham, Engl. , Cat. 1961)= 'CRIMSON AND GOLD'.

本栽培品种矮小灌木,开展。单花具花瓣5枚。花暗红色-粉红色,先花后叶。果实苹果状,萼增大。

产地:?。选育者:W. B. Clarke,1939年命名。

22. '深红色 美丽'华丽贴梗海棠(新拟)　栽培品种

Chaenomeles × superba(Frahm)Rehd. 'CRIMSON BEAUTY'

'CRIMSON BEAUTY'(Milton Nurs. , Milton, Ore. , Cat. 1943).

'Crimson King'(Littlefield - Wyman Nurs, Abington, Mass. , "Gard. Treaures" 1958)= 'CRIMSON BEAUTY'.

本栽培品种花单瓣或半重瓣。花深红色。果实苹果状,萼增大。

产地:?。选育者:Milton Nursery,1935年命名。

23. '德拉罗比亚'华丽贴梗海棠(新拟)　栽培品种

Chaenomeles × superba(Frahm)Rehd. 'DELLA ROBBIA'

'DELLA ROBBIA'(Clarke Nurs. , San Jose, Calif. , Gard. Aristocrats 6:15:13. 1948).

本栽培品种枝条几乎成刺。花纯白色至粉红色。

产地:?。选育者:W. B. Clarke,1945 年命名。

24. '双 橙黄色'华丽贴梗海棠(新拟)　栽培品种

Chaenomeles × superba(Frahm)Rehd. 'Double Orange'

'Double Orange'(Cult. at the Arnold Arb.,Jamaica Plain,Mass.,from Toichi Domoto Nurs.,Hayward, Calif.,since 1942)= 'SUNSET'.

'SUNSET'(Anonymous,Am. Nurs.,Aug. 1, 1946:41. 1946).

本栽培品种半重瓣。花红色-橙黄色,通常单性。果实苹果状,萼增大。

产地:美国。选育者:Toichi Domoto,1946 年命名。

25. '双 红色'华丽贴梗海棠(新拟)　栽培品种

Chaenomeles × superba(Frahm)Rehd. 'DOUBLE RED'

'DOUBLE RED'(Wyman,Am. Nurs.,Mar 1,1961:96. 1961).

本栽培品种半重瓣。花红色。果实苹果状,萼增大。

产地:美国。选育者:Toichi Domoto,1942 年命名。

26. '双 硃砂红'华丽贴梗海棠(新拟)　栽培品种

Chaenomeles × superba(Frahm)Rehd. 'DOUBLE VERMILION'

'DOUBLE VERMILION'(Clarke Nurs.,San Jose,Calif.,Gard. Aristocrats 1936:8. 1936).

'Vermilion Double'(Kingsville Nurs.,Kingsville,Md.,Cat. 1947)= 'DOUBLE VERMILION'.

本栽培品种灌木, 生长慢。花朱砂红色,半重瓣。果实小型,苹果状,脐状。

产地:?。选育者:起源不清,1936 年命名。

27. '矮珊瑚'华丽贴梗海棠(新拟)　栽培品种

Chaenomeles × superba(Frahm)Rehd. 'DWARF CORAL'

'DWARF CORAL'(Anonymous,Jaarb. Boskoop 1954:116. 1954,without description).

本栽培品种单花具花瓣 5 枚。花橙黄色。

产地:?。选育者:W. B. Clarke,1946 年命名。

28. '早 苹果 花'华丽贴梗海棠(新拟)　栽培品种

Chaenomeles × superba(Frahm)Rehd. 'EARLY APPLE BLOSSOM'

'EARLY APPLE BLOSSOM'(*Chaenomeles × superba* Early Apple Blossom,Clarke Nurs.,San Jose,Calif.,Gard. Wholesale Price List Dec. 1,1940)

本栽培品种单花具花瓣 5 枚。花柔软和深粉红色,单性。果实不规则苹果状,萼增大。

产地:?。选育者:W. B. Clarke,1940 年命名。

29. '早 橙黄色'华丽贴梗海棠(新拟)　栽培品种

Chaenomeles × superba(Frahm)Rehd. 'EARLY ORANGE'

'EARLY ORANGE'(Clarke Nurs.,San Jose,Calif.,Gard. Aristocrats 9:18. 1942).

本栽培品种半重瓣。花橙黄色,先花后叶。

产地:?。选育者:W. B. Clarke,1942 年命名。

30. '伊卡勒特'华丽贴梗海棠(新拟)　栽培品种

Chaenomeles × superba(Frahm)Rehd. 'ECARLATE'

'ECARLATE'(Barbier Nurs.,Orléans,Fr.,Cat. 1913–14).

'Eclarate'(Wister,Swarthmore Pl. Notes 1942:128. 1942,without description)= 'ECARLATE'.

本栽培品种单花具花瓣 5 枚。花深红色-红色。

产地:?。选育者:Barbier Nursery,1913 年命名。

31. '埃利·莫塞尔'华丽贴梗海棠(新拟)　栽培品种

Chaenomeles × superba(Frahm)Rehd. 'ELLY MOSSEL'

'ELLY MOSSEL'(*Chaenomeles* × *superba* Ellr Mossel,Ruys Nurs.,Dedemsvaart,Neth.,Cat. 1953-54).

本栽培品种单花具花瓣5枚。花大型,光亮的深红色-红色,平展。果实苹果状,脐状。

产地:?。选育者:J. Mossel,1950年命名。

32. '恩斯特·芬肯'华丽贴梗海棠(新拟)　栽培品种

Chaenomeles × superba(Frahm)Rehd. 'ERNST FINKEN'

'ERNST FINKEN'(*Chaenomeles* × *superba* Ernst Finken,Ruys Nurs.,Boskoop,Neth.,Cat. 1959-60).

本栽培品种单花具花瓣5枚。花火红色。果实苹果状,萼宿存。

产地:?。选育者:H. Finkenl,1952年命名。

33. '伊塔娜'华丽贴梗海棠(新拟)　栽培品种

Chaenomeles × superba(Frahm)Rehd. 'ETNA'

'ETNA'(*Chaenomeles lagenaria* Etna,Ruys Nurs.,Dedemsvaart,Neth.,Cat. 1953-54).

'Verboom's Vermilion'(Krüssmann,DeutscheBaumsch. 7:188. 1953)= 'ETNA'.

本栽培品种单花具花瓣5枚。花深红色,平展。果实苹果状,脐状。

产地:?。选育者:K. Verboom,1953年命名。

34. '阿库米'华丽贴梗海棠(新拟)　栽培品种

Chaenomeles × superba(Frahm)Rehd. 'EXTUS ACUMINEUS'

'EXTUS ACUMINEUS'(cult. at Royal Botanic Gardens,Kew,Richmond,Surrey,Engl.).

本栽培品种已知为不育灌木。单花具花瓣5枚。花色和起源不清。

产地:?。选育者:起源不清,1959年命名。

35. '魅力'华丽贴梗海棠(新拟)　栽培品种

Chaenomeles × superba(Frahm)Rehd. 'FASCINATION'

'FASCINATION'(Anonymous,ProefstationBoomkw.,Boskoop List,1958,without description).

'Renny Mossel'(name from Dr. I. C. Dorsman,director Proefstation Boomkwerij,Boskoop Neth.)= 'FASCINATION'.

本栽培品种单花具花瓣5枚。花深红色-红色。果实不规则苹果状,或卵球状,脐状,或萼增大。

产地:?。选育者:J. Mossel,1954年命名。

36. '火舞'华丽贴梗海棠(新拟)　栽培品种

Chaenomeles × superba(Frahm)Rehd. 'FIRE DANCE'

'FIRE DANCE'(*Chaenomeles lagenaria* Fire Dance,Deutsche Baumsch.,5(7):188. 1953).

'Fire Dancer'(cult. at Royal Botanic Gardens,Kew,Richmond,Surrey,Engl.)= 'FIRE DANCE'.

本栽培品种单花具花瓣5枚。花红色。果实苹果状,或梨果状,脐状。

产地:?。选育者:K. Verboom,1953年命名。

37. '红叶'华丽贴梗海棠(新拟)　栽培品种

Chaenomeles × superba(Frahm)Rehd. 'FOLIIS RUBRIS'

'FOLIIS RUBRIS'(*Chaenomeles japonica foliis rubris* Spath Nurs.,Berlin,Germ.,Cat. 1887).

'Rubrifolia'(Späth Nurs.,Berlin,Germ.,Cat. 1910-11)= 'FOLIIS RUBRIS'.

本栽培品种单花具花瓣5枚。花蜡黄色珊瑚状-粉红色。果实卵球状,脐状。

产地:?。选育者:Ludwig Späth,1887年命名。

38. '白果'华丽贴梗海棠(新拟)　栽培品种

Chaenomeles × superba(Frahm) Rehd. 'FRUCTICO ALBA'

'FRUCTICO ALBA'(Wister,Swarthmore Pl. Notes 1955:212. 1955,without description).

'Fructico Alba'(Wister,Swarthmore Pl. Notes 1942:128. 1942,without description)= 'FRUCTICO AL-BA'.

'Fructicu Alba'(Colby,Trans. III. Acad. Sci. 21:181. 1929)= 'FRUCTICO ALBA'.

'White Fruit'(cult. at the Morton Arb. ,Lisle,III. ;plantnowdead)= 'FRUCTICO ALBA'.

本栽培品种单花具花瓣5枚。花白色,具粉红色晕。果实倒卵球状,萼增大。

产地:?。选育者:Origin unknown,1942 年命名。

39.'弗兰地'华丽贴梗海棠(新拟)　栽培品种

Chaenomeles × superba(Frahm) Rehd. 'FRUITLANDI'

'FRUITLANDI'(Fruitland Nurs. ,Augusta,Ga. ,Cat. 1959-60).

本栽培品种单花具花瓣5枚。花粉红色。

产地:中国。选育者:Fruitland Nurseries,1959 年命名。

40.'乔治·兰迪斯'华丽贴梗海棠(新拟)　栽培品种

Chaenomeles × superba(Frahm) Rehd. 'GEORGE LANDIS'

'GEORGE LANDIS'(cult. at the George Landis Arb. ,Esperance,N. Y.).

本栽培品种单花具花瓣5枚。花蜡黄色橙黄-红色。果实大型,光亮橙黄色,苹果状,脐状。

产地:?。选育者:George Landis,1946 年命名。

41.'余烬'华丽贴梗海棠(新拟)　栽培品种

Chaenomeles × superba(Frahm) Rehd. 'GLOWING-EMBER'

'GLOWING - EMBER '(Chaenomeles lagenaria Glowing - Ember, Willis Nurs. , Ottawa, Kans. , Cat. 1955).

'White Strain'(Willis Nurs. ,Ottawa,Kans. ,Cat. 1953-54)= 'GLOWING-EMBER'.

本栽培品种单花具花瓣5枚。花光亮橙黄-红色。果实苹果状,脐状。

产地:?。选育者:Willis Nursery,1954 年命名。

42.'大花'华丽贴梗海棠(新拟)　栽培品种

Chaenomeles × superba(Frahm) Rehd. 'Grandiflora'

'Grandiflora'(Kingsville Nurs. ,Kingsville,Md. ,Cat. 1947)= 'GRANDIFLORA ROSEA'.

'GRANDIFLORA ROSEA'(Cydonia maulei grandiflora rosea St. Olbrich,Gartenw. 4:270. 1900).

本栽培品种单花具花瓣5枚。花极淡灰白黄色至柔软粉红色。

产地:?。选育者:Otto Froebel,1900 年命名。

43.'大花 两性体'华丽贴梗海棠(新拟)　栽培品种

Chaenomeles × superba(Frahm) Rehd. 'GRANDIFLORA PERFECTA'

'GRANDIFLORA PERFECTA '(Cydonia maulei grandiflora perfecta St. Olbrich, Gartenw. 4: 270. 1900).

'Grandiflora Perfecta'(Chaenomeles grandifolora perfecta Colby, Trans. III. Acad. Sci. 21: 183. 1929)= 'PERFECTA'.

'Perfecta'(Chaenomeles × superba f. perfecta Rehder, Journ. Arnold Arb. 2:59. 1920)= 'GRANDI-FLORA PERFECTA'.

本栽培品种单花具花瓣5枚。花朱砂红色-红色,或多或少为半重瓣。

产地:?。选育者:Froebel Nursery,1900 年命名。

44.'大花 蔷薇红色'华丽贴梗海棠(新拟)　栽培品种

Chaenomeles × superba(Frahm)Rehd. 'GRANDIFLORA ROSEA'

'GRANDIFLORA ROSEA'(*Cydonia maulei grandiflora rosea* St. Olbrich,Gartenw. 4:270. 1900).

'Rosea' *Chaenomeles × superba* f. *rosea* Rehder,Journ. Arnold Arb. 2:59. 1920)= 'GRANDIFLORA ROSEA'.

'Rosea grandiflora'(cult. at the Holden Arb. ,Mentor,Ohio)= 'GRANDIFLORA ROSEA'.

本栽培品种单花具花瓣5枚。花极淡白色黄色至柔软粉红色。

产地:?。选育者:Otto Froebel,1900 年命名。

45.'灭火弹'华丽贴梗海棠(新拟)　栽培品种

Chaenomeles × superba(Frahm)Rehd. 'GRENADE'

'GRENADE'(Lemoine Nurs. ,Nancy,Fr. ,Cat. 1908).

本栽培品种单花具花瓣5枚。花红色-橙黄色,或为半重瓣。果实小型,球状,脐状。

产地:?。选育者:Victor Lemoine,1908 年命名。

46.'小丑'华丽贴梗海棠(新拟)　栽培品种

Chaenomeles × superba(Frahm)Rehd. 'HARLEQUIN'

'HARLEQUIN'(Clarke Nurs. ,San Jose,Calif. ,Wholesale Price List Nov. 15,1949).

本栽培品种单花具花瓣5枚。花 2 种颜色,中国产的花内面为珊瑚状色, 外面为蔷薇红色-粉红色。

产地:?。选育者:W. B. Clarke,1949 年命名。

47.'赫弗堡'华丽贴梗海棠(新拟)　栽培品种

Chaenomeles × superba(Frahm)Rehd. 'HEVER CASTLE'

'HEVER CASTLE'(*Chaenomeles japonica* Hever Castle,Hillier Nurs. ,Winchester,Engl. ,Cat. 1959).

本栽培品种单花具花瓣5枚。花虾红色-粉红色。

产地:英国。选育者:Hillier Nursery,1940 年命名。

48.'正午'华丽贴梗海棠(新拟)　栽培品种

Chaenomeles × superba(Frahm)Rehd. 'HIGH NOON'

'HIGH NOON'(H. R. Kemmerer J. C. McDaniel,Am. Nurs. May 1,1961:54. 1961).

本栽培品种花半重瓣。花粉红色和蔷薇红色。

产地:英格兰。选育者:Dr. A. Colby,1961 年命名。

49.'塔苏卡萨'华丽贴梗海棠(新拟)　栽培品种

Chaenomeles × superba(Frahm)Rehd. 'HI-NO-TSUKASA'

'HI-NO-TSUKASA'(*Cydonia japonica* Hi-no-Tsukasa,Hakoneya Nurs. ,Numazu-shi. ,Jap. ,"Jap. Gard. Treasures"1936).

本栽培品种单花具花瓣5枚。花深红色-红色。

产地:?。选育者:K. Wada,1936 年命名。

50.'霍兰迪亚'华丽贴梗海棠(新拟)　栽培品种

Chaenomeles × superba(Frahm)Rehd. 'HOLLANDIA'

'HOLLANDIA'(*Chaenomeles lagenaria* Hollandia,Krussmann,Deutsche Baumsch. 5(7):188. 1953).

本栽培品种单花具花瓣5枚。花深红色-红色。果实苹果状,脐状。

产地:印度尼西亚。选育者:K. Verboom,1953 年命名。系'SIMONII'实生植株。

51.'尹岑蒂'华丽贴梗海棠(新拟)　栽培品种

Chaenomeles × superba(Frahm)Rehd. 'INCENDIE'

'INCENDIE'(Lemoine Nurs. ,Nancy,Fr. ,Cat. 1913-14).

'Incende'(Kingsville Nurs.,Kingsville,Md.,Cat. 1947)='INCENDIE'.

本栽培品种花半重瓣。花深红色-红色。果实小型,不规则苹果状,脐状大和小点。

产地:英格兰。选育者:Victor Lemoine,1912 年命名。

52.'印度 主要的'华丽贴梗海棠(新拟)　栽培品种

Chaenomeles × superba(Frahm)Rehd.'INDIAN CHIEF'

'INDIAN CHIEF'(Willis Nurs.,Ottawa,Kans.,WholesalePrice List 1957-58).

本栽培品种为灌木,很密。单花具花瓣 5 枚。花深红色-红色。果实不规则苹果状,脐状。

产地:印度。选育者:Willis Nursery,1957 年命名。

53.'珍陶德文'华丽贴梗海棠(新拟)　栽培品种

Chaenomeles × superba(Frahm)Rehd.'JANE TAUDEVIN'

'JANE TAUDEVIN'(Anonymous,Jour. Roy. Hort. Soc. 82:19. 1957,without description).

本栽培品种为灌木,很密。单花具花瓣 5 枚。花深红色-红色。果实不规则苹果状,脐状。

产地:?。选育者:Willis Nursery,1957 年命名。

54.'尾迹'华丽贴梗海棠(新拟)　栽培品种

Chaenomeles × superba(Frahm)Rehd.'JET TRAIL'

'JET TRAIL'(Phytotektor,Winchester,Tenn.,Wholesale Price List 1961-62).

本栽培品种为矮生灌木。单花具花瓣 5 枚。花纯白色, 平展。果实卵球状,萼增大。

产地:?。选育者:Harvey M. Templeton,1961 年命名。

55.'朱丽叶'华丽贴梗海棠(新拟)　栽培品种

Chaenomeles × superba(Frahm)Rehd.'JULIET'

'JULIET'(Clarke Nurs.,San Jose,Calif.,Wholesale Price List Dec. 1,1940).

本栽培品种单花具花瓣 5 枚。花柠檬-粉红色至珊瑚状-粉红色。果实卵球状,萼增大。

产地:?。选育者:W. B. Clarke,1940 年命名。

56.'胭脂红色'华丽贴梗海棠(新拟)　栽培品种

Chaenomeles × superba(Frahm)Rehd.'KERMESINA'

'KERMESINA'(*Chaenomeles japonica kermesina* Späth Nurs.,Berlin,Germ.,Cat. 1915-16).

本栽培品种单花具花瓣 5 枚。花深红色-红色。

产地:?。选育者:起源不清,1915 年命名。

57.'柯基仕'华丽贴梗海棠(新拟)　栽培品种

Chaenomeles × superba(Frahm)Rehd.'KINJISHI'

'KINJISHI'(cult. at the MortonArb.,Lisle,Ⅲ.,from Hakoneya Nurs.,Numazu-shi,Jap.,sine 1939).

'Kinshi'(Hakoneya Nurs.,Numazu-shi,Jap.,"Jap. Gard. Treasures"1941)='KINJISHI'.

本栽培品种花重瓣。花红色-橙黄色。

产地:?。选育者:K. Wada,1939 年命名。

58.'克拉普山'华丽贴梗海棠(新拟)　栽培品种

Chaenomeles × superba(Frahm)Rehd.'Knap Hill'

'Knap Hill'(Kingsville Nurs.,Kingsville,Md.,Cat. 1947)='KNAP HILL SCARLETS'.

'KNAP HILL SCARLETS'(*Chaenomeles japonica* Knap Hill Scarlet,Goldring,Garden 40:127. 1981,without description).

本栽培品种单花具花瓣 5 枚。花大型,红色-橙黄色。果实小型,具条带,脐状。

产地:?。选育者:A. Waterer,1891 年命名。

59.'幼苗'华丽贴梗海棠(新拟)　栽培品种

Chaenomeles × superba(Frahm)Rehd. ‘KNAP HILL SEEDLINGS’

‘KNAP HILL SEEDLINGS’(*Chaenomeles japonica* Knap Hill Seedlings,Knap Hill Nurs.,Woking,Engl.,Cat. 1937).

‘Knap Hill Variety’(Waterer's Nurs.,Twyford,Engl.,Cat. 1928-29)=‘KNAP HILL SEEDLINGS’.

本栽培品种花具数个深红色和粉红色阴影。

产地:?。选育者:Knap Hill Nursery,1937 年命名。

60. ‘李氏’华丽贴梗海棠(新拟)　栽培品种

Chaenomeles × superba(Frahm)Rehd. ‘LEICHTLINII’

‘LEICHTLINII’(*Chaenomeles japonica leichtlinii* Bean,Kew Hand List,ed. 3. 140. 1925,without description).

本栽培品种单花具花瓣 5 枚。花光亮红色。

产地:?。选育者:起源不清,1891 年命名。

61. ‘橘红色’华丽贴梗海棠(新拟)　栽培品种

Chaenomeles × superba(Frahm)Rehder ‘MANDARIN’

‘MANDARIN’(Clarke Nurs.,San Jose,Calif.,Wholesale Price List Dec. 1,1947).

本栽培品种单花具花瓣 5 枚。花橙黄色。果实卵球状,或倒卵球状,萼增大。

产地:?。选育者:W. B. Clarke,1947 年命名。

62. ‘玛格丽特·亚当斯’华丽贴梗海棠(新拟)　栽培品种

Chaenomeles × superba(Frahm)Rehd. ‘MARGARET ADAMS’

‘MARGARET ADAMS’(Clarke Nurs.,San Jose,Calif. Wholesale Price List Nov. 15. 1949).

本栽培品种单花具花瓣 5 枚。花柔软的珊瑚-粉红色。果实苹果状。

产地:?。选育者:W. B. Clarke,1949 年命名。

63. ‘莫密姬雅玛’华丽贴梗海棠(新拟)　栽培品种

Chaenomeles × superba(Frahm)Rehd. ‘MOMIJIYAMA’

‘MOMIJIYAMA’(*Cydonia japonica* Momijiyama,Hakoneya Nurs.,Numazu-shi,Jap.,“Jap. Gard. Treasures”1936).

本栽培品种单花具花瓣 5 枚。花橙黄色-深红色。

产地:?。选育者:K. Wada,1936 年命名。

64. ‘芒特沙斯塔’华丽贴梗海棠(新拟)　栽培品种

Chaenomeles × superba(Frahm)Rehd. ‘MOUNT SHASTA’

‘MOUNT SHASTA’(see‘Mt. Shasta’).

‘Mt. Shasta’(Clarke Nurs.,San Jose,Calif. Wholesale Price List May 1. 1951)=‘MOUNT SHASTA’.

本栽培品种单花具花瓣 5 枚。花白色和粉红色,具有薰衣草花晕。

产地:?。选育者:W. B. Clarke,1949 年命名。

65. ‘纳兰贾’华丽贴梗海棠(新拟)　栽培品种

Chaenomeles × superba(Frahm)Rehd. ‘NARAJA’

‘NARAJA’(Clarke Nurs.,San Jose,Calif. aGard. Aristocrats 1934:15. 1934).

本栽培品种单花具花瓣 5 枚。花蜡黄色橙黄色,具有蔷薇红色-红色晕。果实卵球状,萼增大。

产地:美国。选育者:起源不清,1934 年命名。

66. ‘尼科里尼’华丽贴梗海棠(新拟)　栽培品种

Chaenomeles × superba(Frahm)Rehd. ‘NICOLINE’

‘NICOLINE’(Anonymous,Jaarb. Boskoop 1954:116. 1954,without description).

本栽培品种花大型,单瓣至半重瓣。花深红色-红色晕。果实卵球状,具条带,脐状。

产地:?。选育者:Dr. S. G. A. Doorenbos,1956 年命名。

67. '尼仕柯哧栋'华丽贴梗海棠(新拟)　栽培品种

Chaenomeles × superba(Frahm)Rehd. 'NISHIKICHIDON'

'NISHIKICHIDON'(*Chaenomeles lagenaria* Nishikichidon, E. L. Kammerer, Bull. Morton Arb. 29(5): 22. pl. 1954).

本栽培品种矮小灌木。花半重瓣。花红色-橙黄色。果实卵球状,萼增大。

产地:?。选育者:K. Wada,1939 年命名。

68. '橘色'华丽贴梗海棠(新拟)　栽培品种

Chaenomeles × superba(Frahm)Rehd. 'ORANGE'

'ORANGE'(Lemoine Nurs. , Nacy, Fr. , Cat. 1908).

本栽培品种花半重瓣。花红色-橙黄色。

产地:?。选育者:Victor Lemoine,1908 年命名。

69. '奥托福·禄贝尔'华丽贴梗海棠(新拟)　栽培品种

Chaenomeles × superba(Frahm)Rehd. 'OTTO FROEBEL'

'OTTO FROEBEL'(formerly 'Atrosanguinea', a name retained foranother cultivar).

本栽培品种单花具花瓣 5 枚。花血红色-红色。

产地:?。选育者:Otto Froebel,1899 年命名。

70. '完美'华丽贴梗海棠(新拟)　栽培品种

Chaenomeles × superba(Frahm)Rehd. 'PERFECTA'

'PERFECTA'(Clarke Nurs. , San Jose, Calif. Wholesale Price List Nov. 15,1935).

本栽培品种单花具花瓣 5 枚。花极淡白色,具粉红色晕,柠檬色和绿色至蔷薇红色-粉红色。果实小型,苹果状,脐状。

产地:日本。选育者:起源不清。

71. '淡红色 拉迪'华丽贴梗海棠(新拟)　栽培品种

Chaenomeles × superba(Frahm)Rehd. 'PINK LADY'

'PINK LADY'(Clarke Nurs. , San Jose, Calif. Wholesale Price List Nov. 15,1946).

'Pink Princess'(Clarke Nurs. , Gloucester, Mass, Cat. 1957)= 'PINK LADY'.

'Thornless Pink'(Stribbling Nurs. , Merced, Calif. Wholesale Price List 1958, without description)= 'PINK LADY'.

本栽培品种花半重瓣,小型。花白色和粉红色,具柠檬色晕。果实苹果状,脐状。

产地:?。选育者:W. B. Clarke,1946 年命名。

72. '瓷玫瑰'华丽贴梗海棠(新拟)　栽培品种

Chaenomeles × superba(Frahm)Rehd. 'PORCELAIN ROSE'

'PORCELAIN ROSE'(cult. at the U. S. Plant Introd. Station, Glenn Dale, Md.).

本栽培品种单花具花瓣 5 枚。花粉红色至蔷薇红色。果实苹果状,脐状。

产地:?。选育者:Origin Glenn Dale, Maryland,1960 年命名。

73. '朱砂黄'华丽贴梗海棠(新拟)　栽培品种

Chaenomeles × superba(Frahm)Rehd. 'RAKUYO'

'RAKUYO'(Cydonia japonica Rakuyo, Hakoneya Nurs. , Numazu-shi, Jap. , "Jap. Gard. Treasures" 1936).

本栽培品种花重瓣。花朱砂红色-橙黄色。

产地:?。选育者:K. Wada,1936 年命名。

74. '酋长'华丽贴梗海棠(新拟)　栽培品种

Chaenomeles × superba(Frahm)Rehd. 'RED CHIEF'

'RED CHIEF'(Clarke Nurs. ,San Jose,Calif. Wholesale Price List May,1,1953).

本栽培品种花重瓣。花蔷薇红色-红色。果实苹果状,脐状。

产地:?。选育者:W. B. Clarke,1953 年命名。

75. '柔阿拉尼'华丽贴梗海棠(新拟)　栽培品种

Chaenomeles × superba(Frahm)Rehd. 'ROWALLANE'

'ROWALLANE'(Anonymous,Journ. Roy. Hort. Soc. 83:481. 1958).

'Rowallane'(Wister,Swarthmore Pl. Notes,1942:127. 1942)= ''ROWALLANE'

'Rowallane Seedling'(*Chaenomeles japonica* Rowallane Seedling,Hillier Nurs. ,Winchester,Engl. , Cat. 1947-48)= 'ROWALLANE'.

'Rowallane Variety'(Chaenomeles Lagenaria Rowallane Variety,Slinger,Journ. Roy. Hort. Soc. 81: 476. 1956)= 'ROWALLANE'.

'Rowalling Seedling'(Donard Nurs. ,Newcastle,N. Ireland,"Good Gard. Pl. "1960-61)= 'ROWALL-ANE'.

本栽培品种单花具花瓣5枚,大型。花光亮红色。果实苹果状,或卵球状。干萼宿存。

产地:?。选育者:H. Armytage Moore,1920 年命名。

76. '罗莎娜·福斯特'华丽贴梗海棠(新拟)　栽培品种

Chaenomeles × superba(Frahm)Rehd. 'ROXANA FOSTER'

'ROXANA FOSTER'(Clarke Nurs. ,San Jose,Calif. ,Wholesale Price List May 1,1951).

本栽培品种单花具花瓣5枚。花红色-橙黄色。

产地:?。选育者:W. B. Clarke,1951 年命名。

77. '红宝石'华丽贴梗海棠(新拟)　栽培品种

Chaenomeles × superba(Frahm)Rehd. 'RUBY GLOW'

'RUBY GLOW'(Chaenomeles × superba RubyGlow,Clarke Nurs. ,San Jose,Calif. Wholesale Price List Dec. 1,1947).

本栽培品种单花具花瓣5枚。花红色。果实大型,卵球状,萼增大。

产地:?。选育者:W. B. Clarke,1947 年命名。

78. '鲑肉色'华丽贴梗海棠(新拟)　栽培品种

Chaenomeles × superba(Frahm)Rehd. 'SALMON'

'SALMON'(Sunningdale Nurs. ,Windlesham,Engl. ,Cat. 1936).

本栽培品种单花具花瓣5枚。花柠檬红色。

产地:?。选育者:起源不清,1936 年命名。

79. '安登肯'华丽贴梗海棠(新拟)　栽培品种

Chaenomeles × superba(Frahm)Rehd. 'SÄMMLINGE VON ANDENKEN AN KARL RAMCKE'

'SÄMMLINGE VON ANDENKEN AN KARL RAMCKE'(Timm Nurs. ,Elmshorn,Germ. ,Cat. 1955-56).

本栽培品种单花具花瓣5枚。花朱砂红色-红色。

产地:?。选育者:Timm Nurseries,1955 年命名。系'ANDENKEN AN KARL RAMCKE'实生植株。

80. '血红色'华丽贴梗海棠(新拟)　栽培品种

Chaenomeles × superba(Frahm)Rehd. 'SANGUINEA'

'SANGUINEA'(*Chaenomeles japonica sanguinea* Beissner et al.,Handb Laubh.−Ben. 182. 1903,without description).

本栽培品种单花具花瓣5枚。花暗红色。

产地:?。选育者:起源不清,1903年命名。

81.'猩红色'华丽贴梗海棠(新拟) 栽培品种

Chaenomeles × superba(Frahm)Rehd.'SCARLET'

'SCARLET'(*Chaenomeles maulei scarlet*,Kingsville Nurs.,Kingsville,Md. Cat. 1947).

'Sunrise'(Gauntlet Nurs.,Chiddingfold,Engl.,Cat. 1930)='KNAP HILL SCSRLET'.

本栽培品种单花具花瓣5枚。花蔷薇红色-红色。

产地:?。选育者:起源不清,1947年命名。

82.'冬云'华丽贴梗海棠(新拟) 栽培品种

Chaenomeles × superba(Frahm)Rehd.'SHINONOME'

'SHINONOME'(Hakoneya Nurs.,Numazu−shi,Jap.,"Jap. Gard. Treasures"1941).

本栽培品种单花具花瓣5枚。花柠檬红色,具有红色晕。果实大型,橙果状,脐状。

产地:?。选育者:K. Wada,1939年命名。

83.'仕阮博坦'华丽贴梗海棠(新拟) 栽培品种

Chaenomeles × superba(Frahm)Rehd.'SHIRABOTAN'

'SHIRABOTAN'(Hakoneya Nurs.,Numazu−shi,Jap.,"Jap. Gard. Treasures"1941).

'Shirabotau'(TarantoGard.,Pallanza,It.,List of Seeds 1956−57)='SHIRABOTAN'.

'Shirobotan'(*Cydonia japonica* Shirobotan,Hakoneya Nurs.,Nurnazu−shi,Jap,"Jap. Gard. Treasures" 1936).

本栽培品种单花具花瓣5枚。花纯白色。

产地:?。选育者:K. Wada,1936年命名。

84.'春季时尚'华丽贴梗海棠(新拟) 栽培品种

Chaenomeles × superba(Frahm)Rehd.'SPRING FASHION'

'SPRING FASHION'(H. R. Kemmerer J. C. McDaniel,Am. Nurs.,May 1,1961:54. 1961).

本栽培品种单花具花瓣5枚。花白色和蔷薇红色-粉红色,具柠檬色晕。

产地:?。选育者:Dr. A. Colby,1961年命名。

85.'斯坦福红'华丽贴梗海棠(新拟) 栽培品种

Chaenomeles × superba(Frahm)Rehd.'STANFORD RED'

'STANFORD RED'(*Chaenomeles × superba* Stanford Red,Clarke Nurs.,San Jose,Calif. Wholesale Price List Dec. 1,1940).

本栽培品种单花具花瓣5枚。花茸毛红色,平展。果实小型,卵球状。

产地:?。选育者:W. B. Clarke,1945年命名。

86.'日落'华丽贴梗海棠(新拟) 栽培品种

Chaenomeles × superba(Frahm)Rehd.'SUNSET'

'SUNSET'(Anonymous,Am. Nurs.,Aug. 1,1946:41. 1946).

本栽培品种花半重瓣。花单性,红色-橙黄色,平展。果实苹果状,萼增大。

产地:美国。选育者:Toichi Domoto Hayward,1942年命名。

87.'超级'华丽贴梗海棠(新拟) 栽培品种

Chaenomeles × superba(Frahm)Rehd.'SUPERBA'

'SUPERBA'(*Chaenomeles maulei* var. *superba* Frahm,Gartenw. 2:214. 1898).

本栽培品种花单瓣，或多或少半重瓣。花深红色-红色。果实苹果状，深脐状。

产地:?。选育者:起源不清,1898 年命名。

88. '德克萨斯州猩红'华丽贴梗海棠(新拟)　栽培品种

Chaenomeles × superba(Frahm)Rehd. 'TEXAS SCARLET'

'TEXAS SCARLET'(*Chaenomeles × superba* Texas Scarlet, Clarke Nurs. , San Jose, Calif. Wholesale Price List May 1, 1951).

本栽培品种单花具花瓣 5 枚。花深红色-红色。果实苹果状，深脐状。

产地:美国。选育者:W. B. Clarke,1951 年命名。

89. '各向扭旋'华丽贴梗海棠(新拟)　栽培品种

Chaenomeles × superba(Frahm)Rehd. 'TORTUOSA'

'TORTUOSA'(*Chaenomeles maulei* var. *tortuosa* Nakai, Jap. Journ. Bot. 4:329. 1929).

本栽培品种枝和刺近念珠状。花色和起源不清。

产地:?。选育者:起源不清, 1921 年命名。

90. '尤里蒂阿'华丽贴梗海棠(新拟)　栽培品种

Chaenomeles × superba(Frahm)Rehd. 'ULIDIA'

'ULIDIA'(*Chaenomeles maulei* Ulidia, Donard Nurs. , Newcastle, N. Ireland, "Good Gard. Pl. "1960-61).

本栽培品种单花具花瓣 5 枚，大型。花深红色红色。果实卵球状，具条带。

产地:?。选育者:Slieve Donard Nursery, 1945 年命名。系'ROWALLANE'

91. '朱红'华丽贴梗海棠(新拟)　栽培品种

Chaenomeles × superba(Frahm)Rehd. 'VERMILION'

'VERMILION'(Barbier Nurs. , Orleans, Fr. , Cat. 1913-14).

'Red Flowers'(Wyman, Am. Nurs. May 1, 1961:95. 1961)= 'VERMILION'.

本栽培品种单花具花瓣 5 枚。花大型，西瓜红色，平展。果实苹果状，萼增大。

产地:?。选育者:Barbier Nurseries, 1913 年命名。

92. '维苏威火山'华丽贴梗海棠(新拟)　栽培品种

Chaenomeles × superba(Frahm)Rehd. 'VESUVIUS'

'VESUVIUS'(cult. at the Royal Botanic Gardens, Kew, Richmond, Surrey, Engl.).

本栽培品种单花具花瓣 5 枚。花大型，深红色-红色，平展。果实苹果状，狭脐状。

产地:意大利。选育者:K. Verboom, 1953 年命名。

93. '瓦卡巴'华丽贴梗海棠(新拟)　栽培品种

Chaenomeles × superba(Frahm)Rehd. 'WAKABA'

'WAKABA'(*Cydonia japonica* Wakaba, Hakoneya Nurs. , Nurnazu-shi, Jap. , "Jap. Gard. Treasures" 1936).

本栽培品种花半重瓣。花土白-红色。

产地:?。选育者:K. Wada,1936 年命名。

94. '冬乐'华丽贴梗海棠(新拟)　栽培品种

Chaenomeles × superba(Frahm)Rehd. 'WINTER CHEER'

'WINTER CHEER'(*Chaenomeles lagenaria* Winter Cheer, Lord, Shrubs & Trees Austr. Gard. 258. 1948).

本栽培品种为灌木。特别是在冬季中开放。单花具花瓣 5 枚。花橙黄色-深红色，平展。果实苹果状，狭脐状。

产地:?。选育者:起源不清,1948 年命名。

95.'亚加克'华丽贴梗海棠(新拟)　栽培品种

Chaenomeles × superba(Frahm)Rehd. 'YAGAKI'

'YAGAKI'(*Cydonia japonica* Yaegaki,Hakoneya Nurs.,Numazu-shi,Jap.,"Jap. Gard. Treasures" 1936).

本栽培品种花半重瓣。花橙黄色-杏黄色。

产地:?。选育者:K. Wada,1936 年命名。

栽培杂种或杂种栽培品种

C. Weber. CULTIVARS IN THE GENUS CHAENOMELES:Vol. 23. April 5. Number 3:65~68. 1963 CULTIVARS OF UNDETERMINED SPECIES OR HYBRID GROUP

栽培品种

1.'卫星'杂种(新拟)　栽培品种

'AKEBONO'(Hakoneya Nurs.,Numazu-shi,Jap.,"Jap. Gard. Treasures" 1941).

本栽培品种单花具花瓣 5 枚,花淡白色粉红色,具 1 条深条纹。

产地:?。选育者:K. Wada,1941 年命名。

2.'白色-细线条'杂种(新拟)　栽培品种

'ALBO-LINEATA'(*Chaenomeles japonica albo-lineata* Morel,Rev. Hort. 1909:277. 1909).

本栽培品种枝条平卧先端向上。单花具花瓣 5 枚,花淡白色、粉红色,具蔷薇红色-粉红色,边缘白色。

产地:?。选育者:起源不清,1909 年命名。

3.'银白色'杂种(新拟)　栽培品种

'ARGENTEA'(*Chaenomeles japonica argentea* Buyssens Nurs.,Uccle,Belg.,Cat. 1933,without description).

本栽培品种花银白色。

产地:?。选育者:起源不清,1933 年命名。

4.'黑茎'杂种(新拟)　栽培品种

'ATROCAULIS'(*Chaenomeles japonica atrocaulis* Waterers Nurs.,Twyford,Engl.,Cat. 1930).

本栽培品种单花具花瓣 5 枚,花深红色-深红色-红色。

产地:?。选育者:起源不清,1930 年命名。

5.'日本宝物'杂种(新拟)　栽培品种

'BENBOTAN'(*Cydonia japonica* Benibotan,Hakoneya Nurs.,Numazu-shi,Jap.,"Jap. Gard. Treasures" 1936).

本栽培品种单花具花瓣 5 枚,花光亮-红色。

产地:?。选育者:K. Wada,1936 年命名。

6.'胭脂 皇后'杂种(新拟)　栽培品种

'CARMINE QUEEN'(Sunningdale Nurs.,Windlesham,Engl.,Cat. 1936).

本栽培品种单花具花瓣 5 枚,花深红色。

产地:?。选育者:起源不清,1936 年命名。

7.'砖红花'杂种(新拟)　栽培品种

'CHOSHUN'(*Cydonia japonica* Choshun,Hakoneya Nurs.,Numazu-shi,Jap.,"Jap. Gard. Treasures" 1936).

本栽培品种单花具花瓣 5 枚,花砖红色-红色。

产地:?。选育者:K. Wada,1936 年命名。

8.‘克莱登’杂种(新拟)　栽培品种

‘CLAYDEN’(Anonymous,Journ. Roy. Hort. Soc. 72:Ixx. 1947,without description).

本栽培品种花色和起源不清。

产地:英国。选育者:不清,1947年命名。

9.‘珊瑚状 红’杂种(新拟)　栽培品种

‘CORAL RED’(Sunningdale, Nurs. ,Widlesham,Engl. ,Cat. 1936,without description).

本栽培品种单花具花瓣5枚,花珊瑚-红色。

产地:?。选育者:起源不清,1936年命名。

10.‘克里普斯’杂种(新拟)　栽培品种

‘CRIPPSI’(Wister,Swarthmore Pl. Notes 1942:128. 1942,without description).

本栽培品种花色和起源不清。

产地:?。选育者:起源不清,1942年命名。

11.‘迪克西猩红’杂种(新拟)　栽培品种

‘DIXIE SCARLET’(Hastings Seeds,Atlanta,Ga. ,Cat. 1962).

本栽培品种单花具花瓣5枚,花深红色-红色。

产地:?。选育者:Harvery M. Templeton,1962年命名。

12.‘矮橘红’杂种(新拟)　栽培品种

‘DWARF ORANGE RED’(W. Allan Nurs. ,Summerville,S. C. ,Cat. 1960,without description).

本栽培品种单花具花瓣5枚,花橙黄色-红色。

产地:?。选育者:起源不清。

13.‘矮小 深红色’杂种(新拟)　栽培品种

‘DWARF SCARLET’(W. Allan Nurs. ,Summerville,S. C. ,Cat. 1960,without description).

本栽培品种单花具花瓣5枚,花深红色-红色。见‘DWARF ORANGE RED’ 。

产地:?。选育者:起源不清。

14.‘纯白花’杂种(新拟)　栽培品种

‘HAKUGYOKU’(*Cydonia japonica* Hakugyoku,Hakoneya Nurs. ,Numazu-shi,Jap. ,“Jap. Gard. Treasures”1936).

本栽培品种单花具花瓣5枚,花纯白色。

产地:?。选育者:K. Wada,1936年命名。

15.‘黑博坦’杂种(新拟)　栽培品种

‘HIBOTAN’(Hakoneya Nurs. ,Numazu-shi,Jap. ,“Jap. Gard. Treasures”1941).

本栽培品种单花具花瓣5枚,花大型,深红色-红色。

产地:?。选育者:K. Wada,1941年命名。

16.‘金浦’杂种(新拟)　栽培品种

‘KIMPO’(Hakoneya Nurs. ,Numazu-shi,Jap. ,“Jap. Gard. Treasures”1941).

本栽培品种花重瓣,花淡白色,黄色。

产地:韩国。选育者:K. Wada,1941年命名。

17.‘寇葛优库’杂种(新拟)　栽培品种

‘KOGYOKU’(Hakoneya Nurs. ,Numazu-shi,Jap. ,“Jap. Gard. Treasures”1941).

本栽培品种单花具花瓣5枚,花大型,朱砂红色-红色。

产地:?。选育者:K. Wada,1941年命名。

18.‘侯犸热’杂种(新拟)　栽培品种

'KOSHI-NO-HOMARE'(*Cydonia japonica* Koshi-no-Homare, Hakoneya Nurs., Numazu-shi, Jap., "Jap. Gard. Treasures"1936).

本栽培品种花重瓣,花朱砂红色-红色。

产地:?。选育者:K. Wada,1936 年命名。

19.'俞凯'杂种(新拟)　栽培品种

'KOSHI-NO-YUKI'(*Cydonia japonica* Koshi-no-Homare, Hakoneya Nurs., Numazu-shi, Jap., "Jap. Gard. Treasures"1936).

本栽培品种花大型,单瓣或半重瓣,花白色。

产地:?。选育者:K. Wada,1936 年命名。

20.'李瓦里地区'杂种(新拟)　栽培品种

'LEWALLIENSIS'(cult. at the Nat. Arb., Washington, D. C.).

本栽培品种花色和起源不清。

产地:?。选育者:起源不清,1960 年命名。

21.'纳托普'杂种(新拟)　栽培品种

'NATORP's HYBRID'(*Chaenomeles lagenaria* Natorps Hybrid, Natorps Nurs., Cincinnati, Ohio, Cat. 1956).

本栽培品种单花具花瓣 5 枚,花光亮-红色。

产地:?。选育者:Natorp Nursery,1956 年命名。

22.'粉红色　完美'杂种(新拟)　栽培品种

'PINK PERFECTION'(Harrison, Handb. Trees & Shrubs. Hem. 87. 1959).

本栽培品种为直立灌木。单花具花瓣 5 枚,透明粉红色。

产地:?。选育者:起源不清,1959 年命名。

23.'艾略特港'杂种(新拟)　栽培品种

'PORT ELIOT'(cult. at the Tudor House, Ripley, Engl., from Cornwall).

本栽培品种单花具花瓣 5 枚,花橘色-橙黄色。

产地:?。选育者:起源不清,1962 年命名。

24.'纯洁'杂种(新拟)　栽培品种

'PURITY'(Anonymous, Am. Nurs., Aug. 1, 1946:41. 1946).

'Shasta'(Plant Patent no. 701. taken by Toichi Domotp, nurseryman, Hayward, Calif., June 25, 1946).

本栽培品种为直立灌木。花重瓣,花纯白色。

产地:?。选育者:Toichi Domoto,1946 年命名。

25.'里卡顿氏'杂种(新拟)　栽培品种

'RICCARTONII'(Harrison, Handb. Trees & Shrubs South. Hem. 67. 1959).

本栽培品种单花具花瓣 5 枚,花深红色。

产地:新西兰、英国。选育者:N. Z. Named,1959 年命名。

26.'蔷薇红色 红色'杂种(新拟)　栽培品种

'ROSY RED'(Anonymous, Jaarb. Boskoop 1954:116. 1954, without description).

'Salmon Queen'(Sunningdale Nirs., Windlesham, Engl., Cat. 1961)='ROSY RED'.

本栽培品种单花具花瓣 5 枚,花蔷薇红色。

产地:?。选育者:W. B. Clarke,1946 年命名。

27.'鲑肉状粉红色'杂种(新拟)　栽培品种

'SALMONEA'(Brunp, Rev. Hort. 1890:212. 1890, without description).

本栽培品种单花具花瓣 5 枚,花透明柠檬色至蔷薇红色-粉红色。

产地:?。选育者:起源不清,1890 年命名。

28. '柠檬色'杂种(新拟)　栽培品种

'SHOKKO'(Hakoneya Nurs.,Numazu-shi,Jap.,"Jap. Gard. Treasures"1941).

本栽培品种花重瓣,花大型,柠檬色-红色。

产地:?。选育者:K. Wada,1941 年命名。

29. '单白'杂种(新拟)　栽培品种

'SINGLE WHITE'(W. Allan Nurs.,Summerville,S. C.,Cat. 1953-54,without description).

本栽培品种单花具花瓣 5 枚,花白色。

产地:?。选育者:起源不清,1890 年命名。见'DWARF ORANGE RED'。

30. '中国'杂种(新拟)　栽培品种

'SINICA'(Bean,Trees & Shribs 1:453. 1914).

本栽培品种花重瓣,花暗红色。

产地:中国。选育者:起源不清,1914 年命名。

31. '雪鸟'杂种(新拟)　栽培品种

'SNOWBIRD'(Weston Nurs.,Hopkinton,Mass.,Cat. 1958).

本栽培品种单花具花瓣 5 枚,花白色。

产地:?。选育者:起源不清,1958 年命名。

32. '高大 鲑色'杂种(新拟)　栽培品种

'TALL LARGE FLOWERING SALMON'(W. Allan Nurs.,Summerville,S. C.,Cat. 1960,without description).

本栽培品种单花具花瓣 5 枚,鲑肉状粉红色。见'DWARF ORANGE RED'。

产地:?。选育者:起源不清,1958 年命名。

33. '太拉葛瓦'杂种(新拟)　栽培品种

'TALLAGAWA'(Cydonia japonica Tattagawa,Hakoneya Nurs.,Numazu-shi,Jap.,"Jap. Gard. Treasures"1936).

本栽培品种单花具花瓣 5 枚,暗棕色,粉红色晕,基部黄色。

产地:日本。选育者:K. Wada,1936 年命名。

34. '特魅'杂种(新拟)　栽培品种

'TEMMEI'(Cydonia japonica Temmei,Hakoneya Nurs.,Numazu-shi,Jap.,"Jap. Gard. Treasures"1936).

本栽培品种花重瓣,柠檬色-红色。

产地:?。选育者:K. Wada,1936 年命名。

35. '土红色'杂种(新拟)　栽培品种

'TERRA COTTA'(Wister,Swarthmore Pl. Notes 1942:128. 1942,without description).

本栽培品种花色和起源不清。

产地:?。选育者:不清楚,1942 年命名。

36. '深红 无刺'杂种(新拟)　栽培品种

'THORNLESS CRIMSON'(cult. at the U. S. Plant Introd. Station,Glenn Dale,Md.,now dead).

本栽培品种枝刺。单花具花瓣 5 枚,深红色-红色。

产地:?。选育者:Glenn Dale,1960 年命名。

37. '津坂·博坦'杂种(新拟)　栽培品种

'TSUKASA-BOTAN'(Hakoneya Nurs. ,Numazu-shi,Jap. ,"Jap. Gard. Treasures"1941).

'Tsukasi'(cult. at the Univ. of Minnesota,St. Paul,Minn.)= 'TSUKASA-BOTAN'.

本栽培品种花重瓣,鲑肉状红色、淡黄色。

产地:?。选育者:K. Wada,1941 年命名。

38. '尤马巴图'杂种(新拟) 栽培品种

'Umbato'(*Cydonia umbato* Roemer,Fam. Nat. Reg. Veg. Syn. Mon. 3:218. 1847).

本栽培品种单花具花瓣 5 枚,花红色。果实苹果状。

产地:日本和中国。选育者:起源不清楚,1947 年命名。

39. '寒冬之花'杂种(新拟) 栽培品种

'WINTER FLOWERING'(Duncan & Davies Nurs. ,New Plymouth,N. Z. ,Cat. 1926).

本栽培品种单花具花瓣 5 枚,花亮红色。

产地:?。选育者:Duncan & Davies Nursery,1926 年命名。

40. '沃金星'杂种(新拟) 栽培品种

'WOKING STAR'(cult. at the Tudor House,Ripley,Engl.).

本栽培品种单花具花瓣 5 枚,花粉红色。

产地:?。选育者:起源不清楚,1962 年命名。

41. '尤库库'杂种(新拟) 栽培品种

'YOKUKU'(Harrison,Handb. Trees & Shrubs South Hem. 87. 1959).

本栽培品种单花具花瓣 5 枚,花纯白色。

产地:日本。选育者:起源不清楚,1959 年命名。

42. '查比莉氏'杂种(新拟) 栽培品种

'ZABELII'(Univ. V. Babes,Din Cluj,Romania,Seed List 1960,without description).

本栽培品种花色和起源不清。

产地:日本。选育者:起源不清楚,1960 年命名。

43. '查尼瑟特苏'杂种(新拟) 栽培品种

'ZANSETSU'(*Cydonia japonica* Zansetsu,Hakoneya Nurs. ,Numazu-shi,Jap. ,"Jap. Gard. Treasures" 1936).

本栽培品种花单瓣,或重瓣。花极淡白色。

产地:?。选育者:K. Wada,1936 年命名。

1、2.树冠球状，3、4、8.树冠帚状，5.树冠椭圆体状，6.树冠不规则状，7.金叶木瓜树冠，
9~11.垂枝木瓜树冠

图版 1　木瓜树形

1.幼枝、叶着生枝刺上，2.叶着生枝刺上，3.枝条类型，4~6.幼枝、叶着生主枝与枝刺上，7.幼枝叶、有叶花与无叶花着生位置，8.无叶红花木瓜花枝，9.有叶花枝，10.有叶、无叶红花木瓜花及其解剖，11.红花木瓜花、叶、枝，12.变异红花木瓜花及其解剖，13.有叶红花木瓜花枝，14.变异红花木瓜花枝与叶

图版3 木瓜枝、幼枝等

1. 木瓜花与叶，2~4. 变异金叶木瓜花，5. 金叶木瓜花，6. 粉花木瓜花，7. 粉花木瓜花与花枝，
8. 无叶粉花木瓜花簇生主枝上，9. 变异红花木瓜花，10. 木瓜幼枝叶、有叶花与无叶花枝，
11、12. 白花木瓜花、枝叶，13. 多瓣白花木瓜花与枝叶

图版 4　木瓜花及其解剖

1. 多瓣变异木瓜花解剖，2. 木瓜叶、有叶花及其解剖，3. 金叶木瓜花、变异花枝叶，4. 金叶木瓜有叶花、无叶花解剖，5. 木瓜有叶花与无叶花，6、7. 金叶木瓜花枝、叶，8~12. 木瓜花枝、叶

图版5　木瓜花

1、2、4、6~8. 椭圆体状幼果与枝叶，3. 球状幼果与枝叶，5. 具柄椭圆体状幼果与枝叶，9、
10. 宽椭圆体状幼果与枝叶，11、12. 具柄圆柱状幼果与枝叶，13、14. 倒椭圆体状幼果与枝叶，
15. 两型椭圆体状幼果与枝叶

图版6　木瓜花与幼果

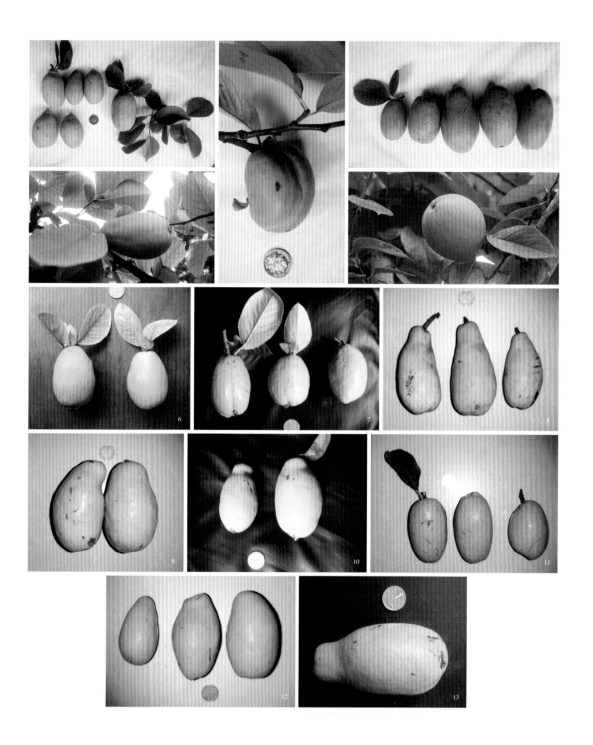

1.三型果木瓜果实与枝叶，2.畸形果木瓜果实与枝叶，3、7.两型果木瓜果实与枝叶，4.倒椭圆体状木瓜果实与枝叶，5.球果木瓜果实与枝叶，6.椭圆体状木瓜果实与叶，8、9、12.三型果木瓜果实，10.两型果木瓜果实，11.两型椭圆体状木瓜果实与叶，13.弹花锤木瓜果实

图版 7　木瓜果实

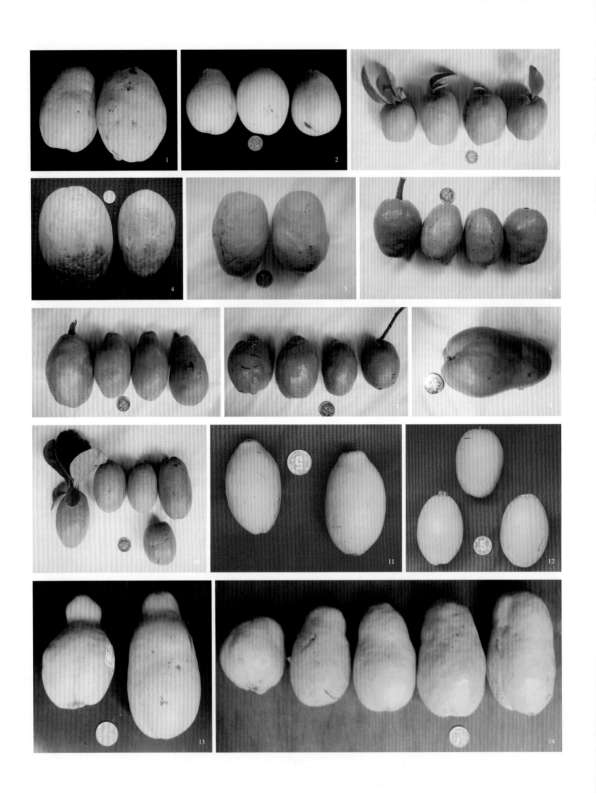

1.卵球果木瓜果实，2、3、6、8、14.三型果木瓜果实，4.帚状木瓜果实，5、7.两型果木瓜果实，9.具棱椭圆体果木瓜果实，10.椭圆体果木瓜果实，11、12.灰白色椭圆体果木瓜果实，13.弹花锤果木瓜果实

图版 8　木瓜果实

1. 金叶木瓜果实，2. 具棱木瓜果实，3、4. 椭圆体木瓜果实，5、8、13、14. 两型果木瓜果实，6. 球果木瓜果实，7. 三型果木瓜果实，9. 柱果木瓜果实，10. 木瓜果实类型，11. 异型果木瓜果实，12. 倒椭圆体果木瓜果实

图版 9　木瓜果实

1.半重瓣贴梗海棠株型，2、3.四季红贴梗海棠株型，4.常绿贴梗海棠株型，5、7、8.两色花贴梗海棠株型，6.多瓣花贴梗海棠株型，9.金叶贴梗海棠株型，10.贴梗海棠植株，11.四花红贴梗海棠株型，12.贴梗海棠枯株

图版 10　贴梗海棠株型

1~11.贴梗海棠枝叶，12.贴梗海棠二次花枝与花

图版 11　贴梗海棠叶形

1~3.多瓣白花贴梗海棠花枝，4、5、8.多瓣白花贴梗海棠花解剖，6、7、
9、10、12.多瓣白花贴梗海棠花、叶枝，11.多瓣白花贴梗海棠幼株株型

图版12 多瓣白花贴梗海棠

1. 多瓣两色花贴梗海棠叶丛与花丛，2. 多瓣白色花贴梗海棠花枝与花解剖，3、
9、10. 多瓣白色花贴梗海棠花，4. 多瓣白色花贴梗海棠花及其解剖，5、6. 多
瓣白色花贴梗海棠开花植株，7. 变异多瓣白色花贴梗海棠花及其解剖，8. 多
瓣白色花贴梗海棠花枝，11. 多瓣白色花贴梗海棠株型

图版 13　多瓣白花贴梗海棠

1、3、4.白花贴梗海棠花与叶枝，2.白花贴梗海棠花蕾与花解剖，5.白花贴梗海棠花与叶，
6、7.白花贴梗海棠花与叶枝，8、9.两色花贴梗海棠解剖，10.白花贴梗海棠花枝，11.白
花贴梗海棠花及其解剖，12.白花贴梗海棠开花株型，13.白花贴梗海棠花形

图版 14　白花贴梗海棠

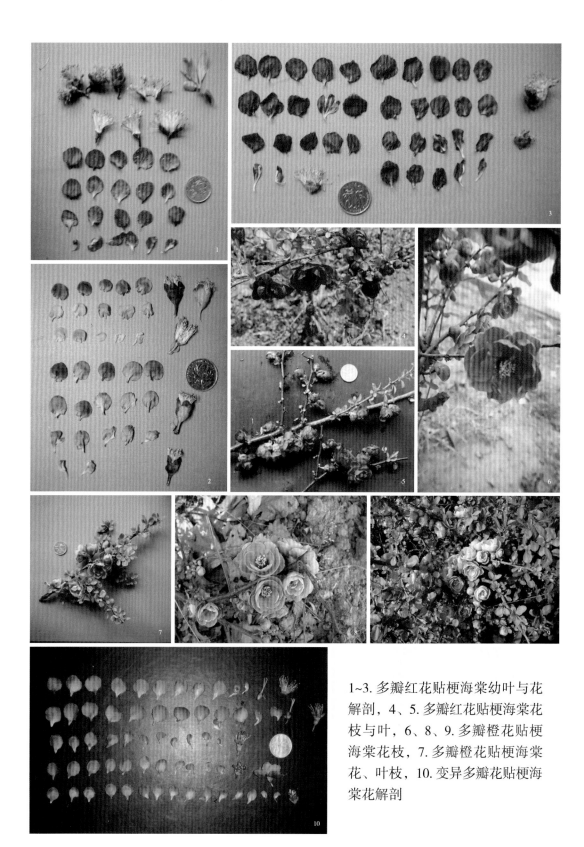

1~3.多瓣红花贴梗海棠幼叶与花解剖，4、5.多瓣红花贴梗海棠花枝与叶，6、8、9.多瓣橙花贴梗海棠花枝，7.多瓣橙花贴梗海棠花、叶枝，10.变异多瓣花贴梗海棠花解剖

图版 15　多瓣红花贴梗海棠

1~3、5、6、9、11 红花贴梗海棠花、叶枝，4、7. 红花贴梗海棠花及
其解剖，8.红花贴梗海棠花枝、花及其解剖，10.紫花贴梗海棠花枝

图版 16　红花贴梗海棠

1.多瓣两色贴梗海棠花解剖（白、粉红），2.两色贴梗海棠花枝、叶（白、粉红），3.两色贴梗海棠花枝、叶（白、浅黄粉），4~6.两色贴梗海棠花枝、叶（白、粉红），7.两色金叶贴梗海棠花枝、叶（浅粉、橙粉红），8、10.两色金叶贴梗海棠花枝、叶（白、粉红），9.两色金叶贴梗海棠花枝，11.两色金叶贴梗海棠东洋锦花及其解剖，12.粉花贴梗海棠花枝，13.三色贴梗海棠花枝、叶（红、粉红、水粉），14.两色贴梗海棠花枝、叶（紫红、粉红）

图版 17 两色单瓣花贴梗海棠

1、2.贴梗海棠果实类型，3.浅红花贴梗海棠花枝、叶，4.多瓣橙花
黄色贴梗海棠花枝，5.单瓣橙花贴梗海棠花枝，6、7.疏枝、大叶贴
梗海棠果实，8.粉色贴梗海棠花枝

图版 18　贴梗海棠花与果实

1. 叶、花及其解剖，2~4. 长梗多瓣雄蕊瓣化花、枝叶，5~8. 两色雄蕊瓣化花与枝叶，9、10. 长梗橙色雄蕊瓣化花，11、12. 白花雄蕊瓣化花花枝

图版 19　雄蕊瓣化贴梗海棠

1、2、4.雄蕊瓣化花枝、叶，3.雄蕊瓣化花，5~10.两色雄蕊瓣化花枝

图版 20　雄蕊瓣化贴梗海棠花

1. 柳叶木瓜贴梗海棠幼枝、叶，2. 柳叶木瓜贴梗海棠叶、花及其解剖，3、4. 白花异瓣木瓜贴梗海棠叶、花及其解剖，5. 两色木瓜贴梗海棠花枝，6、7. 两色木瓜贴梗海棠叶、花及其解剖，8. 木瓜贴梗海棠花解剖，9. 木瓜贴梗海棠果实，10. 蜀红木瓜贴梗海棠株型，11. 蜀红木瓜贴梗海棠果实，12. 亮红色木瓜贴梗海棠花、枝叶，13. 两色柳叶木瓜贴梗海棠花枝，14. 蜀红木瓜贴梗海棠花及其解剖

图版 21　木瓜贴梗海棠

1. 粉花木瓜贴梗海棠花枝，2. 橙红两色木瓜贴梗海棠花枝解剖，3. 多瓣木瓜贴梗海棠花枝、叶，4. 两色木瓜贴梗海棠花枝、叶，5. 木瓜贴梗海棠株型，6. 亮红花木瓜贴梗海棠花枝、叶，7. 两色木瓜贴梗海棠花枝、叶，8. 浅红色木瓜贴梗海棠花枝、叶，9. 皱瓣木瓜贴梗海棠花枝，10、11. 大果木瓜贴梗海棠花枝、叶，12. 变异与不变异木瓜贴梗海棠比较，13. 两色木瓜贴梗海棠花枝，14. 两色木瓜贴梗海棠花解剖

图版 22　木瓜贴梗海棠

图版 23　木瓜贴梗海棠盆景

1.匍匐日本贴梗海棠花枝，2.序花匍匐日本贴梗海棠二次花序枝，3.序花匍匐日本贴梗海棠果枝，4.序花匍匐日本贴梗海棠株型，5.多瓣红花日本贴梗海棠花，6.多瓣红花日本贴梗海棠花解剖，7.红花日本贴梗海棠花蕾、花枝与叶，8.红花日本贴梗海棠花解剖，9.红花日本贴梗海棠花，10.多瓣红花日本贴梗海棠花，11.红花日本贴梗海棠花解剖，12.多瓣红花日本贴梗海棠花解剖，13.多瓣红花日本贴梗海棠片栽，14.红花日本贴梗海棠花枝、叶

图版 24　日本贴梗海棠

1. 白花日本贴梗海棠花枝、叶，2. 多瓣白花日本贴梗海棠花解剖，3~5. 红花日本贴梗海棠花枝、叶，6. 多瓣两色日本贴梗海棠花解剖，7. 红花日本贴梗海棠花解剖，8、9. 多瓣红色日本贴梗海棠花，10. 多瓣红色日本贴梗海棠株型，11. 白花日本贴梗海棠花枝、叶，12. 白花日本贴梗海棠花解剖

图版 25　日本贴梗海棠

1. 彩之星，2. 国华，3. 红牡丹，4. 桦长寿，
5. 十二一重，6. 长寿冠，7. 银长寿，8. 长
寿乐，9. 红大晃，10. 春之精，11. 彩之雪，
12. 七变化，13. 红之光，14. 彩之国

图版 26　日本贴梗海棠

1.多瓣红花华丽贴梗海棠花枝、叶，2.橙黄色华丽贴梗海棠花枝、叶，3.多瓣橙华丽贴梗海棠花枝、叶，4.多瓣红花华丽贴梗海棠花枝、叶，5.水粉多瓣华丽贴梗海棠花枝、叶，6.醉杨妃华丽贴梗海棠花，7.绿宝石华丽贴梗海棠花枝、叶，8.长寿乐华丽贴梗海棠花，9、10.多瓣红花华丽贴梗海棠花，11.世界1号华丽贴梗海棠花枝、叶

图版 27　华丽贴梗海棠

1. 多瓣雄蕊瓣化华丽贴梗海棠花枝、叶，2、4、8. 多瓣红花华丽贴梗海棠花枝、叶，3. 紫红多瓣华丽贴梗海棠花枝、叶，5. 多瓣橙黄花华丽贴梗海棠花枝、叶，6. 两色多瓣华丽贴梗海棠花枝、叶，7. 多瓣橙黄色华丽贴梗海棠花枝，9. 参观多瓣红花华丽贴梗海棠花丛，10. 猩红与金黄华丽贴梗海棠花枝、叶

图版 28　华丽贴梗海棠

1. 碗筒杂种贴梗海棠花与叶，2. 二次碗筒贴梗海棠花序与叶，3. 碗筒贴梗海棠花序与枝叶，4. 二次碗筒贴梗海棠果实与枝叶，5. 碗筒贴梗海棠枝叶、花序、果序与果实，6~8. 碗筒贴梗海棠花枝，9. 碗筒贴梗海棠花枝、叶，10. 碗筒贴梗海棠株型，11. 碗筒贴梗海棠异型果果实，12. 碗筒贴梗海棠果实

图版 29　碗筒贴梗海棠

1. 木瓜幼苗，2. 木瓜盆播幼苗，3. 贴梗海棠果实病害，4、13. 木瓜贴梗海棠根蘖苗，5. 贴梗海棠分蘖繁殖——根蘖苗，6. 木瓜黄化病，7. 木瓜树干日灼，8. 贴梗海棠枯枝病，9. 木瓜叶粉介，10. 木瓜果实腐烂病，11. 木瓜果实虫害，12. 贴梗海棠虫害

图版 30　木瓜育苗与病虫害

1.木瓜、贴梗海棠、红叶石楠、海桐景观，2.匍匐日本贴梗海棠花丛，3.华丽贴梗海棠景观，4.贴梗海棠等景观，5、6.贴梗海棠与水泥制景，7、8.世界1号华丽贴梗海棠混栽，9.木瓜贴梗海棠造型等景观，10.木瓜路旁栽培

图版31　木瓜等花坛与混植

1.木瓜果实等书案景观，2.多瓣红花贴梗海棠片植，3.楼旁木瓜栽植，4、5.蜀红木瓜贴梗海棠片林，6.大道间贴梗海棠绿篱，7.红花贴梗海棠片植，8.旱柳树下红花贴梗海棠片植，9.红花贴梗海棠等景观，10.大道旁木瓜栽植，11.木瓜人工片林，12.木瓜花坛置景

图版32　木瓜等花坛